高等合成化学

——方法与实践

郑春满　李宇杰　王　珲　编著

国防工业出版社

·北京·

内 容 简 介

本书系统地介绍了高等合成化学的基本概念与原理、新方法与新技术。全书共分5章，包括"方法"和"实践"两个部分。在"方法"部分中，重点介绍涉及无机、有机和高分子化合物合成的新方法和新技术，反映了当前合成化学学科发展的现状。在"实践"部分，设计了涉及无机化合物、有机化合物、高分子化合物合成的多个实验，由简单到复杂，逐步培养学生独立设计实验能力和实践能力。

本书简明易懂，系统性强，可作为理工科院校化学、化学工程、材料科学与工程、生物学、环境科学等专业本科生和研究生的教材，也可作为高校、科研机构和企业科技人员的参考书。

图书在版编目(CIP)数据

高等合成化学方法与实践/郑春满等编著.—北京：国防工业出版社，2018.9
ISBN 978-7-118-11593-2

Ⅰ.①高…　Ⅱ.①郑…　Ⅲ.①高分子化学–合成化学　Ⅳ.①O63

中国版本图书馆 CIP 数据核字(2018)第 184252 号

※

国防工业出版社出版发行

(北京市海淀区紫竹院南路23号　邮政编码100048)
三河市众誉天成印务有限公司
新华书店经售

*

开本 787×1092　1/16　印张 28　字数 650 千字
2018 年 9 月第 1 版第 1 次印刷　印数 1—2000 册　定价 116.00 元

(本书如有印装错误，我社负责调换)

国防书店：(010)88540777　　发行邮购：(010)88540776
发行传真：(010)88540755　　发行业务：(010)88540717

前　　言

　　合成化学,又称化学合成,被认为是化学学科的核心,与材料、物理、生命、信息、空间、地球和环境等学科有着密切的关系,对于推动人类社会的发展做出了巨大的贡献。作为一门集理论与实践为一体的科学,随着先进实验方法和技术的出现,以及开发和实际应用的不断增加,合成化学已经逐步摆脱了经验性摸索,建立起了现代合成化学结构合理的内容体系。

　　培养学生的实践能力和创新能力是现代科学技术发展对教育提出的基本要求之一。以提升学生实践能力和创新能力为核心,国防科技大学自 2002 年起在材料专业学生中开设了"高等合成化学"和"高等合成化学实验"课程,目的是使学生在无机化学、有机化学、高分子化学与物理等课程学习后,系统地学习合成化学的基本概念、基本原理,掌握现代合成化学的新方法和新技术。在此基础上,通过实验课程的开设,提升学生的实践能力,尤其是独立设计实验,应用先进实验方法、使用现代仪器开展复杂实验研究的能力。课程教学取得了很好的教学效果,对于提升学生实践能力和创新能力,激发学习热情起了极大的推动作用。本书是在此教学基础上增加相关内容编写而成。

　　全书包括"方法"和"实践"两个部分。在"方法"部分中,以提升学生理论水平为目的,从合成化学的基本概念、基本原理讲起,重点学习现代合成化学的新方法和新技术,内容涉及无机、有机和高分子化合物的合成方法。在"实践"部分,以提升学生实践水平为目的,设计了涉及无机化合物、有机物化合、高分子化合物合成的多个实验,由浅入深,由简单到复杂,逐步培养学生独立设计实验和开展实验的能力。

　　教材内容的选择和编排方面,在参考王清华、陈一民、郑春满三位老师讲义的基础上进行了较大的改动,增加了一些发展前沿知识,使之更加系统化和科学化,满足教学需求。本书由郑春满担任主编,李宇杰和王珲担任副主编。其中第 1 章、第 3 章和第 4 章由郑春满编写;第 2 章由郑春满、王珲编写;第 5 章由李宇杰、郑春满编写。全书由郑春满和李宇杰审核定稿。

　　本书在编写过程中,参考了国内外出版的同类教材,引用了其中的部分内容和图表,借鉴了大量网络教学平台的资源和内容,尤其是潘春跃老师主编的《合成化学》和徐家业老师主编的《高等有机合成》。同时,本书的编写和出版得到了国防科技大学空天科学学院和国防工业出版社的大力支持和帮助,在此一并致谢。

　　由于作者水平有限,书中难免有疏漏,诚请有关专家及读者批评指正。

编者

2017-11-2

目　　录

第1章 绪 论

化学是研究物质的组成、结构和性能以及相互转化的科学,被称为"中心科学"。合成化学,又称化学合成,是以得到一种或多种产物为目的而进行的一系列化学反应,被认为是化学学科的核心,与材料、物理、生命、信息和环境等学科有着密切的关系。

合成化学具有强大的创造力,不仅能够创造出世界上已经存在的物质,还可能创造出具有理想性质和功能的、自然界并不存在的新物质,为人类社会的发展做出了巨大的贡献。从最早的炼铁、铸造技术,到现在的人工合成高分子等,合成化学改变了人类的生产和生活方式。毫不夸张地讲,世界上所有科学技术的发展都离不开合成化学。合成化学为人类开发利用自然资源、补充自然资源的不足提供了有利的工具,是人类改造世界最有利的手段之一。

合成化学分为无机合成化学、有机合成化学和高分子合成化学。无机合成化学产生的新材料为很多领域(如空间工程、原子能、海洋等)的发展提供了物质基础;有机合成化学产生的抗生素、药物以及合成氨等为人类健康和粮食生产做出了巨大的贡献;高分子合成化学产生的高分子材料,从酚醛树脂、聚氯乙烯、聚甲基丙烯酸甲酯到Kevlar纤维等,体积产量已经远超钢铁和金属总和,与金属材料、无机材料并列,改变了材料的格局。

本章重点介绍合成化学发展简史、基本概念与定义、合成反应热力学、合成反应动力学等内容。

1.1 合成化学发展简史

合成化学是随着化学科学发展而发展的,其历史就是化学科学的发展历史。虽然化学科学是在17—19世纪随着欧洲资本主义生产方式的诞生和工业革命的进行才兴起的,但是化学与人类有着不解之缘。钻木取火、用火烧煮食物、烧制陶器、冶炼青铜器和铁器,都是化学技术的应用。正是这些应用,极大地促进了当时社会生产力的发展,成为人类进步的标志。

1. 远古工艺化学时期

在远古时代,人类的制陶、冶金、酿酒、染色等工艺主要是在实践经验的直接启发下经过逐步摸索而来的,化学知识还没有形成。这是化学的萌芽时期。

陶器的发明使人类有了贮水器以及贮藏粮食和液体食物的器皿,为酿酒工艺的形成和发展创造了条件。制陶、冶金和酿酒等化学工艺,已孕育了化学实验的萌芽。例如,在烧制灰、黑陶的化学工艺中,工匠们在焙烧后期便封闭窑顶和窑门,再从窑顶喷水,使陶土

1

中的铁质生成四氧化三铁,又使表面覆上一层炭黑。这表明当时已初步懂得了焙烧气氛的控制和利用。

2. 炼丹术和医药化学时期

从公元前 1500 年到公元 1650 年,炼丹术士和炼金术士为求得长生不老的仙丹和黄金,开始了最早的化学实验。记载、总结炼丹术的书籍,在中国、阿拉伯、埃及、希腊都有不少。这一时期积累了许多物质间的化学变化,为化学的进一步发展准备了丰富的素材。欧洲在文艺复兴时期,出版了一些有关化学的书籍,第一次有了"化学"这个名词。英语的 Chemistry 起源于 Alchemy,即炼金术。Chemist 至今还保留着两个相关的含义:化学家和药剂师。

蒸馏是早期化学实验中最完整的一种重要实验操作方法。16 世纪,出现了大批有关蒸馏方法方面书籍,如希罗尼姆·布伦契威格(Hieronymus Brunschwygk,1450—1513)在 1500 年出版的《蒸馏术简明手段》及其增订版《蒸馏术大全》(1512 年出版)等。这些著作对蒸馏方法作了较详细的叙述。蒸馏在早期化学实验发展史上占有重要地位,至今还在基础化学实验中被经常运用。

3. 燃素化学时期

1650—1775 年,随着冶金工业和实验室经验的积累,人们总结感性知识,认为可燃物能够燃烧是因为其含有燃素,燃烧的过程是可燃物中燃素放出的过程,可燃物放出燃素后成为灰烬。

这一时期,化学实验开始在医学和冶金等一些实用工艺中发挥作用,并不断得到发展。代表性人物是瑞士医生、医药化学家帕拉塞斯(P. A. Paracelsus,1493—1541)。他强调化学研究的目的应该是把化学知识应用于医疗实践,制取药物。德国的医生、医药化学家安德雷·李巴乌(Andreas Libavius,约 1540—1616)极力强调化学的实用意义,为推进化学成为一门独立科学做出了重要贡献。他编著的《工艺化学大全》(1611—1613 年问世),总结了多年的实验经验。书中叙述了硫酸和王水的制备方法;证明焙烧硝石和硫黄所得到的硫酸与干馏胆矾所得到的完全是同一种物质;首次提出将食盐与胆矾一起在泥坩埚中焙烧制取盐酸的方法等。这部著作的问世,使化学终于有了真正的教科书。

但是,这一时期的化学实验还只能算作化学"试验",具有很大的盲目性,还没有从生产、生活实践中分化出来,没有成为独立的科学实践。

4. 定量化学时期,即近代化学时期

1775 年前后,拉瓦锡(A. L. Lavoisier,1743—1794)采用定量化学实验阐述了燃烧的氧化学说,开创了定量化学时期。这一时期建立了不少化学基本定律,提出了原子学说,发现了元素周期律,发展了有机结构理论,为现代化学的发展奠定了坚实的基础。

作为近代化学科学的确立者,波义耳(R. Boyle,1627—1691)是化学科学实验的重要奠基人。他认为,只有运用严密的和科学的实验方法才能够把化学确立为科学。他的观点和主张奠定了化学实验方法论的基础。拉瓦锡是明确提出把量作为衡量尺度对化学现象进行实验证明的第一位化学家,他通过定量实验研究,否定了统治化学界长达百年之久的"燃素说",建立了氧化学说,并确立了"质量守恒定律"。拉瓦锡的定量实验研究,极大地丰富和发展了化学实验方法论。拉瓦锡的化学实验方法论思想,对化学实验从定性向定量的发展产生了积极和深远的影响,成为近代化学实验发展史上的重要里程碑。正是

2

在此基础上,近代化学实验才得以蓬勃发展,从而拓展了化学科学研究的领域,导致了许多重要化学理论的建立和发展。

化学实验是化学科学理论建立和发展的基础。道尔顿(J. Dolton,1766—1844)的原子论就是在化学科学实验的基础上建立起来的。法国化学家盖·吕萨克(J. L. Gay-Lussac,1778—1850)于1808年发现了气体化合体积定律。为了对这个实验定律进行理论解释,意大利化学家阿佛加德罗(A. Avogadro,1776—1856)引入了"分子"的概念,提出著名的分子假说。1828年,德国化学家维勒(F. Wöhler,1800—1882)由无机物氰酸铵合成出动物代谢产物尿素,这是人类首次利用无机物合成出有机物;1845年,德国化学家科尔贝(A. W. M. Kolbe,1818—1884)利用无机物合成出乙酸。化学大师瑞典的贝采里乌斯(J. J. Berzelius,1779—1848)在这些实验事实的基础上,提出"同分异构"的概念,认为之所以性质不同,是由于它们的化学结构不同。这导致了有机化合物经典结构理论的建立和发展。

近代化学实验的蓬勃发展与近代化学实验方法论的发展有着十分密切的关系。在这一时期,人们创立或发展了诸如系统定性分析法、重量分析法、滴定分析法、光谱分析法、电解法等很多经典的化学实验方法。

5. 科学相互渗透时期,即现代化学时期

20世纪初,量子论的发展使化学和物理学有了共同的语言,解决了化学上许多悬而未决的问题;另外,化学又向生物学和地质学等学科渗透,使蛋白质、酶的结构问题得到了逐步的解决。

现代化学的实验内容主要以结构测定和化学合成实验为主。

1)结构测定实验

结构测定实验源于人们对阴极放电现象微观本质的探讨。1869年,德国化学家希托夫(J. W. Hittorf,1824—1914)发现真空放电于阴极。1876年,戈尔茨坦(E. Coldstein,1850—1930)将这种射线命名为"阴极射线"。1878年,英国化学家克鲁克斯(S. W. Crookes,1832—1919)发现阴极射线是带电的粒子流。1897年,英国物理学家汤姆生(J. J. Thomson,1856—1940)对阴极射线作了定性和定量的研究,并将这种比原子还小的粒子命名为"电子"。电子的发现动摇了原子不可分的传统化学观。

1895年,德国物理学家伦琴(W. Röntgen,1845—1923)发现了X射线;1896年,法国物理学家贝克勒(A. H. Becquerel,1852—1908)发现了"铀射线"。次年,法国著名化学家玛丽·居里(M. Curie,1867—1934)发现了钍也能产生射线,把这种现象称为"放射性",把具有这种性质的元素称为放射性元素。1898年,卢瑟福(F. Rutherford,1871—1937)发现铀和钍的化合物发出的射线有α射线和β射线两种不同的类型;1900年,法国化学家维拉尔(P. Villard,1860—1934)又发现了第三种射线——γ射线。

1901年,卢瑟福和英国化学家索迪(F. Soddy,1877—1956)进行了一系列合作实验研究,发现镭和钍等放射性元素都具有蜕变现象,提出著名的元素蜕变假说,认为放射性的产生是由于一种元素蜕变成另一种元素。

电子、放射性和元素蜕变理论奠定了化学结构测定实验的理论基础。1912年,德国物理学家劳埃(M. Laue,1879—1960)发现X射线通过硫酸铜、硫化锌、铜、氯化钠、铁和萤石等晶体时可以产生衍射现象。这一发现提供了一种在原子-分子水平上对无机物和有机物结构进行测定的重要方法，即 X 射线衍射法。

无机物结构测定的真正开始是 X 射线衍射线发现以后。20 世纪 20—30 年代，科学家运用 X 射线衍射法分析测定了数以百计的无机盐、金属配合物和硅酸盐的晶体结构。

有机物的晶体结构测定始于 20 世纪 20 年代。在此期间测定了六次甲基四胺、简单的聚苯环系、己链烃、尿素、一些甾族化合物、镍钛菁、纤维素以及一系列天然高分子和人工聚合物的结构。40—50 年代，有机物晶体结构分析工作蓬勃发展，最突出的是青霉素晶体结构(1949 年)、二茂铁(金属有机化合物，1952 年)结构和维生素 B12 结构(1957年)的测定。

此外，人们应用 X 射线衍射法对一系列复杂蛋白质的结构进行了测定，取得许多重大突破，为分子生物学理论的建立奠定了坚实的实验基础。

2) 化学合成实验

化学合成实验是现代化学实验的一个非常活跃的领域。随着现代化学实验仪器、设备和方法的飞速发展，人们创造了很多过去根本无法达到的实验条件，合成了大量结构复杂的化学物质。

硼的氢化物的制备一直是久未攻克的化学难题。1912 年，德国化学家斯托克(A. Stock，1876—1946)对硼烷进行了开创性的工作，发明了一种专门的真空设备，采取低温方法合成了一系列硼的氢化物(从 B_2H_6 到 $B_{10}H_{14}$)，并研究了其分子量和化学性质。1940 年，科学家采用氨与硼烷作用制备了结构与苯相似的"无机苯"$B_3N_3H_6$。1962 年，英国化学家巴特利特(N. Bartlett，1932—2008)合成了第一种稀有气体化合物六氟铂酸氙，打破了统治化学界达 80 年之久的稀有气体"不能参加化学反应"的传统化学观，开辟了新的化学合成领域。

有机合成在 20 世纪取得了突飞猛进的发展，合成了许多高分子化合物，如酚醛树脂(1907 年)、丁钠橡胶(1910 年)、尼龙纤维(1934 年)。对有机天然产物合成贡献较大的化学家，应首推美国化学家伍德沃德(R. B. Woodward，1917—1979)，他先后合成了奎宁(1944 年)，包括胆甾醇(胆固醇)和皮质酮(可的松)在内的甾族化合物(1951 年)，利血平(1956 年)，叶绿素(1960 年)以及维生素 B12(1972 年)等。1965 年，我国科学家第一次实现了具有生物活性的结晶牛胰岛素蛋白质的人工合成；1972 年，美国化学家科勒拉(H. G. Khorana，1922—)等采用模板工艺合成了具有 77 个核苷酸片断的 DNA，其后又合成了含有 207 个碱基对的具有生物活性的大肠杆菌 DNA；1981 年，我国科学家实现了具有生物活性的酵母丙氨酸 tRNA 的首次全合成。

现代化学实验除上述两方面以外，还在溶液理论的发展和化学反应动力学的建立等方面发挥了重要作用。

同时，现代化学实验在实验规模和研究方式上发生了很大变化。19 世纪初期，当化学成为一门独立的科学后，化学实验室逐步增多。第一个公共化学实验室是英国化学家汤姆生(T. Thomson，1773—1852)于 1817 年在格拉斯哥大学建立的教学实验室。此后，欧洲各大学纷纷建立化学实验室。这些实验室的建立，不仅改变了化学教育的面貌，使实验成为培养和提高学生素质的重要内容，而且使大学不再是单纯传授化学知识的场所，还成为化学科学研究的重要基地。

从 20 世纪 30 年代起,出现了国家规模的大型化学科学研究机构和庞大的实验基地;到 20 世纪 70 年代,实验的规模则扩大到国际间相互合作的新阶段。许多尖端实验决不是个人、一般科研组织所能胜任的,必须由国家统一规划、组织协调各学科科学家来共同攻关。实验用人广、花费多、规模大、组织周密,已成为现代化学实验的又一重要特点。

1.2　基本概念与定义

要研究合成反应的基本原理,尤其是研究合成反应的热力学和动力学,首先需要掌握一些基本的概念和定义。

1. 系统与环境

系统是指相互联系相互作用的诸元素的综合体。系统具有三个特性:一是多元性,系统是多样性的统一、差异性的统一;二是相关性,系统不存在孤立元素组分,所有元素或组分间相互依存、相互作用、相互制约;三是整体性,系统是所有元素构成的复合统一整体。

在热力学中,系统是指在化学热力学中被研究的对象;按照是否与外界有物质和能量的交换,分为敞开系统、封闭系统和隔离系统。其中,敞开系统与外界存在物质交换和能量交换;封闭系统与外界不存在物质交换,但存在能量交换;隔离系统与外界既不存在物质交换,也不存在能量交换。

环境是相对于某一事物而言的,是指围绕着某一事物(通常称其为主体)并对该事物产生某些影响的所有外界事物(通常称其为客体)。对于不同对象和科学学科来说,环境的内容并不相同。在热力学中,环境是指系统之外,与系统密切相关,向系统提供或吸收热的周围所有物体。

2. 相

相是系统中具有相同的物理性质和化学性质的均匀部分。系统中相的数目称为相数,有单相系统和多相系统之分。均匀是指其分散度达到分子或离子大小的数量级。相与相之间有明确的界面,超过此相界面,一定有某些宏观性质(如密度、组成等)发生突变。

相可分为气相系统、液相系统和固相系统。其中,对于气相系统,任何气体共混,每一种气体都可无限充满容器,为单相系统,如 H_2+N_2 混合;对于液相系统,需要具体问题具体分析,可能为单相系统,如水与乙醇的混合,也可能为多相系统,如水与 CCl_4、苯混合;对于固相系统,有几种固体物质,就有几个相,如 Mg 块与 Al 块、Mg 粉与铝粉的均匀混合等。

3. 状态与状态函数

由一系列表征系统性质的物理量所确定下来的系统的存在形式称为系统的状态。用来表征系统状态的物理量称为状态函数。

需要注意的是,状态函数的变化量只与变化的始终态有关,与变化过程无关。状态函数的数学组合仍是状态函数。系统各状态函数之间密切关联、相互影响。

此外,有些状态函数,如物质的量、质量等具有加和性的性质。有些状态函数,如温度、密度等不具有加和性的性质。

4. 过程与途径

系统的状态发生变化,从始态变到终态,我们就说系统经历了一个热力学过程,简称过程。实现这个过程可以采取许多种不同的具体步骤,把这每一种具体步骤称为一种途径。

一个过程可以由多种不同的途径来实现。而状态函数的改变量只取决于过程的始态和终态,与采取哪种途径来完成这个过程无关,即过程的着眼点是始态和终态,而途径则是具体方式。

5. 反应进度 ξ

反应进度是用来描述化学反应进度的物理量,对于一般的化学反应方程式:

$$aA+bB+\cdots=xX+yY+\cdots$$

$$0=(-aA)+(-bB)+\cdots+xX+yY+\cdots$$

即

$$0=\sum_R \nu_R R$$

式中:R 为反应中任一物质的化学式;ν_R 为 R 的化学计量数,是量纲为 1 的量(旧称无量纲的纯数),对反应物取负值,对产物取正值。

$$\xi = \Delta n_R / V_R$$

所以

$$d\xi = \frac{dn_R}{\nu_R}$$

6. 化学反应速率

反应速率是指给定条件下反应物通过化学反应转化为产物的速率,常用单位时间内反应物浓度的减少或者产物浓度的增加来表示。化学反应速率常用的单位为 $mol \cdot dm^{-3} \cdot s^{-1}$。对于较慢的反应,时间单位也可采用 min、h 或 a 等。

影响化学反应速率的因素包括浓度、温度、反应物之间的接触状况、催化剂等。以温度为例,温度对化学反应速率的影响特别显著。实验表明,对于大多数反应,温度升高反应速率增大,即速率常数 k 随温度升高而增大。

7. 化学平衡状态

在各种化学反应中,反应物转化为产物的限度并不相同,有些反应几乎可以进行到底,有些反应则是可逆的。可逆反应是指在同一条件下,既能向正反应方向进行,同时又能向逆反应方向进行的反应。

化学平衡状态是指在可逆反应系统中,正反应和逆反应的速率相等时,反应物与产物的浓度不再随时间而改变的状态。

化学平衡具有如下的基本特征:①在适宜条件下,可逆反应可以达到平衡状态;②化学平衡是动态平衡;③在平衡状态下,系统的组成不再随时间而改变;④平衡组成与达到平衡的途径无关。

1.3 合成反应热力学

研究一个合成反应,通过热力学分析可以判断反应能否发生、反应的吸热放热情况和反应进行的程度,通过动力学可以推断反应的速度、反应的原理等,因此热力学原理和动力学原理对合成化学非常重要。本节重点讨论合成反应热力学。应用化学热力学可以判断反应的方向和限度，对于新反应的设计和传统反应改造具有指导意义。

1.3.1 热力学判据

在众多化学反应中，有一些反应不需外力就能够发生，称为自发反应。例如热量从高温物体传入低温物体、气体向真空膨胀、锌片与硫酸铜的置换反应等。那么，根据什么来判断化学反应的方向或者说反应能否自发进行呢？

在19世纪，主要采用"焓变判据或最低能量原理"。这一判据对多数放热反应是适用的，但也有例外，如NH_4Cl等盐溶解于水是一个吸热反应，但该反应能够自发进行。显然，化学反应的焓变仅是影响反应方向的一个因素，不能作为判据使用。人们在研究中发现，影响自发反应进行的另一因素是系统混乱度增加。有时能量最低原理主导，有时熵主导，或两者同时作用的结果。

当用熵作过程自发性判据时必须用$\Delta S^{\theta}_{隔离}$，孤立体系的条件是不能少的。对于非孤立体系，则焓变与熵变均对化学反应的方向有影响。但有时环境的熵变难求，使用熵判据不方便。1875年，美国物理化学家吉布斯(J. W. Gibbs，1839—1903)首先提出了吉布斯函数，把熵和焓归并在一起，作为反应方向的判断。

定义$G=H-TS$，其中G是状态函数。对于等温等压过程，则有：
$$\Delta G = \Delta H - T\Delta S（\text{Gibbs 公式}）$$
式中：ΔG表示反应或过程的吉布斯函数的变化，简称吉布斯函数变。上式也称为吉布斯等温方程。

在恒温恒压、不做非体积功的条件下，任何自发变化总是系统的 Gibbs 函数减小。因此这一公式可作为反应方向的热力学判据：

（1）$\Delta G_{T,P} < 0$ 时，反应自发进行；

（2）$\Delta G_{T,P} = 0$ 时，平衡状态；

（3）$\Delta G_{T,P} > 0$ 时，反应不能自发进行。

根据$\Delta G = \Delta H - T\Delta S$可知，在温度不是太高、熵变$\Delta S$不是太大时，可用焓变$\Delta H$作为反应判据，对许多有机反应就是如此。反应的焓变是反应物和产物之间的键能差，焓变可由所有键的形成能总和，加上由于共振、张力、溶剂化能所引起的任何能量的改变，减去所有发生破裂的键能总和来求得。而熵的变化则完全不同，涉及体系的无序性和混乱度。在温度较高时，熵变的影响就显得重要了，这时ΔG随温度变化而明显变化。

如果在等温等压下，除体积功外还做非体积功，则有：

（1）$-\Delta G > -w'$ 时，反应是自发的，能正向进行；

（2）$-\Delta G < -w'$ 时，反应是非自发的，能正向进行；

（3）$-\Delta G = -w'$ 时，反应处于平衡状态。

在等温等压下，一个封闭系统所做的最大非体积功等于系统 Gibbs 自由能的减少。系统的吉布斯自由能越大，它自发地向吉布斯自由能较小的状态变化的趋势就越大，此时系统的稳定性就越差。反之亦然。

如前所述，ΔG受温度影响变化较大。关于ΔG与温度关系的讨论如表 1-1 所示。

表 1-1　关于 ΔG 与温度关系的讨论

ΔH	ΔS	$\Delta G = H - T\Delta S$	讨论
<0	>0	<0	任何温度下都能进行
>0	<0	>0	任何温度下都不能进行
>0	>0	低温>0,高温<0	高温下才能进行反应
<0	<0	低温<0,高温>0	低温下才能进行反应

表 1-2 是 ΔH、ΔS 及 T 对反应自发性的影响的一些实例。

表 1-2　ΔH、ΔS 及 T 对反应自发性的影响的一些实例

反应实例	ΔH	ΔS	$\Delta G = \Delta H - T\Delta S$	正反应的自发性
$H_2(g) + Cl_2(g) = 2HCl(g)$	−	+	−	自发(任何温度)
$2CO(g) = 2C(s) + O_2(g)$	+	−	+	非自发(任何温度)
$CaCO_3(s) = CaO(s) + CO_2(s)$	+	+	升高至某温度时由正值变负值	升高温度有利于反应自发进行
$N_2(g) + 3H_2(g) = 2NH_3(g)$	−	−	降低至某温度时由正值变负值	降低温度有利于反应自发进行

需要注意的是,大多数反应属于 ΔH 与 ΔS 同号的反应,此时温度对反应的自发性有决定性影响,存在一个自发进行的最低或最高的温度,即在这个温度上下,ΔG 的符号要发生改变。这个温度称为转变温度 $T_c(\Delta G = 0)$。

$$T_c = \Delta H / \Delta S$$

不同反应的转变温度是不同的,它决定于 ΔH 与 ΔS 的相对大小,即转变温度 T_c 决定于反应的本性。对于反应转变温度 T_c 可以进行估算。

$$\Delta_r G_m = \Delta_r H_m - T\Delta_r S_m$$

如果忽略温度、压力对 $\Delta_r H_m$ 与 $\Delta_r S_m$ 的影响,则:

$$\Delta_r G_m \approx \Delta_r H_m(298K) - T\Delta_r S_m(298K)$$

当 $\Delta_r G_m = 0$ 时,则有:

$$T_{转} = \frac{\Delta_r H_m(298K)}{\Delta_r S_m(298K)}$$

化学热力学的重要应用是在原则上可以通过一系列数据 $\Delta_f G_m^\theta$、S_m^θ、$C_{p,m}^\theta$、$\Delta_f H_m^\theta$ 等求得一个化学反应的平衡常数及判断反应方向性。

对于任意的化学反应:

$$aA + bB \rightarrow gG + hH$$

$$\Delta_r G^\theta(T) = [\sum v_B \Delta_f G_m^\theta(T)]_P - [\sum v_B \Delta_f G_m^\theta(T)]_R$$

$$\Delta_r G_m^\theta(T) = \Delta_r H_m^\theta(T) - T\Delta_r S_m^\theta(T)$$

$$\Delta_r G_m^\theta(T) = -RT\ln K^\theta$$

在手册中,一般化合物在 298K 时的 $C_{p,m}^\theta$、$\Delta_f G_m^\theta(298K)$、$\Delta_f H_m^\theta(298K)$、$S_m^\theta(298K)$ 均能查得到。但是对于不常见化合物,数据则难以在手册中获得,可根据物质的价键结构、原子数目、官能团、晶格能、电离能等来估计上述数据,如用键焓估计 $\Delta_r H_m$。因此,应该学

会灵活运用有关原理和可以利用的间接数据进行估计和推算。

1.3.2 吉布斯函数变的计算

关于吉布斯函数变的计算,分如下情况进行。

1. 标准状态下吉布斯函数变的计算

1) 298.15K 下 ΔG_{298}^{θ} 的求算

298.15K 下 ΔG_{298}^{θ} 的求算有两种方法。

一是利用物质的 $\Delta_f G_{298}^{\theta}$ 数据计算:

$$\Delta G_{298}^{\theta} = \sum v_i \Delta_f G_{298}^{\theta}(\text{生成物}) - \sum v_i \Delta_f G_{298}^{\theta}(\text{反应物})$$

二是利用物质的 $\Delta_f H_{298}^{\theta}$ 和 S_{298}^{θ} 数据先算出 ΔH_{298}^{θ} 和 ΔS_{298}^{θ},再求出 ΔG_{298}^{θ}:

$$\Delta G_{298}^{\theta} = \Delta H_{298}^{\theta} - 298.15 \Delta S_{298}^{\theta}$$

2) 任意温度下 ΔG_T^{θ} 的求算

任意温度下 ΔG_T^{θ} 的计算较复杂,只简单介绍近似方法,即认为 ΔH_T^{θ}、ΔS_T^{θ} 不随温度的改变而改变,即:

$$\Delta H_T^{\theta} \approx \Delta H_{298}^{\theta}, \Delta S_T^{\theta} \approx \Delta S_{298}^{\theta}$$

所以 $$\Delta G_T^{\theta} = \Delta H_{298}^{\theta} - T \Delta S_{298}^{\theta}$$

如计算石灰石($CaCO_3$)热分解反应的 ΔG_{298}^{θ} 和 ΔG_{1273}^{θ},以及自发分解的温度。其化学反应方程式如下:

$$CaCO_3(s) = CaO(s) + CO_2(g)$$

根据上述的计算公式,可知:

方法1: $\Delta G_{298}^{\theta} = \{\Delta_f G_{298}^{\theta}(CaO, s) + \Delta_f G_{298}^{\theta}(CO_2, g) - \Delta_f G_{298}^{\theta}(CaCO_3, s)\}$
$$= 130.44 kJ \cdot mol^{-1} > 0$$

方法2: $\Delta G_{298}^{\theta} = \{\Delta H_{298}^{\theta} - 298.15 * \Delta S_{298}^{\theta}\} = 178.33 - 160.5 \times 298.15 \times 10^{-3}$
$$= 130.47 kJ \cdot mol^{-1}$$

关于 ΔG_{1273}^{θ} 的计算:

$$\Delta G_{1273}^{\theta} = \{\Delta H_{298}^{\theta} - 1273 * \Delta S_{298}^{\theta}\} = -26.0 kJ \cdot mol^{-1} < 0$$

关于自发分解温度的计算,若要反应自发进行,则有 $\Delta G_T^{\theta} < 0$,根据前述的公式 $T_{转} = \Delta H / \Delta S \approx \dfrac{\Delta H_{298}^{\theta}}{\Delta S_{298}^{\theta}}$ 可知:

$$T > 178.1 \times 1000 / 160.47 = 1113K$$

2. 非标准状态下吉布斯函数变的计算

关于非标准状态下吉布斯函数变的计算,对于如下气态体系的反应:

$$aA(g) + bB(g) \rightarrow cC(g) + dD(g)$$

则有 $$\Delta G_T = \Delta G_T^{\theta} + RT \ln \frac{[p(C)/p^{\theta}]^c [p(D)/p^{\theta}]^d}{[p(A)/p^{\theta}]^a [p(B)/p^{\theta}]^b}$$

式中:$p(A)$、$p(B)$、$p(C)$、$p(D)$ 分别为反应物与产物的分压。

令 $$\frac{[p(C)/p^{\theta}]^c [p(D)/p^{\theta}]^d}{[p(A)/p^{\theta}]^a [p(B)/p^{\theta}]^b} = Q_p(\text{分压商})$$

则
$$\Delta G_T = \Delta G_T^\theta + RT\ln \frac{\left[p(C)/p^\theta\right]^c \left[p(D)/p^\theta\right]^d}{\left[p(A)/p^\theta\right]^a \left[p(B)/p^\theta\right]^b} = \Delta G_T^\theta + RT\ln Q_p$$

对于如下液态体系的反应:

$$aA(aq) + bB(aq) \longrightarrow cC(aq) + dD(aq)$$

则有
$$\Delta G_T = \Delta G_T^\theta + RT\ln \frac{\left[C(C)/C^\theta\right]^c \left[C(D)/C^\theta\right]^d}{\left[C(A)/C^\theta\right]^a \left[C(B)/C^\theta\right]^b}$$

式中:$C(A)$、$C(B)$、$C(C)$、$C(D)$ 分别为反应物与产物的浓度。

令:
$$\frac{\left[C(C)/C^\theta\right]^c \left[C(D)/C^\theta\right]^d}{\left[C(A)/C^\theta\right]^a \left[C(B)/C^\theta\right]^b} = Q_C(浓度商)$$

则
$$\Delta G_T = \Delta G_T^\theta + RT\ln \frac{\left[C(C)/C^\theta\right]^c \left[C(D)/C^\theta\right]^d}{\left[C(A)/C^\theta\right]^a \left[C(B)/C^\theta\right]^b} = \Delta G_T^\theta + RT\ln Q_C$$

故有:
$$\Delta G_T = \Delta G_T^\theta + RT\ln Q$$

式中:Q 叫做反应熵。需要注意的是,纯固态或纯液态物质,不列入式中。稀溶液中的水,浓度近似为定值,不列入式中。但如果溶液中的反应涉及气体,则它们的分压应列入式中。

例如以下的反应:$Cl_2(g) + 2I^-(aq) = I_2(s) + 2Cl^-(aq)$

$$\Delta G_T = \Delta G_T^\theta + RT\ln \frac{\left[c(Cl^-)/c^\theta\right]^2}{\left[p(Cl_2)/p^\theta\right]\left[c(I^-)/c^\theta\right]^2}$$

对于一般反应,由于反应物各浓度或分压远大于产物对应值,所以 Q 值相对而言比较小,加之它在对数项中,故 Q 对 ΔG_T 影响并不大,只有在高压反应中 Q 的影响才较明显。据此,可用 ΔG_T^θ 粗略判断非标准状态下反应进行方向。

当 $\Delta G_T^\theta < 0$ 时,反应有希望自发进行;当 $0 < \Delta G_T^\theta < 40\text{kJ} \cdot \text{mol}^{-1}$ 时,反应的自发进行是有怀疑的,应该进一步研究,计算 ΔG_T;当 $\Delta G_T^\theta > 40\text{kJ} \cdot \text{mol}^{-1}$ 时,反应是非常不利的,只有在特殊的情况下,方可有利于反应的自发进行。

当然,上述结论属于经验,并非绝对。需要说明的是,若一个反应熵变化很小(指绝对值),且反应又在常温下进行,则吉布斯方程中 TS 一项可忽略,即 $G \approx H$。此时,可以直接利用 H 来判别反应自发性。许多反应都属于这种情况,这对判断化学反应进行方向带来很大的方便,如锌置换硫酸铜的反应。

$$Zn(s) + CuSO_4(aq) = Cu(s) + ZnSO_4(aq) \quad \Delta H < 0$$

所以,许多放热反应是自发的,其原因也在于此。

1.3.3　热力学数据的查取、计算及在合成中的应用

高温合成反应中,反应容器如坩埚的选择是一项重要而困难的工作。在很多情况下,可以直接根据热力学计算来推测某种坩埚材料与金属或需要高温熔融的试料所可能发生的反应。如是否可以用 Al_2O_3 刚玉坩埚熔化铁?分析表明,在 1600℃(惰性气氛中),用 Al_2O_3 刚玉坩埚熔化铁最可能发生的反应如下:

$$3Fe(l) + Al_2O_3 \longrightarrow 2Al(l) + 3FeO(l)$$

查手册得:

$$Fe(l) + \frac{1}{2}O_2 \longrightarrow FeO(l) \qquad \Delta_r G_{m,FeO(l)}^\theta = -25601 + 56.68T (\text{J} \cdot \text{mol}^{-1})$$

$$2Al(l) + \frac{3}{2}O_2 \longrightarrow Al_2O_3(s) \qquad \Delta_r G_{m,Al_2O_3(s)}^\theta = -1687.2 \times 10^3 + 326.81T(J \cdot mol^{-1})$$

则上述反应在 1873K 时,

$$\Delta_r G_m^\theta = 3\Delta_f G_{m,FeO(l)}^\theta - \Delta_f G_{m,Al_2O_3(s)}^\theta = 929017 - 156.77T = 625.4 \times 10^3 J \cdot mol^{-1} > 0$$

说明在 1600℃时刚玉坩埚不至于与铁反应,可知刚玉坩埚可用于熔化铁。

若体系中同时存在多个反应,提高反应温度往往有利于 $\Delta_r S_m^\theta$ 增大较多的反应,如 ZrO_2 的氯化反应,可能发生

$$ZrO_2 + 2Cl_2(g) + C(s) \longrightarrow ZrCl_4 + CO_2(g)$$
$$ZrO_2 + 2Cl_2(g) + 2C(s) \longrightarrow ZrCl_4 + 2CO(g)$$

此外,稀有气体化合物 $Xe^+[PtF_6]^-$ 的合成也是热力学在合成中应用的一个典型例子。在 Ar 发现的 68 年内(1894—1962),该族元素一直处在“没有化学反应”的局面。理论化学家鲍林(L. Pauling,1901—1994)在 20 世纪 30 年代预言稀有气体元素能够形成化合物,但化学家一直无法合成。1962 年,英国化学家巴特利特(N. Bartlett,1932—2008)首次合成出“惰性气体”化合物 $Xe^+[PtF_6]^-$。此后,许多稀有气体化合物相继被合成出来。

1.3.4　反应的偶合

当某化学反应的 $\Delta_r G_m^\theta \gg 0$,$K^\theta \ll 1$ 时,该反应不能自发进行。在这种情况下,只要与一个 $\Delta_r G_m^\theta \ll 0$,$K^\theta \gg 1$ 的反应进行偶合,使不能自发进行的反应中某产物成为 $\Delta_r G_m^\theta < 0$ 反应中的反应物,就能把不能进行的反应带动起来。这种现象称为反应的偶合。

工业上利用反应的偶合生产 $TiCl_4$,在碳存在下于 1000℃左右氯化,然后进行分馏提纯,除去杂质 $FeCl_3$ 及 $SiCl_4$。金红石或高钛渣(含 $TiO_2 > 92\%$)直接氯化反应如下:

$$TiO_2(s) + 2Cl_2(g) \longrightarrow TiCl_4(l) + O_2(g) \qquad \Delta_r G_m^\theta(298) = 161.94 kJ \cdot mol^{-1}$$

该反应宏观上不能进行,虽然升温有利于反应向右进行,但也不会有明显改观。为此可考虑加入碳:

$$C(s) + O_2(g) \longrightarrow CO_2(g) \qquad \Delta_r G_m^\theta(298) = -394.38 kJ \cdot mol^{-1}$$

由于反应发生偶合,使得反应可以自发进行。

$$TiO_2(s) + 2Cl_2(g) + C(s) \longrightarrow TiCl_4(l) + CO_2(g)$$
$$\Delta_r G_m^\theta(298) = -394.38 + 161.94 = -232.44 kJ \cdot mol^{-1}$$

又如乙苯脱氢,反应方程式如下:

$$C_6H_5C_2H_5(g) \longrightarrow C_6H_5C_2H_3(g) + H_2(g)$$

在 298K 时,$\Delta_r G_m^\theta = 83.11 kJ \cdot mol^{-1}$,该反应极难发生。当在反应中偶合第二反应 $H_2(g) + \frac{1}{2}O_2(g) \rightarrow H_2O(g)$,由于 298K 时,$\Delta_r G_m^\theta = -208.59 kJ \cdot mol^{-1}$,所以总反应转变为氧化脱氢:

$$C_6H_5C_2H_5(g) + \frac{1}{2}O_2(g) = C_6H_5C_2H_3(g) + H_2O(g)$$

在 298K 时,$\Delta_r G_m^\theta = -145.48 kJ \cdot mol^{-1}$,反应极易发生。

再如铜不溶于稀硫酸,但如果充足供给氧气,则反应可以进行:

$$Cu+2H^+(aq) \longrightarrow Cu^{2+}(aq)+H_2(g) \qquad \Delta_r G_m^\theta(298)=65.5kJ \cdot mol^{-1}$$

$$H_2(g)+1/2O_2(g) \longrightarrow H_2O(l) \qquad \Delta_r G_m^\theta(298)=-237.2kJ \cdot mol^{-1}$$

反应偶合，总反应为

$$Cu+2H^+(aq)+1/2O_2(g) \longrightarrow Cu^{2+}(aq)+H_2O(l)$$

$$\Delta_r G_m^\theta(298)=-171.7kJ \cdot mol^{-1}$$

配合物的生成往往也能促进反应的进行，如：

$$Au(s)+4H^+(aq)+NO_3^-(aq) \longrightarrow Au^{3+}(aq)+NO(g)+2H_2O(l)$$

上述反应不可能进行，但若加入盐酸，形成王水，则金会发生溶解：

$$Au^{3+}+4Cl^- \longrightarrow [AuCl_4]^-$$

1.4 合成反应动力学

对于化学合成反应，热力学可以判断反应的可能性（方向）和反应限度（平衡），动力学则研究反应速率和反应机理。

一个反应的 $\Delta_r G_m^\theta \ll 0$，即反应趋势极大，但可能进行得非常缓慢，因而没有实际的意义。如常温常压下，H_2 和 O_2 的反应生成 H_2O。在热力学上，$\Delta_f G_m^\theta(H_2O)=-237.19kJ \cdot mol^{-1}$；$\Delta_f G_m^\theta(H_2/O_2)=0$，从而可知 $\Delta_r G_m^\theta < 0$，反应可行，但在实际上是不可行的。因此，动力学研究对于合成反应具有重要意义。

1.4.1 反应速率的影响因素

如前所述，反应速率是指给定条件下反应物通过化学反应转化为产物的速率，常用单位时间内反应物浓度的减少或者产物浓度的增加来表示。在化学合成中，反应速率的影响因素包括温度、反应物浓度、溶剂和催化剂等。

1. 温度的影响

温度对化学反应速率的影响特别显著。实验表明，对于大多数反应，温度升高反应速率增大，即速率常数 k 随温度升高而增大。范特霍夫（Van't Hoff，1852—1911）根据大量的实验结果，提出一个近似的经验规律：温度每上升 10℃，反应速率变为原来的 2~4 倍。

阿仑尼乌斯（S. Arrhenius，1859—1927）根据大量实验和理论验证，提出了反应速率常数与温度的定量关系式：

$$k=Ae^{-\frac{E_a}{RT}}$$

式中：k 为速率常数；A 为指前因子，又称频率因子；E_a 为活化能，$kJ \cdot mol^{-1}$。

对上述公式进行处理可得：

$$\ln k=-\frac{E_a}{RT}+\ln A$$

显然，$\ln k-\frac{1}{T}$ 之间呈直线关系，直线的斜率为 $-\frac{E_a}{R}$，直线的截距为 $\ln A$。进一步处理，在已知某一反应在不同温度下速率常数 k 的情况下，可以转化为如下的形式，从而求得反应的活化能,并求出其他温度下的反应速率常数。

$$\ln \frac{k_2}{k_1} = 2.303 \lg \frac{k_2}{k_1} = -\frac{E_a}{R}\left(\frac{1}{T_2} - \frac{1}{T_1}\right)$$

例如:反应 $2N_2O_5 \longrightarrow 2N_2O_4(g) + O_2(g)$,已知 $T_1 = 298.15K$,$k_1 = 0.469 \times 10^{-4} s^{-1}$;$T_2 = 318.15K$,$k_2 = 6.29 \times 10^{-4} s^{-1}$,求 E_a 及 $338.15K$ 时的 k_3。

根据上述公式:

$$E_a = R \frac{T_1 T_2}{T_2 - T_1} \ln \frac{k_2}{k_1} = 102 kJ \cdot mol^{-1}$$

$$\ln \frac{k_3}{k_1} = \frac{E_a}{R}\left(\frac{1}{T_1} - \frac{1}{T_3}\right) \qquad k_3 = 6.12 \times 10^{-3} s^{-1}$$

需要注意的是,在阿仑乌斯方程中,E_a 处于方程的指数项中,对 k 有显著影响。在室温下,E_a 每增加 $40 kJ \cdot mol^{-1}$,k 值降低约 80%。温度升高,k 增大。但若温度太高,副产物可能会增加,对于放热反应($\Delta_r H_m < 0$)更应注意由于温度的上升造成平衡的移动,抵消速率提高带来的好处,因此选择合成温度要由动力学和热力学两方面来确定。

2. 反应物浓度的影响

浓度对反应速率的影响是显而易见的,但是这个影响到底怎样表达,它们之间究竟存在着什么样的定量关系呢?

根据碰撞理论,如果一个化学反应的反应物分子在碰撞中相互作用直接转化为生成物分子,则称为基元反应。对于基元反应,反应速率与反应物浓度的幂乘积成正比。幂指数就是基元反应方程中各反应物的系数。这就是质量作用定律,它只适用于基元反应。

与基元反应相对应的是非基元反应,它是非一步完成的反应,其每一步均为一基元反应。大多数化学反应实际上都属非基元反应。对非基元反应,质量作用定律只适用其中的每一个基元反应,因此一般不能直接根据非基元反应的反应方程式书写速率方程。

实际上,对于复杂反应来说,仅从总反应式是无法判断非基元反应的速率表达式的,因为总反应式表达的是一个总的反应,而忽略了中间过程,即实际起决定作用的过程往往没有在总反应式中体现出来,所以从总反应式无法确定反应的级数,同样,反应速率表达式也无法写出。

一般地说,增加反应物浓度有利于提高反应速率。反应级数越高,影响越大,只有零级反应,反应物浓度与反应速率无关。在化学合成中,利用这一原理可以选择反应的条件。例如在大环化合物的成环合成中,可用上述原理来提高收率。因为成环与成链式多聚反应同时进行,往往成环为一级反应,成链反应则级数较高。在这种情况下,反应物浓度低有利于成环。

例如,二硫醇和溴化物在乙醇中用 Na 使之闭环缩合,不按高度稀释法制备,收率仅 7.5%,而采用高度稀释法闭环,收率可提高到 55% 以上。

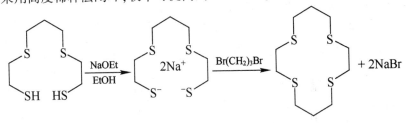

3. 溶剂的影响

在均相反应中,溶液的反应远比气相反应多。研究溶液中反应的动力学必须考虑溶剂分子所起的物理或化学的影响。

在溶液中起反应的分子,要通过扩散穿过周围的溶剂分子后才能彼此接触,反应后生成物分子也要穿过周围的溶剂分子通过扩散而离开。根据经验,这一扩散过程的活化能一般不会超过 $20kJ \cdot mol^{-1}$,而分子碰撞进行反应的活化能一般在 $40 \sim 400kJ \cdot mol^{-1}$。因此,溶剂对反应速率的影响分为两种情况:

(1)溶剂无特殊作用,只是提供一个反应介质

这一类反应,与反应物的反应活化能相比,分子的扩散活化能几乎可以忽略。对于许多在气相中和在液相中都能进行的反应,都基本上符合上述规律。特别对于单分子反应或速控步骤为单分子的反应,其速率常数与反应介质几乎无关。如 N_2O_5 在不同介质中的分解反应速率常数相当接近。

$$N_2O_5 \longrightarrow 2NO_2 + 1/2O_2(g)$$

(2)溶剂对于反应速率有明显影响,特别是包括离子的反应

对于这一类反应,溶剂的影响包括物理作用和化学作用。一般来说:

① 溶剂的介电常数对于有离子参加的反应有影响。溶剂的介电常数越大,离子间的吸引力越弱,所以介电常数比较大的溶剂不利于离子间的化合反应。

② 溶剂的极性对反应速率有影响。如果生成物的极性比反应物大,则在极性溶剂中的反应速率比较大;反之,如反应物的极性比生成物大,则在极性溶剂中的反应速率变小。

③ 溶剂化的影响。一般情况下,反应物与生成物都能或多或少地形成溶剂化物。这些溶剂化物若与任一种反应分子生成不稳定的中间化合物而使活化能降低,则可以使反应速率加快;如果溶剂分子与反应物生成比较稳定的化合物,则一般使活化能增高,降低了反应速率。

④ 离子强度的影响。在稀溶液中,如果反应物都是电解质,则反应的速率与溶液的离子强度有关。

4. 催化剂的影响

催化剂是指能显著改变反应速率,而在反应前后自身组成、质量和化学性质基本不变的物质。催化剂分为正催化剂、负催化剂和助催化剂。

在化学合成中,催化剂之所以能改变反应速率,是因为其改变了化学反应的历程,降低了反应活化能;但不改变反应的自由能,也不改变平衡常数 K^θ;缩短平衡到达的时间,加快平衡的到来。

例如,在无催化剂时,合成氨的反应活化能很高($E_a,1$),当采用铁催化剂时,反应活化能降到 $126 \sim 167kJ \cdot mol^{-1}$($E_a,2$),如图 1-1 所示。

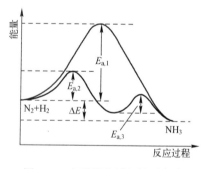

图 1-1　有无催化剂条件下合成氨反应过程示意图

1.4.2　动力学研究方法

动力学研究的直接结果是得到一个速率方程,最终的目的是要正确地说明速率方程

并确定该反应的机理(反应历程),以便有效地控制反应。

目前,反应机理的研究远不如平衡理论的研究充分、成熟,真正弄清机理的反应为数不多。因此,更要注意动力学的研究方法,以指导实际的合成工作。

1. 动力学方程的建立

对于一个化学反应,可以通过实验建立其动力学方程,一般形式为:

$$aA + bB = gG + hH$$
$$\nu = kc_a^m c_b^n \cdots$$

式中:k 为速率常数,与温度有关;m、n 为反应级数。

关于不同级数动力学方程建立的一般方法在物理化学教材中有详细的叙述,这里不再累述。

实际的化学反应的动力学方程有多种形式,例如以下的反应:

$$CrCl^{2+} = Cr^{3+} + Cl^-$$

其速率方程为:

$$\frac{-dc_{CrCl^{2+}}}{dt} = \frac{k_1 + k_2}{c_{H^+}} \times c_{CrCl^{2+}}$$

由实验建立的动力学方程为宏观动力学方程,对于指导合成反应、确定合成条件有重要的指导意义。在实验机理研究中,可以根据假设的反应历程从理论上推导动力学方程,要求对反应机理有比较深入的研究。

动力学方程是研究反应机理的有力手段,建立动力学方程的关键问题是检测化合物浓度的变化。可以采用的实验方法有很多种,如滴定法、分光光度法、膨胀测定法、压力测定法、电势测定法、电导分析法、旋光测定法等。

2. 反应机理的研究

对于某一反应历程的完全描述,涉及反应物分子在转变为产物分子过程中,所有原子作为时间函数的正确位置,但这很难从实验上直接测定。因此,要通过间接的方法来研究反应机理。

一般关于一个反应历程的问题,需要经过多方面来证明,主要包括以下方法。

1) 产物鉴定

一个反应历程提出后,必须能够从化学反应上说明全部产物及其相互之间的比例,同时对副反应所形成的产物能够给予合理的解释。

例如著名的 Sommelet 反应,卤化物如氯苄和六亚甲基四胺作用得到醛类。索姆莱曾经提出其反应历程如下:

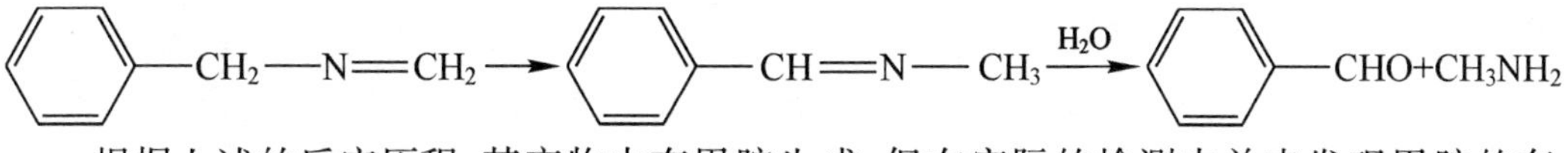

根据上述的反应历程,其产物中有甲胺生成,但在实际的检测中并未发现甲胺的存在,这说明上述反应历程的推测是错误的。

2) 中间产物的检测

实际上中间产物的测定比较困难,主要方法有:

(1) 中间体的离析:使反应停止一个短时间后从反应混合物中离析中间产物,或在极温和的条件下从反应混合物中离析中间体。

（2）中间体的检出：在许多情况下生成的中间体不能离析，但可能利用 IR、核磁共振谱等检出中间体的存在。

（3）中间体的捕获：在某些情况下，如果所猜测的中间体能和某一化合物发生特征反应，则可将此反应在某化合物存在的条件下来进行，借此来检出中间体。例如可利用苯炔和二烯类化合物发生双烯合成反应来检验苯炔的存在。

3）催化剂的研究

催化剂能加速或阻止一个反应的进行，可暗示其反应历程。如果在一反应加入过氧化物能加速反应（或被光化学所诱导，或被 HI 或氢醌所阻止），则可能为自由基历程，从而有助于反应机理的研究。

4）同位素标记

在研究反应历程时，同位素标记的方法常能提供非常有用的线索，利用同位素标记方法可以发现许多在通常条件下很难观察到的现象。

例如酯水解反应的键破裂的方式。酯类在含有重氧水中进行水解时，发现水解生成的羧酸含有^{18}O，这就证明了反应过程中发生酰氧裂解。

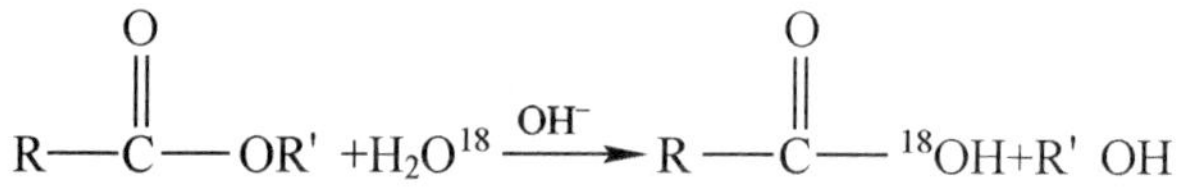

$$R—\overset{\displaystyle O}{\overset{\displaystyle \|}{C}}—OR' + H_2O^{18} \xrightarrow{\ OH^-\ } R—\overset{\displaystyle O}{\overset{\displaystyle \|}{C}}—{}^{18}OH + R'OH$$

同位素标记实验结果简单明确，但标记实验工作很困难，一般来说同位素标记的操作手续麻烦。

5）立体化学证据

对有机反应来说，立体化学是一个常用判别反应历程的方法。例如：可以由反应过程前后光学活性改变的情况来考查所提出的历程是否正确。

例如亲核取代反应：

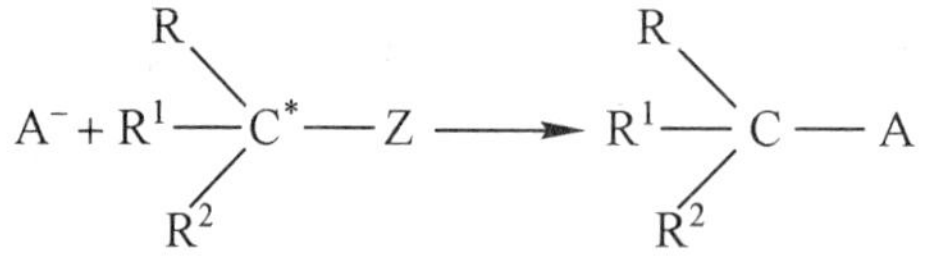

$$A^- + R^1—\overset{\displaystyle R}{\underset{\displaystyle R^2}{C^*}}—Z \longrightarrow R^1—\overset{\displaystyle R}{\underset{\displaystyle R^2}{C}}—A$$

对于某些化合物，这个反应是一级的，原来具有光学活性的化合物在反应后成为没有光学活性的外消旋体（S_{N1}）。而对于另一些化合物，此反应为二级的，在反应过程中发生了构型的反转（S_{N2}）。

综上所述，一个反应可能提出多个"合理"的历程（即都与已有实验事实相符合），那么如何选择和确定反应历程呢？可以按照以下原则来处理：①尽量简化，这个原则适用于任何科学解释；②多步历程，单元反应必为单分子或双分子反应；③每一步必须是能量上能进行的，应用键能或其他热力学数据，通常能确定哪一个动力学过程更为有利；④每一步必须是化学上合理的。

1.5　高等合成化学的内容

合成化学的主要任务是合成新化合物，改进现有化合物的合成路线，发展新的合成方法与技术。从广义上讲,合成化学的研究对象包括材料的制备。随着科技的发展,以合成化学为基础的化学品与各类材料的制造、开发在各领域中起着关键作用。因此,合成化学对于化学、材料等学科的发展有着重要的意义。

化合物(或材料)的合成涉及合成目标的确定、合成路线的设计、合成实验、鉴定和表征等诸多方面。随着先进实验方法和技术的出现,以及合成化学的开发和实际应用的不断增加,现代合成化学已经摆脱经验性摸索,建立起现代合成化学结构合理的内容体系,即以现代化学原理(物质结构理论、化学热力学、动力学理论)为指导的分子设计;以原子经济性、环境协调性为目标的绿色化学和组合化学合成路线设计;以现代光、电、磁、热的自动控制为条件的合成技术;以无机化合物、有机化合物、高分子化合物为制备对象的各种合成方法。

但在实际的研究工作中,在遵循基本原则的前提下,如何快速、高效、低消耗地合成出目标化学物,一直是科研工作者追求的目标。

对于结构简单的化合物,可以通过结构类比,选择合适的原料与反应,找到切实可行的路线,从而拟定出具体的合成路线;对于结构复杂的化合物,往往需要进行多步骤的合成,合成路线很不明朗。以有机合成为例,有机反应的种类繁多,每种反应又有自身的应用范围和局限性,给合成路线的设计带来许多不确定的因素。选择怎样的合成路线,采用哪种合成技术是必须考虑的问题。

因此,本书从合成化学的基本概念和原理讲起,重点介绍现代合成化学的新方法和新技术,内容涉及无机、有机和高分子化合物的合成方法。

练 习 题

1-1 如何利用热力学判据来判断反应的方向性?

1-2 从热力学的角度考虑,升高温度对什么样的反应有利?

1-3 举例说明何为反应偶合。

1-4 为什么常常希望反应在溶剂中进行? 溶剂的作用是什么?

1-5 溶剂极性对反应速率有什么影响?

1-6 谈谈当你接到一个合成课题时,你将如何开展工作。

第 2 章　无机合成方法

无机化合物是指与机体无关的化合物(少数与机体有关的化合物也是无机化合物如水),与有机化合物相对应,通常指不含碳元素的化合物,但包括碳的氧化物、硫化物、碳酸盐、氢化物等,简称无机物。

无机合成又称无机制备,是研究无机物质(包括单质、化合物和复合物)及其不同物态如单晶态、多晶态、非晶态、超微粒子、纤维、薄膜等的合成原理、合成技术、合成方法及对合成产物进行分离提纯及鉴定和表征的一门学科。无机合成的主要任务是合成新的无机物及研究新的合成方法。

随着社会的发展和科学技术的进步,无机合成的内涵逐步扩大,其内容已从常规经典合成进入到大量特种实验技术与方法下的合成,发展到开始研究特定结构与性能无机材料的定向设计合成与仿生合成等,已成为推动无机化学及有关学科发展的重要基础,在现代人类的衣食住行、生存环境的保护和改善,以及国防现代化等方面都起着极其重要的作用。就合成方法而言,无机合成包括经典合成方法、软化学和绿色合成方法、特殊合成方法、极端条件下的合成方法。其中,特种合成技术和操作的应用,使大量新的合成路线和方法应运而生。

本章重点介绍具有代表性的无机新材料合成技术,包括非水溶剂中的无机合成、低温条件下的无机合成、高温条件下的无机合成、水热与溶剂热合成、溶胶-凝胶法合成、电化学合成等合成方法。

2.1　概　　述

2.1.1　无机合成的意义

随着新兴学科和高技术的发展,作为合成化学中不可或缺的组成部分,无机合成化学不仅是无机化学学科的一个重要分支,其与新材料的结合也成为当前无机化学领域最新的发展方向之一。无机材料的使用自古以来就是人类文明进步和时代划分的标志。如果说石器、青铜器、铁器的使用是古代社会人类文明进步的见证,那么采用化学方法合成的新型无机材料的使用则是近代文明发展的标志。无论是火药、陶瓷的发明、金属的冶炼,还是高温超导材料、生物陶瓷、超硬材料以及信息与能源转换材料的合成及其应用都是无机合成化学的重要成就。无机合成化学对人类社会的发展起着重要的促进作用。

1. 新能源开发

人类社会的存在和发展是与能源密不可分的。然而地球上储存的矿物能源已越来越少,尚未开采的原油储藏量已不足 2 万亿桶,可供开采时间不大于 95 年。在 2050 年前,世界经济的发展将越来越多地依赖煤炭。

面对能源危机,人类需要采取开源节流战略,一方面节约能源,提高现有能源利用率;另一方面开发新能源。目前正在研究开发的新能源有磁流体发电、潮汐发电、风力发电、太阳能和核能的利用、燃料电池等。这些新的发电和能量转换技术需要解决一系列材料问题:如磁流体发电需要特殊导体材料作电极;潮汐发电需要耐冲刷、抗腐蚀性良好的结构材料;太阳能转换成电能、热能,需要转换效率高的光电或光热转化材料,耐用、便于制造、性能稳定的反射材料和选择性涂层材料,以有效地集聚光能;核能需要控制核反应的控制材料和防止核辐射的结构材料;燃料电池需要解决固体电解质材料问题。

2. 空间科技

空间科技的发展,创造了巨大的物质和精神财富。卫星作为传递信息的枢纽,引起了通信体制的根本改变。通过各类应用卫星进行侦察、预警、导航、广播、考察、预报、测绘等,可以获得巨大的军事价值和经济效益。

空间科技的发展离不开火箭、人造卫星、飞船等航天器。这些航天器是用各种功能材料建造的。由于航天航空的特殊环境,制造航天器的材料需要具有各种特殊性能。如火箭发动机的喷嘴温度超过 4000℃,具有腐蚀性,燃烧室内压力高达 20MPa,因此需要采用隔热性好、比热容大、潜热大的耐高温烧蚀材料。飞船或航天飞机在返回地球时,大气层与航天器间的摩擦作用使表面温度达到 2000℃左右,需要采用耐高温的防隔热材料。总之,各种耐高温材料、高温结构材料、烧蚀材料和涂层材料的发展,对空间技术的发展起了巨大的推动作用。

3. 微电子技术

20 世纪中叶,单晶硅和半导体晶体管的发明及其硅集成电路的研制成功,导致电子工业革命,随后石英光导纤维材料和 GaAs 激光器的发明,促进了光纤通信技术的迅速发展,使人类进入了信息时代。以半导体材料和器件为基础的微电子技术,对现代工业、国防、科学技术等产生了巨大的影响。

微电子技术的基础是无机半导体材料,按其化学成分和内部结构可分为元素半导体(如 Ge、Si、Se、B、Te、Sb)、化合物半导体(如 GaAs、InP、InSb、SiC、CdS 等)和无定形半导体材料(如氧化物玻璃和非氧化物玻璃)等三类。此外,微电子技术需要的高频绝缘材料、荧光材料、场致发光材料和衬底用材料等,几乎都属于新型的无机材料。迅猛发展的纳米材料合成技术将会对微电子技术的发展起着巨大的促进作用。

4. 红外技术

红外技术在军事和国民经济各部门有巨大的应用价值。20 世纪 50 年代半导体物理学的发展,推进了以 PbS 为开端的光电型红外探测器的发展;20 世纪 60 年代中叶起,红外探测器向两个方向发展:一是在 $1 \sim 14 \mu m$ 范围内,由单元向多元发展;二是响应波段向长波延伸,从几十微米到几百微米以至几千微米。

红外光是波长介于可见光与微波之间的电磁波(但目前能利用的波段仅仅是 $0.75 \sim 13 \mu m$ 的近红外和中红外波段)。对这一波段敏感、具有透过和反射性能的各种材料,是制造红外装置的核心。已研制和大量使用的包括 PbS、HgCdTe、InSb、InSbAs、PbTe、PbEuTe、ZnS、ZnSe 等半导体材料和 Ag_2TaO_4、$PbGeO_3$、$PbTiO_3$ 等铁电晶体或多晶体。透过红外的窗口材料是红外装置上需要的另一种重要材料,包括 Ge、Si、Se、Mg_3N_2、Ca_3N_2、ZnS 等各种无机单晶、多晶材料。制造红外光谱仪的分光棱镜也需要用到各种红外分光晶体,材料主要包括水晶和 Ca_3N_2、NaCl、KBr 等碱金属、碱土金属的化合物晶体。

5. 激光技术

激光是一种受激发射而放大的特殊光源,具有亮度高、单色性好、聚能与方向性强等特点。激光技术被认为是继量子物理学、无线电技术、原子能技术、半导体技术、电子计算机技术之后的又一重大科学技术新成就。

激光技术的发展与材料有着密切的联系。其中,稀土激光材料因其特殊的电子组态、众多可利用的电子能级和光谱特性,成为国内外研究、开发和应用最活跃的体系,相继研制出了掺钕钨酸钙、钇铝石榴石、铝酸钇、过磷酸钕和各种氟化物晶体等。但目前有实用价值的仅有红宝石、钇铝石榴石和钕玻璃等少数几种。其原因主要是其他工作物质的转换效率低,又难以得到尺寸大且质量均匀的晶体。所以,研发质量更好的工作物质是激光技术发展的一项重要任务。

综上所述,现代科学技术的发展需要各种各样的无机功能材料,它们相互依存、相互促进,彼此密切相关。而各种无机功能材料均需依靠近代无机合成技术制备,以满足科学技术发展的需要。

2.1.2 无机合成的研究内容

随着合成化学、特种合成实验技术和结构化学、理论化学等的发展,生命、材料、计算机等相邻学科的交叉、渗透,以及实际应用上的需求,无机合成的内涵已被大大扩充,其内容已从常规经典合成进入到大量特种实验技术与方法下的合成,发展到开始研究特定结构与性能无机材料的定向设计合成与仿生合成等。

1. 特定结构或特殊凝聚态无机材料的合成及相关技术的研究

材料的性能与物质的结构密切相关,即使由相同的元素组成的物质,结构不同,其性质也会有明显的不同,如石墨和金刚石等。物质的性质也受聚集状态调控,如体材料与纳米级材料,多晶和单晶材料,球形纳米粒子与纳米棒、纳米线、纳米管等。此外,通过材料之间的复合、组装与杂化而形成的各种无机功能材料,因其独特的性能和广泛的应用前景而成为现代无机合成研究的对象之一。

有机合成主要是分子层次上反应和加工;无机合成主要注重晶体或其他凝聚态结构上的精雕细琢。因此,无机合成与制备的一个重要任务是开发新合成反应、制备路线与技术,把这类材料精雕细琢成具有特定结构与聚集态的无机物或其相关材料,了解和掌握其相关的合成规律与基础理论,并进一步用来指导具有特定结构或聚集态的无机材料的合成。

2. 极端条件下无机材料的合成和相关技术的基础性研究

许多物质需要在极端条件下(如超高压、超高温、超高真空、超低温、强磁场或电场、失重、激光、等离子体等)才能被合成。

极端条件下合成的物质在性质上往往表现出明显不同于温和条件下合成的物质。如太空中的高真空、无重力的情况下,可以合成出无位错的高纯度晶体;在超高压下,许多物质的禁带宽度及内外层轨道的距离均会发生变化,从而使元素的稳定价态与通常条件下有所差别;在中温中压水热条件下,可以合成出具有特定价态、特殊构型与形貌的晶体,从而替代或弥补目前大量无机功能材料的高温固相反应的不足。

因此,开拓极端条件下合成新化合物、新物相与新物态的方法与路线,对材料科学的发展具有重大的促进作用和现实意义。

3. 生物矿化与仿生合成技术及其在无机材料合成中的应用研究

从分子层次上实现对化学反应的控制是化学家长期以来不断追求的目标。生物体具有这样的能力,且在生物体内形成的无机矿物在结构与功能上也明显优于普通化学沉淀法生成的矿物。

生物矿化作用广泛存在于生物界,所生成的矿物在生物体中承担听觉感受、重力感受、利用地球磁场导航、临时储存离子、硬化和强化特定生物组织等多种作用。生物矿化的过程是一个天然存在的高度控制过程,受生物机体内在机制调控,可以实现从分子水平到介观水平上对晶体形状、大小、结构、取向和排列的精确控制和组装,从而形成复杂的分级结构,具备特殊的光、磁和力学性能。

近年来,生物矿化的这种自装配、分级结构、纳米尺度的特征受到了来自化学、物理、材料和生物等多个领域科学家的关注,使以模拟生物矿化来制备精密、复杂无机材料的仿生合成成为 21 世纪合成化学中的前沿领域之一。

4. 组合化学在无机材料制备领域的应用研究

组合化学也称组合合成、组合库和自动合成法,是一门集合化学、组合数学和计算机辅助设计等多学科交叉形成的一门边缘学科。组合化学可定义为利用组合论的思想和理论,将构建单元通过有机/无机合成或化学法修饰,产生分子多样性的群体库,并进行优化选择的科学。

组合化学在无机功能材料的设计、制备和功能筛选上应用广泛。无机功能材料的制备,除固相反应等常用的制备方法外,还包括离子溅射、激光沉积、金属有机化合物气相沉积等物理方法。所制材料本身也发生了较大的变化,如尺寸从体相深化到纳米相,且更注重材料的形貌及表面/界面特性,组成也更趋复杂;此外,还包括复合材料、杂化材料的制备研究。

高效地设计和制备需要的材料体系,并调控体系的组成、相态和形貌,确定其功能特性,从中筛选出所需的功能材料,一直是材料科学工作者追求的目标。组合化学在无机功能材料的设计、制备和功能筛选上恰好满足上述要求。与传统的制备方法相比,组合合成法具有可大范围调控材料的组分,利用最少的步骤同时合成和筛选大量材料,降低材料制备过程的环境污染等方面的优点,已开始应用于高技术功能材料的研究和开发,并显露出巨大的发展潜力。由于材料领域的科学家更多关注组合化学在具有特殊光、电、磁和催化等性质的化合物及合金化合物等领域的研究,因此其在无机合成领域的范围更加宽广。

5. 节能、洁净、经济等绿色合成反应与工艺的基础性研究

20 世纪 90 年代初,化学家提出了与传统治理污染不同的绿色化学的概念。几十年来,绿色化学、环境温和化学、洁净技术、环境友好过程等不仅成为众多化学家关心的研究领域,甚至已开始为普通的大众所接受。合理选择使用无毒性化学品、具有生态相容性的溶剂和可再生材料成为绿色化学研究的重要组成部分。关于绿色化学的概念、目标和基本原理等也都逐步明确,初步形成了一个多学科交叉的新的研究领域。

随着学科交叉渗透的不断深入和人类对生存环境的要求日益提高,材料合成中的绿色化学将发挥着重要的作用。

2.1.3 无机合成中的若干问题

1. 无机合成化学与反应规律问题

根据元素周期表,自然界中存在约120多种元素,由这些元素所组成的化合物多达1300多万种(其中很多并不在自然界中存在,是通过人工方法合成的)。这些化合物的组成不同,其性质不尽相同,合成方法也因原料、产物性质、对产品性能的要求不同而异,同种化合物又有多种制备方法。

因此,无机合成中不可能逐一讨论每种化合物的合成方法,而应该在掌握无机元素化学及化学热力学、动力学等知识的基础上,归纳总结合成各类无机化合物的一般原理、反应规律,特别是对主要类型的无机化合物或无机材料如酸、碱、盐、氧化物、氢化物、精细陶瓷二元化合物(C、N、B、Si 化合物)、经典配位化合物等的一般合成规律,了解其合成路线的基本模式,才有可能减少工作中的盲目性,设计合理或选择最优的路线,合成出具有一定结构和性能的新型无机化合物或无机材料,改进或创新现有无机化合物或材料的合成途径和方法。

2. 无机合成中的实验技术和方法问题

无机化合物或材料种类繁多,合成方法也有许多,大体包括以下六种方法:电解合成法(如水溶液电解和熔融盐电解)、以强制弱法(包括氧化还原的强氧化剂、强还原剂制弱氧化剂、弱还原剂和强酸强碱制弱酸弱碱)、水溶液中的离子反应法(如气体的生成、酸碱中和、沉淀的生成与转化、配合物的生成与转化等)、非水溶剂合成法、高温热解法和光化学合成法等。

现代无机合成中,为了合成特殊结构或聚集态(如膜、超微粒、非晶态等)及具有特殊性能的无机功能化合物或材料,越来越广泛地应用各种特殊实验技术和方法:高温和低温合成、水热–溶剂热合成、高压和超高压合成、放电和光化学合成、电氧化还原合成、无氧无水实验技术、各类化学气相沉积技术、溶胶–凝胶技术、单晶合成与晶体生长、放射性同位素合成与制备及各类重要的分离技术等。例如:大量由固相反应或界面反应合成的无机材料只能在高温或高温、高压下进行;具有特种结构和性能的表面或界面的材料如新型无机半导体超薄膜,具有特种表面结构的固体催化材料和电极材料等需要在超高真空下合成;大量低价态化合物和配合物只能在无氧无水的实验条件下合成;大量非金属间化合物的合成和提纯需要在低温真空下进行,等等。

3. 无机合成中的分离问题

产物的分离、提纯是合成化学的重要组成部分。合成过程中常伴有副反应发生,很多情况下合成一个化合物并不困难,困难的是从混合物中将产品分离出来。另外,通过化学反应制得的产物常含有杂质,不符合纯度要求,因此对合成产物必须进行分离提纯,以满足现代技术发展的需要,如超纯试剂、半导体材料、光学材料、磁性材料、用于航天航海的超纯金属等。

无机合成中分离和提纯的方法有很多种,除去传统的重结晶、分级结晶和分级沉淀、升华、分馏、离子交换和色谱分离、萃取分离等方法外,尚需采用一系列特种的分离方法,如低温分馏、低温分级蒸发冷凝、低温吸附分离、高温区域熔炼、晶体生长中的分离技术、特殊的色谱分离、电化学分离、渗析、扩散分离、膜分离技术和超临界萃取分离技术等,以及利用性质的差异充分运用化学分离方法等。具体的分离和提纯方法参见有关教材和专业书籍。

4. 无机合成中的结构鉴定和表征问题

无机材料和化合物结构的鉴定、表征既包括对合成产物的结构确证,又包括特殊材料结构中非主要组分的结构状态和物化性能的测定。为进一步指导合成反应的定向性和选择性,有时还需对合成反应过程中间产物的结构进行检测。

目前常用结构鉴定和表征方法除各种常规化学分析外,需要使用一些结构分析仪器和实验技术,如:形貌测试的扫描电子显微镜、透射电子显微镜、原子力显微镜等;结构分析的 X 射线粉末衍射、X 射线光电子能谱、俄歇电子能谱、能量散射谱、低能电子衍射等;各类光谱如可见、紫外、红外、拉曼、核磁等以及差热、热重分析等。具体的各种测试表征方法参见有关教材和专业书籍。

2.2　非水溶剂中的无机合成

溶剂在化学合成中具有重要作用,包括以下四个方面:①反应物与溶剂形成稳定的溶液,可使反应物混合均匀,紧密接触;②在溶剂中可以有效控制反应的速度;③利用反应物、产物及副产物在溶剂中溶解度的不同,进行分离;④有利于准确测定反应体系中各个物种的物质量。因此,溶剂不能对溶质产生化学反应,对溶质而言,溶剂必须是惰性的。

众所周知,大多数无机化学反应主要是在水溶液中进行的。这是因为水具有便宜、稳定、有适宜的流液态范围等优点,容易达到高纯,能溶解的物质多。但是,很多物质在水溶液中易与水发生化学反应,需要使用非水溶剂替代水。而且,当以其他溶剂代替水时,许多在水中不能发生的反应,在其他溶剂中则可以发生或者向相反方向进行,因此研究非水溶剂中的合成化学有重大意义。

应用和研究非水溶剂的化学前景非常广阔。有机化学工作者应用非水溶剂进行有机合成,发展了大量有机及无机的非水溶剂如 H_3SO_3F、HF 等;生物化学工作者常用一些非水溶剂作为某些生物化学反应的介质;冶金工作者对于不能用电解其盐水溶液来制取的活泼性强的金属,发展了熔融盐电解来制取碱金属、碱土金属及铝等活泼金属,使得高温熔融物体系作为一大类非水溶剂发展起来;分析化学工作者应用非水溶剂分析测定在水溶液中不能进行测定的物质。此外,非水溶剂用于无机合成,主要用于制取那些在水溶液中不能制备的物质,萃取分离技术也广泛应用各种非水溶剂。

2.2.1　溶剂的分类

到目前为止,研究过的溶剂有很多种,其熔点范围从 $-100 \sim 1000\,℃$,甚至更高,分类的方法也多种多样。以溶剂亲质子的性能为依据,一般来说可分为如下三类:质子溶剂、惰性溶剂和熔盐。

1. 质子溶剂

这类溶剂分子中有可迁移的 H 原子,都有自偶电离,并能溶解盐类形成导电的溶液。

其自偶电离是通过溶剂的一个分子把自身的一个质子转移到另一个分子上而进行的,形成一个溶剂化的质子和一个去质子的阴离子。例如:

$$2H_2O \rightleftharpoons H_3O^+ + OH^-$$

$$2NH_3(l) \rightleftharpoons NH_4^+ + NH_2^-$$

根据酸碱质子理论及其共轭关系,上例中 NH_4^+ 可以看作是酸类,NH_2^-(氨基阴离子)可以看成是碱类。将酸碱的概念推广到某些非水溶剂的溶液体系,则可定义为:当一种溶质溶解于某一溶剂中时,若电离出来的阳离子与该溶剂本身电离出来的阳离子相同,这种溶质是酸;若电离出来的阴离子与该溶剂本身电离出来的阴离子相同,则该溶质是碱。

质子溶剂是一些酸碱化合物,其酸碱度强度不同,使溶质分子质子化和去质子化能力也不同。根据溶剂亲质子的性能不同,质子溶剂又分为三类:

(1) 碱性溶剂:容易接受质子、形成溶剂化质子的溶剂。例如氨、肼、胺类及其衍生物、吡啶及某些低级醚类。

(2) 酸性溶剂:易给出质子,但很难与质子结合为溶剂化质子的溶剂。例如无水 H_2SO_4、醋酸、氟化氢等。

(3) 两性溶剂:既能接受质子,又能给出质子的溶剂。水和羟基化合物是这类溶剂的突出代表,液氨和醋酸也可以是两性的。

2. 非质子溶剂(惰性溶剂)

非质子溶剂又称非质子传递溶剂,此类溶剂的质子自递反应极其微弱或无自递倾向。用作溶剂时,既不给出质子,又不接受质子。

非质子溶剂根据极性大小分为极性溶剂和非极性溶剂。通常应用介电常数或偶极矩定量地表示溶剂的极性。

1) 极性非质子溶剂

一般把介电常数 ε 大于 15 的溶剂称为极性溶剂,ε 小于 15 的溶剂称为非极性溶剂。极性溶剂尽管其极性较大,但电离程度不大,是良好的溶剂化和离子化介质,对电解质是中等或良好的溶剂。如二甲基亚砜、丙酮、二甲基甲酰胺、乙腈、二氧化硫等。这类溶剂大多为碱性溶剂,对阳离子和其他 Lewis 酸性中心的配位势很强,易形成配合物,是很好的配位溶剂。

2) 非极性非质子溶剂

这类溶剂分子没有极性或呈弱极性,介电常数小,不能自偶电离,基本上不溶剂化,是非极性化合物的良好溶剂,极性化合物和离子化合物的不良溶剂。如苯、四氯化碳、环己烷等。

3) 两性非质子溶剂

与前两者不同之处在于分子极性极高,能发生自偶电离,且其盐溶液可以导电,如 BrF_3、$NOCl$、$POCl_3$、AsF_3 等。

3. 熔盐

从液体结构看,熔盐可以分为两类:

(1) 离子键化合物的熔盐:如碱金属卤化物,熔融时它们很少发生变化,因存在大量的离子,这些熔盐是很好的电解质。

(2) 以共价键为主的化合物的熔盐:例如 HgX_2,这些化合物熔融后可以发生自身电离。

$$2HgX_2 = HgX^+ + HgX_3^-$$

24

2.2.2 溶剂的性质

1. 溶剂的物理性质

溶剂的物理性质,在很大程度上决定其适用范围。这些性质主要包括熔点和沸点、熔化热和气化热、介电常数、黏度以及电导率等。

1)熔点和沸点

通常要求在溶剂体系中进行的化学反应能在常压下保持液态,以便于操作和经济性。一种溶剂在常压下熔、沸点的温度范围,是该溶剂在常压下的液态范围。

如果在常温、常压条件下是非液体状态的,可以通过改变条件使之成为液体状态,但这必然增加操作上的困难,甚至会对反应和测试产生影响。所以在选择溶剂时,液态范围是必须考虑的因素之一。

2)熔化热和气化热

熔化热和气化热两个物理常数,既确定了状态转化时的能量关系,也直接关系到凝聚相中分子间缔合作用的性质和强弱,是衡量一种液体能否作为合适的溶剂的因素之一,是物质中微观粒子相互作用力大小的一种表现。

特鲁顿(Trouton)常数=物质的汽化热(J·mol^{-1})/物质的沸点(K)

一般而言,特鲁顿常数为 89.9 的液体称为正常液体,液体中粒子之间为正常状态。特鲁顿常数大于 89.9 时,液体中粒子之间为缔合状态。例如分子间存在较强氢键的 H_2O、NH_3、HF 等液体。

3)介电常数

介电常数是溶剂分子极性大小(偶极矩大小)的体现,一般用 ε 表示。按库仑定律,两个带电粒子间的作用力为:

$$F = \frac{Q_1 Q_2}{4\pi\varepsilon r^2} = \frac{Q_1 Q_2}{4\pi\varepsilon_r \varepsilon_0 r^2}$$

式中:ε_0 为真空介电常数,$\varepsilon_0 = 8.854 \times 10^{-12} F \cdot m^{-1}$;$\varepsilon_r$ 为相对介电常数,$\varepsilon_r = \varepsilon/\varepsilon_0$。

溶剂的介电常数可以作为其极性的度量,从而估计极性及非极性物质在其中的溶解性。根据库仑定律:介电常数越大,两点电荷之间的作用力就越小。高介电常数的溶剂能降低离子晶体中正、负离子间的吸引力。从而可以推断:离子型的物质易溶于介电常数比较大的溶剂,而难溶于低介电常数的溶剂。例如:H_2O 和液氨 NH_3 的 ε_r 分别为 80 和 22,含有高价阴离子如 S^{2-}、SO_4^{2-}、PO_4^{3-}、CO_3^{2-} 的盐很难溶于液氨溶剂。

卤化物在水中的溶解度一般为 $F^- > Cl^- > Br^- > I^-$;在液氨中的溶解度则为 $F^- < Cl^- < Br^- < I^-$。其原因是从氟到碘的离子性减弱,共价性增强。

4)其他参数

黏度:不同的液体在重力作用下流动速度不同,这是由它们的黏度决定的。溶剂黏度对化学反应的影响主要在以下几个方面:影响反应速度,增加粒子迁移的难度,增加非化学过程(沉淀、结晶、过滤等)的处理难度等。

电导率:电导率也是选择溶剂的一个重要参考因素。其重要性主要体现在两个方面:一是溶剂的纯度,对非导电溶剂而言,可用电导率的大小表征溶剂的纯度;二是溶剂自身电离程度的量度。

2. 溶剂的酸碱性质

物质的酸碱性和酸碱理论是化学基础理论的组成部分。非水溶剂化学的发展是和酸碱理论的发展联系在一起的。

1）酸碱理论

人类对于酸碱的认识经历了漫长的时间,最初将有酸味的物质称作酸,有涩味的物质称作碱。17世纪,英国化学家波义耳(R. Boyle,1627—1691)在大量实验的基础上,提出了最初的酸碱理论。随后,酸碱理论的发展经历了酸碱电离理论、酸碱溶剂理论、酸碱质子理论、酸碱电子理论和软硬酸碱理论等阶段。

其中,丹麦化学家布朗斯特(J. N. Bronsted,1879—1947)和英国化学家劳里(T. M. Lowry,1874—1936)在1923年提出了酸碱的质子理论。根据定义,任何能释放质子的物种都叫做酸,任何能结合质子的物种都叫做碱。酸是质子给予体,碱是质子接受体。酸失去一个质子后形成的物种叫做该酸的共轭碱,碱结合一个质子后形成的物种叫做该碱的共轭酸,即:

$$A(酸) \rightleftharpoons B(碱) + H^+$$
$$质子给予体 \quad 质子接受体$$

式中:A为B的共轭酸;B为A的共轭碱。

典型的酸碱反应是质子从一种酸转移到另一种碱的过程,反应自发方向是由强到弱。

酸碱质子理论最明显的优点是将水离子理论推广到所有的质子体系,不管它的物理状态是什么,以及是否存在溶剂。

2）溶剂酸碱性及对溶液酸碱性的影响

对溶质酸碱性的评价,过去大多以水为溶剂来表示溶质的酸碱性。实际上,溶质的酸碱性决定于内、外两方面的因素,与溶质的本质(组成)有关,也与该物质所处的环境(溶剂)有关。

同一种溶质在不同介质条件下的酸碱性不同,甚至相反。例如:醋酸在水溶液中为弱酸,在液氨中为强酸,在无水硫酸中则表现为碱。

(1)溶剂的自身电离作用:

$$2HS = H_2S^+ + S^-, K = \frac{[H_2S^+][S^-]}{[HS]^2}$$

由于多数溶剂自身电离的倾向都很小,$[HS]^2$可以看作常数。令$K_s = K[HS]^2$,则

$$K_s = [H_2S^+][S^-] = [H^+][S^-]$$

式中:K_s为溶剂的离子积常数,又称质子自传递常数,原因是溶剂的自身电离过程实质上是溶剂分子间的质子传递过程。

溶剂质子自传递常数K_s值的大小,只表明溶剂自身电离的程度,并不说明溶剂本身的酸碱性及其强弱。可以水为参照,从溶质的亲质子性能来加以比较。任何亲质子能力比水强的溶剂,都比水易接受质子,是比水强的碱性溶剂;亲质子能力比水弱的溶剂,比水易给出质子,是比水强的酸性溶剂。

利用这样的对比可以区分溶剂本身的酸碱性强度,从而推测溶剂对溶质酸碱性质及其酸碱强度的影响。

26

（2）在质子溶剂中溶质酸碱的电离。按照质子论，溶于某质子溶剂 HS 的酸 HA，必能将质子转移给溶剂分子：

$$HA+HS \rightleftharpoons H_2S^+ + A^-, K_a = \frac{[H_2S^+][A^-]}{[HA]} = \frac{[H^+][A^-]}{[HA]}$$

质子酸的共轭碱 A^- 也可以从溶剂接受质子：

$$A^- + HS \rightleftharpoons HA + S^-, K_b = \frac{[HA][S^-]}{[A^-]}$$

（3）溶液的酸碱性。在质子溶剂中，pH 值的范围是由溶剂的 pK_s 值决定的，pK_s 值越大，可能的 pH 值变化范围越宽。质子溶剂中酸酸 pH 值范围示意如图 2-1 所示。

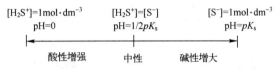

图 2-1　质子溶剂中酸碱 pH 值范围示意图

3）酸碱强度的定量表示（Hammett 经验公式）

酸碱的强度可以采用 Hammett 经验公式定量表示：

$$H_0 = pK_a = \lg(C_B / C_{BH^+}), \quad H_- = pK_a + \lg(C_{B^-} / C_{BH})$$

式中：H_0 为一种溶液从阳离子酸 BH^+ 中移去质子的能力；pK_a 是酸的电离常数的负对数；C_B、C_{BH^+} 分别为溶液平衡时酸与其共轭碱的浓度。

4）超强酸概念

超强酸是比 100%H_2SO_4 还要强的酸，即 $H_0 < -11.93$ 的酸。在物态上超强酸可分为液态与固态。液态超强酸 H_0 为 $-20 \sim -12$，固体超强酸 H_0 为 $-16 \sim -12$。如：HSO_3F 的 $H_0 = -15.07$；$H_2S_2O_7$ 的 $H_0 = -14.14$；SbF_5(90% mol) 与 HSO_3F(10% mol) 混合酸的 $H_0 = -27$。

$$SbF_5 + 2HSO_3F \rightleftharpoons \left[\begin{matrix} & F & & F \\ F & & Sb & & F \\ & F & & F \end{matrix}\right]^- SO_3 + H_2SO_3F^+$$

$H_2SO_3F^+$ 非常容易给出质子甚至可以使链烃先结合质子，然后脱掉 1mol H_2，生成正碳离子：

$$R_3CH + H_2SO_3F^+ \rightleftharpoons R_3CH_2^+ + HSO_3F \rightleftharpoons R_3C^+ + H_2 + HSO_3F$$

超酸有非常重要的用途，由于超酸具有高强度的酸性，酸度函数在 $-11.93 \sim -27.0$ 范围，且有很高的介电常数，因此能使某些非电解质成为电解质，能使一些弱的碱质子化（得到质子），上述烷烃正碳离子的生成就是一个典型的实例。

超酸可以作为良好的催化剂，使一些本来难以进行的反应在较温和的条件下进行，如在饱和烃的裂解、重聚、异构化、烷基化反应中被广泛应用。本书第 5 章中实验 5.2.7 即为固体超强酸的制备与表征。

3. 溶剂的拉平效应和区分效应

1）拉平效应

将几种酸分别溶于同种溶剂中时，如果酸中的质子均完全解离变为溶剂化质子，则这几种酸在这一溶剂中均表现为强酸,就称这些酸被溶剂拉平,即它们原有的酸性强度差别因溶剂无法区别而被拉平。这种将各种不同酸的强度拉平到溶剂化质子水平的作用称为拉平效应。

实验证明,$HClO_4$、H_2SO_4、HCl 和 HNO_3 的酸强度是有差别的,其强度顺序为 $HClO_4 > H_2SO_4 > HCl > HNO_3$,但在水溶液中区分不出它们的强度差别。因为强酸在水溶液中给出质子的能力都很强,水的碱性已足够接受这些酸给出的质子,只要这些酸的浓度不是太大,则它们将定量地与水作用,全部转化为 H_3O^+,如 $HClO_4 + H_2O \rightarrow H_3O^+ + ClO_4^-$ 等,即酸的强度全部被拉平到 H_3O^+ 的水平。水是 $HClO_4$、H_2SO_4、HCl 和 HNO_3 的拉平溶剂。

例如,水溶液中 HCl 和 HAc 的强度不同,但在液氨中二者的强度差异消失,即被液氨拉平到 NH_4^+ 的强度水平。因此,液氨是 HCl 和 HAc 的拉平溶剂。

2) 区分效应

能够区分酸(碱)的强弱的作用称区分效应。具有区分效应的溶剂称区分性溶剂。例如,$HClO_4$、HI、HBr、HCl 在水中完全按下式解离:

$$HX + H_2O \longrightarrow H_3O^+ + X^-$$

四种酸均表现为强酸性,在水溶液中这些酸被拉平;但在冰醋酸中,四种酸的酸性强度:$HClO_4 > HI > HBr > HCl$。$HClO_4$ 仍为强酸,HI、HBr、HCl 表现为弱酸,冰醋酸是上述四种酸的区分性溶剂。

在分析化学中,利用溶剂的拉平效应和区分效应,可使某些在水溶液中不能进行的酸碱滴定反应,能在非水溶剂中进行。例如,苯酚在水溶液中不能直接用强碱滴定,但利用拉平效应可在乙二胺中滴定。HCl 和 $HClO_4$ 的分别滴定可在甲基异丁酮中进行,这是应用区分效应的一个例子。

综上所述,在碱性较强溶剂中酸易被拉平,应选择弱碱性溶剂区别酸的相对强弱;在酸性较强溶剂中碱易被拉平,应选择弱酸性溶剂区别碱的相对强弱。

2.2.3 常见的非水溶剂

1. 常见的质子溶剂

常见的质子溶剂包括水、液氨、醋酸、无水硫酸、液态氟化氢等,其基本物理常数如表 2-1 所示。

表 2-1 几种质子溶剂的物理常数(298K 或表明温度)

溶剂	相对介电常数	熔点/℃	沸点/℃	电导率/$S \cdot m^{-1}$	黏度/$Pa \cdot s^{-1}$	密度/$g \cdot cm^{-3}$
H_2O	81.7 (291K)	0	100	4×10^{-6} (291K)	0.0101 (293K)	1.00 (277K)
NH_3	22.7 (223K)	−77.70	−33.35	1.97×10^{-9} (234.6K)	0.00254 (沸点时)	0.69 (233K)
H_2SO_4	110 (293K)	10.36	300,沸腾并分解	1.04	0.2454 (293K)	1.83
CH_3COOH	6.2 (293K)	16.6	118	2.4×10^{-6}	0.01314 (288K)	1.049 (293K)

1）液氨

液氨是重要的质子溶剂,亲质子的能力较水强,是碱性溶剂的代表,在液氨中可以发生多种类型的反应。

（1）液氨中的酸碱反应

液氨的自身离解反应如下,所以在液氨体系中最强的酸和碱就是 NH_4^+ 离子和 NH_2^- 离子。

$$2NH_3 \longrightarrow NH_4^+ + NH_2^-$$

由于氨的碱性比水强,所以氨的共扼酸 NH_4^+ 远比水的共扼酸 H_3O^+ 的酸性弱,而其共扼碱 NH_2^- 则远比水的共扼碱 OH^- 的碱性强。因此在水中呈弱酸性的物质,在液氨中呈强酸性。如醋酸在水中为弱酸,在液氨中则表现为强酸,而且可被液氨溶剂拉平为 NH_4^+。铵盐的液氨溶液与活泼金属反应,如同酸的水溶液与比较活泼金属反应一样产生氢气：

$$Na + NH_4^+ \longrightarrow Na^+ + NH_3 + 1/2 H_2 \uparrow （液氨中）$$

$$Zn + 2H_3O^+ \longrightarrow Zn^{2+} + 2H_2O + H_2 \uparrow （在水中）$$

液氨中碱类物质可以氨基化钾（KNH_2）为代表（类似水中的 NaOH 及 KOH）,由于 $NaNH_2$ 在液氨中溶解度比较小,故多用 KNH_2 与金属离子反应生成金属的氨基化物、亚氨基化物或氮化物沉淀,这与水中生成的金属氢氧化物沉淀的反应相类似,如：

$$AgNO_3 + KNH_2 \xrightarrow{\text{液氨}} AgNH_2 \downarrow + KNO_3$$

$$3HgI_2 + 2KNH_2 \xrightarrow{\text{液氨}} Hg_3N_2 \downarrow + 2KI + 4HI$$

$$PbI_2 + 2KNH_2 \longrightarrow PbNH \downarrow + NH_3 + 2KI$$

这些反应可以用来制备贵金属的氨化物。在液氨体系中许多氨基化物或亚氨基化物沉淀,可溶于过量的氨基化钾溶液生成氨基配合物,这是液氨体系中的两性反应。如：

$$AgNH_2 + KNH_2 \xrightarrow{\text{液氨}} K[Ag(NH_2)_2]$$

$$PbNH + 2KNH_2 + NH_3 \xrightarrow{\text{液氨}} K_2[Pb(NH_2)_4]$$

$$Al(NH)(NH_2) + KNH_2 + NH_3 \xrightarrow{\text{液氨}} K[Al(NH_2)_4]$$

一些盐在液氨体系中能生成氨的配合物,这样的氨配合物在水溶液中是无法制得的。

$$FeCl_2 + 6NH_3 \longrightarrow [Fe(NH_3)_6]Cl_2$$

$$CrCl_3 + 6NH_3 \longrightarrow [Cr(NH_3)_6]Cl_3 \text{ 或 } [Cr(NH_3)_5Cl]Cl_2$$

（2）金属的液氨溶液及其反应

液氨作为溶剂,能够溶解碱金属、碱土金属、铝以及某些稀土等活泼金属,所得的溶液都呈蓝色。把这些溶液稀释都具有相同的吸收光谱而与溶解的金属无关。这些金属的氨溶液都具有良好的导电性,尤其是高浓度时溶液呈古铜色,其导电性接近于金属。这些现象引起化学家们的兴趣,他们对此进行了大量的研究。

一般认为,一是在稀溶液中金属原子基本上离解为溶剂化阳离子和溶剂化电子,如下所示：

$$M \xrightarrow{\text{液氨}} M^+(am) + e^-(am)$$

其中,$M^+(am)$ 及 $e^-(am)$ 分别为氨合金属阳离子和氨合电子,氨合（溶剂化）电子占据氨分子所围成的空穴。这类溶剂化电子具有不成对电子的性质,故溶液显顺磁性。

二是随着金属浓度的增大,氨合金属离子有和氨合电子结合的趋势,形成 M_2、M_3 等聚集体或称簇状物,此时溶液中未成对电子的百分率减少,溶液的摩尔磁化率随之降低。

三是在浓溶液中,氨合金属离子与氨合电子结合,如同熔融的金属一样,其密度低于稀溶液,电导及磁化率也与纯金属接近,有"稀释的金属"之称。有些金属的液氨溶液,在一定温度和浓度范围内存在两个互不相溶的平衡液相。较重的液相呈蓝色,其中金属的浓度较小;较轻的液相呈古铜色,其中金属的浓度较大。这已见于钠、钾、钙、锶和钡等金属的液氨溶液。

四是所有金属的液氨溶液均不太稳定,长期放置或在催化剂如 Pt、Fe、Fe_2O_3 等存在时便会分解。以碱金属为例,其反应为

$$2M+2NH_3 \longrightarrow H_2\uparrow +2MNH_2$$

但在洁净的容器中,如果所用的试剂很纯,并且使溶液保持低温,则可大大减慢分解速度。碱金属和碱土金属的液氨溶液含有氨合电子,具有很强的还原性,因而可为能溶于液氨中的物质提供一种很好的均相强还原剂。

总之,液氨化学类似于水的化学,水中的反应类型在液氨中基本上都可以见到。但液氨的碱性比水强,介电常数比水小,造成它与水的差别。液氨中活泼金属的溶液可以用来进行许多还原反应,是液氨作为溶剂的特殊优越之处。

2)醋酸

醋酸是一种良好的疏质子溶剂。从醋酸的结构简式来看,其分子并无对称结构,但测得这个分子结构不对称的化合物偶极矩竟然等于零,这可以看作是两个醋酸分子通过氢键缔合成具有对称结构二聚体的结果,抵消了两个分子的偶极。有些溶剂能促使这个二聚体离解,形成相应的溶剂化物,其中溶质和溶剂间的作用主要是氢键的作用。

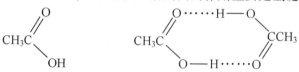

由于这一特征,加上介电常数小,所以溶于醋酸中的电解质不易形成完全离解的离子,而较易形成离子对。醋酸对不同酸的区分效应与水相比强得多,$HClO_4$、HBr、HCl、HNO_3 等在水中的强度表现为相同的强酸,而在醋酸中却有明显的酸强度差别,这是由于醋酸亲质子性能比水弱得多造成的。醋酸对碱的拉平效应与水相比要强得多,在水中呈强碱性的物质在醋酸中都会被拉平为 Ac^- 离子。

醋酸锌在醋酸溶液中呈两性,因为它微溶于醋酸。但醋酸锌却易溶于 HCl 和 NaAc 的醋酸溶液,如下式所示。这两个反应类似于水溶液中 $Zn(OH)_2$ 溶于 HCl 或 NaOH 的反应。

$$Zn(Ac)_2+2AcH_2Cl \longrightarrow ZnCl_2+4HAc$$
$$Zn(Ac)_2+2NaAc \longrightarrow Na_2[Zn(Ac)_4]$$

醋酸对于有机化合物是良好的溶剂,并广泛地用作那些要求酸性比水强而在水中又不能发生的反应介质。

3)无水硫酸

硫酸具有较大的黏度,这是由于硫酸分子间形成氢键而有较高缔合,溶质在硫酸溶剂中

30

溶解和结晶都比较慢,并且较难从结晶产物中除去残留的溶剂。硫酸的介电常数比水高,是离子化合物的较好溶剂。同时,硫酸是较强氧化剂,易被氧化物质不能用硫酸作溶剂。

由于硫酸有提供 H^+ 的强烈倾向。大多数在水中作为酸的物质,在硫酸中不显酸性而作为碱,如:

$$CH_3COOH+H_2SO_4 \longrightarrow CH_3COOH_2^+ + HSO_4^-$$

$$HNO_3+2H_2SO_4 \longrightarrow H_3O^+ + NO_2^+ + 2HSO_4^- (HNO_3 \text{ 为弱酸,硝化反应形成基})$$

在水中酸性很强的 $HClO_4$、$H_2S_2O_7$、HSO_3F 在硫酸中表现为弱酸,如:

$$HClO_4+H_2SO_4 \longrightarrow ClO_4^- + H_3SO_4^+$$

硫酸可以使溶质质子化,对许多含氧和羟基的溶质,可借质子化以 H_3O^+ 的形式除去 H_2O,如:

$$(C_6H_5)_3COH+2H_2SO_4 \longrightarrow (C_6H_5)_3C^+ + H_3O^+ + 2HSO_4^-$$

4)液态氟化氢

液态氟化氢也是一种常见的酸性溶剂。HF 的酸性,使得在水、氨等溶剂中的酸,在 HF 中变为弱酸乃至碱。正因为如此,大多数阴离子在 HF 中因接受质子同时形成 F^- 离子而呈碱性:

$$HF+X^- \longrightarrow HX+F^-$$

2. 常见的非质子溶剂

1)极性非质子溶剂

这类溶剂本身不显著电离,大多数极性高,介电常数一般在 20 以上,一般对电解质是良好的溶剂。极性非质子溶剂多为有机化合物,如甲酰胺、二甲亚砜、硝基甲烷、丙酮等。

$$CoBr_2+6dmso \rightleftharpoons [Co(dsmo)_6]^{2+} + 2Br^-$$

$$SbCl_5+CH_3CN \rightleftharpoons [CH_3CN \longrightarrow SbCl_5]$$

2)非极性非质子溶剂

这类溶剂介电常数小,一般在 $2\sim10$,因而离子化合物和极性分子构成的化合物在这类溶剂中很难溶解。它们溶解某些非极性物质的能力主要是由于分子的变形性。由于溶质性质受溶剂影响小,多用作反应介质,如环己烷、苯、二硫化碳、四氯化碳、三氯甲烷等。

3)两性非质子溶剂

这类溶剂极性很强,与极性非质子溶剂的不同之处在于它们能发生自身电离反应,可用于制备配合物。

$$2BrF_3 \rightleftharpoons BrF_2^+ + BrF_4^-$$

$$Au \xrightarrow{BrF_3} [BrF_2^+][AuF_4^-]$$

3. 熔盐溶剂

熔盐溶剂的特点是溶剂间键合很牢,对激烈反应有高度的耐破坏力,化学反应性低,稳定性高。许多不能在水溶液中进行的反应可在熔盐中反应,且对各种物质可达较高浓度,可超过饱和水溶液的浓度。

熔盐溶剂主要包括两类:一是主要借离子键键合,如碱金属卤化物,在熔融时导电性明显增加;二是主要以共价键键合,如 $HgCl_2$,虽自偶电离,但电导率低。例如熔盐体系中的化学反应：

$$CrCl_3 + 3Cl^- \rightleftharpoons CrCl_6^{3-}$$

$$TiCl_3 + 3Cl^- \rightleftharpoons TiCl_6^{3-}$$

可应用于合成铌铁酸铅压电陶瓷粉末：

$$PbO + 1/4Fe_2O_3 + 1/4Nb_2O_5 \xrightarrow[800℃]{NaCl-KCl} Pb(Fe_{0.5}Nb_{0.5})O_3$$

实际上，无机合成中选择溶剂应考虑反应物的性质、生成物的性质，还应考虑经济、社会各方面的效益问题。

溶剂选择原则包括：反应物在溶剂中的溶解度要大；反应产物不能与溶剂反应；副产物应尽可能地少；溶剂与产物应易于分离。

2.2.4 非水溶剂中无机合成实例

在非水溶剂中会发生在水中所发生的各类反应，如酸碱反应、沉淀反应、氧化还原反应等，但由于它们的物理化学性质与水都有差异，因而决定了各自的适用范围和作为一种溶剂的某些反应规律可能与水溶剂有所不同。

1. 酸碱反应

对于具有自解离性的溶剂，其溶液中也会发生类似于水溶液中所发生的中和反应。例如：

$$NH_4^+ + NH_2^- \longrightarrow 2NH_3$$

$$H_3SO_4^+ + HSO_4^- \longrightarrow 2H_2SO_4$$

$$H_2F^+ + F^- \longrightarrow 2HF$$

$$BrF_2^+ + BrF_4^- \longrightarrow 2BrF_3$$

可以利用非水溶液中的中和反应来制备一些在水中不能制备和分离的物质。如尿素钠盐（$NH_2CONHNa$）遇水分解，因而不能在水中制备和分离。可用液氨作为溶剂，由尿素与氨基钠反应来制取：

$$NH_2CONH_2 + NaNH_2 \longrightarrow NH_2CONHNa + NH_3$$

还可利用在非水溶剂中的反应提高产率，以如下的反应为例：

$$Mg_2Si + 4HCl \xrightarrow{水中} 2MgCl_2 + SiH_4$$

因为在水中硅烷会发生分解，所以在水中，硅烷产率较低，而在液氨中，硅烷产率较高，反应如下：

$$Mg_2Si + 4NH_4Cl \xrightarrow{液氨} 2MgCl_2 + SiH_4 + 4NH_3$$

2. 沉淀反应

根据相似相溶规律，强极性、离子性溶质易溶于极性溶剂。由于水分子的极性比 NH_3、SO_2 分子强，比 H_2SO_4、HF 弱，因而非极性或弱极性的物质在 $NH_3(l)$、$SO_2(l)$ 中的溶解度以及强极性、离子性物质在 $H_2SO_4(l)$、HF(l) 中的溶解度都比在水中大。例如，AgCl 的共价成分比 $BaCl_2$ 大，极性比 $BaCl_2$ 小，所以在水中和液氨中如下反应方向不同。

$$2AgNO_3 + BaCl_2(s) \underset{液氨}{\overset{水}{\rightleftharpoons}} 2AgCl(s) + Ba(NO_3)_2$$

3. 溶剂解反应

溶剂解反应与水解类似,如 $SiCl_4$ 在水中的水解反应如下:

$$SiCl_4+8H_2O \longrightarrow Si(OH)_4+4H_3OCl$$

在液氨中,其氨解反应如下:

$$SiCl_4+8NH_3 \longrightarrow Si(NH_2)_4+4NH_4Cl$$

当以 SO_2 作为溶剂时,KBr 可在其中发生溶剂解反应:

$$2KBr+2SO_2 \longrightarrow K_2SO_3+SOBr_2$$

继续反应如下:

$$4SOBr_2 \longrightarrow 2SO_2+S_2Br_2+3Br_2$$

$$2K_2SO_3+Br_2 \longrightarrow K_2SO_4\downarrow+2KBr+SO_2$$

反应总结果为

$$4KBr+4SO_2 \longrightarrow 2K_2SO_4\downarrow+S_2Br_2+Br_2$$

4. 氧化还原反应

由于同一氧化还原电对在不同溶剂中的标准电极电势值可能不同,因而同一反应在不同溶剂中进行的方向和限度可能不同。

例如,下面列出铜元素的电势图:

水中 E_A^θ/V $\quad$ $Cu^{2+}\underline{0.159}Cu^+\underline{0.52}Cu$

液氨中 E_A^θ/V $\quad$ $Cu^{2+}\underline{0.44}Cu^+\underline{0.36}Cu$

不难判断如下反应在水中和在液氨中进行的方向不同:

$$2Cu^+ \underset{液氨}{\overset{水}{\rightleftharpoons}} Cu^{2+}+Cu$$

例如,SnI_4 遇水立即水解,在水中不能制备和分离,若采用乙酸作为溶剂,即可制得 SnI_4:

$$Sn+2I_2 \xrightarrow{乙酸} SnI_4$$

利用非水溶剂可制得异常氧化态的特殊配合物。例如:

$$[Ni(CN)_4]^{2-} \xrightarrow[Na或K]{液氨} [Ni(CN)_4]^{4-}$$

5. 典型非水溶剂合成实例

1) 无水硝酸盐的合成

无水硝酸盐不能用水合物加热脱水的方法来制备,因为硝酸根在失去结晶水前会分解。但在非水溶剂中成为可能,例如:

$$N_2O_4 \longrightarrow NO_3^-+NO^+$$

$$Cu+2N_2O_4 \longrightarrow Cu(NO_3)_2+2NO$$

2) 乙硼烷的合成

乙硼烷有强还原性,且极易水解(生成硼酸及氢气),其现代合成的方法都是在非水溶剂中进行的,反应如下:

$$8BF_3+6NaH \xrightarrow{二甘醇二甲醚} B_2H_6+6NaBF_4$$

$$4BF_3+3NaBH_4 \xrightarrow{二甘醇甲二醚} 2B_2H_6+3NaBF_4$$

$$2NaBH_4 + 2HAc \xrightarrow{\text{四氢呋喃}} B_2H_6 + 2NaAc + 2H_2$$

$$2NaBH_4 + I_2 \xrightarrow{\text{二甘醇二醚}} B_2H_6 + 2NaI + H_2$$

3）甲硅烷的合成

甲硅烷 SiH_4 是近代利用化学气相沉积法或等离子体化学沉积法制备高纯度单质硅的原料。由于 SiH_4 遇水发生如下反应：

$$SiH_4 + 3H_2O \longrightarrow H_2SiO_3 + 4H_2$$

故反应体系中不能有水,制备方法是：

$$Mg_2Si + 4NH_4Cl \xrightarrow{\text{液氨}} 2MgCl_2 + SiH_4 + 4NH_3$$

4）熔盐法合成精细陶瓷粉末

钛酸钡 $BaTiO_3$、钛酸镧 $La_2Ti_2O_7$、铌铁酸铅 $Pb(Fe_{0.5}Nb_{0.5})O_3$ 等精细陶瓷粉末,是制备压电陶瓷元件,陶瓷电容器等功能陶瓷的原料。为适应电子工业飞速发展的需要,对陶瓷粉末的粒度和纯度的要求很高。

以 1:1 的 NaCl-KCl 熔盐为溶剂,作为反应物 PbO、Fe_2O_3、Nb_2O_5 的反应介质,800℃ 时可生成铌铁酸铅压电陶瓷粉末：

$$PbO + 1/4Fe_2O_3 + 1/4Nb_2O_5 \xrightarrow[\text{800℃}]{\text{NaCl-KCl}} Pb(Fe_{0.5}Nb_{0.5})O_3$$

反应完成后,冷却,用热水洗涤除去溶剂即得纯净的产品。

5）金属有机化合物的合成

在非水溶剂中,可以制得金属有机化合物：

$$3Na(C_5H_5) + LaCl_3 \xrightarrow{\text{thf}} La(C_5H_5)_3 + 3NaCl$$

6）金属簇状配合物的合成

金属簇状配合物是指具有金属-金属键的一类多核配合物。某些金属簇状配合物也需在非水溶剂中进行。例如：

$$2Fe(CO)_5 \xrightarrow[h\nu]{\text{冰醋酸}} Fe_2(CO)_9 + CO$$

2.3 低温条件下的无机合成

在低温下,物质不仅发生物理性质变化,而且会发生性能的变化,如低温下物质的超导性和完全抗磁性等。几十年来,低温技术已被广泛地应用于微电子学、原子能、能源、生物工程、现代显微技术等领域。

随着低温技术发展,低温或超低温合成成为科学研究的重要领域之一,为某些挥发性化合物的合成和新型无机功能材料的制备开辟了新途径。而且,低温技术总是和真空技术相伴发展的,因此本节将低温技术和真空技术一并介绍。

2.3.1 真空的获得与测量

真空技术在实验室和工业生产中有广泛的应用,如纯金属和超纯金属的真空冶炼、真空蒸馏、真空干燥等。此外,电子、原子能等工业也广泛使用真空技术。

真空是泛指低于大气压的气体状态。真空度是对气体稀薄程度的一种客观量度,其值常用气体压强来表示,单位为 Pa,常用单位为 Torr。根据气体空间的物理特性、常用真空泵和真空规的有效使用范围及真空技术应用特点,可将真空度划分为粗真空($10^3 \sim 10^5$ Pa)、低真空($10^{-1} \sim 10^3$ Pa)、高真空($10^{-6} \sim 10^{-1}$ Pa)、超高真空($10^{-12} \sim 10^{-6}$ Pa)和极高真空($<10^{-12}$ Pa)。

1. 真空的获得

将密闭容器中的气体抽出使产生真空的过程称为抽真空、抽气或排气。用于抽气的工具称为真空泵,常用的包括水泵、机械泵和油扩散泵等(表2-2)。此外,采用特殊的吸气剂和冷凝捕集气也可产生真空。

通常用四个参量表征真空泵的工作特性:起始压强、临界压强、极限压强和抽气速率。这四个参量非常重要,例如机械泵的起始压强为101.3MPa,极限压强一般为0.1Pa,扩散泵的起始压强为10Pa。因此,使用扩散泵前应先用机械泵将被抽容器的压强抽至10Pa以下。机械泵称为前级泵,扩散泵称为次级泵。

表2-2　各种获得真空方法的适用压强范围

真空区间/Pa	主要真空泵
$10^3 \sim 10^5$	水泵、机械泵、各种粗真空泵
$10^{-1} \sim 10^3$	机械泵、油或机械增压泵、冷凝泵
$10^{-6} \sim 10^{-1}$	扩散泵、吸气剂离子泵
$10^{-12} \sim 10^{-6}$	扩散泵加阱、涡轮分子泵、吸气剂离子泵
$<10^{-12}$	深冷泵、扩散泵加冷冻升华阱

旋片式机械真空泵的极限真空度一般为1Pa左右,如果两个单级泵串联为双级泵,可达10^{-2}Pa。使用中要注意腐蚀性气体、真空泵油等。

油扩散泵的工作介质是油,低蒸气压,油蒸气分子量很大。极限真空度可达10^{-5}Pa,较好的工作压强范围是$10^{-4} \sim 10^{-3}$Pa。

2. 真空的测量

测量真空度的量具称为真空计或真空规。真空规分绝对规和相对规两类,前者可直接测量压强,后者则是测量与压强相关的物理量,其压强刻度需要用绝对真空规进行校正。在绝对真空规中,麦氏真空规(Meleod gauge)是应用最广泛的一种压缩式真空计,既能测量低真空又能测量高真空。

麦氏真空规的构造如图2-2所示。麦氏真空规通过旋塞2和真空系统相连。玻璃球7上端接有内径均匀的封口毛细管3(称为测量毛细管);自6处以上,球7的容积(包括毛细管)经准确测定为V;4为比较毛细管且和3管平行,内径也相等,用以消除毛细作用影响,减少汞面读数误差;2是三通旋塞,可控制汞面升降。测量系统真空度时,利用旋塞2使汞面降至6点以下,使7球与系统相通;压强达平衡后,再通过2缓慢地使汞面上升。当汞面升到6位置时,水银将球7与系统刚好隔开,7球内气体体积为V,压强为P

35

(即系统的真空度)。使汞面继续上升,汞将进入测量毛细管和比较毛细管。7 球内气体被压缩到 3 管中,其体积为 V'。3,4 两管中气体压强不同,产生汞面高度差为($h-h'$),见图 2-2(b)和(c)。

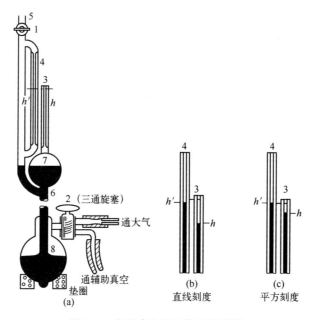

图 2-2　麦氏真空规的构造示意图

根据玻义耳定律:

$$p = \frac{V'}{V}(h-h')$$

如果在测量时,每次都使测量毛细管中的水银面停留在一个固定位置 h 处(见图 2-2(b)),则

$$p = \frac{\pi d^2}{4V}h(h-h') = c(h-h')$$

式中:c 为常数。按 p 与($h-h'$)成直线关系来刻度的,称为直线刻度法。

如果测量时,每次都使比较细管中水银面上升到与测量毛细管顶端一样高(见图 2-2(c)),即 $h'=0$,则

$$p = \frac{\pi d^2}{4V}h \cdot h = c'h^2$$

式中:c'为常数。按压强 p 与 h^2 成正比来刻度的,称为平方刻度法。

理论上讲,只要改变 7 球的体积和毛细管的直径,就可以制成具有不同压强测量范围的真空规。但实际上,当 $d<0.08$mm 时,水银柱升降会出现中断,因汞相对密度大,7 球又不宜做得过大,否则玻璃球易破裂,因此,麦氏真空规的测量范围一般为 $10^{-4} \sim 10$Pa。另外,麦氏真空规不能测量经压缩发生凝结的气体。

热偶真空规是另外一种常用的真空规,是根据稀薄气体(压强低于某一定值时)的导热性随压力变化而增加的原理制成的。测量低真空在 $10^{-2} \sim 100$Pa。

热偶真空规管由加热丝和热偶组成,结构见图2-3。热电偶丝的热电势由加热丝的温度决定。热偶真空规管和真空系统相连,如果维持加热丝电流恒定,则热偶丝的热电势将由其周围的气体压强确定。这是因为当压强降低时,气体的导热率减少,而当压强低于某一定值时,气体导热系数与压强成正比。从而,可以找出热电势和压强的关系,直接读出真空度值。

图2-3　热偶真空规管示意图
1,2—加热丝;3,4—热电偶丝。

常用的真空规和应用范围如表2-3所示。

表2-3　常用的真空规和应用范围

真空区间/Pa	主要真空规
$10^3 \sim 10^5$	U形压力计、薄膜压力计、火花检漏器
$10^{-1} \sim 10^3$	压缩式真空计、热传导真空规
$10^{-6} \sim 10^{-1}$	热阴极电离规、冷阴极电离规
$10^{-12} \sim 10^{-6}$	各种改进型热阴极电离规、磁控规
$<10^{-12}$	冷阴极或热阴极磁控规

2.3.2　低温的获得与测量

低温是指低于环境温度,一般分为普冷($-100℃\sim$室温)、深冷($4.2K \sim -100℃$)和极冷($4.2K$以下)。

1. 低温的获得

通常获得低温途径包括相变制冷、热电制冷、等焓与等熵绝热膨胀等,用绝热去磁等可获得极低温的状态。获取低温的方法和所达到温度如表2-4所示。

表2-4　获取低温的方法和所达到温度

方法名称	可达温度/K	方法名称	可达温度/K
一般半导体制冷	约150	液体减压蒸发逐级冷冻	约63
三级级联半导体制冷	77	液体减压蒸发(^{4}He)	$0.7 \sim 4.2$
气体节流	约4.2	液体减压蒸发(^{3}He)	$0.3 \sim 3.2$
一般气体做外功绝热膨胀	约10	氦涡流制冷	$0.6 \sim 1.3$
带氦两相膨胀机气体做外功绝热膨胀	约4.2	^{4}He绝热压缩相变制冷	0.002
气体部分绝热膨胀的三级脉管制冷机	80.0	绝热去磁	$0.000001 \sim 1$
气体部分绝热膨胀的六级脉管制冷机	20.0	气体部分绝热膨胀的三级G-M制冷机	6.5
气体部分绝热膨胀的二级沙凡尔制冷机	12	气体部分绝热膨胀的西蒙氦液化器	约4.2

1) 低温冷浴

常见的低温冷浴包括冰水冷却、冰盐冷却(0℃以下)、干冰或干冰与有机溶剂混合冷却、液氮等。常见的冷却剂组成及冷却温度如表2-5所示。

表 2-5　常见的冷却剂组成及冷却温度

冷却剂组成	冷却温度/℃	冷却剂组成	冷却温度/℃
碎冰(或冰-水)	0	干冰+乙腈	-75
氯化钠(1 份)+碎冰(3 份)	-20	干冰+乙醇	-72
6 个结晶水氯化钙(10 份)+碎冰(8 份)	-50(-40~-20)	干冰+丙酮	-78
		干冰+乙醚	-100
液氨	-33	液氨+乙醚	-116
干冰+四氯化碳	~-55	液氮	-195.8

冰水冷却:可用冷水在容器外壁流动,或把容器浸在冷水中,用冷水带走热量。也可用冷水和碎冰的混合物作为冷却剂,其冷却效果比单用冰块好。如果水不影响反应进行时,也可把碎冰直接投入反应容器中,具有更有效的冷却效果。

冰盐冷却:若反应要在 0℃ 以下操作时,常用按不同比例混合的碎冰和无机盐作为冷却剂。可以把盐研成粉末,把冰砸成小冰块,使盐均匀地包在冰块上。在使用过程中应随时搅动冰块。

干冰或干冰与有机溶剂混合冷却:干冰与四氯化碳、乙醇、丙酮和乙醚混合,可冷却到 -100~-50℃。使用时应将这种冷却剂放在杜瓦瓶中(广口保温瓶)中或其他绝热效果好的容器中,以保持其冷却效果。

液氮浴:纯液氮冷浴的液化温度为 -195.8℃;减压过冷液氮浴的温度可达 -205℃;液氮可与低沸点有机溶剂形成冷浴(表 2-6)。

表 2-6　液氮与某些有机化合物组成的冷浴

溶剂体系	冷浴温度/℃	溶剂体系	冷浴温度/℃
四氯化碳	-23	甲醇	-98
氯苯	-45	二硫化碳	-112
三氯甲烷	-63	甲苯	-95

2)相变致冷浴

这种低温浴可以恒定温度。一些常用的固定相变冷浴如表 2-7 所示。

表 2-7　一些常用的低温浴相变温度

低温浴体系	冷浴温度/℃	低温浴体系	冷浴温度/℃
冰+水	0	四氯化碳	-23
液氨	-33.35	二硫化碳	-112
三氯甲烷	-63.5	甲苯	-95
液氧	-183	液氮	-195.8

2. 低温的测量

低温测量的温度计有水银温度计、碳氢化合物温度计、热电偶、热电阻温度计和蒸气压温度计等。水银温度计一般较为准确,但测温范围小(约-30℃);碳氢化合物温度计可以测量-200~-30℃,但这些温度计必须常常校正才能使用,且测量准确度只能控制在±5℃。后三种低温温度计都可准确测定温度,它们的测温原理是根据物质的某些物理参量与温度之间存在一定的关系,通过测定这些物理参量就可以获得待测的温度值。

1) 低温温度计

常用温度计的测量范围为-10~200℃,在低温条件下需采用低温温度计。低温温度计的测温是利用某种液体蒸气压与温度的关系来确定的。某种液体的蒸气压随温度而改变,测量其蒸气压就能知道此时的温度。

液体的蒸气压可以从克劳修斯-克拉伯龙方程积分得到:

$$\frac{\mathrm{d}p}{\mathrm{d}T} = \frac{\Delta_{vap}S}{\Delta_{vap}V} = \frac{\Delta_{vap}H_m}{T\Delta_{vap}V}$$

假定此温度下的蒸气为理想气体,上式可简化为:

$$\frac{\mathrm{d}p}{\mathrm{d}T} = \frac{\Delta_{vap}H_m}{T(V_g-V_1)} = \frac{\Delta_{vap}H_m}{TV_g} = \frac{\Delta_{vap}H_m}{T \cdot RT/p} = \frac{\Delta_{vap}H_m}{RT^2} \cdot p$$

积分式:

$$\lg p = \frac{\Delta_{vap}H_m}{2.303RT} + c$$

将 P 和 T 列成对照表,用这种表可以从蒸气压的测量值直接得出 T。

2) 蒸气压温度计

液体的蒸气压随温度而变化,因此通过测量蒸气压即可知道其温度。蒸气压和温度的关系可以通过克劳修斯-克拉贝龙方程积分而得。

测定正常的压强可用水银柱或精确的指针压强计,测低压强可用油压强计或麦克劳斯压强计、热丝压强计。

图2-4是蒸气压温度计示意图。制备方法如下:在温度计中的水银先在真空中加热除去一些挥发性杂质,然后让其冷凝在温度计的末端,最后把两端封死并在 U 形管之间配上标尺以供读数之用。

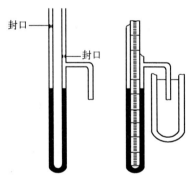

封口

封口

图2-4 蒸气压温度计示意图

3) 低温热电偶

热电偶中的热电势(V)与温度(T)之间有如下关系:

$$V = KT$$

式中:K 为温度系数,是常数。通常有 73K<T<273K,可以通过三个固定的温度点来标定热电偶。此时有:

$$V = at + bt^2 + ct^3$$

这三个固定温度点可以选用冰点(0℃),固态二氧化碳的升华点(-78℃)及液氮正常沸点(-196℃)。通过这三个定点测得的电势值及固定点温度值,可以定出 a、b、c 值。从而可得到热电偶的温度分度依据公式,再通过插入法作出温度分度表。热电偶的测温范围为 2~300K。

4) 电阻温度计

电阻温度计是利用感温元件的电阻与温度之间存在一定的关系而制成的。其关系如下:

$$R_t = R_0(1 + \alpha t + \beta t^2 + \gamma t^3)$$

式中:R_t、R_0 是温度 t 及 0℃时的电阻值;α、β、γ 是常数。

制作电阻温度计时,应选用电阻比较大、性能稳定、物理及金属复制性能好的材料,最好选用电阻与温度间具有线性关系的材料。常用的有钴电阻温度计、锗电阻温度计、碳电阻温度计和铁电阻温度计等。

用低温热电偶与电阻温度计测量时,主要的要求是精度、可靠性、重复性和实际温度标定。温度标定使用的热力学温标是 1989 国际温标。此外,选择温度计时应充分考虑测温范围、要求精度、稳定性、热循环的重复性和对磁场的敏感性,有时还要考虑到布线和读出设备等的费用。

2.3.3 低温条件下无机合成实例

许多物质的分离和制备都必须在低温下进行,如工业上分离空气中氮气、氧气和稀有气体的过程等。一些常温下是气体的物质在低温时可呈液体状态,可以作为低温下合成反应的溶剂,如 NH_3、SO_2、HF 等。其中液氨是研究最多、应用最广的非水溶剂。

1. 液氨中的无机合成

1)金属氨基化合物的合成

活泼金属如碱金属和碱土金属与液氨作用可制备金属氨基化合物。但随着原子半径增大和温度升高,反应速度明显加快。Be 和 Mg 不溶于液氨,也不与其反应。但有少量 NH_4^+ 存在时,Mg 能逐渐溶于液氨生成不溶性氨基镁 $Mg(NH_2)_2$。

$$Mg+2NH_4^+ \longrightarrow Mg^{2+}+2NH_3+H_2\uparrow$$

$$Mg^{2+}+4NH_3(l) \longrightarrow Mg(NH_2)_2\downarrow+2NH_4^+$$

总反应为

$$Mg+2NH_3(l) \longrightarrow Mg(NH_2)_2\downarrow+H_2\uparrow$$

很多化合物也能在液氨中氨解而获得相应的氨基化合物,如:

$$MH+NH_3(l) \longrightarrow MNH_2+H_2\uparrow$$

$$M_2O+NH_3(l) \longrightarrow MNH_2+MOH$$

$$BCl_3+6NH_3(l) \longrightarrow B(NH_2)_3+3NH_4Cl$$

此外,一些配合物在液氨中也可以发生取代反应,如液氨中硝酸六氨合钴的低温合成:

$$CrCl_3+6NH_3 \longrightarrow [Cr(NH_3)_6]Cl_3(NaNH_2 存在的条件下)$$

$$CrCl_3+5NH_3 \longrightarrow [Cr(NH_3)_5Cl]Cl_2$$

$$[Cr(NH_3)_6]Cl_3+3HNO_3 \longrightarrow [Cr(NH_3)_6](NO_3)_3+3HCl$$

本书第 5 章 5.2.1 节即为液氨介质中制备硝酸六氨合铬实验。

2)非金属同液氨的反应

非金属单质如 S、Se、I_2、P 等,在液氨中都有一定的溶解度。其中,硫是非金属中最易溶于液氨的,溶解后得到绿色溶液,当这种溶液冷却到 $-84.6℃$ 时则变成红色的溶液,此溶液可与 Ag^+ 盐反应生成 Ag_2S 沉淀,表明溶液中含有 S^{2-}。若将此溶液蒸干可得 S_4N_4,故一般认为单质 S 可能与液氨发生下列反应:

$$10S+4NH_3(l) \longrightarrow S_4N_4\downarrow+6H_2S$$

此外,臭氧在 $-78℃$ 下同液氨反应可以用来获得硝酸铵,其反应为:

$$4O_3 + 2NH_3(l) \longrightarrow NH_4NO_3 + H_2O + 4O_2$$

反应产物中硝酸铵的产率为98%,亚硝酸铵为2%。

$$3O_3 + 2NH_3(l) \longrightarrow NH_4NO_2 + H_2O + 3O_2$$

2. 液态 SO₂ 体系中的合成

液态 SO_2 能与一些活泼金属氧化物反应生成一缩二亚硫酸盐,如:

$$Na_2O + 2SO_2(l) \longrightarrow Na_2S_2O_5$$
$$CaO + 2SO_2(l) \longrightarrow CaS_2O_5$$

液态 SO_2 也能与一些盐反应生成某些非金属化合物,如:

$$4KBr + 4SO_2(l) \longrightarrow 2K_2SO_4 + S_2Br_2 + Br_2$$
$$2KI + 2SO_2(l) \longrightarrow K_2SO_4 + S + I_2$$
$$WCl_6 + SO_2(l) \longrightarrow SOCl_2 + WOCl_4$$
$$PCl_5 + SO_2(l) \longrightarrow SOCl_2 + POCl_3$$

3. 液态 N₂O₄ 体系中的合成

在硝酸盐的水溶液法制备中,只能获得碱金属和 Ag^+ 的无水硝酸盐晶体,其他几乎所有硝酸盐都带有结晶水,而且过渡金属的硝酸盐几乎不能用加热脱水的方法得到,否则会发生分解。因此,欲获得无水硝酸盐,则必须选择合适的体系,液态 N_2O_4 就是理想的溶剂之一(如无水硝酸铜的制备)。

无水 $Mn(NO_3)_2$、$Co(NO_3)_2$ 的晶体也可采用上述类似的方法获得,但用上述的方法只能制得硝酸氧钒。

4. 低温下挥发性化合物的合成

挥发性化合物的熔、沸点都较低,而且合成时副反应较多,故它们的合成与纯化都需要在低温下进行(如氢氰酸的合成)。

氢氰酸的分子式为 HCN,分子量为 27.03,是无色剧毒的气体。密闭系统中,熔点为 $-13.24℃$,沸点为 $25.70℃$,HCN 易挥发,因此需在低温(冰水浴中)收集。反应方程式如下:

$$2NaCN + H_2SO_4 = Na_2SO_4 + 2HCN$$

C_3O_2,相对分子质量为 68.03,熔点为 $-112.5℃$,沸点为 $-6.7℃$,是一种折光能力很强的无色液体或气体,有毒、有窒息性臭味。在 $0℃$ 时的蒸气压 75.51kPa。不超过 13.3kPa 的条件下贮存,常会发生聚合反应,生成红色的水溶性产物。在较大压力下或在液态时,会起聚合反应。P_2O_5 能促使其聚合。它与水反应在 1h 之内定量地分解为丙二酸。

制备时,常以丙二酸为原料制取,反应如下:

$$C_3H_4O_4 \longrightarrow C_3O_2 + 2H_2O$$

制备过程如下:在反应瓶中加入 20g 丙二酸、40g 灼烧过的沙子和 200g 新鲜的未结成块的 P_2O_5,混合均匀。将装置抽真空至 13.3Pa,关闭旋塞,将整个装置放置几小时,一方面使其完全干燥,同时也检查一下是否漏气。将反应烧瓶 1 置于 140℃ 的油浴中,液态空气冷却 3,打开阀 2 抽真空,粗产物收集在冷阱中。反应后,在 5 熔封,冷阱 6 液态空气冷却,CH_3COOH 等杂质被 11 吸收,C_3O_2、CO_2 收集在冷阱 6,控制冷阱 6 的温度分馏,产物收集在冷阱 8。如图 2-5 所示。

低温合成的反应有很多,如低温下稀有气体化合物的合成以及氧化物和复合氧化物

(冷冻干燥法)等。

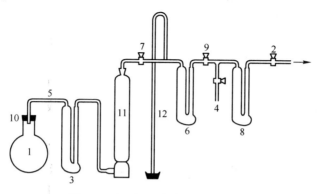

图 2-5 由丙二酸制备 C_3O_2 的装置

1—反应烧瓶;2,7,9—旋塞;3,6,8—冷阱;5—连接管;10—橡皮塞;11—干燥塔;12—压力计。

2.4 高温条件下的无机合成

典型极端物理条件能有效改变物质的原子间距和原子壳层状态,用作原子间距调制、信息探针和其他特殊应用的手段。

利用高压手段可有效降低合成温度、增加反应速率、缩短时间、提高化合物的热稳定性、氧化物及非计量化合物的稳定性、产品的转化率等,有利于非晶态向晶态转化,帮助人们从更深层次了解常压条件下的物理现象和性质,发现常规条件下难以产生的新现象、新性能和新材料。许多化学反应都必须在高温下才能进行,特别是一些新型高温材料的合成,所需的合成温度甚至高达几千摄氏度。此外,高熔点金属粉末的烧结、难熔化合物的熔化和再结晶、陶瓷体的烧成等都需要很高的温度。可见,高温高压作为一种特殊的研究手段,在物理、化学及材料合成方面具有特殊的重要性。

2.4.1 高温的获得及容器选择

1. 高温的获得

表 2-8 是各种高温获得的手段,其中最常用的是高温电阻炉。其优点是设备简单、使用方便,可以精确地控制温度。

表 2-8 高温的获得手段

方　　法	温　　度
高温电阻炉	$1000 \sim 3000℃$
聚焦炉	$4000 \sim 6000℃$
等离子体电炉	$20000K$ 以上
激光	$10^5 \sim 10^6 K$
原子核分裂和聚变	$10^6 \sim 10^9 K$
高温粒子	$10^{10} \sim 10^{14} K$

常用于研究高温反应的电阻炉主要有三种：

（1）马弗炉，又称箱形电阻炉，是一种简单的高温炉。通常用硅碳棒作为发热元件，主要用于不需要控制气氛的高温反应。电炉装有温度控制器和热电偶高温计，可以控制和调节反应温度。

（2）管式电炉，包括碳化硅电炉、碳管炉和钨管炉三类，适用于高温相平衡研究。由于这些电阻炉均在低电压大电流下工作(十几伏的电压,几百或上千安培的电流),因此常需配备大功率的可调变压器。

（3）坩埚炉，常用于控制气氛下加热物质，需外加温度控制器。

应用不同的电阻发热材料可以达到不同的高温限度。实际工作时,炉内工作室的温度稍低于这个温度。同时,为延长电阻材料的使用寿命,实际使用温度要低于电阻材料所能得到的最高温度。

各种电阻材料最高工作温度如表2-9所示,使用过程中要注意工作环境、工作温度与最高温度、电路平衡问题(如硅钼、碳硅采用低压高电流)等。

表 2-9　电阻材料的最高工作温度

电阻材料名称	最高工作温度/℃	备注
镍铬丝(80% Ni,20% Cr)	1060	—
镍铬铁丝(60% Ni,16% Cr,24% Fe)	950	—
堪塔耳(25% Cr,6.2% Al,19% Co,49.8% Fe)	1250~1300	—
第10号合金(37% Cr,7.5% Al,55.5% Fe)	1250~1300	—
硅碳棒	1400	—
铂丝	1400	—
铂(90%)铑(10%)合金丝	1540	—
铂丝	1650	真空 0.67Pa
硅化钼棒	1700	—
钨丝	1700	真空 0.013~0.1113Pa
ThO_2(85%)CeO_2(15%)	1850	—
ThO_2(95%)CeO_2(5%)	1950	—
钽丝	2000	真空
ZrO_2	2400	—
石墨棒	2000	真空
碳棒	2500	—
钨管	3000	—

除高温电阻炉外,感应炉和电弧炉也是常用的高温获得方式。

感应炉的主要部件是一个载有交流电的螺旋线圈,如同一个变压器的初级线圈,放在线圈内的被加热导体则像变压器的次级线圈,两者之间没有电路连接。当交流电通过螺旋线圈时,被加热体内就会产生闭合的感应电流,称为涡流。由于导体电阻小,所以涡流很大;又由于交流电的方向不断改变,导致螺旋线圈产生的磁力线方向不断改变,因此感应的涡流方向也不断改变。新感应产生的涡流受到反向涡流的阻滞,就导致电能转变为热能,使被加热的导体很快发热并达到高温。这个加热效应主要发生在被加热导体的表面层内,交流电的频率越高,则磁场的穿透深度越低,而被加热物体受热部分的深度也越低。实验时,可以将坩埚密封在一根冷却的石英管中,管内保持高真空或充入惰性气体,再通过感应使被加热体加热,因此,感应炉不仅使用十分方便而且很清洁,同时升温速率快,可在很短的时间内(如几秒)加热到3000℃高温。在无机合成领域中,感应加热主要用于粉末热压、烧结及真空熔炼等。

电弧炉一般采用钨电极作阴极,金属熔池为阳极,常用于钛、锆等金属的熔炼,也可用于高熔点碳化物、硼化物及低价氧化物的制备。电流可由直流发电机或整流器供应。起弧熔炼之前可先将系统抽至真空后再通入惰性气体(氩、氦或其混合气体),炉内应保持少许正压,以免空气渗入炉内。当然,需要其他气氛时可通入相应的气体。在熔炼金属时,为使金属完全熔化得到均匀无孔的金属锭,须注意调节电极的下降速度和电流、电压等因素,尽可能使电极底部和金属锭的上部保持较短的距离,以减少能量的损失。但应注意维持一定的电弧长度,以免电极与金属之间发生短路。

此外,高温热浴也是一种常用的高温获得方式。高温热浴的应用目的是使反应容器受热均匀。高温热浴选用时需考虑材料的熔点、沸点、反应活泼性、安全性、经济性等因素。常用的热浴体系包括:水浴体系(<98℃)、油浴体系(200~250℃)、硫酸浴(<300℃)、盐浴体系(500℃以上)和合金浴(>600℃)。

2. 反应容器的选择

反应容器的选择需遵循以下原则:反应稳定性(高温、与反应物的作用、与反应气氛的匹配)、操作性、经济性。

常见的高温反应容器包括玻璃容器、陶瓷容器、石英容器、刚玉容器、石墨容器、金属容器、铂容器和聚四氟乙烯容器等。

1)玻璃容器(软质玻璃和硬质玻璃)

软质玻璃,又称普通玻璃,是由二氧化硅、氧化钙、氧化钾、三氧化二硼、氧化钠等原料制成的,有一定的化学稳定性、热稳定性和机械强度,透明性好,易于灯焰加工焊接,但热膨胀系数较大,易炸裂破碎,因此多制成不需加热的仪器,如试剂瓶、漏斗、干燥器、量筒、玻璃管等。

硬质玻璃的主要原料是二氧化硅、碳酸钾、碳酸钠、碳酸镁、硼砂、氧化锌、三氧化二铝等,也称硼硅玻璃。硬质玻璃的耐温、耐腐蚀、耐电压及抗击性能好。热膨胀系数小,可耐较大的温差(一般在300℃左右)。可制作成加热的玻璃仪器,如烧杯、各种烧瓶、试管、蒸馏器、冷凝器等。

2)瓷器皿

实验室所用瓷器皿实际上是上釉的陶瓷,因此许多性质主要由釉的性质决定。它的熔点较高(1410℃),可耐高温灼烧,如瓷坩埚可以加热至1200℃,灼烧后重量变化很小,热膨胀系数为$(3 \sim 4) \times 10^{-6}$厚壁瓷器皿在蒸发和高温灼烧操作中应避免受温度的骤然变化和加热不均匀现象,以防破裂。瓷器对酸碱等化学试剂的稳定性较玻璃器皿好,但不能和氢氟酸接触。过氧化钠及其他碱性熔剂也不能在瓷皿或瓷坩埚中熔融。瓷器的力学性能较玻璃强,而且价廉易得,故应用也较广,可制成坩埚、燃烧管、瓷舟、蒸发皿等。

3）石英器皿

石英器皿的主要化学成分是二氧化硅。一般工作温度不高于1100℃，长时间工作温度为1000℃。除氢氟酸外，不与其他酸作用。在高温时，能与磷酸形成磷酸硅，易与苛性碱及碱金属碳酸盐作用，尤其在高温下侵蚀更快，然而可以进行焦硫酸钾熔融。在石英器皿中加热镁，会损坏石英器皿，故应将镁放在氧化铝舟中加热。石英器皿对热的稳定性好，在约1700℃以下不变软、不挥发，但在1100～1200℃开始失去玻璃光泽，由于其热膨胀系数仅为玻璃的1/15，故耐热冲击性好。不透气、电绝缘，可以以任何速率加热而不致破裂。

4）金属容器

镍的熔点为1450℃，在空气中灼烧易被氧化。镍坩埚具有良好的抗碱性，可用于碱性物质的高温反应（一般不超过700℃），但酸性或含硫化物的物质不能采用镍坩埚。

铁坩埚的使用与镍坩埚相似，虽然不如镍坩埚耐用，但价格便宜，较适于Na_2O熔融。对于NaH_2PO_4脱水为$(NaPO_3)_n$的反应，则会损坏铁坩埚，该反应要使用瓷坩埚或铂坩埚。铁坩埚中常含有硅及其他杂质，故可用低硅钢坩埚代替。

铁坩埚或低硅钢坩埚在使用前要进行钝化处理。首先用稀盐酸稍洗，然后用细砂纸仔细擦净，并用热水冲洗后置于5%硫酸-10%硝酸混合溶液中浸泡数分钟，再用水洗净、干燥，于300～400℃灼烧约10min。

5）铂器皿

铂的熔点高（1774℃），耐高温可达1200℃，化学性质稳定，在空气中灼烧后不起化学变化，大多数化学试剂对其无侵蚀作用，耐氢氟酸性能好，因而常用作沉淀的灼烧称重、氢氟酸溶样和处理以及Na_2CO_2、$K_2S_2O_7$等熔融处理。铂的导热性好但质地较软，价格高。实验室常用的铂制品有铂坩埚、铂蒸发皿、铂舟、铂电极和铂铑热电偶等。

铂器皿应保持内外清洁和光亮。经长久灼烧后，由于结晶的关系，外表可能变灰，注意必须及时清洗，否则会深入内部使铂器皿变脆。铂器皿的清洗，可先用盐酸或硝酸单独处理。如果无效，用焦硫酸钾于铂器皿中在较低温熔融5～10min，把熔融物倒掉，再将铂器皿在盐酸溶液中浸煮。若仍无效，可再试用碳酸钠熔融处理，也可用潮湿的细海砂轻轻摩擦处理。

6）刚玉器皿

人造刚玉由纯Al_2O_3经高温烧结制成，耐高温（熔点2045℃）、硬度大，对酸、碱有相当的抗腐蚀能力。刚玉坩埚可用于某些碱性熔剂的熔融和烧结，但温度不应过高，时间要尽量短。某些情况下可代替镍、铂坩埚。

7）石墨器皿

石墨是一种耐高温材料，在还原气氛中，即使达到2500℃左右也不熔化，只在3700℃（常压）升华为气体，同时在高温时强度不会降低，石墨制品加热至2000℃时，其强度较常温时增高一倍。石墨具有很好的耐腐蚀性，无论有机溶剂或无机溶剂都不能溶解它。在常温下不与各种酸、碱发生化学反应，只是在500℃以上才与硝酸、强氧化剂等反应。

石墨还具有良好的导电性，虽然不如铜、铝等金属，但比许多非金属材料导电性高。

它的导热性甚至超过铁、钢、铅等金属材料。此外，石墨的热膨胀系数小，骤冷骤热而不致破裂，而且容易加工。

石墨的缺点是耐氧化性能差。随温度升高，氧化速度逐渐加剧，因此高温下必须在真空或惰性气体中工作。如果某种金属能形成碳化物，就不能用石墨做坩埚，对于不形成碳化物者，则石墨坩埚有不粘连金属的优点。

8）聚四氟乙烯

聚四氟乙烯的化学稳定性和热稳定性好，是已知耐热性最好的有机材料，使用温度可达250℃。当温度超过250℃时，会分解出少量的四氟乙烯，对人体有害。温度超过415℃时，急剧分解。聚四氟乙烯耐腐蚀性好，对浓酸（包括氢氟酸）、浓碱或强氧化剂皆不发生作用，也不受氧气和紫外线的影响。同时，具有优良的绝缘和介电性能，可用于制造烧杯、蒸发皿、坩埚等。

2.4.2　高温的测量

温度是表征物体冷热程度的物理量。温度不能直接测量，只能借助于冷热不同的物体之间的热交换以及物体的某些物理性质随冷热程度不同而变化的特性来加以间接的测量。要求用于测温的物体的物理性质，是单值、连续地随着温度而变化，即与其他因素无关，而且复现性要好，便于精确测量等。

目前比较常用的性质包括热膨胀、电阻变化（导体或半导体受热后电阻值发生变化）、热电效应（两种不同的导体相接触，当其两接点温度不同时回路内就产生热电势）、热辐射（物体的热辐射随温度的变化而变化。利用这种性质已制成了各种测温仪表）。随着科学技术的发展，又应用了一些新的测温原理，如射流测温、涡流测温、激光测温和利用卫星测温等。

1. 测温仪表的分类

测温仪表分为接触式和非接触式两类（图 2-6）。其中，接触式可以直接测得被测对象的真实温变；非接触式只能获得被检测对象的表观温度。

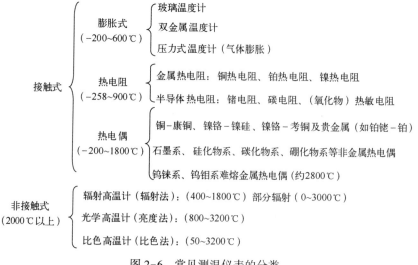

图 2-6　常见测温仪表的分类

1）接触式测温仪表

接触式测温仪表包括膨胀式温度计、热电阻式温度计、热电偶。其中，膨胀式温度计包括玻璃温度计、双金属温度计、压力式温度计；热电阻式温度计包括金属热电阻（铂热、铜热、镍热等）、（氧化物）热敏电阻、半导体热电阻（锗、碳电阻等）；热电偶包括铂铑-铂热电偶、镍铬-镍硅/镍铝热电偶、镍铬-康铜热电偶以及特殊热电偶（如非金属系、钨钼系、钨铼系等）。

玻璃温度计结构简单，使用方便、测量准确，有不同等级，可作为工业温度计，也可作为实验室精密测温用。主要缺点是热惯性大，测量上限和测量精度受玻璃质量限制，测量结果只能读出，不能自动记录和远传，易损坏。

双金属温度计一般用于工业仪表，精度较低。显示仪表可安装在离测量点较远（20m左右）处，输出信号可自动记录和控制，缺点是热惯性大。一般只适用于测量对铜、铜合金不起腐蚀作用的液体、气体和蒸气温度。

热电阻测量精度高，其中铂热电阻经标定合格的，可作为（13.81～903.89K）国际实用温标的标准仪器，可远传记录。同一台显示仪表上可实现多点测量，缺点除热敏电阻外，热惯性大，需外接电源。广泛用于生产过程中测量各种液体、气体和蒸气介质温度，还可与显示仪表配合，作为敏感元件进行温度测量和控制。

热电偶不易破损，测温范围广，具有较高测量精确度，输出信号可远传、自动记录，同时可用于报警和自动控制。主要缺点是下限灵敏度较低，输出信号和温度示值间呈非线性关系。其广泛应用于测量小于1600℃的液体、气体、蒸气等介质温度，还可制成耐磨热电偶，适用于核反应堆、石油催化裂化过程测温。

2）非接触式测温仪表

非接触式测温仪表包括光学高温计、辐射高温计、比色高温计等。一般而言，非接触式测温精度低于接触式。

光学高温计是利用受热物体的单波辐射强度（即物体的单色亮度）随温度升高而增加的原理来进行高温测量的。光学高温计具有如下优点：不同被测物质接触，也不影响被测物质的温度场；测量范围大、温度高（700～6000℃）、精确度较高，正确使用时误差可小到±10℃；使用简便、测量迅速。主要用于金属熔炼、浇铸、热处理、玻璃熔融、陶瓷焙烧等方面，实现非接触测温。

辐射高温计是根据物体在整个波长范围内的辐射能量与其温度之间的函数关系设计制造的，可用于测量移动、转动或不宜安装热电偶的高中温对象表面温度。

比色高温计主要用于测量表面发射率较低或测量精确度要求较高表面温度，在有粉尘、烟雾等非选择性吸收介质中，仍可正常工作；但结构复杂、价格高。

2. 热电偶高温计

热电偶高温计是应用比较广泛的一类精密测量温度的高温计，具有体小质轻、结构简单、易于装配维护、热惰性小、热感度好、准确度较高、测温范围广、测量信号可远距离传送，并由仪表迅速显示或自动记录等优点。

热电偶一般由两根不同的金属合金丝焊接而成，例如镍铬合金（Ni,90%；Cr,10%）-镍铝合金（Ni,98%；Cr,2%）、铂-铂铑（Pt,90%；Rh,10%）。

热电偶的测温原理如下：金属中存在许多自由电子，它们在金属原子及离子构成的晶体点阵里自由移动而作不规则的热运动。通常温度下,电子虽作热运动,却不会从金属中逸出。如要电子从金属中逸出,就得消耗一定的逸出功。两根金属合金 A、B 的组成是不同的,因此电子的逸出功不同。若逸出功 A>B,则金属中的电子会从金属 B 定向地向金属 A 转移,而在 AB 间产生电势差 V'_{AB}:

$$V'_{AB} = V_B - V_A$$

两种金属中的自由电子数目是不相等的,假定 $N_A > N_B$,则从金属 A 中逸出的电子将多于从金属 B 中逸出的电子,因此金属 A 与 B 之间还存在另一个电位差 V''_{AB}。由物理学计算证明:

$$V''_{AB} = \frac{KT}{e} \cdot \ln \frac{N_A}{N_B}$$

式中:K 为玻耳兹曼常数;T 为金属的绝对温度;e 为电子的电荷。

因此,金属 A 和 B 之间总的接触电势差 V_{AB} 应为 V'_{AB} 与 V''_{AB} 的代数和:

$$V_{AB} = V'_{AB} + V''_{AB} = V_B - V_A + \frac{KT}{e} \cdot \ln \frac{N_A}{N_B}$$

当两种金属 A 和 B 焊接在一起组成一个闭合电路时,两接点的温度分别为 t 和 t_0,且 $t \neq t_0$,在闭合电路内的产生电动势 E_{AB} 为全部电动势之和:

$$E_{AB} = V_{AB} + V_{BA} = V_B - V_A + \frac{K \cdot t}{e} \cdot \ln \frac{N_A}{N_B} + V_A - V_B + \frac{K \cdot t_0}{e} \cdot \ln \frac{N_B}{N_A} = (t - t_0) \cdot \frac{K}{e} \cdot \ln \frac{N_A}{N_B}$$

由上式可知,温差电动势是热电偶两端温度差的函数。当接点 t_0 的温度保持不变,则:

$$E_{AB}(t, t_0) = f(t) - C$$

当两个接点温度相同时,温差电动势 $V_{AB} = 0$;当一个接点温度保持不变、另一个改变时,温差电动势 $V_{AB}(t, t_0)$ 是另一个接点温度的函数。这是金属热电偶测量温度的原理。

将 A、B 金属丝的一端置于冰水中(冷端,固定为 0℃),另一端置于加热区,产生温差,体系存在温差电动势,将电势差标定,就显示所测体系的温度。

在温差热电偶内,可以接入任意数目的中间金属导体,只要它们连接点的温度相同,就不会影响该热电偶的温差电动势。由于热电偶的这条基本性质,才有可能在冷端连接导线和各种仪表,而不会对温差电动势有任何影响。

热电偶使用前一般需要标定,标定的方法有两种:一是使用标准热电偶。将使用的热电偶测定的数据与标准热电偶测定的数据比较,校正;二是使用标准物质来标定。"标准物质"为物相转变点的温度(恒定值),例如铁的熔点是 1536℃。

常用热电偶的使用温度范围列于表 2-10,校正热电偶的标准物质列于表 2-11。校正温度定点的标准物质,在 0℃ 以下定点以干冰、纯水和 $Hg(-38.87℃)$ 的熔点。室温以上到 1063℃ 的定点主要有纯 H_2O 和硫的沸点,Ag 和 Au 的熔点。其余一些纯金属或化合物可作为副定点。1063℃ 以上定点较难,国际温度标是根据普朗克辐射公式来规定的,比较准确的定点有 Au、Pt、Ni 等。

表 2-10　热电偶的种类及使用的温度范围

热电偶种类	连续工作温度范围/℃	短时工作最高温度/℃	电动势(冷接头 0℃)
铜与康铜	−190~350	600	100℃,4.28mV
镍铬与康铜	0~900	1100	100℃,6.30mV
铁与康铜	−40~750	400(空气中) 800(还原气中)	100℃,5.28mV
镍铬与镍铝	0~1100	1350	100℃,4.10mV
铂与铂铑	0~1450	1700	1000℃,10.5mV
钨与钼	1000~2500	2500	1000℃,0.80mV

表 2-11　校正热电偶的标准物质

标准物质	转变点	转变温度/℃	标准物质	转变点	转变温度/℃
干冰	升华点	−78.48	锌	熔点	419.58
水	冰点	0.00	硫	沸点	444.67
硬脂酸	熔点	69.4	碘化银	熔点	558
水	沸点	100	锑	熔点	630.5
苯甲酸	三相点	122.37	硫酸银	熔点	652
铟	熔点	156.61	钼酸钠	熔点	687
锡	熔点	231.97	氯化钠	熔点	801
铋	熔点	271.3	硫酸钠	熔点	884
硝酸钠	溶点	306.8	银	熔点	960.8
铬	溶点	320.9	金	熔点	1064.43
铅	溶点	327.5	铁	熔点	1536

　　热电偶在使用时,将冷端用导线连接至电势检测仪表,例如电位差计、毫伏计或自动记录电子电位差计等,由仪表上显示的热电势值可以测计热端及周围或热端所接触物质的温度。

　　一般与热电偶配用的显示仪表或记录仪表中,标有冷端温度自动补偿装置者,则冷端在 0~50℃ 的范围内变动时,其热电势值都可以由仪表内的热敏电阻自动补偿调整,因此可以使冷端在室温下测量,而不需要保持 0℃ 恒温。此外,测量高温时,如果没有必要精确到 ±5℃ 时,即使无冷端温度校正装置,也可不采用冷水浴,而使冷端在室温下测量即可。

2.4.3　高压的产生与测量

1. 高压的产生

　　利用外界机械加载方式,缓慢逐渐施加负荷挤压所研究的物体或试样,当其体积缩小时,就在物体或试样内部产生高压强。由于外界施加载荷的速度缓慢(通常不会伴随着物体的升温),所以产生的高压力称为静态高压。

　　最常用的压缩气体的一种机器是往复式压缩机,它把压力分成几段逐步完成。不同的压缩机所产生的最终压力不一样,使用时应根据需要选择。若要获得超高压,仅压缩机还远远不够,此时需用倍加器(增压器)。其工作原理是靠从外面流入到倍加器内的压力较低的液体来产生高压。

利用爆炸(核爆炸、火药爆炸等)、强放电等产生的冲击波,在极短的时间(ms-ps)内以极高的速率作用到物体上,可使物体内部压力达到几十 GPa 以上,甚至上千 GPa,同时伴随着骤然升温,这种高压力称为动态高压。这项技术是 Los Alamos 实验室在 1954 年发明的,可用来开展新材料的合成研究,但因受条件的限制,动态高压合成材料的研究工作开展得还不多。

2. 高压的测量

高压合成要测量的物理量首先是压强。研究中习惯地称为压力。在实验室和工业生产中,经常采用物质相变点定标测压。利用国际公认的某些物质的相变压力作为定标点,把一些定标点和与之对应的外加负荷联系起来,给出压力定标曲线,就可以对高压腔内试样所受到的压力进行定标。

通用的是利用纯金属 Bi(Ⅰ-Ⅱ)(25GPa)、Ti(Ⅰ-Ⅱ)(3.67GPa)、Cs(Ⅱ-Ⅲ)(4.2GPa)、Ba(Ⅰ-Ⅱ)(5.3GPa)、Bi(Ⅲ-Ⅳ)(7.4GPa)等相变时电阻发生跃变的压力值作定标点。也有学者尝试采用其他方法来定标。此外,对于微型金刚石对顶砧高压装置,常采用红宝石的荧光 R 线随压力红移的效应进行定标测压;也可利用 NaCl 的晶格常数随压力变化来定标。

2.4.4 高温合成反应类型

高温反应的类型有很多,主要包括高温固相反应、高温固-气反应、高温熔炼和合金制备、高温熔盐电解、高温下的化学转移反应、高温化学气相沉积、等离子体高温合成和高温下的区域熔融提纯等。

1. 高温固相合成

现代无机合成中常用的一种制备无机功能材料或化合物的方法,许多复合氧化物、含氧酸盐、二元或多元金属陶瓷材料(如 C、N、Si、P 和硫族化合物)等,通常都是在高温下通过反应物之间直接合成而得。

高温固相合成与一般温度下物质间发生的化学反应不同,并不精确地遵循定比定律和其他基本定律。因为在高温下的凝聚态体系中,物质内部分子或原子的转动和振动及电子态的相对布局数得到大大提高,使高温条件下的化学行为表现出一些新特征。

高温固相反应具有独特的机制和特点,以镁尖晶石的合成反应为例:

$$MgO(s) + Al_2O_3 \longrightarrow MgAl_2O_4(s)$$

上述反应在热力学上是完全可行的。然而即使在 1200℃ 的高温下,仍然看不到明显的反应进行,1500℃ 下反应也需数天才能完成。为什么这类反应对温度的要求如此高?这是因为对于固相反应而言,不能忽略动力学因素。

在 $MgO/MgAl_2O_4$ 界面,发生如下的反应:

$$2Al^{3+} + 4MgO \longrightarrow MgAl_2O_4 + 3Mg^{2+}$$

在 $Al_2O_3/MgAl_2O_4$ 界面,发生如下的反应:

$$3Mg^{2+} + 4Al_2O_3 \longrightarrow 3MgAl_2O_4 + 2Al^{3+}$$

总反应为

$$MgO(s)+Al_2O_3 \longrightarrow MgAl_2O_4(s)$$

研究表明,晶格中 Mg^{2+} 和 Al^{3+} 离子的扩散是 $MgAl_2O_4$ 合成反应的速率控制步骤。因升高温度有利于晶格中的离子扩散,故能明显促进反应。此外,随着生成物层厚度的增加,反应速率将随之降低。进一步研究发现,反应物晶粒尺寸、反应物间接触面积等对反应速率有较大影响,反应物尺寸越细小、接触面积越大,反应速率越大。在实际操作时,为加快化学反应的速率,常采取充分粉碎和研磨,或通过各种化学手段如共沉淀等来制备粒度细、比表面积大、表面活性高的反应物原料,再经过加压成片或热压成型使反应物颗粒充分均匀接触。

例如,以 Al_2O_3 和 BN 为原料,在空气中采用高温固相反应可获得单晶硼酸铝微管。将原料充分混合并用球磨机球磨 12h 后,置于管式炉中以 10℃/min 升温到 1200℃,再以 3℃/min 升温到 1700℃并维持 2~4h。研究认为,单晶硼酸铝微管的形成机制与 $MgAl_2O_4$ 不同,经历了一个固-液-固(SLS)机理:

首先,彼此接触的反应物反应生成硼酸铝;接着,未反应的 Al_2O_3 和 BN 溶解在融化的硼酸铝里形成过饱和溶液;最后以微管形式沉淀出来,反应如下:

$$4BN+3O_2 \longrightarrow 2B_2O_3+2N_2$$
$$B_2O_3+2Al_2O_3 \longrightarrow 2Al_2O_3 \cdot B_2O_3$$
$$2B_2O_3+9Al_2O_3 \longrightarrow 9Al_2O_3 \cdot 2B_2O_3$$
$$9(2Al_2O_3 \cdot B_2O_3) \longrightarrow 2(9Al_2O_3 \cdot 2B_2O_3)+5B_2O_3$$

影响高温固相合成反应速率的因素包括:反应物固体的表面积和之间的接触面积、生成物相的成核速率、相界面间特别是通过生成物相层的离子扩散速率等。

此外,提高原料的反应性也是促进固相合成反应速率的一个有效手段。实验时,尽可能选择和生成物具有相同或相似结构的物质作为起始反应物;同时从制备方法、反应条件和反应物来源的选取等方面着眼,提高原料的反应性。如在固相合成反应之前制取粒度细、比表面大、非晶态或介稳态的物质作为原料,或用新制备的反应物作为原料,将因结构的不稳定性而呈现较高的反应活性。

2. 高温还原反应

高温还原反应是一类极具实际应用价值的合成反应。几乎所有的金属和部分非金属均是通过高温下热还原反应来制备的。

基于化学热力学知识可知,一个化学反应能否进行可通过反应的 Gibbs 自由能变化来判断。由于高温无机合成通常是在常压下进行,因此当某温度 T 时反应的 $\Delta_r G_m < 0$ 时,反应将自发进行。但根据公式 $\Delta_r G_m = \Delta_r H_m - T\Delta_r S_m$ 计算比较繁琐。考虑到在一定温度范围内,$\Delta_r G_m$ 基本上是温度 T 的线性函数,若将有关反应的自由能变化对温度作图,由图将容易地判断出某一金属从其化合物中还原出来的难易程度以及选择什么还原剂。

英国化学家埃林汉姆(H. Ellingham,1897—1975)在 1944 年首先提出了这一思想,并作出了各种金属氧化物的自由能变化对温度关系图,对金属的制备和冶炼做出了重要贡献(图 2-7)。后来又有许多科研工作者作了卤化物、硫化物的图。这些图在金属的制备中有重要作用。

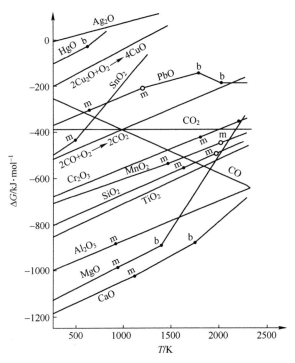

图 2-7　氧化物的 Ellingham 图

m—表示熔点；b—表示沸点；·—表示单质；о—表示氧化物。

以反应金属(s)+O_2(g)→氧化物(s)为例，Ellingham 图表示消耗 1mmol O_2 生成氧化物过程的 $\Delta_r G_m^\theta$ 随温度的变化。

Ellingham 图的应用包括以下几个方面：

(1) 判断金属及金属氧化物稳定存在的区域：金属氧化物生成反应的 ΔG 为负值时，表示该温度下金属氧化物稳定存在。

(2) 利用图中相对位置的高低判断某物种氧化还原性的强弱：位置越下的物质对应氧化物越稳定，而金属的还原性越强。

例如，稳定性 CaO>Al_2O_3，故 Ca+Al_2O_3→CaO+Al。

(3) 某些物种在氧化还原过程中的相对关系，例如，CO 与 CO_2。

如前述，几乎所有的金属和部分非金属均是通过高温下热还原反应来制备的。例如少数非挥发性金属的可采用氢还原法制备：

$$\frac{1}{y}M_xO_y(s)+H_2(g)\Longrightarrow\frac{x}{y}M(s)+H_2O(g)$$

运用氢还原法制备金属最典型的例子是金属钨的制备。反应通常在管式炉中进行，大体上可分为三个步骤：

$$2WO_3+H_2\longrightarrow W_2O_5+H_2O$$
$$W_2O_5+H_2\longrightarrow 2WO_2+H_2O$$
$$WO_2+2H_2\longrightarrow W+2H_2O$$

金属还原法又称金属热还原法，是用一种金属还原金属化合物(氧化物、卤化物)的方法。还原的条件是这种金属对非金属的亲和力要比被还原的金属大。常用作还原剂的金属有包括 Ca、Mg、Al、Na、K 等。可制备的金属包括 Li、Rb、Cs、Na、K、Be、Mg、Ca、Sr、Ba、B、Al、In、Tl、稀土元素、Ge、Ti、Zr、Hf、Tb、V、Nb、Ta、Cr、U、Mn、Fe、Co、Ni 等。

金属还原法中需要注意还原剂的选择。由 Ellingham 图可知,比较生成自由能的大小可以作为选择还原剂的依据。但此时常会出现两种或两种以上的金属都可用作还原剂的情况,一般选择理想的还原剂需考虑以下因素:还原能力强、易处理、不与生成的金属形成合金、可以制得高纯度的金属、主产物和副产物易于分离、成本应尽可能低等。

3. 其他类型的高温反应

1）化学转移反应

某温度下,在反应炉的 M 处,物质 A(固体或液体)与气体 B 反应生成某气相产物 C 和 D,接着在反应炉的 N 处,因温度的变化 C 和 D 又发生逆反应重新得到 A 的过程称为化学转移反应。化学转移反应有着广泛的应用,如可用来合成新化合物、分离提纯物质、生长大而完美的单晶和测定热力学数据等。

许多金属通过和它的高价态化合物反应生成中间价态化合物而发生转移。例如以下反应：

$$2Al(s) + AlX_3(g) \xrightleftharpoons[600℃]{1000℃} 3AlX(g), X = F, Cl, Br, I$$

$$4Al(s) + Al_2S_3(g) \xrightleftharpoons[1000℃]{1300℃} 3Al_2S(g)$$

$$Si(s) + SiX_4(g) \xrightleftharpoons[900℃]{1100℃} 2SiX_2(g), X = F, Cl, Br, I$$

$$Ti(s) + 2TiCl_3(g) \xrightleftharpoons[1000℃]{1200℃} 3TiCl_2(g)$$

2）物理气相沉积

物理气相沉积的原理是用蒸发或升华的方式使源材料变成气体,然后在载气的辅助下使源材料的蒸气向位于低温区的基底输运,最后在基底上沉积、核化、生长而形成粒子或膜层。蒸镀和溅射是物理气相沉积的两类基本镀膜技术。通常使源材料蒸发或升华的方法包括电子束轰击、加热、溅射、阴极弧光等离子体及脉冲激光等。近年来,逐步发展出分子束外延、空心阴极离子镀等方法。

例如:以 ZnS 粉末为源材料、包覆金膜的 Si 片为基底,采用间隙激光烧灼催化法可制备线状多型纳米结构。

3）化学气相淀积

化学气相淀积是把含有构成薄膜元素的一种或几种化合物或单质气体供给基片,借助气相作用或基片上的化学反应生成所需薄膜。目前它已成为制备无机材料的重要技术之一,广泛用于物质提纯、研制新晶体、沉积各种单晶、多晶或玻璃态无机薄膜材料。这些材料可以是单质、氧化物、硫化物、氮化物、碳化物,或其他二元(如 GaAs)或多元(如 $GaAs_{1-x}P_x$)化合物,且其物理功能可通过气相掺杂的沉积过程而得到精确的控制。通常,用于化学气相沉积的反应有热分解法、氧化还原反应沉积、化学合成反应和化学气相输运技术四种方法。近年来,逐步发展出金属有机化合物化学气相沉积、等离子体增强化学气相沉积、激光化学气相沉积、微波等离子体化学气相沉积等方法。

例如:多晶硅膜和碳化硅膜的沉积反应。

$$SiH_4(g) \longrightarrow Si(s) + 2H_2(g)$$

$$CH_3SiCl_3(g) \longrightarrow SiC(s) + 3HCl(g)$$

又如:氮化硅的化学合成反应沉积制备。

$$3SiCl_4(g) + 2N_2(g) + 6H_2(g) \xrightarrow{850\sim900℃} Si_3N_4(s) + 12HCl(g)$$

$$3SiH_4(g) + 4NH_3(g) \xrightarrow{750℃} Si_3N_4(s) + 12H_2(g)$$

4) 自蔓延高温合成

自蔓延高温合成技术是指利用原料本身释放的热能来制备材料,即在反应过程中利用反应物之间高化学反应热的自加热和自传导作用来合成材料的一种技术。反应物一旦被点燃,化学反应放出的热使得邻近的物料温度骤然升高而引发新的化学反应,新的化学反应以波的形式蔓延通过整个反应物,燃烧波推引前移时反应物转变为产物。

例如,铝热反应就是一种典型的自蔓延高温反应。铝粉和金属氧化物的混合物在镁条燃烧放出的热引发下,不需外界继续提供能量而猛烈地发生反应,在很短的时间内把金属从它的氧化物中还原出来或生成合金。

2.4.5 高温高压合成实例

1. 金刚石和立方氮化硼的合成

静高压高温直接合成法的典型例子是金刚石的合成。1955 年,人们以具有六角晶体结构的质地柔软的层状石墨作起始材料,不加催化剂,在约 12.5GPa、3000K 的高压高温条件下,使石墨直接转变成具有立方结构的金刚石。这是由于石墨和金刚石都是由碳元素构成,高压高温作用使碳发生同素异形相转变。金刚石是石墨的高压高温新相物质,是至今自然界中已知最硬的材料。若合成时在石墨中添加金属催化剂,由石墨到金刚石的转变则可在较低压力(5~6GPa)和温度(1300~2000K)条件下实现。

静高压高温直接合成法的另一典型例子是立方氮化硼的合成。1957 年,文托夫(Wentorf Jr,1926—1997)等以类似于石墨结构的六角氮化硼作起始材料,用金属 Mg 等为催化剂,在 6.2GPa 和 1650K 的条件下,合成出与金刚石有相同结构的立方氮化硼。若不用催化剂的直接转变,即采用静高压高温直接合成法,则需 11.5GPa、2000K 的高压高温。

立方氮化硼的硬度为 4500~9000kg/mm²,仅次于金刚石(≥9000kg/mm²),但具有优于金刚石的化学稳定性。如金刚石的使用温度不能超过 1073K,否则会被氧化成石墨型,且与铁反应;而立方氮化硼在 1573K 以上的高温下也不被氧化、不发生晶型转变、不与铁作用,所以在以钢或镍、钴为基质耐热材料的高速切削中,显示超过金刚石的性能,弥补了金刚石的不足。

2. 翡翠宝石的合成

翡翠宝石是重要的装饰材料,通常是以具有翡翠成分($NaAlSi_2O_6$)的透明非晶玻璃为起始材料,经高压高温作用晶化而成,是一种典型的非晶晶化合成法。

具体的步骤如下:将 Na_2CO_3、Al_2O_3、SiO_2 按一定比例混合均匀,在 1650~1850K 温度下灼烧后淬火,得到具有翡翠成分($NaAlSi_2O_6$)的透明非晶玻璃;再以此非晶玻璃为起始材料,经 2.0~4.5GPa、1200~1750K 下保温 30min 以上,即可获得具有良好结构、尺寸达到毫米级的宝石级翡翠宝石。

若在非晶材料中掺入 Eu_2O_3、Dy_2O_3 和 CeO_2 后,经 $3.5 \sim 5.5GPa$、$1100 \sim 1600K$ 下晶化,可获得分别发射红、黄、紫等可见荧光的宝石级翡翠宝石。

3. 高价态和低价态氧化物的合成

在高压高温合成中,如果使试样室周围变成高氧压环境,则可使产物变成高价态的化合物。$CuO+La_2O_3$ 在常压高温(1300K)先合成 La_2CuO_4,然后再将其与 CuO 混合作起始材料,周围放置氧化剂 CrO_3,中间用氧化锆片隔开,整体装入 Cu 锅中,加压加温(1200K),可造成约 $5.0 \sim 6.0GPa$ 的高氧压,合成后可得具有高价态 Cu^{3+} 的 $LaCuO_3$ 化合物。

同样,以 $La_{2-x}Sr_xCuO_4$ 为起始材料,放置氧化剂,造成 $2.0 \sim 3.0GPa$ 高氧压和高温 (1100~3200K)环境中,可合成出具有部分高价态 Cu^{3+} 的产物。利用高氧压($2.0GPa$,1300K)可以获得具有高价 Fe^{4+} 和其他高价金属 M^{4+} 的 $CaFeO_3$、$BaMO_3$($M = Mn$, Co, Ni)等。

从总的趋势看,高压可使物质(包括惰性气体、绝缘体化合物,半导体化合物等)趋于金属化,在极高压力作用下,物质中的元素可处于高度离化态中。

2.5 水热与溶剂热合成

水热与溶剂热合成是无机合成化学的一个重要分支。水热合成研究最初从模拟地矿生成开始到沸石分子筛和其他晶体材料的合成,已经历了 100 多年的历史。无机晶体材料的溶剂热合成研究是近 20 年发展起来的,主要指在非水有机溶剂热条件下的合成,用于区别水热合成。

水热合成研究工作近百年经久不衰并逐步演化出新的研究课题,如水热条件下的生命起源问题以及与环境友好的超临界氧化过程。1845 年,人们以硅酸为原料在水热条件下制备石英晶体;到 1900 年,地质学家采用水热法已制备出约 80 种矿物,其中经鉴定确定有石英、长石、硅灰石等;1900 年后,莫里(G. W. Morey,1888—1965)等开始进行相平衡研究,建立水热合成理论,并研究了众多矿物系统;1985 年,Nature 杂志报道了高压釜中利用非水溶剂合成沸石的方法,拉开了溶剂热合成的序幕。

到目前为止,溶剂热合成法已得到迅速的发展,并在纳米材料制备中具有越来越重要的作用。

2.5.1 水热与溶剂热合成基础

水热法是指在密闭反应器(高压釜)中,采用水作为反应体系,通过对反应体系加热、加压(或自生蒸气压),创造一个相对高温、高压反应环境,使通常难溶或不溶的物质溶解,并且重结晶而进行无机合成与材料处理的一种方法。

溶剂热法是将水热法中的水换成有机溶剂或非水溶媒(如有机胺、醇、氨、四氯化碳或苯等),采用类似于水热法的原理,制备在水溶液中无法长成,易氧化、易水解或对水敏感的材料,如 III-V 族半导体化合物、氮化物、硫族化合物、新型磷(砷)酸盐分子筛三维骨架结构等。

水热与溶剂热合成与固相合成研究的差别在于"反应性"不同。这种"反应性"不同主要反映在反应机理上,固相反应的机理主要以界面扩散为特点,而水热与溶剂热反应主要以液相反应为特点。

水热与溶剂热合成与溶液化学不同,是研究物质在高温和密闭或高压条件下溶液中的化学行为与规律的化学分支。通过水热与溶剂热反应可制得固相反应无法制备的物相或物种,或者使反应在相对温和的溶剂热条件下进行。

1. 水热与溶剂热合成的研究特点

水热与溶剂热合成的研究特点之一是研究体系一般处于非理想非平衡状态,因此应用非平衡热力学研究合成化学问题。

在高温高压条件下,水或其他溶剂处于临界或超临界状态,反应活性提高。物质在溶剂中的物性和化学反应性能均有很大改变,因此溶剂热化学反应异于常态。一系列中高温高压水热反应的开拓及其在此基础上开发出来的水热合成,已成为目前多数无机功能材料、特种组成与结构的无机化合物以及特种凝聚态材料,如超微粒、溶胶与凝胶、非晶态、无机膜、单晶等合成的重要途径。

水热与溶剂热合成研究的另一个特点是由于水热与溶剂热化学的可操作性和可调变性,因此将成为衔接合成化学和合成材料物理性质之间的桥梁。

随着水热与溶剂热合成化学研究的深入,水热与溶剂热合成反应已有多种类型。基于这些反应而发展的水热与溶剂热合成方法与技术具有其他合成方法无法替代的特点。应用水热与溶剂热合成方法可以制备多种材料和晶体,而且制备材料和晶体的物理与化学性质也具有本身的特异性和优良性,因此显示出广阔的发展前景。

水热与溶剂热合成化学具有如下的特点:

(1)由于在水热与溶剂热条件下反应物反应性能的改变、活性的提高,水热与溶剂热合成方法有可能代替固相反应以及难于进行的合成反应,并产生一系列新的合成方法。

(2)由于在水热与溶剂热条件下中间态、介稳态以及特殊物相易于生成,因此能合成与开发一系列特种介稳结构、特种凝聚态的新合成产物。

(3)能够使低熔点化合物、高蒸气压且不能在融体中生成的物质、高温分解相在水热与溶剂热低温条件下晶化生成。

(4)水热与溶剂热的低温、等压、溶液条件,有利于生长极少缺陷、取向好、完美的晶体,且合成产物结晶度高以及易于控制产物晶体的粒度。

(5)由于易于调节水热与溶剂热条件下的环境气氛,因而有利于低价态、中间价态与特殊价态化合物的生成,并能均匀地进行掺杂。

2. 水热与溶剂热反应的基本类型

水热与溶剂热反应的类型众多,总结如下:

1)合成反应

通过数种组分在水热或溶剂热条件下直接化合或经中间态发生化合反应。利用此类反应可合成各种多晶或单晶材料。例如:

$$CaO \cdot nAl_2O_3 + H_3PO_4 \longrightarrow Ca_5(PO_4)_3OH + AlPO_4$$
$$Nd_2O_3 + 10H_3PO_4 \longrightarrow 2NdP_5O_{14} + 15H_2O$$

2）热处理反应

利用水热与溶剂热条件处理一般晶体得到具有特定性能晶体的反应。例如:人工氟石棉合成人工氟云母。

3）转晶反应

利用水热与溶剂热条件下物质热力学和动力学稳定性差异进行的反应。例如:长石合成高岭石、橄榄石合成蛇纹石、NaA 沸石合成 NaS 沸石等。

4）离子交换反应

水热与溶剂热条件下进行沸石阳离子交换、硬水的软化、长石中的离子交换、温石棉的 OH^- 交换为 F^- 等。

5）单晶培育

在高温高压水热与溶剂热条件下从籽晶培养大单晶。例如:SiO_2 单晶的生长,在反应介质 $NaOH(0.5mol/L)$ 中,温度梯度为 $410 \sim 300℃$,压力为 $120MPa$,生长速率 $1 \sim 2mm/d$;在反应介质 Na_2CO_3 中$(0.25mol/L)$,温度梯度为 $400 \sim 370℃$,装满度为 70%,生长速率 $1 \sim 2.5mm/d$。

6）脱水反应

在一定温度、一定压力下物质脱水结晶的反应。例如:

$$Mg(OH)_2 + SiO_2 \xrightarrow[8 \sim 23MPa]{350 \sim 370℃} 温石棉$$

7）分解反应

在水热与溶剂热条件下分解化合物得到结晶的反应。例如:

$$FeTiO_3 \longrightarrow FeO + TiO_2$$
$$ZrSiO_4 + 2NaOH \longrightarrow ZrO_2 + Na_2SiO_3 + H_2O$$
$$FeTiO_3 + K_2O \longrightarrow K_2O \cdot nTiO_2(n=4,6) + FeO$$

8）提取反应

在水热与溶剂热条件下从化合物(或矿物)中提取金属的反应。例如:钾矿石中钾的水热提取、重灰石中钨的水热提取等。

9）氧化反应

金属和高温高压的纯水、水溶液、有机溶剂反应得到新氧化物、配合物、金属有机化合物的反应,以及超临界有机物种的全氧化反应。例如:

$$2Cr + 3H_2O \longrightarrow Cr_2O_3 + 3H_2$$
$$Zr + 2H_2O \longrightarrow ZrO_2 + 2H_2$$
$$Me + nL \longrightarrow MeL_n(L = 有机配体)$$

10）沉淀反应

水热与溶剂热条件下生成沉淀得到新化合物的反应。例如:

$$KF + MnF_2 \longrightarrow KMnF_3$$
$$KF + CoF_2 \longrightarrow KCoF_3$$

11）晶化反应

在水热与溶剂热条件下,使溶胶、凝胶等非晶态物质晶化的反应。例如:

$$CeO_2 \cdot xH_2O \longrightarrow CeO_2 + xH_2O$$

$$ZrO_2 \cdot H_2O \longrightarrow M\text{-}ZrO_2 + T\text{-}ZrO_2$$
$$\text{硅铝酸盐凝胶} \longrightarrow \text{沸石}$$

12）水解反应

在水热与溶剂热条件下,进行加水分解的反应。例如:醇盐水解等。

13）烧结反应

在水热与溶剂热条件下,实现烧结的反应。例如:制备含有 OH^-、F^- 等挥发性物质的陶瓷材料。

14）反应烧结

在水热与溶剂热条件下同时进行化学反应和烧结反应。例如:氧化铬、单斜氧化锆、氧化铝/氧化锆复合体的制备。

15）水热热压反应

在水热热压条件下,材料固化与复合材料的生成反应。例如:放射性废料处理、特殊材料的固化成型、特种复合材料的制备等。

除上述分类方法外,可按反应温度将水热与溶剂热反应分为亚临界和超临界合成反应两类。多数沸石分子筛晶体的水热合成即为典型的亚临界合成反应。反应温度范围在 $100 \sim 240℃$,适于工业或实验室操作。高温高压水热合成实验温度已高达 $1000℃$,压强高达 $0.3GPa$。它利用作为反应介质的水在超临界状态下的性质和反应物质在高温高压水热条件下的特殊性质进行合成反应。如通过高温高压水热合成,制备无机物的单晶。其中,有的单晶是无法用其他制备方法得到的,CrO_2 水热合成就是一个明显的实例。

3. 反应介质的性质

高温高压下水的作用有四个方面:一是起溶剂与压力传递介质的作用。二是起"低熔点物质"作用。水的离子积随温度和压强的增加而升高,水中 H^+ 和 OH^- 浓度上升,表现出类熔盐的性质。三是提高"物质"的溶解度。非极性物质的溶解度提高;高压环境会破坏微粒间的团聚和连接,促使其溶解。四是在部分场合下作为化学组分起化学反应。

图 2-8 是水的相图。在高温高压水热体系中,水的性质将产生变化:蒸气压变高、密度变低、表面张力变低、黏度变低、离子积变高。水的离子积表示为 $K_w = [H^+][OH^-]$,在常温常压下:$-\lg K_w = 14$。但离子积随压强与温度的上升迅速增加。例如在 $1000℃$、$1GPa$ 条件下,$-\lg K_w = 7.85 \pm 0.3$。水的黏度随温度的上升而下降。例如在 $500℃$、$0.1GPa$ 条件下,水的黏度仅为平常条件下的 10%,分子和离子的活动能力增强。

图 2-9 是水的密度随温度变化曲线。从图中可以看出,水的密度随温度升高而降低、随压力升高而升高。密度减小导致体积膨胀,压缩水热反应釜气体的空间,导致釜内压强增大。必然存在一个平衡点,这个平衡点就是后续工艺过程中提到的临界填充度。

以水为溶剂时,介电常数是一个十分重要的性质,随温度升高而下降,随压力增加而升高。图 2-10 为介电常数随温度和压力变化关系,前者的影响是主要的。根据 E. U. Franck 的研究,超临界区域内介电常数在 10 和 $20 \sim 30$ 之间。通常情况下,电解质在水溶液中完全离解,然而随着温度的上升电解质趋向于重新结合,对于大多数物质,这种转变常常在 $200 \sim 500℃$ 发生。

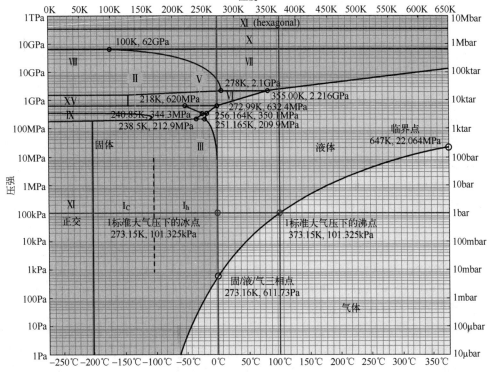

图 2-8　水的相图

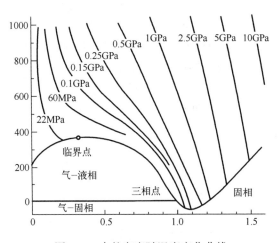

图 2-9　水的密度随温度变化曲线

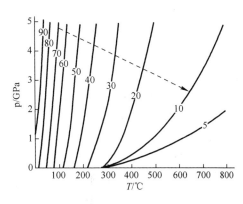

图 2-10　水的介电常数与温度的关系

　　高温高压密闭水热条件下物质的化学行为与该条件下水的物理化学性质有密切关系。因此,有关水的物化性质基础数据的积累是十分必要的,以便了解高温高压水及与水共存的气相的性质,确定高温高压水热条件下各相(氧化物、氢氧化物、流体)间的稳定范围、固溶体等相关系,寻找并确定合成单晶体的最佳条件,明确水热条件下合成产物的诸性质,以及测定固相在水热条件下的溶解度及稳定性等。

4. 有机溶剂的性质标度

在有机溶剂中进行合成,溶剂种类繁多,性质差异很大,为合成提供了更多的选择机会。如:与水的性质最接近的醇类,作为合成溶剂的也有几十种,可供选择的余地很大,因此有必要考虑到溶剂作用。

进行溶剂的选择,溶剂不仅为反应提供一个场所,而且会使反应物溶解或部分溶解,生成溶剂合物,这个溶剂化过程会影响化学反应速率。溶剂在合成体系中会影响反应物活性物种在液相中的浓度、解离程度,以及聚合态分布等,从而影响或改变反应过程。

根据溶剂性质对溶剂进行分类有许多方式,如根据宏观和微观分子常数以及经验溶剂极性参数(相对分子质量、密度、冰点、沸点、分子体积、蒸发热、介电常数、偶极矩、溶剂极性等)。反应溶剂的溶剂化性质最主要参数为极性,其定义为所有与溶剂-溶质相互作用有关的分子性质的总和(如库仑力、诱导力、色散力、氢键和电荷迁移力)。

2.5.2 水热与溶剂热合成的基本原理

水热与溶剂热体系的化学研究大多针对无机晶体。本节通过对水热与溶剂热体系中无机晶体成核与晶体生长的一般性描述,来了解水热与溶剂热体系中的晶化理论问题。

1. 水热与溶剂热体系的成核

在水热与溶剂热条件下形成无机晶体的步骤与沸石晶体的生成非常相似,即在液相或液固界面上少量反应试剂产生微小的不稳定核,更多的物质自发地沉积在这些核上生成微晶。因为水热与溶剂热生长的晶体不完全是离子的(如 $BaSO_4$ 或 AgCl 等),可以通过部分共价键的三维缩聚作用而形成,所以一般水热与溶剂热体系中生成的 $BaSO_4$ 或 AgCl 比从过饱和溶液中沉积出来更缓慢。其晶化动力学受许多因素影响。

以水热反应为例,其晶核的形成机制有 3 种:

(1)"均匀溶液饱和析出"机制。由于水热反应温度和体系压力的升高,溶质在溶液中溶解度降低并达到饱和,以某种化合物结晶态形式从溶液中析出。当采用金属盐溶液为前驱物,随着水热反应温度和体系压力的增大,溶质(金属阳离子的水合物)通过水解和缩聚反应,生成相应的配位聚集体(可以是单聚体,也可以是多聚体),当其浓度达到过饱和时就开始析出晶核,最终长大成晶粒。

(2)"溶解-结晶"机制。在水热反应初期,反应物微粒(常温常压下不溶的固体粉末、凝胶和沉淀等)发生"溶解";随着反应的进行,溶解的微粒以离子团形式进入溶液;当反应物浓度高于成核所需的过饱和度时,发生成核、结晶。该机制下结晶过程驱动力是溶解的反应物浓度高于成核所需的过饱和度。

(3)"原位结晶"机制。当选用常温常压下不可溶的固体粉末、凝胶或沉淀为前驱物时,若前驱物和晶相的溶解度相差不是很大时,或者"溶解-结晶"的动力学速度过慢,则前驱物可以经过脱去羟基(或脱水),原子原位重排而转变为结晶态。例如,在 $300 \sim 450℃$ 进行的 Ba(OH)$_2$+TiO$_2$ $\longrightarrow$ BaTiO$_3$+H$_2$O 反应,高分辨率 TEM 结果显示,未完全反应 BaTiO$_3$ 颗粒晶界处是无定型或完全结晶的 BaTiO$_3$。

溶剂热反应在原理上与水热法类似。因此,水热与溶剂热体系成核的一般特性总结如下:

(1)成核速率随着过冷程度即亚稳性的增加而增加。然而,黏性也随温度降低而快速增大。因此,过冷程度与黏性在影响成核速率方面具有相反的作用。这些速率随温度降低有一个极大值。

(2)存在一个诱导期。在过饱和籽晶溶液中也形成亚稳态区域,在此区域里仍不能检测出成核。一些研究发现成核发生在溶液与某种组分的界面上。因此,在适当条件下,成核速率随溶液过饱和程度增加得非常快。

(3)组成的微小变化可引起诱导期的显著变化。

(4)成核反应的发生与体系的早期状态有关。

晶体自发生长能够顺利进行,必须有可生长的核。可生长核的出现是溶液或混合溶液波动的直接结果,是反应物化学聚合和解聚的结果。这些波动导致"胚核"的出现和消失,胚核中的一些可生长达到进一步自发生长所需要的晶核大小。在任一溶液中,可能有各种化学特性的"胚核"共存,一种以上的核达到晶核大小时,可产生多种共结晶产物。

2. 水热与溶剂热体系中晶粒的生长

晶体从溶液中结晶生长需要克服一定势垒。假定有一个适合特定物种生长的良好条件,那么在该物种籽晶上的沉积生长最有效。晶体生长具有如下特点:

(1)在籽晶或稳定的核上的沉积速率随着过饱和或过冷的程度而增加,搅拌常会加速沉积。不易形成大的单晶,除非在非常小的过饱和或过冷条件下进行。

(2)由于晶化反应速率整体上是增加的,在各面上的不同增长速率倾向于消失。但缺陷表面的生长比无缺陷的光滑平面快。

(3)在同样条件下,晶体的各个面常常以不同速率生长,高指数表面生长更快并倾向于消失。晶体的习性依赖这种效应并为被优先吸附在确定晶面上的杂质(如染料)所影响,从而减低这些面上的生长速率。

(4)在特定表面上无缺陷生长的最大速率随着表面积的增加而降低,此种性质对在适当的时间内无缺陷单晶的生长大小提出了限制。

以水热反应为例,水热条件下生长的晶体晶面发育完整,晶体的形貌与生长条件密切相关,同种晶体在不同的水热条件下可能有不同的结晶形貌。简单地套用经典晶体生长理论不能很好解释许多现象。

"生长基元理论模型"认为在上述输送阶段,溶解进入溶液的离子、分子或离子团之间发生反应,形成具有一定几何构型的聚合物——生长基元。生长基元的大小和结构与水热反应条件有关。在同一个水热体系中,同时存在多种形式的生长基元,它们之间建立动态平衡。某种生长基元越稳定(从能量和几何构型两方面加以考虑),其在体系里出现的概率就越大。在界面上叠合的生长基元必须满足晶面结晶取向的要求,而生长基元在界面叠合的难易程度决定该面族的生长速率。"生长基元理论模型"将晶体的结晶形貌、晶体的结构和生长条件有机统一起来,很好地揭示了很多现象。

"生长基元理论模型"将水热条件下晶粒的形成过程分为三个阶段:

(1)生长基元与晶核的形成:环境相中由于物质的相互作用,动态地形成不同结构形式的生长基元,它们不停地运动,相互转化,随时产生或消灭。当满足线度和几何构型要求时,即生成晶核。

(2)生长基元在固-液生长界面上的吸附与运动:由于对流、热力学无规则运动或者原子吸引力,生长基元运动到固-液生长界面并被吸附,在界面上迁移运动。

（3）生长基元在界面上的结晶或脱附：在界面上吸附的生长基元，经过一定距离的运动，可能在界面某一适当位置结晶并长入晶相，使得晶相不断向环境相推移，或者脱附而重新回到环境相中。

3. 超临界水热反应简介

超临界水具有完全不同于标准状态下水的性质，是一种非协同、非极性溶剂，可溶解许多有机物，且可氧化处理有机废物，已广泛应用于工业、军事、生活等方面。超临界水是一个非常有潜力的体系，可与有机废物形成单相-消除反应间物质转移的限制，用以氧化破坏；也能沉积无机物用以随后的浓缩与处理。

超临界水具有如下的性质：一是非协同、非极性溶剂（超临界条件：临界温度 374℃，临界压力 22.1MPa 以上条件）；二是密度可通过变化温度与压力使其控制在气相值与液相值之间；三是绝大多数性质如热容、热导等在接近临界点的时候有很大变化。热容在临界点达到无穷大。

1) 超临界水溶液

盐与其他电解质在水溶液中会电离形成电导体；像糖类等极性有机物极易溶于水；一些很重要的气体溶质的溶解度却很小。这些性质主要与水的密度有关。由于超临界水的密度足够高，离子型的溶质不溶，而烷烃类的非极性物质则完全溶解，超临界水表现为"非水性"流体。

（1）共存溶剂的影响

当溶质不纯时发现其在超临界体系中溶解度有较大变化。通过对单溶质、双溶质与简单超临界流体二元体系的研究发现，一些体系中各个溶质的溶解度要高于纯溶质与简单超临界流体构成的二元体系中的实验值；有时如有第三种组分存在时，每一种溶质的溶解度都降低。如在三元体系 CO_2-固体甘油三酸酯混合物的研究中发现，实际的组成变化并不影响溶质的溶解度与选择性。

（2）共存溶质的影响

少量助溶剂可改变初始超临界流体的极性与溶剂化作用，固体的溶解度增加几个数量级。用作助溶剂的通常是极性或非极性有机物。若溶剂分子间有较强的氢键作用或路易斯酸碱作用，溶质的溶解度可增加 10~100 倍。该现象对于设计超临界流体的流程有实际意义。此外，共存溶剂纯度对溶质的溶解度也有类似共存溶质的影响。

2) 超临界体系中的反应特点及应用

如前所述，超临界水可以完全溶解有机物、空气或氧气、气相反应的产物，但对无机物溶解度不高。因而，O_2、CO_2、CH_4 与其他烷烃可完全溶解于超临界水中。因此，超临界水可应用于多相催化、相转移催化、多相催化剂再生、选择性催化、对异构体选择性合成、酶反应等。其中，最具发展前景的利用是超临界水氧化破坏危险性有机物。其特点是处理废物范围广、解毒率高、反应装置密闭、典型的超临界系统的操作温度在 500~600℃。

目前，超临界水氧化技术面临着仪器腐蚀与装置放大问题。并且，在超临界水中无机物的低溶解度使得其在超临界水氧化过程中形成盐粒而沉积下来，常凝聚或附着在容器壁上，阻塞导管与容器，妨碍表面的热传递，最后终止工序的进行。此外，人们对超临界反应的机制还不甚清楚，许多理论都有待进一步验证。

2.5.3 水热与溶剂热合成的工艺过程

1. 水热与溶剂热合成的设备

高压容器和反应控制系统是进行高温高压水热与溶剂热合成的基本设备。研究的内容和水平在很大程度上取决于高压设备的性能和效果。

高压容器也称反应釜或水热釜。在材料选择上,要求机械强度大、耐高温、耐腐蚀和易加工;在结构设计上,要求结构简单,便于开装和清洗、密封严密、安全可靠。反应控制系统的作用是对实验安全性的保证,对水热与溶剂热的合成提供安全稳定的环境。

高压釜的分类方式有很多种:按密封方式分为自紧式高压釜、外紧式高压釜;按密封的机械结构分为法兰盘式、内螺塞式、大螺帽式、杠杆压机式;按压强产生方式分为内压釜(靠釜内介质加温形成压强,根据介质填充度可计算其压强)、外压釜(压强由釜外加入并控制);按设计者分为莫里釜、史密斯釜、塔特尔釜(也称冷封试管高压釜)、巴恩斯反应器等;按加热方式分为外热高压釜(在釜体外部加热)、内热高压釜(在釜体内部安装加热电炉);按实验体系分为高压釜(用于封闭体系的实验)、流动反应器和扩散反应器(用于开放系统的实验,能在高温高压下使溶液缓慢地连续通过反应器,可随时提取反应液)。如图2-11为带搅拌高压反应釜装置图及示意图。

 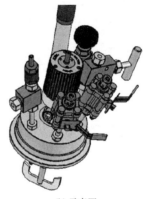

(a) 装置图　　　　　　　　　　　(b) 示意图

图 2-11　带搅拌高压反应釜装置图及示意图

下面重点介绍几种常用的高压容器。

1) 等静压外热内压容器

最早由莫里(Morey,1917)设计,也称莫里釜(弹)。其结构最先是内压垫圈密封,后改进为自紧式密封和外压垫圈式、自紧式密封。容器和塞头都由工具钢制成。在长时间内,工作温度为600℃,压力为0.04GPa。在短时间内,温度可达700℃,压强达0.07GPa。由于为垫圈密封,故压强太大,容易发生漏气,并且开釜困难。后来改进为自紧式密封,长时间工作温度为600℃,压强为0.2GPa;温度为500℃,压强为0.3GPa。

莫里高压釜整体都放入大加热炉中,此种高压釜由于容量大,对大试样的实验是很有用的,被广泛用于测定固体在高压蒸气相中的溶解度。目前实验室内自制反应釜都属于改进后的莫里釜。

2）等静压外热外压容器

最先由塔特尔（Tuttle,1948 年）设计,故取名为塔特尔釜,也称冷封反应器或试管反应器。改进后,压强为 1.2GPa,温度为 750℃。在超过 0.7GPa 的所有实验,用氩气做压强介质,因为水在室温条件下,在压强为 0.7GPa 时冻结而失去做传送压强介质的能力。

塔特尔容器结构简单,操作方便,造价低廉,因而被广泛应用。

3）等静压外热外压摇动反应器

由巴恩斯（Barens,1963 年）设计,也称巴恩斯反应器。反应器是由垫圈密封,特点是实验过程中容器处在机械摇动状态,以加速反应的平衡。这种装置用于恒定 p-V-T 关系和矿物的溶解度研究。工作条件在 250℃ 可达 0.05GPa;400℃ 时可达 0.03GPa。

反应器由不锈钢制成,容器内层表面镀铬,可有 3 个加热电炉。固体、液体（水）和气体可按设计量装入反应腔中。在装样前抽真空可避免空气的污染。全部阀门和炉子沿着水平轴成 30° 的弧,以每分钟 36 次的速率摇动。因此,连接反应器的管道是由柔性毛细管做成。少量的液体或气体试样,可通过一系列操作从中提取并分析。

4）等静压内加热高压容器

内热外压式容器,是将加热电炉和试样都装在高压容器之内,同时由外部高压系统向容器腔内供给流体压强。特点是内腔较大,实验的温度和压强较外热力容器更高一些。最早的内热压强容器装置由亚当斯（Adams,1923）设计。

这种装置传递压强的流体必须不造成电炉的炉丝短路,因此水热实验需使用焊封金属管技术。用氩气做压强是因为氩不与釜体金属形成化合物,对金属矿物扩散很小,且比其他可使用的气体压缩性小,纯态气体使用很方便。同时,使用氩气比使用别的气体（如 CO_2、N_2）炉丝较少脆断。

2. 水热与溶剂热合成的一般程序

水热与溶剂热合成的一般程序如下:按设计要求选择反应物料并确定配方;摸索配料次序,混料搅拌;装釜、封釜,加压至指定压力;确定反应温度、时间、状态（静止或动态晶化）;取釜、冷却;开釜取样;洗涤、干燥;样品检测及化学组成分析,如图 2-12 所示。

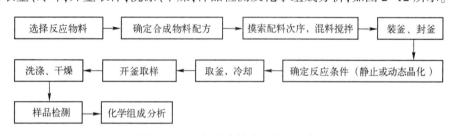

图 2-12　一般的水热合成实验程序

影响水热与溶剂热合成工艺过程的因素主要包括填充度、反应压力、反应前驱体、反应介质、反应温度与 pH 值等。

1）填充度

填充度又称装满度,指反应混合物占密闭反应釜空间的体积百分数,直接涉及实验安全以及合成实验的成败。研究表明,水的临界温度是 374℃,此时水的相对密度是

0.33，即意味着 30%装满度的水在临界温度下实际是气体，所以实验中既要保证反应物处于液相传质的反应状态，又要防止由于过大装满度而导致过高压力（否则会爆炸）。因此，一般控制装满度在 85%以下并在一定温度范围内工作。

2）反应压力

压力的作用是通过增加分子间碰撞的机会而加快反应的速度。高压在热力学状态关系中起改变反应平衡方向的作用。如高压对原子外层电子具有解离作用，因此固相高压合成促进体系的氧化。

在水热反应中，压力在晶相转变中的作用是众所周知的。例如在 ABO_3（如 $BaTiO_3$）的立方与四方相转变中，高温低压和高压低温有利于四方相的生成（水热条件），$BaTiO_3$ 立方到四方相转变的居里温度为 131℃。

3）反应前驱体

反应前驱体是影响水热与溶剂热合成工艺过程的因素之一，前驱体浓度的大小会影响结晶初始阶段的晶核数目和晶体形貌。一般要求前驱体同最终产物的溶解度应存在差异，且不与高压釜衬底发生反应，同时前驱体中的杂质元素不在产物中残留。

常用的前驱体包括可溶性金属盐溶液、固体粉末（制备多元氧化物粉体时，可直接选用相应的金属氧化物和氢氧化物固体粉末作为前驱物）、胶体（制备金属氧化物粉体时，在相应的金属可溶性盐溶液中加入过量的碱得到氢氧化物胶体，经反复洗涤除去阴离子后作为前驱物）以及胶体与固体粉末混合物。

4）反应介质

反应介质不仅提供反应场所，更重要的是使反应物溶解或部分溶解，形成溶剂化反应物，进而发生溶解-结晶或原位结晶，生成产物。

反应介质的选择要遵循相似相容原理，即溶质分子若与溶剂分子的组成结构、物理性质及化学性质相近，则其溶解度大。当溶解于溶剂的溶质以离子状态存在时，离子晶体必须克服离子晶格中正负离子间的作用力，共价化合物必须使共价键发生异裂作用，这两种作用都必须消耗很大的能量，因此溶质和溶剂的作用必须很大才能使溶质溶解于溶剂，这种溶质和溶剂的相互作用就是溶剂化能。

溶剂化能一般采用 Born 方程式表示，式中 ΔG 表示一个离子从真空迁移到溶剂中自由能的改变，即溶剂化能。方程中假定 r_1 为离子结晶学半径，带 Ze 电荷的离子刚性小球，溶剂的相对介电常数 ε_r 不因离子电场而改变。

$$\Delta G = \frac{-Z^2 e^2}{Zr_1 \left(1 - \dfrac{1}{\varepsilon_r}\right)}$$

5）反应温度与 pH 值

水热与溶剂热的反应温度越高，晶粒平均粒度越大，分布范围越宽。在温差和其他物理化学条件恒定情况下，晶体生长速率随温度的升高而加快。同时，水热与溶剂热的反应时间越长，晶粒生长越充分。

反应体系的 pH 值会影响产物结晶过程中的过饱和度，进而影响结晶动力学、产物的形貌和颗粒大小。

2.5.4 水热与溶剂热合成实例

1. 介孔材料的水热与溶剂热合成

沸石分子筛是一类典型的介稳微孔晶体材料,这类材料具有分子尺寸、周期性排布的孔道结构,其孔道大小、形状、走向、维数及孔壁性质等多种因素为其提供了各种可能的功能。水热合成是沸石分子筛经典和适宜的制备方法之一。溶剂热合成沸石分子筛是从Bibby和Dale(1985)在乙二醇和丙醇体系中合成全硅方钠石开始的。随后,Sugimoto等在水和有机物如甲醇、丙醇和乙醇胺的混合物中合成ISI系列高硅沸石。

1)A型沸石(LTA){$Na_{12}[(AlO_2)_{12}(SiO_2)_{12}]\cdot 27H_2O$}的合成

A型分子筛的孔径为0.3~0.5nm,其晶穴内部存在着强大的电场和极性作用,对水有很大的亲和力,由其制备的分子筛膜可以渗透蒸发脱出有机物中的水分。

传统制备A型分子筛的方法如下:在电磁搅拌下将13.5g铝酸钠固体和25g NaOH溶解在300mL的水中(必要时可适当加热加速溶解)。称取14.2g的$Na_2SiO_3\cdot 9H_2O$溶解在200mL水中。在剧烈搅拌下,将铝酸钠溶液加入到热的硅酸钠溶液中,并将混合溶液加热至约90℃。在此温度下继续搅拌至反应完全。最后经过滤、水洗、干燥得到白色A型沸石原粉,晶粒尺寸1~2mm。

水热法制备A型分子筛的方法:以Na_2O、Al_2O_3、SiO_2和水为原料,按物质的量比$Na_2O:Al_2O_3:SiO_2:水 = 3.5:1:2:130$配成反应混合物,100℃下水热晶化5h,将所得产物过滤洗涤,并于100℃下真空干燥10h得白色A型沸石原粉。

2)Y型沸石(FAU){$Na_{56}[(AlO_2)_{56}(SiO_2)_{136}]\cdot 264H_2O$}的合成

在电磁搅拌下将13.5g铝酸钠固体和10g的NaOH溶解在70mL水中(必要时可适当加热以加速溶解)。在剧烈搅拌下,将铝酸钠溶液加入到盛有100g硅溶胶(含30%的SiO_2)的聚丙烯塑料瓶中,使反应混合物中$Al_2O_3/SiO_2 = 1:10$,$H_2O/SiO_2 = 16$,$Na^+/SiO_2 = 0.8$。将上述混合溶液在室温下陈化1~2天,再加热到95℃晶化2~3天后经过滤、洗涤、干燥得到Y型沸石原粉。若反应在反应釜中进行,95℃下晶化20h可得Y型沸石原粉。

3)ZSM-5(MFI)的合成

ZSM-5型分子筛具有优良的孔道结构,有两种相互交联的孔道体系,一是b轴方向的直线形孔道,孔径尺寸为0.53~0.56nm,二是a轴方向的正弦形孔道,孔径尺寸0.51~0.55nm,与许多重要工业原料的分子相近,因而有广泛应用。

ZSM-5(MFI)一般合成方法如下:取0.9g铝酸钠和5.9g的NaOH固体溶解在50g水中配成铝酸钠溶液,称取8.0g四丙基溴化铵(TPABr)和6.2g硫酸(96%)溶于100g水中配成模板剂溶液(四丙基溴化铵作模板剂),将上述两种溶液同时加入到盛有60g硅溶胶(含30%的SiO_2)聚丙烯塑料瓶中后,剧烈摇动使得凝胶均匀,此时反应混合物中$Al_2O_3/SiO_2 = 1:85$,$H_2O/SiO_2 = 45$,$Na^+/SiO_2 = 0.5$,$TPA^+/SiO_2 = 0.1$。加热到95℃晶化10~14天后经过滤、洗涤、干燥得到ZSM-5型沸石原粉。若将反应混合物放入不锈钢反应釜中于140~180℃晶化1天,即可获得ZSM-5型沸石原粉。模板剂可在高温下通过焙烧除去。

需要注意,实验所用反应釜的聚四氟乙烯内衬和密封垫圈在高温下会变软,高于

200℃则不能使用;在200℃以下的水热环境中,常产生高达 $1.5×10^6$ Pa 的自生压力导致沸石晶化,若有有机胺存在,自生压力更大。为避免产生过高的压力,反应溶液的填充度一般控制在75%以内。

水热是合成沸石和分子筛的最好途径。水热提高了水的有效溶剂化能力,使反应物或最初生成的非均匀的凝胶混合均匀和溶解,也提高了成核和晶化速度。水热合成沸石包括三个基本过程:硅铝酸盐(或其他组成)水合凝胶的产生,水合凝胶溶解生成过饱和溶液,最后是产物的晶化。晶化过程包括以下三个基本步骤:新的沸石晶体的成核、核的生长、沸石晶体的生长及引起的二次成核。

沸石水热合成中,影响反应的主要因素包括温度、时间、反应物源和类型、pH 值、使用的无机或有机阳离子、陈化条件、反应釜等。而各因素之间彼此常相互关联,比较复杂,本书不做详细阐述,相关知识可参考有关教材。

2. 人工晶体的合成

石英晶体可用来制造各种谐振器、滤波器、超声波发生器等,广泛地应用于国防、电子、通信、冶金、化学等领域。石英谐振器是无线电子设备中非常关键的元器件,具有高度稳定性、敏锐选择性、灵敏性,相当宽的频率范围,卫星、导弹、飞机、电子计算机等均需石英谐振器才能正常工作。

石英晶体属于六方晶系,主要成分为 SiO_2,一个重要特点是具有压电效应,所谓压电效应,即当某些电介晶体在外力作用下发生形变时,它的某些表面上会出现电荷积累。水热与溶剂热合成是制备石英晶体的主要方法之一。石英的生长包括两个过程:培养基石英的溶解、溶解的 SiO_2 向籽晶上生长。

石英的人工合成包括下述两个过程:

(1)溶质离子的活化:

$$NaSi_3O_7^- + H_2O \longrightarrow Si_3O_6 + Na^+ + 2OH^-$$
$$NaSi_2O_5^- + H_2O \longrightarrow Si_2O_4 + Na^+ + 2OH^-$$

(2)活化的离子受生长体表面活性中心吸引(静电引力、化学引力和范德华引力),穿过生长表面的扩散层而沉降到石英体表面。

在合成过程中,影响石英生长的主要因素是高压釜内的压强。提高压强会提高生长速率,这实际上是通过其他参数(溶解度和质量交换等情况)来体现的。关于填充度与晶体生长的关系,已经有了较为详细的研究。在温度较低时,填充度与生长速率呈线性关系;在温度较高时,线性关系破坏。概括起来说,在高温下,相应地提高填充物和溶液碱浓度可以提高晶体的完整性。

3. 陶瓷粉末合成

水热法合成陶瓷粉末的优点很多,可以一步合成多元氧化物的固溶体晶体粉末,粉末的粒度可得到严格控制,同时粒度分布均匀,分散性好。目前人们普遍认为,水热法最有前途的应用领域是电子陶瓷行业,尤其是介电陶瓷方面。

高性能陶瓷电容器主要使用钙钛矿结构的氧化物作为介电材料,其中 $BaTiO_3$ 因具有极高的介电常数、热稳定性等性能而得到广泛应用,尤其是在多层陶瓷器件领域。一般 $BaTiO_3$ 的制备有两种方法。一是固相反应法:以 TiO_2 和 $BaCO_3$ 为原料,在1250℃左右反应形成 $BaTiO_3$,然后粉碎、分级,这样制备的粉末颗粒大、活性低。二是草酸盐法:将

67

$TiCl_4$ 和 $BaCl_2$ 等金属盐同草酸反应,生成 $BaTiO(C_2O_4)_2 \cdot 4H_2O$ 复合金属盐,然后将其在中温煅烧分解,形成 $BaTiO_3$。

其中,草酸盐法得到的粒子粒度一般都是亚微米的。在煅烧过程中,需控制煅烧温度:温度过低分解不完全,温度过高时粒子间必然会产生一定程度的烧结,使粉末产生团聚,因此煅烧后的粉末仍旧需要轻度球磨以及筛分选过程,最终粉末往往是由众多微晶组成的。虽然同固相法产品相比,在可烧结性、产品稳定性等方面有显著提高,但在制备多层陶瓷电容器时,仍旧会由于原料性能的波动而影响产品可靠性。尤其当介电层的厚度降低时,这一问题变得更加突出。

研究表明,采用水热法合成的 $BaTiO_3$ 可不经煅烧而一步得到产品,且粒子分散度高、粒度小、结晶性好,消除了因煅烧带来的问题和工艺的复杂性。水热合成 $BaTiO_3$ 的原料可以有多种,如亚微米级 TiO_2 粉末/$Ba(OH)_2 \cdot 8H_2O$、TiO_2 凝胶粒子/$Ba(OH)_2 \cdot 8H_2O$ 或采用同时含有 Ba 和 Ti 离子的凝胶(如钛钡过氧化物凝胶、钛钡乙酸凝胶等),但无论反应物中 Ba 同 Ti 的比值如何变化,最终产物都只有 $BaTiO_3$,不会产生其他组成的钛酸钡盐。

合成过程中,一般高压釜装满度在 80% 左右,反应温度为 55~400℃,反应时间几个小时到几十个小时。为使反应进行彻底,一般要使 Ba 和 Ti 的比值大于化学计量值 1,多取在 2~3。反应后过剩的 Ba^{2+} 可以利用浓甲酸洗涤除去。当反应原料不同时,$BaTiO_3$ 粒子的形貌也有很大差别,一般来说,$BaTiO_3$ 的形貌同所使用的 TiO_2 极为接近。例如若使用 TiO_2 晶须作为原料,则会产生纤维状 $BaTiO_3$,而采用球状 TiO_2 作为原料时,产生与 TiO_2 粒子大小接近的粒子,但是可以非常明显地看出其规则的外形。

总体而言,以凝胶作为原料制备的粒子粒度比使用 TiO_2 粉末的要小得多。分析表明,合成的粒子内不含有或极少含有化学吸附/结合的其他离子,如 OH^- 等。这些粉末具有好的分散性,粒度分布区间窄,经干燥后可直接用来制造陶瓷。根据合成条件不同,水热法制备 $BaTiO_3$ 粉末的粒度在 0.01~1μm 之间,化学活性好,具有优异的烧结性能。

4. 取向生长纳米 $LiFePO_4$ 片状材料的制备

前已所述,水热与溶剂热的低温、等压、溶液条件,有利于生长极少缺陷、取向好、完美的晶体,且合成产物结晶度高以及易于控制产物晶体的粒度。

橄榄石型 $LiFePO_4$ 由古迪纳夫(J. B. Goodenough,1922—)教授于 1997 年首次发现并报道,能够可逆地嵌脱锂离子,是一种重要的锂离子二次电池正极材料。$LiFePO_4$ 晶体属于正交晶系,晶体结构示意图如图 2-13 所示。在晶体结构中,氧原子近似于六方紧密堆积,磷原子在氧四面体的 4c 位,铁原子、锂原子分别在氧八面体的 4c 位和 4a 位;$LiFePO_4$ 结构在 c 轴平行方向上是链式的,1 个 FeO_6 八面体与 2 个 LiO_6 八面体和 1 个 PO_4 四面体共边,而 1 个 PO_4 四面体则与 1 个 MO_6 八面体和 2 个 LiO_6 八面体共边,由此形成三维空间网状结构。体积较大的 PO_4^{3-} 聚阴离子的存在改变了材料中 Fe—O 键的共价键成分和离子键成分的对比,降低了 Fe^{2+} 的费米能级,提高了氧化还原离子对 Fe^{3+}/Fe^{2+} 的电极电势。

研究表明,橄榄石结构 $LiFePO_4$ 属于一维 Li^+ 传输材料,相对 $LiMn_2O_4$ 三维 Li^+ 传输通道,$LiFePO_4$ 的 Li^+ 扩散迁移速率要小得多,如图 2-14 所示。对于一维离子传输材料,其离子迁移率是一定的,且离子只能从一个方向嵌入和脱出,因此传输的路径决定着迁移时间的长短。在这种情况下,离子在具有定向的片状材料中的传输时间最短,从而材料具有最优的快速放电性能。

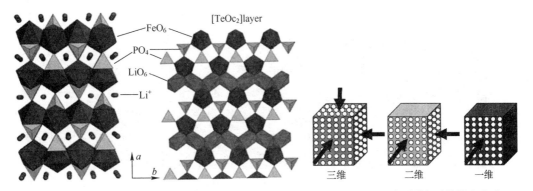

图 2-13　LiFePO₄晶体结构示意图　　　　图 2-14　3 种不同离子的嵌入方式

基于这一思路,国内外的研究者采用水热与溶剂热方法制备了具有片状取向生长的LiFePO₄正极材料。韩国的 D. H. Kim 等以四甘醇为溶剂合成具有取向的 LiFePO₄正极材料,该材料结晶较好,片状尺寸为 100~300nm。Kuppan 等以乙二醇为溶剂,以 LiH₂PO₄,FeC₂O₄·2H₂O,C₆H₁₀O₆为原料合成沿(010)面取向的片状 LiFePO₄样品。朱敏等以醋酸锂、醋酸亚铁和磷酸二氢铵为主要原料,分别以四甘醇和乙二醇为溶剂,制备得到纳米片状 LiFePO₄正极材料。研究了反应介质、反应温度和时间等对 LiFePO₄材料形貌、结构和性能的影响,如图 2-15~图 2-17 所示。

从图 2-15~图 2-16 可以看出:反应介质是影响 LiFePO₄正极材料形貌的主要因素;在同样的反应介质下,如以乙二醇为反应介质,溶剂热反应的温度越高,LiFePO₄正极材料的晶粒粒度越大,片状特征越明显;反应时间越长,晶粒生长越充分,但过长的反应时间会导致生长速度较慢的晶面也会出现明显的生长。此外,降温速度对 LiFePO₄材料的形貌也有着一定的影响。

(a) 水　　　　　　(b) 水-乙二醇　　　　　(c) 四甘醇　　　　　(d) 乙二醇

图 2-15　不同反应介质下所制备 LiFePO₄材料的形貌

综上所述,溶剂热法是合成取向生长纳米 LiFePO₄片状材料的最佳方法。在合成反应中,所采用溶剂多为黏度较高的多羟基醇类,既起到溶剂的作用,分散颗粒,使产物均匀而不团聚,又起到表面活性剂的作用,控制产物的形貌与粒径,得到片状取向较好的 LiFePO₄颗粒。关于片状的具体形成机理,一般认为醇羟基吸附在结晶颗粒的表面,降低特定表面的表面能,抑制该表面的生长,而别的晶面由于没有醇羟基的作用而照常生长,因此得到某个晶面生长较少的片状颗粒。由溶剂热法合成的片状的 $LiFePO_4$ 颗粒由于产物较为纯净,且结晶较好,因此首次比容量较高,片状颗粒缩短 Li^+ 和电子的传输距离,具备较高的倍率性能,循环性能稳定;且该方法一般在溶剂中以较低的温度加热,后续不需烧结或者烧结温度较低,时间较短,因此能源利用率较高。

<table>
<tr><td>(a) 210℃</td><td>(b) 230℃</td><td>(c) 270℃</td></tr>
</table>

图 2-16　不同反应温度所制备 $LiFePO_4$ 材料的形貌(乙二醇为反应介质)

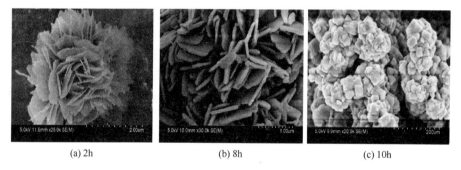

<table>
<tr><td>(a) 2h</td><td>(b) 8h</td><td>(c) 10h</td></tr>
</table>

图 2-17　不同反应时间所制备 $LiFePO_4$ 材料的形貌(乙二醇为反应介质)

此外,在水热与溶剂热条件下的合成比较容易控制反应的化学环境和实施化学操作。又因为水热与溶剂热条件下中间态、介稳态以及特殊物相易于生成,因此能合成与开发特种介稳结构、特种凝聚态和聚集态的新合成产物,如特殊态化合物、金刚石和纳米晶体等。

2.6　溶胶-凝胶法合成

溶胶-凝胶法作为低温或温和条件下合成无机化合物或无机材料的重要方法,在软化学合成中占有重要地位。溶胶-凝胶法起源于 18 世纪,但由于干燥时间长而没有引起人们的兴趣。1846 年,法国化学家伊贝尔曼(J. J. Ebelmen,1814—1852)发现 $SiCl_4$ 和乙醇在湿空气中混合会形成凝胶;20 世纪 30 年代,人们采用金属醇盐制备氧化物薄膜。

对溶胶-凝胶法有意识的系统研究始于 20 世纪 70 年代。1971 年,德国科学家 Dislich 报道通过金属醇盐水解制备 $SiO_2-B_2O-Al_2O_3-Na_2O-K_2O$ 多组分玻璃,引起无机材料科学界对溶胶-凝胶法的极大重视。1975 年,Yolda 等利用溶胶-凝胶法制备出整块陶瓷和透明氧化铝膜;20 世纪 80 年代后,溶胶-凝胶法在玻璃、氧化物涂层、功能陶瓷粉料以及复合氧化物陶瓷材料的制备中得到广泛应用。

2.6.1 溶胶-凝胶法基础

溶胶凝胶法的中心化学问题是反应物分子(或离子)在水(醇)溶液中进行水解(醇解)和聚合,即由分子态→聚合体→溶胶→凝胶→晶态(或非晶态),通过对其过程化学上的了解和有效的控制可合成一些特定结构和聚集态的固体化合物或材料。所以,首先要了解溶胶-凝胶法的一些基础知识。

1. 溶胶-凝胶中的基本概念

溶胶-凝胶法是指采用含高化学活性组分的化合物作前驱体,利用前驱体在液相下的水解缩合形成稳定溶胶和具有三维空间网络结构的凝胶这一过程进行材料制备的方法。溶胶-凝胶法过程示意如图2-18所示。

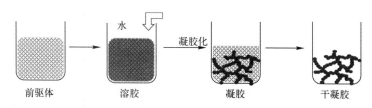

图2-18　溶胶-凝胶法过程示意图

1) 基本名词术语

前驱体:所用的起始原料。

金属醇盐:有机醇-OH上H为金属所取代的有机化合物。与一般金属有机化合物差别在于金属醇盐以M-O-C键形式结合,金属有机化合物以M-C键结合。

胶凝时间:在完成凝胶的大分子聚合过程中最后键合的时间。

单体:一种简单的化合物,其分子间通过功能团起聚合反应得到分子量较高的化合物(聚合物),一般是不饱和的或含有两个或更多功能团的小分子化合物。

胶体:一种分散相粒径非常小的分散体系,分散相粒子的重力几乎可以忽略,粒子之间的相互作用力主要是短程作用力。

聚合物:从至少含两个功能团的单体经聚合反应成为很大分子的化合物,它至少含有几百乃至几百万个单体,故常常又称为大分子。

胶体分散体系:指分散相的大小在1~100nm之间的分散体系。在此范围内的粒子,具有特殊的物理化学性质。分散相的粒子可以是气体、液体或固体,比较重要的是固体分散在液体中的胶体分散体系——溶胶。

2) 溶胶

溶胶又称胶体溶液。指在液体介质(主要是液体)中分散1~100nm粒子(基本单元),且在分散体系中保持固体物质不沉淀的胶体体系。溶胶也是指微小的固体颗粒悬浮分散在液相中,并且不停地进行布朗运动的体系。

溶胶不是物质而是一种"状态"。溶胶中的固体粒子大小常在1~5nm,比表面积十分大。最简单的溶胶与溶液在某些方面有相似之处:溶液是溶质+溶剂,而溶胶(分散系)是分散相+分散介质。其中,分散介质包括气体(气溶胶)、水(水溶胶)、乙醇等有机液体,也可以是固体;分散相可以是气体、液体或固体。

根据分散相对分散介质的亲、疏倾向,将溶胶分成亲液(lyophilic)溶胶和憎液(lyophobic)溶胶两类。

(1)亲液溶胶

具有亲近分散介质倾向的溶胶称作亲液溶胶或乳胶,即所谓水乳交融。亲液溶胶中分散相和分散介质之间有很好的亲和能力,很强的溶剂化作用。因此,将这类大块分散相,放在分散介质中往往会自动散开,成为亲液溶胶。亲液溶胶虽然具有某些溶胶特性,但本质上与普通溶胶一样属于热力学稳定体系。

(2)憎液溶胶

具有疏远分散介质倾向的溶胶称作憎液溶胶或悬胶。它们的固–液之间没有明显的相界面,例如蛋白质、淀粉水溶液及其他高分子溶液等。憎液溶胶中分散相与分散介质之间亲和力较弱,有明显的相界面,属于热力学不稳定体系。

3)凝胶

凝胶又称冻胶,是溶胶失去流动性后,一种富含液体的半固态物质,其中液体含量有时可高达99.5%,固体粒子则呈连续的网络体。它是指胶体颗粒或高聚物分子相互交联,空间网络状结构不断发展,最终使得溶胶液逐步失去流动性,在网状结构的孔隙中充满液体的非流动半固态的分散体系,是含有亚微米孔和聚合链的相互连接的坚实的网络。

凝胶是一种柔软的半固体,由大量胶束组成三维网络,胶束之间为分散介质的极薄的薄层。“半固体”是指表面上是固体而内部仍含液体。后者的一部分可通过凝胶的毛细管作用从其细孔逐渐排出。凝胶结构可分为4种:有序的层状结构、完全无序的共价聚合网络、由无序控制通过聚合形成的聚合物网络、粒子的无序结构。

溶胶–凝胶技术是溶胶的凝胶化过程,即液体介质中的基本单元粒子发展为三维网络结构——凝胶的过程。凝胶与溶胶是两种互有联系的状态:

(1)溶胶冷却后即可得到凝胶;加电解质于悬胶后也可得到凝胶。

(2)凝胶可能具有触变性:在振摇、超声波或其他能产生内应力的特定作用下,凝胶能转化为溶胶。

(3)溶胶向凝胶转变过程主要是溶胶粒子聚集成键的聚合过程。

(4)上述作用一经停止,则凝胶又恢复原状,凝胶和溶胶也可共存,组成一种更为复杂的胶态体系。

(5)溶胶是否向凝胶发展,决定于胶粒间的作用力是否能够克服凝聚时的势垒作用。因此,增加胶粒的电荷量,利用位阻效应和利用溶剂化效应等,都可以使溶胶更稳定,凝胶更困难;反之,则更容易形成凝胶。

通常由溶胶制备凝胶的方法有溶剂挥发法、冷冻法、加入非溶剂法、加入电解质法和利用化学反应产生不溶物等。凝胶在干燥后形成干凝胶或气凝胶,是一种充满孔隙的多孔结构。

2. 溶胶–凝胶法的特点

与传统的高温固相粉末合成方法相比,溶胶–凝胶法具有以下的优点:

(1)制备过程温度低

通过简单的工艺和低廉的设备,即可得到比表面积很大的凝胶或粉末,与通常的熔融法或化学气相沉积法相比,锻烧成型温度较低,并且材料的强度韧性较高。烧成温度比传统方法约低400~500℃,因为所需生成物在烧成前已部分形成,且凝胶的比表面积很大。

例如采用一般熔融法制备的玻璃将产生相分离的区域,采用溶胶-凝胶法可以制备多组分玻璃,不会产生液相分离现象。

（2）增进多元组分体系的化学均匀性

若在醇溶胶体系中,液态金属醇盐的水解速度与缩合速度基本上相当,则其化学均匀性可达分子水平。在水溶胶的多元组分体系中,若不同金属离子在水解中共沉积,其化学均匀性可达到原子水平。由于 Sol-gel 工艺是由溶液反应开始,得到的材料可达到原子级、分子级均匀。这对于控制材料的物理性能及化学性能至关重要。通过计算反应物的成分可以严格控制最终合成材料的成分,对于精细电子陶瓷材料来说是非常关键的。

（3）反应过程易于控制,可实现过程的精确控制,调控凝胶的微观结构

影响溶胶-凝胶材料结构的因素包括前驱体、溶剂、水量、反应条件、后处理条件等。通过这些因素的调节,可得到一定微观结构和不同性质的凝胶。

（4）制备的材料组分均匀、产物的纯度很高

因为所用原料的纯度高,溶剂在处理过程中易被除去,采用 Sol-gel 方法制备的各种形状材料,包括块状、圆棒状、空心管状、纤维、薄膜等组分均匀、纯度高。而且制备材料掺杂的范围宽,化学计量准确、易于改性。

（5）在薄膜和纤维制备方面具有独特的优越性

与其他薄膜制备工艺(溅射、激光闪蒸等)不同,Sol-gel 工艺不需要任何真空条件和太高的温度,且可在大面积或任意形状的基片上成膜。用溶胶采取浸涂、喷涂和流延的方法制备薄膜非常方便,厚度在几十埃到微米量级可调,所得产物的纯度高。在一定条件下,溶胶液的成纤性能很好,因此可以用以生产氧化物,特别是难熔氧化物纤维。

（6）可以制备一些用传统方法无法获得的材料

有机-无机复合材料兼具有机材料和无机材料的特点,如能在纳米大小或分子水平进行复合,增添一些纳米材料的特性,特别是无机与有机界面的特性使其具有更广泛的应用。但无机材料的制备大多要经过高温处理,而有机物一般在高温下都会分解,通过溶胶-凝胶法,较低的反应温度将阻止相转变和分解的发生,采用这种方法可以得到有机-无机纳米复合材料。

（7）从同一种原料出发,通过简单反应过程,改变工艺可获得不同制品

最终产物的形式多样,可得到纤维、粉末、涂层、块状物等。溶胶-凝胶法是一种宽范围、亚结构、大跨度的全维材料制备的湿化学方法。

当然,溶胶-凝胶法也存在一定的局限性:

（1）原料具有一定毒性。由于溶胶-凝胶技术所用原料多为有机化合物,成本较高,而且有些对人体健康和环境有害。

（2）影响因素较多。反应涉及大量过程变量,如 pH 值、反应物浓度比、温度等,会影响凝胶或晶粒的孔径(粒径)和比表面积,材料物化特性的精确控制需通过大量实验。

（3）工艺过程时间较长,半成品制品容易产生开裂。有的处理过程时间达 1~2 月。

（4）采用溶胶-凝胶法制备薄膜或涂层时,薄膜或涂层的厚度难以准确控制,此外薄膜厚度的均匀性也很难控制。

（5）在凝胶点处黏度迅速增加。如何维持黏度始终保持在成型所要求的黏度是十分重要的,而在凝胶点处黏度迅速增加是溶胶固有的一个特性。

3. 溶胶-凝胶法采用的原料

溶胶-凝胶法采用的原料分类及作用如表2-12所示。关于各种原料的物理、化学性质及其在溶胶-凝胶过程中的具体化学反应参见相关教材。

表 2-12　溶胶-凝胶法的原料种类及作用

原料种类		实例	作用
金属化合物	金属醇盐	$M(OR)_n$ 如 $Si(OC_2H_5)_4$、$PO(OC_2H_5)_3$	提供金属元素
	金属乙酰丙酮盐	$Zn(COCH_2COCH_3)_2$	金属醇盐的替代物
	金属有机酸盐	醋酸盐 $M(C_2H_3O_2)_n$ 如 $Zn(CH_3COO)_2$、$Ba(CH_3COO)_2$；草酸盐 $M(C_2O_4)_{n-2}$	金属醇盐的替代物
水		H_2O	水解反应的必需原料
溶剂		甲醇、乙醇、丙醇、丁醇（溶胶-凝胶主要的溶剂）、乙二醇、环氧乙烷、三乙醇胺、二甲苯等	溶解金属化合物,调制均匀溶胶
催化剂及螯合剂		盐酸、乙酸、琥珀酸、马来酸、硼酸、硫酸、硝酸、醋酸；氨水、氢氧化钠；EDTA 和柠檬酸等	金属化合物的水解催化或螯合作用
添加剂	水解控制剂	乙酰丙酮等	控制水解速度
	分散剂	聚乙烯醇（PVA）等	溶胶分散作用
	干燥开裂控制剂	乙二酸草酸、甲酰胺、二甲基甲酰胺、二氧杂环乙烷等	防止凝胶开裂

2.6.2　溶胶-凝胶法的基本原理

采用溶胶-凝胶法制备材料按其产生溶胶-凝胶过程机制分为胶体型和聚合物型两类。胶体型的反应历程主要通过在反应体系中形成胶体,然后通过对胶体间作用力的控制,达到实现制备溶胶凝胶的目的。聚合型溶胶-凝胶反应历程主要是通过类似于高分子化学中的聚合过程,在反应体系中形成无机-聚合物的网络,利用聚合反应的不同反应程度,逐渐实现溶液到溶胶再到凝胶的转变过程。

其中,传统胶体型是早期采用的主要类型,在20世纪80年代前后的研究主要集中在聚合物型,其工艺过程如图2-19所示。

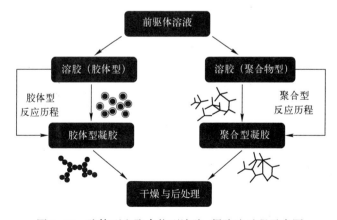

图 2-19　胶体型和聚合物型溶胶-凝胶法过程示意图

1. 胶体型溶胶-凝胶的形成过程

1）胶体型溶胶的形成

胶体型溶胶的形成过程主要通过金属阳离子的水解进行。那么，为什么金属阳离子的水解不会导致沉淀的生成，这涉及解胶体型溶胶的稳定分散机制。

$$M^{n+}+nH_2O \longrightarrow M(OH)_n+nH^+$$

对于金属阳离子的水解过程，首先会生成金属氢氧化物的小颗粒，这些小颗粒由于自身质量较轻，体积较小，可以悬浮在溶剂体系中，并可以发生布朗运动。此外，这些小颗粒具有极高的比表面和表面能，因此为降低整个体系的能量，颗粒之间会通过相互吸引发生团聚，来降低颗粒的比表面和表面能。

根据相关知识，颗粒之间的相互吸引作用由范德华引力产生。范德华引力是存在于颗粒间强度较弱的吸引力，不具有方向性，作用范围通常有几个纳米。当小颗粒通过自由移动互相接近，达到范德华引力产生作用的距离范围时，两个颗粒便会互相接近，进而发生团聚和沉淀。若不采取相应的措施，这一反应将不会形成稳定的、分散性良好的溶胶，因为颗粒间范德华力的吸引作用会导致沉淀的生成。因此，要形成稳定的溶胶，必须要在颗粒间引入一种排斥作用，以抵消范德华力的吸引，那么如何让颗粒间产生排斥作用呢？

通常颗粒在溶液中会吸附体系中的带电粒子而使颗粒表面荷电，这种荷电状态的产生会在颗粒与溶液之间形成一种特殊的电荷结构，即双电层结构。这种电荷结构的产生会在颗粒之间产生一种静电排斥力，利用这种静电排斥力，可以抵消范德华引力的影响，阻止颗粒的团聚与沉淀。

双电层是指在两种不同物质的界面上，正负电荷分别排列成的面层。在溶液中，固体表面常因基团的解离或自溶液中选择性地吸附某种离子而带电。由于电中性的要求，带电表面附近的液体中必有与固体表面电荷数量相等但符号相反的反离子。带电表面和反离子构成双电层，如图2-20所示。

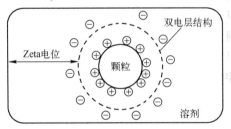

图2-20　双电层结构示意图

同范德华引力类似，颗粒间的静电排斥力也存在一定的作用范围，只有当颗粒与颗粒相互重叠发生双电层重叠，引致双电层结构重排，才能在颗粒间产生排斥作用。这种排斥作用的大小一般用Zeta电位表示。

由于溶剂中颗粒荷电结构的复杂性，很难从理论上推导出Zeta电位的解析表达式，严格意义上它是一个实验物理量，实际使用过程中需要用相应的物理手段进行测定。尽管难以获得Zeta电位的解析表达式，但可以知道Zeta电位是与颗粒表面所带电荷种类以及电荷多少有关。Zeta电位值的正负说明电荷的种类，而Zeta电位的绝对值大小则表征所带电荷的多少，绝对值越大，颗粒表面所带的电荷也越多，那么颗粒间产生的排斥力也越大。实际应用中可以通过Zeta电位的测定，判断颗粒间排斥力的大小。

下面根据上述理论分析胶体型溶胶凝胶的形成过程。根据前述介绍,颗粒带电主要是由于吸附溶剂中的带电粒子。在水溶液体系中,最常见的易于被吸附的带电粒子是氢离子和氢氧根离子。因此,可通过调节溶剂体系的酸碱性使生成的金属氢氧化物表面带电,比如在酸性介质中,金属氢氧化物颗粒会因吸附氢离子而带正电;而在碱性环境中,金属氢氧化物颗粒会因吸附氢氧根离子而带负电。

$$M—OH + H^+ \longrightarrow M—OH_2^+ (正电性)$$
$$M—OH + OH^- \longrightarrow M—O^- + H_2O (负电性)$$

在溶液体系由酸性转变为碱性的过程中,随着 pH 值的增加,颗粒带电的状态出现一个从正到负的变化趋势,当在某一 pH 值时,颗粒表面呈现电中性状态,即 Zeta 电位为 0,这一点称为等电点(使粒子表面呈电中性的 pH 值)。当一个反应体系的 pH 值处于反应生成氢氧化物的等电点时,颗粒间的排斥力消失,颗粒将会形成沉淀,溶胶稳定性破坏,所以在实际材料制备过程中,必须测定反应过程中生成金属氧化物的等电点,并且通过反应参数的控制,避免反应体系处于等电点状态,以免无法得到稳定的溶胶凝胶体系。

综上所述,在胶体型溶胶凝胶形成过程中,由于范德华引力的存在,颗粒之间会产生相互吸引进而发生团聚、沉淀。如果利用颗粒对溶剂带电粒子的吸附作用,可在颗粒间产生静电排斥作用,防止胶体颗粒进一步团聚。整个系统能否形成稳定分散的溶胶体系,取决于两者作用的相对大小。系统中颗粒所受到两种作用力的变化趋势如图 2-21 所示。

根据图 2-21 所示,当颗粒间的距离较大时,颗粒间的吸引作用占优,颗粒之间相互靠近,当颗粒间距离进一步缩小时,由于颗粒之间的双电层发生重叠产生排斥作用,颗粒间的排斥作用占优,并且形成一个能垒。在不改变外界条件的基础上,颗粒的热运动无法克服这个能垒,此时便可以得到稳定的溶胶体系(这也就是胶体型溶胶的稳定分散机制)。但是如果通过采用一定的物理化学方法,使得颗粒克服这个能垒进一步靠近,那么吸引作用又会重新占有优势,导致颗粒进一步靠近,那么此时便会发生凝胶化或沉淀。

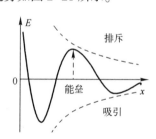

图 2-21　系统中颗粒所受到的两种作用力的变化趋势

2) 凝胶的形成

根据胶体型溶胶的稳定机制,胶体型溶胶得以稳定存在的关键在于颗粒间带电形成的静电排斥作用。并且根据作用能同颗粒间的变化关系可以看出,在不施加外界条件的情况下,颗粒热运动由于无法克服能垒而不会发生凝胶化或沉淀。因此,为进一步让溶胶转化成凝胶,需要对溶胶体系引入凝胶化过程。

凝胶化是溶胶中胶质粒子逐渐长大成小粒子簇,在互相碰撞过程中连接成大粒子簇的过程。凝胶的形成首先决定于高分子或胶粒的形构;其次与浓度、温度、时间等有关。浓度越大,温度越低,放置时间的延长等都能促进凝胶的形成。

凝胶形成通常须经过 3 个必要的过程:单体聚合成初次粒子、粒子长大、粒子交联成链状且形成三维网状结构。形成胶凝具体的措施包括:

(1) 改变温度,利用物质在同一种溶液中不同温度时的溶解度不同,通过升、降温度来实现胶凝,从而形成凝胶。

（2）转换溶剂，用分散相溶解度较小的溶剂替换溶胶中原有的溶剂可以使体系胶凝，从而得到凝胶，如固体酒精的制备。

（3）加电解质，溶液中加入含有相反电荷的大量电解质也可以引起胶凝而得到凝胶，如在 $Fe(OH)_3$ 溶胶中加入电解质 KCl 可使其胶凝。

（4）进行化学反应，使高分子溶液或溶胶发生交联反应产生胶凝而形成凝胶，如硅酸凝胶、硅-铝凝胶的形成。

（5）除去溶剂，使聚合产物的浓度增大，当存在一定程度的交联时，发生溶胶-凝胶的转变，黏度突然增大。

（6）用酸或碱催化以促进水解和缩聚反应的发生。

2. 聚合型溶胶-凝胶的形成过程

1）溶胶的形成

聚合型溶胶形成的过程与胶体型溶胶形成过程有显著区别。聚合型溶胶采用的起始原料是醇盐，其化学通式为 $M(OR)_n$，其中 M 为无机离子，OR 为醇羟基，可与醇类、羟基化合物、水等发生反应。

常用醇盐包括 $Si(OCH_3)_4$、$Si(OC_2H_5)_4$、$Ge(OC_2H_5)_4$、$Al(O—iC_3H_7)_3$、$Ti(O—iC_3H_7)_4$、$Ti(OC_4H_9)_4$。利用醇解法（金属的烷氧基均会同含羟基化合物发生反应，实现原有烷氧基被新的烷氧基替换）可以由低级醇盐制备高级醇盐。

$$M(OR)_n + xR'OH \rightleftharpoons M(OR)_{n-x}(OR')_x + xROH$$
$$M(OR)_{n-x} + (n-x)R'OH \rightleftharpoons M(OR')_{n-x} + (n-x)ROH$$

醇盐与水发生的水解、缩聚反应是形成聚合型溶胶凝胶的基础。在酸催化条件下，醇盐的水解反应是一个亲电取代过程，随着反应进行，水解速率逐渐下降。

$$(OR)_3Si(OR) + H^+ \xrightarrow{H^+} (OR)_3\overset{H^+}{Si}(OR) \longrightarrow (OR)_3Si^+ + ROH$$

$$(OR)_3Si^+ + ROH \xrightarrow{H_2O} (OR)_3Si(OH) + ROH + H^+$$

在碱催化条件下，醇盐的水解反应是一个亲核取代过程，随着反应的进行，水解速率逐渐加快。

$$(OR)_3Si(OR) + OH^- \longrightarrow (OR)_3SiOH + OR^-$$

$$OR^- + H_2O \longrightarrow ROH + OH^-$$

醇盐水解反应的主要特征是醇羟基被羟基替代，生成的羟基化合物会进一步发生缩聚反应生成具有不同结构的缩聚产物，比如二聚体、线性聚合物和体型聚合物等。导致这些聚合物具有不同结构的原因在于醇盐水解产物中羟基的个数，而这与水解反应中醇盐的种类、水的用量有关。

$$(OR)_{n-1}M—OH + HO—M(OR)_{n-1} \longrightarrow (OR)_{n-1}M—O—M(OR)_{n-1} + H_2O$$
$$m(OR)_{n-2}M(OH)_2 \longrightarrow [—(OR)_{n-2}M—O—]_m + mH_2O（线型）$$
$$m(OR)_{n-3}M(OH)_3 \longrightarrow [—(OR)_{n-3}M—O—]_m + mH_2O + mH^+（体型）$$

随着醇盐水解、缩聚反应的不断进行，原有反应体系中便会产生醇盐的聚合产物。这些聚合产物之间进一步发生水解、缩聚，在反应体系中生成具有三维结构的凝胶，即无需采用额外凝胶化方法，通过醇盐水解产物聚合可自发形成凝胶，如图 2-22 所示。

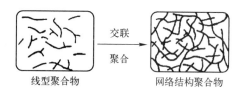

图 2-22 醇盐水解中线型聚合物向网络结构聚合物转变

2）凝胶化过程

由于通过聚合反应形成溶胶-凝胶,聚合型溶胶的稳定分散机制同胶体型溶胶存在显著差别。聚合型溶胶的稳定分散主要通过两种机制:一是无机离子表面的聚合物形成的空间位阻效应;二是三维网状结构的形成,限制胶体的自由移动。

聚合型溶胶-凝胶中凝胶化过程的基本理论包括 Flory-Stockmeyer 理论和"穿透"理论(不排除封闭成环)两种。Flory-Stockmeyer 理论是指对于单体官能团数为 f 的高分子,在其聚合过程中不生成封闭圆环的条件下,如果成键率达到 $1/(f-1)$,则可形成凝胶。

需要注意,聚合型凝胶的特性直接决定于水解/缩聚的过程。影响因素包括前驱体的种类(醇羟基的个数、种类)、水解度(水解反应中水的用量)、催化剂的使用(酸催化、碱催化)和温度等条件。

3. 凝胶的干燥过程

1）凝胶的陈化

凝胶在干燥前的放置过程称为凝胶的陈化。其目的是提高凝胶固相网络骨架的强度。在陈化过程中,凝胶会产生一定的收缩,发生熟化现象(溶解再沉淀过程),硬度和强度进一步增大。其中,粒子间颈部的生长如图 2-23 所示。

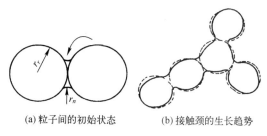

(a)粒子间的初始状态 (b)接触颈的生长趋势

图 2-23 粒子间颈部的生长示意图

2）凝胶的干燥

无论是采用哪种方法得到的凝胶,必须进行干燥才能进一步获得所需的材料。干燥过程是溶胶-凝胶法中最耗时的工序。

凝胶的干燥过程一般分为 3 个阶段,如图 2-24 所示。

Ⅰ:恒速阶段,凝胶体积收缩速度等于液体蒸发速度,凝胶骨架强度增强,凝胶出现持续的收缩和硬化。

Ⅱ:第一失速阶段,液体在凝胶孔内形成液膜,蒸发速率减小,凝胶的颗粒之间产生应力。

Ⅲ:第二失速阶段,失水速率缓慢减小,逐渐趋近于 0。

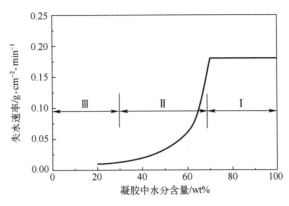

图 2-24　干燥速率与凝胶含水量关系

传统的干燥方法如室温或加热条件下让溶剂自然挥发或通过减压使溶剂挥发,都不可避免地造成气凝胶的体积逐步收缩,以致开裂碎化,造成干燥过程中出现这些现象的原因如图 2-25 所示。

湿凝胶在初期干燥过程中,因有足够的液相填充于凝胶孔中,凝胶体积的减少与蒸发液体的体积相等,无毛细力起作用。当进一步蒸发使凝胶体积减少量小于蒸发掉的液体体积时,此时液相在凝胶孔中形成弯月面,使凝胶承受一个毛细管压力,使颗粒间发生挤压作用,同时导致凝胶体积的急剧收缩。

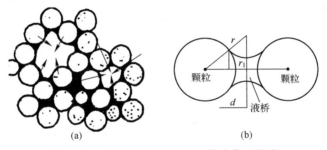

图 2-25　凝胶干燥过程受毛细管力作用影响

凝胶干燥过程中受到的毛细管力大小如下式所示,式中 γ 为表面张力,θ 为接触角,r 为毛细管半径。

$$\Delta P = \frac{2\gamma\cos\theta}{r}$$

为减小干燥过程中的毛细管力,防止干燥过程中凝胶的开裂,可采用以下措施:降低液相表面张力、增大接触角、增大毛细管半径、采用超临界干燥技术等。同时也可通过采取以下的措施提高凝胶骨架强度,减少凝胶开裂的程度:控制水解条件,制得高交联度缩聚物;陈化增强骨架;添加活性增强成分等。

在溶胶-凝胶法中,常用的凝胶干燥技术是超临界干燥技术和冷冻干燥技术。相关的内容参见有关的教材。

4. 凝胶体的烧结过程

在溶胶-凝胶法中,有时需要将凝胶体进行高温热处理,其目的是消除干凝胶中的气孔,使制品的相组成和显微结构满足产品性能的要求。

在加热过程中,干凝胶先在低温下脱去吸附在表面的水和醇,265~300℃发生 OR 基的氧化,300℃以上则脱去结构中的 OH 基。由于热处理过程伴随较大的体积收缩、各种气体的释放(CO_2、H_2O、ROH),且 OR 基在非充分氧化时还可能炭化,在制品中留下炭质颗粒,所以升温速度不宜过快。

在烧结过程中,由于凝胶的高比表面积、高活性,其烧结温度常比通常的粉料坯体低数百摄氏度。达到一定致密度所需要的烧结时间,可根据凝胶粒子的开孔模型或闭孔模型从理论上加以计算。采用热压烧结工艺可以缩短烧结时间,提高产品质量。此外,凝胶的烧成也受凝胶骨架的影响,对凝胶的加热收缩产生影响的还包括凝胶的成分、气体孔径和加热速度等因素。

2.6.3 溶胶–凝胶法的设备与影响因素

1. 溶胶–凝胶法的工艺设备

与其他工艺方法相比,溶胶–凝胶法不需要昂贵的设备,具有工艺简便、设备要求低等特点。基本的设备装置如图 2-26 所示。一般包括两种类型:一是机械搅拌式设备;二是磁力搅拌式设备。

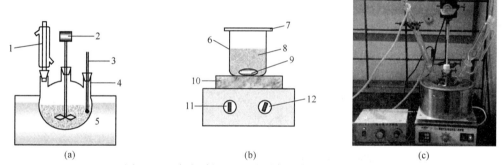

(a)   (b)   (c)

图 2-26 溶胶–凝胶法工艺设备示意图及实际装置

1—回流装置;2—电力式脉动器;3—温度计;4—容器;5—水热装置;6—容器;7—密封盖板;8—反应溶液;
9—转动磁子;10—磁力搅拌器加热板;11—温度调节器;12—转速调节器。

2. 溶胶–凝胶法的影响因素

溶胶–凝胶法的影响因素有很多,包括前驱体、水解度、pH 值、溶剂、温度、络合剂等。下面以 SiO_2 溶胶为例分析溶胶–凝胶法的影响因素。SiO_2 溶胶是以正硅酸乙酯(TEOS)为前驱体,在碱或酸的催化下,进行水解和缩聚反应,最终形成纳米 SiO_2 颗粒溶胶。

1) 前驱体

选择不同的前驱体,对溶胶–凝胶过程有着很重要的影响。以金属醇盐为例,随着金属原子半径的增加,电负性减小,化学反应活性随之增强。

一般而言,—OR 中烷基基团的体积和分子量越大,发生水解的速率越小,如 $Si(OCH_3)_4 > Si(OC_2H_5)_4 > Si(OC_3H_7)_4 > Si(OC_4H_9)_4$;从浓度上讲,醇盐浓度过低时,会降低水解后醇盐的碰撞概率,延长凝胶化时间;醇盐浓度过高时,会使水解缩聚产物浓度过高,导致粒子聚集沉淀。

以 SiO_2 溶胶为例,改变加入二甲基二乙氧基硅烷(DDS)的量和加入时间,可观察 DDS 对 TEOS 溶胶–凝胶过程的影响。影响溶胶凝胶化时间的主要因素是环状结构分子的形成和 DDS 较快的反应速度。DDS 功能团具有反应活性的基团较少,缩聚反应时形成交联的可能性较小。在酸性溶液 TEOS 中,加入少量 DDS 可抑制 TEOS 分子间形成环状形式,分子间易产生交联而降低凝胶化时间;随着 DDS 增加,平均官能度减小,DDS 和 TEOS 间形成另外一种环状形式,阻止硅烷网络的形成,延长 TEOS 溶胶的凝胶化时间。

此外,前驱体之间会发生反应,形成各种不同程度的多聚体,形成前驱体的多聚体和单体的水解、缩聚反应速度是不一样的,容易形成各种环状形式的大分子,从而影响溶胶-凝胶的过程。

2) 水解度 R

水是前驱体进行水解、缩聚反应的一个重要反应剂,其用量的多少对前驱体的溶胶-凝胶过程有着重要的影响。加水量的多少一般用摩尔数比 R 表示:

$$R = \frac{n_{H_2O}}{n_{M-OR}}$$

一般而言,R 值偏小,醇盐分子被水解的烷氧基团少,水解的醇盐分子间易缩聚形成低交联度的产物;R 值偏大,易形成高度交联的产物;R 值超过水解反应的化学计量比时,体系黏度随 R 值增大减小,凝胶时间延长。

以 TEOS 为例,当 $R<2$ 时,水解刚开始反应速度快,水被消耗掉后,进一步反应需要的水来源于缩聚反应产生的水,从而促进缩聚反应的进行,使得缩聚反应较早发生,形成 TEOS 的二聚体,硅酸浓度减少,凝胶化时间延长;若 $R \geqslant 2$,TEOS 水解反应使大部分的—OR 基团脱离,产生—OH 基团,形成 Silanol(部分水解的带有—OH 的硅烷),Silanol 之间容易发生反应形成二聚体,这些二聚体不再进行水解,而是发生交联反应形成三维网络结构,凝胶化时间缩短。

3) pH 值

溶液 pH 值对溶胶和凝胶水解起催化作用,选择一定的碱调节 pH 值,不同 pH 值条件会对制备的粉体有一定的影响。

对于胶体型溶胶凝胶过程而言,pH 值小于等电点时,胶体颗粒会分散或溶解;pH 值等于等电点时,无静电斥力存在,胶体颗粒产生沉淀;pH 值大于等电点时,胶体颗粒会分散、溶解或沉淀。对于聚合型溶胶凝胶过程而言,调整 pH 值等价于向反应体系中"添加催化剂",在酸性和碱性不同条件下,聚合反应的催化机理不同,水解产物的结构不同(水解产物中所含羟基基团数不同)。

在对 SiO$_2$ 溶胶颗粒的研究中发现,pH 值的减小和水解度 R 的增加导致水解程度增加,溶胶颗粒表面的—OH 基团增加,—OR 基团减少,颗粒间的相互作用表现为吸引力增加,排斥力减小,溶胶的黏度变大。此外,由溶胶颗粒表面的双电层产生的 Zeta 电位也会影响颗粒间的相互作用。Zeta 电位增加,颗粒间的排斥力增加,而通过改变溶胶的 pH 值可以改变 Zeta 电位的大小。

4) 溶剂

溶剂在溶胶-凝胶过程中主要起分散化作用,为保证前驱体的充分溶解,需保证一定量的溶剂。但若一种溶剂的浓度过高,会使表面形成的双电层变薄,排斥能降低,制备的粉体团聚严重。在保证 pH 值、温度等条件不变情况下,随着溶剂量增加,形成的溶胶透明度提高,黏度下降,陈化形成凝胶的时间延长。

溶剂会与前驱体中的金属原子发生作用而对溶胶–凝胶过程产生影响。醇与金属原子络合随着金属原子半径和电位移的增加而增多。醇与烷氧基能形成氢键。溶剂的使用能扩大 TEOS 与水的互溶区,乙醇用量的增加会增长凝胶化时间,这是由于乙醇对溶液具有稀释作用,形成的聚合物网络也较为稀疏。

5) 温度

反应温度主要影响水解和成胶的速度。当反应温度较低时,不利于盐类水解的发生,金属离子的水解速度降低,溶剂挥发速度减慢,导致成胶时间过长,胶粒由于某种原因长时间作用导致不断团聚长大。当反应温度过高时,溶液中水解反应速率过快,且导致挥发组分的挥发速度提高,分子聚合反应加快,成胶时间缩短,由于缩聚产物碰撞过于频繁,形成的溶胶不稳定。

因此,选择合适的反应温度有利于改善溶胶–凝胶反应并缩短工艺周期。

6) 络合剂

添加络合剂可以减缓水解、缩聚反应,避免产生沉淀。如在 TEOS 中,以醋酸为催化剂时溶胶–凝胶过程很慢,这是由于醋酸根未起到催化作用,醋酸在乙醇中的酸性减弱,减小了亲核替代反应。而在 $Ti(OEt)_4$ 和 $Zr(OEt)_4$ 中,醋酸的催化不产生沉淀,延长凝胶时间,是由于醋酸根离子的亲核络合作用,使其配位数在 4~6。其他添加剂(如醋酸酐、乙酰丙酮等)在适当的反应温度和 pH 值等条件,对溶胶–凝胶过程产生影响,从而影响凝胶交联度、孔隙率和固含量等。

2.6.4 溶胶–凝胶法合成实例

溶胶凝胶技术目前已经广泛应用于电子、复合材料、生物、陶瓷、光学、电磁学、热学、化学以及环境处理等各个科学技术领域和材料科学的诸多领域。

根据前述的分析,溶胶–凝胶法的一般流程如下:金属醇盐、溶剂、水以及催化剂组成均相溶液,由水解缩聚而形成均相溶胶;进一步陈化成为湿凝胶;经过蒸发除去溶剂或蒸发分别得到气凝胶或干凝胶,后者经烧结得到致密的陶瓷体。同时,均相溶胶可在不同衬底上涂膜,经过焙烧等热处理得到均匀致密的薄膜;可拉丝,得到玻璃纤维;均相溶胶经不同方式处理可得到粉体。

1. 溶胶–凝胶法制备块体材料

所谓的块体材料,一般是指厚度超过 1mm 的材料。制备块体材料的典型溶胶–凝胶工艺流程如图 2-27 所示。

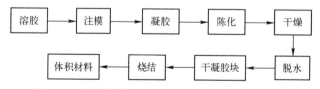

图 2-27　制备块体材料的典型溶胶–凝胶工艺流程

以溶胶–凝胶法制备 SiO_2 玻璃为例,其工艺过程分为 4 步。

1) 溶胶的制备

溶胶的制备主要有两种方法:

（1）将 $Si(OC_2H_5)_4$（简称 TEOS）、C_2H_5OH 和 HCl 等混合，在一定温度下强烈搅拌，即可以制备溶胶。

（2）将 $Si(OC_2H_5)_4$、C_2H_5OH（或者 CH_3OH）、$(CH_3)_2NCHO$（N，N 二甲基甲酰胺，简称 DMF）、$NH_4 \cdot H_2O$ 和水进行混合，摩尔比例为 $TEOS/H_2O/CH_3OH/DMF/NH_4 \cdot H_2O = 1.0:10:2.2:1.0:3.7 \times 10^{-4}$。充分搅拌后可以制得溶胶。

制备溶胶后，将上述溶液放入内径 40mm、长 250mm 的用聚甲基戊烯制备的试管中密封，于 35℃ 的干燥器中放置。这一过程也称为注模。该过程发生的主要反应如下所示：

$$Si(OC_2H_5)_4 + 4H_2O \longrightarrow Si(OH)_4 + 4C_2H_5OH$$

2）溶液的凝胶化转变

将上述溶胶在 48h 内加热使温度由 35℃ 升到 80℃，会得到柔软湿润的凝胶体。该过程的主要反应如下：

$$Si(OH)_4 + Si(OH)_4 \longrightarrow (OH)_3Si-O-Si(OH)_3$$
$$(OH)_3Si-O-Si(OH)_3 + 6Si(OH)_4 \longrightarrow ((HO)_3SiO)_3Si-O-Si(OSi(OH)_3)_3 + 6H_2O$$

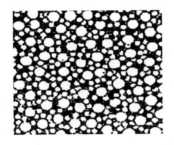

$\bigcirc$ $Si(OC_2H_5)$
$\circ$ C_2H_5OH
$\bullet$ H_2O
$\bullet$ HCl

图 2-28　Si 凝胶的三维网络结构示意图

在凝胶点不但粘度急速增加，且随着胶凝从本质上以一种特殊的高分子结构凝固。凝胶点的胶凝可看作是一个快速的固化过程。"凝固"结构随着时间、温度、溶剂和 pH 值等条件的改变而有明显的改变。Si 凝胶的三维网络结构如图 2-28 所示。

水解度对凝胶化过程的影响如图 2-29 所示。当 $R < 4$ 时，凝胶化时间随 R 增大而缩短；当 $R > 4$ 时，凝胶化时间随 R 增大而延长。

温度对凝胶化过程的影响如图 2-30 所示。升高温度可缩短体系的凝胶时间。

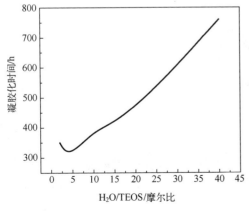

图 2-29　水解度对凝胶化过程的影响

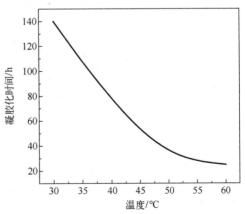

图 2-30　温度对凝胶化过程的影响

pH 值对凝胶化过程的影响如图 2-31 所示。在 pH=2 时,凝胶化时间出现拐点;当 pH<2 时,水解-缩合反应符合亲电反应历程;当 pH>2 时,水解-缩合符合亲核反应历程。

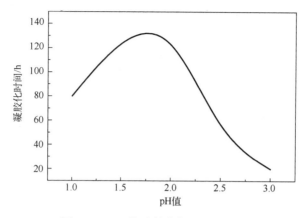

图 2-31　pH 值对凝胶化过程的影响

3) 凝胶体的干燥

作为块体材料,干燥过程中首要关注的问题是防止凝胶体的开裂。传统干燥工艺是将试样置于干燥容器中,盖上 1mm 厚度的聚甲基戊烯微孔盖子,于 80℃ 保温 120h,然后用 96h 连续升温到 150℃,保温 24h。

干燥过程中要注意升温速度。一般来说,速度太快容易导致制品开裂。因为干燥初期凝胶结构中还含有大量结合水(如图 2-32 所示),干燥过程中液体被从相互连通的网络孔径中除去。当孔径小于 20nm 时,干燥会产生很大的毛细压力,导致凝胶的龟裂。

为避免干燥过程中块体的开裂,可采取以下措施:调配溶胶组成,引入非水溶剂(如 DMF),降低干燥过程中的表面张力和溶剂对溶胶表面的浸润性;提高凝胶骨架强度,延长凝胶化时间,在完成凝胶化的同时尽可能多的挥发溶剂;合理设计干燥制度,阶段式保温和慢速升温,同时在干燥过程中采取保湿加热方法。

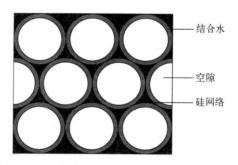

图 2-32　干燥第一阶段凝胶表面的结构示意图

4) 干燥凝胶体的烧结

在高温下热处理多孔凝胶导致凝胶致密化,凝胶中的孔可以被消除,致密化温度取决于凝胶网络中孔的尺寸、孔的连通程度和凝胶的表面积。其过程分为三步:一是脱去羧基和氢键结合的水,得到结构稳定的多孔固体;二是有机物分解燃烧;三是将烧结温度升高至 1050℃,可得到致密无气孔的玻璃材料。

溶胶–凝胶法制备 SiO_2 玻璃具有一系列的特点：

（1）由于所用原材料是化学反应剂，因此可以精制成不带任何杂质，消除杂质的其他来源。例如熔融的玻璃与容器之间反应所生成的杂质以及来自研磨设备的微量金属等。溶胶–凝胶法可制得与气相反应法同样高纯度的高品质光学石英玻璃，而且反应收率和生产效率均比气相法高得多，成本可大幅度降低。

（2）烧结温度低。传统的石英玻璃是以天然水晶为原料用电炉或 H_2-O_2 焰高温熔融法，或四氯化硅于 H_2-O_2 焰或等离子焰高温熔融法制备的，均需 2000℃ 以上高温，能耗高，需要耐高温材料，而且熔体不可避免与壁材反应造成杂质污染，不能得到高纯度产品。溶胶–凝胶法制备工艺，由于可生成超细微粒子，具有很高的活性，一般只需在传统工艺 2/3 熔融温度下（约 1400℃）进行烧结即可获得致密透明的石英玻璃。

（3）溶胶–凝胶工艺能够制备组分可控制的材料。例如可以在溶胶–凝胶玻璃中加入添加剂，制成可准确确定其吸收光谱，且只有特殊波长的光才能透过的玻璃。采用溶胶–凝胶法可以获得 99% 的理论密度，处理温度仅为 1150～1200℃，所制成的材料即使在 1400℃ 高温下，其抗挠强度为 700MPa。

（4）便于制作。溶胶–凝胶玻璃往往能铸造成接近产品的最后形状，故能避免或大大减少机加工工序，这对玻璃制品来讲是很重要的，因为它们很难用机械加工。即使不能一下子浇铸成最终的产品形状，也可以在致密化和热解步骤之前，将凝胶进行研磨和抛光。在这种情况下，凝胶非常软，可明显降低机加工成本。这样制作的光学部件，由磨料造成的划痕一般会在致密化过程中自行消失。

此外，溶胶–凝胶法也可制备其他氧化物块体及玻璃陶瓷材料，如 SrO-SiO_2 玻璃、Y-La-Si-O-N 系统氧氮玻璃、Ag/SiO_2 多孔玻璃、半导体微晶玻璃等。

2. 溶胶–凝胶法制备纤维材料

溶胶–凝胶法可制备纤维材料的种类繁多，如表 2-13 所示。

表 2-13　溶胶–凝胶法可制备纤维材料的种类（部分）

纤维组成	起始原料	制备方法	是否有市售
SiO_2	金属醇盐	连续	有
TiO_2	金属醇盐	不连续	—
ZrO_2	金属醇盐，无机化合物	不连续	—
Al_2O_3	金属醇盐，无机化合物	不连续	有
$ZrO_2:CaO$	金属醇盐，无机化合物	不连续	—
$ZrO_2:Y_2O_3$	金属醇盐，无机化合物	不连续	—
SiC	金属醇盐，无机化合物	连续，不连续	有
TiC	金属醇盐，无机化合物	不连续	—
SiO_2-ZrO_2	金属醇盐，无机化合物	不连续	—
SiO_2-Al_2O_3	金属醇盐，无机化合物	不连续	—

溶胶–凝胶法制备纤维材料的基本工艺过程如图 2-33 所示。以无机盐或金属醇盐为原料，主要反应步骤是将前驱物溶于溶剂中，形成均匀溶液，达到近似分子水平混合；前驱物在溶剂中发生水解及醇解反应，同时进行缩聚，得到尺寸为纳米级的线性粒子，组成

溶胶。当溶胶达到一定的黏度(约在1~1000Pa·s范围内),在室温下纺丝成形得到凝胶粒子纤维,经干燥、烧结、晶化得到陶瓷纤维。

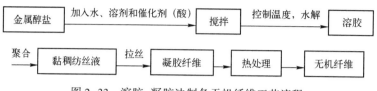

图2-33 溶胶-凝胶法制备无机纤维工艺流程

需要注意的是,并非所用溶胶都具可纺性。前驱物通过水解-缩聚得到线性粒子是获得可纺溶胶的关键。影响前驱物水解-缩聚的因素包括前驱体种类、组分比例、溶剂种类、pH值等,通过调节这些参数来控制生成溶胶的可纺性。

以溶胶-凝胶法制备 SiO_2 玻璃纤维为例。SiO_2 玻璃纤维种类繁多,目前以高硅氧玻璃纤维(High-Silica glass fiber)性能最好。该纤维强度不高,但耐热性能好,可在900℃下长期使用,同时可耐短时1200℃高温,是一种优良的耐烧蚀材料和隔热材料。

1) 工艺流程

典型的制备高纯 SiO_2 玻璃纤维的溶胶-凝胶工艺流程如图2-34所示。其中,陈化温度一般为80℃左右;凝胶纤维焙烧温度为800℃左右,时间3h左右;在空气中析晶条件为温度1300℃左右,时间10h左右。

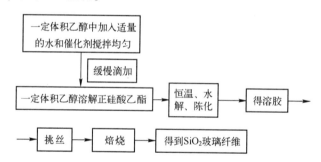

图2-34 典型的制备高纯 SiO_2 玻璃纤维的溶胶-凝胶工艺流程

在上述的工艺过程中,前驱体的反应经历3个过程:

(1) 溶剂化。能电离的前驱体-金属盐的金属阳离子 M^{z+} 将吸引水分子形成溶剂单元 $M(H_2O)_n^{z+}$,为保持其配位数而有强烈释放 H^+ 的趋势:

$$M(H_2O)_n^{z+} \rightleftharpoons M(H_2O)_{n-1}(OH)^{(z-1)+} + H^+$$

(2) 水解反应。非电离式分子前驱体,如金属醇盐 $M(OR)_n$ 与水反应:

$$M(OR)_n + xH_2O \longrightarrow M(OH)_x(OR)_{n-x} + xROH$$

(3) 缩聚反应。分为失水反应和失醇反应。

$$—M—OH + OH—M \longrightarrow M—O—M— + H_2O$$

$$—M—OR + HO—M \longrightarrow M—O—M— + ROH$$

2) 影响因素

(1) 水和盐酸加入量对水解时间和可拉丝时间的影响见表2-14。

86

表 2-14 水和盐酸对水解时间和可拉丝时间的影响

特征时间		水解时间	可拉丝时间	水解时间	可拉丝时间	水解时间	可拉丝时间	水解时间	可拉丝时间
HCl(摩尔比)		0.0003		0.003		0.03		0.3	
H_2O (摩尔比)	1	—	—	—	—	24	—	—	—
	1.5	240	—	240	—	36	12	6.3	0.7
	2	7.7	2.0	8.0	2.5	7.1	2.0	6.3	0.3
	3	7.7	1.5	6.3	1.0	5.2	1.2	2.5	0.0
	4	7.7	1.0	6.3	0.7	3.0	0.5	2.0	0.0

$$Si(OR)_4 + nH_2O \rightleftharpoons Si(OH)_n(OR)_{4-n} + nROH$$
$$Si(OH)_n(OR)_{4-n} + mH_2O \rightleftharpoons Si(OH)_{n+m}(OR)_{4-n-m} + mROH$$
$$\equiv Si-OR + HO-Si \equiv \rightleftharpoons \equiv Si-O-Si \equiv + ROH$$
$$\equiv Si-OH + HO-Si \equiv \rightleftharpoons \equiv Si-O-Si \equiv + H_2O$$

式中:$n=1,2,3,4$;$m+n=1,2,3,4$;R 为乙基"$-C_2H_5$"。

影响上述水解、聚合反应速率和反应程度的因素包括反应温度、反应物溶液组成、催化剂等。

（2）水和催化剂对拉丝性的影响

发生完全水解的理论值为 $H_2O/TEOS$ 为 4。许多研究发现具有可纺性的溶胶 $H_2O/TEOS$ 在 2.5~1。

适于拉制纤维的黏度范围一般为 $10~10^2$ CP。当 $H_2O/TEOS=2.0$ 时,溶胶黏度会迅速增加,在 3h 左右胶凝,黏度在 $10~10^2$ CP 停留的时间约 40min（80℃）,但若将溶胶在此黏度时冷却至 25℃,则可纺态可持续数小时;当 $H_2O/TEOS=1.0$ 时,黏度缓慢地增加,达到 10CP 后几乎不再增加,在 80℃恒温足够的时间仍不发生胶凝。可见最适宜拉丝溶胶的 $H_2O/TEOS$ 应介于 1~2,其黏度在 $10~10^2$ CP 间变化缓慢,可在较长时间内连续拉丝。当 $H_2O/TEOS=1.5$ 时,黏度先较快地上升,接着黏度增加变缓,在 80℃可保持可纺态 2h,在 25℃可延长至 10h 以上。

拉丝性对水和盐酸的加入量非常敏感。当水和盐酸加入量都很少时,即使水解时间很长（240h）,溶胶黏度仍很低,在有效的时间内没有拉丝性;当盐酸量过多时,拉丝性极差;只有当水和盐酸加入量度较适中时,溶胶才表现出良好的拉丝性,而且在水量为 1.5 摩尔比,盐酸量为 0.03 摩尔比时,溶胶的拉丝性最佳。

由于溶胶中化学反应的复杂性,线型和体型网结构总是同时存在,但二者所占比例不同。当水为 1.5 摩尔比、盐酸为 0.0003 摩尔比时,由于硅酸乙酯的水解程度小,缩聚反应速度更慢,很难形成较长 Si-O-Si 链。当水量超过 3 摩尔比,盐酸量超过 0.03 摩尔比时,水量增加使 $Si(OC_2H_5)_4$ 的水解程度增大;水解和聚缩反应速度在大量盐酸的作用下加快,聚缩反应形成 Si-O-Si 线型网络结构立即向体型网络结构发展,使溶胶的黏度迅速增加,拉丝性能恶化。当水和盐酸加入量适中时,溶胶结构中以线型网络为主,同时溶胶稳定性较好,具有良好拉丝性能。

（3）水解温度对 TEOS 水解的影响。水解温度对水解时间的影响如表 2-15 所示。

表 2-15   水解温度对水解时间的影响

温度/℃	25	30	60	80
水解时间/h	400	180	24	3

（4）水和盐酸加入量对析晶性的影响。当水量为 1.5mol 比时，所得 SiO_2 玻璃析晶量都很低，当水量超过 1.5mol 比后，析晶量显著增加。当盐酸量一定时，随着加水量的增加，析晶量随之增加；加水量一定时，随着盐酸加入量的增加，析晶量随之增加。

3. 溶胶-凝胶法制备纳米粉体材料

溶胶-凝胶法适合制备各类纳米粉体材料，如氧化物、碳化物、氮化物及复合粉体（如 $SiC-Si_3N_4$、$PbO-La_2O_3-ZrO_2-TiO_2$）等，在光纤、陶瓷、玻璃、催化剂载体、光电材料等有着重要的应用，如表 2-16 所示。

表 2-16   溶胶-凝胶法合成的粉体材料

粉体名称	主要用途	粉体名称	主要用途
SiO_2，Al_2O_3	光纤、陶瓷、玻璃等	羟基磷灰石（HAP）	陶瓷粉体、生物材料
TiO_2，ZrO_2	陶瓷、光纤、催化剂等	$YBa_2Cu_3O_{7-\delta}$	高临界温度超导材料
$BaTiO_3$，$LiNbO_3$	电容器、铁电材料等	$LaCoO_3$	气敏材料、催化剂
SnO_2	气敏材料	$3Al_2O_3 \cdot 2SiO_2$	耐火材料、添加剂
$\alpha-Fe_2O_3$	磁粉	$La_{0.8}Sr_{0.2}FeO_3$	气敏材料
ZnO	导电材料、发光材料	ZnS，CdS	半导体
SiC	耐火材料、磨具等	$(Pb,La)(Zr,Ti)O_3$	光敏阀门，光电显示器

1）溶胶-凝胶法制备纳米粉体的方法

按原料和机理的不同，溶胶-凝胶法制备纳米粉体主要可以分为三大基本类型：传统的胶体溶胶-凝胶法、金属有机化合物聚合凝胶法和有机聚合玻璃凝胶法。其中，前一种方法为物理方法，后两种方法为化学方法。本书重点介绍金属有机化合物聚合凝胶法。

金属有机化合物聚合凝胶法包括金属醇盐水解法和金属螯合凝胶法。

（1）金属醇盐水解法

金属醇盐水解法是将金属有机化合物溶解在合适的溶剂中，发生一系列化学反应，如水解、缩聚和聚合，形成连续的无机网络凝胶。得到无机聚合凝胶有两种途径：一是采用只在无水有机介质中稳定的金属醇盐，加水后会很快水解；二是采用在含水溶液中能保持稳定的金属螯合物，其水解速度要慢得多，水的蒸发将促进水解。水解、缩聚以及聚合反应主要受几个因素控制：水与醇盐的摩尔比，溶剂的选择，温度和 pH 值（或酸、碱催化剂的浓度）。适当调节这些因素，可以形成线型或交联程度更大的聚合凝胶。

制备多金属组分凝胶时，首先将几种金属醇盐在适当的有机溶剂中混合制得前驱液，然后加水得到凝胶。一方面，凝胶的化学均匀程度受前驱液中各醇盐混合水平的影响，与醇盐之间的化学反应情况密切相关；另一方面，每种醇盐对水的活性也有很大影响。

当金属醇盐之间不发生反应时，各种金属醇盐对水的活性起决定性影响，反应活性的不同导致凝胶不均匀。添加有机络合剂（或螯合剂）是克服这些问题的切实可行的办法。常用的络合剂有羧酸或 β-二酮等添加改性配位体。络合的作用主要有 3 类：一是改变金

88

属醇盐的溶解度;二是调整金属醇盐的反应活性;三是把金属羧酸盐转变为具有烷氧基团性质的络合物。

金属醇盐间发生反应时情况有两种:一是只生成一种与要求产物相同配比的复合醇盐,水解、缩聚后将得到均一的凝胶。但要注意探索适宜的水解环境(例如控制水量),以避免部分醇盐先沉淀,改变金属离子配比。二是生成多种不同金属配比的复合醇盐。在前驱液中就已存在区域不均匀性,水解后得到的凝胶必然不均匀,需要在较高的温度下处理凝胶以获得组分均匀。

(2)金属螯合凝胶法

金属螯合凝胶法是通过可溶性螯合物的形成减少前驱液中的自由离子。在制备前驱液时添加强螯合剂,例如柠檬酸和 EDTA,控制一系列实验条件,如溶液的 pH 值、温度和浓度等,移去溶剂将发生凝胶化。

根据水解程度不同,金属阳离子可能与 3 种配位基(H_2O,OH^- 和 O^{2-})结合。决定水解程度的因素包括阳离子电价和溶液 pH 值。其中,低价阳离子($\leqslant +2$)在 pH 值小于 10 时主要形成水合物;高价阳离子($\geqslant +7$)在整个 pH 值范围内主要形成双氧络合物;四价阳离子在不同 pH 值下产物有若干种可能,如 H_2O—OH^-、OH^-、OH^-—O^{2-} 等络合物。

水解后的产物通过羟桥(M—OH—M)或氧桥(M—O—M)发生缩聚进而聚合。但许多情况下水解反应比缩聚反应快得多,往往形成沉淀而无法形成稳定的均匀凝胶。成功合成稳定凝胶的关键是要减慢水合或水-氢氧络合物的水解速率,制备在即使 pH 值增大条件下也稳定的前驱液。

在溶液中加入有机螯合剂 Am-替换金属水化物中的配位水分子,生成新的前驱体,其化学活性得到显著改变。金属离子螯合的一个目的是防止配位水分子在去质子反应中快速水解。典型例子是 Fe^{3+} 的水解,加入 EDTA 螯合剂后水解平衡常数 K_h 由 10^{-2} 降低到 10^{-25},另外还能减小配位水分子的正自由电荷 $\delta(H)$,使前驱液在高 pH 值条件下不会出现氢氧化物沉淀,扩展溶液稳定条件的范围。

2)溶胶-凝胶法制备纳米粉体材料的工艺

溶胶-凝胶法制备纳米粉体材料的工艺流程如图 2-35 所示。其工艺过程与常规溶胶-凝胶法的工艺过程相似。

图 2-35 溶胶-凝胶法制备粉体的基本工艺过程

溶胶-凝胶法制备纳米粉体材料工艺的控制十分关键,包括以下几个方面:

(1)溶剂的选择

醇盐的水解和缩聚反应是均相溶液转变为溶胶的根本原因,控制醇盐水解缩聚的条件是制备高质量溶胶的关键。溶剂的选择是溶胶制备的前提。

由于醇盐中的-OR 基与醇溶剂中的-OR' 易发生交换,造成醇盐水解活性的变化。所以同一醇盐,由于选用的溶剂不同,其水解速率和胶凝时间都会随之变化。实验结果表明,不同的溶剂形成的溶胶,溶胶向凝胶转化的时间,即胶凝时间有很大的差别,得到的粉体粒径也稍有不同。这是由于各种溶剂的极性、极矩及对活泼质子的获取性不同,导致在溶胶中发生交换反应时产生不同的影响。溶剂的饱和蒸气压高,易挥发,则干燥速度快,但也容易引起凝胶开裂。溶剂的表面张力是决定凝胶内毛细管力大小的一个因素,因而也对凝胶的开裂有影响。

（2）加水量的影响

研究表明:加水量对醇盐水解缩聚物结构有重要的影响。加水量少,醇盐分子被水解的烷氧基团少,水解的醇盐分子间的缩聚易形成低交联度的产物,反之则易于形成高度联交的产物。如制备 $BaTiO_3$ 纳米粉体,希望通过加过量的水使醇盐充分水解,生成 $[Ti(OH)_6]^{2-}$ 阴离子,溶液中的 Ba^{2+} 离子就会吸附在其表面,形成具相同电荷的粒子和双电层,从而使颗粒间互相排斥,形成稳定的溶胶,得到高交联度 $Ba^{2+}[Ti(OH)_6]^{2-}$ 络合物。

加水量与所制备溶胶的黏度和胶凝时间有关。当加水量都超过化学计量水量时,随 R 增大,胶体浓度下降,且胶凝时间延长。整个过程中均未出现胶溶现象。粉体晶粒尺寸随加水量增多而增大,比表面积则在某加水量处有一个极大值。从 TEM 照片可看到 R 值较小的粉体中团聚较多,而 R 值较大时晶粒长。

（3）醇盐品种及其浓度的影响

同一种元素不同醇盐的水解速率不同。研究表明,$Si(OR)_4$ 制备 SiO_2 溶胶的胶凝时间随 R 基中 C 原子数增加而增大,因为随烷基中碳原子数增加,醇盐的水解速率下降。

起始溶液中的醇盐浓度必须保持适当。作为溶剂的醇加入量过多时,将导致醇盐浓度下降,使已水解的醇盐分子之间的碰撞概率下降,将会延长凝胶的胶凝时间。但醇的加入量过少,醇盐浓度过高,水解缩聚产物浓度过高,容易引起粒子的聚集或沉淀。

（4）pH 值的影响

为调整溶胶的 pH 值而加入的酸或碱实际上起催化剂作用。由于催化机理不同,对同一种醇盐的水解缩聚,酸催化和碱催化往往产生结构和形态不同的水解产物。因而,选择适宜的催化剂十分重要。

以正硅酸乙酯(TEOS)为例,酸催化时,醇盐水解系由 H_3O^+ 的亲电机理引起,水解速度快,但随水解进行,醇盐水解活性因其分子上—OR 基团数量减少而下降,因而很难形成 $Si(OH)_4$,其缩聚反应在完全水解前,即 $Si(OR)_4$ 完全转变为 $Si(OH)_4$ 前已开始,因而缩聚产物的交联度低,易于形成一维的链状结构。碱催化时,水解系由-OH 的亲核取代引起,水解速度较酸催化慢,但醇盐水解活性随分子上基团数量减少而增大。因而所有 4 个—OR 基团很容易完全转变为—OH 基团,即容易生成 $Si(OH)_4$,进一步缩聚时,生成高交联度的粒子沉淀。因此,用硅醇盐制备玻纤时须采用酸催化剂,碱催化的溶胶均不具备拉丝性,制备粉体则须在碱催化条件下进行。

催化剂的加入量也很重要。如 $Ti(OC_4H_9)_4$ 的水解速度很快,加水时很容易生成沉淀,但加入足量盐酸,使溶液保持一定的 pH 值,即使将所需的水量一次加入,也能获得稳定的溶胶。在粒子溶胶中,加入的酸或碱往往也是使粒子均匀分散形成胶体体系的胶溶剂。粒子因表面吸附溶液中的 H^+ 或 OH^- 荷电形成稳定的溶胶。显然,胶溶剂有一最佳加入量,加入量过低,会造成粒子的沉淀,过高会造成粒子的团聚,在一些要求粒子粒径小且粒径分布均匀的应用中,胶溶剂的加入量是制备溶胶时须加以重视的一个参数。

（5）陈化时间的影响

缩聚反应形成的聚合物聚集长大成为小粒子簇，它们相互碰撞连接成大粒子簇，同时，液相被包裹于固相骨架中失去流动性，形成凝胶。凝胶在陈化过程中，由于粒子接触时的曲率半径不同，导致它们的溶解度产生区别。此外，在陈化过程中凝胶还会发生 Ost-ward 熟化，即大小粒子因溶解度的不同而造成平均粒径的增加。陈化时间过短，颗粒尺寸分布不均匀；时间过长，粒子长大、团聚，不易形成超细结构。因此，陈化时间的选择对粉体的微观结构非常重要。

随陈化时间的增加，在一段时间以内，粒子缓慢生长，随陈化时间的延长，粉体的粒径显著增大。测量粉体比表面积随陈化时间的变化，找到陈化时间有一个极大值，说明此时的颗粒发育正好，超过这个时间，则颗粒迅速长大。

3）纳米粉体团聚问题

团聚又分为软团聚体和硬团聚体两类。软体团聚是指由静电作用力和范德华力作用聚合而成的团聚体，作用力较小，形成的是软团聚体。硬团聚体是指如果颗粒间由液相桥或固相桥强烈结合，则形成的是硬团聚体。

造成纳米粒子重新聚集成较大粒子的原因可归纳以下几点：一是分子间力、氢键、静电作用等引起的颗粒聚集；二是由于颗粒间的量子隧道效应、电荷转移和界面原子的相互耦合，使粒子极易通过界面发生相互作用和固相反应而团聚。三是由于纳米粒子的巨大比表面积，使其与空气或各种介质接触后，极易吸附气体、介质或与之作用，而失去原来的表面性质，导致粘连与团聚。四是因其极高的表面能和较大的接触界面，使晶粒生长的速度加快，因而使颗粒尺寸保持不变是十分困难的。

在纳米粉体制备过程中形成硬团聚集体的原因可能有多种，其中一个主要原因是凝胶粒子间液态水分子的存在。

研究表明，团聚集体的强度主要是取决于相邻颗粒表面上的吸附水分子以氢键键合的表面羟基团相互间形成桥接或键合的程度，因此，克服硬团聚的关键在于尽可能地除去水分子和表面自由非桥接羟基，以改善胶体的均匀性和分散性，使得有关的离子容易水洗脱除，而且也应减少干凝胶中的非架桥羟基的数量，以降低粉体中硬团聚体的数量。由此可见，控制胶粒的聚集，形成充分分散的、少含包藏水和牢固吸附水的湿凝胶是制备少团聚体的纳米粉体的关键。

防止聚集体生成的方法包括利用破碎机或球磨机研磨粉体、利用有机溶剂脱水、添加表面活性剂、共沸蒸馏、改进工艺如采取冷冻干燥或超临界干燥等。

2.7　电化学合成

电化学合成又称电解合成，是利用电解手段在电极表面进行电极反应生成新物质的一种绿色合成技术。电化学合成可制备一系列用其他方法难以制备的材料，如钠、钾、镁、钙、铝以及许多强氧化性或还原性的物质，为解决目前化学工业给环境带来的污染问题提供了一条有效的道路。

2.7.1 电化学合成法概述

1. 电化学合成法的发展历程

1799 年,伏特(C. A. Volta,1745—1827)把一块锌板和一块银板浸在盐水里,发现连接两块金属的导线中有电流通过。在此基础上,制成世界上第一个电池——"伏特电堆"。1883 年,法拉第定律的提出奠定了电化学研究的基础。

1807 年前后,戴维(H. Davy,1778—1829)用电解法得到钠、钾、镁等,首开电化学合成的篇章;1851 年,电解氯酸盐成功;1886 年,铝的电冶炼法诞生, 阿伦尼乌斯(S. A. Arrhenius,1859—1927)于次年提出电解质的电离理论;1890 年,建立食盐水电解工业;1891 年,能斯特(W. H. Nernst,1864—1941)提出电极电位的热力学方程;1904 年,出现过氧化氢的电合成法;1930 年,人们开展了关于双电层的开创性研究。

随着社会和技术的发展,电化学合成法在各个领域的应用越来越广,电化学合成路线作为替代化学合成工艺路线,不仅在大吨位产品如氯/氢氧化钠、铝等有色金属领域,而且在特种化学品、医药、农业化学品等领域都有广泛应用。

2. 电化学合成法的特点

电化学合成法具有一系列的优点:

1) 电极反应的方向及速度可控

在电化学合成过程中,电化学反应电位是一种特殊的催化剂,可加快电子转移速度,通过改变电极电位可合成出不同的产品,同时也可通过控制电极电位,使反应按预定的目标进行,从而获得高纯度产物、较高的收率。

2) 可通过选择电极实现反应的高度选择性

各类电极具有不同的选择性,通过选择不同的电极,能够实现反应的高度选择性。而且,可选择性地制备特定价态化合物或制备一些特殊的物质或聚集态。

3) 环境污染少

电化学合成反应无需有毒或有危险的氧化剂和还原剂,"电子"本身是清洁的反应试剂,因此在反应体系中除原料和生成物外,通常不含有其他反应试剂,故合成产物易分离、易精制,产品纯度高、副产物少,可大幅度降低环境污染。此外,电合成过程容易实现自动、连续,电解槽容易密闭,排放的"三废"很少,对环境造成公害很小。

4) 对合成条件要求不高

在反应体系中,电子转移和化学反应这两个过程可同时进行,与化学法相比,能缩短合成工艺,减少设备投资。电化学合成通常在常温、常压下进行,反应条件温和。

当然,电化学合成也存在一些缺点,如耗电量大、合成装置构成复杂、电极活性物质寿命短、需要极高的生产技术和管理水平等。

3. 基本概念和术语

1) 电流效率 η_I 与电能效率 η_E

电流效率 η_I 是制取一定量物质所必需的理论消耗电量 Q 与实际消耗电量 Q_r 的比值。

$$\eta_I = (Q/Q_r) \times 100\%$$

其中,Q 可按法拉第定律计算:

$$Q = (m/M) \times zF$$

式中:m 为所得物质的质量;M 为所得物质的摩尔质量;z 为电极反应式中的电子计量数;F 为法拉第常数。

实际消耗电量可通过下式计算:

$$Q_t = It$$

电能效率 η_E 是为获得一定量产品,根据热力学计算所需的理论能耗与实际能耗之比。电能 W 等于电压 V 与电量 Q 的乘积,即

$$W = V \cdot Q$$

理论能耗为理论分解电压 E_e 与理论电量 Q 的乘积,即

$$W = E_e \cdot (m/M)zF$$

实际能耗 W_t 为实际槽电压 V 与实际消耗电量 Q_t 的乘积,即

$$W_t = V \cdot Q_t = (zFV/\eta_I) \cdot (m/M)$$

因此

$$\eta_E = (W/W_t) \times 100\% = (E_e/VQ_t) = (E_e/V) \cdot \eta_I = \eta_v \cdot \eta_I$$

式中:$\eta_v = E_e/V$,称为电压效率。

2) 槽电压

要使电流通过电解槽,外电源必须对电解槽两极施加一定的电压(或称电势),这就是槽电压 V。理论分解电压 E_e,即没有电流流过电解槽时的槽电压 $E_e = \varphi_1 - \varphi$。实际电解时,一定有电流流过电解槽,电极发生极化,出现超电势 η,以及溶液电阻引起的电压降 IR_{sol} 和电解槽的各种欧姆损失,其中包括电极本身的电阻、隔膜电阻、导线和电极接触的电阻等。所以,实际的槽电压大于理论分解电压,计算槽电压的一般公式为

$$V = E_e + |\eta_A| + |\eta_C| + IR_{sol} + IR$$

3) 时空产率

时空产率是指单位体积的电解槽在单位时间内所生产产品的数量。通常以 $mol \cdot L^{-1} \cdot h^{-1}$ 为单位。时空产率与流过单位体积反应器的有效电流成正比,因为它与电流密度(超电势、电活性物质的浓度和质量传输方式)、电流效率和单位体积电极的活性表面积有关。

电解槽的时空产率比其他化学反应器的时空产率要低,如典型的铜电解沉积槽的时空产率仅为 $0.08 mol \cdot L^{-1} \cdot h^{-1}$,一般化学反应器的时空产率在 $0.2 \sim 1.0 mol \cdot L^{-1} \cdot h^{-1}$。因此,在电化学工程中常通过改进电解槽设计(如引入流化床电极)来提高时空产率。

4) 其他概念

电流密度:单位电极面积上所通过的电流(单位为 A/m^2)。

浓差过电位:电极附近电解质的浓度低于本体浓度。

电阻过电位:因电极表面形成薄膜或其他物质而阻碍电流的通过。

活化过电位:由电化学极化引起,在电极上有氢或氧等气体形成时较为显著。

2.7.2 电化学合成法的基本原理

1. 电化学合成的反应过程

电化学合成的反应过程与热化学反应过程是不同的。在热化学中,两分子紧密接触并通过电子的运动形成一种活化络合物,再进一步转变成产物,反应历程确定后,反应活

化能不能改变。在电化学中,两个分子并不直接接触,它们通过电解池的外界回流远距离交换电子,可通过调节加在电极上的电压改变电化学活化能。

热化学反应过程 $\quad A+B \longrightarrow [AB] \longrightarrow C+D$

电化学反应过程 阴极 $\quad A+e \longleftrightarrow [Ae]^- \longrightarrow C$

阳极 $\quad B-e \longleftrightarrow [Be]^+ \longrightarrow D$

总反应 $A+B \longrightarrow C+D$

为与电极交换电子,分子或原子必须首先被吸附在电极上,或至少与电极紧紧相邻。反应物与产物可通过浓度梯度进行扩散,但实际电解反应中主要依靠机械搅拌、温度梯度以及密度梯度而产生对流。

电化学合成反应的场所在电极的表面及其邻近区域(统称电极界面),电极界面最简单的模型之一是"三层结构理论":第一层称为"电荷转移层"(离电极最近),在该层内有极大的电位梯度,电解液中的离子和分子(主要指极性分子)由于静电力的作用而被吸附取向;第二层是指在电荷转移层外侧的"扩散双电层";第三层即最外层,是指由于浓度梯度而造成的扩散层。如图 2-36 所示。

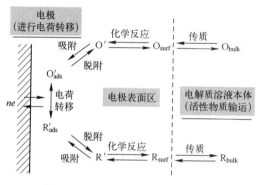

图 2-36　电合成反应过程和机理

2. 电解质溶液性质

电解质是电化学合成中电解液的重要组成部分。所谓的电解质是指溶于溶剂或熔化时能形成离子的物质,如:

$$NaCl \longrightarrow Na^+ + Cl^-$$

电解质分为电解质溶液和熔融电解质。电解质溶液按照溶剂种类不同,又分为水电解质溶液和非水电解质溶液。

1) 电解质溶液的电导与电导率

电解质溶液的导电是由于电场中离子定向移动的结果,导电能力大小用电导表示。电导与导体的截面积(A)成正比,与导体的长度(l)成反比:

$$G = k \frac{A}{l}$$

式中:k 为电导率,$S \cdot m^{-1}$,大小与电解质种类、溶液浓度及温度有关。电导率的物理意义是电极面积各为 $1cm^2$,两电极相距 $1cm$ 时溶液的电导,其数值与电解质种类、溶液浓度及温度等因素有关。

在一定浓度范围内,随着电解质溶液浓度的增加,电解质溶液中导电质点数量的增加,因而溶液的电导率随之增加;当浓度增加到一定程度后,由于溶液中离子间的距离减小,相互作用增强,使离子运动速度减小,电导率下降。

2) 电解质溶液的摩尔电导率

在相距为单位距离的两个平行电极之间,放置含有 1mol 电解质的溶液,这时溶液所具有的电导率称为摩尔电导率 Λ_m,单位为 $S \cdot m^2 \cdot mol^{-1}$。

$$\Lambda_m = \frac{k}{c}$$

式中:k 为电导率,$S \cdot m^{-1}$;c 为浓度,$mol \cdot m^{-3}$。

由于溶液中导电物质的量已定,所以当浓度降低时,粒子间相互作用减弱,正负离子迁移速率加快,溶液的摩尔电导率必定升高。

不同电解质的摩尔电导率随浓度降低而升高的程度不同。对于强电解质而言,随着浓度下降,Λ_m 升高,通常浓度降至 $0.001 mol \cdot dm^{-3}$ 以下时,Λ_m 与 $c^{1/2}$ 呈线性关系。德国科学家科尔劳施(W. G. Kohlrausch,1840—1910)总结经验式为:

$$\Lambda_m = \Lambda_m^{\infty}(1 - \beta\sqrt{c})$$

式中:β 是与电解质性质有关的常数。将直线外推至 $c \longrightarrow 0$,得到无限稀释摩尔电导率 Λ_m^{∞}。

对于弱电解质而言,随着浓度下降,Λ_m 也缓慢升高,但变化不大。当溶液很稀时,Λ_m 与 c 不呈线性关系,等稀到一定程度,Λ_m 随 c 的减小迅速增加。弱电解质的 Λ_m^{∞} 不能用外推法获得。如图 2-37 所示。

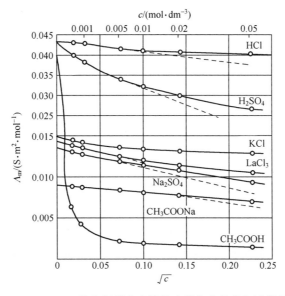

图 2-37　298K 一些电解质在水溶液中摩尔电导率与浓度关系

科尔劳施根据大量实验数据发现了离子独立移动定律,即在无限稀释的溶液中,每种离子独立移动,不受其他离子影响,电解质的无限稀释摩尔电导率可认为是两种离子无限稀释摩尔电导率之和:

$$\Lambda_m^{\infty} = \Lambda_{m,+}^{\infty} + \Lambda_{m,-}^{\infty}$$

根据以上公式,弱电解质的 Λ_m^∞ 可以通过强电解质的 Λ_m^∞ 或从表值上查离子的 $\Lambda_{m,+}^\infty$ 和 $\Lambda_{m,-}^\infty$ 求得。

3) 离子电迁移率和迁移数

根据法拉第定律,在电极-电解液界面上发生化学变化物质的量与通入的电量成正比,如下式所示,式中 Q 为通入的电量,C;z 为反应物所带电荷数;F 为法拉第常数,约 $96500C \cdot mol^{-1}$。

$$n = \frac{Q}{zF}$$

设离子都是一价,当通入 4mol 电子的电量时,会出现以下两种情况:一是正负离子迁移速度相等:$r_+ = r_-$,如图 2-38 所示。

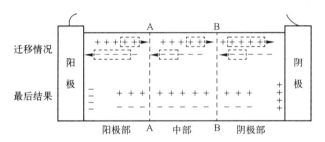

图 2-38　粒子的电迁移现象(第一种情况)

二是正负离子迁移速度不相等:$r_+ = 3r_-$,如图 2-39 所示。

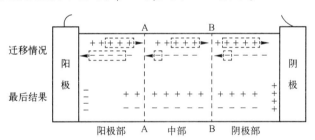

图 2-39　粒子的电迁移现象(第二种情况)

离子电迁移速度用如下的公式表示,其中 dE/dl 为电位梯度,U_+、U_- 为正、负离子的电迁移率(离子淌度)。电迁移率的数值与离子本性、溶剂性质和温度等因素有关。

$$r_+ = U_+(dE/dl) \qquad r_- = U_-(dE/dl)$$

所谓离子迁移数是指移向阴极的阳离子和移向阳极的阴离子所分担的输送电量比例 (t_+ 和 t_-)。

$$t_+ + t_- = 1 \qquad t_+ = \frac{U_+}{U_+ + U_-} \qquad t_- = \frac{U_-}{U_+ + U_-}$$

4) 活性物质在电解质溶液中的扩散

当电解质溶液中含有大量支持电解质或活性物质呈电中性时,活性物质从电解质溶液向电极表面的输送主要靠扩散过程。其中,支持电解质是提高化学电池中溶液导电率的电解质,本身不参与电化学反应。

3. 电化学热力学与动力学

1) "电极-电解液"界面结构(双电层模型)

电极反应作为一种界面反应,是直接在"电极/溶液"界面上实现的。"电极/溶液"界面性质对电化学合成过程有显著的影响,主要包括两方面:一是化学因素,即电极材料的化学性质与表面状态;二是电场因素,即"电极/溶液"界面上的电场强度(电极-电解液的界面结构)。

当电极与电解液接触时,由于带电粒子(电子、离子)、偶极 H_2O 分子、特性吸附离子等的非均匀分布,导致在界面两侧出现电量相等、符号相反的剩余电荷,形成与充电电容器类似的结构,即双电层结构。关于双电层的结构见图2-20。

固体表面常因表面基团的解离或自溶液中选择性地吸附某种离子而带电。由于电中性的要求,带电表面附近的液体中必有与固体表面电荷数量相等但符号相反的反离子。带电表面和反离子构成双电层。热运动使液相中的离子趋于均匀分布,带电表面则排斥同号离子并将反离子吸引至表面附近。

界面荷电层按照形成机理分为离子双电层、吸附双电层和偶极双电层。考虑特性吸附离子的双电层结构:第一,具有特性吸附。不通过静电力吸附在电极表面。第二,紧密层分为内亥姆荷兹层和外亥姆赫兹层。紧密层的结构取决于两项中剩余电荷接近的程度,并与离子的水化程度有关。无机阳离子水化程度高,四周具有完整的水化膜,因而离子不可能直接吸附在电极表面,紧密层较厚,常称为外紧密层;而无机阴离子水化程度低,容易失去水化膜,部分可直接吸附在电极表面,形成很薄的紧密层,成为内紧密层。第三,电极过程复杂。

2) 电极电位

电极电位是电极 M(电子导电相)与溶液 S(离子导电相)的内电位差。

$$\varphi = \Phi_M - \Phi_S$$

内电位 Φ 是指一单位正电荷从无穷远处的真空进入指定相体内所做的功,又称 Galvani 电位。而一单位正电荷从无穷远处的真空达到指定相的临近表面处所做的功,称外电位 φ,又称 Volta 电位。一单位正电荷从临近相表面(真空)转移到相的内部所做的功称为表面电位 Γ。所谓的"临近"是指 $10^{-4} \sim 10^{-5}$ m 左右,如图2-40所示。

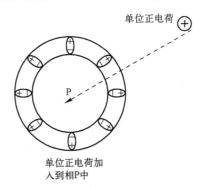

图2-40 单位正电荷从无穷远处真空进入指定相体内过程

上述3种电位之间关系式:

$$\Phi = \Psi + \Gamma$$

由于表面电位不能测定,所以电极电位的绝对值无法确定,只能以某一参照体系测定其相对值,如标准氢电极。

标准氢电极规定:氢气压力为 1 标准压力、溶液中 H^+ 活度为 1 时的氢电极。规定标准氢电极的电极电势在任何条件下为零,即标准氢电极的温度系数为零。

$$Pt \mid H_2(p^0) \mid a(H^+) = 1$$

将标准氢电极作为阳极,待测电极为阴极并且待测电极中各反应组分均处于各自的标准态,此时测得的电池电压即为待测电极的标准电极电位 φ^0。

$$Pt \mid H_2(p^0) \mid a(H^+) = 1 \parallel 待测电极$$

对于任一给定电极,其电极反应符合下列通式:

$$O + ze \Rightarrow R$$

其电极电位如下:

$$\varphi = \varphi^0 - \frac{RT}{zF} \ln \frac{a_R}{a_O}$$

3)电动势

电动势是在可逆条件下,电化学体系中两电极的电势差。

$$E = \phi_+ - \phi_-$$

可逆条件是指:一是电化学体系中电极反应可逆,如 $Pt/H_2/H^+$,$Cl^-/AgCl/Ag$,Zn/H^+,SO_4^{2-}/Pt;二是电化学体系中的电流为 0。

4)电极极化与超电势

理论上,分解电压只要比反向电动势大一个无限小的数值,电解就可进行,因此理论分解电压等于反向电动势。

在电化学中,无论是反应还是电池(放电)反应,都会出现电极极化的现象。电极极化是指实测电压偏离热力学理论电动势的现象。

以水的电解为例:

$$H_2O \longrightarrow H_2 + O_2$$
$$阳极:H_2O - 2e \longrightarrow O_2$$
$$阴极:H_2O + 2e \longrightarrow H_2$$

$$E_{理论分解} = E_r^\theta(O_2) - E_r^\theta(H^+, H_2) = 1.229 - 0 = 1.229V$$

根据实验,水的 $E_{分解}$ 实际为 $1.65 \sim 1.70V$,高于其理论分解电压值。

在电化学过程中,以电解池为例,其分解电压包括 3 部分:可逆电压、不可逆电压和电阻电压,如图 2-41 所示。

$$E_{分解} = E_{可逆} + \Delta E_{不可逆} + E_{电阻}$$

电阻电压是为克服正负离子在电解质中迁移所遇到阻力而产生的额外电压(IR 降)。因电流流过电解质溶液时,正负离子各向两极迁移,由于电池本身存在一定内阻(R),离子的运动受到一定的"阻力"。为克服内阻就必须额外加上一定的电压去"推动"离子的前进。此种克服电池内阻所需电压等于电流(I)与电池内阻(R)的乘积,即 IR 降。

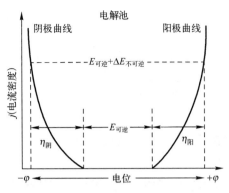

图 2-41 电解池的电位与电流密度曲线

$$\Delta E_{不可逆} = \eta_{阴极} + \eta_{阳极}$$

式中：η 为超电势。

超电势产生的原因包括 3 个方面：

（1）浓差极化。电极表面附近离子浓度与溶液内部离子浓度（或本体溶液的浓度）的差异而引起极化现象。

（2）电阻极化。电解过程中在电极表面形成一层氧化物的薄膜或其他物质，对电流的通过产生阻力而引起极化。

（3）电化学极化。为使电极反应能够连续不断进行，外电源需额外增加一定的电压去克服反应的活化能。由于电极反应速度迟缓所引起的极化作用称为电化学极化。

影响超电势的因素包括电极材料、析出物质形态（一般来说金属的超电压较小，气体物质的超电压比较大）和电流密度（一般规律是电流密度增大则超电压随之增大）等。

2.7.3 电化学合成法的工艺过程

电极反应在电极与溶液之间形成的界面上进行。对于单个电极而言，电极过程由下列步骤串联而成：

（1）反应物粒子自溶液本体向电极表面传递；

（2）反应物粒子在电极表面或电极表面附近液层中进行某种转化；

（3）在电极与溶液之间的界面上进行得失电子的电极反应；

（4）电极反应产物在电极表面或电极表面附近液层中进行某种转化；

（5）电极反应产物自电极表面向溶液本体传递。

任何一个电极过程都包括上述（1）、（3）、（5）三步，某些电极过程还包括（2）、（4）两步或其中的一步。电极过程各步进行的速度存在差别，整个过程由其中最慢的一步控制，称为"控制步骤"。

无机电化学合成工艺流程通常包括电解合成前处理、电解合成、电解合成后处理各步，其中电解合成是最重要的步骤。电解合成前后处理与化学合成相似，通常为净化、除湿、精制、分离等操作。

1. 电化学合成设备

在电化学合成中，设备是非常重要的。电化学合成设备主要由电极、隔离器、电解液和电解槽组成。

1）电极的选择

电极分为工作电极、辅助电极和参比电极。每一种电极的作用和要求不同。

工作电极是电化学合成反应的场所，可以是固体，也可以是液体。各式各样能导电的固体材料均能用作电极，如玻碳电极、汞电极等。

辅助电极又称对电极，该电极和工作电极组成回路，使工作电极上电流畅通。基本要求是其性能一般不显著影响工作电极上的电极反应过程，具有大的表面积使外部所加的电压主要作用于工作电极上。

参比电极用于测定工作电极的电极电势（相对于参比电极）。基本要求是电极反应可逆；电极电势在一定的电流范围内为定值；电势稳定性和重现性好。参比电极的种类很多，包括甘汞电极、银–氯化银电极等。

2）隔离器的选择

隔离器置于电化学装置中的阴极和阳极间，种类有隔板、隔膜和离子交换膜。

隔离器的作用有 3 方面：一是使极性不同的两个电极隔离，防止短路；二是阻止阳极液与阴极液的混合，限制悬浮颗粒或胶体在两电极之间转移；三是保存电极上的活性材料，防止它们碎裂和脱落。

对于隔离器的要求包括电阻小、化学稳定性好（不被电解液所侵蚀）；有适当的孔隙度、厚度、透过系数、电阻以及 ξ 电位；有适当的机械强度等性能；对于离子交换膜，要求其透过选择性好，交换容量大，在溶液中溶胀度小。

3）电解质的选择

电解质是电极间电荷传递的媒介，是由溶剂和高浓度的电解质盐（作为支持电解质）以及电活性物质等组成，也可能含有其他物质（如络合剂、缓冲剂）。电解质除溶液外，还有熔盐（离子熔体）、固体电解质或超临界流体等。

对于电解质，要求具有良好的稳定性和较高的电导率，可根据合成过程的电极反应、环境因素、安全因素以及经济因素进行选取。

4）电解槽

实验室常见的电解槽一般用玻璃吹制或用塑料制成，其结构、形状视具体反应体系而定。工业用电解槽的种类繁多，尽管大小不等、形式各异，但遍及工业电解、电镀、化学电源等各个领域。关于电解槽的知识参考相关教材。

2. 电化学合成工艺的影响因素

1）电解电压

电解电压相当于外界对电化学合成体系中提供的"反应能量"大小，决定反应能否进行、反应速率大小、产物的组成与结构等。

2）电解电流密度

电解电流密度等于电解电流与浸入电解质中电极面积的比值，相当于电化学合成体系中"反应速率"大小。

高电流密度可提高电解速度，但过高的电流密度会增加超电势，进而引起其他副反应，例如析氢反应，同时 pH 值的局部升高会出现氢氧化物沉淀。电流密度会影响产物形貌：低电流密度，生长速度大于成核速度，沉积物的晶粒大；高电流密度，生长速度小于成核速度,沉积物细小致密。

3）电极材料的选用

电极材料要求具有耐电解质和合成产物的腐蚀性。不同电极材料表面具有不同超电势,超电势对电化学合成具有不同作用。根据超电势对电化学合成过程的影响,确定合适的电极材料体系。

4）电解溶液浓度

当电流密度大时,氧化还原速度可以大于离子扩散速度。为维持固定的电流强度,在电极附近液层中的离子浓度将小于本体溶液的浓度。因此,提高电极电位时,H^+和OH^-就可能开始放电,引起电流效率降低。一般采用增加溶液浓度和提高电解液温度及增加搅拌等方法提高电极附近液层中的离子浓度,获得较大电流密度和提高电流效率。

5）温度的影响

电化学的反应速率与温度有关。通常,反应速度随温度上升而增加。因为温度升高,活性物质扩散速度增加,而电流传递与活性物的扩散速度有关。电解合成中最基本的反应是在双电层中或在电极表面发生,因此温度对反应物和生成物的吸附速度、吸附平衡、扩散速度均产生影响。

此外,温度还影响反应所用原料的溶解度和电解液的介电常数等。

6）搅拌的影响

电解质的搅拌也是影响反应的主要因素。搅拌会加速溶液对流,使阴极附近消耗的金属离子得到及时补充,降低阴极的浓差极化作用,因而在其他条件相同情况下,搅拌会影响最终生成物的形貌和性质。

2.7.4 熔盐电解法

在电化顺序中,极为活泼的金属不能从相应盐类的水溶液中获得。因为在水溶液中,该金属将与水作用而析出氢,并生成该金属的氢氧化物。制取此类金属,经常采用电解该金属的熔融盐或溶于熔盐的氧化物的方法。

熔盐电解对有色金属冶炼来说具有特别重要的意义。采用熔盐电解法生产的主要有铝、镁、钙、碱金属(锂和钠)、高熔点金属(钽、铌、锆、钛)、稀土金属、锕系金属(钍和铀)、非金属元素(氟、硼)等。

1. 熔盐电化学的特点

熔盐即盐类的熔体,主要由阳离子和阴离子构成,由于热作用,由电解质熔融形成。熔盐的结构介于固态与气态之间,并更接近于固态,具有"近程有序,远程无序"的特点。关于熔盐的结构模型有"空穴模型""细胞模型""自由体积模型"等,但都不完整。

熔盐电化学具有如下的特点:

（1）虽然熔盐属于第二类导体,但其形成条件和状态、结构都和水溶液大不相同。熔盐实际上是一种特殊组成的炉渣,由于其由离子组成,具有电解质特征,电解过程中遵循电化学的基本规律。

（2）熔盐电解过程一般都在高温下进行,因此导致熔盐电极过程在热力学及动力学方面都具有特点。熔盐中,电极过程的分步骤都具有很高的速度,因此电解可以采用很高的电流密度,达到$10^5\,A/m^2$。

（3）因为高温会产生熔盐中金属与熔盐的相互作用,导致金属的溶解,高温还会对电化学反应器的材料和结构提出更高的要求。

2. 熔盐电解质的物理化学性质

采用熔盐电解法制取金属时,可以用各种单独的纯盐作为电解质。但是往往为得到熔点较低、密度适宜、黏度较小、电导高、表面张力较大及挥发性低和对金属的融解能力较小的电解质,在现代冶炼中广泛使用成分复杂的由2~4种组分组成的混合熔盐体系。

1）熔点

熔点决定熔盐电解温度。采用多种电解质组成低共熔系使熔点下降的方法,在熔盐电解中得到普遍的应用。例如冰晶石熔点为1010℃,金属铝熔点为650℃,氧化铝熔点为2050℃,三者按一定比例混合后,其电解温度下降为950℃。

2）密度

熔盐电解时,产物往往是液态金属,因此熔融电解质的密度关系电解质与产物的分离,希望二者密度不同,自然分离。如电解铝时,电解质密度为2.08g/cm³,而液态铝为2.3g/cm³,液态铝沉于槽底。

熔盐电解质的密度随着温度上升而下降,可以近似计算:

$$\rho_t = \rho_0 + \alpha(T - T_0)$$

式中:ρ_0接近熔点时的密度;α为电阻温度系数。

3）电导率

提高电导率,可以降低槽压及能耗。熔盐电导取决于其电解质的本性,即组成、结构、离子特性（电荷及在电场中的运动速度）和熔盐温度等。在熔盐电解中,一般采用添加剂改变电导率。黏度越大,电导率越小。

4）黏度

黏度影响熔融中各种传递过程,如传质、动量传递、析气效应,在生产上它关系到熔融金属的流动和聚集,固体物料的添加、沉降速度。

黏度与密度一样,是熔盐的一种特性。黏度与熔盐及其混合熔体的组成和结构有一定关系。黏度大而流动性差的熔盐电解质不适合于金属的熔盐电解,这是因为在这种熔体当中,金属液体将与熔盐混合而难于从盐相中分离出来。

此外,黏滞的熔盐电解质的电导往往比较小。因此,在熔盐电解中需选择熔盐成份,使其黏度小流动性好,导电良好并能保证金属、气体和熔盐的良好分离。

5）表面张力

熔融电解质在电极表面的润湿性,对熔盐电解时的两大特殊现象,即金属的溶解和阳极效应都有很大影响。气-液-固三相界面上的润湿角（又称接触角）θ,是由杨氏方程决定的,即:

$$\cos\theta = \frac{\sigma_{s-g} - \sigma_{l-s}}{\sigma_{l-g}}$$

式中:σ_{s-g}是气相与固相的表面张力;σ_{l-s}是熔融电解质与固相的表面张力;σ_{l-g}是熔融电解质与气相的表面张力。

若接触角大于90°,说明液体不能润湿固体,如汞在玻璃表面;若接触角小于90°,液体能润湿固体,如水在洁净的玻璃表面。

一切使 σ_{1-s} 减小的因素都可能导致 $\cos\theta$ 增大,润湿角减小,即电解质在电极表面的润湿性改善。反之,电解质在电极表面的润湿性变差。因而在电极表面生成的气体更易黏附在其表面,形成气膜,促使阳极效应的产生。

对于阳极,希望电解质在电极表面有良好的润湿性,以防止形成"气泡帘"。对于阴极,如果析出是液态金属而非气体析出,则希望液态金属在电极表面良好的铺展开,不希望电解质在电极表面的润湿性好。

6)蒸气压

温度升高,蒸气压大,熔盐易挥发,即引起熔盐的损失,且造成生产车间的大气污染。熔盐组成和结构对其蒸气压的影响也很大。

3. 熔盐电化学热力学特点及电解基本规律

1)熔盐电化学热力学的特点

电化学热力学的任务是要判断电化学反应进行的方向、可能性及能量效应。电动势和电极电位是电化学热力学的两个基本问题。

由于熔盐不可能找到一种通用的熔剂,难以建立一个通用的电位序。多种熔盐在不同的熔剂中,可能具有不同的电位序,即具有不同的氧化还原趋势。同时,由于熔盐温度高,温度变化的区间大,电极电位变化范围大,甚至可能导致相互位置的变化。而且电极电位测量比较困难,缺少通用的参比电极,因而不易确定共同的电极电位标度,所得的数据也较难比较。

2)熔盐电解基本规律

在高温下电子转移速度高,熔盐的电极电化学极化很少,而且由于高温下离子运动快,浓差极化也很小。其阴极过程为阴极金属还原时,由于高温熔盐电解时通常生成液态金属,因此结晶过电位也几乎不存在。但由于高温下熔盐化学性质活泼,容易发生多种副反应,且高温下电解质对电极材料有腐蚀破坏作用。

熔盐电解符合电解质电解的一般规律,利用熔盐制取金属的过程中,金属的沉积发生在阴极上,阳极一般选择导电性好且不熔于熔盐或金属的材料——碳制材料。阴极反应一般表现为金属离子得到电子转化为金属原子,如:

$$2Al^{3+}+6e=2Al$$
$$Mg^{2+}+2e=Mg$$

阳极反应比较复杂,有可能表现为多元反应。对于氯化镁熔盐电解反应和铝电解,分别为:

$$2Cl^{-}-2e=Cl_2$$
$$3O^{2-}+1.5C-6e=1.5CO_2$$

熔盐中有多种离子存在时,对阴极和阳极遵从元素析出的基本规律。在理想情况下,析出量服从法拉第定律。

4. 熔盐电解过程的特殊现象

1)阳极效应

在某些熔盐电解过程中,有时会在阳极上出现阳极效应。发生阳极效应时,端电压急剧升高,电流强度则强烈下降。同时,电解质与电极间呈现不良的润湿现象,电解质好像被一层气体膜隔开似的,电极周围还出现细微火花放电的光圈。

阳极效应只有当电流密度超过一定"临界电流密度"后才能发生。各种熔盐的临界电流密度各不相同。临界电流密度也随电解条件(如温度、电解质成分、阳极材料)而异。熔融氯化物的临界电流密度比熔融氟化物的临界电流密度大,碱金属氯化物的临界电流密度比碱土金属的临界电流密度大。

电解质和阳极间界面张力的变化,使电解质对阳极停止润湿是阳极效应的原因。润湿性大(即接触角小),临界电流密度大,不易发生阳极效应。如图 2-42 所示。

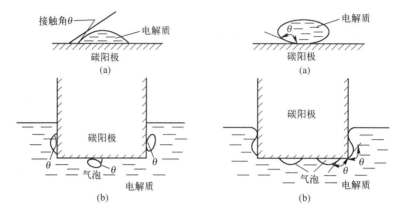

图 2-42 熔融电解中(a)正常电解和(b)发生阳极效应时示意图

2)金属在熔盐中的溶解

熔盐与金属的相互作用是熔盐电解时必须加以注意的特征现象。这种作用将导致在阴极上已析出的金属在熔盐中溶解,致使电流效率降低。这是一种复杂的物理化学过程,包括物理溶解、化学和电化学作用。

影响金属溶解因素的规律:①温度升高,金属溶解增加;②同一金属在卤化物中的溶解度按氟化物、氯化物、溴化物、碘化物的顺序增加;③对于同一族金属,随着原子半径增加,溶解度提高;④当金属和熔盐的界面张力增加时,金属溶解度减小;⑤在熔盐中加入电位更负的局外阳离子可减小金属的溶解度。

关于熔盐电解,其典型的应用是铝电解、镁的熔盐电解和碱金属的熔盐电解等,将在2.7.5 节中以镁的熔盐电解为例进行讲解。

2.7.5 电化学合成法实例

电化学应用技术目前已经是国民经济重要的组成部分。电化学原理的应用是非常广泛的,其中最重要的包括电化学能源体系的开发和利用、电化学的防腐蚀和腐蚀、电化学传感器的开发以及无机化合物和有机化合物的电解合成等。

1. 电化学方法合成臭氧

臭氧/催化臭氧化技术在给水处理、污水深度处理以及难降解废水的处理中引起了广泛关注。传统的臭氧使用方法是将由氧气生成的气相臭氧溶入水中而得以应用。为使臭氧更好地应用于水处理领域,采用电化学方法直接从水溶液中合成臭氧的技术近年来受到广泛关注,该技术设备简单,且能避免传统的气相合成臭氧技术的氮氧化物污染和臭氧的气/液转移损失。

电化学合成臭氧技术的研究始于 20 世纪 80 年代,电极材料(主要是阳极)和反应器设计是提高电化学合成臭氧效率的关键所在。水溶液中,臭氧的生成反应在阳极发生,其反应式如下:

$$3H_2O \longrightarrow O_3 + 6H^+ + 6e$$

在阴极,根据反应器形式的不同,可以生成不同的产物。例如,在一般的水溶液电解质中,阴极的反应为生成氢气,反应式如下:

$$6H^+ + 6e \longrightarrow 3H_2$$

在某些特定的反应器中,阴极的反应也可以是空气中的氧还原过程:

$$1.5O_2 + 6H^+ + 6e \longrightarrow 3H_2O$$

在水溶液中,阳极反应在生成臭氧同时,通常伴随析出氧气的副反应,反应式如下:

$$2H_2O \longrightarrow O_2 + 4H^+ + 4e$$

由于氧气从水中析出的标准电极电位($E_0 = 1.23V$)低于臭氧($E_0 = 1.51V$),析氧副反应的发生是电化学合成臭氧效率不高的主要原因。研究表明,具有高析氧电位的电极材料能够抑制氧气的生成反应,具有较高的臭氧发生效率。

1)二氧化铅电极

研究发现,在一定范围内减小 PbO_2 的粒径有助于提高电极生成臭氧的效果,而在电极制备过程中加入适量造孔剂草酸铵也有助于提高电极生成臭氧的性能;进一步的研究发现,经过长时间电解后,PbO_2 颗粒的粒径急剧下降,并且在高电位条件下的重结晶过程导致原颗粒表面形成许多纳米级的小颗粒,引起电极臭氧发生性能的下降。同时,β-PbO_2 电极表面的粗糙度会影响臭氧的产率,较为光滑的电极表面更容易生成臭氧。

为提高 PbO_2 电极在电化学合成臭氧过程中的活性和延长使用寿命,不同研究者考察了元素掺杂对 PbO_2 电极性能的影响,发现在电沉积制备 PbO_2 电解液中加入 Fe^{3+}、F^- 等离子,会改变所得到 PbO_2 电极的臭氧发生性能。

2)二氧化锡电极

SnO_2 电极具有比 PbO_2 电极更高的臭氧发生效率。采用 Sb 掺杂 SnO_2 电极在 0.1mol/L 的 $HClO_4$ 溶液中进行电解实验,获得 34mg/L 的溶解性臭氧,且电流效率达到 15%。

研究表明,少量 Ni 掺杂可对 Sb-SnO_2 电极合成臭氧的活性产生强烈影响。室温下在 0.1mol/L H_2SO_4 溶液中,使用 Ni、Sb 共掺杂 SnO_2 电极合成臭氧,液相臭氧浓度可达到 34mg/L,电流效率高达 36.3%。这是因为 Ni 在电极表面的富集提高了臭氧的生成效率。

如前所述,水溶液中析氧副反应往往是臭氧合成效率不高的主要原因。由于 SnO_2 电极能达到较 PbO_2 电极更高的析氧过电位,进而抑制析氧副反应,故可获得更高的臭氧发生效率;此外,在对 PbO_2 电极的研究中发现,吸附在电极表面的·OH 可能是电化学合成臭氧过程中最关键的活化中间体,水溶液电解过程中 SnO_2 电极表面会产生大量吸附的·OH,也是其效率较高的一个重要原因。

3)电化学合成臭氧的反应器

传统的臭氧发生装置采用分离式电极,设备体积大,且阴极和阳极之间电解液的压降较大,能耗较高。在当前的电化学合成臭氧反应系统中,多采用膜电极一体化技术。在这种反应器中,阳极室和阴极室之间用固体聚合物电解质膜分隔,阳极材料和阴极材料紧密结合于膜的两侧,反应中产生的质子可以通过膜进行传输,而阴、阳极的反应产物又可以隔开。这种将固体电解质膜和阴、阳极催化层三合为一的结构,称为膜电极集合体。

与传统臭氧电解技术相比,这种膜电极一体化技术具有设备简单、体积小、电流效率高、能耗低等优点,故成为电化学合成臭氧领域的研究热点。

2. 氯酸盐和高氯酸盐的电合成

1)氯酸钠的电合成

氯酸钠产品是强氧化剂,是制造氯酸盐、过氯酸盐、二氧化氯和亚氯酸钠的原料,广泛用于分析试剂、医药、印染、漂白、非农耕地除草、杀虫、冶金等工农业生产方面。随着科技、经济的发展,其使用领域不断拓展。

工业生产氯酸钠主要有化学法和电解法两种方法。化学法多作为平衡氯气的一种手段,多为氯碱厂综合利用产品。电解法投资小、原料便宜、成本低、生产过程简单、产品质量高,多为单品种选用。

氯酸钠的电合成原理。已知电解食盐水时,两个电极上的主要反应为

$$\text{阳极反应:Cl}^- \longrightarrow 0.5\text{Cl}_2 + e$$

$$\text{阴极反应:H}_2\text{O} + e \longrightarrow \text{OH}^- + 0.5\text{H}_2$$

若两极间无隔膜,则溶解氯的水解作用将为 OH^- 所促进,生成次氯酸盐,次氯酸盐可进一步生成氯酸盐。溶液中的主要反应有:

$$\text{Cl}_2 + \text{H}_2\text{O} \longrightarrow \text{HClO} + \text{H}^+ + \text{Cl}^-$$

$$\text{Cl}_2 + 2\text{OH}^- \longrightarrow \text{ClO}^- + \text{H}_2\text{O} + \text{Cl}^-$$

随后完成一慢反应步骤:

$$2\text{HClO} + \text{ClO}^- \longrightarrow \text{ClO}_3^- + 2\text{H}^+ + 2\text{Cl}^-$$

此反应宜在低的温度和微酸性的溶液中进行。总反应为

$$\text{NaCl} + 3\text{H}_2\text{O} \longrightarrow \text{NaClO}_3 + 3\text{H}_2$$

此外,ClO^- 在阳极还会发生氧化反应,引起电能浪费,故一般维持电解液中 ClO^- 浓度不能太高,以减少此反应的进行。

$$6\text{ClO}^- + 3\text{H}_2\text{O} \longrightarrow 2\text{ClO}_3^- + 6\text{H}^+ + 4\text{Cl}^- + 1.5\text{O}_2 + 6e$$

在电合成过程中,若条件控制不当,会发生一系列副反应,如阳极析 O_2 反应,ClO_3^- 的氧化反应;阴极 ClO_3^- 和 ClO^- 的还原反应等。因此,应当注意控制以下条件:

(1)pH 值

电解液的 pH 值对于生成 ClO_3^- 的主反应速度影响甚大。研究表明,当 ClO^- 与 HClO 二者浓度之比为 1∶2 时,反应速度最高,而这一浓度比主要是由 pH 值决定。一般控制工业电解槽中溶液的 pH 值为 6~6.5,即呈微酸性。

(2)电解温度

电解温度的选择受制于材料的耐蚀性。使用石墨阳极时,一般只能在 35~40℃下电解,而采用涂层钛阳极(DSA)时可以在 80℃下电解。

(3)阳极电流密度

提高电流密度可使生产强度提高,减小设备投资,但会使槽压升高,增大能耗,因此要选择经济电流密度。电流密度同样受制于阳极材料,取决于阳极材料的催化活性和稳定性。采用石墨阳极,电流密度一般只能在 600A/m^2,采用 DSA 阳极,电流密度可达到 2000~

$3000A/m^2$。

（4）电解液的流速

电解液流速增加可强化传质，加速 ClO^- 在电极表面氧化的反应，但也使 ClO^- 较快地离开电极间隙，降低 ClO^- 离子在此区间的浓度。现代电解槽一般利用电解气泡上升产生的自然对流实现电解液的循环流动。典型流速为 $0.2\sim1.0m/s$。

（5）极间距

减小极间距，有利于降低槽压和能耗。对于耐蚀稳定的 DSA 阳极，极间距可为 $2\sim5mm$。采用小的电极间距可使电解槽紧凑，并增大电流密度。DSA 阳极的最大优点是析氯超电势低，并可在较高温度下操作。高温有利于化学反应合成 $NaClO_3$，并随后将其结晶析出。

2）高氯酸盐的电合成

高氯酸盐的电合成一般采用氯酸盐溶液进行电解。其阳极反应如下：

$$ClO_3^- + H_2O \longrightarrow ClO_4^- + 2H^+ + 2e (\phi = 1.226V)$$

阴极反应如下：

$$2H^+ + 2e \longrightarrow H_2$$

电解槽的总反应可写成：

$$ClO_3^- + H_2O \longrightarrow ClO_4^- + H_2$$

高氯酸盐电合成的电解槽设计简单，因为不存在像氯酸盐生产中有副反应的问题，因而电解液的流速不必太快。为防止产物在阴极还原，电解液中加入少量 $Na_2Cr_2O_7$ 可使阴极表面生成一层保护膜，减少产物还原所造成的损失。阳极材料有 Pt、钛基镀 Pt 或者 PbO_2；阴极材料有青铜、碳钢、CrNi 钢或 Ni 等。

3. 镁的熔盐电解

金属镁具有良好的导热、散热性能，不易破裂，可以通过阳极氧化、染色，抗疲劳强度和减震性能较好。镁合金单位质量的机械强度大，消震性能好，易于切削加工，且造价低廉。镁和镁合金成为现代汽车、电子、通信等行业的首选材料。镁的生产方法分熔盐电解法和热还原法两类，其产量分别约为总产量的 80% 和 20%。

热还原法是利用某种还原剂从含镁化合物中还原制备金属镁。根据还原剂不同，分为硅热法、碳化物热还原法和碳热法。其优点是：作为原料的天然矿物资源种类多、分布广、易获得；可利用电、油、天然气等多种能源进行生产；工艺过程简单、投资少、生产过程不产生有毒废弃物，对环境污染小。缺点是产能低、机械化程度差，还原剂价格高。

熔盐电解法的原料都是氯化镁，包括氯化镁的生产和电解制镁两大过程。根据氯化镁制取工艺不同，分为 DOW 工艺、I. G. Farben 工艺和 Magnola 工艺等。

氯化镁熔体的物理化学性质（熔点高、易挥发、黏度大、导电率低、极易水解）决定不能用纯氯化镁或单一的氯化镁熔体作为电解质来进行电解。一般采用 $MgCl_2$、KCl、NaCl、$CaCl_2$、$BaCl_2$ 的混合熔体作电解质。

电解质的组成和性质对电解过程的指标有较大的影响，而且不同原料需采用不同组成的电解质。若以光卤石为原料，其电解质成分为 $MgCl_2$（5%～15%）、KCl（70%～85%）、NaCl（5%～15%），熔点为 $600\sim650℃$，电解温度为 $680\sim720℃$；若以氧化镁为原料，其电解质成分为 $MgCl_2$（12%～15%）、KCl（5%～7%）、$CaCl_2$（38%～42%）、NaCl（40%～45%），熔点为 570~640℃,电解温度为 690~720℃。

镁熔盐电解电极过程如下,其理论分解电压可由热力学方法和数据计算得出。

阳极反应:$2Cl^- \longrightarrow Cl_2 + 2e$

阴极反应:$Mg^{2+} + 2e \longrightarrow Mg(熔融态)$

总反应:$Mg^{2+} + 2Cl^- \longrightarrow Mg + Cl_2$

在镁的熔盐电解中,影响电流效率的主要因素包括电解质组成和电解温度。

1) 电解质组成的影响

若 $MgCl_2$ 含量过高,会使镁在电解质中的溶解度增大,电解质导电性降低,挥发性增大;若 $MgCl_2$ 含量过低,则有碱金属离子在阴极放电。

NaCl 能增大电解质与电极间的润湿角,这对镁在电极上的汇集长大极为有利,可提高熔体的导电性;$CaCl_2$ 和 $BaCl_2$ 能增加电解质的密度;KCl 能使电解质润湿镁层而起保护作用,降低镁在电解质中的溶解度。

2) 电解温度的影响

温度过高,镁分解严重,溶解损失增加;温度过低,熔体黏度增大,镁与电解质分离不好,损失也增大。

镁的熔盐电解所采用的电解槽有 3 类:

(1) IG 电解槽:一种有隔板电槽,可分离阳极析出的氯及阴极析出的镁液。1925 年首先在德国使用,采用石墨阳极和铸钢阴极。

(2) Dow 电解槽:由美国 Dow 化学公司研制,是产量最多的槽型。槽体为铸钢,无内衬。钢制阴极和石墨阳极间无隔板。

(3) 无隔板电解槽:分为阿尔肯式、苏联式、挪威式多种。具有密封性好、氯气浓度高、电耗低、生产强度高、便于实现大型化和自动化等优点,应用日益广泛。

4. 纳米材料的电化学合成

电化学方法制备纳米材料的研究,经历了早期的纳米薄膜、纳米粉体,直至现在的纳米金属线等,已有几十年的历史。电化学方法制备纳米材料表现出其他方法制备纳米材料所不具有的优良性能,如耐磨性、延展性、硬度、电阻、电化学性能及耐腐蚀性等。

1) 电化学方法制备纳米材料的优点

电化学方法可以获得尺寸在 1~100nm 的多种纳米晶体材料,如纯金属(铜、镍、锌、钴等)、合金(钴-钨、镍-锌等)、半导体(硫化镉等)、纳米金属线(金、银等)、纳米叠层膜(铜-镍、钢铁、等)以及其他复合镀层(镍-碳化硅、镍-三氧化二铝等),所得纳米晶体材料具备很高的密度和极少的空隙率。

电化学方法制备纳米晶体材料受尺寸和形状限制少,可以直接获得大批量的纳米晶体材料,而且电化学方法获得纳米晶体的成本较低、产率高、技术困难较小、工艺灵活、易于控制,易实现工程化和产业化。

2) 电化学方法制备纳米材料的影响因素

纳米材料的制备,简单地讲是如何有效地控制晶粒的成核和生长。电化学方法制备纳米材料,关键就是通过影响因素的调控达到上述目的。

(1) 电流密度的影响

电沉积制备纳米晶体中最主要的控制因素是电流密度或沉积速率。以电沉积微晶镍

108

和电沉积纳米晶镍为例,通常电沉积微晶镍的电流密度为 $1\sim 4A/dm^2$。而直流电沉积获得纳米镍的电流密度则为 $5\sim 50A/dm^2$。研究表明,在一定范围内适当增加电流密度有利于纳米晶的形成。

（2）有机添加剂的影响

镀液中加入有机添加剂可以增加阴极极化,使沉积物晶粒细化,可见添加剂对于电沉积晶粒尺寸的影响是很大的。在电沉积方法制备纳米晶体时也采取添加有机添加剂的手段来获得纳米晶体。

（3）pH 值的影响

溶液的 pH 值往往随着电沉积过程而变化,因此控制 pH 值是获得纳米晶体的一个重要条件。以电沉积镍为例,获取常规粗晶镍的 pH 值是 $4.5\sim 5.5$,但获取纳米镍的 pH 值则控制在 4.0 以下。研究表明,pH 值低,析氢反应加剧,氢气在还原过程中为镍提供更多的成核中心,电沉积得到的镍结晶细致,晶粒细化。

（4）复合微粒的影响

复合电沉积是获得纳米晶体的一个重要手段,其中纳米微粒起晶粒抑制剂的作用。研究表明,纳米微粒在沉积过程中随金属晶粒成核的速率增加,晶粒的生长速率减慢。足够量纳米微粒的加入,可在电流密度很小情况下使沉积金属为纳米晶体。例如常规从镀液中制取纳米晶镍的电流密度为 $5.2A/dm^2$。加入足够纳米级三氧化二铝后,可在 $0.7A/dm^2$ 条件下获得纳米晶体。纳米微粒在镀层中还可抑制纳米晶体高温下的晶粒粗化。

（5）温度的影响

随着电沉积温度的提高,沉积速率有一定程度增加,沉积物晶粒的生长速率也有不同程度增加。温度对沉积层晶体粒度大小的影响比较复杂。

练 习 题

2-1　简述无机合成的重要性和意义。

2-2　化学热力学在无机合成中起着怎样的作用?

2-3　无机合成化学有哪些分离提纯方法?试举例说明。

2-4　非水溶剂包括哪几类?各自的特点是什么?

2-5　在测定液态 BrF_3 电导时发现,20℃时导电性很强,说明该化合物在液态时发生电离,存在阴、阳离子。其他众多实验证实,存在一系列明显离子化合物倾向的盐类,如 $kBrF_4$、$(BrF_2)_2SnF$、$ClF_3 \cdot BrF_3$ 等。由此推断液态 BrF_3 电离时的阴、阳离子是什么?

2-6　PCl_5 极易水解,将 PCl_5 投入液氨中也能发生氨解,写出 PCl_5 氨解反应方程式。

2-7　简述溶剂的拉平效应和区分效应,并说明其在无机合成中的应用。

2-8　真空和低温获得的方法有哪些?如何测量?

2-9　可用于低温合成的溶剂有哪些?试举例说明其在合成中的应用。

2-10　获得高温的手段有哪些?高温合成技术有哪些广泛应用?

2-11　用物理化学原理说明高温高压合成的机理。

2-12　何谓高温下的化学转移反应?它主要应用在无机合成的哪些方面?

2-13 什么是水热-溶剂热合成？该方法有哪些特点和类型？

2-14 影响水热-溶剂热合成的因素有哪些？水热-溶剂热合成具体有哪些应用？

2-15 什么是溶胶-凝胶法？简述溶胶-凝胶法在材料中的应用情况。

2-16 采用溶胶-凝胶法制备 $MgAl_2O_4$ 尖晶石时，前驱体 $Mg[Al(iso-OC_3H_7)_4]_2$ 的制备十分重要，试写出 $Mg[Al(iso-OC_3H_7)_4]_2$ 的合成反应方程式。

2-17 溶胶-凝胶法制备纳米粉体时，影响溶胶-凝胶过程的因素有哪些？造成颗粒团聚的因素有哪些？如何防止粉体的团聚？

2-18 写出溶胶-凝胶法制备 SiO_2 玻璃时的水解和缩合反应方程式。凝胶化转变的影响因素有哪些？制备无开裂的 SiO_2 玻璃时凝胶采用何种干燥制度？

2-19 何谓电解合成？无机化合物的电解合成有哪些其他合成方法所不及的优点？影响电解合成的因素有哪些？

第3章 有机合成方法

1828 年,德国化学家维勒(F. Wöhler,1800—1882)由无机物氰酸铵合成出动物代谢产物尿素,这是人类首次利用无机物合成出有机物;1845 年,德国化学家科尔贝(A. W. M. Kolbe,1818—1884)利用无机物合成出乙酸。从此,有机合成化学获得了迅速的发展。目前,人们已经合成出上千万种有机化合物,有机合成已成为医药、生物和材料等研究领域的基石。

有机合成是一门以实验为基础的科学。要合成一种有机物,在开展合成工作前,需要了解有机物的分子结构,掌握更多的合成方法。只有这样,才能有一个整体的、合理的合成计划,这就产生了有机合成设计,并已经成为有机合成的灵魂。众所周知,有机反应根据机理可分为取代、加成、氧化、还原、消除和重排等;按制备试剂可分为磺化、硝化、氯化、烷基化、羰基化、加氢与水合等。但在合成过程中,应该按照怎样的逻辑将这些反应组合,从而得到目标产物? 或者说,通过怎样的思路(或思想)来指导、组织合成过程?

目前,有机合成主要有两种合成理论:一是由科里(E. J. Corey,1928—)提出的逆合成分析理论,这是当今有机合成中最为普遍接受的合成设计方法论,成为哈佛学派(Harvard)的代表;二是剑桥学派(Cambridge)的生源合成学说。这二者一起构成了现代有机合成设计思想的基石。其中,Corey 的逆合成分析理论推动了 20 世纪 70 年代以来整个有机合成领域的飞速发展。

本章将以逆合成分析理论为基础介绍有机合成设计的各种知识,如分子拆开法、官能团的转换、官能团的保护、导向基、极性转化等,并介绍有机物的一般合成方法、近代有机合成方法与技术、绿色有机合成与仿生合成等。

3.1 概 述

3.1.1 有机合成的定义

有机合成是利用化学方法将单质或简单的化合物制备成比较复杂的有机物的过程。有时也包括从复杂原料降解为较简单化合物的过程。简单地说,根据一定的结构建立有机分子的手段叫做有机合成。有机合成创造了一个崭新的物质世界,促进了化学学科向生物科学、材料科学的渗透与交叉。

有机合成的主要目的和任务:

(1) 合成各种新的中间体、医药、新材料、新催化剂、特种溶剂、高分子单体、高能燃料等;

（2）合成从自然界发现的新物质,同时改造天然产物的结构;

（3）合成预期有优异性质或重大理论意义的化合物,研究其性质与结构的关系,研究反应机理和论证新的理论;

（4）寻找新的合成方法,提高合成技巧,用于化学结构的证明,发现重要规则等。

3.1.2 有机合成的分类

有机合成主要分成两类:基本有机合成工业和精细有机合成工业。

1. 基本有机合成工业

将廉价易得的天然资源或农副产品及其初步加工产品(一级产品)进一步加工成重要有机化工产品(二级产品)的生产过程称为基本有机合成工业,又称重要有机合成工业。基本有机合成工业的特点是产品量大、质量要求不高、加工粗糙、生产操作较为简单。

2. 精细有机合成工业

以通用化学品为原料,经过繁多步骤和复杂反应来得到的一类具有特定功能和专门用途的化工产品,称为精细化学品,如合成药物、农药、染料、香料、助剂、有机功能材料等。生产精细有机化学品的工业称为精细有机合成工业,其特点是产品量小、品种多、质量要求高、生产操作过程细致而复杂。通过精细有机合成,不仅能制造出自然界已有的、复杂的物质,而且能制造出自然界尚不存在的、具有特殊性能的物质。

通常把生产精细化学品的工业称为精细化工。精细化工是在近代有机合成的基础上发展起来的,目前已成为有机化学应用领域中的发展热点。

3.1.3 有机合成的发展

有机化学作为一门科学是在 19 世纪中叶形成的,但有机化合物在生产和生活中的应用由来已久。最初,人们从植物中提取染料、药物和香料,如《诗经·小雅·采绿》中"终朝采蓝,不盈一襜",荀子《劝学》中"青,取之于蓝而胜于蓝"的"蓝"就是指"蓼蓝、菘蓝、木蓝、马蓝等"。

1. 有机化学的发展历史

18 世纪末,瑞典化学家舍勒(C. W. Scheele, 1742—1786)分离提纯出草酸、酒石酸、柠檬酸和乳酸等一系列有机物。从动植物体内得到的这些化合物明显不同于当时从矿物来源的无机化合物。法国化学家拉瓦锡(A. L. Lavoisier, 1743—1794)首先将从动植物体内来源的化合物定义为"有机化合物"。

1806 年,瑞典化学家贝采利乌斯(J. J. Berzelius, 1779—1848)定义了有机化合物和有机化学。从有生命动植物体内得到的化合物为有机化合物,研究这些化合物的化学为有机化学。他认为:"在动植物体内的生命力影响下才能形成有机化合物,在实验室内无法合成有机化合物。"这是生命力合成有机化合物观点。

1828 年,德国化学家维勒(F. Wöhler, 1800—1882)由氰酸铵(无机物)合成尿素(有机物);1840 年,德国有机化学家柯尔柏(A. W. H. Kolber, 1818—1884)合成了醋酸;1850年,法国化学家贝特洛(M. Berthelot, 1827—1907)合成了油脂类物质。这些都证明了有机化合物与无机化合物间无截然的界限,动摇了"生命力"合成有机化合物的观点,开创了有机化合物合成的新时代。

从 19 世纪初到 1858 年提出价键的概念之前是有机化学的萌芽阶段。在这个时期，已经分离出许多有机化合物，制备了一些衍生物，并对它们作了定性的描述。法国化学家拉瓦锡发现，有机化合物燃烧后，产生二氧化碳和水，他的研究工作为有机化合物元素定量分析奠定了基础。1830 年，德国化学家李比希（J. vonLiebig, 1803—1873）发展了碳、氢的分析方法。1833 年，法国化学家杜马（Dumas, 1800—1884）建立了氮的分析方法。这些有机定量分析法的建立使化学家能够求得一个化合物的实验式。

从 1858 年价键学说的建立，到 1916 年价键电子理论的引入，是经典有机化学时期。1858 年，德国化学家凯库勒（F. A. Kekulé, 1829—1896）和英国化学家库柏（A. S. Couper, 1831—1892）等提出价键的概念，并第一次用"–"表示"键"。他们认为有机化合物分子是由其组成的原子通过键结合而成的。1874 年，荷兰范托夫（J. H. Van't Hoff, 1852—1911）和法国勒贝尔（J. A. Le Bel, 1847—1930）提出饱和碳原子为四价的四面体学说，开创了有机化合物的立体化学研究。1917 年，英国化学家路易斯（G. N. Lewis, 1875—1946）用电子对的方法说明化学键的生成。1931 年，德国物理学家休克尔（E. Hückel, 1896—1980）用量子化学方法研究不饱和化合物和芳香化合物的结构。1933 年，英国化学家英戈尔德（C. K. Ingold, 1893—1970）用化学动力学方法研究饱和碳原子上的取代反应机理。这些工作对有机化学的发展起到了重要的推动作用。

随着科学技术发展，波谱技术（如红外光谱、核磁共振波谱、紫外光谱、质谱等）应用到测定有机化合物分子的精细结构，促进了有机化合物的研究。到目前为止，研究清楚的有机反应达 3000 个以上，其中有普遍应用价值的反应 200 多个；已商品化的试剂 5 万余种；具有产率高、反应条件温和选择性和立体定向性好的新反应大量出现，如光化反应、微生物合成、模拟酶合成等；元素有机化学的发展，使有机合成大放光彩；新试剂，新型催化剂，特别是固相酶"新"技术的应用可使催化剂稳定，能长期使用并使生产连续化。

1990 年，E. J. Corey 因在有机合成理论与方法上的杰出成就而获得诺贝尔化学奖。于此，有机合成化学已经从科学进入到了科学-艺术的殿堂。

2. 有机合成发展的途径

有机合成是一门随实验发展起来的科学，其发展遵循以下两种途径：

（1）随着有机化合物合成工作的发展而发展，从大量的实验材料总结出理论，理论又指导合成实践。如 19 世纪 70—90 年代的有机化合物结构学说（凯库勒等）、饱和碳原子为四价的四面体学说；20 世纪 20 年代的电子效应、周环反应、分子轨道对称守恒原理；20 世纪 40 年代的空间效应学说等。

（2）有意识地寻找新试剂、新反应或无意发现新现象，跟踪追迹而发现新的反应，促使有机合成的发展。如 20 世纪初的有机镁化合物 Grignard 试剂；20 世纪 20 年代的 Diels-Alder 反应；20 世纪 50 年代的 Ziegler-Natta 催化剂；20 世纪 70—80 年代的 Wittig 反应、Brown 催化剂、Lucas 试剂等。

遵循以上的两条发展途径，新的反应不断地被发现。同时，新催化剂、微生物合成、仿生合成、激光合成等新领域也开始研究。计算机应用到有机合成中大大地提高了合成设计和合成实践的能力。

在过去的这些年中，有机合成在复杂分子的合成和材料科学的发展中都取得了辉煌的成果。如下所示的红霉素是一个含有 18 个手性中心的复杂化合物，它是 262144 个可

能的光活异构体中的一个,因此要合成与天然产物构型完全一致的化合物,在几十年前绝
对是有机合成的一个奇迹。

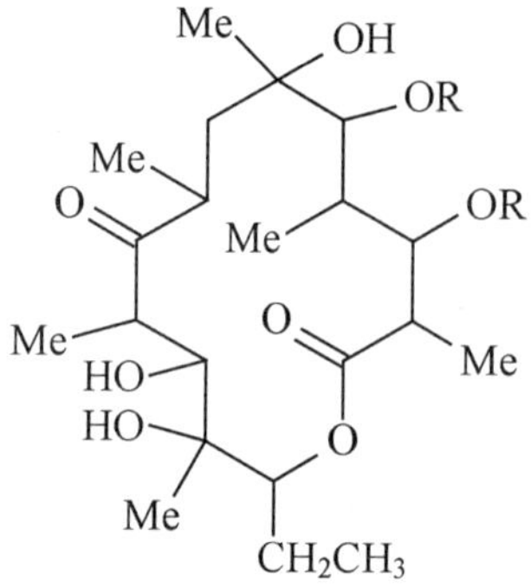

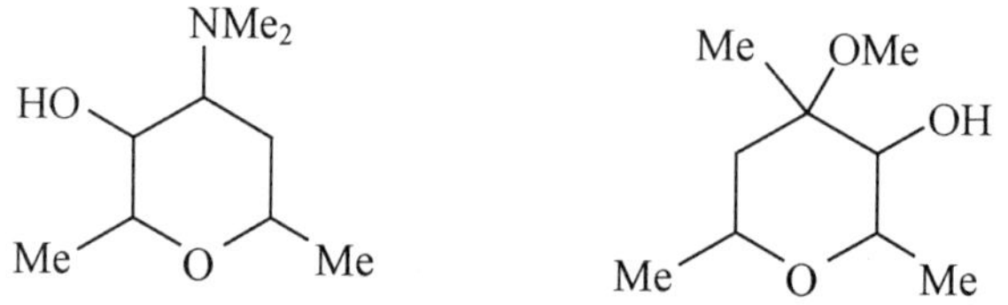

例如,维生素 B12 的合成,其结构如下所示。研究人员于 1948 年从动物肝脏中发现
维生素 B12,1955 年确定维生素 B12 的立体分子结构;从 1962 年到 1973 年,前后历时 11
年,Woodward(1965 年诺贝尔奖获得者)等成功地合成了维生素 B12,100 多位有机化学
家参与合成工作,经由 95 步化学反应,合成出最多有 9 个手性碳原子 512 个异构体。这
是有机合成达到高度发展水平的标志。

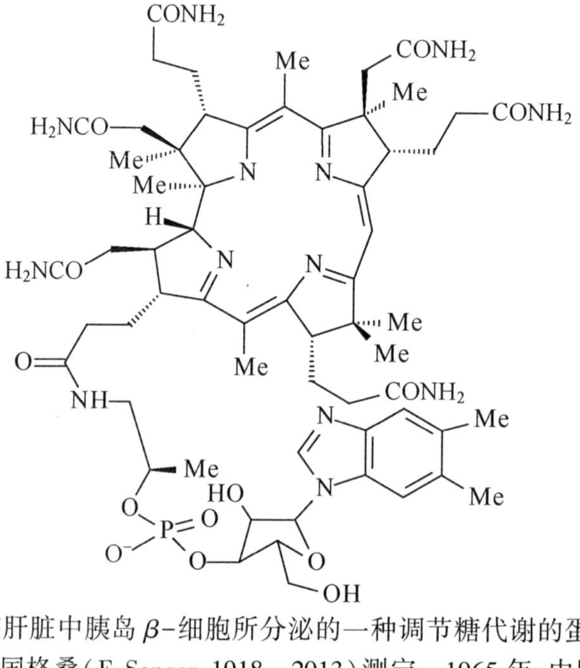

牛胰岛素,牛胰肝脏中胰岛 β-细胞所分泌的一种调节糖代谢的蛋白质激素,其一级
结构在 1955 年由英国格桑(F. Sanger,1918—2013)测定。1965 年,中国科学院上海生物
化学研究所与北京大学、中国科学院上海有机化学研究所通力合作,在世界上第一次用人
工方法合成出具有生物活性的蛋白质-结晶牛胰岛素,标志着人类在认识生命、探索生命
奥秘的征途上迈出了重要的一步。

3.1.4 有机合成的驱动力

所有的有机合成都有共同的要求：一是合成的反应步骤越少越好；二是反应的产率越高越好；三是起始原料应该简便易得。这三条要求对有机合成十分重要，同时促进了有机合成及相关有机合成方法学的发展。例如在多步有机合成中，如果每步反应的产率为 90% 以上，那么经过 5 步反应，其总产率为 59%；如果在 5 步反应中，有一步的反应产率为 50%，那么其总产率为 33%；如果每一步反应的产率为 50%，其总产率为 3%。

在有机合成中，所有合成的目的就是尽可能地选择最便宜易得的原料，通过各种有机反应将化合物"拼接"和"剪裁"最终转化成复杂的分子结构，即通过一定的反应，使原来分子中的某一个或几个化学键断裂或形成一个或几个新的化学键，从而使分子发生转化或是将几个小分子连接起来。

因此，有机合成的驱动力主要有以下 3 种。

1. 将各种新的有机反应应用于有意义的分子合成中

自 20 世纪 70 年代起，有机合成发现了许多新的反应，将这些新的反应应用到各种复杂分子的合成中促进了有机反应方法学的进一步发展。如烯烃复分解反应。帕克特（L. A. Paquette，1934—）有关倍半萜烯（+）-Asteriscanolide 合成工作就成功地利用此反应实现了大环体系的建立。

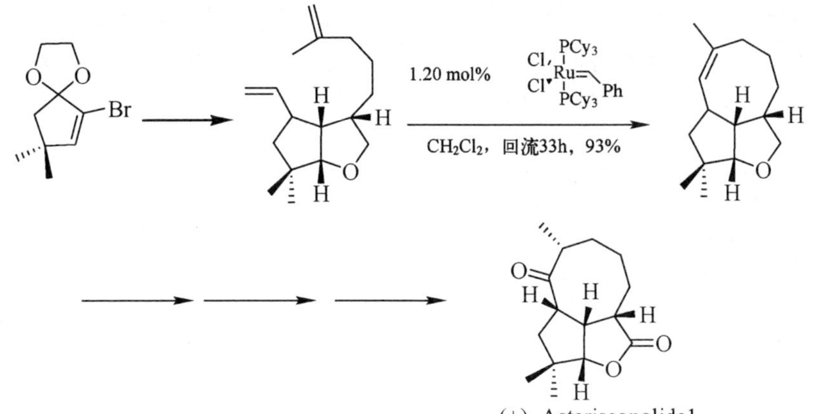

(+)-Asteriscanolide1

夏普莱斯（K. B. Sharpless，1941—）不对称环氧化和不对称双羟基化反应是 20 世纪最著名的有机反应之一，在此反应发现之后就应用在了许多光活性天然产物的合成中。1995 年，科学家在构筑具有很强的细胞毒性 Asimicin 时就成功地利用了此反应，引入了其所需的手性中心。

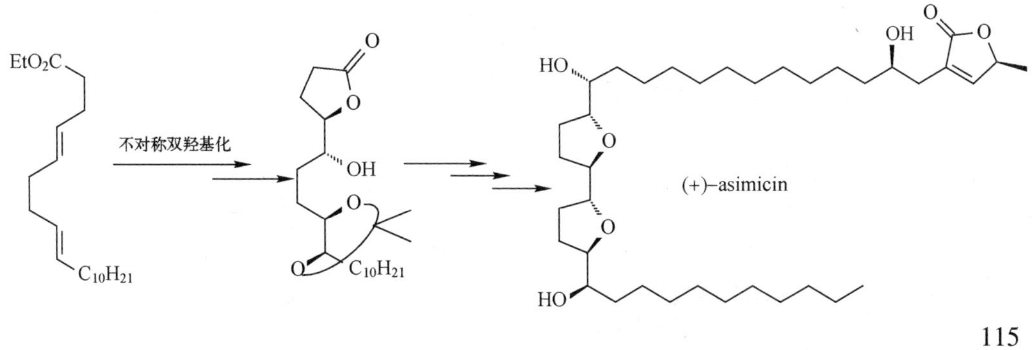

2. 利用天然的或未被充分利用的原料合成各种具有应用价值的物质

利用自然界中许多丰富的手性或者非手性原料及各种工业生产中的基本原料合成一些复杂的有机分子一直是有机合成化学家的研究课题。

Efavirenz 是一种有效的非核苷类艾滋病病毒逆转录酶的抑制剂,已被美国食品及药物管理局注册用于治疗艾滋病。Merck 和 DuPont 公司的科研人员利用对氯苯胺为原料通过 5 步反应以 75%的产率合成对映体纯的药物。

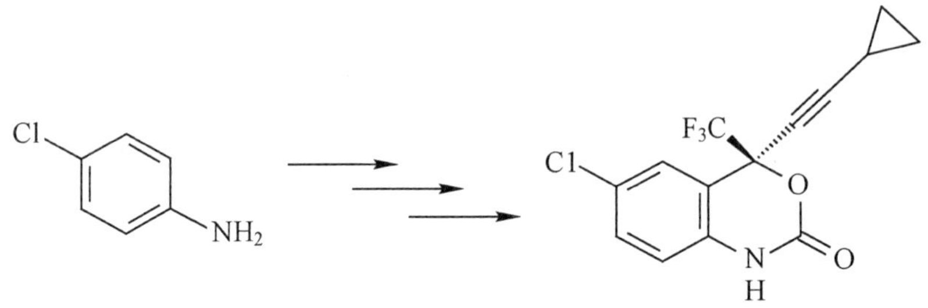

当然,还有许多的原料可以利用,如 α-蒎烯、松香及各种天然资源如葡萄糖、氨基酸等。因此,以廉价的原料为出发点设计合成路线,充分利用原料的结构特征及反应特性已成为有机合成研究的一个方向。

3. 合成一些特定需求的特殊有机分子

在有机合成过程中,经常需要合成一些特定的目标分子,以了解分子的性能及结构与性能的关系等,这就需要对特定分子加以具体分析,选择最佳的合成路线,这将在对每一个特定官能团化合物的合成分析中加以具体讨论。

3.1.5　有机合成的研究方法

目前,广泛应用的有机反应有 200 多个,即使是同一个反应,其合成方法也不止一个,甚至多个。如何开展研究呢? 研究过程一般包括查阅文献资料、设计合成路线、开展实验研究、实验总结归纳等步骤。关于一般的实施流程将在第 5 章的 5.5 节中进行详细的讲解,这里不再累述。

但在实际的有机合成中,新合成目标产生的方法有哪些呢?

1. 化学结构修饰法

保持分子的功能性不变,仅对其结构中的某个基团利用酯化、酰化、成盐等反应加以修饰,保留其功能的前提下改善使用的稳定性、溶解性等。

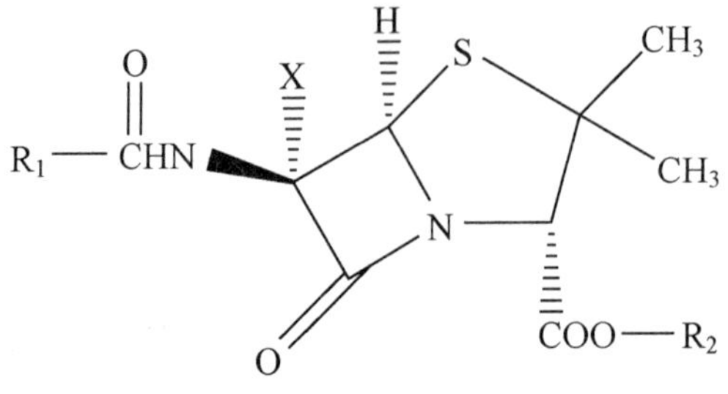

X=——H或——OCH$_3$

例如,青霉素由于 β-内酰胺环的存在而不耐酸、不耐酶、不能口服。结构修饰时改变

116

R_1 和 R_2 的基团,可使青霉素毒性降低,耐药性减弱,稳定性增加。当 R_1 为

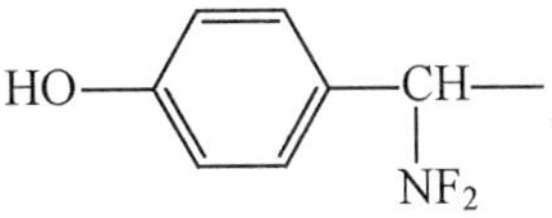

HO—⟨benzene⟩—CH（NF₂）—、R_2 为 H 时,名称为羟氨基苄青霉素(阿莫西林),可口服。

合成过程中,可进行部分结构替代。以头孢菌素类抗生素为例:头孢菌素(药品名:先锋霉素),分子中含有头孢烯的半合成抗生素,可以看成青霉素的扩环产物(部分结构被替代)。头孢菌素具有广谱性、可改善药代动力学性质、减少过敏反应等特点,对细菌的选择作用强,而对人几乎没有毒性。

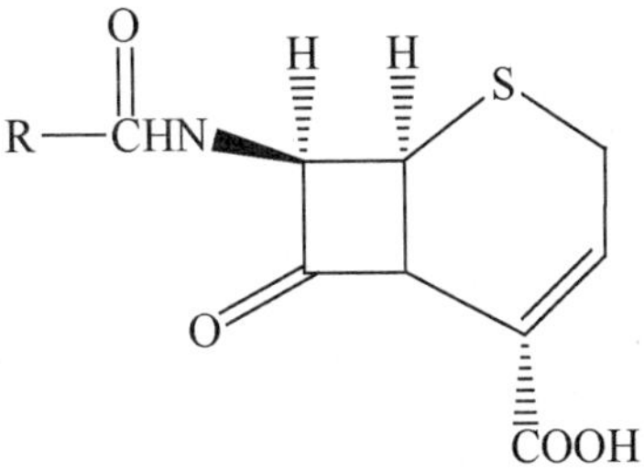

2. 利用结构性能关系产生新的目标结构

结构性能关系定量化研究是近代结构理论一大成果。其中应用最广的是 Hammett 方程及有关的取代基常数,此外还有适合于脂肪族体系的 Taft 常数等。

Hammett 方程是一个描述反应速率及平衡常数和反应物取代基类型之间线性自由能关系的方程,由哈米特(L. P. Hammett,1894—1987)于 1937 年首先提出方程的形式。其基本原理是对于取代类型不同但其他结构相同的反应物,反应的活化自由能与吉布斯自由能的差成一定比例关系。

例如,在研究与生物活性有关的化合物时可用 Hansch 公式来定量研究构效关系。Hansch 公式为:

$$\lg(1/c) = -k_1\pi^2 + k_2\pi + k_3\sigma + k_4E_s + k_5$$

式中:c 为化合物产生某种生物活性的浓度;π 为疏水参数(与分配系数有关);σ 为 Hammett 取代常数;E_s 为 Taft 立体参数。

通过若干已知化合物活性与各参数间关系的研究确定 k 值,利用求得的 k 值,可以预测一种新结构的活性,减少筛选工作量,找出影响活性的主要因素。

3. 非天然有机化合物的设计与合成

随着有机合成方法的发展、结构理论的完善、永无止境的社会需求和有机化学理论发展的自身需要,人们开始设计并着手合成自然界中没有的、具有各种特殊结构和性能的化合物。例如 C_{60} 的合成等。

C_{60} 是一种由 60 个碳原子构成的分子,具有 60 个顶点和 32 个面。作为碳元素的第三种同素异性体,C_{60} 具有独特的结构和电子性质,很容易与亲核试剂或卡宾反应,生成一系列官能团化的衍生物;它又是一个亲双烯试剂及亲偶极试剂,而作为自由基的储存体,又可与多种自由基反应。这类化合物往往具有普通有机化合物没有的特殊性能,因而可能成为新的特殊材料。

3.2　有机物的一般合成方法

有机化合物是含碳的化合物,绝大多数有机化合物都含有氢。除碳和氢元素外,有的还含有氧、氮、卤素、硫、磷等元素。

有机化合物包括烃、有机含氧化合物、有机含氮化合物、杂环化合物和天然化合物等。本节重点学习有机化合物的一般合成方法,包括烷烃、芳香烃、烯烃、炔烃、卤代烃、醇、酮、醛、酚和羧酸的合成。

3.2.1　烷烃和芳香烃的合成

在工业生产中,烷烃和芳香烃主要来源于煤、石油和天然气等产品。实验室中,烷烃和芳香烃的合成方法主要包括还原反应、烷基化反应、取代反应、环化反应和脱氢反应等。

1. 还原反应

1) 醛和酮的还原

（1）克莱门森（Clemmensen）还原法

醛或酮与锌汞齐、浓盐酸一起回流反应,醛或酮的羰基被还原成亚甲基,这种方法称为克莱门森还原。该法操作简便,产率高,而且多数羰基化合物在反应的酸性条件下不会引起严重的副反应,因而应用广泛。克莱门森还原法对于还原芳香酮效果较好,与傅-克酰基化反应相配合是合成烷基芳烃的重要方法。

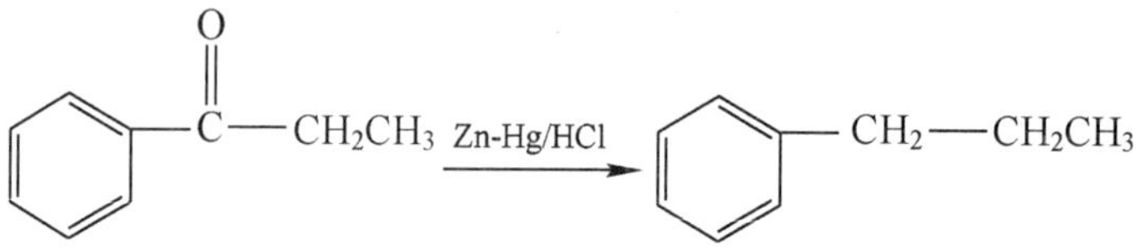

（2）沃尔夫-吉斯尼尔-黄鸣龙还原法

醛、酮与肼反应生成腙,腙在碱性条件下受热发生分解放出氮气,生成烃。1911 年,俄国吉斯尼尔（N. M. Kischner,1867—1935）发现羰基化合物的腙类衍生物和无水粉状KOH 在封管中加热至 160~180℃,发生分解得到还原产物烃;随后,德国沃尔夫（L. Wolff,1857—1919）采用浓度为 7% 的醇钠-无水醇,在封管中进行腙的分解反应,产物也是烃。1946 年,我国化学家黄鸣龙（1898—1979）对该反应进行改进,使之更适合工业生产。

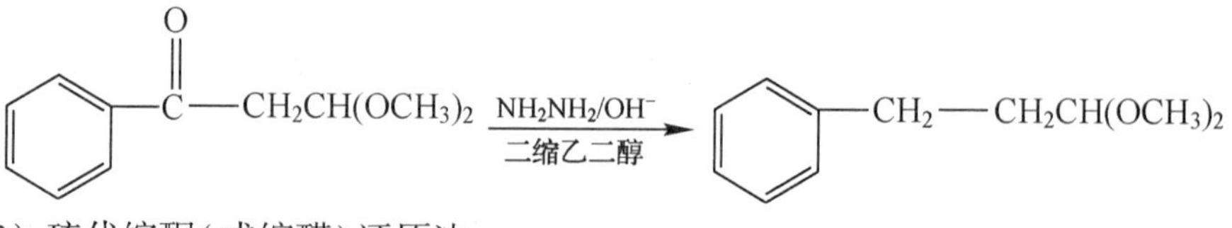

（3）硫代缩酮（或缩醛）还原法

醛或酮与硫醇反应可生成硫代缩醛或硫代缩酮。

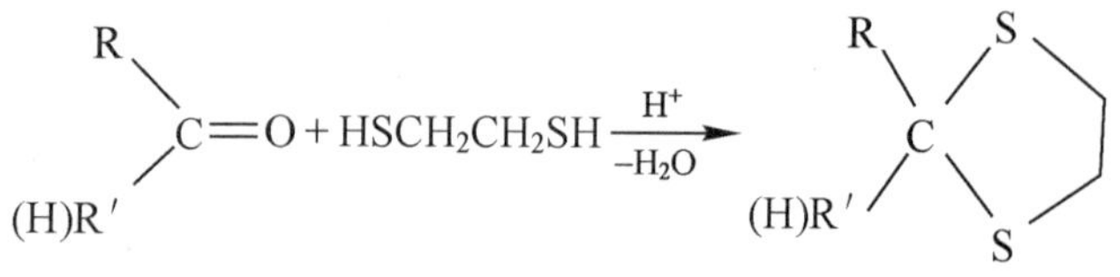

118

硫代缩醛和硫代缩酮的生成是有机合成中重要的羰基还原手段。硫代缩醛和硫代缩酮与预先吸附了氢的雷尼 Ni 共热时，碳硫键变立即氢化裂解，从而使羰基化合物还原为烃，反应如下：

$$\underset{(H)R'}{\overset{R}{C}}\underset{S}{\overset{S}{\diagdown}}\underset{}{\underset{}{}} \xrightarrow{N_2/Ni} \underset{(H)R'}{\overset{R}{}}CH_2 + NiS + C_2H_6$$

这种还原方法对于那些对酸碱都很敏感的化合物的羰基还原非常有用。

2）烯烃、炔烃的还原

烯烃、炔烃在催化剂作用下加氢还原生成烷烃。烯烃加氢生成烷烃，反应是放热的。烯烃与氢混合并不起反应，即使加热，反应也很难进行。但在催化剂（钌、钯、镍等）作用下，烯烃加氢还原生成烷烃，反应收率接近 100%。

$$R—CH=CH_2 + H_2 \xrightarrow{Ni} R—CH_2—CH_3$$

烯烃分子中双键碳原子上有一个烷基比有多个烷基的容易加氢，支链多不易加氢。烯烃加氢反应活性一般规律是：

$$H_2C=CH_2 > RCH=CH_2 > R'CH=CHR^2 > R'R^2C=CHR^3 > R'R^2C=CR^3R^4$$

以铂、钯或雷尼镍为催化剂，在过量氢存在下，炔烃还原得到烷烃。此外，在液氨中用金属钠和锂可将炔烃还原成烯烃，并进一步还原成烷烃。

3）卤代烃的还原

（1）格氏（Grignard）试剂的水解

卤代烃可与许多金属元素作用，生成金属有机化合物，其结构特点是在分子中存在碳金属键。在众多的金属有机化合物中，以有机镁、有机锂、有机铝最为重要；锌、镉、铜、锡的金属有机化合物也有较多应用。格氏试剂具有很强的还原性，很容易被氧化，而且极易与能提供质子的化合物反应生成烃。

$$RMgX + H_2O \longrightarrow R—H + Mg(OH)X$$

（2）用金属和酸还原

一卤代烷在 Zn/HCl（或 Sn/HCl）作用下还原成烷烃。例如：

$$\underset{Br}{\overset{}{CH_3CH_2CHCH_3}} \xrightarrow{Zn, H^+} \underset{H}{\overset{}{CH_3CH_2CHCH_3}}$$

$$CH_3(CH_2)_{14}CH_2I + Zn \xrightarrow{HCl} CH_3(CH_2)_{14}CH_3$$

（3）氢化锂铝还原卤代烃

氢化锂铝是很强的还原剂，所有类型卤代烃包括乙烯型卤代烃均可被还原，还原反应一般在乙醚或四氢呋喃（THF）等溶剂中进行。

$$CH_3(CH_2)_6CH_2Cl + LiAlH_4 \xrightarrow{THF} CH_3(CH_2)_6CH_3 + AlH_3 + LiCl$$

2. 烷基化反应

傅-克反应是非常重要的一类烷基化反应，是指在路易斯酸作用下，芳烃与卤代烃、醇、烯烃等反应生成烷基苯的反应。卤代烃、醇、烯烃等称作烷基化试剂。例如在无水 $AlCl_3$ 等存在下，苯与溴甲烷反应生成甲苯，这是傅列德尔（C. Friedel，1832—1899）和克拉夫茨(J. Crafts，1839—1917)于 1877 年发现的。

$$\text{（苯）} + CH_3Br \xrightarrow{AlCl_3} \text{（苯）}—CH_3 + HBr$$

　　烷基化反应是合成烷基苯的重要方法，工业上广泛应用，如合成异丙苯、乙苯和十二烷基苯。同时，烷基化反应是可逆反应，常伴随着歧化反应，即一分子烷基苯脱烷基变成苯，另一分子增加烷基变成二烷基苯。工业上利用此反应由甲苯制备苯和二甲苯。

　　需要指出的是，$AlCl_3$ 等催化剂与空气中水作用会失去催化作用，同时具有易腐蚀金属、反应后排放大量酸水等缺点。

3. 偶联反应

　　偶联反应是由两个有机化学单位进行某种化学反应而得到一个有机分子的过程。这里的化学反应包括格氏试剂与亲电体的反应，锂试剂与亲电体的反应，芳环上亲电和亲核反应、钠存在下的 Wurtz 反应。

　　狭义的偶联反应是涉及有机金属催化剂的碳-碳键生成反应，根据类型不同，分为交叉偶联和自身偶联反应。

　　1）Wurtz 合成法

　　卤代烷与金属钠反应可制备烷烃，此反应称为 Wurtz 反应。Wurtz 反应是增长碳链的反应，产物碳数是反应的 2 倍，如：

$$2RX + 2Na \longrightarrow R—R + 2NaX$$

　　若有两种反应物，其生成产物有 3 种，且一般分子量相差不大时，不易分离，以混合状态存在，无制备意义。

$$3RX + 3R'X + 6Na \longrightarrow R—R + R—R' + R'—R' + 6NaX$$

　　所以，Wurtz 合成法中的 X 为 Br、I，且只能制备对称烷烃，一般高级烷烃；若为卤代烷时，则要求为伯卤代烷。

　　2）卤代烷与二烷基铜锂的偶联

　　活泼的烷基锂在乙醚或四氢呋喃溶液中与卤化亚铜反应，生成加合产物二烷基铜锂，并溶于醚中。二烷基铜锂是良好的亲核试剂，它与伯卤代烷作用可以得到较高收率的烃：

$$2RLi + CuX \xrightarrow{Et_2O} R_2CuLi + LiX$$

$$RX \xrightarrow{Li} RLi \xrightarrow{CuI} R_2CuLi \xrightarrow[R'X]{} R—R' + RCu + LiX$$

$$(H_3C—\overset{\overset{\displaystyle CH_3}{|}}{C}—CH_3)_2CuLi + CH_3CH_2CH_2CH_2CH_2—Br \longrightarrow$$

$$H_3C—\overset{\overset{\displaystyle CH_3}{|}}{\underset{\underset{\displaystyle CH_3}{|}}{C}}—CH_2CH_2CH_2CH_2CH_3 + (H_3C—\overset{\overset{\displaystyle CH_3}{|}}{C}—CH_3)Cu + LiBr$$

　　3）格氏试剂与卤代烃反应

　　格氏试剂可与卤代烃发生 SN 反应，制取高级的烃类。

$$RMgX + R'X \longrightarrow R—R' + MgX_2$$

120

4）柯尔伯法

将高浓度的羧酸钠盐或钾盐溶液进行电解,在阳极产生烷烃。

$$2RCOONa+2H_2O \xrightarrow{\text{电解}} R-R+2CO_2+2NaOH+H_2$$

4. 其他方法

羧酸的无水碱金属盐与碱石灰(氢氧化钠,氧化钠)共热,从羧基脱去 CO_2 生成烃,RH 比 RCOONa 少一个碳,主要用来制 CH_4,其他的副产物多。

$$RCOONa+2NaOH \xrightarrow{CaO} RH+Na_2CO_3$$

$$CH_3COONa+2NaOH \xrightarrow{CaO} CH_4+Na_2CO_3$$

此外,烷烃制备方法还包括取代反应、环化反应、脱氢反应等。

3.2.2 烯烃的合成

工业上,低级烯烃与烷烃和芳香烃一样,主要来源于石油裂解气、炼厂气。实验室中烯烃的合成主要包括消除反应、还原反应、加成反应和环加成反应。

1. 消除反应

1）卤代烷的消去反应

卤代烷分子中消去卤化氢生成烯烃的反应称为卤代烷的消除反应,简称为 E 反应。由于卤代烷中 C-X 键有极性,X 的 -I 效应致使 β-H 有一定酸性,在碱的作用下,卤代烷可消去 β-H 和卤原子,故又称 β-消除。这种消除是制备烯烃的一种方法。不同卤代烃在相同反应条件下发生消除反应的活性不同。

$$(CH_3)_2CHCH_2Br \xrightarrow[C_2H_5OH,55℃]{C_2H_5ONa} (CH_3)_2CHCH_2OC_2H_5+(CH_3)_2C=CH_2$$

$$(CH_3)_2CHBr \xrightarrow[C_2H_5OH,55℃]{C_2H_5ONa} (CH_3)_2CHOC_2H_5+CH_3CH=CH_2$$

2）醇分子内脱水

醇分子内脱水生成烯烃的反应是一个消除反应。一般说来,仲醇和叔醇分子内脱水按 E1 机理进行。伯醇在浓 H_2SO_4 作用下发生分子内脱水反应主要按 E2 机理进行。

$$CH_3CH_2OH \xrightarrow[-H_2O]{H_2SO_4} CH_2=CH_2$$

频哪醇在 Al_2O_3 作用下发生分子内脱除两分子水的反应生成共轭二烯烃。

$$\underset{\substack{|\quad\quad| \\ OH\ \ OH}}{(H_3C)_2C-C(CH_3)_2} \xrightarrow[\Delta]{Al_2O_3} \underset{\substack{|\quad| \\ CH_3\ CH_3}}{H_2C=C-C=CH_2} + 2H_2O$$

3）脱卤素

用金属镁或锌把 1,2-二卤化物还原形成碳-碳双键。如 1,2-二氯乙烷消除一分子 HCl 得到氯乙烯,这是氯乙烯的主要工业制备方法。

$$Cl-CH_2-CH_2-Cl \xrightarrow{NaOH,C_2H_5OH} Cl-CH=CH_2$$

$$Cl-CH_2-CH_2-Cl \xrightarrow{500\sim550℃} Cl-CH=CH_2+HCl$$

$$\underset{\substack{|\quad\quad| \\ Br\quad Br}}{CH_3CH-CHCH_3} \xrightarrow{Zn}{\Delta} CH_3CH=CHCH_3$$

2. 炔烃的加成反应与还原反应

1）加成反应

炔烃在催化剂（Pt、Pd、Rh、Ni 等）作用下可以加一分子氢，生成烯烃。如林德拉催化剂、克拉姆催化剂等都能使炔烃选择加氢生成烯烃，这一加氢反应是顺式加成，得到高含量的顺式烯烃。

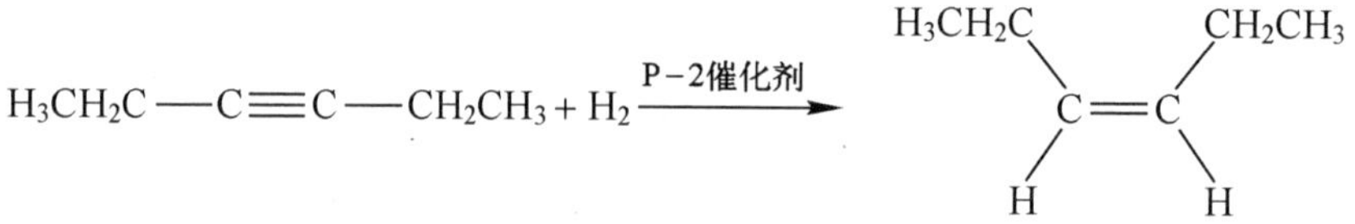

H3CH2C—C≡C—CH2CH3 + H2
P-2催化剂
H3CH2C
CH2CH3
C═C
H
H

炔烃加氢生成烯烃，在实际应用中很有意义。例如使用齐格勒-纳塔催化剂催化乙烯聚合，要求反应体系中不能有微量的乙炔，否则催化剂失活，无法得到高相对分子质量的聚乙烯，因此聚合前需除去微量乙炔。用钝化的催化剂使乙炔选择加氢成乙烯，可以除去乙烯中的乙炔。

2）还原反应

炔烃可用还原剂还原成烯烃，例如在液氨中用金属钠或金属锂还原炔烃，主要得到反式烯烃。

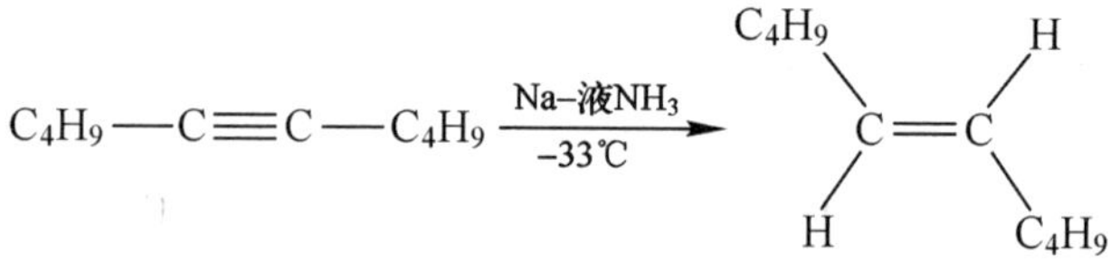

C4H9—C≡C—C4H9
Na-液NH3
-33℃
C4H9
H
C═C
H
C4H9

在醚中用乙硼烷还原炔烃，再经醋酸处理则主要得到顺式烯烃。这是制备顺式烯烃的一种重要的方法。

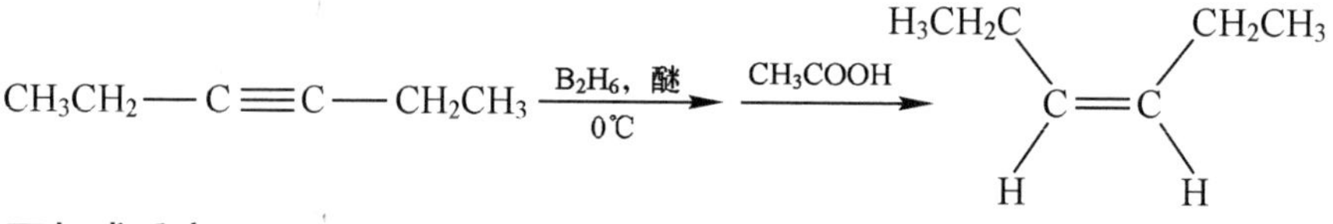

CH3CH2—C≡C—CH2CH3
B2H6，醚
0℃
CH3COOH
H3CH2C
CH2CH3
C═C
H
H

3. 环加成反应

环加成反应是两个分子间进行的协同反应。在加热条件下，共轭二烯与含有 C ═C 或 C ≡ C 的不饱和化合物进行 1,4-环加成反应，生成六元环烯烃，这个反应称为双烯合成反应，又称狄尔斯-阿尔德反应（D-A 反应）。

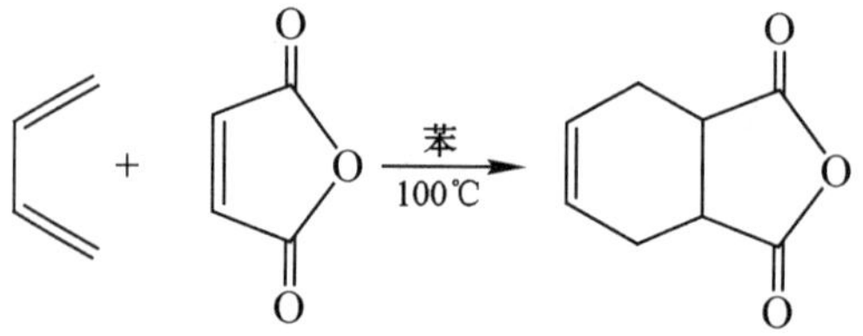

+
苯
100℃
O
O
O
O
O
O

3.2.3 炔烃的合成

1. 由二元卤代烷脱卤化氢

1）邻二卤代烷的脱卤

二卤代烷脱去第一分子卤化氢是比较容易的，这是制备不饱和卤代烃的一个有用的方法。脱去第二分子卤化氢较困难，需使用较激烈的条件，采用热 KOH 或 NaOH（醇）溶液,或使用 $NaNH_2$ 才能形成炔烃。

$$\overset{\overset{\displaystyle H}{|}}{\underset{\underset{\displaystyle X}{|}}{-C}} \overset{\overset{\displaystyle H}{|}}{\underset{\underset{\displaystyle X}{|}}{C-}} \xrightarrow{KOH(醇)} \overset{}{\underset{\underset{\displaystyle X}{|}}{-C}}=\overset{}{\underset{}{C-}} \xrightarrow[\text{或} NaNH_2]{\text{热} KOH} -C\equiv C-$$

$$H_3C\overset{\overset{\displaystyle H}{|}}{\underset{\underset{\displaystyle Br}{|}}{C}}\overset{}{\underset{\underset{\displaystyle Br}{|}}{CH_2}} \xrightarrow{KOH(醇)} H_3CHC=CHBr \xrightarrow{NaNH_2} CH_3C\equiv CH$$

2）偕二卤代烷脱卤化氢

酮在含有吡啶的干燥苯中与 PCl_5 加热,即可制得炔烃。

$$R\overset{\overset{\displaystyle H}{|}}{\underset{\underset{\displaystyle O}{||}}{C}}\overset{}{\underset{\underset{\displaystyle H}{|}}{C}}R' \xrightarrow[\text{苯}]{PCl_5/\text{吡啶}} R\overset{\overset{\displaystyle Cl}{|}}{\underset{\underset{\displaystyle Cl}{|}}{C}}CH_2R' \longrightarrow R-C\equiv C-R'$$

2. 由炔化物制备

碱金属炔化物(如炔基锂或炔基钠)与卤代烷反应可制备炔烃。

$$R-C\equiv CLi \xrightarrow{R'X} R-C\equiv C-R'$$

$$R'-C\equiv CNa+RX(R\text{ 必须为 } 1°) \longrightarrow R-C\equiv C-R'+NaX$$

$$HC\equiv CNa+CH_3CH_2I \longrightarrow HC\equiv C-CH_2CH_3+NaI$$

3. 四卤代烷的脱卤

四卤代烷通过脱卤反应可制备炔烃,但是这个反应很少应用,因为这种卤代物本身常是从炔烃制得的。该反应可用来保护叁键,将叁键转变为四卤代烷,之后再用锌粉处理,使叁键再生。

$$\overset{\overset{\displaystyle X}{|}}{\underset{\underset{\displaystyle X}{|}}{-C}} \overset{\overset{\displaystyle X}{|}}{\underset{\underset{\displaystyle X}{|}}{C-}} +2Zn \longrightarrow -C\equiv C- +2ZnX_2$$

$$H_3C\overset{\overset{\displaystyle |}{}}{\underset{\underset{\displaystyle |}{}}{C}}\overset{\overset{\displaystyle |}{}}{\underset{\underset{\displaystyle |}{}}{C}}H \xrightarrow{Zn} H_3C-C\equiv CH$$

3.2.4 卤代烃的合成

1. 由烃制备

1）烃的卤代

烷烃分子中的氢原子被卤素取代的反应称为卤代反应。烷烃与卤素在高温或光照条件下可发生反应,如烷烃在浓硫酸存在下光氯化得伯氯代烷;具烯丙基结构的化合物,在高温下发生 α-氢的游离基反应,也可在室温下用 N-溴代丁二酰亚胺(NBS)在非极性溶剂(四氯化碳)和引发剂(过氧化苯甲酰)存在下溴代。

$$CH_3(CH_2)_4\overset{}{\underset{\underset{\displaystyle H}{|}}{CH}}CH=CH_2 \xrightarrow[\text{引发剂}]{NBS, CCl_4} CH_3(CH_2)_4\overset{}{\underset{\underset{\displaystyle Br}{|}}{CH}}CH=CH_2$$

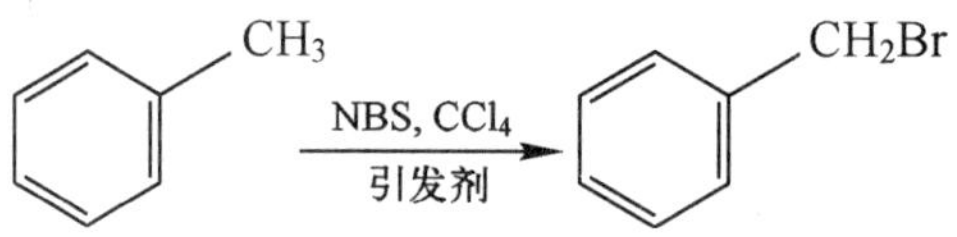

2）不饱和烃的加成

烯烃与常见的无机强酸如 HCl、HBr 等易发生加成反应，对于卤化氢而言，酸性越强，与烯烃加成反应越容易。

烯烃容易与卤素发生加成反应，生成邻二卤代烷。炔烃同样能与卤素、卤化氢等亲电试剂发生亲电加成反应，遵守不对称加成规则。

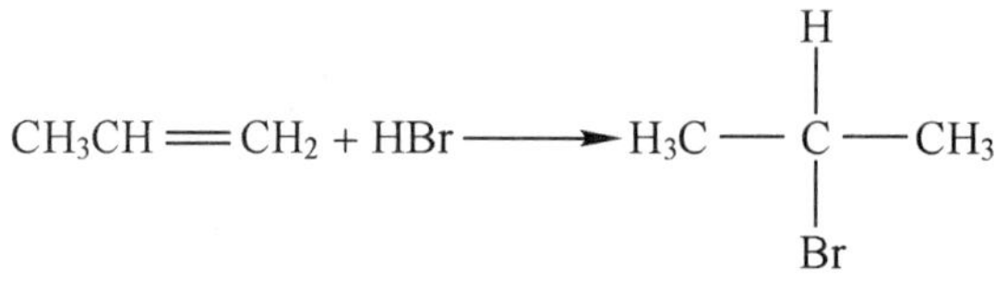

$$CH_3CH=CH_2+HBr \xrightarrow{\text{过氧化物}} CH_3CH_2CH_2Br$$

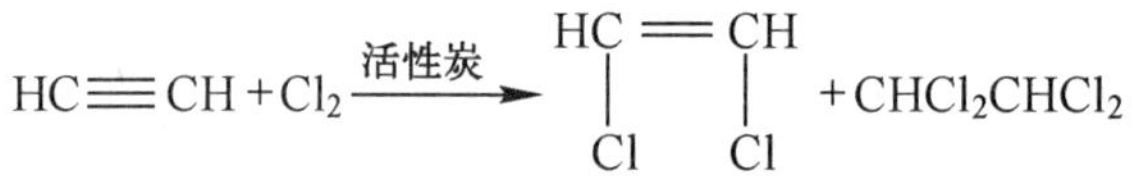

3）氯甲基化反应

芳烃、甲醛及氯化氢在无水氯化锌或三氯化铝存在下反应，在芳环上导入氯甲基（—CH_2Cl），称为氯甲基化反应。苯环上有第一取代基时，有利于反应进行，有第二类取代基和卤素时，反应难于进行。

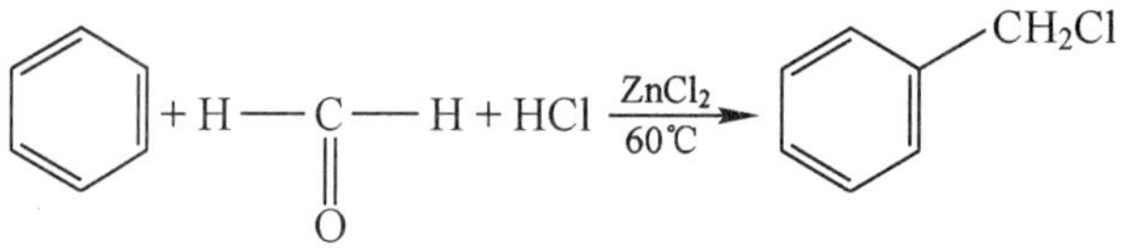

2. 由醇制备

与卤代烃性质相似，醇分子中的羟基可以被亲核试剂取代，如醇能与氢卤酸、卤化磷和亚硫酰氯（$SOCl_2$）等作用生成卤代烃。

1）醇与氢卤酸作用

醇易与氢卤酸作用，生成卤代烃。

$$ROH+HX \rightleftharpoons RX+H_2O$$

2）醇与卤化磷作用

卤化磷与醇反应得到卤代烃，实际反应中常采用红磷与溴或碘直接和醇作用。

$$3ROH+PX_3 \longrightarrow 3RX+P(OH)_3$$

$$6CH_3CH_2OH+2P+3Br_2 \longrightarrow 6CH_3CH_2Br+2H_3PO_3$$

3）醇与亚硫酰氯作用

醇与氯化亚砜作用生成氯代烃，同时生成气体 HCl 及 SO_2。采用这一方法制取氯代烃，收率高且产物易分离。

$$ROH+SOCl_2 \xrightarrow{\text{吡啶}} RCl+SO_2\uparrow+HCl\uparrow$$

3. 卤素交换反应

卤代烃中卤素与其他卤素原子发生交换的反应称为卤素交换反应，该反应是可逆反应,但氯代烃或溴代烃与碘化钠在丙酮溶液中的交换反应则能进行到底。

$$RCl + NaI \xrightarrow{\text{丙酮}} RI + NaCl$$

$$RBr + NaI \xrightarrow{\text{丙酮}} RI + NaBr$$

3.2.5 醇的合成

1. 由烯烃制备

1）烯烃的水合

烯烃直接水合法制备醇是工业上以烯为原料制备醇的一种方法。一般使用稀硫酸进行催化,反应遵循马尔科夫尼科夫规则,属于亲电加成。

反应过程中产生碳正离子中间体,可为任意一级碳正离子,电子或基团会发生转移,形成更加稳定的碳正离子作为中间体。但该方法需要酸催化,反应条件也比较苛刻。

$$CH_2 = CH_2 + H_2O \xrightarrow[\sim 300℃, 7\sim 8MPa]{H_3PO_4} CH_3CH_2OH$$

$$CH_3CH = CH_2 + H_2O \xrightarrow[195℃, 2MPa]{H_3PO_4} (CH_3)_2CHOH$$

2）硼氢化-氧化反应

烯烃与硼氢化物进行的反应称为硼氢化反应。硼氢化反应在有机合成中有重要应用,其中之一就是烯烃间接水合。

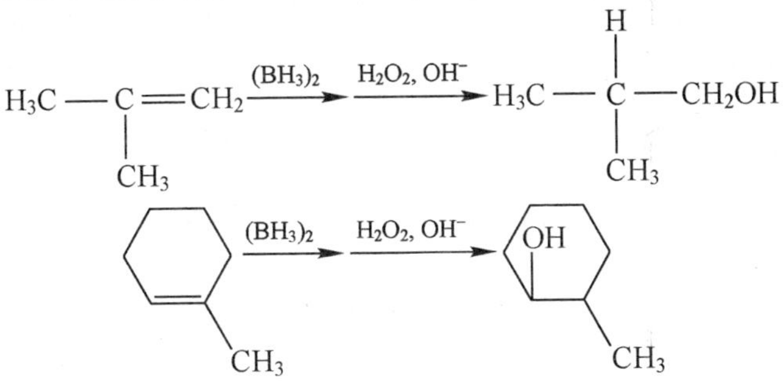

2. 由醛、酮制备

1）醛、酮的格氏反应

格氏试剂的亲核性非常强,与醛、酮发生的亲核加成反应是不可逆的,加成产物不经分离直接进行水解可得到相应的醇类。其中,甲醛得伯醇,其他醛得仲醇,酮得叔醇。

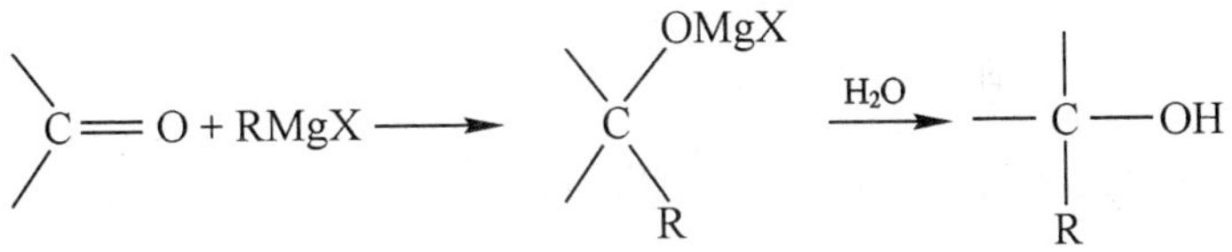

2）由醛、酮还原

醛和酮在过渡金属催化剂存在下加氢分别得到伯醇和仲醇。用金属氢化物如 $LiAlH_4$、$NaBH_4$ 还原,醛得伯醇,酮得仲醇。

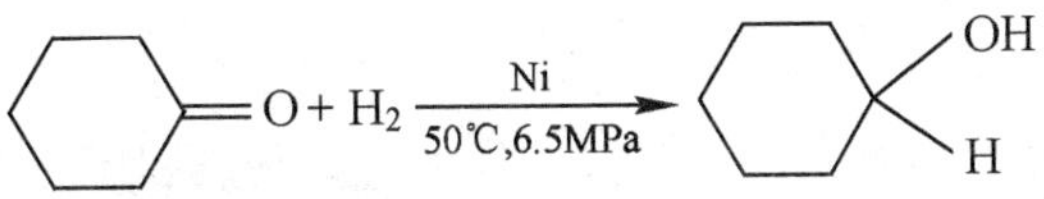

此外,还可采用金属还原法,如金属钠/乙醇还原法、镁汞齐还原法等,活泼金属如钠、

125

镁、铝等在醇、水、酸中可把醛或酮还原成伯醇或仲醇。

3. 由卤代烃水解

卤代烃与水作用发生水解反应，产物是醇和相应的卤化氢。

$$RX+H_2O \rightleftharpoons ROH+HX$$

卤代烃碱性水解得到醇，在有机合成和工业生产方面是有应用的。例如把工业上从石油分馏得到的 C_5 馏分，经氯代后转变为 $C_5H_{11}Cl$，把所得一氯代戊烷进行碱性水解就可以得到杂油醇而用作溶剂。

$$C_5H_{11}Cl+NaOH \xrightarrow{H_2O} C_5H_{11}OH+NaCl$$

3.2.6 酮、醛的合成

1. 醇的氧化或脱氢

1）醇的氧化

醇在氧化剂的作用下，可被氧化成醛或酮，如伯醇氧化成醛，仲醇氧化成酮，环己醇被氧化成环己酮。其中，氧化剂主要为重铬酸钾硫酸溶液、三氧化铬硫酸溶液、活性二氧化锰等。

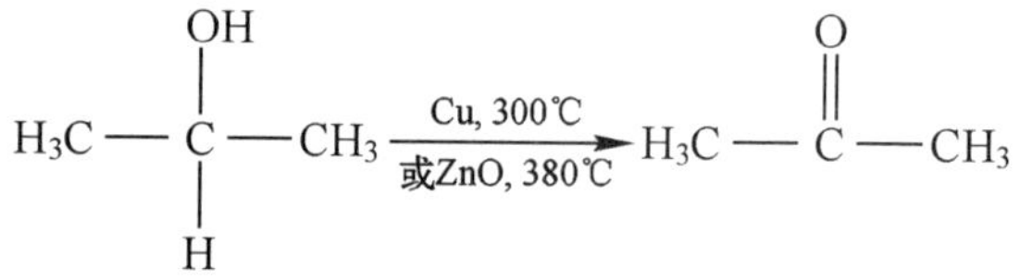

2）醇的脱氢

伯、仲醇的蒸气在高温下通过催化剂活性铜时发生脱氢反应，生成醛或酮。

$$RCH_2OH \underset{}{\overset{Cu,325℃}{\rightleftharpoons}} RCHO+H_2$$

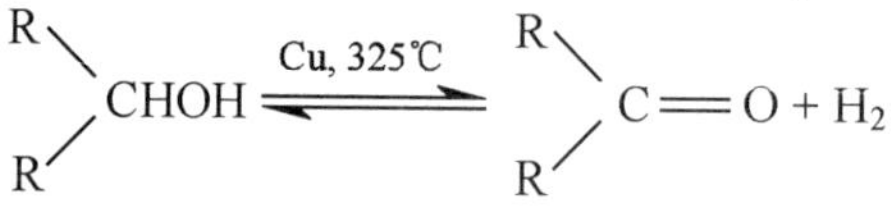

2. 羰基合成

由 α-烯烃合成多一个碳的醛：

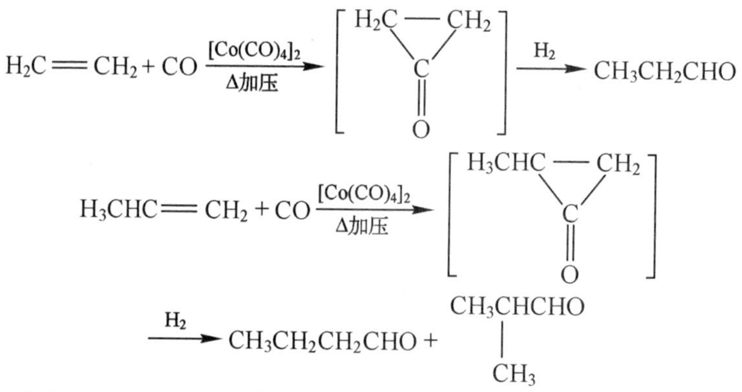

3. 同碳二卤化物水解

同碳多卤代烃的化学性质与单卤代烃有很大的差别。利用同碳二卤化物水解可制备芳香族醛、酮。例如：

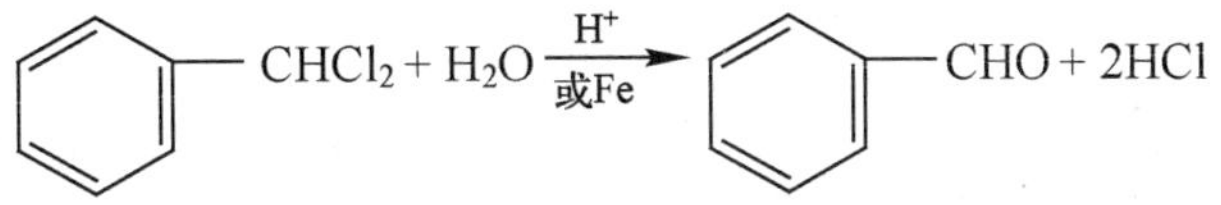

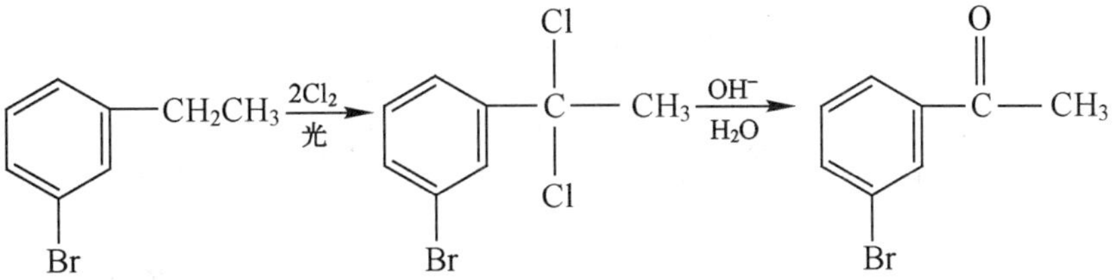

$$\text{C}_6\text{H}_5\text{CHCl}_2 + \text{H}_2\text{O} \xrightarrow[\text{或Fe}]{\text{H}^+} \text{C}_6\text{H}_5\text{CHO} + 2\text{HCl}$$

4. 羧酸衍生物的还原

在羧酸衍生物中,酰氯最易被还原,而酰胺是难还原的,甚至比羧酸还难于还原。酸酐的还原比较容易进行,但无意义。

1）还原成醛

羧酸衍生物易被还原成醇,要还原成醛,必须用一些特殊手段,如将酸还原为酰氯后还原:

$$\text{RCOCl} \xrightarrow[\text{或LiAlH(t-Bu)}_3]{\text{Pd/BaSO}_4, \text{H}_2} \text{RCHO}$$

2）还原成酮

格氏试剂与酰氯作用可制备酮;格氏试剂与腈反应生成亚胺,水解后得到酮。

$$\text{RMgCl} + \text{CdCl}_2 \longrightarrow \text{RCdCl} \xrightarrow{\text{R'COCl}} \text{R'COR}$$

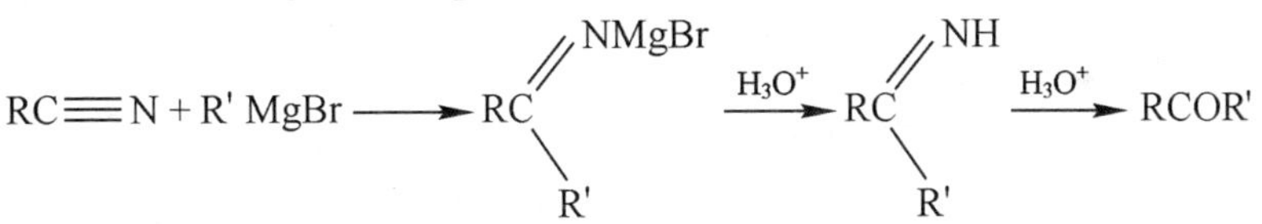

5. 芳烃的氧化

当甲基直接与芳环相连时,可被氧化成醛基。例如,甲苯用铬酰氯、铬酐等氧化或催化氧化则生成苯甲醛:

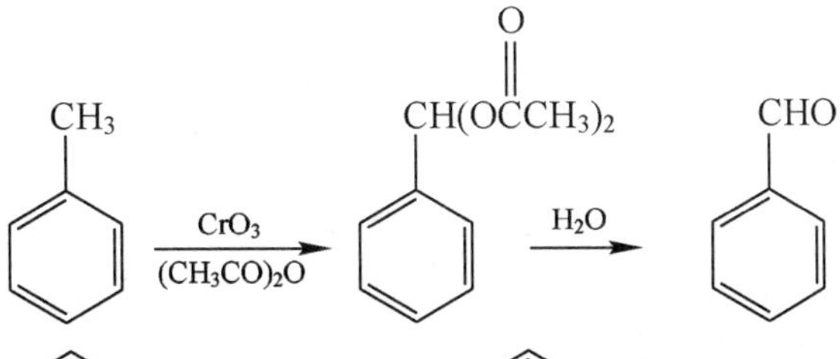

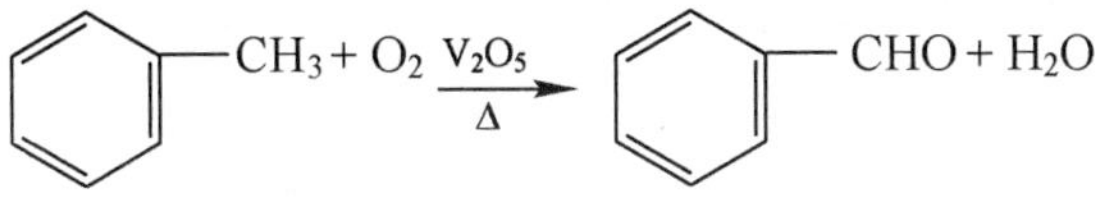

乙苯用空气氧化可得到苯乙酮:

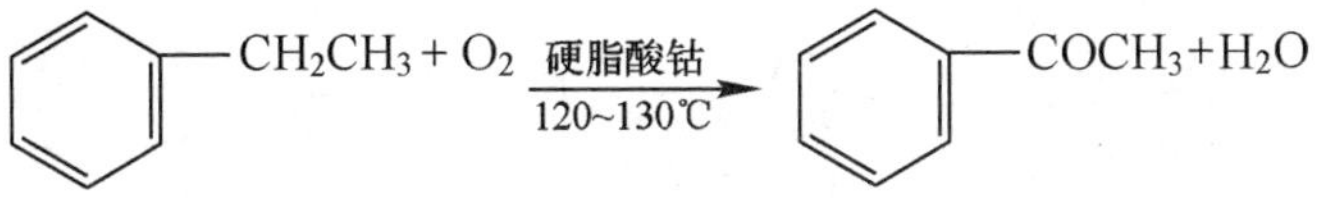

6. 芳环上的酰基化

在路易斯酸催化下,酰氯或酸酐与芳烃发生傅-克酰基化反应。

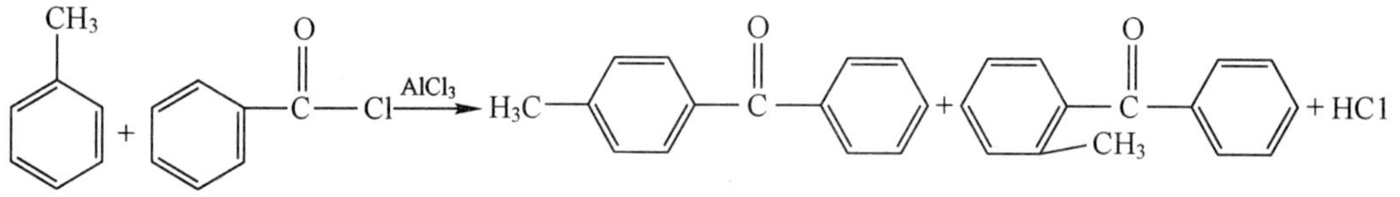

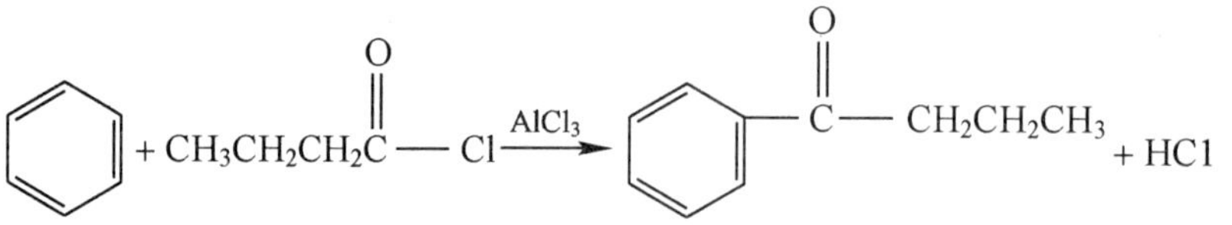

Gattermann-Koch 反应(由苯或烷基苯制芳醛)的本质是亲电取代反应,CO 与 HCl 首先生成亲电的中间体 $[HC^+\!\!=\!\!O]AlCl_4^-$。加入 Cu_2Cl_2 的目的是使反应可在常压下进行,否则需要加压才能完成。

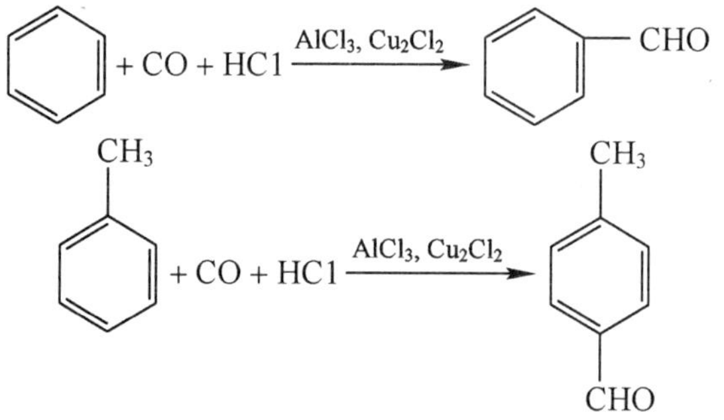

3.2.7 酚的合成

1. 磺化碱融法

磺化碱融法曾是工业上制取酚的主要方法,现在已很少使用。

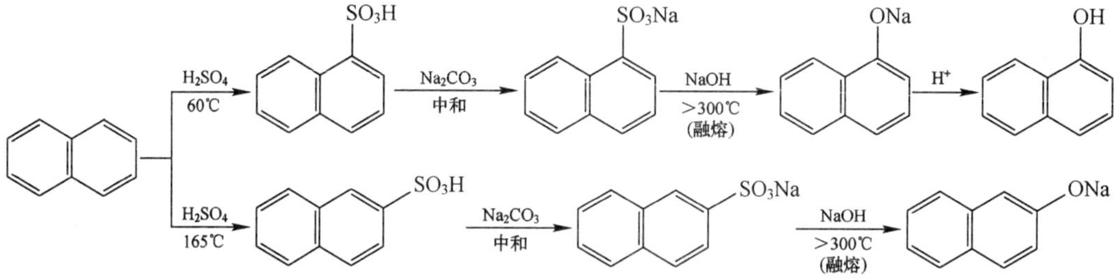

2. 异丙苯氧化法

目前工业上合成苯酚的主要方法,优点是原料廉价易得,可连续化生产,副产物丙酮也是重要的化工原料。反应机理包括亲电取代反应、自由基氧化反应和酸催化重排反应。此法在工业上还用来制备 2-萘酚和间甲苯酚。

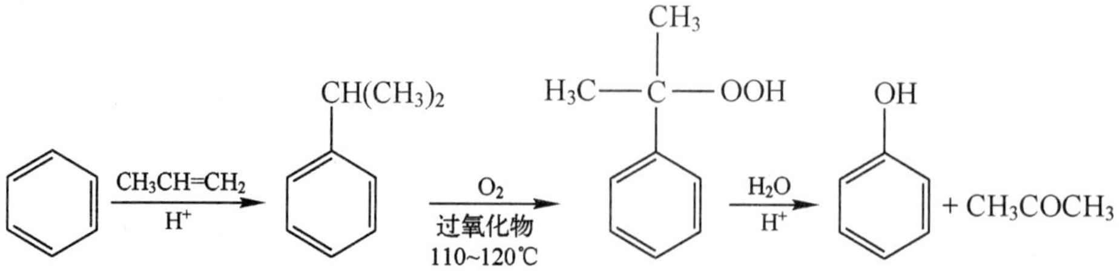

3. 利用芳卤衍生物制备

如前所述,当卤代苯中卤素的邻、对位有强吸电子基时,容易发生亲核取代反应,这就

128

为取代苯酚的制备提供了理论基础。如：

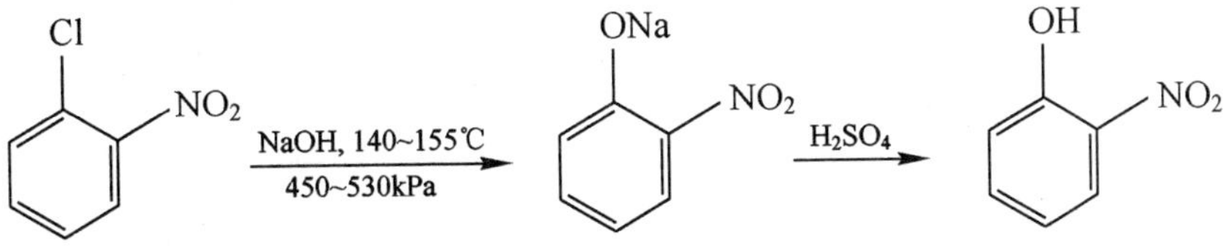

3.2.8 羧酸的合成

1. 氧化法

1) 烃的氧化

利用烃的氧化可制备羧酸,如丁烷部分氧化得到丁酸,石蜡等高级烷烃用高锰酸钾或二氧化锰等催化氧化制备高碳脂肪酸。

$$RCH = CHR' \xrightarrow{KMnO_4/H_2SO_4} RCOOH + R'COOH$$

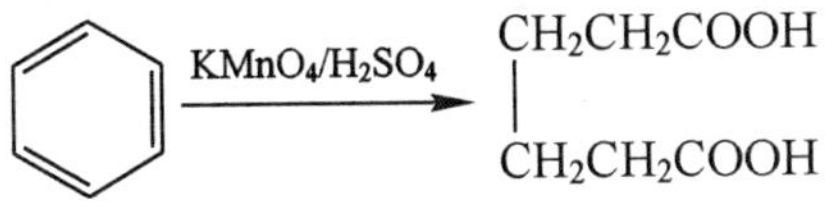

芳烃侧链烷基含有 α 氢的均可氧化成苯甲酸(或取代苯甲酸)。

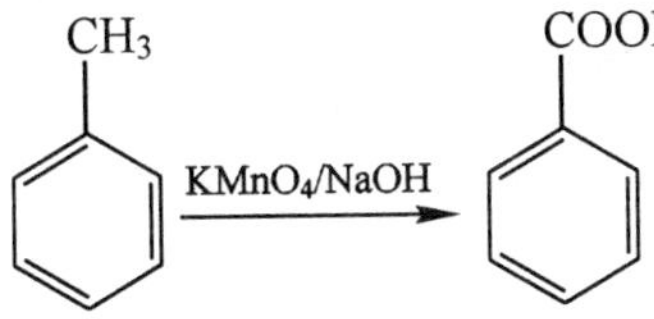

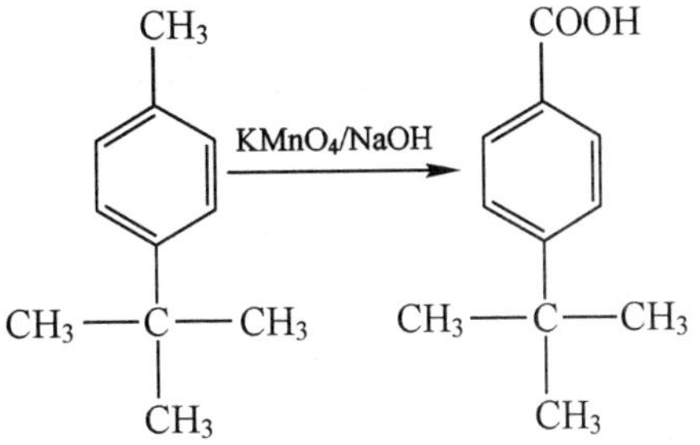

2) 伯醇和醛的氧化

伯醇或醛的氧化可制备羧酸。伯醇首先被氧化成醛,然后氧化成羧酸。常用氧化剂有重铬酸钾-硫酸、三氧化铬-冰乙酸、高锰酸钾、硝酸等。

$$CH_3CH_2CH_2CH_2OH \xrightarrow{KMnO_4/H_2SO_4} CH_3CH_2CH_2CHO \xrightarrow{KMnO_4/H_2SO_4} CH_3CH_2CH_2COOH$$

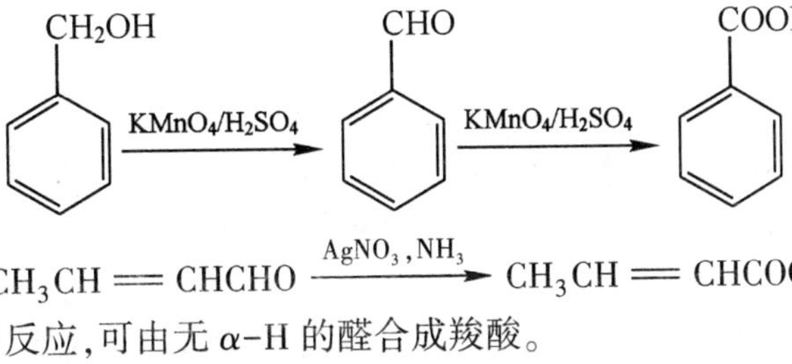

$$CH_3CH = CHCHO \xrightarrow{AgNO_3, NH_3} CH_3CH = CHCOOH$$

利用康尼查罗反应,可由无 α-H 的醛合成羧酸。

3) 酮的氧化

酮不易被氧化,在强氧化剂的作用下,脂肪酮被氧化分解成小分子羧酸,这是没有制备意义的。但环酮氧化可生成二元酸,具有应用价值,如环己酮被氧化得到己二酸,后者是合成纤维尼龙-66 的原料。环酮经过羧酸氧化得内酯,内酯经水解后得到羟基酸。

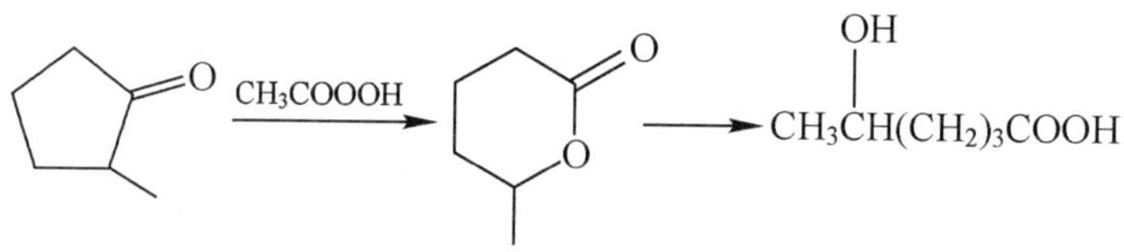

2. 羧化法

1）插入二氧化碳

格氏试剂或烷基锂与二氧化碳反应,水解后得羧酸。格氏试剂与干冰,或将 CO_2 在低温下通入格氏试剂的干醚溶液中,然后水解得到羧酸。

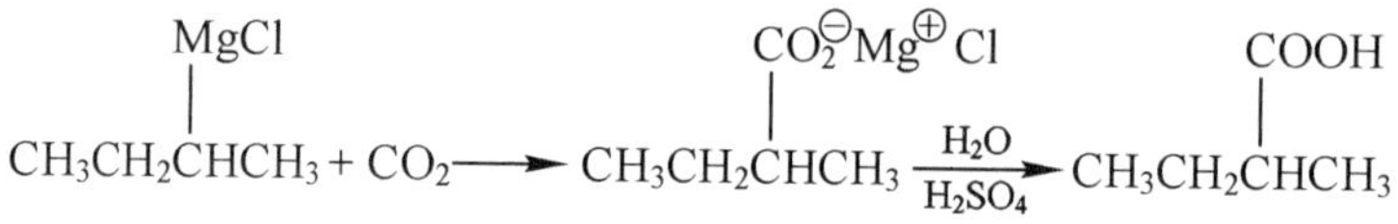

2）插入一氧化碳

烯或炔在四羰基镍存在下,吸收一氧化碳和水生成羧酸。

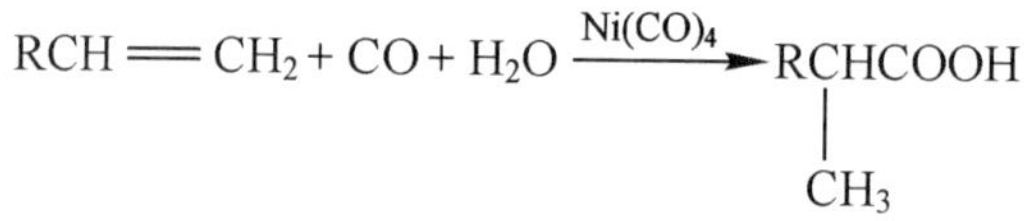

3. 水解法

利用羧酸衍生物的水解反应可制备羧酸,其反应的难易程度如下:酰卤>酸酐>酯>酰胺>腈。其中,腈是由伯卤代烃与 NaCN 或 KCN 反应得来的。

$$CH_3CH_2CH_2CH_2CN \xrightarrow[H_2O]{KOH} \xrightarrow{H^+} CH_3CH_2CH_2CH_2COOH$$

3.3 有机合成中技巧与合成设计

结构简单的有机化合物,可以通过结构类比选择合适的原料与反应找到切实可行的路线,从而拟定出具体的合成路线进行合成。

结构复杂的有机化合物,往往需要进行多步骤的合成,合成路线很不明朗。有机反应的种类繁多,每种反应又有自身的应用范围和局限性,这就给合成路线的导出带来许多不确定的因素。具体到某个合成任务,选用那些原料来组装分子骨架? 如何在分子中特定部位导入或除去特定官能团? 选用哪些反应来完成分子的装配和修饰? 这些反应的应用孰先孰后等问题都给合成路线的拟定带来很多困难。同一化合物,不同研究者制定的合成路线可能差别很大。

尽管化学家们很少谈及他们合成的思路,但成功合成的背后肯定包含了对有机化学反应的巧妙利用、对分子骨架构建的逻辑思维及对分子立体化学的深刻理解。换言之,任何一个复杂有机分子的成功合成都离不开逻辑方法的应用。

例如莨菪碱的合成。莨菪碱是一种莨菪烷型生物碱,分子式为 $C_{17}H_{23}NO_3$。最初莨菪碱的合成是德国化学家维尔斯泰特(R. Willstatter, 1872—1942)推出颠茄酮合成路线,前后经历 21 步,总收率为 0. 75%,反应过程如下:

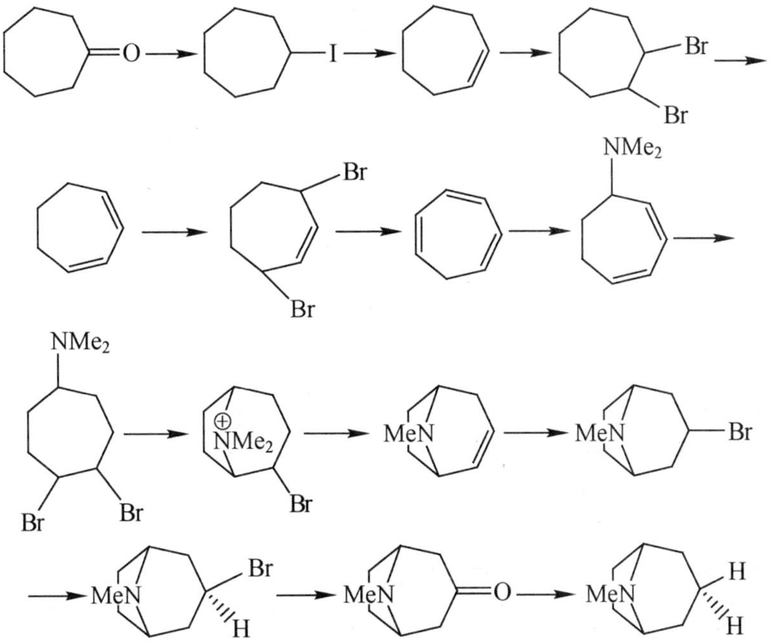

1917 年，罗宾逊（R. Robinson,1886—1975）提出假说：在植物体内颠茄酮是由活泼的丁二醛、甲胺和丙酮反应得来,三者以水为溶剂,经过反应得到颠茄酮。根据这一假说,罗宾逊巧妙利用双重 Mannich 反应,选择几种结构简单的原料,仅用几步反应便合成了颠茄酮,且产率提高到 40%。

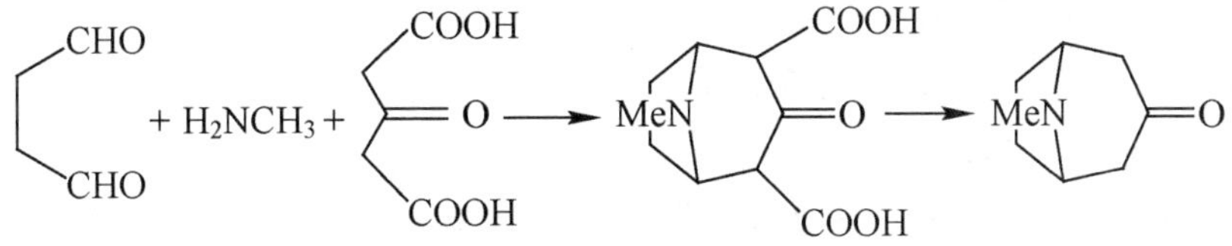

前已述及,目前有机合成主要有两种合成理论：一是由 E. J. Corey 提出的逆合成分析理论；二是剑桥学派（Cambridge）的生源合成学说。其中,由合成目标逆推到合成用原料的逆合成分析理论是最为普遍接受的合成设计方法论,推动了 20 世纪 70 年代以来整个有机合成领域的飞速发展。

3.3.1 逆合成分析法

1. 逆合成分析法的涵义

逆合成分析法（Retrosynthesis Analysis）主要来源于英文 Retrosynthesis 一词。其前缀"retro"原意有"逆反"含意。全词的涵义是"与合成路线方向相反的方法",是将目标化合物倒退一步寻找上一步反应的中间体,该中间体同辅助原料反应可以得到目标化合物,又称反向合成（Antithetic Synthesis）。

一般在有机合成中,"合成"是从原料开始,按一定顺序,进行一系列的反应,最后得到指定结构产物,如图 3-1 所示。

逆合成分析法是在设计合成路线时,反其道而行之,首先从产物开始,将目标化合物倒退一步寻找上一步反应的中间体,逐步回推,直至推出"适当的原料",如图 3-2 所示。

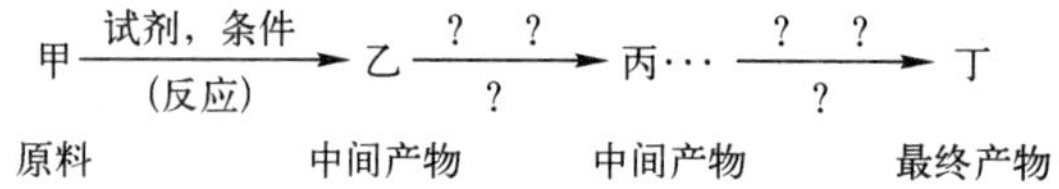

甲
试剂，条件
（反应）
乙
？ ？
？
丙…
？ ？
？
丁
原料
中间产物
中间产物
最终产物

图 3-1　一般有机合成的过程顺序

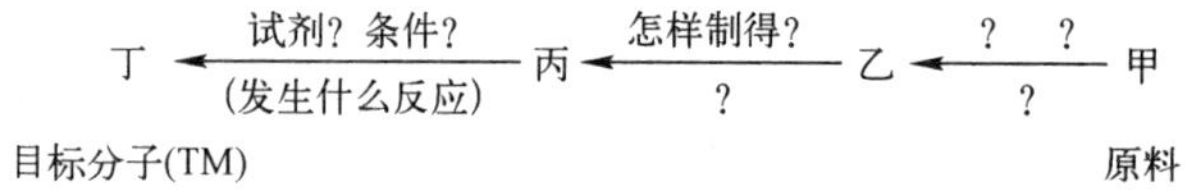

丁
试剂？条件？
（发生什么反应）
丙
怎样制得？
？
乙
？ ？
？
甲
目标分子(TM)
原料

图 3-2　逆合成分析法的过程顺序

以乙醚的制备为例。根据所学知识，乙醇进行分子间脱水反应可制备出乙醚，而乙醇则可由乙烯在一定条件下的水合反应制备；乙烯可由石油裂解即可获得，这样逆推出反应的起始原料，得到如下反应路线。

$$\text{乙醚}\xleftarrow{\text{条件}}\text{乙醇}\xleftarrow{\text{条件}}\text{乙烯}\xleftarrow{\text{条件}}\text{石油}$$

$$\text{石油}\xrightarrow{700\sim800℃}CH_2=CH_2\xrightarrow[300℃,7.091\times10^3Pa]{\text{水,磷酸/硅藻土}}C_2H_5OH\xrightarrow[140℃]{H_2SO_4}C_2H_5OC_2H_5$$

对于结构复杂的化合物，可能有多个前体及多个前体的前体，因此可能产生多条逆合成路线，如图 3-3 所示。图中，A、B、C 可以是目标分子的一级前体或另外目标结构；E、F、G 等为二级前体，其余类推。这好似一棵倒长的树，故可称为合成树，Corey 将其称为目标扩展树。这种树随着分子复杂程度加大变得十分庞大，因此推导这类树时应遵循一些原则，以免形成爆炸式支化。

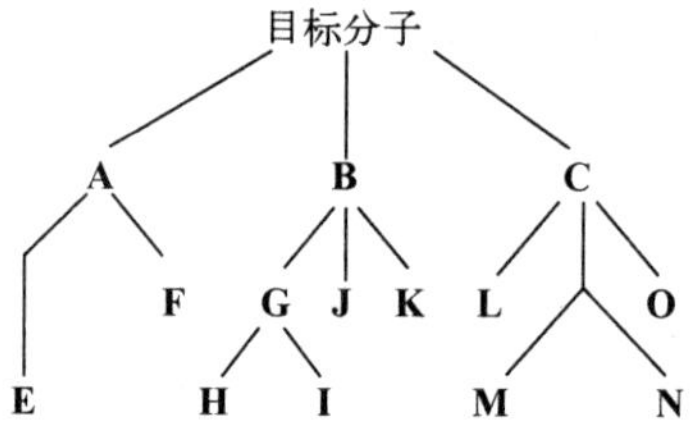

目标分子
A
B
C
F
G
J
K
L
O
E
H
I
M
N

图 3-3　多路线逆合成分析示意图

2. 使用逆合成分析法的理由

有机合成所面临的任务是合成目标产物，如何从目标产物确定反应的起始原料和合成路线，是必须解决的问题。

“逆合成分析法”采用“结构分析”的逻辑推理法，能够在回推的过程中，将结构复杂的“目标分子”逐步化简。推导设计的过程就是“化繁为简”的过程。只要每一步回推得合理，联系起来就能得出合理的合成路线。

以乙酰乙酸乙酯的合成为例，逆合成法的分析过程如图 3-4 所示。

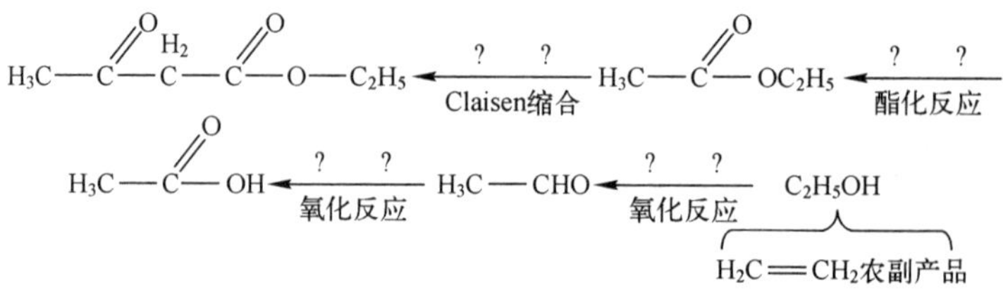

Claisen缩合
酯化反应
氧化反应
氧化反应
H2C=CH2农副产品

图 3-4　乙酰乙酸乙酯的逆合成法分析

Step 1：根据有机化学知识，酯在强碱的作用下发生分子间的缩合反应，生成产物是 β-羰基羧酸酯，称为克莱森酯缩合反应。根据克莱森酯缩合反应，可以推出其前一步的原料可以为乙酸乙酯；

Step 2：乙酸乙酯可以由乙酸通过酯化反应得到；

Step 3：乙酸可以由乙醛通过氧化反应获得；

Step 4：乙醛可以由乙醇通过氧化反应获得；

Step 5：乙醇一般可以由乙烯或农副产品得到。

根据上述的过程，利用逆合成分析法将一个结构复杂的有机物逐步地分解为简单、易得的小分子有机物或无机物。因此，将上述的过程通过一定的反应条件将其实现，就得到如下化学合成路线。

$$H_2C = CH_2 \xrightarrow[\text{②}H_2O]{\text{①}H_2SO_4} C_2H_5OH \xrightarrow[200℃]{O_2(\text{空}),[Ag]} CH_3CHO \xrightarrow[\text{[Mn(OAc)}_2],110℃]{O_2(\text{空}),1.216×10^3Pa}$$

$$CH_3CO_2H \xrightarrow[\text{回流}]{C_2H_5OH,[H^+]} CH_3CO_2C_2H_5 \xrightarrow[\Delta]{\text{[Na或NaOC}_2H_5]} H_3C - \overset{O}{\underset{}{C}} - \overset{H_2}{\underset{}{C}} - \overset{O}{\underset{}{C}} - O - C_2H_5$$

3. 合成路线的类型

在逆合成分析中，根据分子骨架和官能团的变与不变，有机合成路线类型可分为以下4种。

1）骨架与官能团的类型都无变化

这一类主要是同分异构体之间的转换。例如非共轭烯和共轭烯间的转换，非共轭丁烯酸和共轭丁烯酸间的转换。

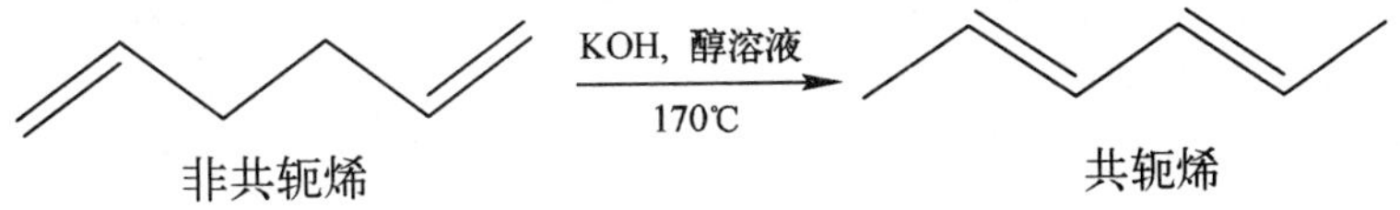

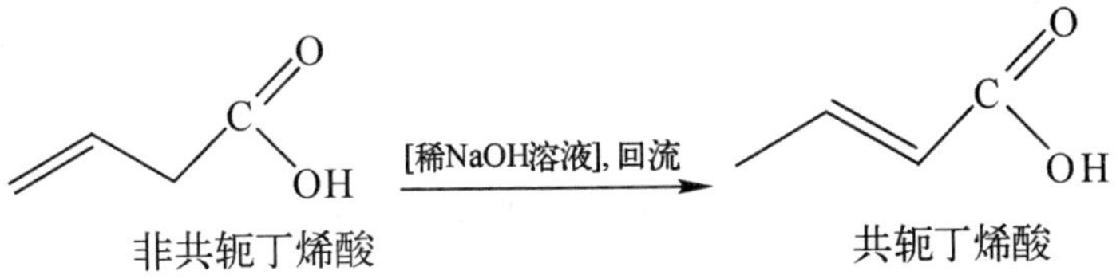

非共轭烯　　　　　KOH，醇溶液／170℃　　　　共轭烯

非共轭丁烯酸　　　[稀NaOH溶液]，回流　　　共轭丁烯酸

2）骨架不变，仅官能团变

这一类型中，有机物的主体骨架不发生变化，通过一定的反应手段改变其官能团。例如甲苯在一定条件下，转变为苯甲酸，骨架结构不变，由甲基官能团转变为甲酸的官能团；继续反应，转变为3-溴基苯甲酸，骨架仍旧保持不变。

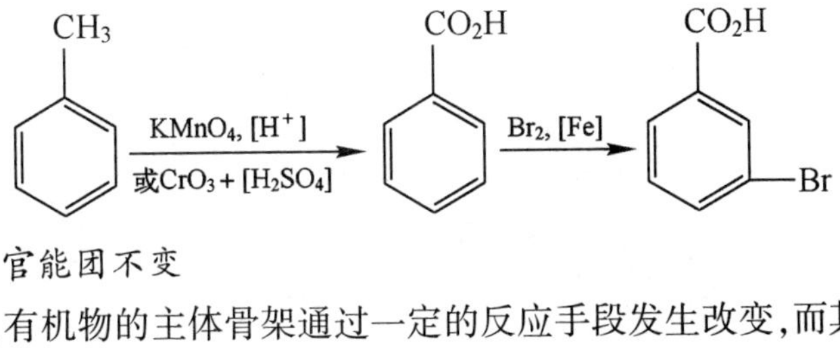

3）骨架变而官能团不变

这一类型中，有机物的主体骨架通过一定的反应手段发生改变，而其官能团不发生变化。例如，环己酮在一定条件下，经一系列反应转变为环辛酮，其官能团的结构并未发生变化，但是其骨架已经完全改变。

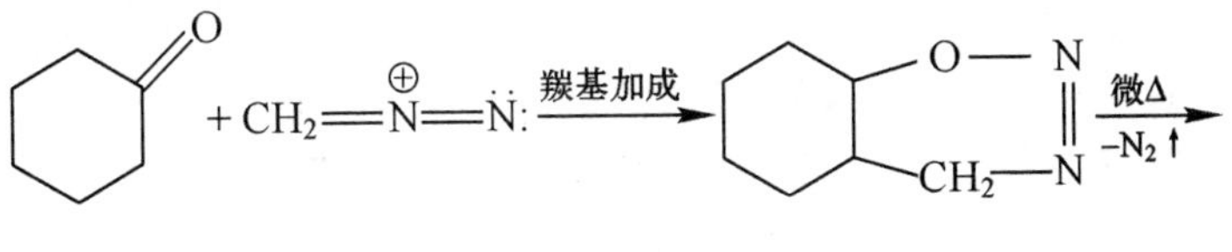

133

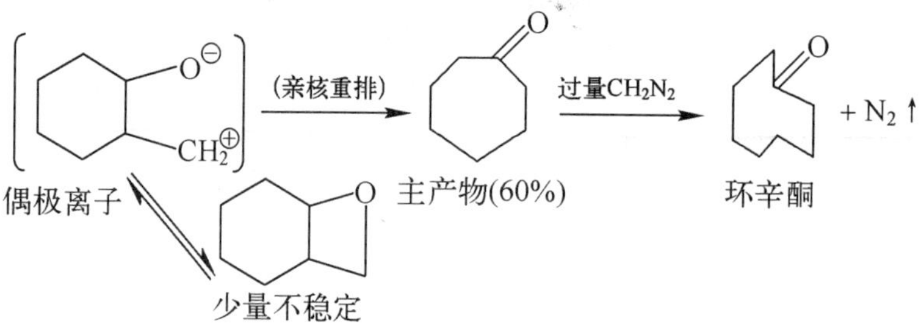

4）骨架变而官能团也变

这一类型包括骨架大小无改变和改变两种,其中骨架大小变化更重要,包括由小变大和由大变小。例如:12-羟基-9-十八碳烯酸经协同反应生成正庚醛和$\triangle^{10}$-十一烯酸,其骨架和官能团均发生变化,且骨架由大变小。

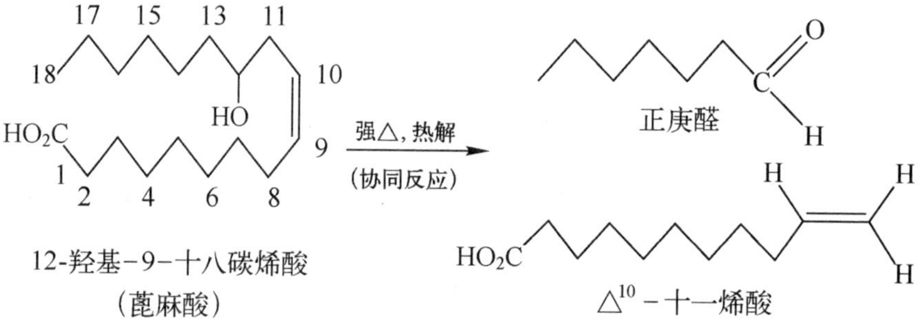

至于骨架由小变大的例子更是很多,如前述的乙酰乙酸乙酯的合成等。

4. 原料的选择

有机合成设计合成路线时,所用原料一般要求符合两条原则:一是容易得到;二是价格便宜。其中,原料价格便宜是设计合成路线必须遵守的原则之一。一般来说,能用工业品的,就不用试剂级;能利用三废的,就不用工业品。

常用商品化原料包括烷烃、烯烃、炔烃、二醛、二酮、二羧酸、醇胺等,如表3-1所示。此外,含有烯键、炔键、氮和氧、卤和氧的化合物也是常用原料。

表3-1　有机合成常用的商品化原料

类　　别	碳架结构	化合物中含碳数(n)
烷烃	直链 $H(CH_2)_n H$	1~10,12,14,16,18,20
	支链	4~8
	环状$(CH_2)_n$	3,5,6,8
烯烃	直链 $H(CH_2)_n -C \equiv CH$	2~10
	支链或非末端的 $C = C$	4,5
	环状$(CH_2)_{n-2}$ $\begin{matrix}-CH_2 \\ \parallel \\ -CH_2\end{matrix}$	6,8,12
炔烃	直链 $H(CH_2)_n -C \equiv CH$	2
二醛	$(CH_2)_{n-1}(CHO)_2$	2,5
二酮	$CH_3CO(CH_2)_{n-4}COCH_2$	4,5,6
二羧酸	$(CH_2)_{n-2}(COOH)_2$	2~6,8,10
醇胺	$H_2NCH_2CH_2OH,HN(CH_2CH_2OH)_2,N(CH_2CH_2OH)_3$	

5. 设计合成路线的具体步骤

从过程上讲,逆合成分析法设计合成路线包括两步:

第一步,分析:

(1) 原理上的推导;

(2) 确定实用的路线。

第二步,合成:

(1) 确定反应的具体条件;

(2) 适当的控制反应,如引入导向基和保护基等措施。

下面以对–氨甲基苯甲酸水合物为例分析逆合成法的设计合成路线。合成的目标分子结构如下:

$$NH_2 - H_2C - \!\!\!\bigcirc\!\!\! - COOH \cdot H_2O$$

根据上述步骤,首先进行原理上的推导。在这一目标产物中存在羧基和氨甲基两个官能团。因此,原理上的推导就必须着眼于这两个官能团的形成。

第一,着眼于羧基的生成。根据有机化学的知识,采用甲苯强氧化的方式可以得到苯甲酸。

$$ArCOOH \xleftarrow[H^+]{强氧化剂} Ar\text{-}R$$

第二,着眼于氨甲基的生成,则有多条合成路线。如采用苯为原料,经过氯甲基化、氨解后可得到氨甲基;以硝基苯为原料,经过还原得到苯胺,苯胺再经重氮化反应得到重氮盐,重氮盐经还原得到氨甲基。

$$Ar\text{-}CH_2NH_2 \xleftarrow[Ni]{H_2} Ar\text{-}C\equiv N \xleftarrow{CN^{\ominus}} ArN_2^{\oplus} X^{\ominus}$$

$$\uparrow 氨解 \qquad\qquad 0\sim5℃\downarrow \begin{array}{c}NaNO_2,\\ HX\end{array}$$

$$Ar\text{-}H \xrightarrow{HCl, CH_2O, ZnCl_2} Ar\text{-}CH_2\text{-}Cl \qquad Ar\text{-}NO_2 \xrightarrow{[H]} Ar\text{-}NH_2$$

根据以上分析,考虑羧基和氨甲基两个官能团的合成,可以设计出如下的4条合成路线。

路线 1: 以对硝基苯甲酸为起始原料,骨架不变,官能团部分变。

$$O_2N-\!\!\!\bigcirc\!\!\!-COOH \xrightarrow[98\sim102℃]{Fe, HCl} H_2N-\!\!\!\bigcirc\!\!\!-COOH \xrightarrow[0\sim5℃]{NaNO_2, HCl}$$

$$N_2^{\oplus}Cl^{\ominus}-\!\!\!\bigcirc\!\!\!-COOH \xrightarrow[70\sim80℃]{NaCN, NiSO_4} NC-\!\!\!\bigcirc\!\!\!-COOH \xrightarrow[1.52\times10^3Pa]{H_2/[Ni(R)]}$$

$$H_2N-H_2C-\!\!\!\bigcirc\!\!\!-COOH \xrightarrow[30\sim40℃]{NH_3\cdot H_2O} H_2N-H_2C-\!\!\!\bigcirc\!\!\!-COOH\cdot H_2O$$

路线 2: 以商品化对二甲苯为起始原料,骨架不变,官能团全变。

$$H_3C-\!\!\!\bigcirc\!\!\!-CH_3 \xrightarrow[106\sim110℃]{O_2(空), [环烷钴酸]} H_3C-\!\!\!\bigcirc\!\!\!-COOH \xrightarrow[氯苯,控制氯化]{Cl_2, hv, 60\sim110℃}$$

$$ClH_3C-\!\!\!\bigcirc\!\!\!-COOH \xrightarrow[室温]{NH_4HCO_3, NH_3\cdot H_2O} H_2N-H_2C-\!\!\!\bigcirc\!\!\!-COOH\cdot H_2O$$

路线 3：以对-甲基苯胺为起始原料，骨架不变，官能团全变。

$$H_2N-\text{苯环}-CH_3 \xrightarrow[0\sim5℃]{NaNO_3, HCl} Cl^{\ominus}N^{\oplus}-\text{苯环}-CH_3 \xrightarrow{NaCN, [Co_2(CN)_2]}$$

$$NC-\text{苯环}-CH_3 \xrightarrow[H_2SO_4(少量)]{CrO_3, HOAc} NC-\text{苯环}-COOH \xrightarrow[常温常压]{H_2/[Ni(R)]}$$

$$H_2N-H_2C-\text{苯环}-COOH \xrightarrow[重结晶]{H_2O} H_2N-H_2C-\text{苯环}-COOH \cdot H_2O$$

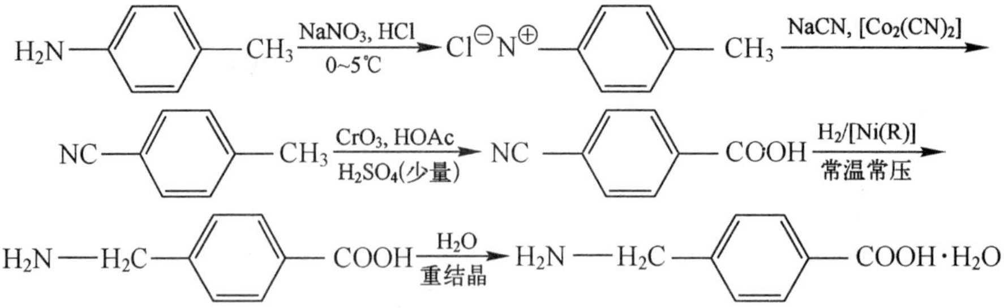

路线 4：以甲苯为起始原料，骨架不变，官能团全变。

$$\text{苯环}-CH_3 \xrightarrow[HCl, ZnCl_2]{CH_2O} ClH_2C-\text{苯环}-CH_3 \xrightarrow{稀HNO_3}$$

$$H_3C-\text{苯环}-COOH \xrightarrow{Cl_2, hv} \xrightarrow[H^+, H_2O]{NH_3 \cdot H_2O, (NH_4)_2CO_3} H_2N-H_2C-\text{苯环}-COOH \cdot H_2O$$

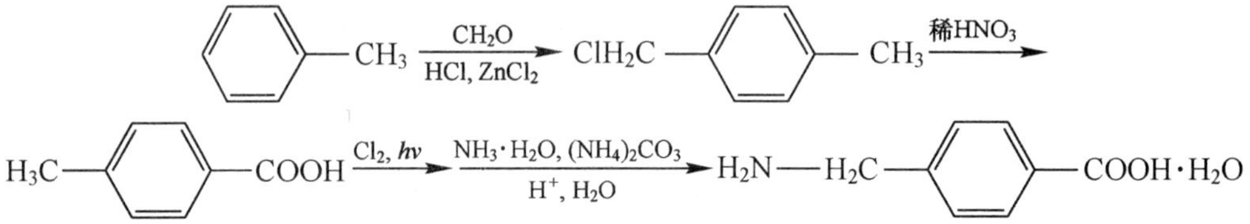

综合以上分析，逆合成法设计合成路线中，首先，从目标分子的结构入手，只要反推的合理，是可以设计出切实可行的合成路线，而且往往不止一条；其次，掌握"逆合成法"，重点放在反应前后分子结构的变化上。必须熟悉并掌握一些重要的有机反应。只有熟悉很多基本反应，设计合成路线才能得心应手。反之，通过大量的合成路线设计，又能使很多重要的有机反应得以掌握、记忆。

6. 合成路线的评价

合成树中每一个分支代表一条可能的合成路线，其可行性及优劣可根据下列原则进行评定。

1）尽可能采用收敛式合成路线

下面表示由原料 A 经不同路线得到产物 G 的过程：

（1）A ⟶ B ⟶ C ⟶ D ⟶ E ⟶ F ⟶ G

（2）$\begin{matrix} A \to B \to C \\ D \to E \to F \end{matrix} \searrow G$

第一条为直线合成路线，假定每步反应的收率为 90%，则总收率为 53%；第二条为收敛型合成路线，假定每步反应的收率同样为 90%，其总收率为 73%。对比可知，收敛型路线比直线型优越。

合成路线一般是越短越好，最好一步完成。即便是有几步反应构成的合成，最好不要将中间体分离出来，而是在同一反应器中连续进行，即"一锅合成"。

2）安排合理的反应次序

在多步反应中，最佳的反应次序可以降低成本，缩短生产周期，因此反应次序应遵循以下原则：

（1）产率低的反应尽量安排在合成路线的前面。若将产率低的反应安排在合成路线的后面，合成成本将提高。

（2）先难后易。难度大的反应排在前面可使合成工作量减少，提高合成效果。

3）原料是否廉价易得

原料价格便宜是设计合成路线必须遵守的原则之一。一般来说，原料能用工业品，不用试剂级的;能利用三废的,不用工业品。

4) 反应条件是否温和或容易控制

反应条件涉及面很广,包括溶剂的选择、温度高低、加热方式、压力、催化剂选择、配料比及加料方式等。

5) 发生副反应的可能性及收率高低

通过同类反应对比可以预测反应的选择性,从而判断有无副反应发生及收率的高低。一般副反应少的路线收率相应也高,三废量也会少。

6) 整个过程是否安全

合成过程中所用的原料或溶剂是否易燃易爆,反应是否急剧放热,物料有无腐蚀性和毒性。路线确定后,对各种危险因素应有相应的防范措施。

实际上,全部符合上述条件的合成路线非常少,只能是相对的。最基本原则是在保证质量前提下,尽量降低成本,简化工艺过程,确保安全和防止环境污染。

7. 合成路线的书写通则

逆合成分析法作为一种方法,具体步骤包括如前所述的两步,在路线的设计过程中,其书写遵循以下的规则:

(1) 每步反应可用示意式表示。箭号"➝"表示反应。原料写在箭号尾部,主要产物写在箭号头端。

(2) 试剂、催化剂和其他反应条件,写在箭号上边。

(3) 不写温度和压力的数值时,表示反应在常温、常压下进行。

(4) 使用任何无机试剂,不必写其制法。

(5) 常用的简单有机化合物,若没指明要制备时,都不必写其制法。

(6) 两步以上的简单反应,可合在一个箭号上写出。但必须标明各步进行的先后次序①,②,③等等。

3.3.2 分子拆开法

通常在合成目标化合物前,必须考虑设计合理的合成路线和选用合适的原料。但如何设计一条合理的合成路线,且这条合成路线又正好是从简单易得的起始原料出发呢?一般采用逆合成分析法,常用分子拆开法。

1. 基本概念

分子拆开法是从目标分子结构出发,合理利用目标分子中的各种官能团,利用实际化学反应逆过程,将目标分子中一根键或几根键拆开,得出一个或几个新的化合物结构,通过这些新的化合物(即起始原料)可以合成目标分子。首先来看几个基本概念。

1) 合成子

合成子,又称合成元,是指拆开分子的各个组成结构单元。根据 Corey 的定义,合成子是指分子中可由相应的合成操作生成该分子或用反向操作使其降解的结构单元。一个合成子可以大到接近整个分子,也可以小到只含有一个氢原子。分子的合成子数量和种类越多,问题就越复杂。以如下的反应为例:

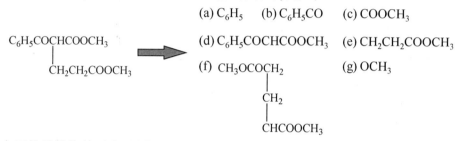

$$C_6H_5-\overset{\overset{\displaystyle C_2H_5}{|}}{\underset{\underset{\displaystyle H_3C}{|}}{C}}-OH \longleftarrow C_2H_5MgX + C_6H_5COCH_3$$

合成子：

$$C_6H_5-\overset{\overset{\displaystyle C_2H_5}{|}}{\underset{\underset{\displaystyle H_3C}{|}}{C}}-OH \quad 或 \quad C_6H_5-\overset{\overset{\displaystyle C_2H_5^{\ominus}}{|}}{\underset{\underset{\displaystyle H_3C}{|}}{\overset{\oplus}{C}}}-OH$$

需要注意的是,并不是所有的合成子都是有效的,例如:

$$C_6H_5COCHCOOCH_3 \atop |} \atop CH_2CH_2COOCH_3 \Longrightarrow$$

(a) C_6H_5　　(b) C_6H_5CO　　(c) $COOCH_3$

(d) $C_6H_5COCHCOOCH_3$　　(e) $CH_2CH_2COOCH_3$

(f) CH_3OCOCH_2

CH_2

$CHCOOCH_3$

(g) OCH_3

在可能的结构单元中,只有(d)和(e)是有效的,称为有效合成子。因为(d)可以修饰为 $C_6H_5CO\overset{\ominus}{C}HCOOCH_3$,(e)可以修饰为$\overset{\oplus}{C}H_2-CH_2COOCH_3$。

在分子拆开法中,识别有效合成子是特别重要的,因其与分子骨架的形成有直接的关系,而识别的依据是有关合成的知识和反应,即有效合成子的产生必须以某种合成的知识和反应为依据。

例如,亲电体和亲核体相互作用可以形成碳–碳键,碳–杂原子键及环状结构等,从而建立分子骨架。

$$-\overset{|}{C}-M + X-\overset{|}{C}- \longrightarrow -\overset{|}{C}-\overset{|}{C}- + MX$$

$$-\overset{|}{C}-MgX + \quad =O \longrightarrow -\overset{|}{C}-\overset{|}{\underset{|}{C}}-OH$$

若把上述反应中的亲电、亲核提出来,上述反应便简化为:

$$-\overset{|}{\underset{|}{C}}{:}^{\ominus} + \overset{\oplus}{\underset{|}{C}}- \longrightarrow -\overset{|}{C}-\overset{|}{C}-$$

$$-\overset{|}{\underset{|}{C}}{:}^{\ominus} + {}^{\ominus}O-\overset{\oplus}{\underset{|}{C}}- \longrightarrow -\overset{|}{C}-\overset{|}{\underset{|}{C}}-O^{\ominus}$$

如果把上述方程式反向,得到一种将目标分子简化为亲电体、亲核体基本结构单元的方法,从而产生相应的合成子。

2) 反合成子

为进行某一种转化所必需的结构单元或化合物。

3) 合成等效剂

一种能起合成子作用的试剂。合成子通常由于不稳定而不能直接使用。例如 C_2H_5MgX

是 C_2H_5 或 $C_2H_5^{\ominus}$ 的合成等效剂。

4）结构单元

在对目标分子进行剖析时,分子中的化学键被断开而生成的分子碎片,通过这些能看出它们与简单分子的联系,从而导出可能的起始原料和合成路线。

5）试剂

一种在所计划合成中起反应的化合物,由它可以生成各种中间体或目标分子。

2. 合成子分类

合成子主要包括正离子（acceptor）、负离子（donor）、自由基（radical）、中性分子（electron）4 类。其中,带正电的称为接受合成子,简称 a 合成子;带负电的称为给予合成子,简称 d 合成子。a、d 合成子的分类如图 3-5 所示:当活性中心在杂原子上时为 a^0、d^0;当在官能团所在碳上时为 a^n、d^n;当无官能团时为 a 烷、d 烷。

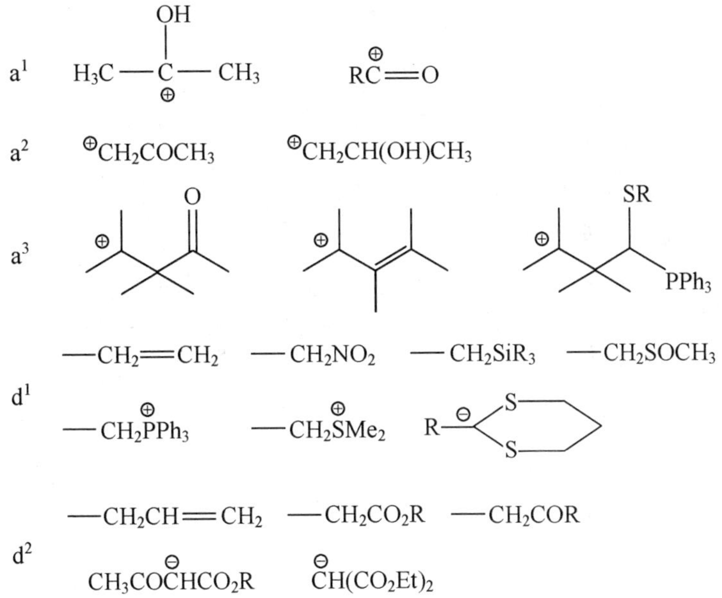

图 3-5　各种类型的 a 合成子与 d 合成子

3. 分子拆开法的一般性设计

分子拆开法需要遵循一定的原则:

（1）合理的反应机理和合理的合成子。什么是合理的合成子？只有这种结构单元存在或者可以产生这种子结构时,才能有效地使分子简化,才是合理的合成子。

（2）使合成最大程度简化。在设计过程中,可能有多种拆开的方法,但要选择最简单、最简化的合成路线。

（3）应形成得到有合适的合成等效物。

在遵循上述原则的基础上,分子拆开法具有一些一般性的经验。

1）在不同部位将分子拆开

拆开部位的选择是否合适,决定着合成的成败。一般而言,分子中可能会有一个以上合适的拆开部位,在不同部位拆开会产生完全不同的合成路线,这些路线有各自的优缺点,但更多的情况是在某一部位拆开比在其他部位优越,在其他部位拆开甚至会导致合成失败,因此必须尝试在不同部位将分子拆开。

范例1:二甲基环己基甲醇的合成。

根据所学知识,选择在不同部位将分子拆开设计如下所示两条路线。路线(a)的拆开位置为二甲基环己基甲醇的甲基处。通过格氏试剂与乙醛反应得到醇,产物再与格氏试剂反应引入另外一个甲基。路线(b)的拆开位置为二甲基环己基甲醇的六元环与碳原子连接处。通过格氏试剂与丙酮反应得到产物。

对比合成路线(a)和(b)发现,路线(b)优于路线(a),更符合前述的合成原则。

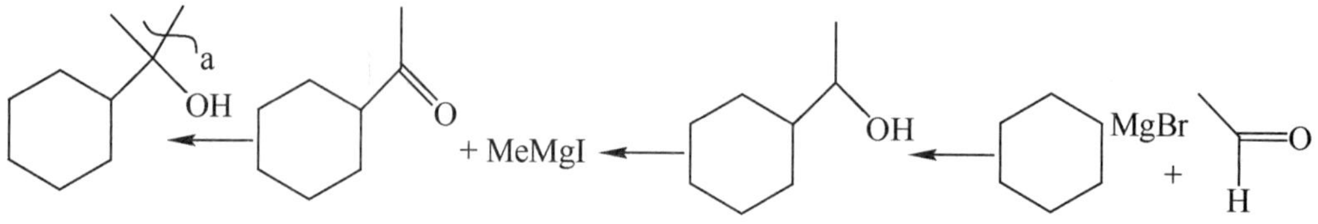

路线(a)

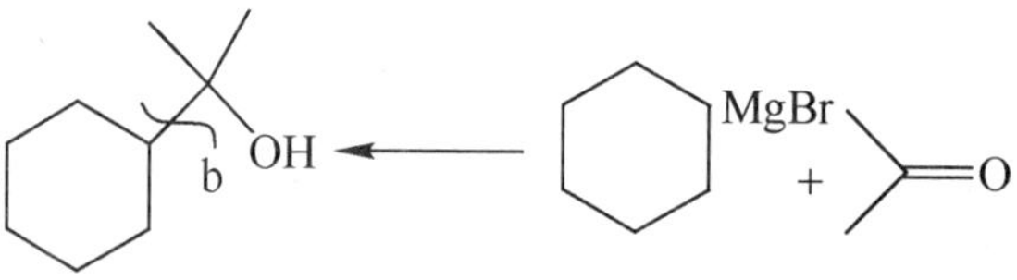

路线(b)

范例2:3,4-甲二氧苯基苄基甲酮的合成。

根据目标产物的结构,在不同部位将分子拆开,得到不同的合成子。路线(a)的拆开位置为3,4-甲二氧苯基苄基甲酮中与苯环相连的键。利用苯与卤代烃(烷基溴)发生反应得到产物。路线(b)的拆开位置为3,4-甲二氧苯基苄基甲酮中3,4-甲二氧苯基与羰基连接处。得到的合成子中,酰氯较烷基卤活泼,且苯环被活化,反应更容易进行。

对比合成路线(a)和(b)发现,路线(b)优于路线(a),更符合前述的合成原则。

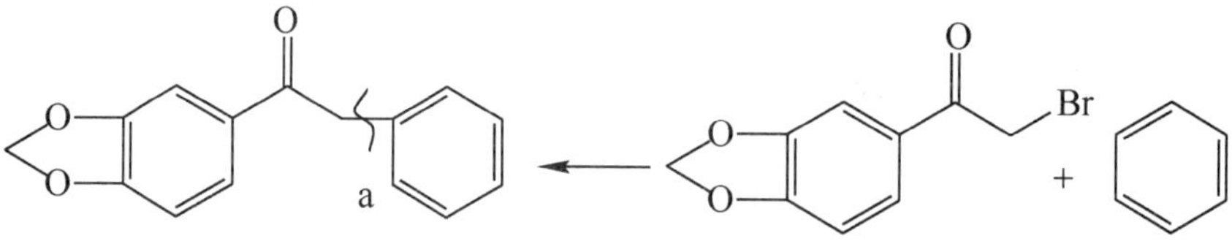

路线(a)　　　烷基溴

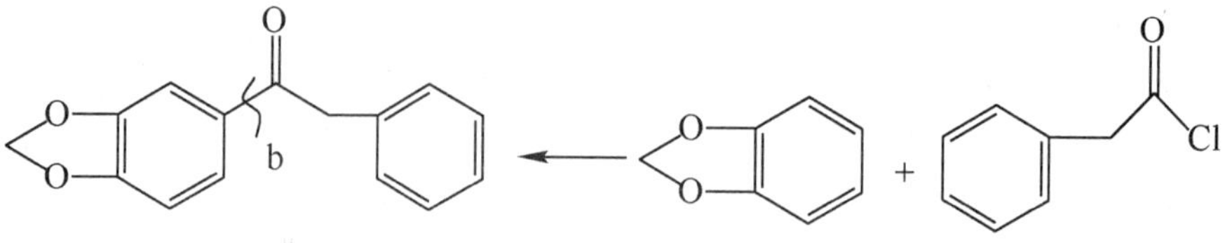

路线(b)　　苯环被　　　酰氯比烷基
　　　　　活化　　　　卤活泼

范例3:4-硝基苯基-2-甲氧-5甲基苯基甲酮的合成。

根据目标产物的结构,在不同部位将分子拆开,得到不同的合成子。合成路线(a)中,硝基苯基不能起Friedel-Crafts反应,此方法不可行。合成路线(b)中,MeO是比Me强的邻、对位定位基,故取代发生在MeO邻位,此方法可行。

140

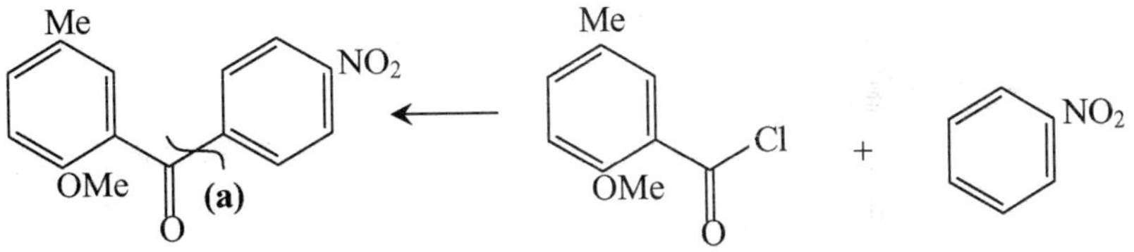

路线(a)

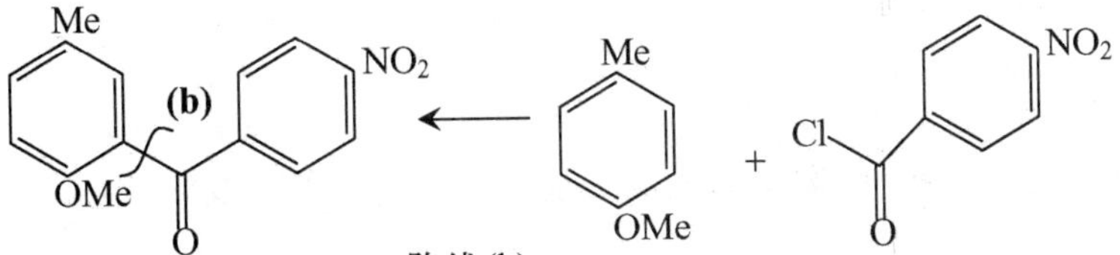

路线(b)

范例 4：异丙基正丁醚的合成。

根据目标产物结构，在不同部位将分子拆开，得到不同合成子。在醇钠存在下，烷基卤会脱去卤氢，其倾向是仲烷基卤大于伯烷基卤，因此应在(b)处拆开。

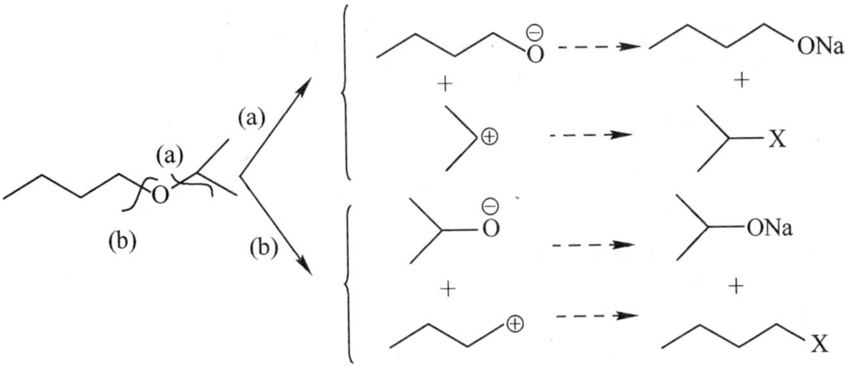

2）要在回推的适当阶段将分子拆开

有些目标分子并不是直接由合成子构成，合成子构成的只是它的前体，而这个前体在形成后，又经历了不包括分子骨架增大的多种变化才能成为目标分子。因此，应先将目标分子变回到那个前体，然后再进行拆开分析。

范例 5：1,3-丁二醇的合成。

1,3-丁二醇的前体是 3-羟基丁醛，将其采用分子拆开法，可由乙醛经过醇醛缩合反应制得。

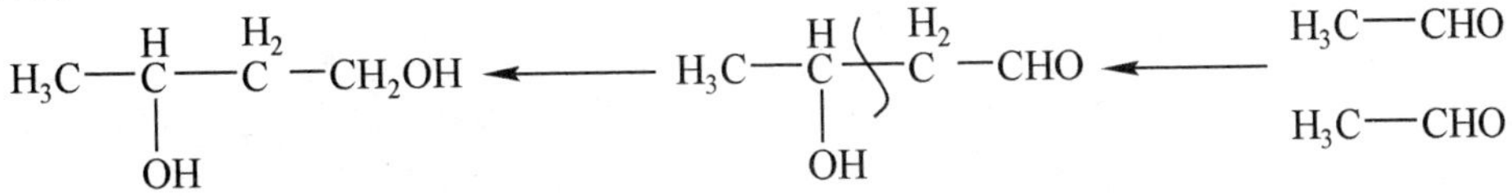

范例 6：频哪酮的合成。

要合成频哪酮，实际上首先要合成出频哪醇，然后经过重排得到频哪酮。

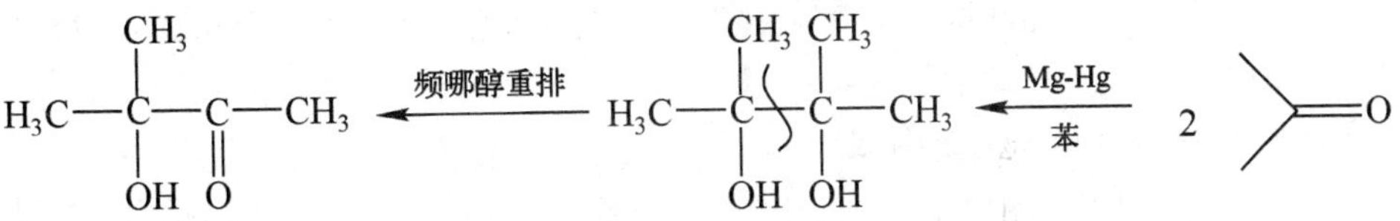

频哪酮　　　　　　　　　　　　　　频哪醇

141

注意频哪醇重排
前后结构的变化

频哪醇重排

3）加入基团帮助拆开

有些目标分子无法拆开，需要加入某些基团（或官能团）才能拆开，从而找出正确的合成路线。

范例 7：环己基苯的合成。

这是一个惰性目标分子，按照前述方法无法将目标产物的分子拆开，当在环己基中引入羟基后，便可进行下一步的拆开。

范例 8：1,4,7-三甲基萘的合成。

在目标分子中加入 >=O，使分子活化，从而使分子拆开。

+CH_3I

4）在杂原子两侧拆开

碳原子与杂原子形成的键是极性共价键，一般可由亲电体和亲核体之间的反应形成，对分子框架的建立及官能团的引入也可起指导作用，所以目标分子中有杂原子时，可考虑选用这一策略。

范例 9：2-戊烯基苯基醚的合成。

在这个目标分子中，碳原子与杂原子 O 形成极性共价键，将 C—O 键拆开，得到相应的合成子。

142

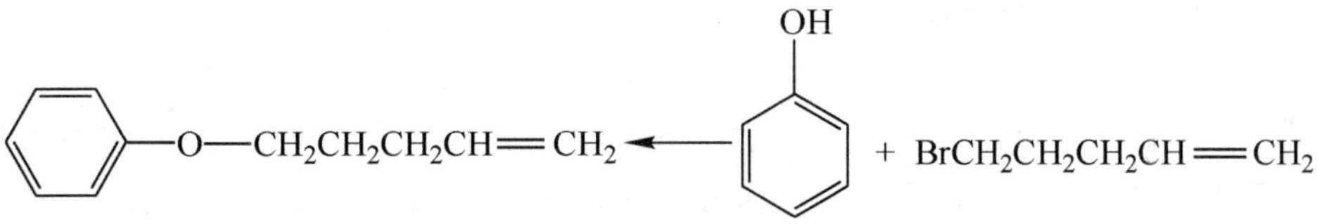

$$\text{（苯氧基）}-O-CH_2CH_2CH_2CH=CH_2 \longleftarrow \text{（苯酚 OH）} + BrCH_2CH_2CH_2CH=CH_2$$

5）围绕官能团处拆开，这是分子最活跃的地方

在目标分子中，官能团处是分子最活跃的地方。

范例 10：对异丁基-α-甲基苯乙酸的合成。

对异丁基-α-甲基苯乙酸药名布洛芬。在目标分子中，α-甲基乙酸基团是最活跃的部位。

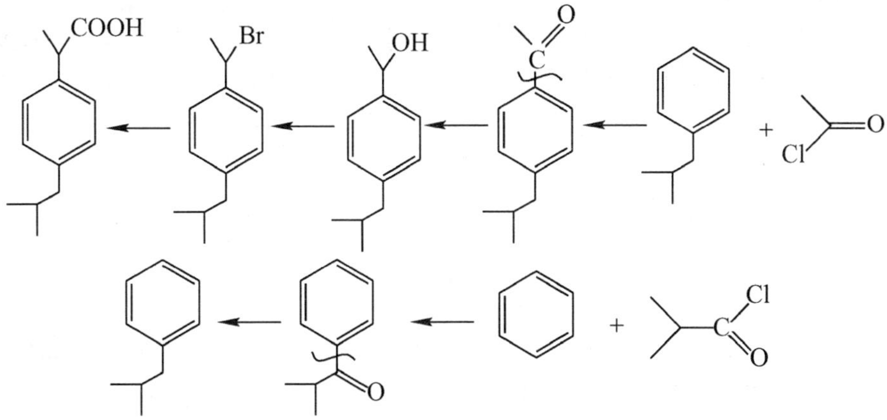

6）变不对称分子为对称分子

变不对称分子为对称分子是分子拆开法中常用的手段之一。某些目标分子表面看起来是不对称的，实际上是潜在对称分子。

范例 11：2,7-二甲基-4-辛酮的合成。

通过羰基与羟基的转换，可将不对称分子 $\overset{O}{\underset{}{-C}}-CH_2-$ 转变为 $\overset{OH}{\underset{}{-C}}=CH-$ ，而

$\overset{OH}{\underset{}{-C}}=CH-$ 可由炔基经加成反应得到，从而转换为对称分子。

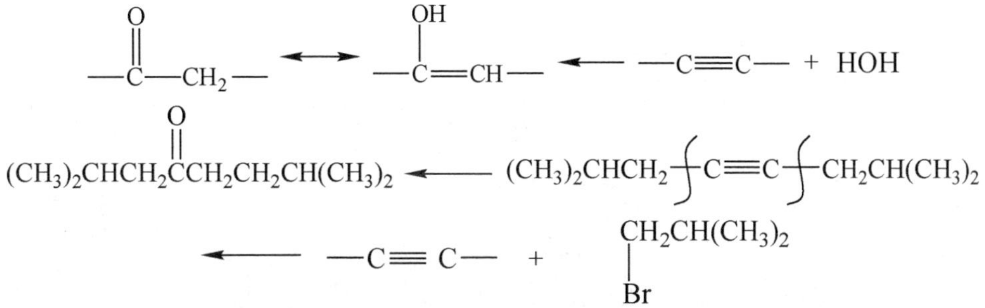

$$(CH_3)_2CHCH_2\overset{O}{\underset{}{C}}CH_2CH_2CH(CH_3)_2 \longleftarrow (CH_3)_2CHCH_2\{C\equiv C\}CH_2CH(CH_3)_2$$

$$\longleftarrow -C\equiv C- + \underset{Br}{\overset{CH_2CH(CH_3)_2}{|}}$$

一个无论简单还是复杂的化合物合成路线，首先都要分析目标化合物的分子结构。有机分子种类繁多，因此应该先剖析分子基本的碳架结构，每一个分子的碳架结构是分子的支柱，再结合各种不同的原子和官能团才成为一个分子。

143

4. 单官能团化合物的拆开

1）醇的拆开

醇可转化为不饱和烃、卤代烃、醛、酮、羧酸及其衍生物。对于醇类化合物,羧酸衍生物与格氏试剂或烷基锂试剂等负离子试剂反应是较佳合成路线。此外,通过羧酸衍生物的还原反应也是制备醇的有效方法。因此,理解具体的反应机理,才能为醇类化合物合成方法提供最佳的拆开途径。

范例12:设计 的合成路线。

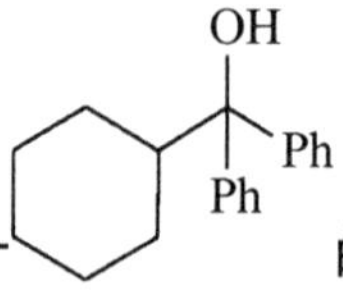

根据前述原则,设计如下合成路线。拆开结果提供了一个酯的片断和一个格氏试剂的片断,这个格氏试剂可通过溴苯与金属镁反应制备。

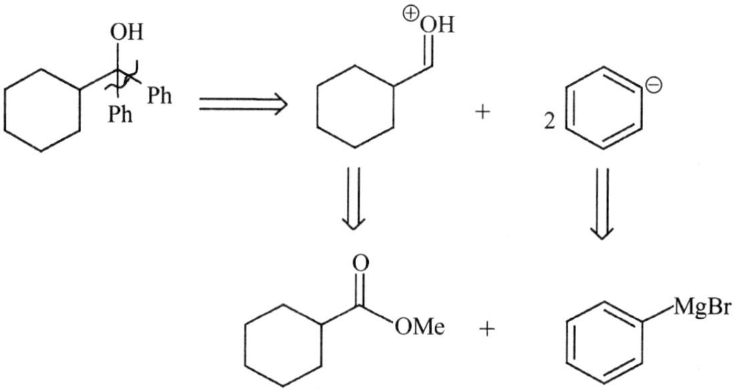

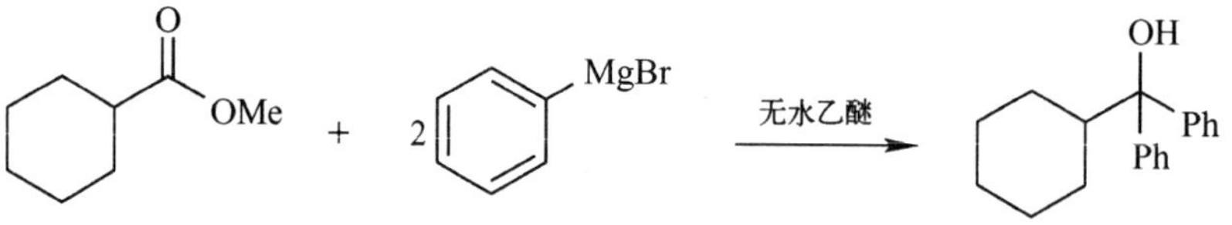

当然,也可为这个目标分子的合成提供另一个拆开途径。这个拆开途径同样提供两个片断,即二苯酮和由溴己烷制备的格氏试剂。这两种拆开的正反应过程具有相同的反应机理。哪一条合成路线更切实可行,学习完本章后,会有一个准确的判断。

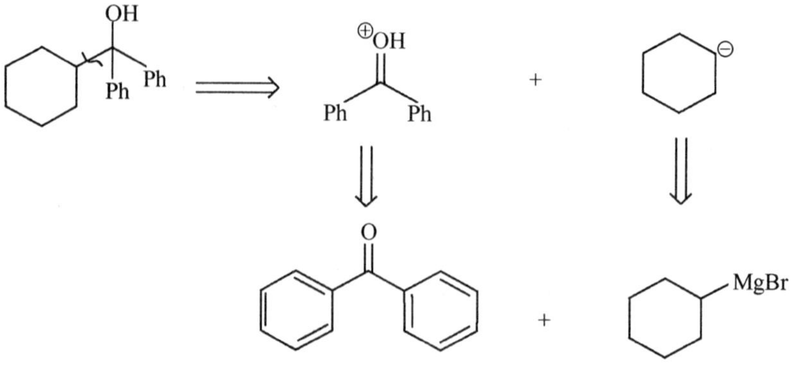

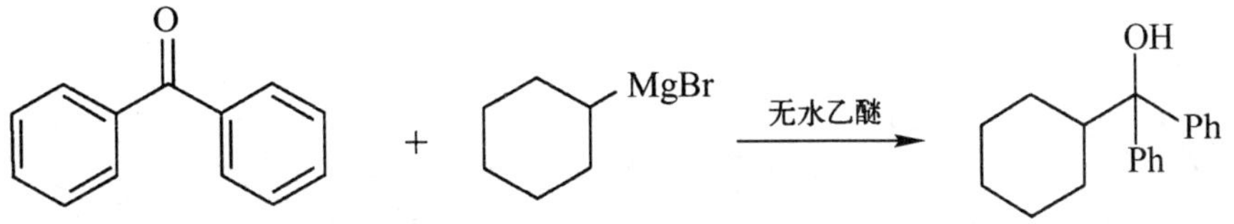

在醇类化合物拆开中,通常会有羧酸衍生物片断和负离子片断。根据有机反应,酮与氰基负离子反应生成醇。因此,可以采用以下的拆开方式:

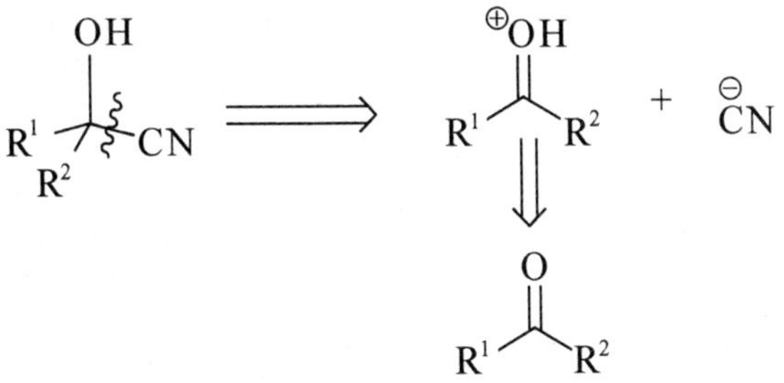

氰负离子是一个很好的与酮羰基反应的负离子。而正离子是酮的合成等价物。因此,可以采用以下的方式合成目标化合物:

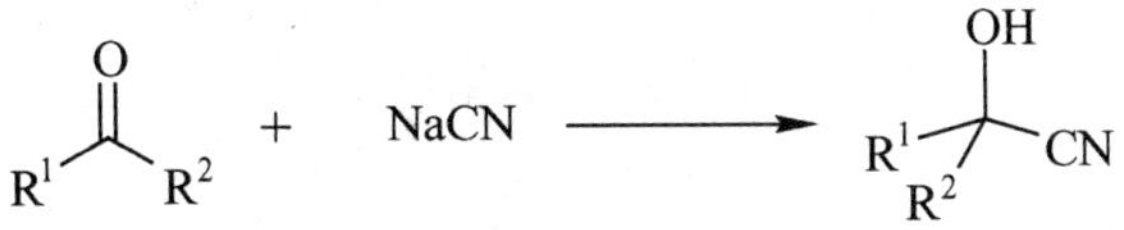

对于简单醇类化合物,拆开中得出的负离子还可通过以下方式得到:

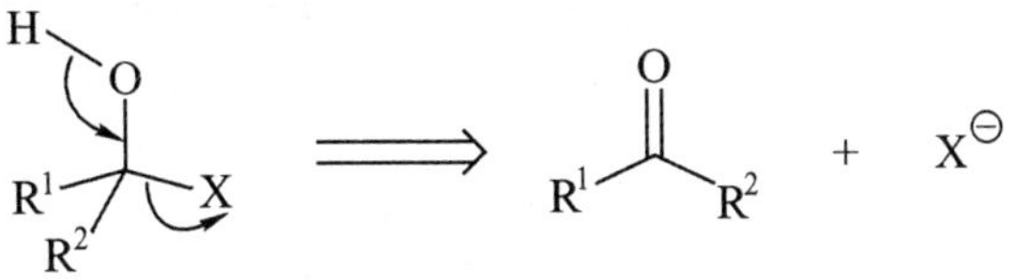

因此,在醇类化合物合成中,可根据其反应机理,通过合理的拆开得到正确的负离子合成子,将合成子转化为合成等价物或试剂,设计出合理的合成路线。

2) 芳香酮的拆开

根据有机化学知识,芳环的傅-克酰基化反应是合成芳香酮的最佳方法之一。在芳香酮类化合物的拆开分析中,只需拆开酮羰基与芳环相连的那一根键就可以得到两个片断。如下所示,这两个片断中的一个可以是苯,而酰基正离子则可以是酰氯或酸酐。这个反应在 Lewis 酸三氯化铝催化下很顺利地进行。

但是,在对芳环体系或二苯酮类的芳香酮衍生物的合成中,需要考虑芳环上取代基对傅-克反应定位效应及对芳环活化或钝化的影响。

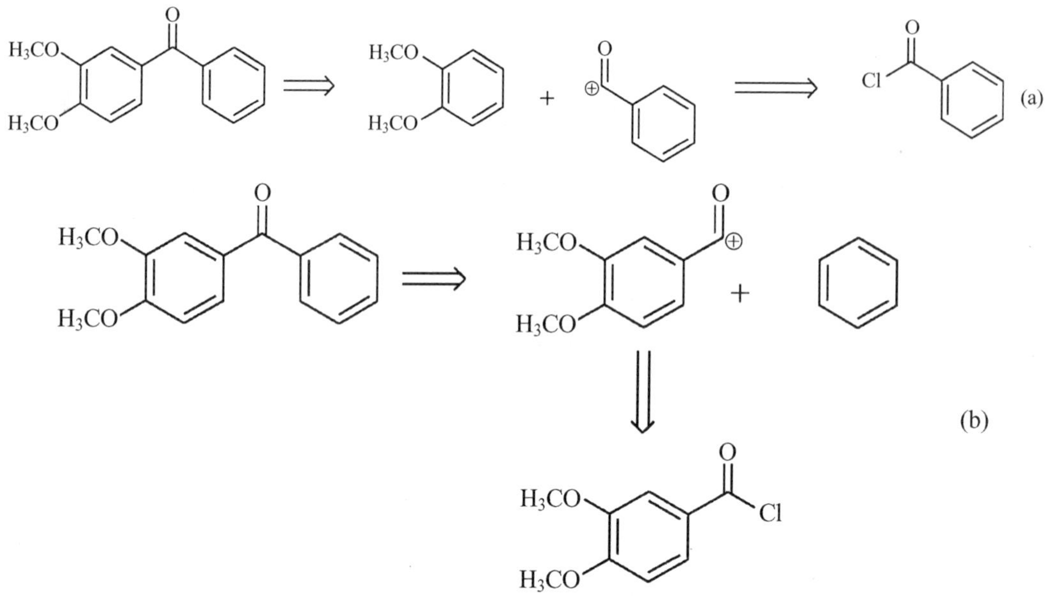

(a)

(b)

对于以上两种拆开方法,根据傅-克酰基化反应机理,可以判断(a)路线是最佳的拆开方法,同时从这个例子也可了解傅克烷基化反应并不是制备烷基化芳香化合物的好方法。

例如以下化合物,可以有(a)、(b)两条拆开路线。根据相关知识,氰基是苯环的钝化基团,烷氧基是活化基团,则可判断路线(a)是最佳的拆开方法。

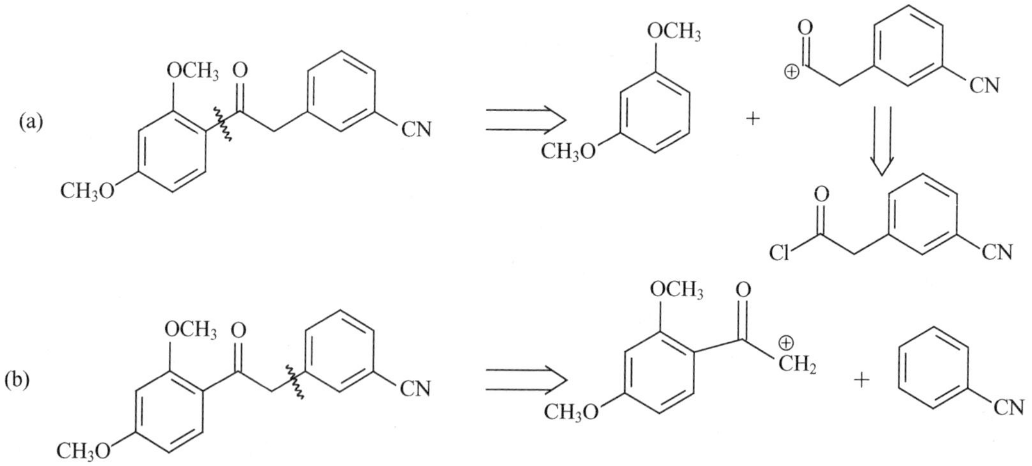

(a)

(b)

3) 简单羧酸衍生物的拆开

简单羧酸衍生物可以通过醇类化合物制备,一级醇氧化生成羧酸或醛,二级醇氧化生成酮,而醇又可以通过格氏反应来制备,这是延长碳链的一个有效方法。当然,羧酸衍生物也可以由羧酸直接制备。

对于羧酸衍生物而言,酰氯最活泼,酸酐次之,而酰胺最稳定,可以通过这种关系完成羧酸衍生物的各种转换。如图3-6所示。

146

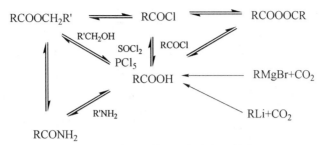

图 3-6　羧酸及其衍生物之间的转换

4）双键和三键的拆开

烯烃的制备比较复杂,Wittig 反应是制备烯烃的有效方法之一,如:

$$R^1 \diagdown R^2 \Longrightarrow R^1CHO + R^2CH_2PPh_3Br \Longrightarrow R^2CH_2Br + PPh_3$$

$$R^1CHO + R^2CH_2PPh_3Br \xrightarrow[\text{THF}]{NaOCH_3} R^1 \diagdown R^2$$

根据 Wittig 反应机理,可以通过对双键的直接拆开,得到 Wittig 试剂和醛或酮的化合物两个片断。需要注意的是,要根据原料的易得性来确定这两个片断哪一个应该是 Wittig 试剂,哪一个应该是醛或酮的化合物。

5. 多官能团化合物的拆开

1）1,1-官能团碳架的拆开

在 1,1-官能团碳架的化合物中,通常是环氧化合物、缩醛、缩酮和 α-氰基醇等化合物。尽管环氧化合物、缩醛、缩酮等化合物不一定是多官能团化合物,但为了介绍方便,本节将其与 α-氰基醇一起分析拆开方法。

在环氧化合物、缩醛、缩酮等化合物的拆开中,通常将两根键同时拆开,得到两个片断。其中缩醛、缩酮等化合物的拆开得到一个醛或酮的片断和一个二醇片断;环氧化合物的拆开则得到一个烯烃的片断和一个氧化剂。

对于 α-氰基醇类化合物,可以将氰基认为是引入的官能团,将其与 α-碳相连的那一根键拆开就可以得到两个片断,分别是醛或酮以及氰基负离子。如:

2）1,2-官能团碳架的拆开

1,2-官能团碳架的拆开通常会出现意想不到的结果,得到非正常的合成子。

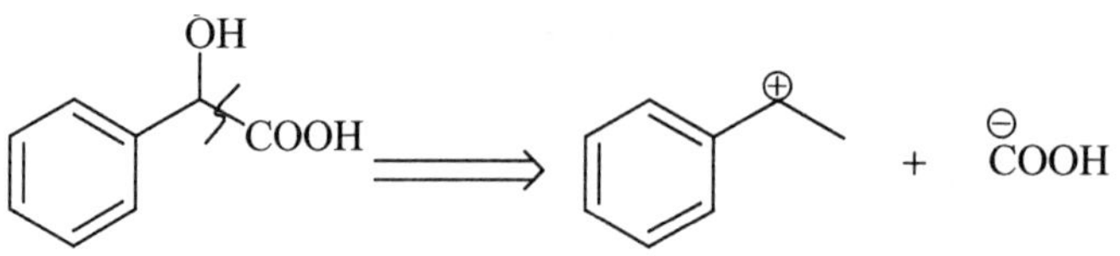

在上述拆开中，$^{\ominus}$COOH 是一个不正常的合成子，在这种状态下，碳不可能是负的。而当把这个不正常的合成子看作是氰基水解后生成的官能团，就可将其认为是 1,1-官能团碳架中的 α-氰基醇，进行如下的拆开：

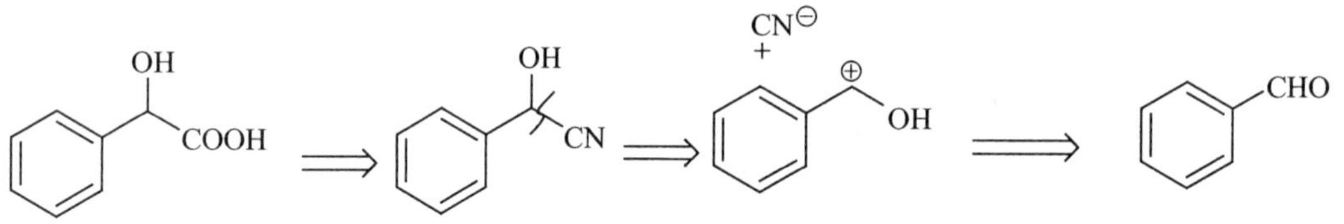

具有 1,2-官能团碳架的另一类重要化合物为 1,2-二醇类化合物，对于此类化合物，可将其中一个羟基认为是通过羧酸衍生物转化来的。

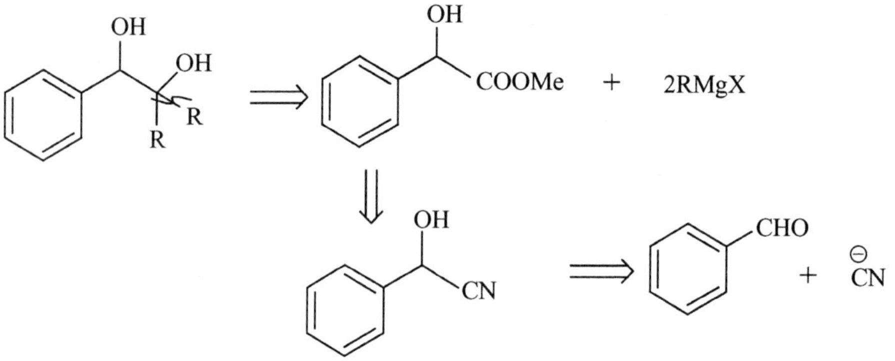

当然，1,2-二醇类化合物也可以认为是烯烃的双羟基化反应生成的，那么其拆开如下：

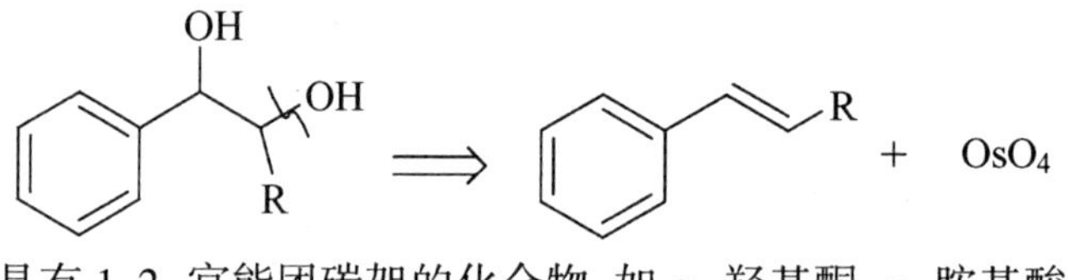

对于其他的具有 1,2-官能团碳架的化合物，如 α-羟基酮，α-胺基酸等也可通过拆开 1,2 位相连的碳键，然后再找出合理的合成子即可。

3）1,3-官能团碳架的拆开

对于具有 1,3-官能团碳架的分子，最佳的拆开方式是拆开后可以同时利用这两个官能团。

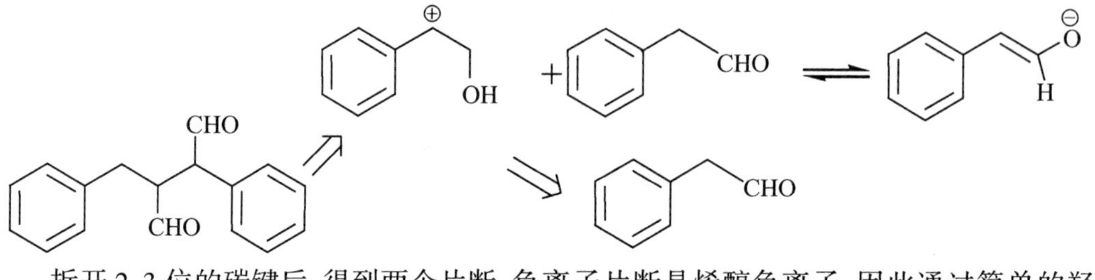

拆开 2,3 位的碳键后，得到两个片断，负离子片断是烯醇负离子，因此通过简单的羟

148

醛缩合反应即可合成此类化合物。

对于 α,β-不饱和羰基化合物,实际上就是羟醛缩合反应后进一步脱水后的产物,因此只要拆开碳碳双键即可。

1,3-二羰基化合物的合成,有一个非常经典的反应,即克莱森酯缩合反应。

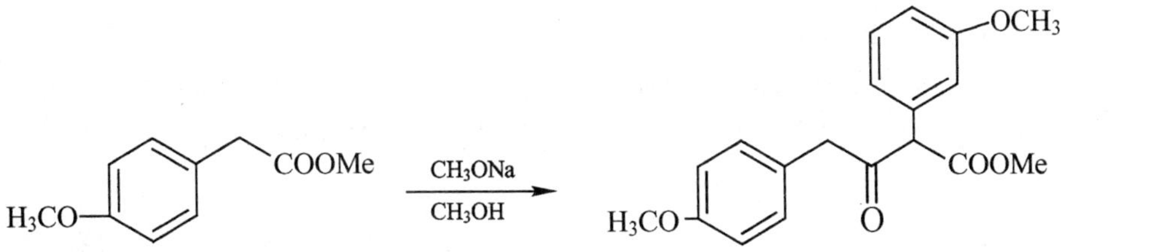

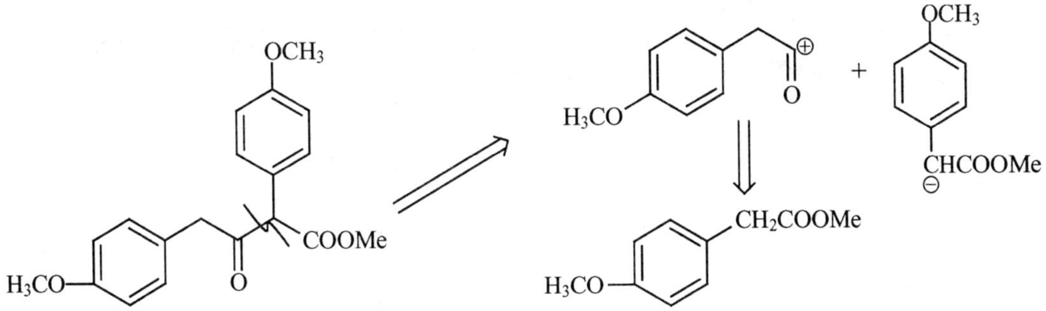

4) 1,4-官能团碳架的拆开

具有 1,4-官能团碳架的化合物有 1,4-二羰基和 γ-羟基羰基两类化合物,通常拆开方式是在 2,3 位相连的碳键上,但会得到一个非正常的正离子合成子:

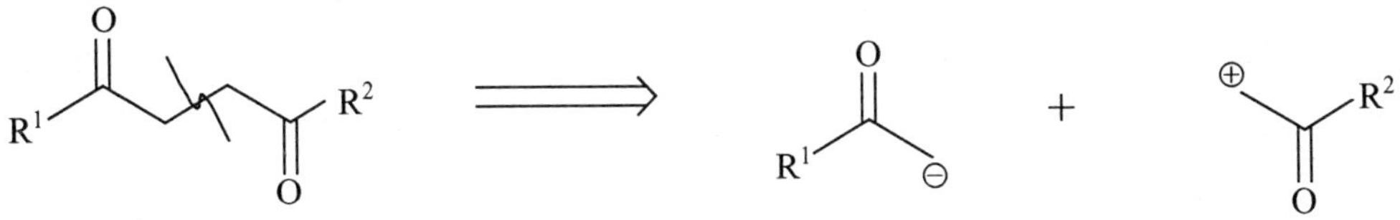

得到这个正离子合成子的一种方法是,将其转化为与一个卤素原子相连的化合物,α-卤代羰基化合物很容易通过羰基化合物的卤化反应制备。

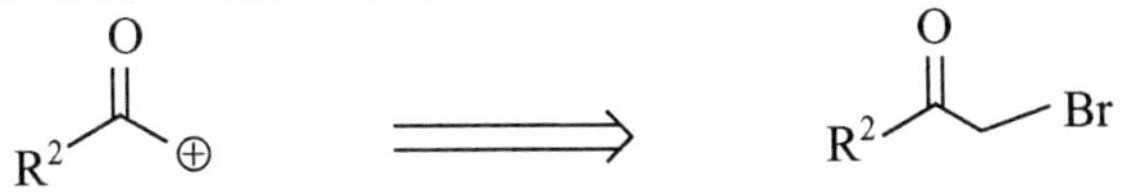

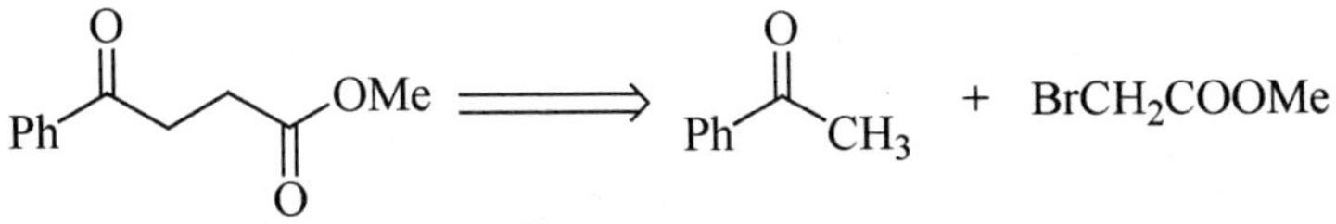

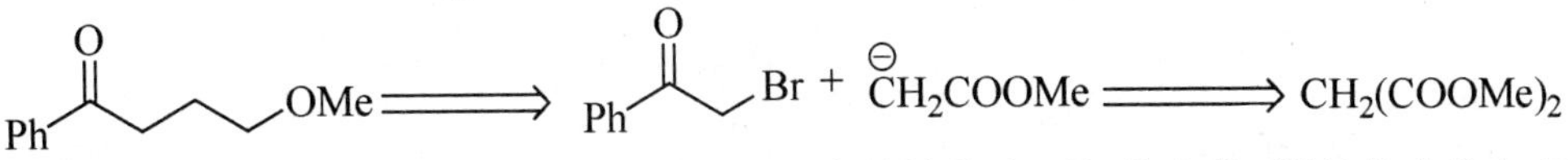

得到这个正离子合成子的另一种方法是,将其转化为环氧化合物,羰基化合物与环氧化合物在碱性条件下反应是生成 γ-羟基羰基化合物的制备方法。

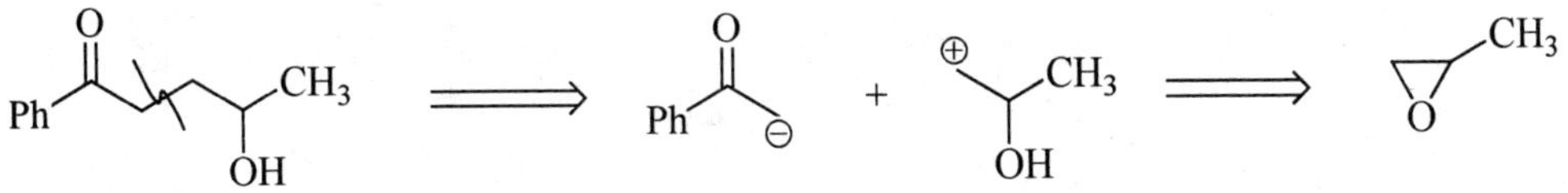

149

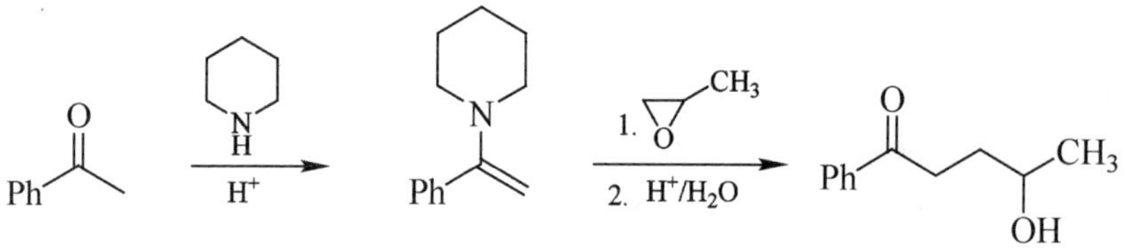

5）1,5-官能团碳架的拆开

具有 1,5-官能团碳架的代表性化合物是 1,5-二羰基化合物。迈克尔加成反应是制备此类化合物的最佳方法。因此,可将 1,5-二羰基化合物拆开为两个片断。

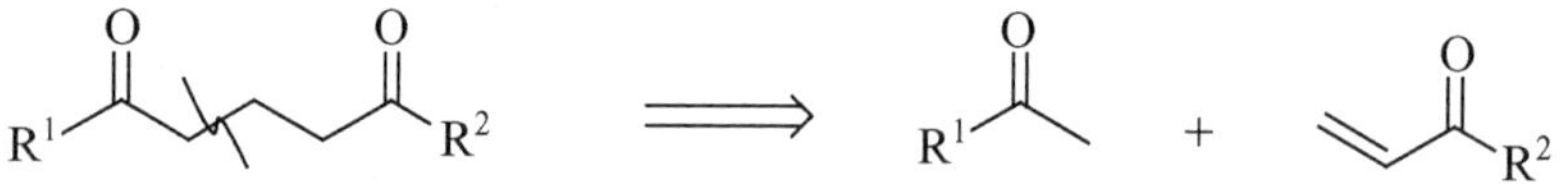

对于这两个片断,前面已经讨论过 α,β-不饱和羰基化合物的合成方法,在这里讨论另一种合成 α,β-不饱和羰基化合物的方法——Mannich 反应。

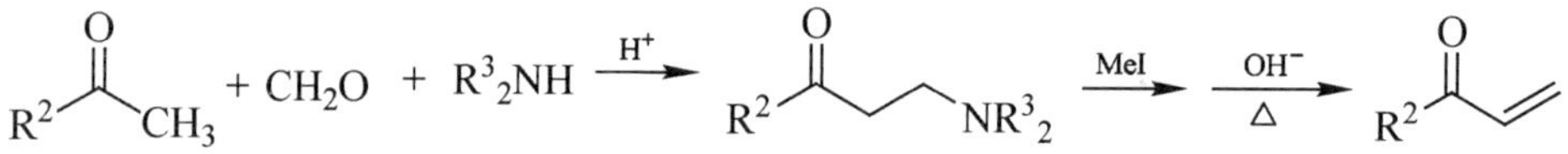

对于 1,5-二羰基化合物,还要了解其后续的缩合反应,根据其缩合反应可进行环状 α,β-不饱和羰基化合物的拆开:

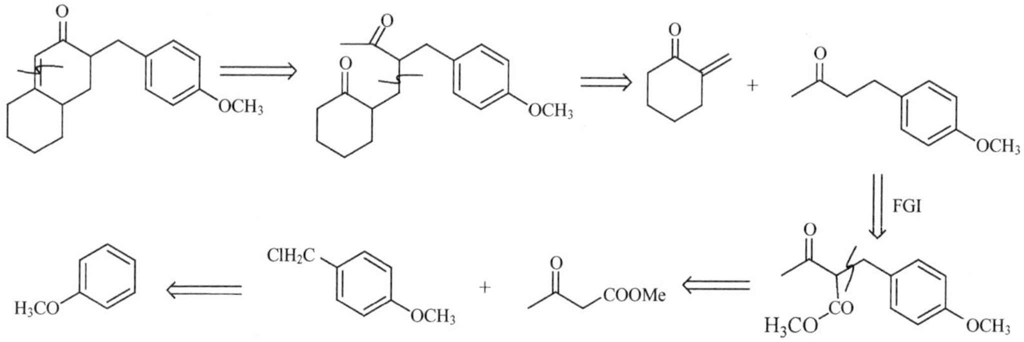

6. 六元环状化合物的拆开

常用合成六元环状化合物的方法是 Diels-Alder 反应。因此,对六元环类化合物的拆开可以根据 Diels-Alder 反应的逆过程进行:

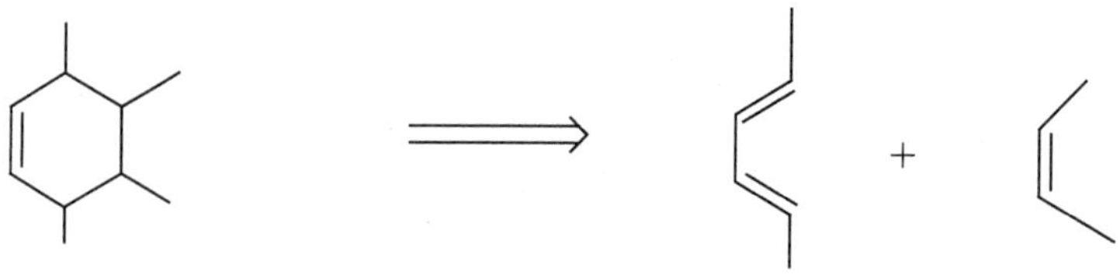

在进行分子拆开时,需要记住的是尽量将吸电子基团放在亲双烯体上:

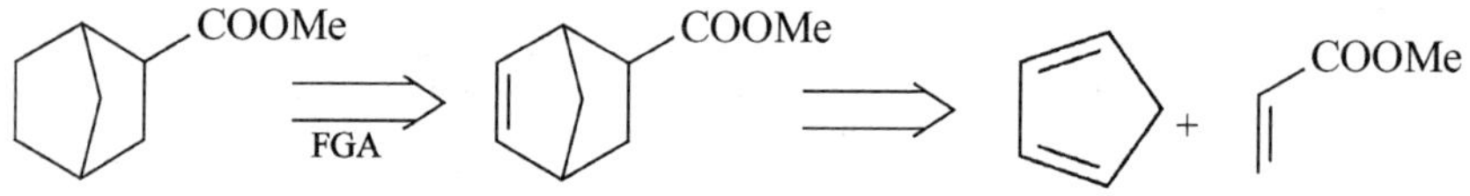

此外,一些含苯环等特殊结构的分子也可以考虑利用 Diels-Alder 反应制备:

150

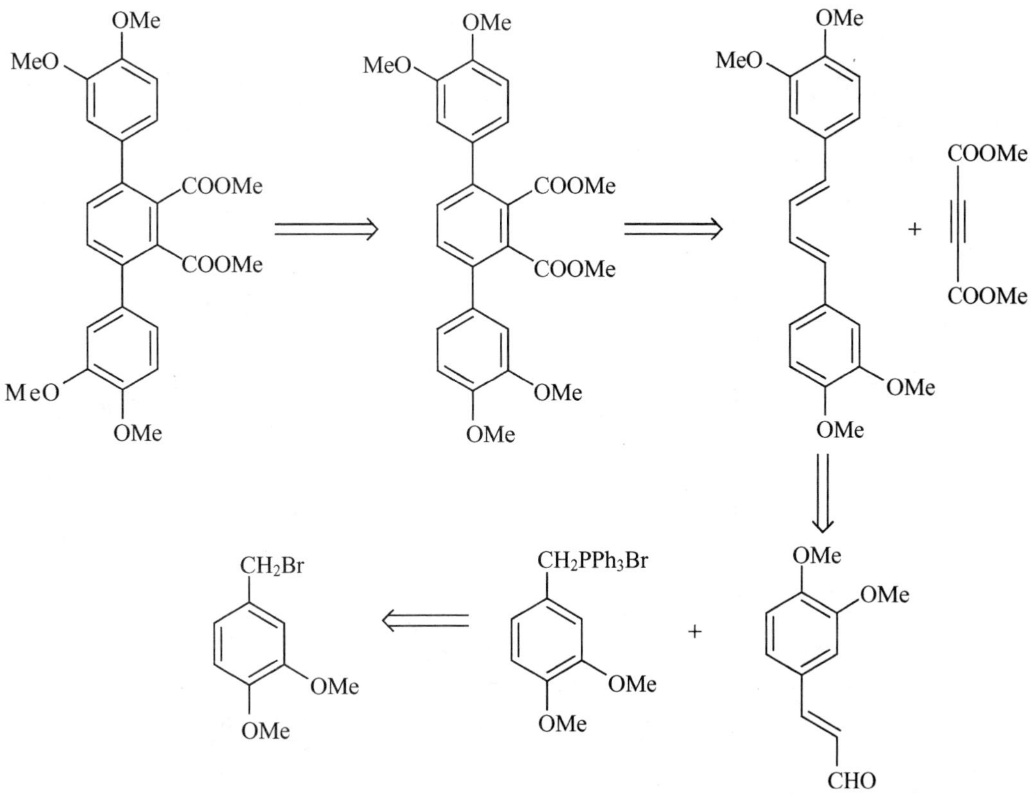

7. 含杂原子和杂环化合物的拆开

1) 醚的制备

在进行醚类化合物的拆开时,需要考虑醚合成的反应机理。例如:

$$R^1\!-\!CH_2\!-\!O\!-\!CH_2\!-\!R^2 \implies R^1\!-\!CH_2\!-\!Br + R^2\!-\!CH_2\!-\!O^{\ominus}$$

在醚的制备中,很少考虑利用醇在高温下失水制备醚。芳香醚的制备方法是酚类化合物在碱性条件下与卤代烷反应。

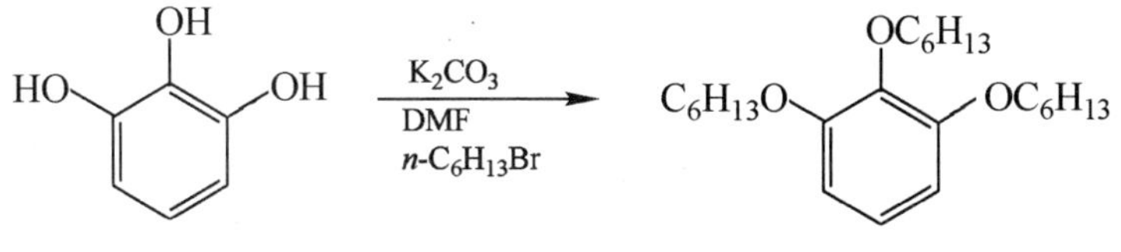

2) 胺的制备

除三级胺外,一级和二级胺很少利用胺或(氨)的烷基化反应制备,这是因为产物的亲核性随烷基增加而增强,容易产生多烷基化产物,使得产物很难提纯。因此,胺通常是通过酰胺、亚胺、氰基化合物和硝基化合物等还原反应制备。只需要通过官能团转化的方法使胺的逆合成拆开变得可行:

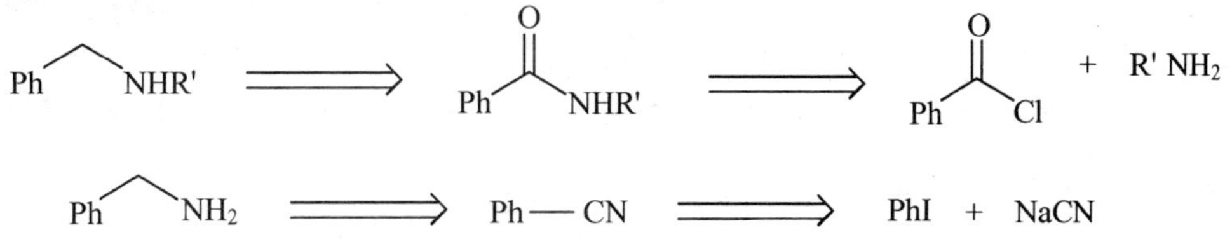

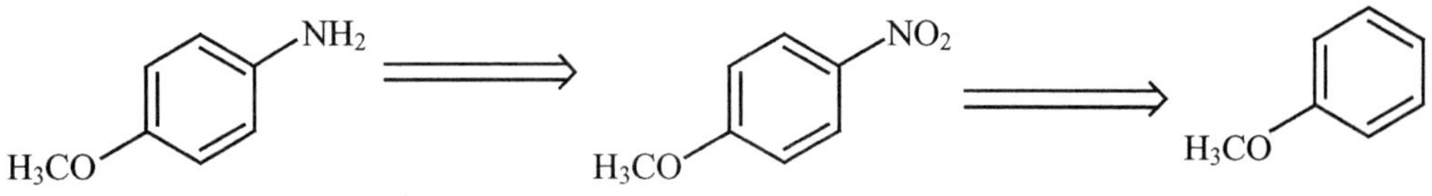

3）杂环化合物的制备

杂环化合物的逆合成分析相对较难，通常是通过分子内反应合成的。下面列出几种杂环化合物的拆开方式：

C-N 键的拆开：

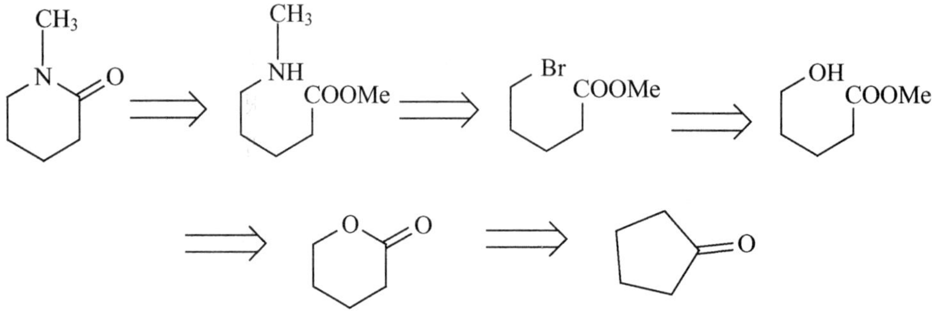

C-O 键的拆开：

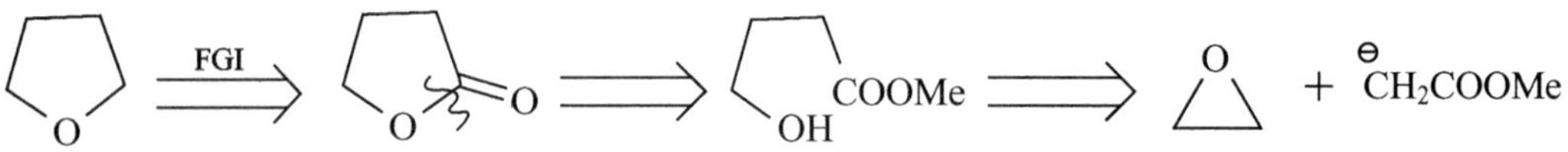

呋喃类化合物的拆开：

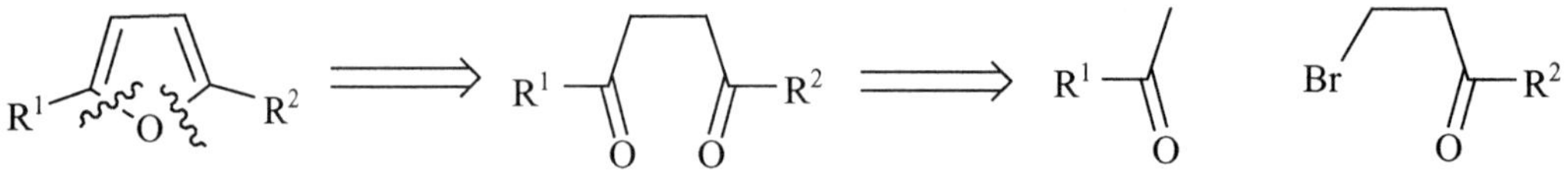

8. 分子拆开法总结

分子拆开法从目标分子的结构出发，合理利用目标分子中的各种官能团，利用实际化学反应逆过程，将目标分子中的一根键或几根键拆开，得出一个或几个新的化合物结构，并通过这些新的化合物（即起始原料）合成目标分子。

运用拆开法设计合成路线应掌握各种反应机理、具有鉴别某些易得化合物的能力、对立体化学了解并具备立体选择性合成的必要手段。

分子拆开法合成路线的程序与逆合成法一致，包括分析和合成两步。

1）分析过程

（1）分析目标分子中官能团及其逻辑变化关系；

（2）依据已知的可靠方法进行拆分，必要时采用官能团转换使其产生合适的官能团以供拆分；

（3）进行必要的重复拆分，以便获取易得、低成本的起始原料。

在拆分过程中，需要记住一些经验的拆分部位，如由两种官能团结合形成的官能团，先拆分为原来的官能团；C—X 键处（X 为杂原子或官能团）、1,n-dis 型的二基团处（$n=$ 1~6）、链的分支处、环内某处（因成环反应方法多）、连接芳环与分子剩余部分的键以及邻接于羰基的键 $\underset{R-C-X}{\overset{O}{\parallel}}$ 等。

2）合成步骤

（1）根据分析完成合成计划,加上试剂和反应条件;

（2）检查是否安排好一个合理的次序;

（3）检查是否把化学选择性的各个方面考虑周到,尤其避免任何副反应发生,必要时应使用保护基或导向基;

（4）根据步骤（2）和步骤（3）实验失败或成功的结果来修改计划。

3.3.3　官能团的转换

3.3.1节与3.3.2节分析了如何对各种碳架进行合理的逆合成分析。官能团是决定有机分子主要反应性质的关键部位,是进行有机反应的场所和根据。一般说来,大多数合成总是通过官能团之间的相互作用来实现。而且,在逆合成分析过程中,常遇到的问题是没有合适的官能团或明确的官能团将目标分子拆开。

因此,需要清楚掌握每一个官能团在有机合成中的作用及其在合成中与其他官能团间的转换关系,这样才能对目标分子进行合理的逆合成分析。

1. 转换成双键和三键的方法

双键和三键在有机合成上起着重要作用。例如:烯烃可与多种亲电试剂发生加成反应,生成卤代烃、磺酸酯等衍生物。而卤代烃则可以形成金属有机化合物,进一步参与反应。炔烃的末端氢具有酸性,可与金属或金属有机化合物反应形成金属有机炔烃衍生物,在增长碳链的合成中具有广泛的用途。

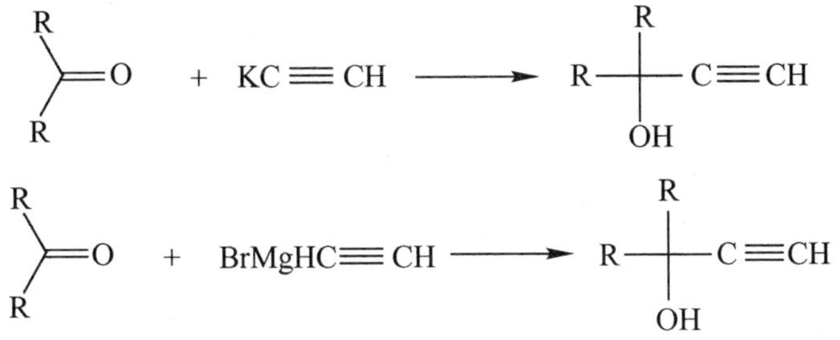

$$R_2C{=}O + KC{\equiv}CH \longrightarrow R_2\underset{OH}{C}{-}C{\equiv}CH$$

$$R_2C{=}O + BrMgHC{\equiv}CH \longrightarrow R_2\underset{OH}{C}{-}C{\equiv}CH$$

$$R'C{\equiv}CNa + R''CH_2Br \longrightarrow R'C{\equiv}CCH_2R''$$

同时,烯烃和炔烃可以被氧化生成含其他官能团的化合物:

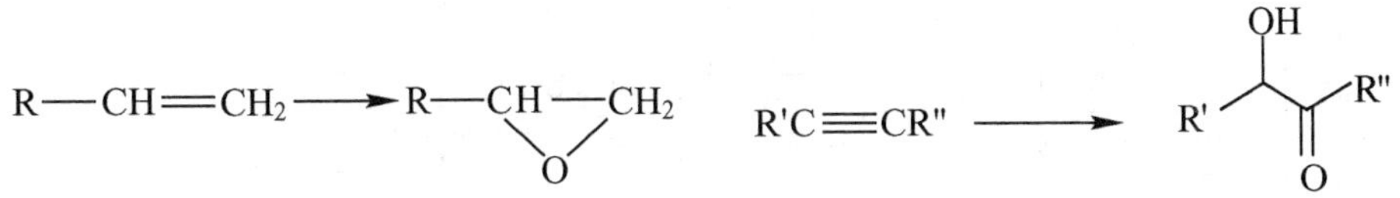

$$R{-}CH{=}CH_2 \longrightarrow R{-}\underset{O}{CH{-}CH_2}$$

$$R'C{\equiv}CR'' \longrightarrow R'{-}\underset{O}{C}{-}\underset{OH}{C}H{-}R''$$

在有机合成中,转换成双键或叁键的方法通常采用消除反应。醇类和卤代烃均能发生消除反应。醇分子中,连有羟基(—OH)的碳原子必须有相邻的碳原子,且与此相邻的碳原子上必须连有氢原子,才能发生消除反应。分子内脱水生成烯烃,实质上是消除反应。能生成稳定的烯烃(烯烃双键碳原子链,烷基越多越稳定),就有利于消除反应。一般而言,消除反应中醇的反应活性为叔醇>仲醇>伯醇,反应遵循札依采夫规律。

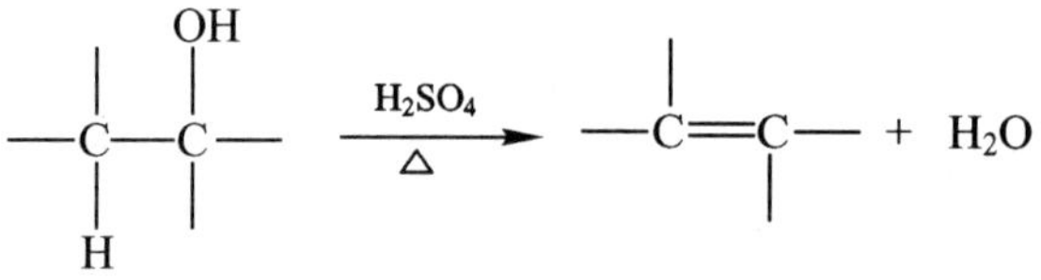

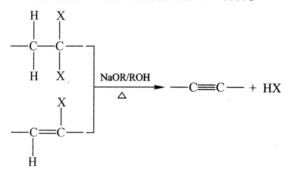

卤代烷的消除反应与醇的反应类似,其反应活性顺序为叔卤代烷>仲卤代烷>伯卤代烷,反应遵循札依采夫规律。

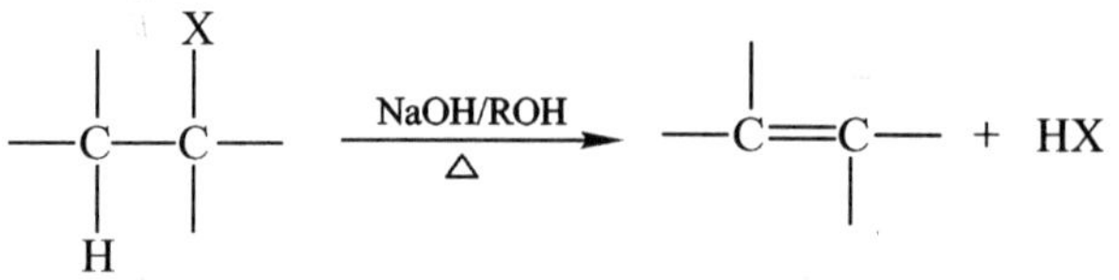

此外,采用季铵碱的消除反应,同样可以得到双键,反应遵循霍夫曼规律(得到双键上取代最少的烯烃)。

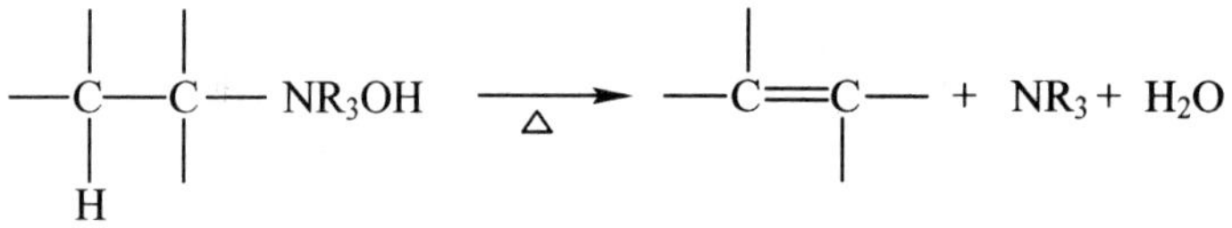

对于叁键,采用二卤代烷或卤代烯烃的消除反应可以制备。

对于烯烃和炔烃的合成反应,归纳总结如图 3-7 所示。

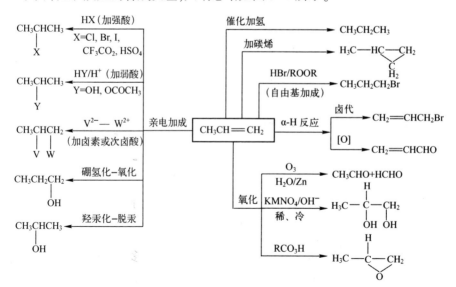

154

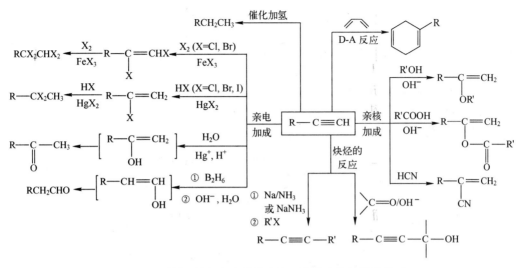

图 3-7　烯烃、炔烃与含其他官能团类化合物的转换关系

2. 转换成羟基的方法

由于醇羟基是有机合成中关键官能团,通过对醇羟基的转换可以合成含其他官能团的各类化合物。图 3-8 列出了醇类化合物与含其他官能团类化合物的转换关系,根据关系图可以进行含其他官能团的有机化合物与醇之间的转换。

1）卤代烷的水解反应

卤代烃和稀氢氧化钠水溶液进行亲核取代反应可以得到相应的醇。其反应活性顺序为碘代烷>溴代烷>氯代烷。卤代烃在 NaOH 碱性溶液中易发生消除反应,为避免发生消除反应,可用氢氧化银代替氢氧化钠。

$$\overset{|}{\underset{|}{-C}}-X \xrightarrow[\triangle]{NaOH/H_2O} \overset{|}{\underset{|}{-C}}-OH$$

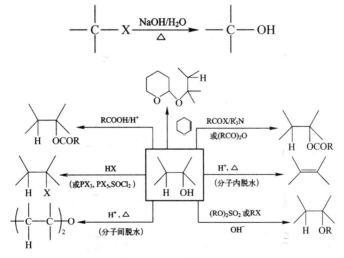

图 3-8　醇类化合物与含其他官能团类化合物的转换关系

2）格氏试剂与醛、酮的加成反应

格氏试剂可以和大多数醛、酮发生加成反应生成碳原子更多的、具有新碳架的醇,与甲醛作用生成伯醇,与其他醛作用生成仲醇,与酮作用得到叔醇。

$$\underset{\displaystyle\quad}{\overset{\displaystyle O}{\underset{\displaystyle |}{-C-}}} \xrightarrow[\text{H}_2\text{O}]{\text{RMgX}} \underset{\displaystyle\underset{\displaystyle R}{|}}{\overset{\displaystyle OH}{\underset{\displaystyle |}{-C-}}}$$

3）羰基、酯基、羧基的还原反应

利用羰基、酯基、羧基的还原反应可以得到醇。例如,在 Ni、Pt 或 Pd 等催化剂的作用下,由醛可以得到伯醇,由酮可以得到仲醇。

$$\underset{\displaystyle\quad}{\overset{\displaystyle O}{\underset{\displaystyle |}{-C-}}} \quad\xrightarrow[\text{LiAlH}_4/\text{或NaBH}_4]{\text{H}_2/\text{Ni}}\quad \underset{\displaystyle\underset{\displaystyle H}{|}}{\overset{\displaystyle OH}{\underset{\displaystyle |}{-C-}}}$$

$$\underset{\displaystyle\quad}{\overset{\displaystyle O}{R'-\underset{\displaystyle |}{C}-OR}} \quad\xrightarrow[\text{LiAlH}_4]{\text{H}_2/\text{Ni}}\quad R'-CH_2OH \ + \ R-CH_2OH$$

4）烯烃与水的加成反应

按照马氏规则,烯烃在酸催化下加水得不到伯醇(除乙烯外),端基烯可以通过硼氢化反应得到伯醇。

$$\overset{\displaystyle}{C}=\overset{\displaystyle}{C} \quad\xrightarrow{\text{H}_2\text{O}/\text{H}_2\text{SO}_4}\quad \underset{\displaystyle\underset{\displaystyle H}{|}}{-\overset{\displaystyle|}{C}-}\overset{\displaystyle OH}{\underset{\displaystyle|}{C}-}$$

5）环氧乙烷及取代环氧乙烷的开环反应

环氧乙烷是一种最简单的环醚,化学式为 C_2H_4O,属于杂环类化合物,利用环氧乙烷及取代环氧乙烷的开环反应可以制备相应的醇。

$$R\overset{\triangle}{\underset{O}{}} \quad\xrightarrow{\text{H}_2\text{O}/\text{H}^+\text{或OH}^-}\quad \underset{\displaystyle OH}{R} \quad\text{或}\quad R-CH_2CH_2OH$$

$$\overset{\triangle}{\underset{O}{}} \quad\xrightarrow{(1)\text{RMgX}/(2)\text{H}_2\text{O}}\quad R-CH_2CH_2OH$$

6）伯胺与亚硝酸的反应

伯胺与亚硝酸在低温作用下生成重氮盐,重氮盐立即分解,生成与胺所对应的醇,释放氮气。

$$R(Ar)-NH_2 \xrightarrow{\text{NaNO}_2/\text{HCl}} R(Ar)-OH$$

3. 转换成羰基的方法

醛和酮中的羰基是十分重要的官能团,利用含羰基化合物的各类反应一直是有机化学中学习的难点,如羟醛缩合反应、共轭加成、α 氢的酸性等。此外,羰基在有机合成中很容易通过还原方式除去,使得在目标分子中引入羰基简化合成难度成为可能。图 3-9 列出了羰基与含其他官能团类化合物的转换关系,根据关系图可以进行含其他官能团的有机化合物与羰基之间的转换。

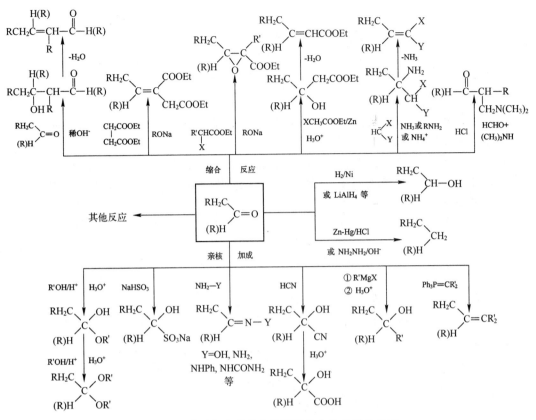

图 3-9 羰基与含其他官能团类化合物的转换关系

1) 醇的氧化反应

伯醇、仲醇因其 α-C 上连有氢原子,故可以被氧化成醛、酮、酸。

$$\overset{\displaystyle OH}{\underset{\displaystyle -CH-}{|}} \xrightarrow{[O]} \overset{\displaystyle O}{\underset{\displaystyle -C-}{\|}}$$

伯醇可以氧化成醛,后者可进一步氧化生成羧酸,所以由伯醇氧化制备醛时,应把生成的醛尽快从反应体系中移出,以避免进一步氧化。

氧化剂的种类特别重要,PCC 氧化剂(又称 Sarrett 试剂)适用于氧化伯醇制取醛。PCC 氧化剂基本上不发生进一步的氧化作用,不但产率高,而且对分子内存在的 C=C、C=N 等基团不发生破坏作用。

仲醇由于其 α-C 上只连有一个氢原子,所以它被氧化后的产物为酮。常用氧化剂包括 $KMnO_4$、$K_2Cr_2O_7$、HNO_3 等。

2) 炔烃与水的加成反应

在 $HgSO_4-H_2SO_4$ 的水溶液中,汞盐作为催化剂,炔烃与水反应生成中间产物烯醇,重排成醛或酮。这是瓦克法制备乙醛出现以前工业上生产乙醛的重要方法之一。由于汞盐污染环境,现在已经使用非汞催化剂。

$$-C\equiv C- \xrightarrow[\text{HgSO}_4/\text{H}_2\text{SO}_4]{\text{H}_2\text{O}} -\overset{\text{O}}{\overset{\|}{C}}-\text{CH}_2-$$

除乙炔水合得到乙醛外,其他炔烃水合得到酮,端炔烃水合得到甲基酮。

3）烯烃的臭氧化反应

将含臭氧6%～8%的氧或空气在低温下(约-80℃)通入烯烃的溶液中,烯烃与臭氧迅速定量发生反应,臭氧分子中两端的氧协同加到双键的两个碳上,形成分子臭氧化物,继而碳碳双键完全断开,重排成臭氧化物。臭氧化物不稳定,受热易分解引起爆炸,但一般可不分离出纯的臭氧化物,在溶液中直接进行水解,生成水解产物醛、酮和过氧化氢。

$$\underset{\text{H}}{\overset{\displaystyle \backslash \ /}{\underset{C=C}{}}} \xrightarrow{\text{(1)O}_3\text{(2)Zn/H}_2\text{O}} -\overset{\text{O}}{\overset{\|}{C}}- + -\overset{\text{O}}{\overset{\|}{C}}-\text{H}$$

为防止生成的过氧化氢使醛继续氧化,在加有还原剂锌粉的条件下水解,使过氧化氢还原成水。如果原料烯烃中的双键上有两个氢,则生成甲醛;双键碳上有一个氢,则生成醛;双键碳上无氢的生成酮。

4）芳环上的酰基化反应

苯在路易斯酸催化下与酰卤、酸酐等反应,生成酰基苯(芳酮),称作 Friedel-Crafts 酰基化反应。酰卤、酸酐等称为酰基化试剂。

$$\bigcirc \xrightarrow[\text{AlCl}_3]{\text{RCOX或}\ (\text{RCO})_2\text{O}} \bigcirc\overset{\text{O}}{\overset{\|}{C}}-\text{R}$$

酰基化反应与烷基化反应不同,酰基化反应不能生成多元酰基取代物,也不能发生酰基异构现象。酰基化反应是亲电取代反应。

5）β-羰基酸酯的分解反应

羰基酸酯是羰基酸的衍生物,最典型的是 β-羰基酸酯。β-羰基酸酯在受热或在酶的作用下发生分解反应生成羰基化合物。

$$\underset{Y}{R-\overset{\text{O}}{\overset{\|}{C}}-\overset{|}{\underset{|}{C}}H-\text{COOR}'} \xrightarrow[\triangle]{\text{H}_3\text{O}^+} R-\overset{\text{O}}{\overset{\|}{C}}-\text{CH}_2-Y$$

4. 转换成羧基的方法

羧基是一个非常重要的官能团。羧酸和酯由于其简单易得,是有机合成中很重要的起始原料。图3-10列出了羧酸及其衍生物的转换关系,根据关系图可以进行羧酸及其衍生物之间的转换。

1）伯醇和醛的氧化反应

伯醇可以氧化成醛,后者可进一步氧化生成羧酸,所以由伯醇氧化制备醛时,应把生成的醛尽快从反应体系中移出,以避免进一步氧化。

158

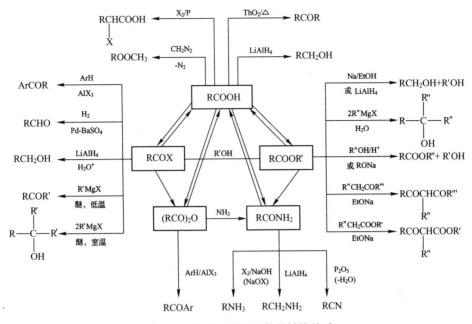

图 3-10 羧酸及其衍生物的转换关系

醛容易被氧化成羧酸,如苯甲醛暴露与空气中会迅速被空气中的氧氧化成苯甲酸。常用的氧化剂包括 $KMnO_4$、$K_2Cr_2O_7$、HNO_3 等。

$$\left.\begin{array}{c} RCH_2OH \\ RCHO \end{array}\right\rbrace \xrightarrow{[O]} RCOOH$$

2)由卤代烷的转化

卤代烷与氰根负离子发生亲核取代反应生成腈,腈很容易水解,酸和碱均可催化水解反应,得到羧酸。

$$R{-}X \begin{cases} \xrightarrow{NaCN} R{-}CN \xrightarrow{H_3O^+} R{-}COOH \\ \xrightarrow{Mg/Et_2O} R{-}MgX \xrightarrow[(2)H_3O^+]{(1)CO_2} R{-}COOH \end{cases}$$

卤代烃与金属镁在醚中加热生成烷基卤化镁,称为格氏试剂。格氏试剂可发生一系列的亲核取代及亲核加成反应,如与 CO_2 作用得到羧酸。

3)甲基酮的卤仿反应

卤仿反应是指有机化合物与次卤酸盐作用产生卤仿的反应。甲基酮和乙醛等在碱性条件下,与氯、溴、碘反应,分别生成氯仿、溴仿和碘仿,可以进一步反应生成少一个碳原子的羧酸。

$$(Ar)R{-}\overset{\displaystyle O}{\overset{\|}{C}}{-}CH_3 \xrightarrow{NaClO} (Ar)R{-}COOH$$

4)烷基苯的氧化反应

烷基苯容易被氧化,通常只有含 α-H 的取代苯才能被氧化。在一般情况下,不论侧链有多长,以及侧链上连有什么基团(如—CH_2Cl、—$CHCl_2$、—CH_2OH、—CHO 等),只要

159

有 $\alpha\text{-H}$ 都能被强氧化剂氧化成苯甲酸。

$$\text{C}_6\text{H}_5\text{CH} \xrightarrow[\triangle]{\text{KMnO}_4} \text{C}_6\text{H}_5\text{COOH}$$

5）羧酸衍生物的水解反应

羧酸衍生物都可以进行水解反应，反应结果相当于在亲核试剂分子中引入酰基。酰氯的水解生成羧酸;酸酐水解生成两分子羧酸;酯的水解比酰氯和酸酐的水解难,需要在酸或碱催化下才能顺利进行。

酰胺水解比酯水解难进行,在酸或碱催化下,加热回流,酰胺才能发生水解反应,生成羧酸和铵盐或羧酸盐和氨(或胺)。

$$\text{R}-\overset{\overset{\displaystyle O}{\|}}{\text{C}}-\text{Y} \xrightarrow[\triangle]{\text{H}_2\text{O}/\text{H}^+ \text{或} \text{OH}^-} \text{R}-\overset{\overset{\displaystyle O}{\|}}{\text{C}}-\text{OH} + \text{H}-\text{Y} \quad \text{Y: X, OCOR, OR', NH}_2, \text{NHR}_2, \text{NR}_2'$$

6）烯烃（炔烃）的氧化反应

烯烃的氧化反应中,不同氧化剂、氧化温度、氧化介质等都会影响产物的组成。采用浓 KMnO_4 溶液,在酸性介质中或温度较高时氧化烯烃,结果是双键断裂得到不同产物,若双键碳上有一个氢,则生成酸;若有两个氢,则生成二氧化碳。

$$\text{R}-\text{CH} = \text{CH}-\text{R}' \xrightarrow[\triangle]{\text{KMnO}_4/\text{H}^+} \text{R}-\text{COOH}+\text{R}'-\text{COOH}$$

炔烃经臭氧氧化或高锰酸钾氧化,再经水解处理,在碳链的三键处断裂,生成相应的羧酸。

$$\text{R}-\text{C} \equiv \text{C}-\text{R}' \xrightarrow[\triangle]{\text{KMnO}_4/\text{H}^+} \text{R}-\text{COOH}+\text{R}'-\text{COOH}$$

5. 转换成碳-卤键的方法

在卤代烷分子中,碳-卤键能发生多种类型的反应。卤素是一个较好的离去基团,可与 H_2O、NH_3、RO^-、I^-、SH^-、CN^-、SCN^-、NO_2^- 和 $\text{R'C} \equiv \text{C}^-$ 等亲核试剂发生亲核取代反应,同时常伴随与亲核取代反应相竞争的消去反应。

卤代烃与金属(锂、镁)反应是制备有机锂化合物和有机镁化合物的重要反应。在卤苯中,当卤素邻位、对位有强吸电子基团时,可顺利发生亲核取代反应。

1）烷烃的取代反应

烷烃易发生取代反应,其中被卤素原子取代的反应称为卤代反应。烷烃与卤素发生取代反应的条件是光照、高温、过氧化物。其反应活性顺序为叔碳 H、烯丙式 H、苄基 H>仲碳 H>伯碳 H;$\text{Cl}_2 > \text{Br}_2$。

$$-\overset{\overset{\displaystyle H}{\|}}{\underset{\|}{\text{C}}}- \xrightarrow[hv]{\text{X}_2} -\overset{\overset{\displaystyle X}{\|}}{\underset{\|}{\text{C}}}- + \text{HX}$$

2）烯烃、炔烃的加成反应

烯烃易与卤素发生加成反应,生成邻二卤代烷,也可与卤化氢发生加成反应,生成相应的卤代烃。炔烃能与卤素、卤化氢等亲电试剂发生亲电加成反应生成相应的卤代烃,其

160

反应遵守不对称加成规则。

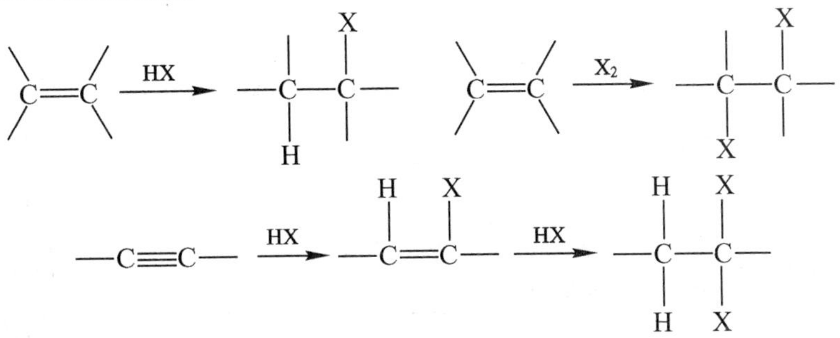

3）芳烃的取代反应

在卤化铁等路易斯酸作用下，苯与卤素可以发生取代反应生成卤代苯。在比较强烈条件下，卤素与卤代苯继续作用，生成二卤代苯，其中主要是邻位和对位二取代产物。苯与不同卤素进行卤化反应，反应活性次序为氟>氯>溴>碘。

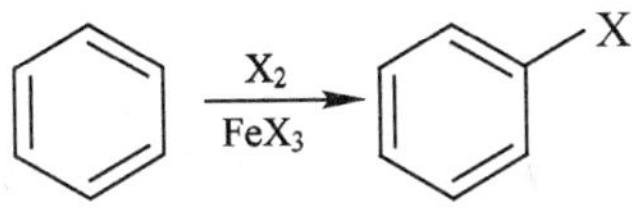

4）醇的取代反应

醇与氢卤酸反应，生成卤代烷。对于相同的醇，使用不同的氢卤酸时，反应活性的次序是 HI>HBr>HCl；对于相同的氢卤酸，使用不同的醇时，反应活性的次序则是叔醇>仲醇>伯醇。

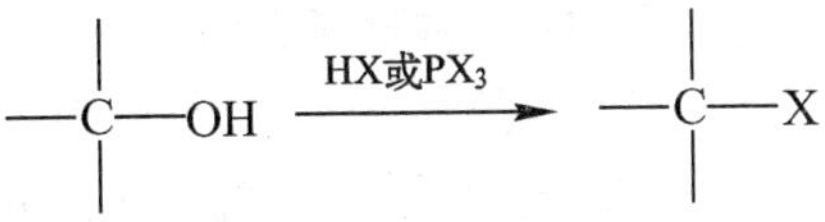

5）重氮盐的取代反应

重氮盐溶液与氯化亚铜、溴化亚铜等的酸性溶液作用，加热分解生成卤化物及氮气。碘化物生成最容易，不需要用 CuI，只要 KI 和重氮盐共热反应即可。

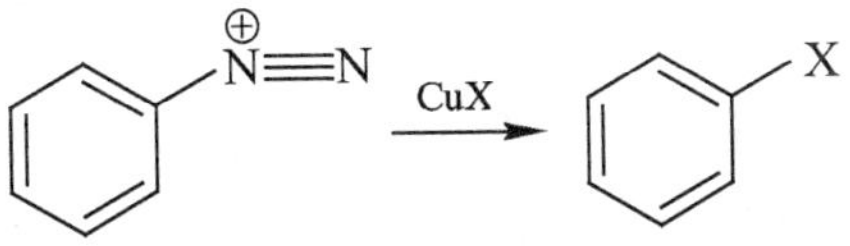

图 3-11 列出了卤素官能团的转换关系，根据关系图可以进行卤代烃与其他有机化合物之间的转换。

6. 转换成氨基的方法

胺分子中，N 原子是以不等性 sp^3 杂化成键的，其构型呈棱锥形。胺作为亲核试剂与卤代烃发生取代反应，生成仲胺、叔胺和季铵盐。此反应可用于工业上生产胺类，但往往得到混合物。胺、仲胺易与酰氯或酸酐等酰基化剂作用生成酰胺。胺与磺酰化试剂反应生成磺酰胺的反应叫做磺酰化反应。

1）硝基苯的还原反应

以 Fe、Zn、Sn 等为还原剂，在酸性介质中，硝基苯被还原为苯胺。中间产物是亚硝基苯及苯基羟胺，它们比硝基苯更容易还原，所以不易分离。

161

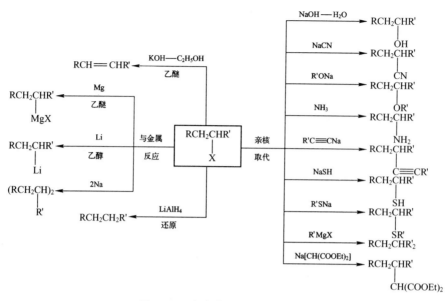

图 3-11　卤素官能团的转换关系

2）卤代烷的取代反应

氨与卤代烷发生亲核取代反应,在 α-碳原子上引入一个氨基生成伯胺。伯胺属于有机弱碱,与生成的卤化氢结合形成盐,当这个盐与强碱作用时,得到游离的伯胺。伯胺是一个亲核试剂,再与卤代烷作用可得到氮原子上二烷基化产物,即仲胺;仲胺还可与卤代烷作用生成氮原子上三烷基化产物,即叔胺;叔胺再与一份子卤代烷作用得到季胺盐。

$$R\text{-}X \xrightarrow{NH_3} RNH_2 、 R_2NH 、 R_3N$$

图 3-12 列出了氨基的转换关系,根据关系图可以进行含其他官能团的有机化合物与氨基之间的转换。

7. 转换成硝基和腈基的方法

烃分子中的氢原子被硝基(—NO₂)取代后所形成的化合物称为硝基化合物。硝基是强极性基团,由于受硝基的影响,硝基化合物可以发生一些特殊的反应,在芳香化合物中,硝基可以作为一个很好的间位定位基团,同时它又很容易被转化为氨基。因此,硝基在有机化学合成中有着重要的应用。

$$CH_3NO_2 + CH_2O \xrightarrow{NaH} HOCH_2CH_2NO_2 \xrightarrow[C_6H_5CHO]{NaOC_2H_5}$$

162

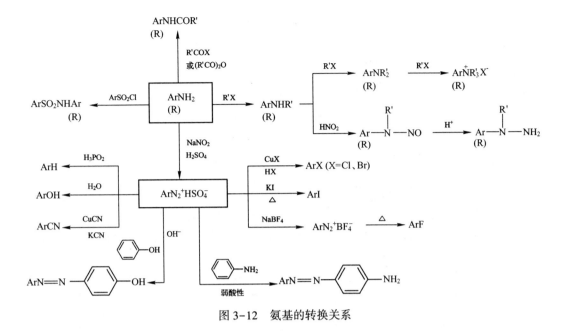

图 3-12　氨基的转换关系

图 3-13 列出了硝基的转换关系,根据关系图可以进行含其他官能团的有机化合物与硝基之间的转换。

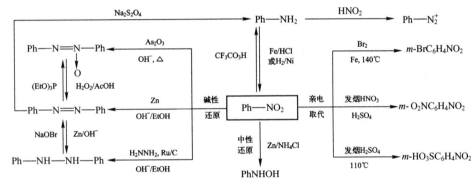

图 3-13　硝基的转换关系

烃分子中的氢原子被氰基取代所得的化合物称为腈。腈是强极性基团,其吸电子作用仅次于硝基。腈经催化加氢可得到胺;在酸或碱的催化作用下,可得到羧酸;与格氏试剂反应可生成酮,进一步反应生成叔醇。图 3-14 列出了腈基的转换关系,根据关系图可进行含其他官能团的有机化合物与腈基之间转换。

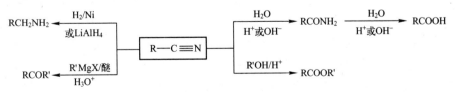

图 3-14　腈基的转换关系

如前所述,有机化合物按官能团分为烯烃、炔烃、卤代烃、醇/酚、醚、醛/酮、羧酸及其衍生物、胺、腈、硝基化合物、磺酸等。有机化合物官能团间的相互转换规律是有机合成的基础和工具,利用化学反应实现官能团转换是制备有机化合物的基本方法。

因此,熟悉掌握各种官能团的性质以及与含其他官能团化合物之间的转换,对于熟练运用分子拆开法进行有机合成是十分有意义的。在有机化合物的合成中,可以根据合成的实际需要,灵活地实现各种官能团之间的转换。

3.3.4　官能团的保护

有机合成的很多反应物分子内往往存在不止一个可发生反应基团,这不仅会使产物复杂化,而且可能导致所需的反应失败,如以分子中含有氨基、羟基或羧基的酮为起始原料,通过与格氏试剂作用制备醇的反应。由于格氏试剂首先被上述基团上的活泼氢所分解,从而使得反应无法顺利进行。

一般情况下,有机合成中解决上述问题有两条途径:一是采用只能在某一部位发生反应的试剂——选择性试剂,但实际上很多选择性试剂难以得到满意的结果;二是将不希望发生反应的部位,即敏感基团保护起来,待反应完成后,再将为起保护作用而引入的基团去掉,这就是在合成中经常采用的基团保护策略。

为完成目标产物的合成,在合成过程中通过一些化学反应将某基团保护起来,待任务完成又将被保护的基团恢复,在保护过程中所形成的基团称为保护基。

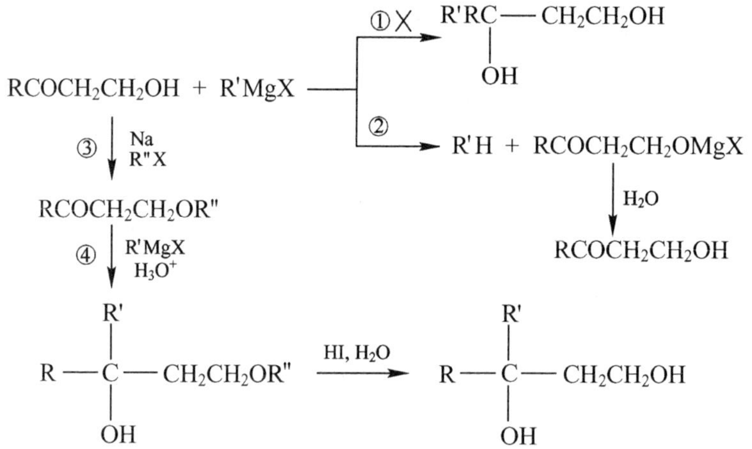

如上述的反应,格氏试剂对于烷氧基比较稳定,因此首先将羟基转换为烷氧基,待反应完成后,通过一定的化学反应将烷氧基恢复为羟基,从而使反应顺利进行。这里的烷氧基就是羟基的保护基。

这种官能团的保护方法在有机合成上应用极广,其缺点是增加了额外的步骤,会使产物的产率降低。因此,为弥补这种缺点,在引入或除去保护基团时,应以高选择性及高产率的方法优先。同时,需要注意的是,并非所有的基团都可以称为保护基,保护基应满足下列4点要求:一是该基团在温和条件下容易引入;二是与被保护基形成的结构能够经受住所要发生反应的条件;三是可在不损及分子其余部分的条件下除去(温和条件);四是去保护过程产生的副产物易除去。当然,在一些例子中,第三条可以放宽,允许保护基被直接转变为另一种官能团。

对于复杂化合物的合成,有时需要对两个或两个以上的官能团进行保护。注意保护基团的互不相干性原则,即一个保护基的除去尽量不要影响另一保护基。本节将介绍一些常见基团的保护和去保护方法。

1. 羟基的保护

羟基易被氧化、酰化、酯化,仲叔醇常易脱水,醇羟基能分解格氏试剂和其他有机金属化合物,还可以发生氧烃基化和酯化反应,因此在合成某些化合物时,为阻止上述反应的发生,需要将羟基保护起来。

1) 醇羟基的保护

保护醇羟基的方法一般是制成醚类、混合酮或缩酮以及酯类,前者对氧化剂或还原剂都有相当的稳定性。

(1) 醚类衍生物

① 甲醚

用生成甲醚的方法保护羟基是经典方法。通常可以用碱脱去醇 ROH 质子,再与合成子 $\oplus CH_3$ 作用,如使用试剂 $NaOH, Me_2SO_4$。也可先转化成银盐 $RO^{\ominus}Ag^{\oplus}$,并与碘甲烷反应,如使用 Ag_2O/MeI;但对三级醇则不宜使用这一方法。研究发现,BF_3/RSH 溶液同甲醚溶液一起放置数天后可脱去甲基。

$$ROH \xrightarrow[Me_3SiI, \ CHCl_3]{NaOH, \ Me_2SO_4} ROCH_3$$

脱去甲基保护基团,恢复到醇类,通常使用 BBr_3、Me_3SiI 等 Lewis 酸,即引用硬软酸碱原理,使氧原子与硼或硅原子结合(较硬的共轭酸),而以溴离子或碘离子(较软的共轭碱)将甲基(较软的共轭酸)除去。

$$\underset{Me_3Si-I}{\overset{R\diagdown \quad CH_3}{\underset{}{O}}} \longrightarrow CH_3I + ROSiMe_3 \xrightarrow{H_2O} ROH + Me_3SiOH$$

该方法的优点是条件温和,保护基容易引入,且对酸、碱、氧化剂或还原剂都很稳定,一般多用于单糖环状结构的经典测定。

② 三甲基硅醚

醇的三甲基硅醚对催化氢化、氧化、还原反应稳定,广泛用于保护糖、甾族类及其他醇的羟基。它的一个重要特点是可在非常温和的条件下引入和脱去保护基,但因其对酸、碱都很敏感,只能在中性条件下使用。反应过程表示如下:

$$ROH + Me_3SiCl(Me_3SiNHSiMe_3) \longrightarrow ROSiMe_3 \xrightarrow[\triangle]{醇/H_2O} ROH$$

③ 苄醚

苄基醚在碱性条件下通常是稳定的,对氧化剂(如过碘酸)、$LiAlH_4$ 与弱酸也是稳定的。在中性溶液中室温下就能很快被催化氢解,常用钯催化氢解或与金属钠在液氨(醇)中脱保护。该方法广泛用于糖及核苷酸中醇羟基的保护。

$$ROH \underset{Li, NH_3}{\overset{NaH, PhCH_2Br}{\rightleftharpoons}} ROCH_2Ph$$

④ 三苯甲基醚

三苯甲基醚在糖、核苷和甘油酯化学中广泛地用来保护一级羟基,最大优点是在多羟基化合物中选择性地保护伯醇羟基。制备时,以三苯基氯甲烷在吡啶中与醇类作用,以 4-二甲胺基吡啶为催化剂。

$$ROH \underset{ZnBr_2,或H_2/Pd}{\overset{Ph_3CCl,Pyr,DMAP}{\rightleftharpoons}} ROCPh_3$$

三苯甲基是一巨大基团,脱去时用加氢反应或锂金属处理。因为有位阻的醇进行三苯甲基化被一级醇慢得多,所以能够选择性的保护。

⑤ 甲氧基甲醚

制备时,使用甲氧基氯甲烷与醇类作用,并以三级胺吸收生成的 HCl。甲氧基甲醚在碱性条件下和一般质子酸中有相当的稳定性,此保护基团可用强酸或 Lewis 酸在激烈条件下脱去。

$$ROH \underset{TiCl_4,或CF_3CO_2H}{\overset{ClCH_2OCH_3,i-Pr_2NEt}{\rightleftharpoons}} ROCH_2OCH_3$$

⑥ 二甲硅醚

制备时,将三甲基氯硅烷与醇类在三级胺中作用。此保护基在酸中不太稳定,也可以用氟离子 F^- 脱去($Si-F$ 的键结力甚强,大于 $Si-O$ 的键能)。

$$ROH \underset{HF,或n\text{-}Bu_4N^+F^-}{\overset{Me_3SiCl,Et_3N}{\rightleftharpoons}} ROSiMe_3$$

⑦ 叔丁基二甲硅醚

制备时,将叔丁基二甲基氯硅烷与醇类在三级胺中作用,此保护基比三甲基硅基稳定,常运用在有机合成反应中,一般是 F^- 离子脱去。

$$ROH \underset{n\text{-}Bu_4N^+F^-}{\overset{(t\text{-}Bu)Me_2SiCl,imidazole}{\rightleftharpoons}} RO-Si$$

（2）缩醛和缩酮衍生物

① 四氢吡喃醚

四氢吡喃醚是一种缩醛型混合醚,对碱、格氏试剂、烷基锂、氢化铝锂、烃化剂和酰化剂均稳定,可广泛地用于炔醇类、甾体类、核苷酸及糖、甘油酯、环多醇和肽类,是一种有效的羟基保护试剂。

制备时,使用二氢吡喃与醇类在酸催化下进行加成作用。恢复到醇类时,则在酸性水溶液中进行水解,即可脱去保护基团。有机合成中常引用这种保护基团,其缺点是增加一个不对称碳(缩酮上的碳原子),使得 NMR 谱的解析较复杂。

$$ROH \underset{HOAC,H_2O}{\overset{,TsOH,Pyr}{\rightleftharpoons}} RO$$

$$CH\equiv CCH_2OH \xrightarrow[(90\%)]{H^+} OCH_2C\equiv CH \xrightarrow[THF]{C_2H_5MgBr} OCH_2C\equiv CMgBr$$

166

$$\xrightarrow[\text{(2) } H^+, H_2O]{\text{(1) } CO_2} \quad HOCH_2C{\equiv}CCOOH \quad (64\%)$$

② 缩醛或缩酮

在多羟基化合物中,同时保护两个羟基通常使用羰基化合物丙酮或苯甲醛与醇羟基作用。如丙酮在酸催化下与顺式 1,2-二醇反应生成环状缩酮;苯甲醛在酸性催化剂(如 HCl、H_2SO_4)存在下与 1,3-二醇反应生成环状缩醛。

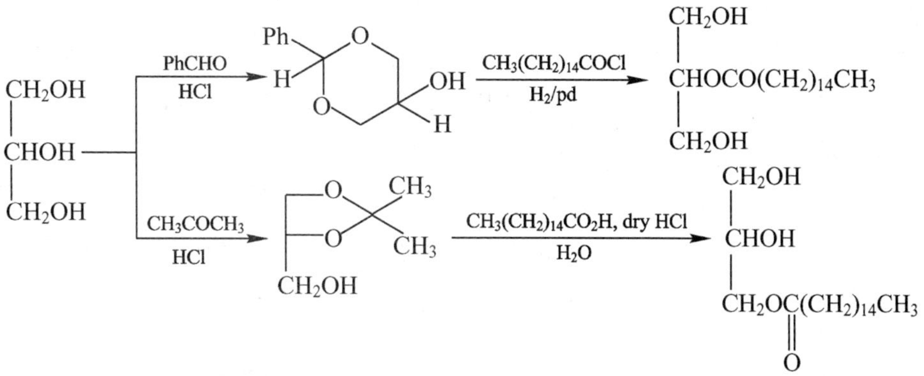

环状缩醛(酮)在大多数中性及碱性介质中都是稳定的,对铬酸酐/吡啶、过碘酸、碱性高锰酸钾等氧化剂,氢化铝锂、硼氢化钠等还原剂都是稳定的。因此,环状缩醛(酮)是非常有用的保护基。广泛应用于甾类、甘油酯和糖类、核苷等分子中 1,2-及 1,3-二羟基的保护。由于环状缩醛(酮)对酸性水解极为敏感,故用作脱保护基的方法。

(3)羧酸酯类衍生物

① 乙酸酯

由于乙酸酯对 CrO_3/Py 氧化剂很稳定,故可广泛用于甾类、糖、核苷及其他类型化合物醇羟基的保护。其乙酰化反应通常使用乙酸酐在吡啶溶液中进行,也可用乙酸酐在无水乙酸钠中进行。

对于多羟基化合物的选择性酰化只有一个或几个羟基比其他羟基的空间位阻小时才有可能。用乙酸酐/吡啶在室温下反应,可选择性地酰化多羟基化合物中的伯、仲羟基而不酰化叔羟基。

一般采用氨解反应或甲醇分解反应能够脱去保护基。

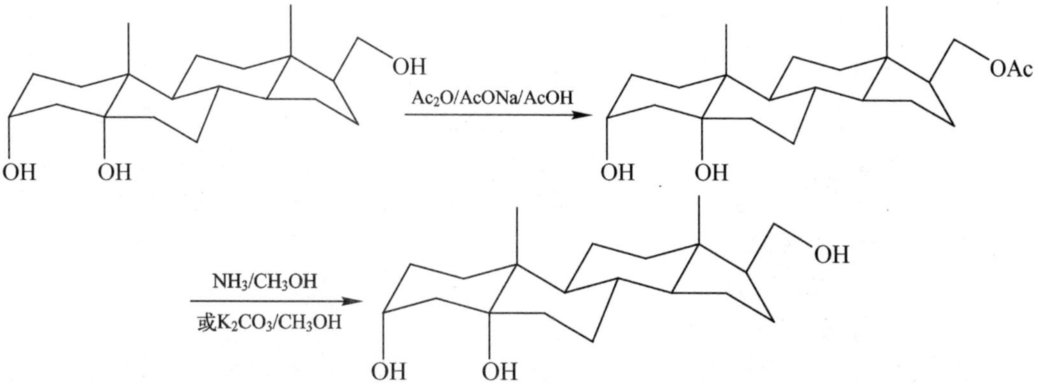

② 三氯乙基氯甲酸酯

2,2,2-三氯乙基氯甲酸酯与醇作用可生成 2,2,2-三氯乙氧羰基或 2,2,2-三溴乙氧

167

羧基保护基,该保护基可在 20℃ 被 Zn-Cu/AcOH 顺利地还原分解,但它对于酸和 CrO_3 是稳定的。这种保护法在类酯、核苷酸的合成中得到广泛应用。

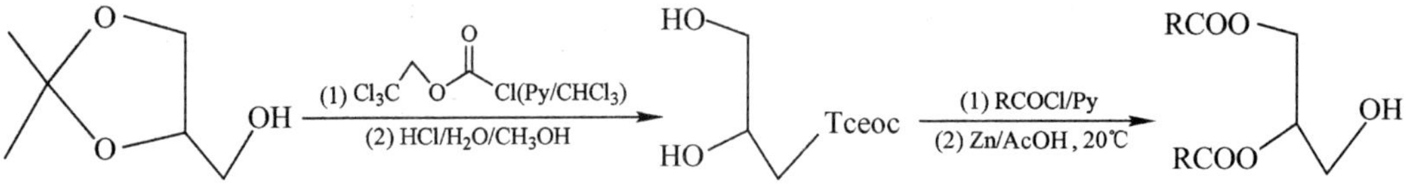

2） 酚羟基的保护

酚羟基和醇羟基有许多类似性质,因此应用于二者的保护基类似。酚的保护基可分为醚、酯及缩醛三类。表 3-2 列出了酚羟基保护基团和脱保护基的条件。

表 3-2　酚羟基的保护基团和脱保护基的条件

类　　别	酚羟基保护基	脱保护基的条件
醚类	—OCH_3	浓 H_2SO_4,室温;浓 HCl,封管加热;HCl 乙酸水溶液,回流;HI,回流等
	—$OCH(CH_3)_2$	HBr,回流
	—$OC(CH_3)_3$	HCl—CH_3OH,60℃;CF_3COOH,室温
	—OCH_2Ph	H_2,Pd—C,HCl/AcOH,Na—C_4H_9OH
缩醛类	—OCH_2OCH_3	$H_2SO_4/AcOH$
	—OCH_2OPh	Zn—AcOH,室温
酯类	—$OCOCH_3$	碱的水溶液或碱的含水醇溶液,HCl,氨水或氨水的醇溶液
其他	—$OSi(CH_3)_3$	H_2O,含水甲醇,回流

如酚羟基通常转变成羧酸酯或磺酸酯,在强碱作用下脱保护。

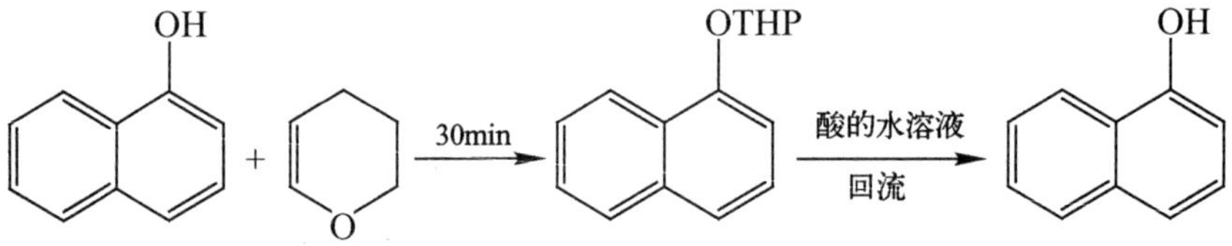

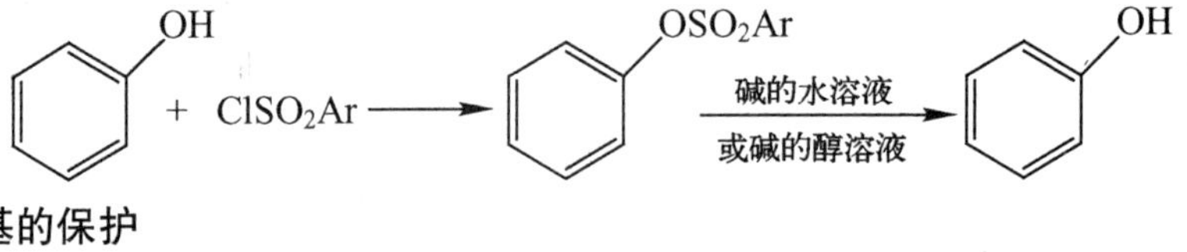

2. 羰基的保护

羰基具有多种反应性能,如醛、酮的羰基由于氧的吸电子效应,使羰基碳原子带有正电性,能与许多亲核试剂发生亲核加成反应。为避免羰基发生亲核性反应,必须改变羰基的键结构,使之失去原来羰基所具有的亲电性。作为保护基,要使羰基暂时失去原有的反应性,同时要考虑到脱去保护基,恢复到原来的羰基结构。常用的羰基保护的方法包括缩醛和缩酮的衍生物、烯醇醚和烯胺衍生物。

1） 缩醛和缩酮衍生物

（1） 二甲基或二乙基缩醛和缩酮

醛(酮)与醇或原甲酸酯在酸催化下反应即可制备相应的缩醛(酮)。这类衍生物对还原剂、中性或碱性条件下的氧化剂以及格氏试剂都很稳定。待反应完成后,用稀酸水解即可去保护。这类保护基只适用于醛或位阻小的酮制备相应的缩醛(酮),从而使应用受

168

到一定限制。

但这一不足又使选择性地保护羰基成为现实。如在口服避孕药 18-甲基三烯炔诺酮合成中,利用 3-酮基位阻小,选择性地生成二甲基缩酮来保护羰基。

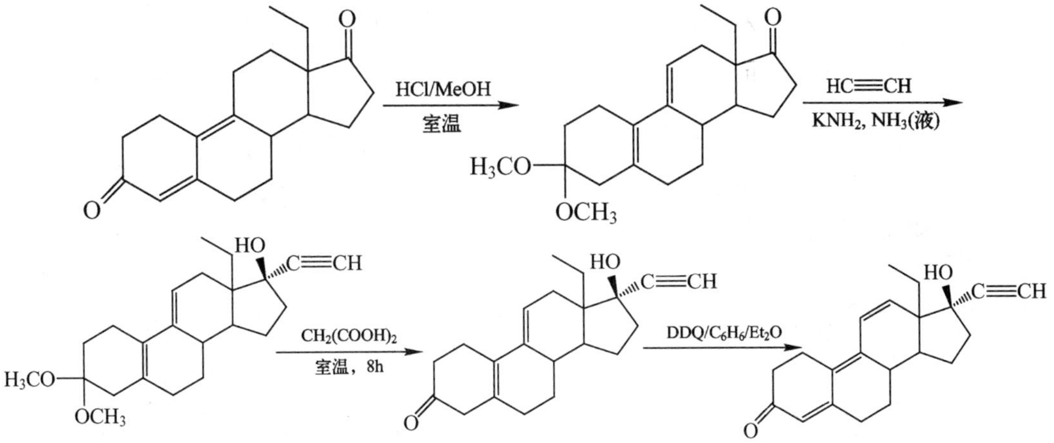

（2）环状缩醛和缩酮

乙二醇和乙二硫醇是最常用的羰基保护试剂。它们与醛(酮)作用生成环状的醛(酮),达到保护羰基的目的。该保护羰基的方法与上述方法具有相同的优点。

例如:2,2-二甲基-1,3-丙二醇在苯溶液里回流,使用催化量的硫酸锆催化醛酮缩合,得到高产率产物。该方法操作简单,反应后滤去催化剂,在 65℃ 煅烧,即可重复使用。

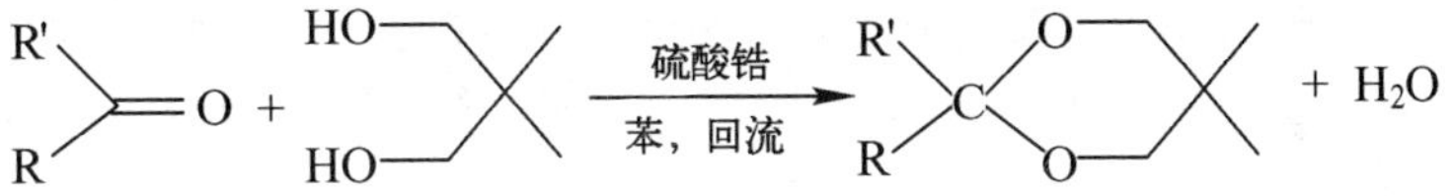

式中:R′为 H、CH_3;R 为 Ph、$4-ClC_6H_4$、$4-NO_2C_6H_4$、C_6H_5CH＝CH、$p-MeOC_6H_4$ 等。其中,羰基化合物结构差异造成生成环状缩醛(酮)的难易程度按下列顺序递减:醛>非环酮及环己酮>环戊酮>$\alpha,\beta-$不饱和酮>$\alpha-$单取代及二取代酮>芳香酮。

在酸性条件下,脱保护的难易程度与形成的难易程度是一致的。但位阻很高的酮很难形成缩酮,一旦形成缩酮,就需要强烈条件下(无机酸煮沸)方能去保护。因此,通过控制反应条件可以选择性地保护多羰基化合物中位阻小的羰基;同样,通过控制 pH 值,也可选择性地水解多缩醛(酮)中位阻小者。

2）烯醇醚和烯胺衍生物

（1）烯醇醚和硫代烯醚

在天然产物的合成中,烯醇醚和硫代烯醚是保护羰基的常用方法。一般是将 $\alpha,\beta-$不饱和酮与原甲酸酯[$CH(OMe)_3$]或[$CH(OEt)_3$]或 2,2-二甲氧基丙烷在酸催化下,以相应醇或二氧六环为溶剂进行反应,使其转化为稳定烯醇醚。

同理,用活泼的硫醇可得到相应的烯醇硫醚。饱和酮在此条件下难以反应,故利用这一差异可选择性地保护 $\alpha,\beta-$不饱和酮。例如:

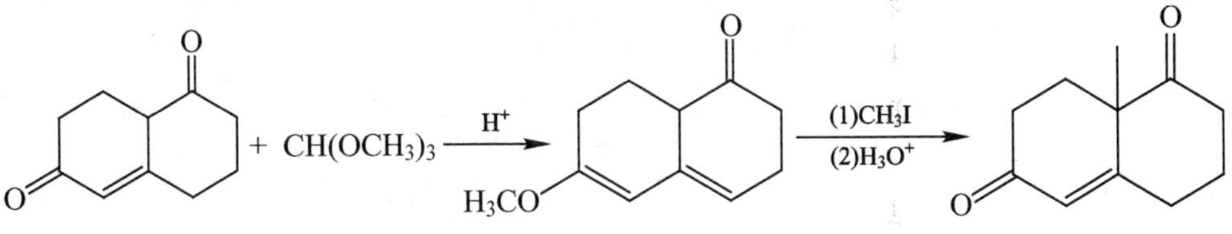

169

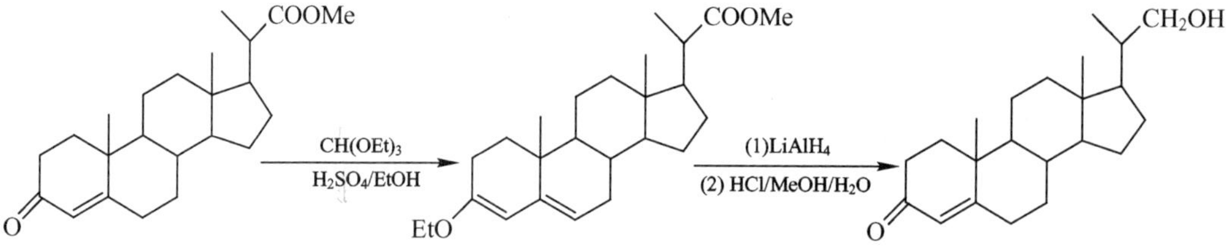

（2）烯胺

烯胺在合成上应用很多,但作为酮的保护基仅限于甾体类化合物。羰基化合物与环状仲胺在苯中加热回流,蒸出生成的水和苯形成的恒沸物,即可得到相应的烯胺。烯胺对 $LiAlH_4$、格氏试剂及其他有机金属试剂稳定。待反应完成后,用稀酸处理可脱去保护,反应过程如下:

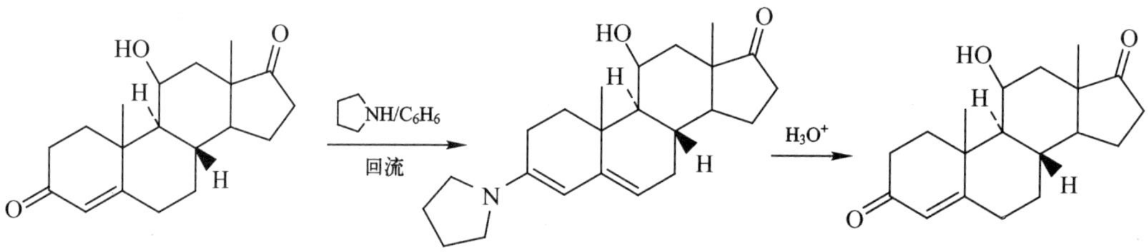

上述的羰基保护基,共同特点是对碱稳定,对酸敏感,这一特征性反应正好提供了解除保护基重新释放出羰基的条件。但是,当反应需要在酸性条件下进行时,上述保护羰基的方法均不适用。

丙二腈同羰基缩合生成二氰乙烯基衍生物则是目前唯一的对酸稳定,对碱敏感的羰基保护基。该保护基提供了对碱敏感的羰基化合物的保护方法,利用这一特征可以解除保护基重新释放出羰基。

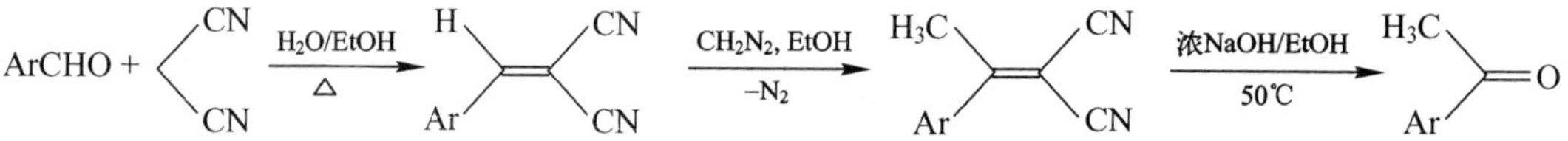

3. 氨基的保护

氨基由一个氮原子和两个氢原子组成,是有机化学中的基本碱基,所有含有氨基的有机化合物都有一定碱性特征。氨基(如伯胺、仲胺)是一个活性大、易被氧化的基团,也容易发生烷基化、酰化及醛酮羰基的亲核加成反应。因此,在合成中经常要把氨基保护起来。选择一个氨基保护基时,必须仔细考虑到所有反应物、反应条件及所设计反应过程中会涉及的底物中官能团。氨基保护常采用生成酰胺基、生成苄胺或三苯甲基衍生物、与金属离子形成螯合物等方法。

1）生成酰胺

氨基通过酰化转变为酰胺是保护氨基的一种常用方法。一般伯胺基的单酰化保护已能够防止氧化及烃化等反应。

这种方法可以使-NH_2免受氧化,降低氨基活性,有利于对位异构体生成。常用的简单酰基及其稳定性次序为苯甲酰>乙酰基>甲酰基。

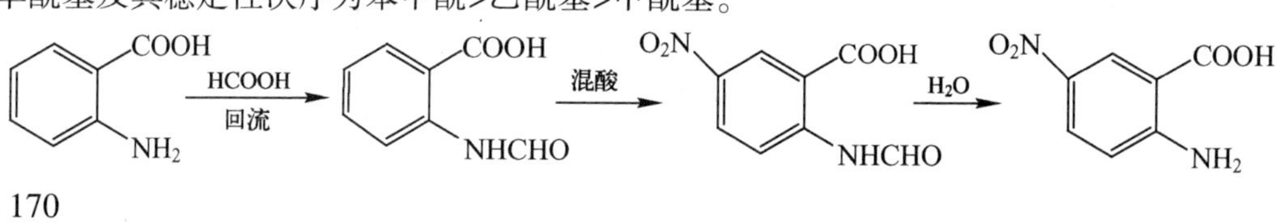

在多肽合成中，一般不用甲酰基和乙酰基，而用结构较为复杂的三氟乙酰基、叔丁氧羰基、三氯乙氧羰基、苄氧羰基及邻苯二甲酰基作氨基的保护基。主要因为简单的酰基稳定性较差，难以对氨基提供完全保护；在酸性或碱性条件下脱去甲酰基和乙酰基可能对多肽键中酰胺键产生不利影响。该方法的特点是能在温和条件下脱去保护基。如三氟乙酰基与氨基形成的酰胺，由于 3 个氟原子强吸电子效应的影响，羰基亲电性显著提高，在弱碱条件下即可脱去保护基。

叔丁氧羰基保护基可由叠氮酸叔丁酯或混合碳酸酯与胺反应来制备。该保护基对氢解、金属钠/液氨、碱分解、肼解等条件稳定，而在中等强度的酸中即可脱去保护，因而广泛用于多肽合成。类似的还有三卤乙氧羰基和苄氧羰基。

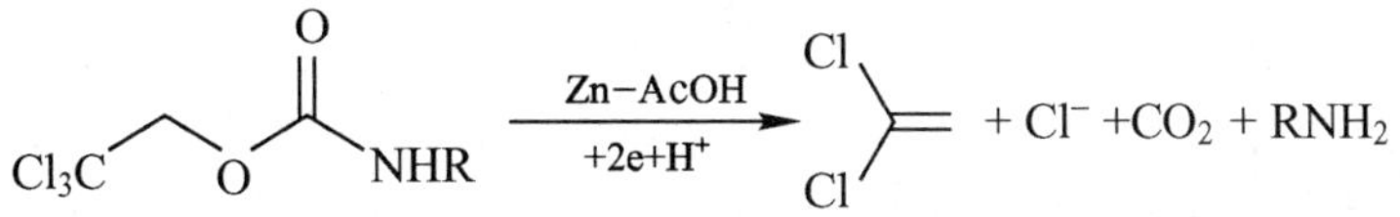

如果使用叠氮甲酸叔丁酯则必须严格控制 pH 值，因为制备叠氮甲酸叔丁酯时曾有过发生猛烈爆炸的报道。基于此，可以使用容易制备的水溶性叔丁氧羰基新试剂与氨基酸或肽盐迅速反应，生成高收率的叔丁氧羰基保护基产物。

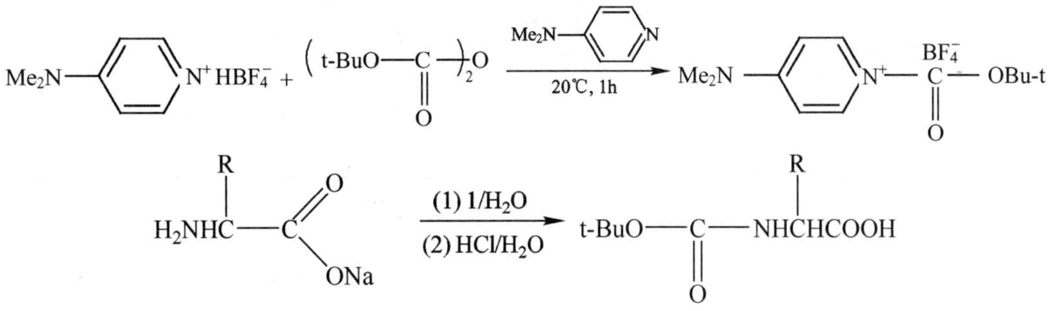

胺与乙氧羰基邻苯二甲酰亚胺反应可制备胺的邻苯二甲酰类衍生物。这类保护基对酸、碱性还原、催化氢化都很稳定，但容易被亲核试剂脱去保护基，常用脱保护试剂是肼。

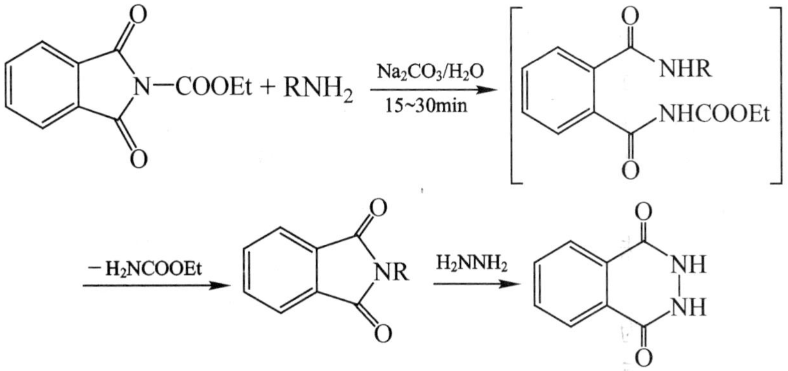

2) 烷基和芳基衍生物

将氨基转换成烯丙基、苄基和三苯甲基衍生物，因为烯丙基、苄基衍生物对酸、碱、格氏试剂、还原剂等都比较稳定。其脱除的方法是在 Pd/C—H_2 或 Na/NH_3（液）条件下进行。

$$R_2N-CH_2Ph \xrightarrow[\text{或Na-NH}_3(\text{液})]{H_2/Pd-C} R_2NH+CH_3Ph$$

（1）苄基衍生物

若用苄胺进行亲核取代反应,可以在分子中引入一个胺基。然后再去掉苄基,该方法在有机合成中也是一个重要反应。如:由 5-溴尿嘧啶合成 5-甲氨基尿嘧啶。

$$R—NH_2+BrCH_2Ph \xrightarrow{\text{碱}} R—NH+CH_2Ph$$

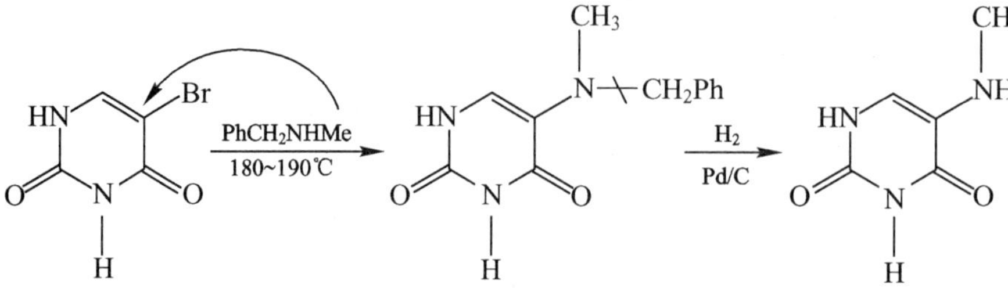

（2）三苯甲基衍生物

三苯甲基的空间位阻作用对胺基可以起到很好的保护作用。脱除方式如下:①催化加氢;②不同于苄基的是,三苯甲基在温和的酸性条件下即可脱掉保护基（如 $HOAc/H_2O/$ 30℃或 $F_3CCOOH/H_2O/-5$℃）。

$$RNH_2+Ph_3C—Br(Cl) \xrightarrow{B^-} RNHCPh_3$$

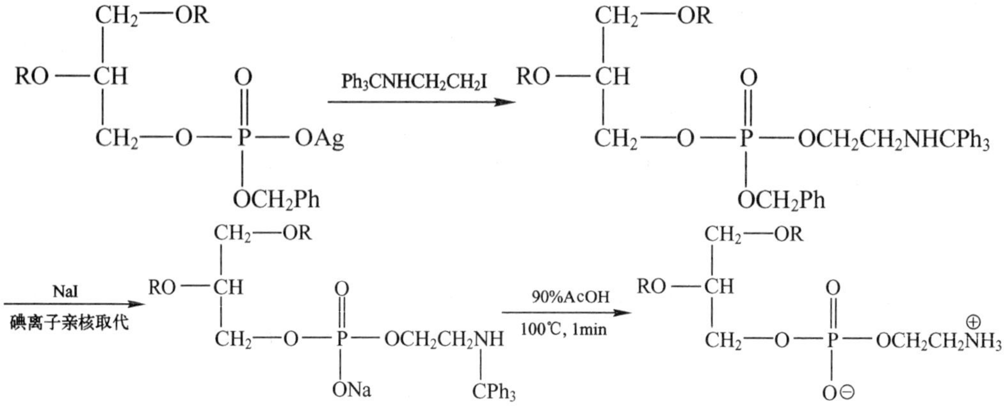

3）与金属离子形成螯合物

该方法是利用氮原子上孤对电子对与金属形成螯合物,主要用来保护 α- 和 β-氨基酸的胺基。如甘氨酸合成苏氨酸。脱除方法是用 H_2S 处理很容易破坏复合物。

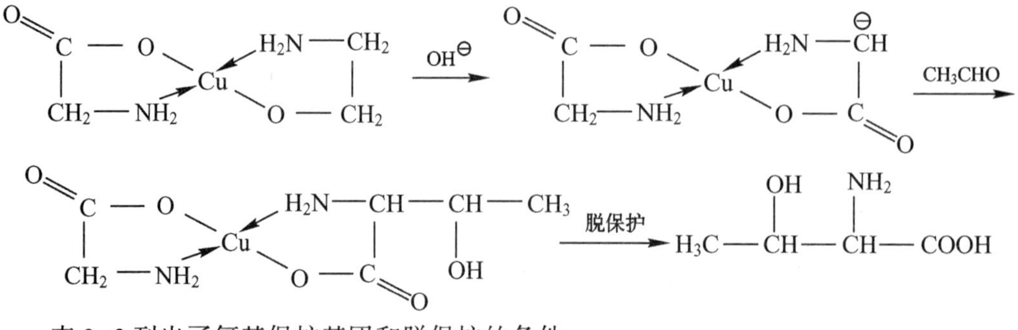

表 3-3 列出了氨基保护基团和脱保护的条件。

172

表 3-3　氨基保护基及脱保护条件

保护基		试剂	脱保护
缩写	结构式		
Tfac	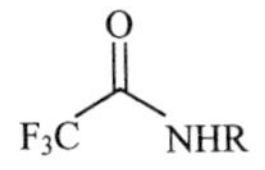 （结构式：$F_3C-CO-NHR$）	$(F_3CCO)_2O, Py$	$Ba(OH)_2, NaHCO_3,$ $NH_3/H_2O, HCl/H_2O,$ $NaBH_4/MeOH$
Boc(t-Box)	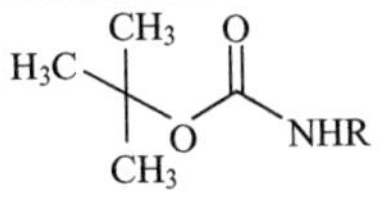 （结构式：叔丁氧羰基 $H_3C-C(CH_3)(CH_3)-O-CO-NHR$）	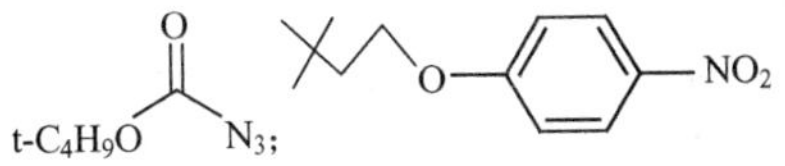 $t-C_4H_9O-CO-N_3;$ （对硝基苄氧羰基叠氮结构式，末端 NO_2）	$TFA/CHCl_3,$ HF/H_2O
Tceoc	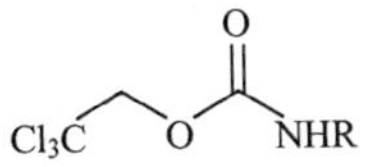 （结构式：$Cl_3C-CH_2-O-CO-NHR$）	$TceocCl$	$Zn/AcOH,$ 阴极电解还原
Cbz("Z")	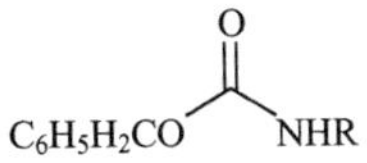 （结构式：$C_6H_5CH_2O-CO-NHR$）	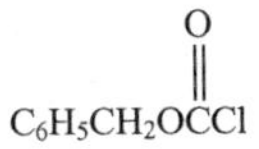 $C_6H_5CH_2O-CO-Cl$	$HBr/AcOH, H_2/Pd$
Phth	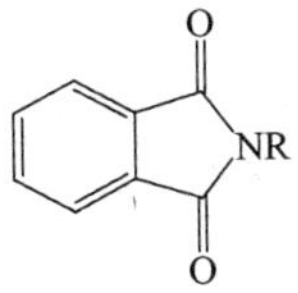 （邻苯二甲酰亚胺结构式 NR）	$PhthNCOOEt$	$HBr/AcOH, N_2H_4/H_2O$

4. 羧基的保护

羧基是羟基与羰基组成的 p-π 共轭体系,它的保护分为羰基的保护和羟基的保护。实际上,羧基的保护在更多情况下是羟基的保护。通常用形成酯的形式来保护羟基,其中酯化法分为直接酯化法和间接酯化法。

1) 羧基中羟基的保护

酯化反应是可逆的,需要除去反应中产生的水。常用方法是加入惰性溶剂(苯、CCl_4、$HCCl_3$ 等)共沸除水或加入脱水剂除水。反应通式如下:

$$RCOH + R'OH \rightleftharpoons RCOR' + H_2O$$

但是,在上述方法中,甲酯形成过程中用此方法除水较困难,可用丙酮二甲基缩醛来促进该反应。

$$RCOOH + CH_3OH \underset{H^+, 缩酮}{\rightleftharpoons} RCOOCH_3 + H_2O$$

其中,缩酮的作用是与水反应。

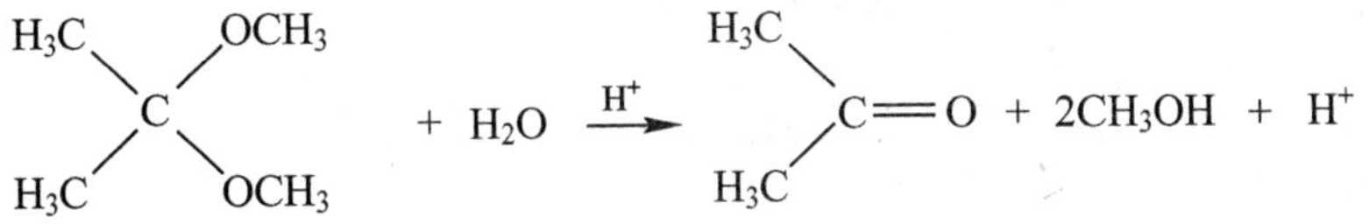

$$H_3C-C(OCH_3)(OCH_3)-CH_3 + H_2O \xrightarrow{H^+} H_3C-C=O-CH_3 + 2CH_3OH + H^+$$

三氟乙酸酐可以催化羧酸直接酯化:

$$RCOOH + (CF_3CO)_2O \longrightarrow RCOOCCF_3 + CF_3COOCH$$

酰卤、酸酐的醇解及酯交换都可以看作间接酯化法,可以方便地制备羧酸酯。

2) 羧基中羰基的保护

羧基中羰基的保护可以采用形成 2-噁唑啉衍生物的方法。

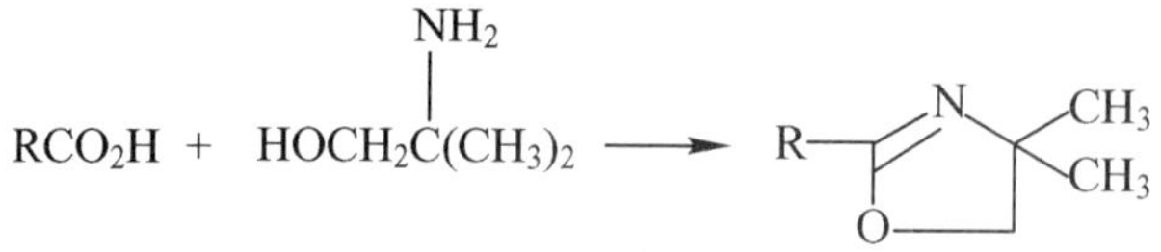

$$RCO_2H \ + \ HOCH_2C(CH_3)_2 \ \longrightarrow \ \text{[2-噁唑啉衍生物结构]}$$

其反应的机理如下:

$$\text{[反应机理图示]}$$

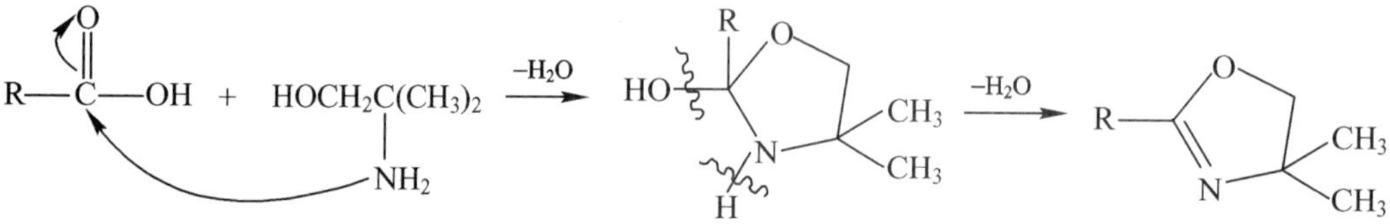

关于保护基团的脱除,主要包括 3 种方法:一是碱性水解,简单烷基酯一般在碱性条件下水解;二是酸性水解,叔丁酯、四氢吡喃酯、2,4,6-三甲氧基苄酯、二苯甲基酯等;三是催化氢解,如苄基酯、取代苄基酯及苄氧甲基酯等。

碱性水解:

$$RCOOR' + NaOH \ \longrightarrow \ R'OH + RCOONa \ \xrightarrow{H^+} \ ROOH + Na^+$$

酸性水解:

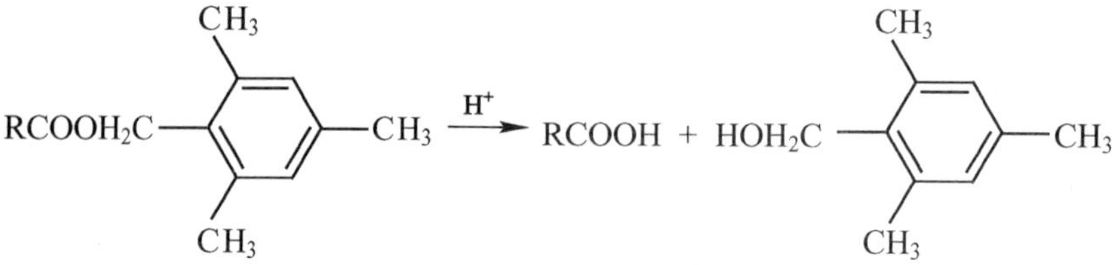

$$\text{[2,4,6-三甲基苄酯酸性水解图示]} \ \xrightarrow{H^+} \ RCOOH \ + \ \text{[三甲基苄醇]}$$

催化氢解:

$$\text{[苄酯催化氢解图示]} \ \xrightarrow[H_2]{Pd/C} \ RCOOH \ + \ H_3C\text{—}\text{[苯环]}$$

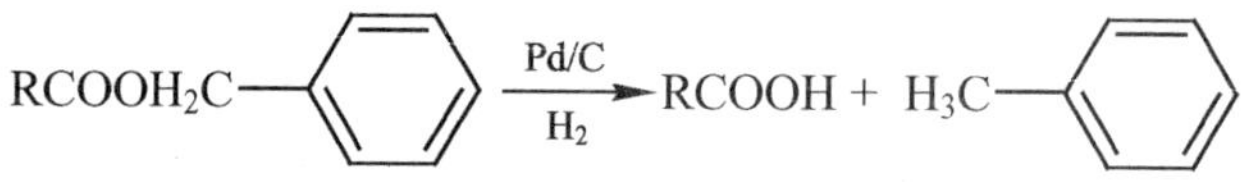

5. 碳-氢键的保护

1) 乙炔衍生物活泼氢(—C≡C—H)的保护

末端炔烃(RC≡C—H)的炔氢,可与活泼金属、强碱、强氧化剂以及有机金属化合物反应,故在某些合成中需要对其进行保护。

三烷基硅烷基是常用的炔烃保护基(如 Me_3Si—、Et_3Si—)。通过炔烃转变为格氏试剂后再和三甲基氯硅烷作用能够实施引入三烷基硅烷基以进行保护。该保护基对有机金属试剂、氧化剂稳定,用硝酸银可以除去保护基。

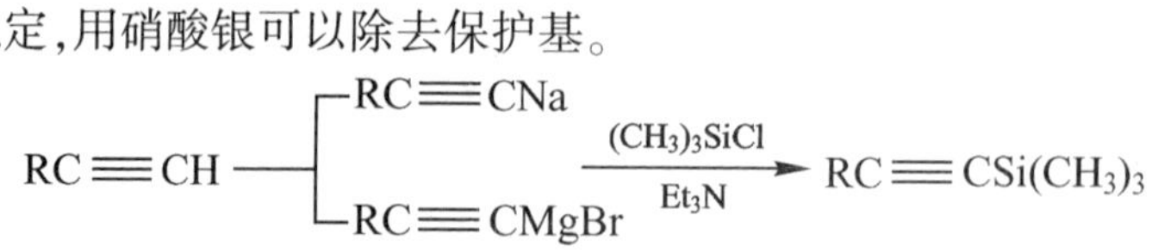

$$RC≡CH \ \begin{cases} RC≡CNa \\ RC≡CMgBr \end{cases} \ \xrightarrow[Et_3N]{(CH_3)_3SiCl} \ RC≡CSi(CH_3)_3$$

脱保护的方法如下:

$$RC≡CSi(CH_3)_3 \ \xrightarrow[KCN]{AgNO_3} \ RC≡CH$$

$$RC≡CSi(CH_3)_3 \ \xrightarrow[\text{或}OH^-/H_2O]{H_2O/H^+} \ RC≡CH$$

174

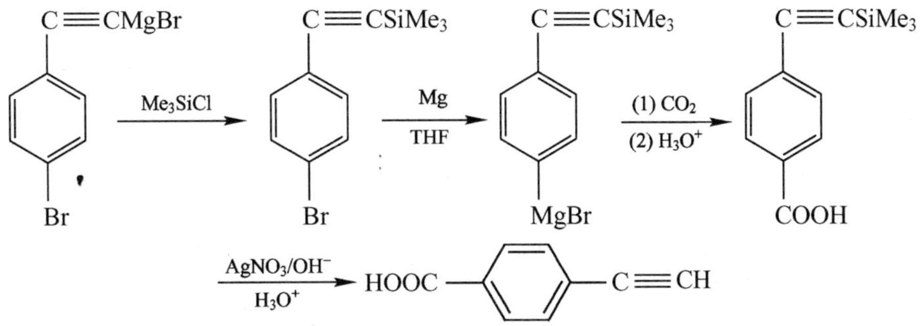

以 CO_2 为保护基...

2) 芳烃中 C—H 键的保护

简单芳香族化合物的合成通常用亲电取代反应来完成,新引入基团将进入芳环上电子密度最高的位置。若要得到不同位置的取代物,就必须首先将最活泼的位置保护起来,然后再进行所希望的取代反应,最后脱去保护基。常用保护基有间位定位基如—COOH、—NO_2、—SO_3H,邻对位定位基如—NH_2、—X 等。

(1) 间位定位基

羧基、硝基、磺酸基为强吸电子基,只有当芳环上有强供电子基(如氨基、甲氧基、羟基等)时方可使用。例如:

以羧基为保护基:

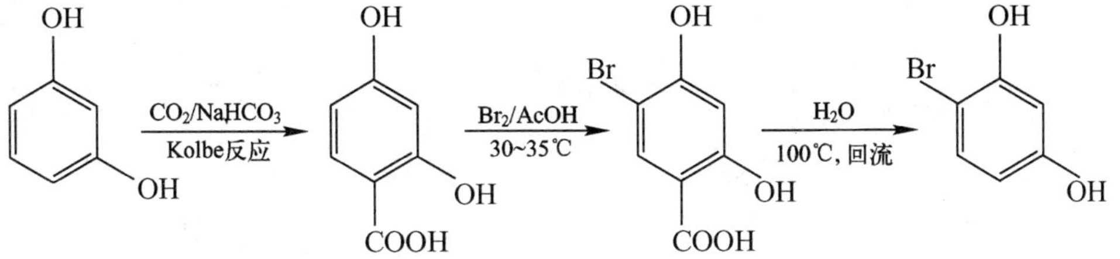

以硝基为保护基:

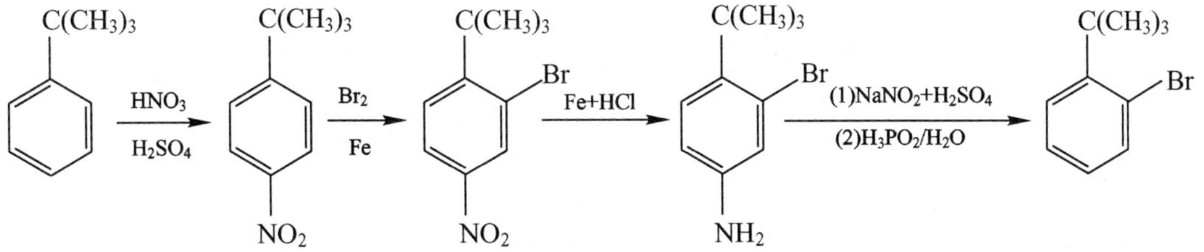

(2) 邻、对位定位基

以叔丁基为保护基:

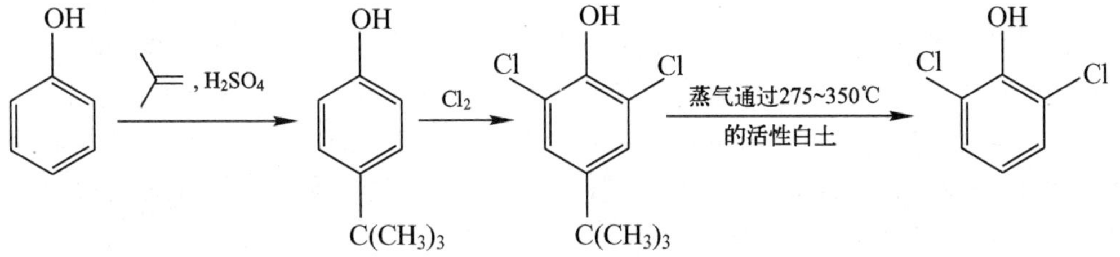

以卤素为保护基:该保护基广泛用于指定位置的关环。可以保护羟基(或甲氧基)的对位,引导关环发生在羟基的邻位。

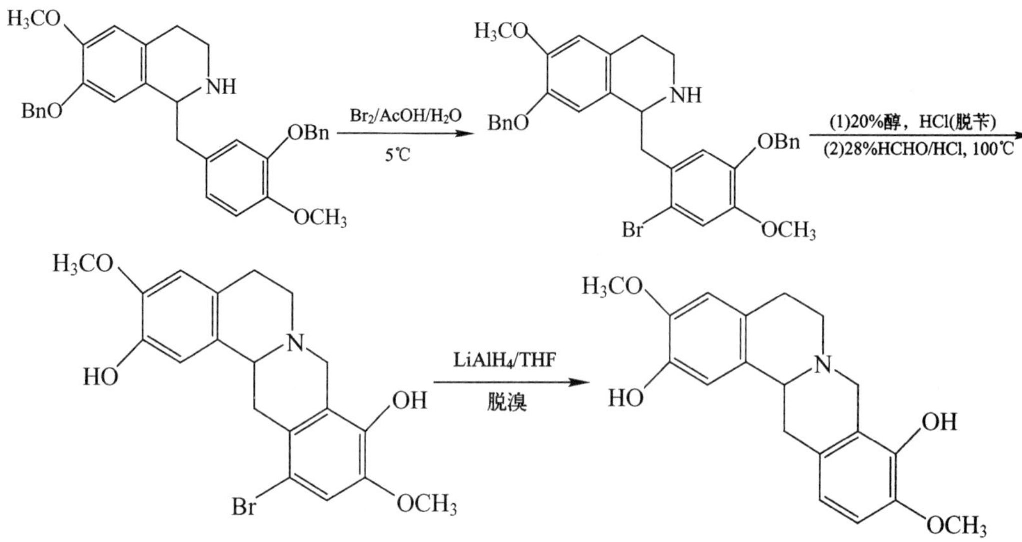

3）脂肪族化合物 C—H 键的保护

脂肪族化合物 C—H 键的保护,一般是指保护特定位置的 C—H 键。例如,有一个 α-碳上进行烃化反应,就必须将另一个 α-位活泼亚甲基保护起来,待指定部位的烃化反应完成后再将保护基脱除。

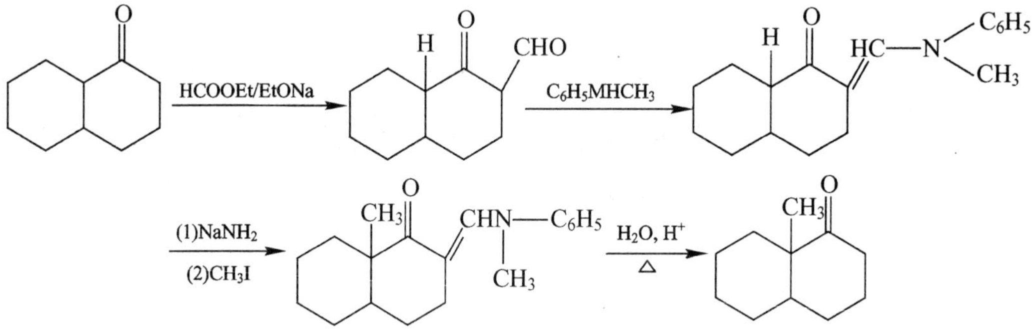

6. 官能团保护的应用实例

在有机化合物的合成中,能否巧妙地设计和应用保护-去保护方法,常常是合成工作成败的关键。在很多时候,甚至要做到多种保护基的同步保护。

下面以庚烯-5-酮-2 合成为例,看一看官能团保护的应用。

试设计:庚烯-5-酮-2,

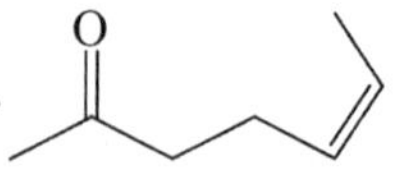

根据逆合成分析法和分子拆开法,对庚烯-5-酮-2 的结构进行分析,发现其分子中含有两个官能团:双键和羰基。根据有机化学知识,烯烃可由炔烃经催化加氢制备,这样庚烯-5-酮-2 的制备就转变为庚炔-5-酮-2。炔烃三键碳原子上的氢原子有一定的酸性,在液氨中能与碱金属如 Li、Na、K 等氨化物反应,生成碱金属炔化物,碱金属炔化物与卤代烃反应,可以合成一系列取代的炔烃。

因此,根据上述反应,庚炔-5-酮-2 的制备转变为己炔-5-酮-2 的制备。醛和酮中 α-氢在羰基的影响下,具有一定的弱酸性,这种弱酸性是通过它们的烯醇式结构表现出来。烯醇负离子作为亲核试剂,进攻卤代烃的缺电子碳,发生亲核取代反应,完成烷基

176

化反应。分析过程如下：

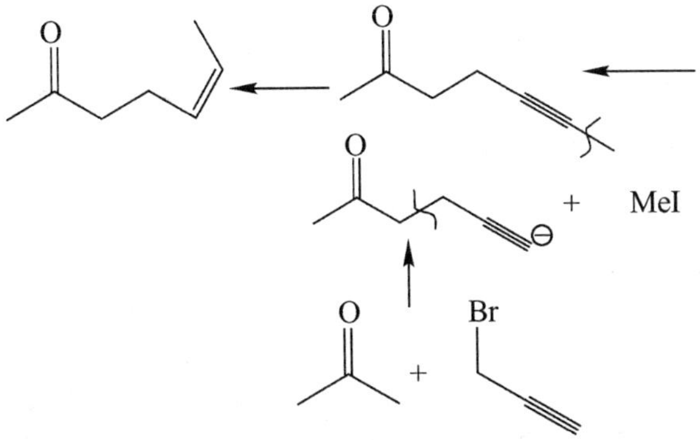

根据上述分析，可以设计出庚烯-5-酮-2 的合成路线：

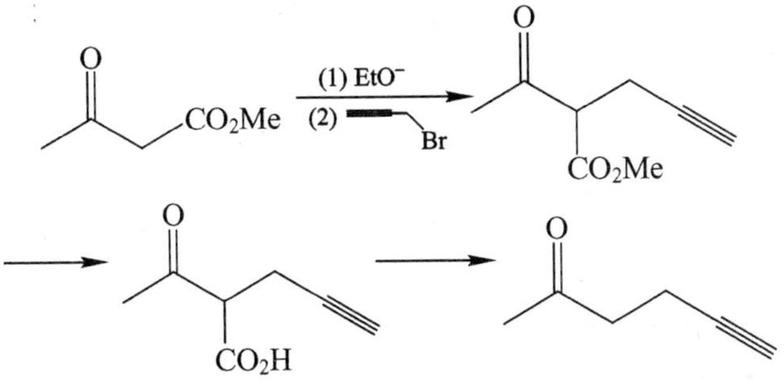

$$R-C\equiv C-H \xrightarrow[-NH_3]{NaNH_2} R-C\equiv C^{\ominus} \overset{\oplus}{Na} \xrightarrow{MeI} R-C\equiv C-Me$$

显然，在合成最后一步，炔烃与卤代烃的反应中，酮基两旁的碳上的氢有较强的酸性会优先与 $NaNH_2$ 作用，所以酮基必须先保护起来，使酮基转变成缩酮基，缩酮基在 $NaNH_2$ 中保持稳定，保证炔烃与 MeI 反应的顺利进行。在反应完成后，再进行保护基的脱除，就完成庚炔-5-酮-2 的制备。

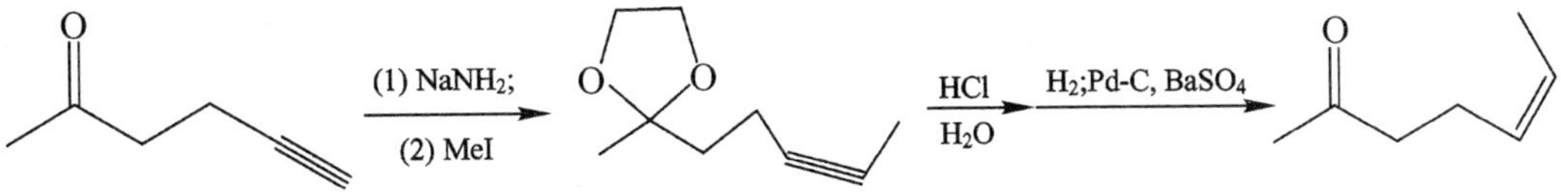

在有机合成中，官能团保护是一种迂回的策略，虽然能解决许多合成的问题，但由于保护需要引入和除去，这样就增加合成的步骤、成本，因此能通过改变合成的路线，避免保护问题是最理想的方法。

3.3.5 导向基

导向基的引入是有机合成中一种十分重要的方法。为了说明本类技巧，先从一个具体的例子谈起。

试设计：1,3,5-三溴苯，

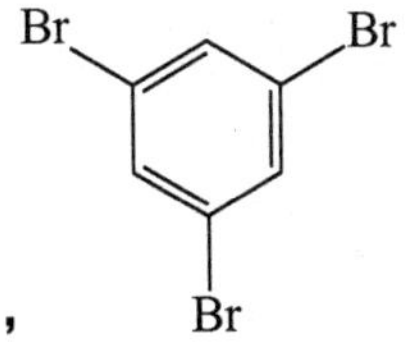

根据有机化学知识，由于溴取代基互相居间位，显然不是由本身的定位效应引入。它

们之所以互居间位,可以推测是由于有一个强的邻、对位定位基存在使它的效应压倒溴基,使溴基进入它的邻、对位,而本身却互处间位。不过产物中并没有这个基因存在,显然是在合成过程中先被引入,任务完成后被去掉的。此类基团在有机合成中称为导向基。

那么,什么基团可以满足上述要求? 显然,氨基是一个强的邻、对位定位基,既便于以如下方式引入:

$$-H \longrightarrow -NO_2 \longrightarrow -NH_2$$

也便于以如下的方式除去:

$$-NH_2 \longrightarrow -N_2^+OSO_3H \longrightarrow -H$$

根据以上分析,得到 1,3,5-三溴苯合成路线:以苯为起始原料,经硝化反应生成硝基苯,硝基苯在酸性介质中被还原为苯胺,氨基是一个强的邻、对位定位基,苯胺经溴化反应得到 1,3,5-三溴苯胺,再经磺化、水解等反应,得到 1,3,5-三溴苯,其产率为 64%~71%。

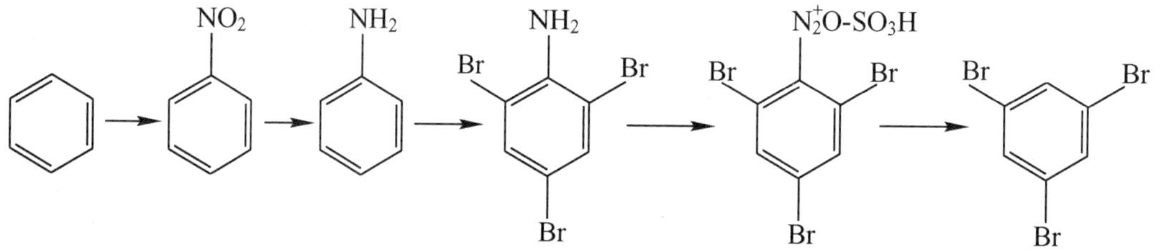

这一合成过程中,氨基起重要的作用,但氨基是分子中原本并不存在的基团,引入的目的是实现其定位作用。这与《三国演义》中"借东风"类似,在上述合成中氨基起"东风"的作用。之所以要"借",是为实现特定的目的,因此在任务完成后就应该"还";"还"是指还其本来的面目,即将"借"来的基团去掉。

在有机合成中,为合成目标分子,在合成的过程中引入某一基团,在完成任务后将该基团去掉,这样的基团就叫做导向基。之所以要引入导向基,是由于有机物分子在一定的反应条件下,活性中心不一定是合成所需部位,而当引入导向基后就能使反应分子的活性中心变成合成所需部位时,就需要引入导向基,即引入导向基能改变分子反应的活性中心,以适应有机合成的需要。

当然,并非任何基团都能起到导向基的作用。导向基应具备如下的条件:①便于引入:通过一两步反应,即可把导向基引入原料分子内预定的部位;②有利于合成的顺利进行:引入反应分子后,能明显改变反应活性中心的位置,以适应合成的需要;③便于去除:完成预定的合成任务后,用化学方法略加处理,即可去掉导向基,以得到设计的目标分子的真实面目。只有完全具备这 3 项条件的原子或基团,才可作为导向基,三者缺一不可。

有机合成中常用的导向方法有 3 种:活化导向、钝化导向、封闭特定位置导向。其中,活化导向手段是使用最多的方法。

1. 活化的导向基

在分子结构中引入既能活化反应中心,又能起到导向作用的基团,称为活化基。活化导向是有机合成中导向的主要手段。

在有机合成时,同样是为了导向,有时需要采用不同的手段。在上例中氨基之所以能作为导向基,是由于它对邻、对位有较强的活化作用。反之,要想间位取代,就不能用氨基,而要用硝基、羧基等。

试设计:苄基丙酮,

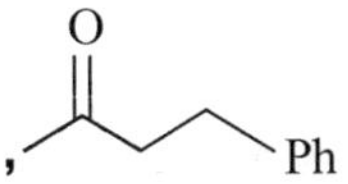

根据分子拆开法,可以由酮和卤代烃反应制备目标产物,即

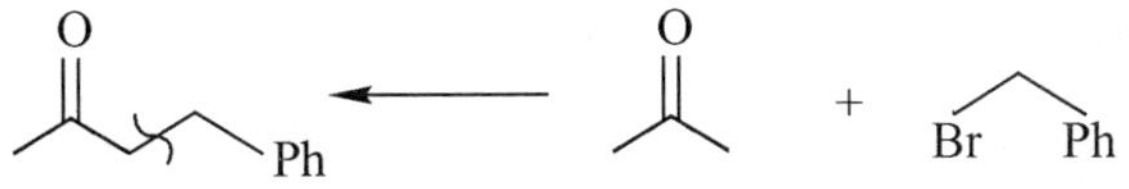

从而,苄基丙酮最简单的合成方式如下:

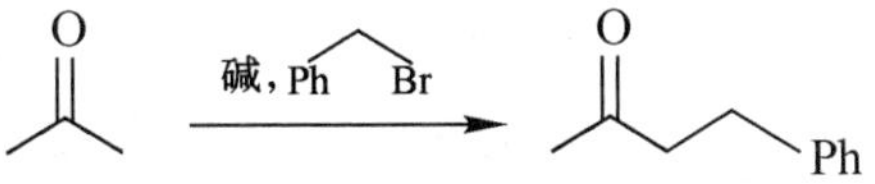

但是,直接采用上述方法制备的苄基丙酮收率低,因为反应中除副反应丙酮的自身缩合外,还会有对称的二苄基丙酮等副产物形成:

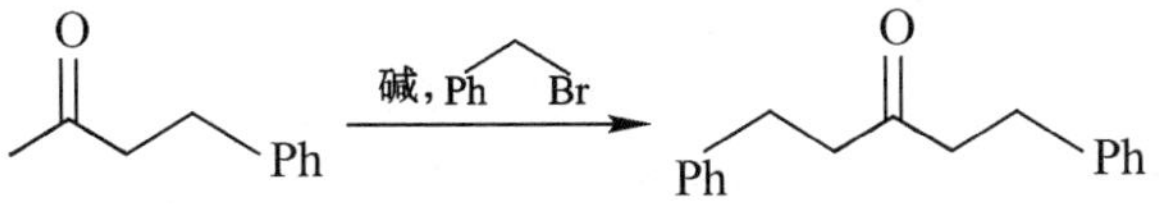

解决这个问题的办法在于设法使丙酮的两个甲基有显著的活性差异,可以将一个乙酯基(导向基)引入到丙酮的一个甲基上,这样就使所在碳上的氢较另一个甲基中的氢有大得多的活性,使这个碳成为苄基溴易进攻的部位。

因此,合成时使用原料乙酰乙酸乙酯而不是丙酮。任务完成后将乙酯基水解成羧基,再利用 β-酮酸易脱羧的性质(一般在室温或略高于室温即可脱羧)将导向基去掉。

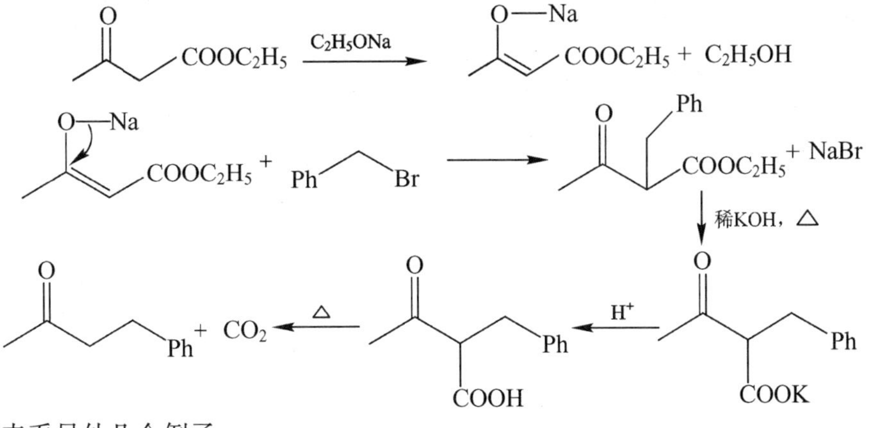

再来看另外几个例子。

试设计:环己烯-3-丙酸,

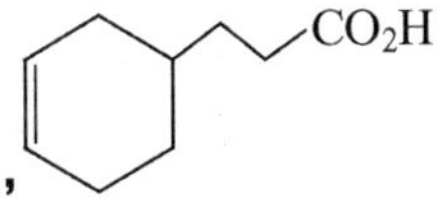

根据分子拆开法,环己烯-3-丙酸的拆开如下:

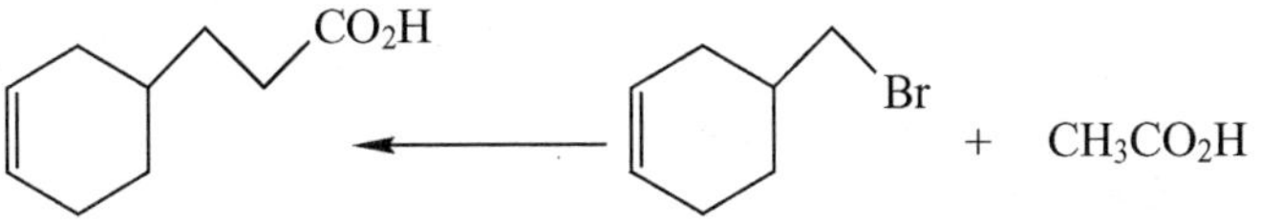

但乙酸的 α-H 不活泼,为使烷基化在 α-C 上发生,需引入乙酯基使 α-H 活化。选用丙二酸二乙酯使 α-H 活化,任务完成后将酯基水解成羧酸,利用两个羧基连在同一碳上受热容易失去 CO_2 特征将导向基去掉。丙二酸具有如下特性:

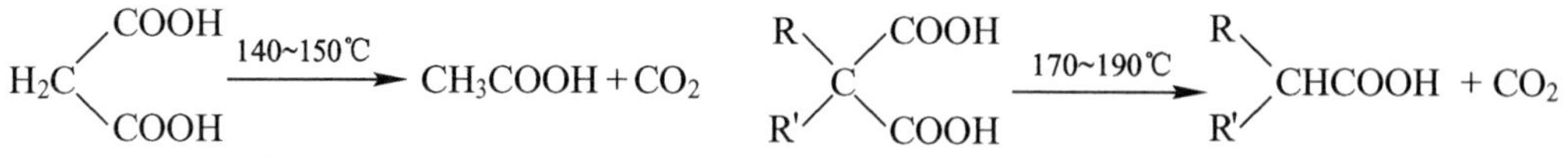

$$\underset{\text{COOH}}{\overset{\text{COOH}}{H_2C}} \xrightarrow{140\sim150℃} CH_3COOH + CO_2 \qquad \underset{R'}{\overset{R}{C}}\underset{\text{COOH}}{\overset{\text{COOH}}{}} \xrightarrow{170\sim190℃} \underset{R'}{\overset{R}{}}CHCOOH + CO_2$$

因此,环己烯-3-丙酸的合成如下:

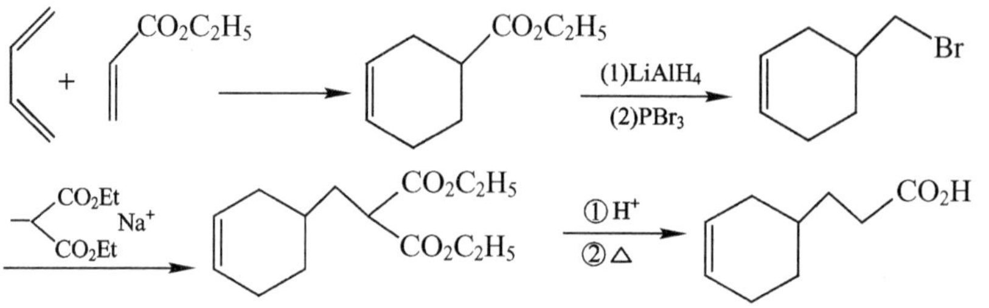

试设计:1-环戊基-3 苯基丙烷,

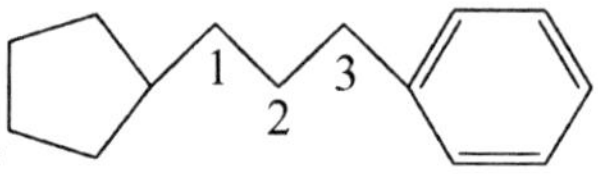

根据分子拆开法,要拆开这个化合物,困难在于它是一个没有官能团的烃类化合物,似乎"无懈可击"。为将两个环之间的饱和碳链拆开,不妨设想在合成过程中碳链上曾存在官能团,这样就创造了"可乘之机"。首先设想 C_1 是个羰基碳原子,这样的设想是允许的,因为羰基通过下列反应是可以变成亚甲基的。

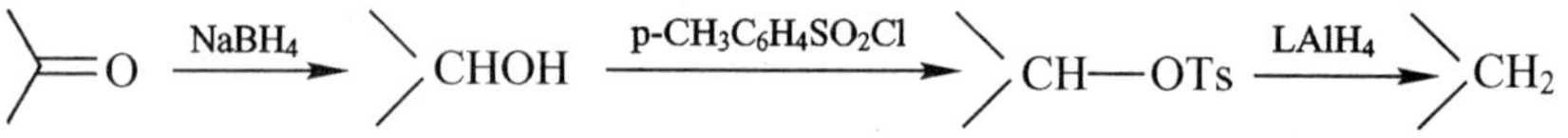

再设想在 C_2 与 C_3 之间存在一个双键,这也是允许的,因为通过催化氢化双键可以变回单键:

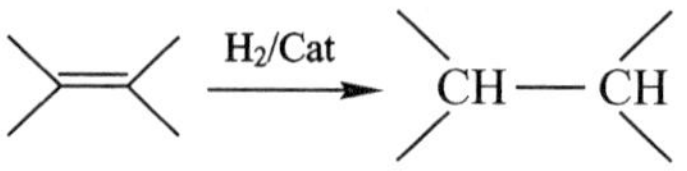

这样就将 1-环戊基-3-苯基丙烷设想是从环戊基苯乙烯基甲酮变化来的。

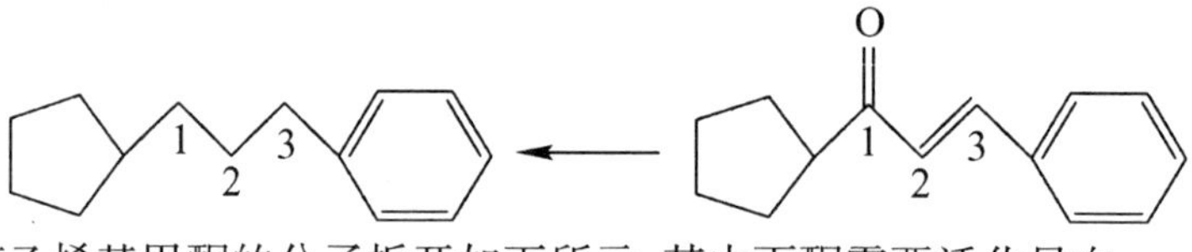

环戊基苯乙烯基甲酮的分子拆开如下所示,其中丙酮需要活化导向。

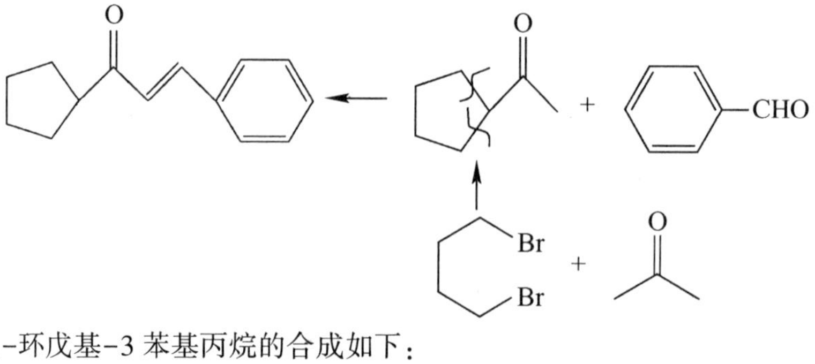

因此,1-环戊基-3 苯基丙烷的合成如下:

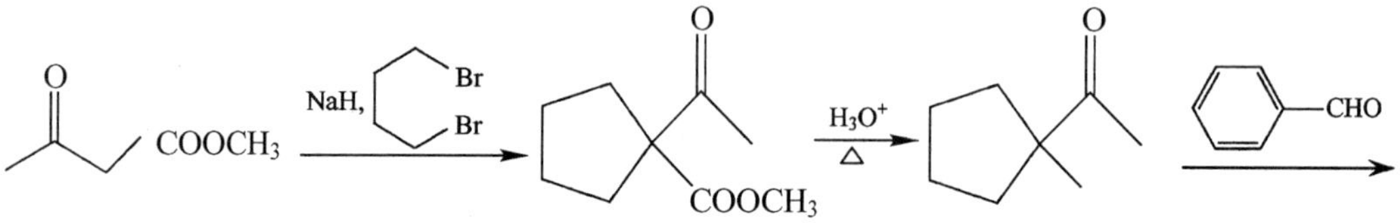

180

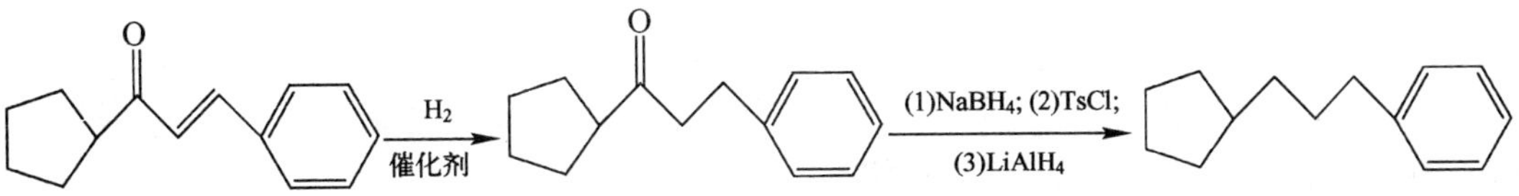

由上面的例子可以看到,在合成工作中进行合理设想的重要性。因为这样才能在"山穷水尽疑无路"时,看到"柳暗花明又一村"。

2. 钝化的导向基

在有机合成中,活化能够导向,钝化同样可以导向。什么是钝化的导向基?为了使多官能团化合物的某一反应中心突出来而将其他部位"钝化",或降低非反应中心的活泼程度而便于控制反应中心的基团,称为钝化导向基。其作用就是降低非反应中心的活性,以便于合成目标分子。

试设计:对溴苯胺,

氨基是很强的邻、对位定位基,进行取代反应时容易生成多元取代物。例如,苯胺与过量的溴水作用,就生成2,4,6-三溴苯胺的白色沉淀;此反应是定量的,因此可用于苯胺的定性与定量分析。

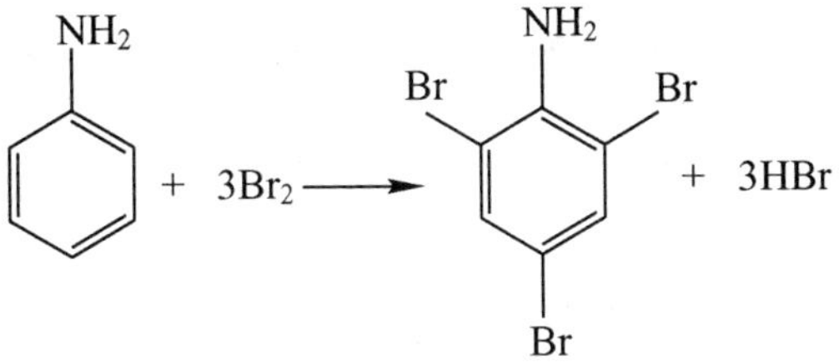

如果要在苯胺的苯环上只要取代一个溴原子,则必须将氨基的活性降低,这可以通过乙酰化反应来达到:

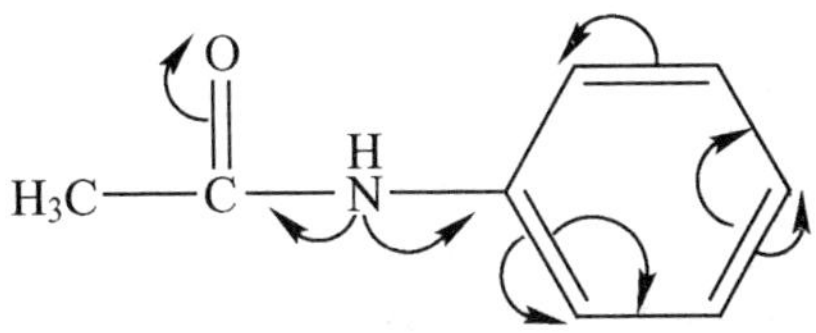

当乙酰苯胺进行溴化时,得到的主要产物是对位溴代乙酰苯胺。于是,对溴苯胺的合成如下:

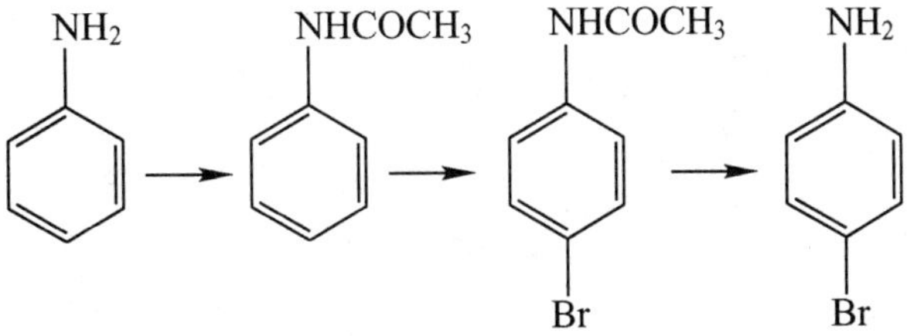

试设计:**N-丙基苯胺**,PhHN〜〜〜

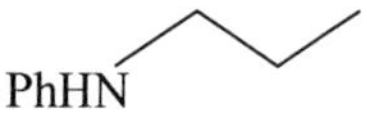

根据分子拆开法,可以将目标分子作如下的拆开,但是这样的拆开并不合适,因为反应的产物比原料亲核性更强,易于烷化反应的发生。

PhHN〜〜〜　←　PhNH$_2$　+　〜〜〜Br

$$PhNH_2 \xrightarrow{RBr} PhNH—R \xrightarrow{RBr} PhNR_2 \longrightarrow$$

解决的办法是将胺酰化,生成的酰胺可用 LiAlH$_4$ 还原为所要的胺:

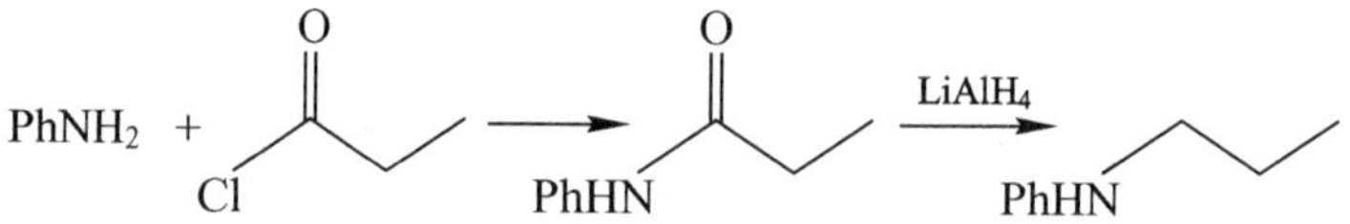

PhNH$_2$ + 〜〜C(=O)Cl → 〜〜C(=O)NHPh $\xrightarrow{LiAlH_4}$ 〜〜〜NHPh

酰化不像烷化那样容易重复发生,是因为酰化的产物具有非定域化的未共享电子对,比原来的 PhNH$_2$ 活性要小。

于是,对 N-丙基苯胺的合成如下:

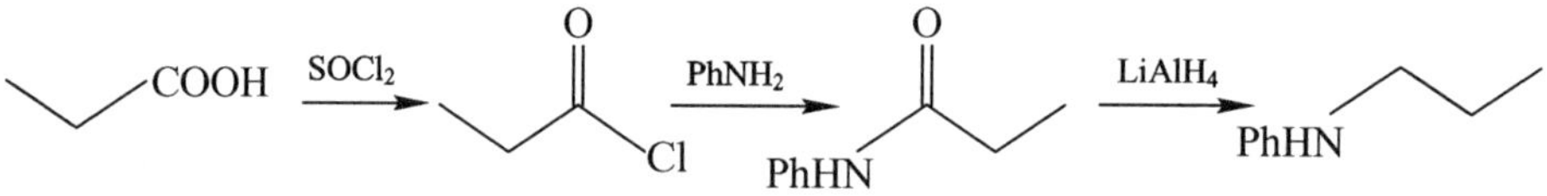

〜〜COOH $\xrightarrow{SOCl_2}$ 〜〜C(=O)Cl $\xrightarrow{PhNH_2}$ 〜〜C(=O)NHPh $\xrightarrow{LiAlH_4}$ 〜〜〜NHPh

3. 封闭特定位置导向

对分子中不需反应且反应活性特别强、有可能优先反应的部位,引入一个封闭基将其占据,使基团进入不太活泼而确实需要进入的位置,这种导向称为封闭特定位置导向。常用封闭特定位置导向基有 3 种:—SO$_3$H、—COOH(吸电子基)和—C(CH$_3$)$_3$(供电子基)。

试设计:**邻-硝基苯胺**,

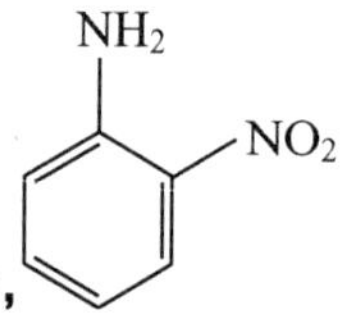

苯胺容易氧化,如果苯胺的硝化用硝酸作硝化剂,则苯胺容易被氧化成为复杂的氧化产物。如果用混合酸作硝化剂,则产物主要是间-硝基苯胺。

苯胺用混合酸硝化,成为苯胺的硫酸盐。在苯胺盐中原来苯胺的氨基氮原子上的未共享电子对已不存在,而是变成带正电荷的铵基,带正电荷的氮原子具有吸电子性,对苯环发生亲电诱导效应,是一个间定位基,并使苯环钝化。

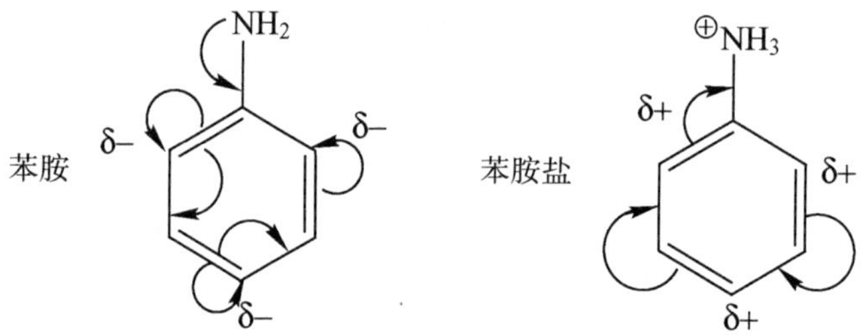

反应过程如下:

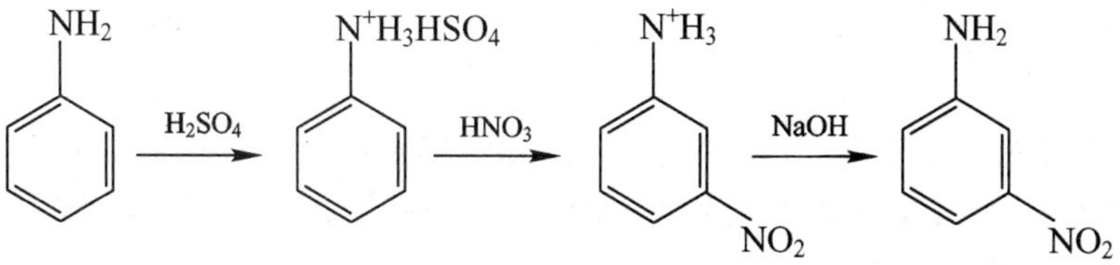

反应同时生成一定量的邻位和对位的硝基苯胺,但间位硝基苯胺的收率则随硫酸的浓度增加而提高。

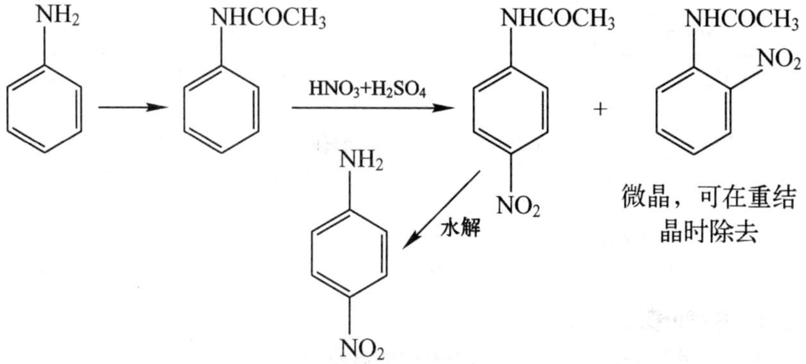

如果要防止在用硝酸作用时苯胺被氧化,又要使代入的基团进入到原来氨基的邻、对位处,则可使氨基乙酰化,使苯胺以 N-乙酰基衍生物参加反应:

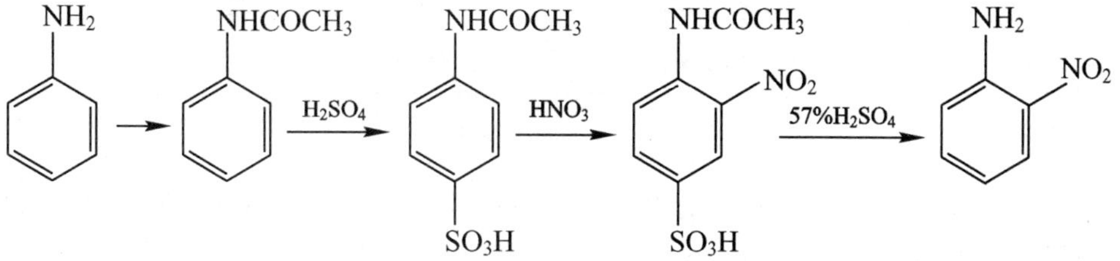

在反应的过程中用磺酸基封闭乙酰氨基的对位,这就是以"先来居上"的手段使磺酸基霸占对位,以致随后硝化的硝基只能进入邻位,最后水解,不仅使磺酸基去掉,也使乙酰基水解为氨基。

试设计:2,6-二氯苯酚,

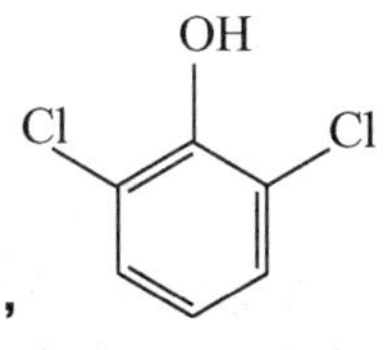

在苯环上的亲电取代反应中,羟基是邻、对位定位基。以苯酚为原料直接氯化反应,氯原子肯定先上对位,所以必须先封闭对位。选什么封闭基呢?不能是钝化基团,因为氯有钝化作用,上两个氯会比较困难,应该选能占位又能起活化作用的基团,叔丁基(阻塞基)正好满足条件。

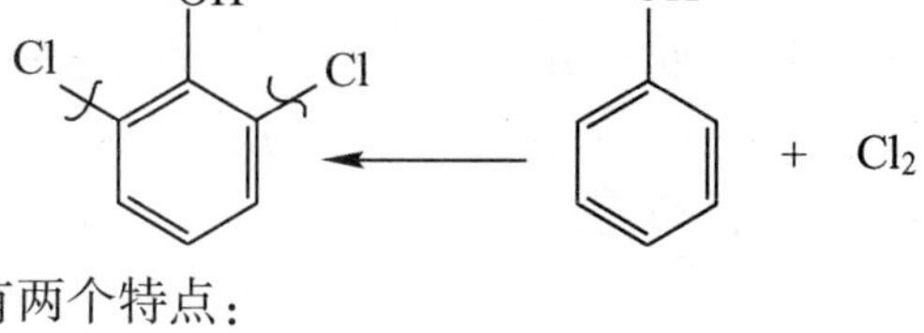

阻塞基(叔丁基)有两个特点:

（1）叔丁基体积膨大，具有一定的空间阻碍效应，不仅可以堵塞它所在的部位，还能旁及左右两侧。

（2）叔丁基易于从环上去掉而不致扰动环上的其他取代基，叔丁基的除去可用热解作用，但更方便的办法是将化合物在苯中与三氯化铝共热，使发生烷基转移作用。

因此，2,6-二氯苯酚的合成路线如下：

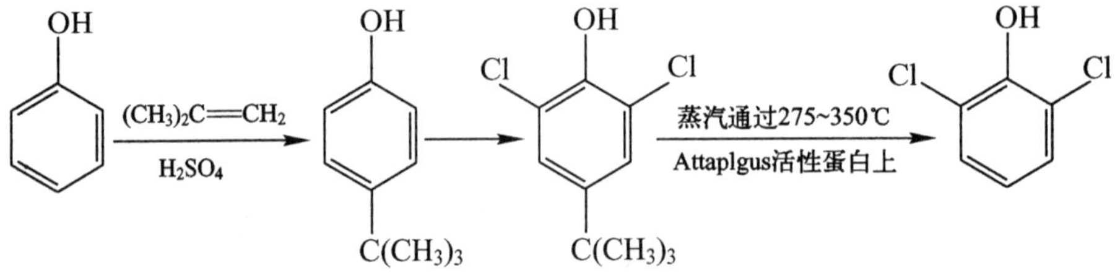

试设计：4-溴-间苯二酚，

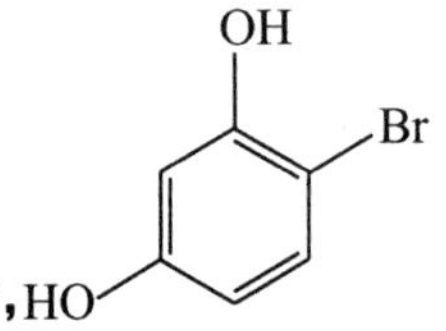

间-苯二酚的直接溴化控制在一取代是很困难的，这不仅因为羟基对芳环有较强的活化效应，还由于两羟基互居间位，具有相互增强活化作用。

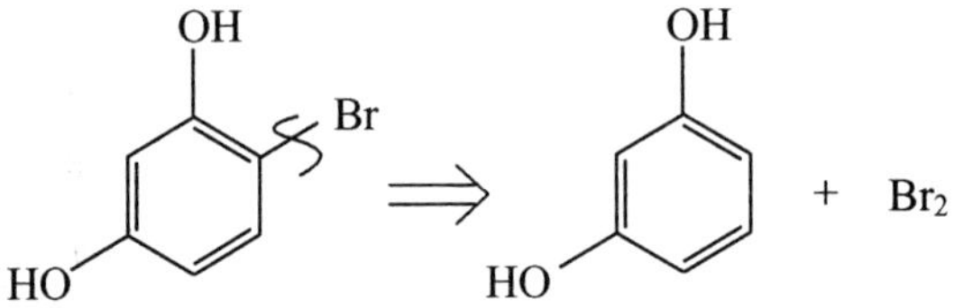

解决这一问题，可以在溴化之前先引入一个羧基，封闭一个溴原子要进入的部位，同时也降低了环上亲电取代的活性，溴化完毕再将羧基去掉。

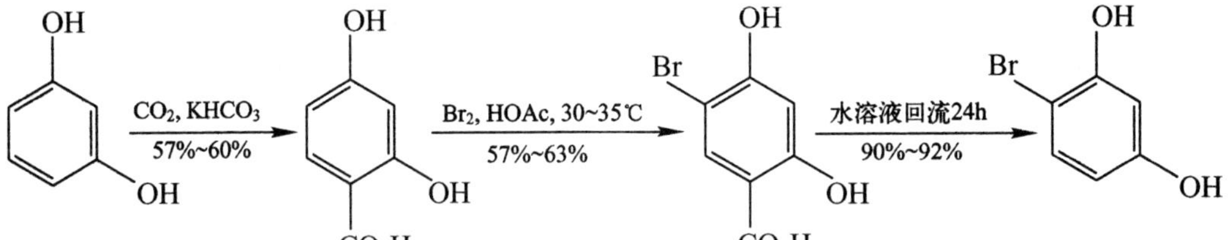

本法的巧妙之处在于无论羧基的引入和脱去都利用了间-苯二酚的结构特点，原来两个互居间位的羟基有利于在环上引入羧基，而在脱羧-反应中，羧基的邻对位的两个羧基则有利于它的脱去。

3.3.6　极性转换

有机化合物极性转换在有机合成中的应用是30多年来有机化学领域内的重大进展之一。这方面出现了许多新颖、特殊的极性转换试剂，借助于这些试剂可以完成过去无法完成的反应，丰富了有机反应，提高了有机合成的技巧。本节的主要目的是介绍极性转换的概念、方法以及在有机合成中的应用。

1. 极性转换的概念

极性转换是指在有机化合物中某个原子或原子团的反应特性(亲电性或亲核性)发生了暂时的转换的过程。

在有机合成中,一个中心问题是构建碳–碳键。在构建碳–碳键的众多反应中,除游离基反应、周环反应等外,大部分属于极性反应,也称路易斯酸碱反应,即在亲核体或供电子体的碳原子和亲电体或受电子体的碳原子间形成碳–碳键。但在实际有机化合物分子中,官能团的电子环境可使受极性官能度活化的碳原子倾向于起亲电中心的作用,或者起亲核中心的作用。为探索新的合成方法,需要采取"极性转换"这类反应程序的设计。

极性转换不是一个新概念,关于这个领域的大量研究工作到 20 世纪 60 年代中期才有较多报道,近 30 年来发展特别快,这是由于碳正离子化学、碳负离子化学、金属有机化学的迅速发展,发现了许多能使官能团附近碳原子的电荷发生转换的新试剂和新方法。

关于这种设计,可用如下经典例子来说明。卤代烷本是亲电试剂,但它容易转变成亲核的有机金属中间体,如格氏试剂。在格氏试剂中,活化的碳原子发生极性变换,成为有用的亲核试剂。只要了解卤代烷及其衍生的有机金属试剂在有机合成中的应用,就不难理解图解中这类潜在的双重作用的意义。

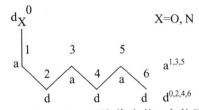

在含有杂原子氮、氧等作为官能团(如氨基、亚氨基、羟基、醚、羰基等)的有机化合物分子中,杂原子可以迫使碳骨架成为交替接受电子和供给电子的反应活性模型,即具有受电子体性质的中心或被供电子体进攻的碳原子 $C^{1,3,5,\cdots}$;以及具有供电子体性质的中心或被受电子体进攻的碳原子 $C^{2,4,6,\cdots}$;而杂原子 X^0 本身为一个供电子体。

一般只导致 1,3–、1,5–、1,(2n+1)– 二取代产物(官能团之间碳原子数为奇数),即当要合成两个杂原子取代基之间碳原子数为奇数的化合物时,不需要极性转换,应用一般化合物即可。当要合成杂原子间的碳原子数为偶数的化合物时,属于极性转换反应。

从有机合成的角度来考虑,在 4 个方面需要极性转换:

(1)常规的反应不能用来合成 1,2n–二取代产物。

(2)如何才能连接具有相同极性或相同亲核性的两个反应中心?

(3)怎样才能系统地实现极性转换或构成与合成子相当的试剂?

(4)如何在碳骨架的 1,2n–位置上形成相同的反应性,而在 1,(2n+1)–位置上产生相反的反应性?

要解决上述 4 个问题,只有采用极性转换的方法,极性转换的实质是暂时改变被作用物的极性,使其能发生一般情况下难于进行的反应,在原来两个反应性难于连接的结构单元之间形成碳–碳键,得到需要的产物。

2. 极性转换的分类

极性转换分为可逆极性转换和不可逆极性转换两类。其中,可逆极性转换是指将原来的化合物通过极性转换进行反应之后,能很容易地变回原来的官能团。例如:醛通过1,3-二噻烷类中间体变成酮。

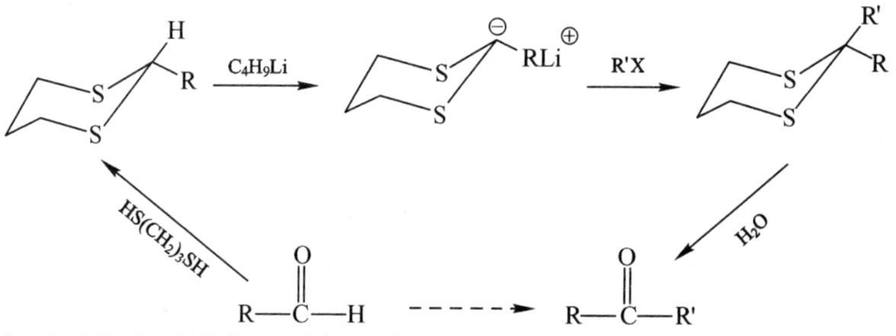

如果反应后不能或不易变回原来的官能团,则称为不可逆极性转换。例如:二苯酮通过硫代二苯酮与苯基锂反应。

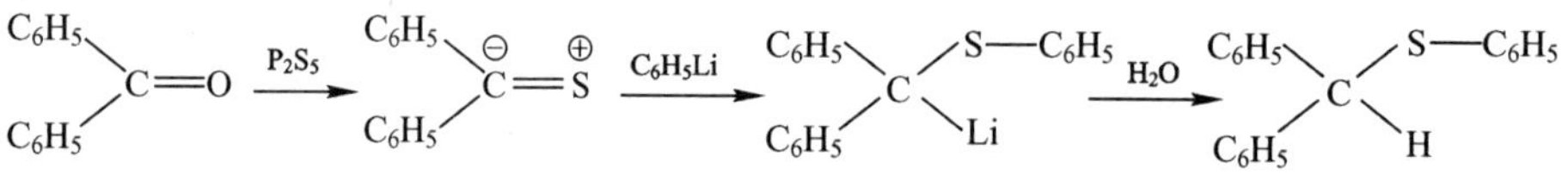

极性转换根据被作用物,分为羰基化合物的极性转换、氨基化合物的极性转换及烃类化合物的极性转换。本书以此分类进行讨论。

3. 羰基化合物的极性转换

羰基化合物的反应是研究最多的极性转换,其中羰基碳(C^1)的极性转换反应应用最为广泛,在有机合成中逐渐成为一个独立的合成方法。

1) C^1的极性转换

羰基碳原子(C^1)一般是带正电荷(a^1),能与亲核试剂 Nu 作用,经极性转换后,C^1带负电荷(d^1),能与亲电试剂 E 作用。

在有关极性转换的文献中,常将醛、酮中 C^1 的反应类型称为 N^1,而在极性转换后发生的反应类型称为 E^1。字母右上角的数字表示该碳原子的编号。以酰基负离子来表示羰基 C^1 极性转换试剂,与一系列亲电试剂作用表示如下:

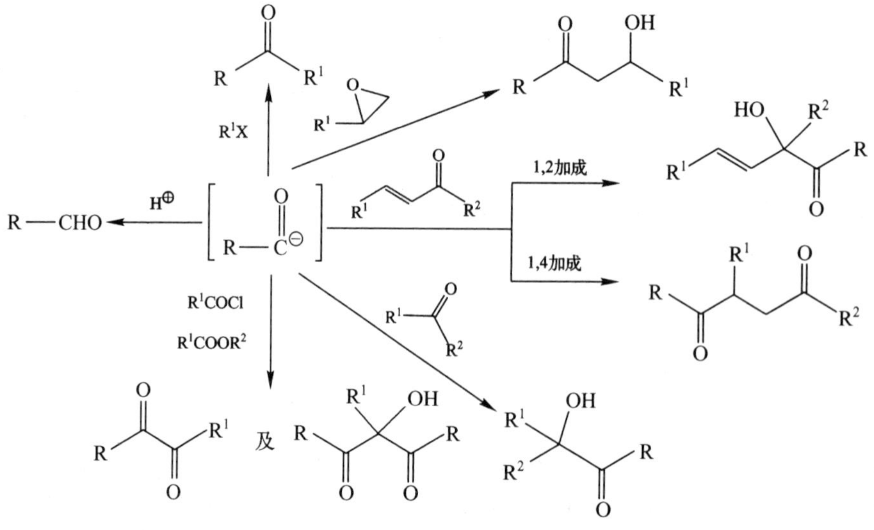

186

C^1 的极性转换主要分为羰基不被掩蔽的和羰基被掩蔽的两大类。

（1）羰基不被屏蔽——酰基金属化试剂

属于羰基不被屏蔽的试剂是一些酰基金属化试剂。主要包括两类：

① IA，IIA 和 IIB 族的酰基金属化试剂。IA，IIA 和 IIB 族金属离子酰基衍生物的制备有两种主要方法：

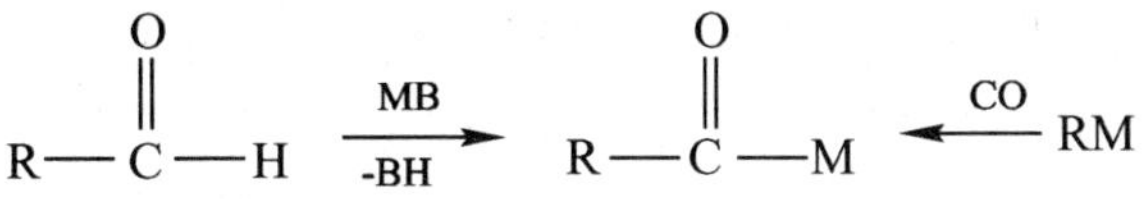

$$R-\overset{\displaystyle O}{\underset{\displaystyle \|}{C}}-H \xrightarrow[-BH]{MB} R-\overset{\displaystyle O}{\underset{\displaystyle \|}{C}}-M \xleftarrow{CO} RM$$

第一种方法包括甲酰基衍生物直接脱质子作用形成酰基金属化合物。只有当烯醇化作用被禁阻时，这个方法才可行，但即使满足此要求，羰基负离子的产生也不是常规能实现的。由芳香基或叔脂肪基醛和碱作用可得到无实用价值的亲核酰基化试剂。第二种方法是酰卤或有关化合物转变为形式上类似酰基格氏试剂的中间体。

总之，酰基金属化中间体分子中的金属离子如果不是过渡金属，很少有制备的价值。另外，CO 和酰基配位基与过渡金属离子的配合作用形成的化合物和反应体具有较大的稳定性，反应具有较大的应用价值。

② 过渡金属试剂。四羰基铁酸钠是一个在亲核酰基化作用上具有特殊应用的试剂，可用五羰基铁与熔融的钠作用，用二氧杂环己烷作溶剂，在钠正好熔融的沸腾温度下反应迅速，几乎定量地生成四羰基铁酸钠。

$$Fe(CO)_5 + Na \xrightarrow[100℃，二苯酮]{二氧杂环己烷} Na_2Fe(CO)_4$$

J. P. Collman 等采用四羰基铁酸钠和卤化物或酰氯合成一些铁配合物。四羰基铁酸钠的负二价配离子与卤化物作用后形成负一价配离子，再和配位体（CO 或 Ph_3P）配合形成（1）或（2）。当然，（1）也可由四羰基铁酸钠和酰氯反应得到。

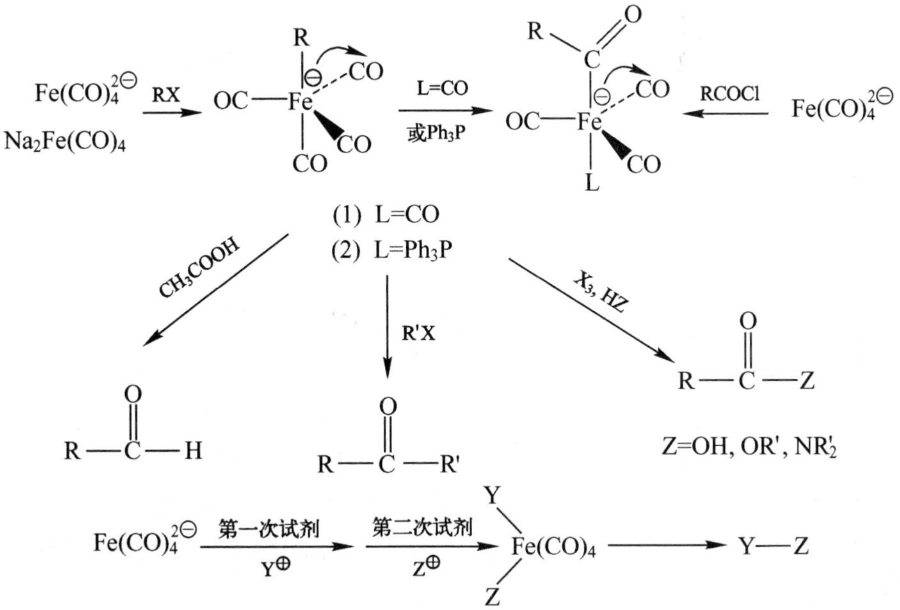

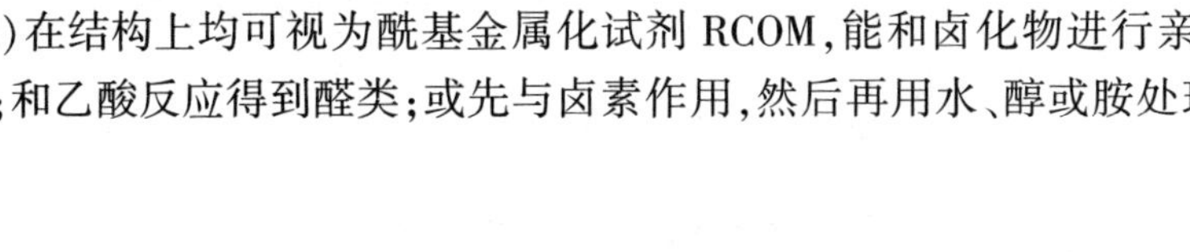

（1）、（2）在结构上均可视为酰基金属化试剂 RCOM，能和卤化物进行亲电类型反应而得到酮类；和乙酸反应得到醛类；或先与卤素作用，然后再用水、醇或胺处理，则分别得

到酸、酯和酰胺。这可能是首先生成酰卤,再进一步发生水解、醇解和氨解。这些反应可简单地视为四羰基铁酸钠的二价负离子先后两次与亲电试剂 Y 和 Z 配合,然后 Y 和 Z 再通过与铁配合而结合。

上述反应特点是反应条件温和、产率高、原料价格低,只与 RX、RCOX 反应,不与酮、酯、氰基反应,选择性好。特别是选择性好这一点,四羰基铁酸钠只与卤化物或酰氯作用,许多酮、酯和氰基等官能团都不受影响,因此能对复杂分子进行选择性反应,而其他酰基负离子合成子不容易完成这个选择性反应。下面的例子能很好地说明这种情况。

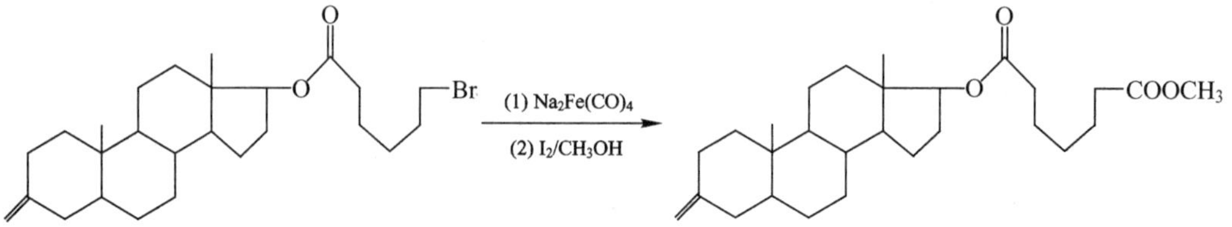

（2）羰基被屏蔽的试剂

用被掩蔽的酰基负离子进行亲核酰基化反应,要求一个碳负离子物种与亲电试剂反应后取代基能转变成羰基官能团。这个取代基必须具有足够的稳定性,并且不消弱碳负离子的亲核性,此外其去掩蔽过程必须是温和的。

"被掩蔽"是指在某一反应中心碳原子(一般是带正电荷的)上,例如醛类的羰基碳原子 C^1,本不能与卤代烃中亲电性碳原子作用,但经极性转变变成 1,3-二噻吩类中间体后,羰基被 1,3-二噻烷保护,C^1 上所带电荷性质发生变化,由原来带正电荷变为带负电荷,能与 R'—X 分子中带部分正电荷 R'结合,再经水解作用重新转变为羰基化合物酮类。

负离子所起作用相当于实际上不存在的酰基负离子,一般被称为被掩蔽的酰基负离子,有时也称被保护的酰基负离子、被封闭的酰基负离子或潜在的酰基负离子。羰基被屏蔽的试剂,根据结构可分为两种类型: C^1 上不带双键的和 C^1 上带双键的。

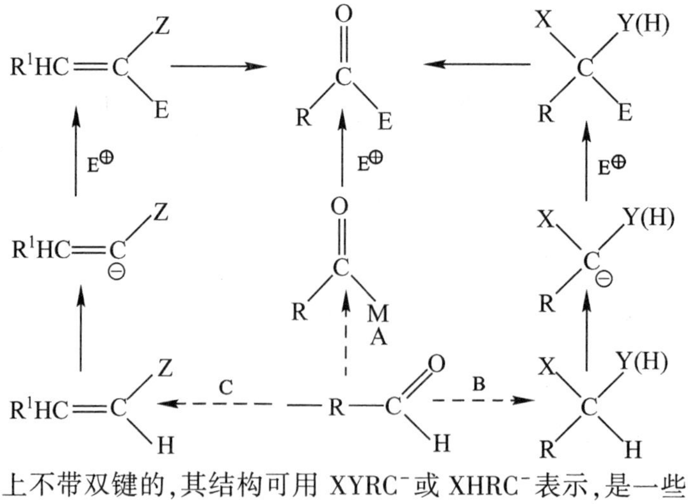

一类是 C^1 上不带双键的,其结构可用 $XYRC^-$ 或 $XHRC^-$ 表示,是一些潜在的羰基官能团。在如上路线 B 中:$X=OR''$,$Y=CN$；$X=Y=Cl$；$X=NO_2$,$Y=H$；$X=Y=S(CH_2)_2S$ 等原子或原子团。

另一类是 C^1 上带有双键的,又称乙烯醚类型,是某些烯醇式的金属衍生物。在路线 C 中:$Z=$—OR,—SR,—SiR_3。

188

以上这几类试剂所进行的 $E^1(d^1)$ 类型的反应及其随后所讲的脱掩蔽作用,可用醛类 R—CHO 转变为 RCO—E 的过程来表示,见如上的图解。

下面来看几个实例。

实例 1:被掩蔽的氰醇负离子

苯偶姻缩合是大家熟知的反应,通过 CN⁻ 原子团的作用,发生极性转换生成碳负离子

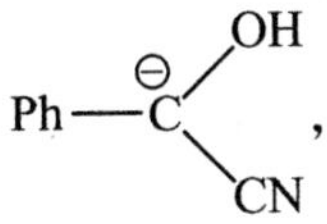

,相当于苯甲酰基负离子

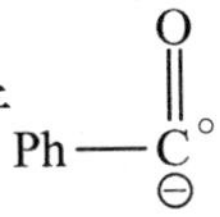

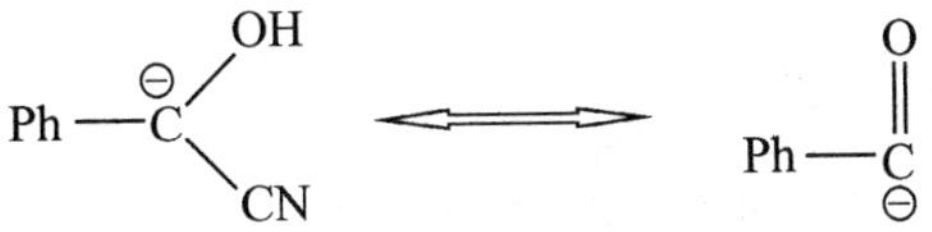

具有芳香基的碳负离子如

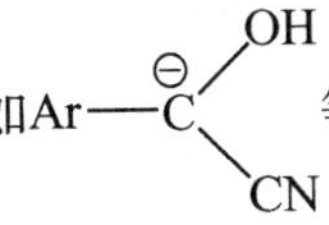

等比较容易形成,并且相当于被掩蔽的酰基负离子,这是由于芳香环通过共轭作用使碳负离子稳定。

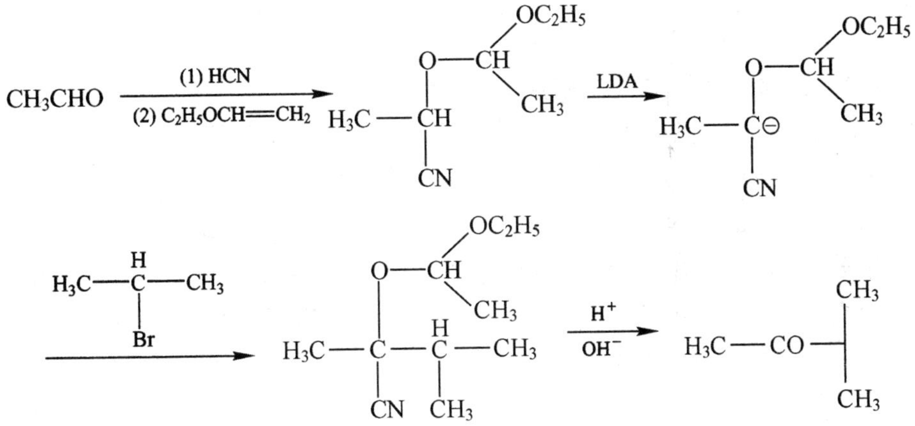

脂肪族醛难于形成相应的碳负离子,一般须将羟基保护,并在较强碱的作用下方可成功。如醛在 HCN 的作用下得到氰醇,再与乙烯基乙基醚作用以保护羟基,然后进一步与二异丙氨基锂(LDA)作用,形成碳负离子,是一个极强的亲核试剂,此碳负离子与卤化物作用,最后水解得到酮类。

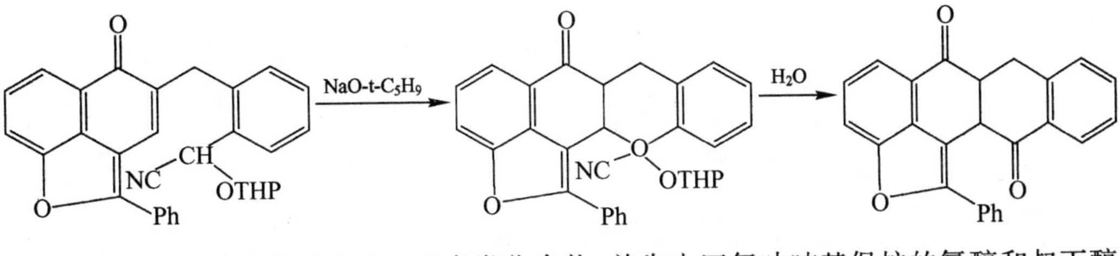

Barton 等采用该方法合成四环素类化合物,首先由四氢呋喃基保护的氰醇和叔丁醇钠作用形成碳负离子,然后发生分子内 Mickael 加成及水解得到产物。

实例 2:金属化的烯醇化物作为被掩蔽的酰基负离子

金属取代的烯醇醚是广泛采用的代表不同酰基负离子的等效物,为选择性合成提供

了新途径。如前述所示,被保护的烯醇(如烯醇醚)经金属化,然后与亲电试剂反应,再经水解是亲核酰基化反应的一般路线。

50 多年前,人们制备了这类试剂中的金属化呋喃衍生物。目前,金属化呋喃衍生物最简便制备方法是由呋喃与正丁基锂作用来制取。生成的呋喃-α-锂化物能与各种亲电试剂作用,产物水解可得 1,4-二酮,所以呋喃锂化物在有机合成中相当于被掩蔽的 γ-酮

基酰基负离子 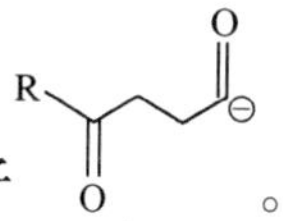 。例如:

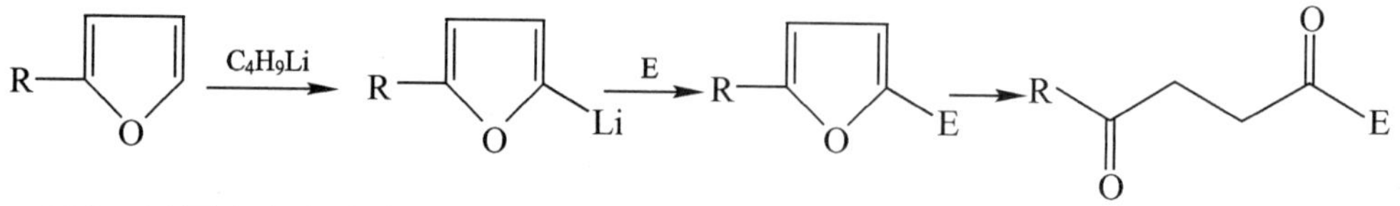

又如,利用这个方法由 2-甲基呋喃合成顺式茉莉酮。

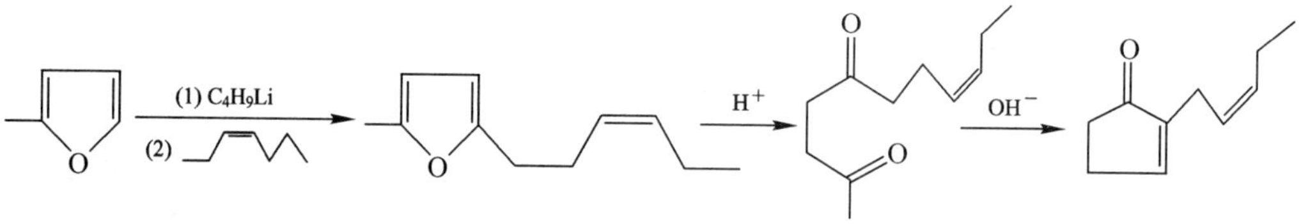

实例 3:在 1,4-二酮合成中的硝基化合物负离子

硝基化合物 α-C 上的氢原子易在碱的作用下失去质子形成碳负离子,能与 α,β-烯酮类发生 1,4-加成反应,伯或仲脂肪族硝基化合物经 Nef 反应能转变为醛或酮类。这表明硝基化合物负离子 $R-\overset{\ominus}{CH}-NO_2$ 在合成中相当于酰基负离子($R-CO^{\ominus}$)。

利用 Nef 反应将脂肪族硝基化合物转变为羰基化合物的方法,反应条件过于激烈,一般采用强酸处理硝基化合物的负离子,使其转变为质子化的氮酸,最后转变为羰基化合物和一氧化二氮。由于 Nef 反应在强酸条件下进行,很多类型的官能团会遭到破坏,反应条件对引入羰基是不实用的。后来对 Nef 反应条件进行改进,在三氯化钛缓冲水溶液中,硝基化合物能顺利地转变为羰基化合物。

例如,2,5-庚二酮和顺式茉莉酮的合成。

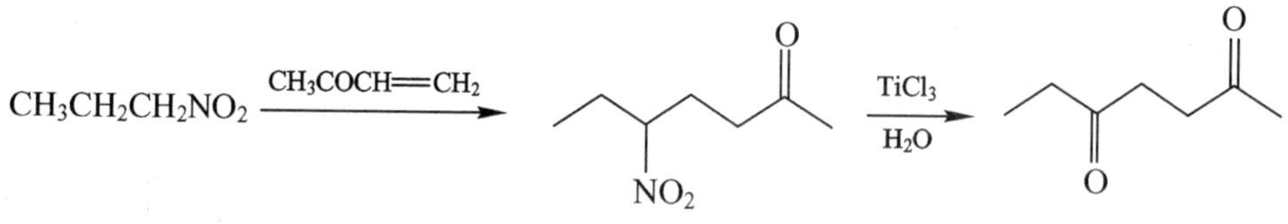

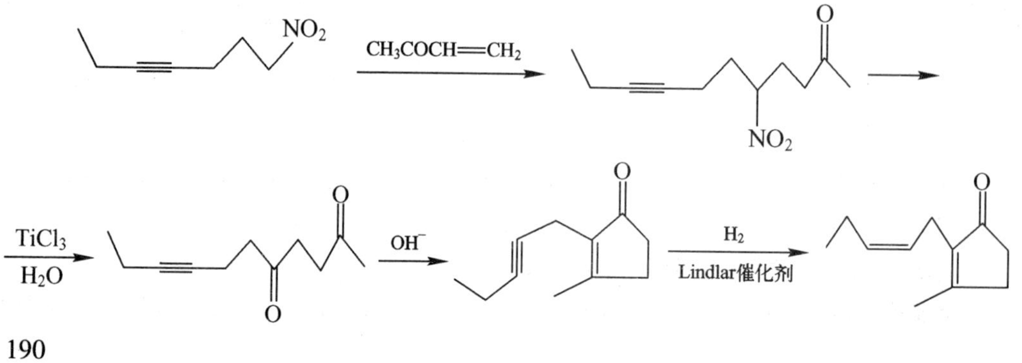

2) C^2 的极性转换

在羰基化合物中,羰基附近的 α-碳原子(C^2)(d^2),易在碱性条件下失去质子形成负离子, $C^2(d^2)$ 的典型反应是 E^2 反应,如要发生极性转变成 $C^2(a^2)$ 中心而进行 N^2 反应,可将羰基化合物进行卤代反应,然后将生成的 α-卤代物与亲核试剂进行反应。

为避免亲核试剂进攻羰基碳原子(C^1)的副反应,可先将羰基转变为缩酮。

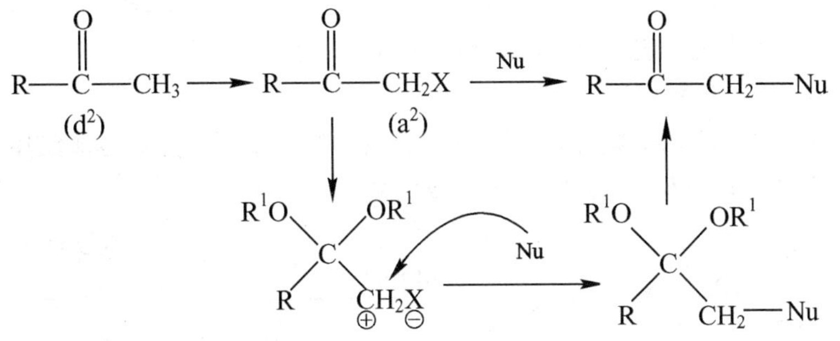

(1) 烯酮硫代缩醛单亚砜

烯酮硫代缩醛单亚砜是一种较新的 C^2 极性转换试剂,由 C^1 极性转换试剂 CH_3S—CH—$SOCH_3$ 与酯类或醛类作用制备。

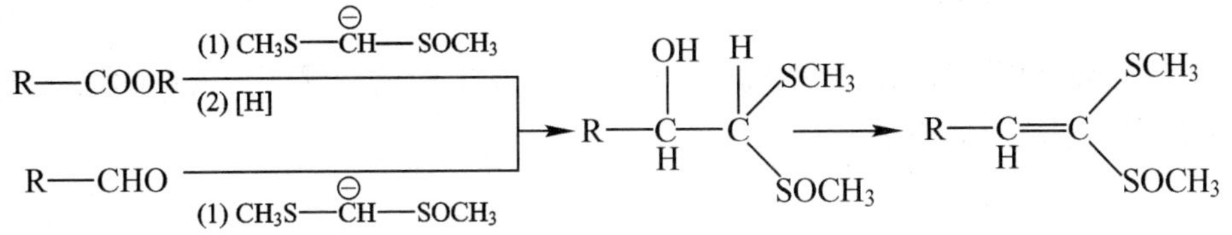

烯酮硫代缩醛单亚砜在反应中起着被掩蔽的碳正离子的作用,当它与亲核试剂作用后在酸性条件下水解,得到羰基化合物和二硫化物。

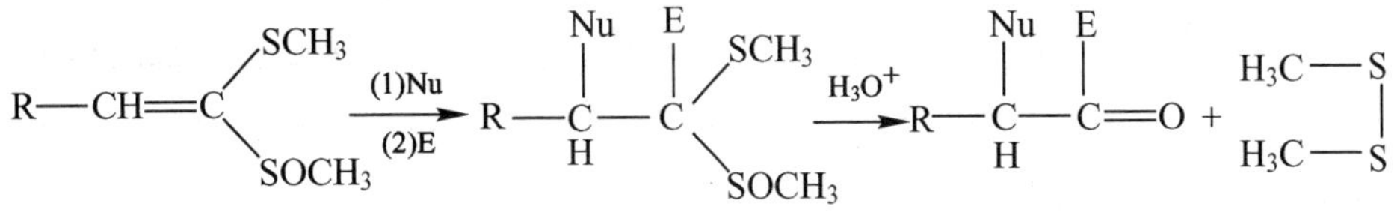

烯酮硫代缩醛单亚砜能和亲核试剂作用,在反应中作为 Michael 加成反应的受体。

例如, H_2C＝(含 $SOCH_3$ 和 SCH_3) 与丁酸甲酯的烯醇负离子发生下列反应:

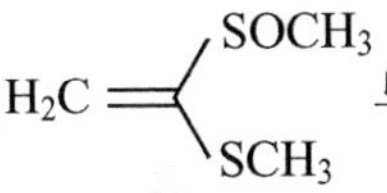

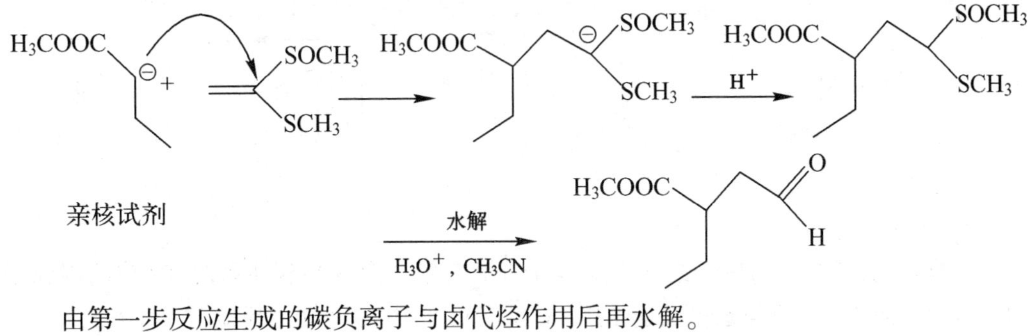

由第一步反应生成的碳负离子与卤代烃作用后再水解。

191

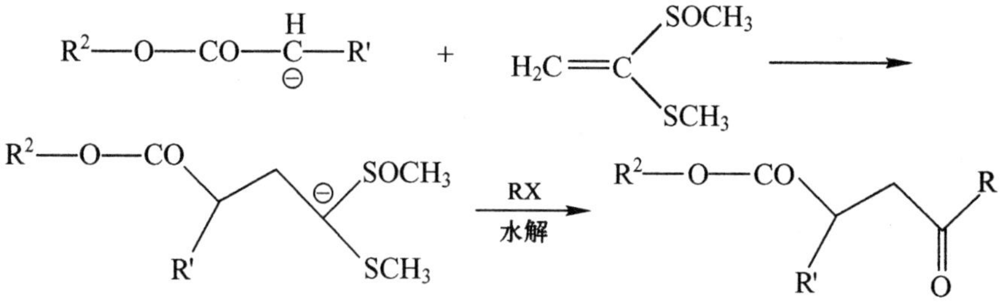

这些反应可认为是先进行 N^2 反应,再进行 E^1 反应。

(2) 烯酮二硫代缩醛

三甲硅烷基二烷硫基甲烷锂盐与羰基化合物(醛或酮)作用,或与羧酸甲酯、双(二甲基铝)-1,3-丙基二硫醚作用,制备烯酮二硫缩醛。

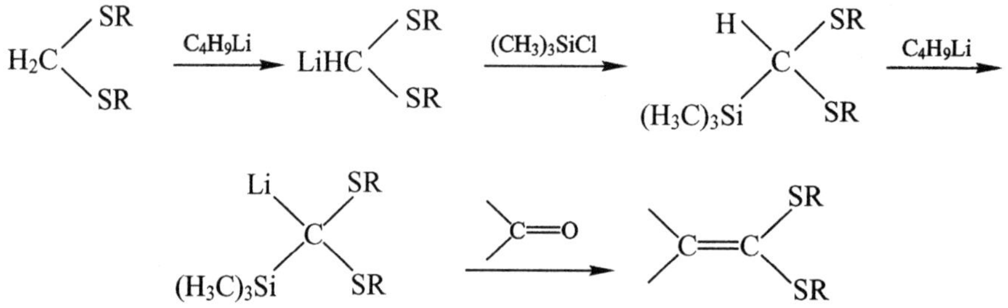

但是,若要采用这种方法来完成羰基极性转换反应中的 N^2 反应,则烯酮硫代缩醛的烯丙基位置上不能有氢原子。

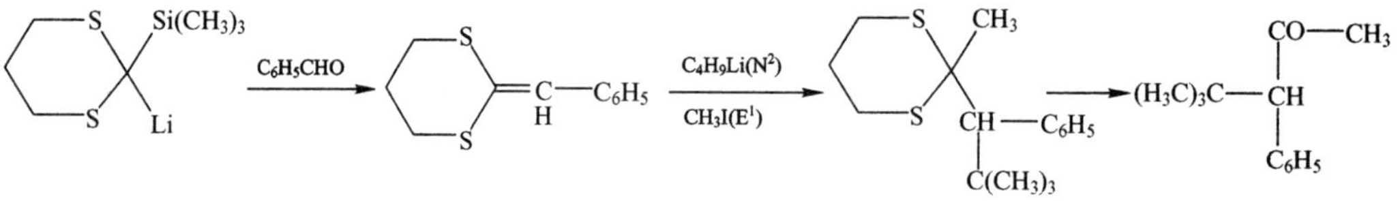

若所采用的烯酮硫代缩醛的丙烯基位置上有氢原子存在,则在亲核试剂的作用下,丙烯基位置上 C^3 的质子首先脱去而生成丙烯基负离子,这种反应一般用 H^3 表示,此时丙烯基负离子通常在 C^1 处发生反应。

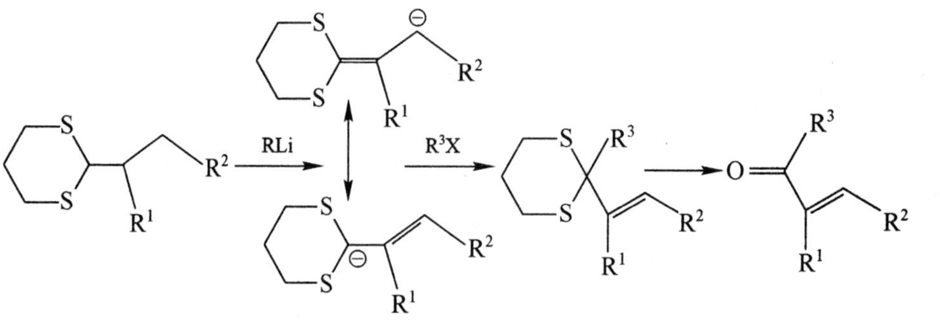

3) C^3 的极性转换

当羰基化合物的 α,β-位置具有不饱和双键与羰基形成共轭体系时,β-位的碳原子(C^3)带正电荷(a^3),能与亲核试剂作用(N^3 反应),如 Michael 加成反应:

192

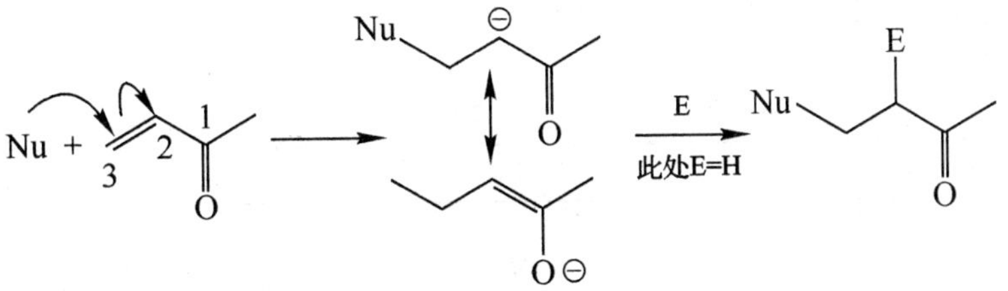

要使 C^3 发生极性转换而进行 E^3 反应,有很多种方法,例如乙烯基醚类与丁基锂等试剂作用时,发生下列反应:

若这个碳原子上没有氢原子,则丙烯基碳原子上的氢脱去而形成丙烯基负离子,与烯酮硫代缩醛形成的情况相似。这些丙烯基负离子如果在其他杂原子团的 γ-位置与亲电试剂作用时,即发生 E^3 反应。

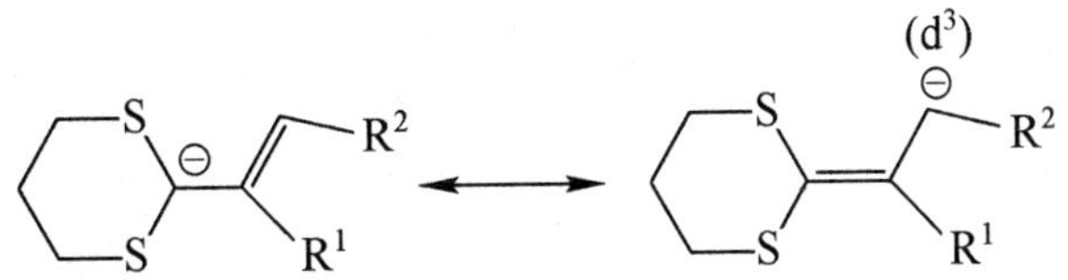

若其 α-位的碳原子亲核性更强,则发生 E^1 反应。

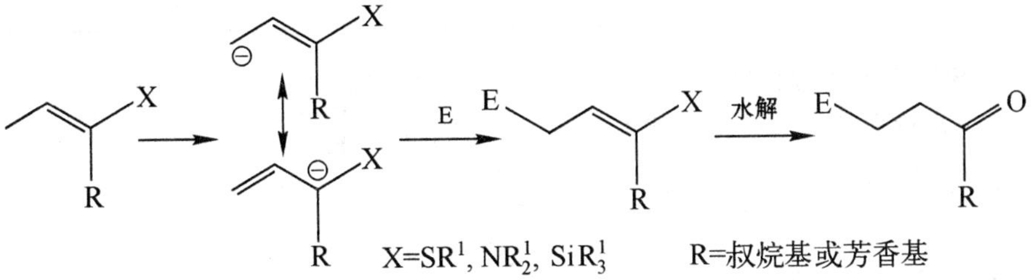

X=SR^1, NR$_2^1$, SiR$_3^1$ R=叔烷基或芳香基

4) C^4 的极性转换

α,β-不饱和羰基化合物 γ-碳原子(C^4)上的氢具有酸性,在碱性条件下能失去质子而形成碳负离子(d^4),再与亲电试剂作用可进行 E^4 反应。要使 C^4 发生极性转换而进行 N^4 反应,一般采用 α,β-不饱和烯酮二硫代缩醛。

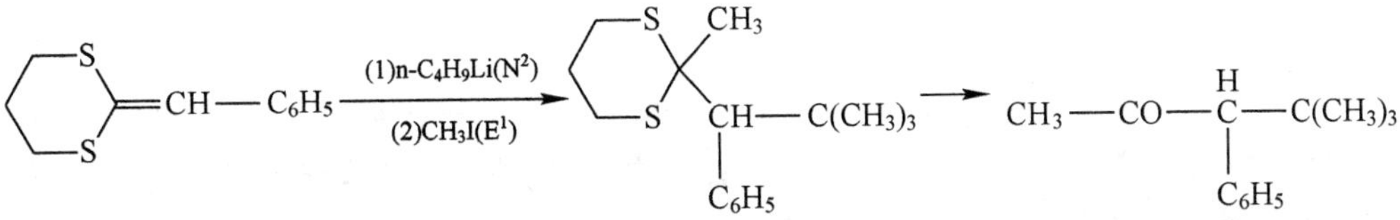

反应与采用烯酮硫代缩醛进行 N^2 反应相比,类似于 1,2-加成与共轭加成的关系。

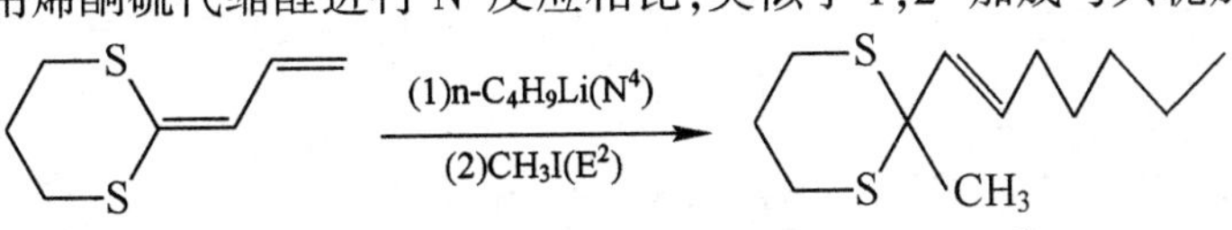

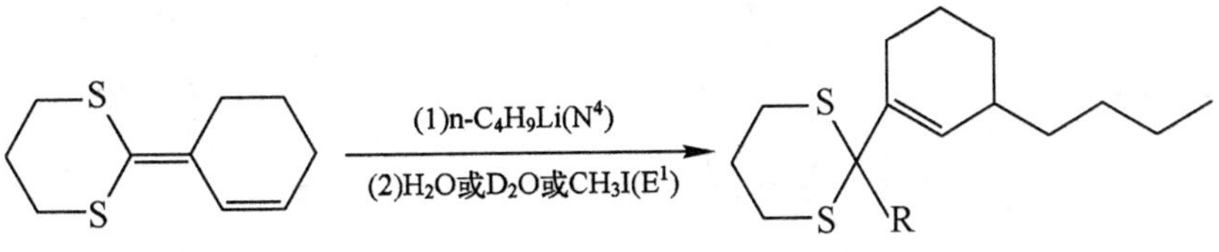

综合以上分析,羰基化合物的极性转换总结如表 3-4 所示。

表 3-4 羰基化合物的极性转换总结

正常羰基反应		极性转换的羰基反应		常用的极性转换试剂
N^1	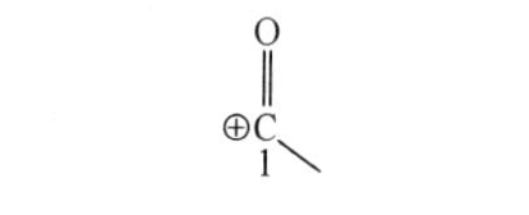	E^1	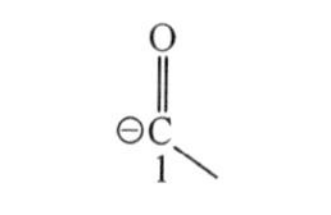	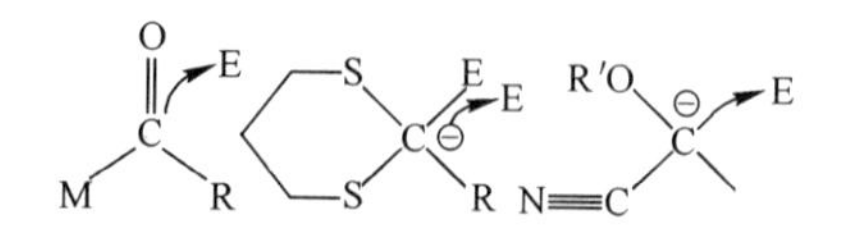
E^2	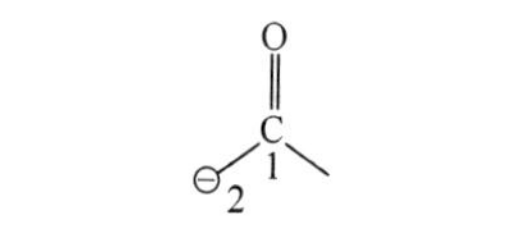	N^2	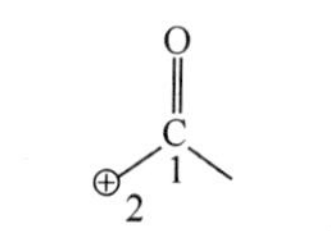	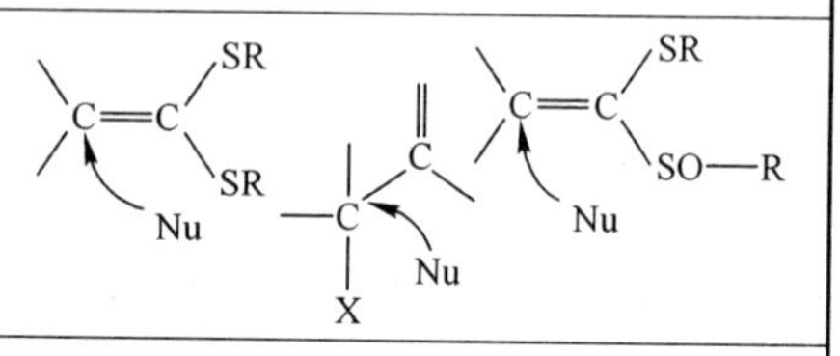
N^3	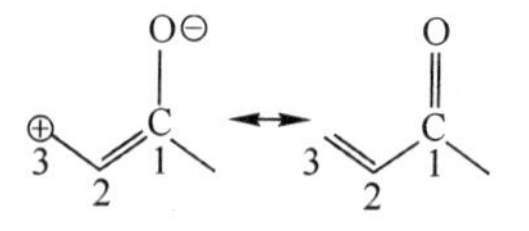	E^3	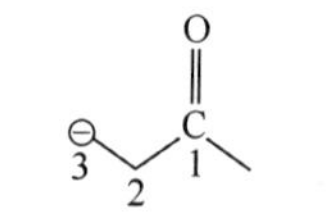	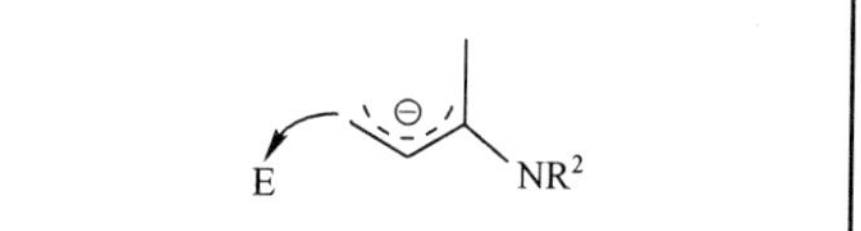
E^4	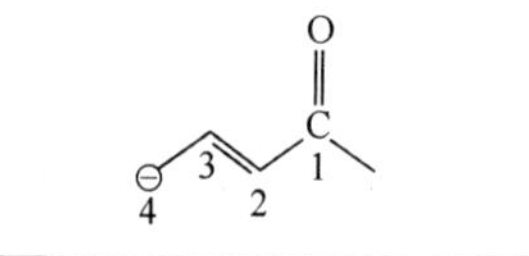	N^4	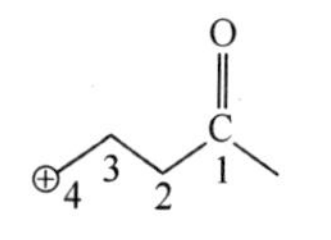	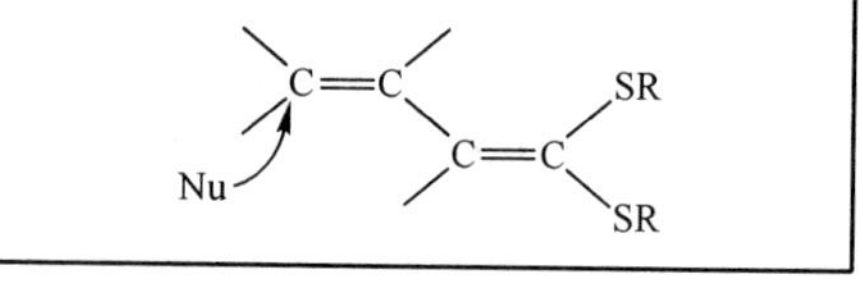

4. 氨基化合物的极性转换

氨基化合物在反应中通常形成亚胺离子而使氨基的 α-碳原子带正电荷,能与各种亲核试剂进行反应,如 Mannich 反应等。

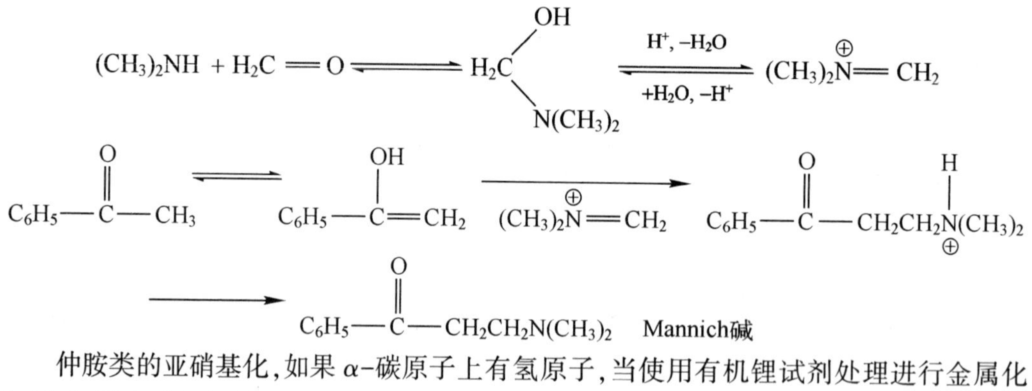

仲胺类的亚硝基化,如果 α-碳原子上有氢原子,当使用有机锂试剂处理进行金属化作用时,形成锂化物的 α-碳原子带负电荷,能与多种亲电试剂(卤代烷、醛、酮等)发生 E 反应。最后,产物脱去氨基氮原子上的亚硝基,完成仲胺中 α-碳原子的亲核反应。

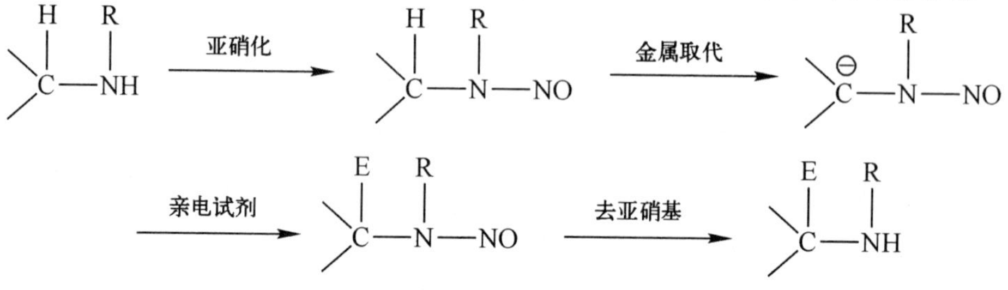

实例 1：

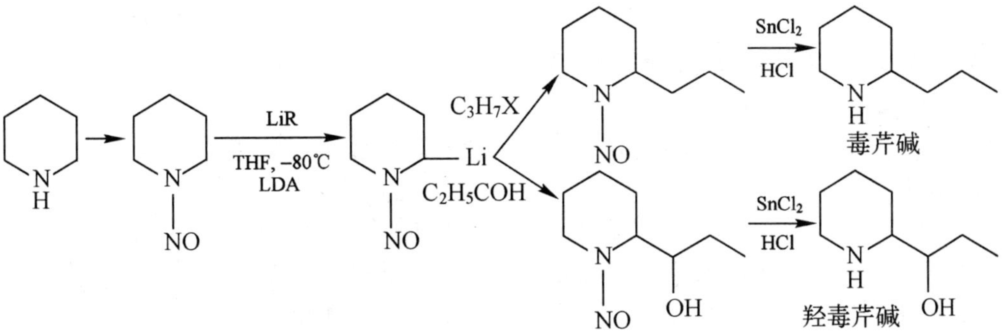

实例 2：

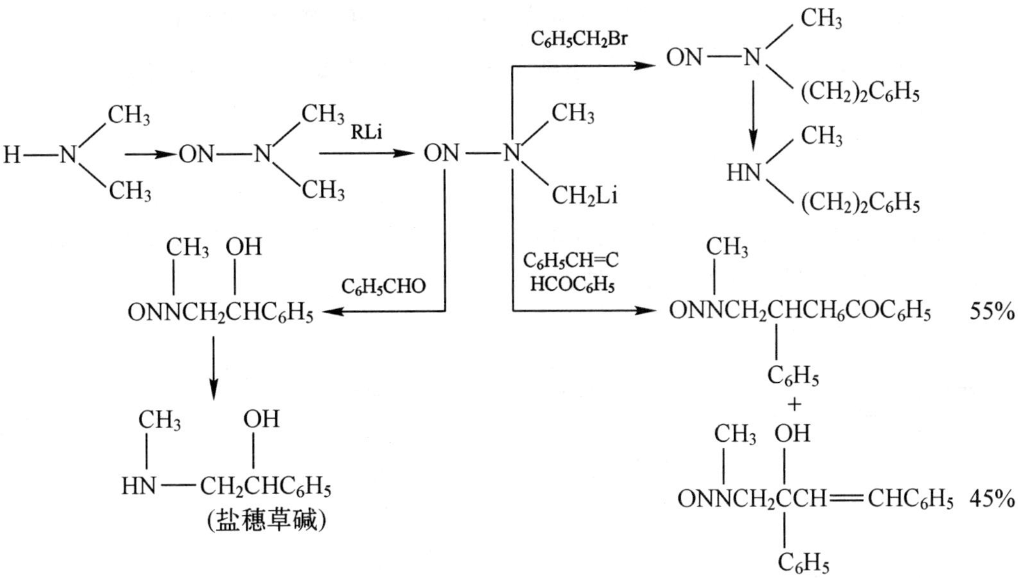

用二卤代烷进行烷基化作用时，能行成环状化合物，反应如下：

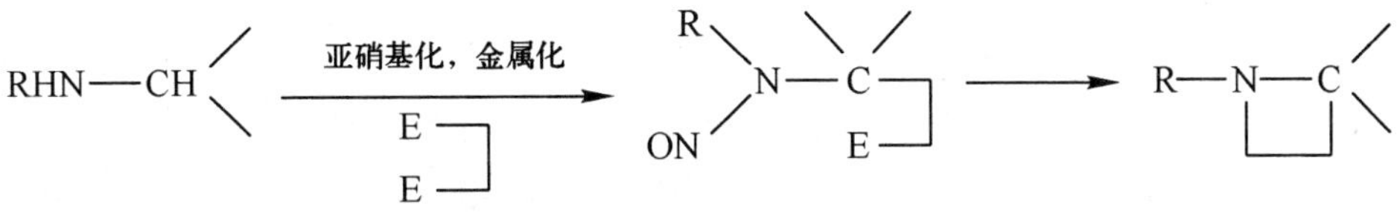

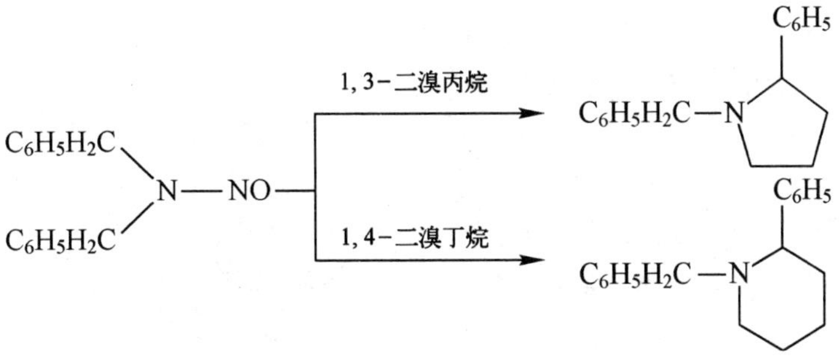

5. 烃类化合物的极性转换

1）芳香族化合物的极性转换

通过使芳香族化合物与金属配合的方法，可以实现芳香族化合物的可逆极性转换，使芳香环由亲核性变为亲电性。芳香烃与金属配合后,由于电子效应和立体效应影响,使芳香配体部分发生很大的变化,能发生原来不能发生的亲核反应,反应后可很方便地将配合的金属除去,得到不带金属的芳香族化合物。

芳香族化合物配合的金属起到一个既易于引入又易除去的活化原子团的作用,反应条件温和。常用芳香配体有 Ph—、Ar—、稠环芳香烃或杂环化合物;配合金属大多是 Cr、Pd、Rh,在极少数情况下为 Fe、Mn 等。

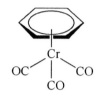

一芳香烃三羰基铬是目前芳香烃金属配合化合物在有机合成中常用试剂,具有一定稳定性和反应性,反应完成后,配合金属的除去方便。制备方法:采用相应芳香族化合物与六羰基铬在惰性溶剂中回流数,六羰基铬中的 3 个羰基被芳香烃置换而得到一芳香烃三羰基铬。当芳环上带有各种不同取代基时,也可采用这种方法制备相应的三羰基铬配合物。反应完成后,除去配合金属(常用碘或四价铈盐等氧化剂)不影响芳环上所带的各种官能团。

一芳香烃三羰基铬的主要特征:①由于芳香烃和三羰基铬的配位使芳核上电子云密度降低,有利于亲核取代反应的发生;②使芳核上其他原子、基团、侧键的性质发生变化。如 α-H 酸性增强,与芳香核共轭的乙烯基和与羰基共轭的乙烯基相似,易发生 Michael 反应,在不对称合成中其立体效应能发挥作用。

例如:下述的加成-消除反应。

式中:X 为卤素;Y 为 H—、N—、氧负离子、硫负离子、磷负离子、碳负离子。

当芳香烃金属配合物与碳负离子加成时,是一种氧化型亲核取代反应,它不是取代芳香核上的卤素,而是取代芳香核上的氢,成为碳负离子向芳香核上引入侧链的方法。如下所示,负离子(Ⅰ)为立体专一性的,亲核试剂进入配合金属的反面,当芳香核上具有取代基时,其定位效应具有自身的特点。当原有取代基为—OCH₃时,—R 进入—OCH₃ 的间位,邻位少量,没有对位取代的产物,其比例为邻位 3% ~ 10%,间位 90% ~ 100%,对位 0%。R 不同时,三者的比例有所不同,但基本情况如上。

一芳香三羰基铬可使芳香核侧链上的 α-H 酸性增强,在碱的作用下容易形成碳负离子而与亲电试剂作用。

196

通常，芳香核侧链上的共轭双键容易发生亲电加成反应，当芳香核与三羰基铬配合后，则芳香烃三羰基铬的芳香核侧链上能发生共轭双键的亲核加成作用，引入的烷基都在反面，因而得到立体选择性的芳香体系。

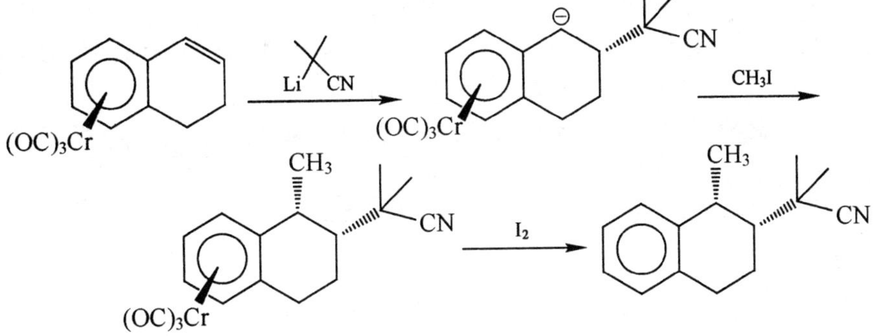

2）杂环芳香族化合物的极性转换

吡啶由于氮原子吸电子作用，吡啶环不能发生傅-克烷基化反应。将吡啶转变为吡啶氯化铜配合物 $Py_2CuCl_2(I)$，在乙醚回流下与金属钠发生反应，形成棕红色的中间配合物（II），其结构为吡啶负离子一价铜配合物。

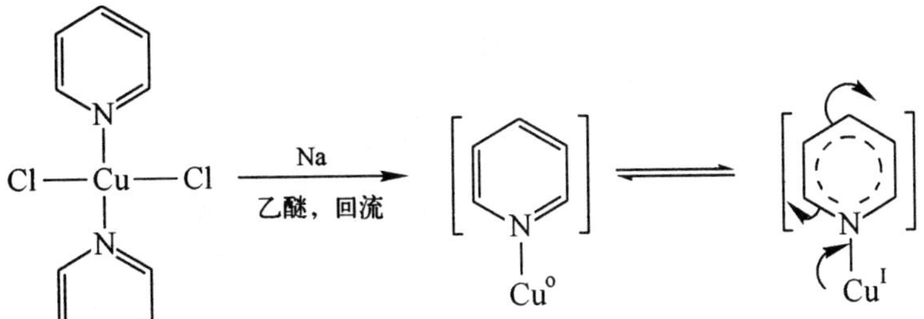

（I）   （II）

由于配合物中铜离子 π 电子的反馈作用，增加了吡啶环上电子云密度分布，因而能进行吡啶原来不能进行的某些亲电取代反应，如烷基化和酰基化反应。

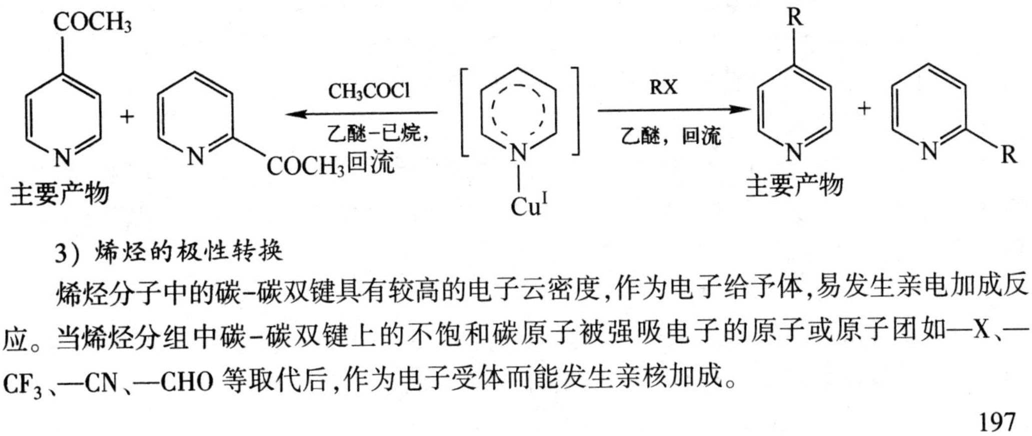

3）烯烃的极性转换

烯烃分子中的碳-碳双键具有较高的电子云密度，作为电子给予体，易发生亲电加成反应。当烯烃分组中碳-碳双键上的不饱和碳原子被强吸电子的原子或原子团如—X、—CF₃、—CN、—CHO 等取代后，作为电子受体而能发生亲核加成。

197

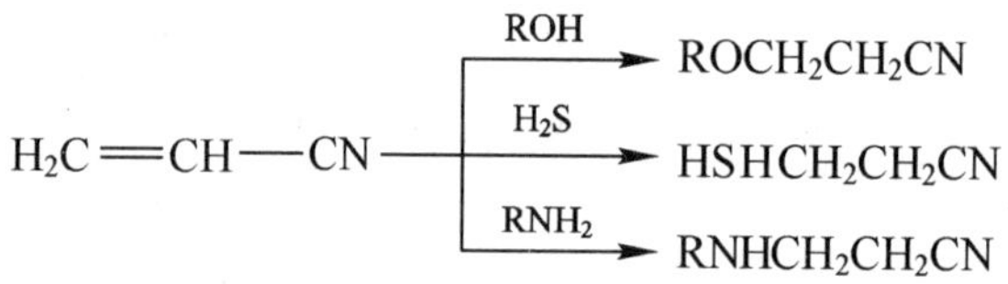

$$H_2C =\!\!= CH-\!\!-CN \begin{array}{l} \xrightarrow{ROH} ROCH_2CH_2CN \\ \xrightarrow{H_2S} HSHCH_2CH_2CN \\ \xrightarrow{RNH_2} RNHCH_2CH_2CN \end{array}$$

$$H_2C =\!\!= CH-\!\!-CF_3 + ROH \longrightarrow ROCH_2CH_2CF_3$$

为了实现应用某一试剂改变双键的极性,待发生反应引入所需的官能团后,又能容易除去,这样的试剂常常选用有机金属化合物。

当不饱和碳原子上连有多个这类原子或原子团时,如 (CN)$_2$C =\!\!= C(CN)$_2$、CF$_2$=\!\!=CF$_2$,碳-碳双键只能作为电子受体发生亲核加成反应。但这类极性转换在发生反应后,要把—CF 这类原子团从分子中"拉下来"是很困难的。

例如二羰基环戊二烯铁与烯烃配合后,形成具有 π 烯烃结构的正离子,改变了双键的极性,能发生亲核加成反应。其结构式和反应式如下:

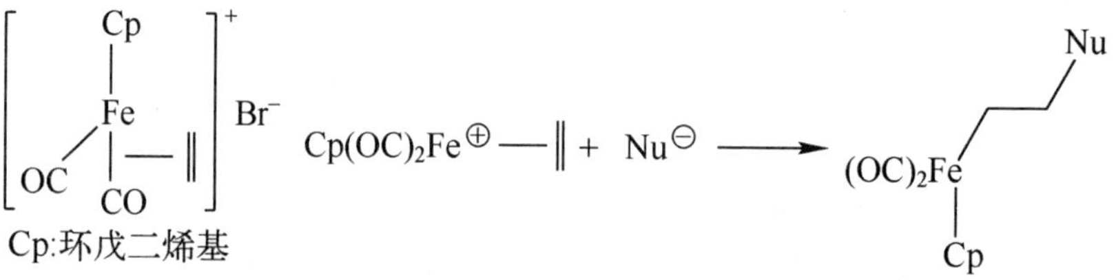

如果亲核试剂为烯胺,则 (CO)$_2$Fe(π-C$_5$H$_5$)(π-C$_2$H$_4$) 与之反应而得到碳-碳键增长的产物:

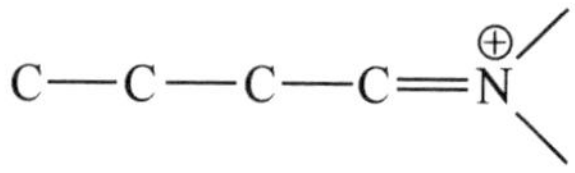

如果在分子内具有亲核原子团,也能发生反应。反应式如下:

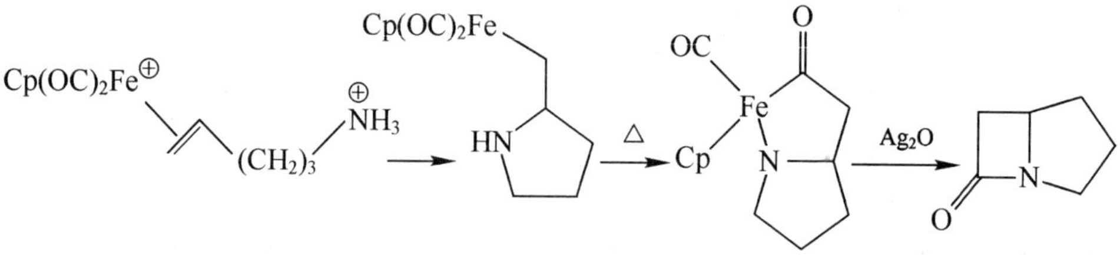

6. 极性转换方法总结

极性转换按其所需方法或反应类型分为 6 类,即 Seebach 归纳。虽然人们认为 Seebach 的归纳分类有些勉强和不完善,仍不愧为对极性转换反应理论上研究的大胆尝试,有助于从纷繁的极性转换试剂中探索极性转换的方法。

1)1,2n-氧化反应

不经过形成碳-碳键而产生 1,2n-氧或氮官能化碳骨架的过程是氧化作用(适度的转变、非连续)。许多经典的反应包括环氧化作用、羟基化作用、氧合作用、氨基化作用、亚胺化作用、臭氧分解、硼氢化作用、Neber 反应等。

2)杂原子的互换和修饰

有机化合物通常含有 C、H、O、N 等元素。关于 N—或 O—官能化分子的极性转换,最通常和建立最好的系统方法是由其他杂原子暂时互换这些杂原子,将相反反应性转移给

198

碳原子部分。而且,氮和氧具有多种氧化态和存在多个键连位置,能被"修饰"而使其在两个反应活性模型间跃向后者,或跃向前者。

3) 同系化作用和它的逆转

具有 $1,2n$-官能化的任何化合物,就其两个官能团而言,一个官能团为正常反应活化模型,另一个官能团则为极性转换模型。在 C^2 与受电子体反应后,在这种情况下它同时有 d^2- 和 d^{2n-1}-中心,此碳-碳键导致 C^1 能裂解。这个方法提供了一个相当于 d^{2n+1}-合成子的试剂。为了极性转换的目的,可以特别引入外加官能化的碳原子(C^1),这个过程称为同系化作用。

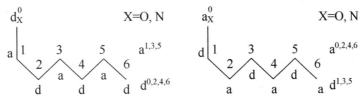

4) 环丙烷的应用

分别用供电子体和受电子体使具有奇数碳原子和带有取代基的环丙烷开环,是极性转换的一个主要方法。

5) 乙炔

乙炔是用途广泛的合成中间体,具有高反应活性,其具有"张力"的叁键能被亲电试剂或亲核试剂进攻,端基炔烃为较强的 C—H 酸,用去质子化得到的乙炔化物为良好的、无空间阻碍的亲核试剂。

3.4　近代有机合成方法与技术

近代有机合成方法是指在较广泛范围应用的合成方法,如相转移催化反应、有机电化学合成、有机光化学合成、有机声化学合成、微波辐射有机合成、固相有机合成、一锅合成等方法。这些方法一般说来,对于合成某一产物相应经典方法相比,具有显著的优点。

3.4.1　相转移催化反应

在有机合成化学中经常遇到非均相有机反应。这类反应的速度很慢,效果很差。例如在一般条件下,羧酸钠与卤代烃反应成酯的产率很低;高锰酸钾水溶液氧化烯烃的效果极差;而正辛基氯与氰化钠反应两星期也得不到腈化物。

在这种情况下,要加快反应速度和提高反应的效率,可以采取如下的 3 种措施:一是选用极性有机溶剂。但在带有羟基的溶剂中,由于阴离子的溶剂化效应,有些反应速度仍很缓慢。二是采用非质子溶剂。但溶剂昂贵、回收困难、溶剂中的水分对反应也有影响,并往往伴随副反应。三是使用相转移催化剂。

相转移催化是 20 世纪 70 年代发展起来的一种有机反应方法,广泛地应用于有机合成、高分子聚合反应,并渗透到分析、造纸、印染、制革等领域。如上述正辛基氯与氰化钠反应,采用相转移催化剂后 1.8h 后产物的产率达到 99%。

1. 概述

1）相转移催化反应的定义

在相转移催化剂（Phase Transfer Catalyst，PTC）作用下，有机相中反应物与另一相（水相或固体相）中反应物发生的化学反应，称为相转移催化反应。

例如：$PhOH + C_4H_9Br \longrightarrow PhOC_4H_9 + HBr$

其中，苯酚 PhOH 是固态的，溶于水中；溴丁烷是液体，溶于有机溶剂中。两种反应物不能同时存在于相同的相中进行接触，该反应属于两相间的亲核取代反应。要完成该反应，可以有 4 种方法：

（1）将两种反应物分别溶于水和有机相中，进行强烈搅拌，但所用温度和压力较高，产率低。

（2）将溴丁烷改成丁醇，用浓硫酸进行催化。但是由于浓硫酸的腐蚀性强，且温度较高（大于 140℃），所以该方法的应用受到限制。

（3）采用 William 法合成，即在无水乙醚中，用苯酚钠和 C_4H_9Br 直接反应。但是无水操作较麻烦。

（4）采用四丁基溴化铵为相转移催化剂，在 50℃下进行反应，产率大于 90%。

比较上述 4 种方法，其中使用相转移催化剂可使两相中的反应物充分接触，且在较低的温度下进行反应，产率较高。

2）相转移催化反应的发展及特点

相转移催化有机合成的历史大约有 60 年。从反应类型、反应机理到反应的应用发展很快，已经成为重要的有机合成方法。

1947 年，维蒂希（G. Wittig，1897—1987）采用 $(CH_3)_4NCl$ 催化油/醇介质中的烷基化反应；1965 年，马科萨（M. J. Makosza，1934— ）提出浓碱水溶液/有机相中的烷基化反应，并称之为"两相催化反应"。1968 年，C. M. Starks 首次提出"相转移催化"概念，并明确反应的应用范围，提出相转移催化反应的取代机理。1969 年，A. Brändström 提出相转移催化反应的萃取机理。随后，相继提出液/固相转移催化、聚合物载体催化机理，扩大了相转移催化反应的类型，如烷基化、异构化、加成、消去、水解反应等。同时出现许多新型相转移催化剂，如季铵盐、季鏻盐和冠醚等，使相转移催化反应逐渐被人们了解和重视。

相转移催化反应具有一系列的优点：①不需要昂贵的无水溶剂或非质子溶剂；②增加反应速度，降低反应温度，且在许多情况下操作简便；③可用碱金属氢氧化物的水溶液代替醇盐、氨基钠、氢化钠或金属钠等强碱性物质；④其他特殊的优点，如能进行其他条件下无法进行的反应，改变反应的选择性和产品比率，通过抑制副反应而提高产品收率等。

根据反应底物不同，相转移催化反应分为液–液相转移催化反应、液–固相转移催化反应、气–液相转移催化反应、液–液–固相转移催化反应、液–液–液相转移催化反应、固–固–液相转移催化反应等诸多体系。

2. 相转移催化作用原理

在互不相溶的水相与有机相反应体系中，水相中溶解无机盐类（以 M^+Nu^- 表示），有机相中溶解与水相中盐类起反应的有机物（以 RX 表示），但是由于两者互不相溶，所以反应很慢，甚至几乎不发生反应，即使充分搅拌也如此。反应关系式如下：

$$\text{RX} + \text{M}^+\text{Nu}^- \xrightarrow{\text{难反应}} \text{RNu} + \text{M}^+\text{X}^-$$

有机相　水相

当向两相反应体系加入 PTC,则可使反应迅速发生。这是由于 PTC 分子中具有"大阳离子"(如季铵盐 R_4N^+)或"络合大阳离子"(如冠醚与无机盐的阳离子 K^+ 络合物),又具有较大的烃基。因此,PTC 具有两性即亲水性和亲脂性。这种特性决定它能够在两相体系之间发生相转移催化反应。

若以 Q^+X^- 表示 PTC,则相转移催化反应的原理可用 Starks 提出的经典交换图(图 3-15)表示。其反应过程如下:PTC 首先在水相中与无机盐的离子按式①发生离子交换,形成离子对 Q^+Nu^-,由于 PTC 具有两性性质,因此还存在着式②的相转移平衡,这种交换的结果,可以把水相中的反应试剂——阴离子(Nu^-)转移到有机相中,而与该相中的有机反应物按式③发生反应,生成产物 RNu。同样因为 PTC 的两性性质,因此也存在式④的相转移平衡。

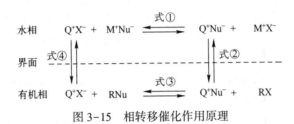

图 3-15　相转移催化作用原理

由此可见,水相是无机反应试剂阴离子的储存库,有机相是有机反应物的储存库,PTC 的作用是不断将无机反应试剂从水相转移到有机相中,而与该相中的有机反应物发生反应,由于有机溶剂的极性一般很小,与负离子之间的作用力不大,所以负离子 Nu^- 作为反应试剂,从水相转移到有机相之后,立即发生去溶剂化作用(即去水化层),成为活性很高的"裸负离子",提高了试剂的反应活性,使之反应速率和产物产率都明显提高。离子交换是在有机相和水相界面进行的,而反应是在有机相中进行的。

高分子载体相转移催化剂的催化机理与上述不同,反应模式如图 3-16 所示。离子交换在有机相与水相界面进行,反应在固体催化剂与有机相界面进行。

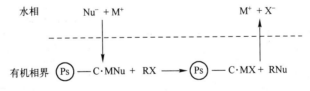

图 3-16　高分子载体相转移催化作用原理

3. 相转移催化剂

能使水相的反应物转移到有机相中,改变离子的溶剂化程度,增加反应的活性,改变反应速度,提高产率,简化处理手续的催化剂称为相转移催化剂。

相转移催化剂具有以下的要求:具备形成离子对的条件,或者能与反应物形成复合离子;有足够的碳原子,以便形成的离子对具有亲有机溶剂的能力;R 的结构位阻应尽可能小,R基为直链居多;稳定并便于回收。

相转移催化剂分三大类:鎓盐、聚醚和高分子载体。其中,鎓盐包括季铵盐、季磷盐、季砷盐和叔硫盐;聚醚包括冠醚、穴醚和开键聚醚。

1) 鎓盐类化合物(Q^+X^-)

鎓盐类化合物由中心原子、中心原子上的取代基和负离子三部分组成,其催化活性与这三部分有关。

鎓盐类化合物具有如下的特点:①较大的季铵离子比较小的季铵离子更有效;②催化剂的效率随季铵离子四取代基中最长链长度的增加而增加;③比较对称的离子比只含一个长短的离子有效,四丁基铵的催化作用要比十六烷基三甲铵强;④取代基为脂肪烃比芳烃族有效;季膦盐比相应的季铵离子催化剂更为有效,但价钱要稍贵,其热稳定性好;⑤不同的阴离子:$R_4N^+Cl^- \geqslant R_4N^+Br^- \geqslant R_4N^+I^-$。

季铵盐催化剂具有价格便宜、毒性小等优点,得到广泛应用;季磷盐催化剂应用比季铵盐少,主要是由于价格高、毒性大。但它本身比较稳定,且比相似的季铵盐效果好。

一般说来,具有较多碳原子的季铵盐才可以作为相转移催化剂,因为其亲脂能力强、溶剂化作用不明显。为使季铵盐阳离子既具有较好亲油性,又具有较好亲水性,季铵盐阳离子中4个烷基的总碳原子数一般以15~25为宜。为提高亲水试剂中阴离子活性,亲核试剂的阳离子与阴离子在有机溶剂中应该易于分开,即阳离子和阴离子间的中心距离应尽可能大一些,因此4个烷基最好是相同的。

鎓盐类化合物如表3-5所示。其中,常用的季铵盐是季铵的氯化物,易于制备,且价格较便宜。如果亲核试剂的阴离子Nu^-(如F^-、OH^-)比Cl^-更难提取到有机相,就需要使用季铵酸性硫酸盐,因为HSO_4^-在碱性介质中会转变成更难提取的SO_4^{2-}。季铵酸性硫酸盐的制备较复杂、价格较贵,使用较少。

表3-5 常见鎓盐类的化合物

催 化 剂	缩 写	催 化 剂	缩 写
$(CH_3)_4NBr$	TMAB	$C_{10}H_{21}N(C_2H_5)_3Br$	DTEAB
$(C_3H_7)_4NBr$	TPAB	$C_{12}H_{25}N(C_2H_5)_3Br$	LTEAB
$(C_4H_9)_4NBr$	TBAB	$C_{16}H_{33}N(C_2H_5)_3Br$	CTEAB
$(C_4H_9)_4NI$	TBAI	$C_{16}H_{33}N(CH_3)_3Br$	CTMAB
$(C_8H_{17})_3NCH_3Cl$	TOMAC	$(C_6H_5)_4PBr$	TPPB
$C_6H_5CH_2N(C_2H_5)_3Br$	BTBAB	$(C_6H_5)_4PCl$	TPPC
$C_6H_5NC_4H_9Br$	BPB	$(C_6H_5)_3PCH_3Br$	MTPAB
$C_6H_5NC_7H_{15}Br$	HPB	$(C_4H_9)_4PCl$	TBPC
$C_6H_5NC_{12}H_{25}Br$	DPB	$(C_8H_{17})_3PC_2H_5Br$	TOEPB
$C_6H_{13}N(C_2H_5)_3Br$	HTEAB	$C_{16}H_{33}P(C_2H_5)_3Br$	CTEPB
$C_8H_{17}N(C_2H_5)_3Br$	OTEAB	$(C_6H_5)_4AsCl$	TPAsC

鎓盐类化合物的制备有 2 种方法:一是卤代烃与叔胺、膦、胂的反应,其反应为:

$$(C_8H_{17})_3N + CH_3Cl \longrightarrow (C_8H_{17})_3N^+CH_3 \ Cl^-$$

$$C_{16}H_{33}Br + (CH_3)_3N \longrightarrow C_{16}H_{33}N^+(CH_3)_3 \ Br^-$$

$$n\text{-}C_{16}H_{33}Br + P(C_4H_9)_3 \longrightarrow n\text{-}C_{16}H_{33}P^+(C_4H_9)_3 \ Br^-$$

二是改变阴离子法,其反应为:

$$(C_4H_9)_3N + C_4H_9I \longrightarrow (C_4H_9)_4N^+I^-$$

$$2(C_4H_9)_4NI + Ag_2O + H_2O \longrightarrow 2(C_4H_9)_4N^+OH^- + 2AgI$$

$$(C_4H_9)_4NOH + H_2SO_4 \longrightarrow (C_4H_9)_4N^+HSO_4{}^- + H_2O$$

2)聚醚

(1)冠醚

冠醚是一类具有特殊络合能力的化合物,分子中含有$-(Y-CH_2-CH_2-)_n$重复单元。其中,$Y=O$ 或其他杂原子。

冠醚主要包括单环多醚和双环多醚,具有如下特点:不同结构的冠醚,其空穴尺寸不一样;能络合多种阳离子如碱金属阳离子、碱土金属阳离子以及铵离子;具有很好的增溶性;与碱金属离子形成的配合物较稳定,可以提高反应温度,常用于液-固相反应体系(表 3-6)。

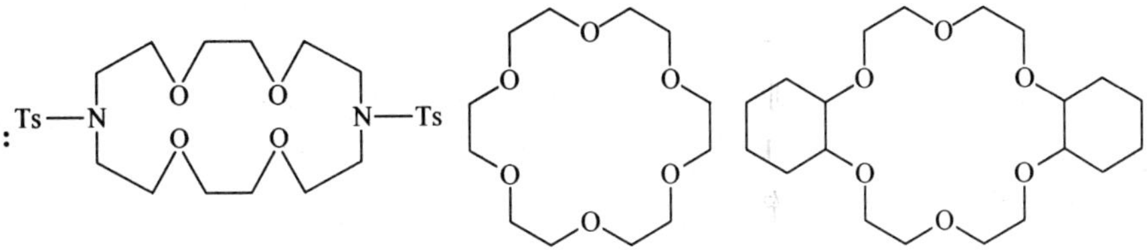

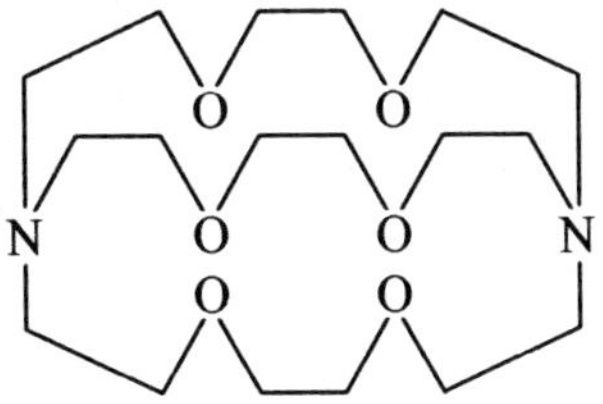

冠醚催化剂的催化机理:冠醚中的 O 原子极易络合碱金属离子,如 K^+、Na^+、Li^+ 等,使冠醚成为碱金属离子(如 Na^+)配位的阳离子,并与溶液中阴离子 Y^- 结合成为离子对。随后该离子对进入有机相,与 RX 反应,生成 RY,催化剂返回水相继续催化反应。

$$\underset{\text{有机相 水相或固相}}{1\text{-}C_8H_{17}Cl + KCN} \xrightarrow{18\text{-}冠\text{-}6} \underset{\text{有机相 水相或固相}}{1\text{-}C_8H_{17}CN + KCl}$$

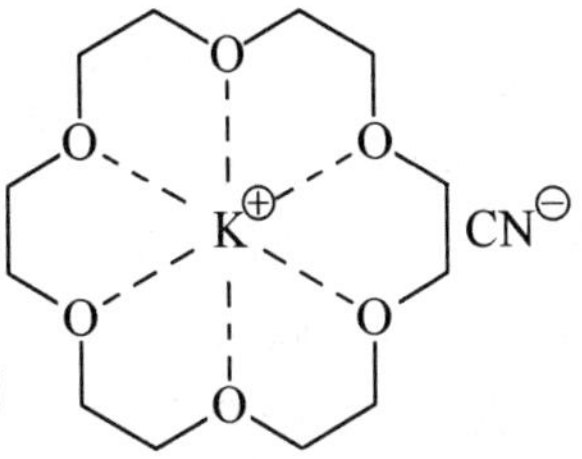

冠醚催化效率影响因素有冠醚孔径和环上取代基。当苄基氯酯化时,二环己基-18-冠-6>二苯基-18-冠-6>18-冠-6。不同冠醚的特征参数如表 3-6 所示。

表 3-6　不同冠醚的特征参数

冠　　醚	腔孔直径/nm	金属离子	离子直径/nm
12-冠-4	0.11~0.14	Li$^+$	0.136
15-冠-5	0.17~0.22	Na$^+$	0.194
18-冠-6	0.26~0.32	K$^+$	0.266
21-冠-7	0.34~0.42	Cs$^+$	0.388

单环多醚的合成一般采用 Williason 醚合成法。

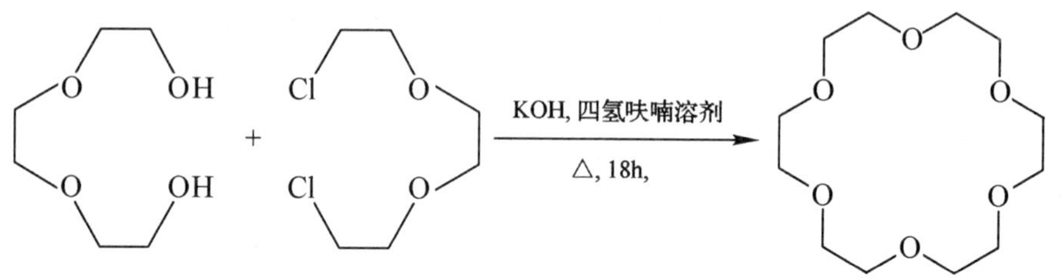

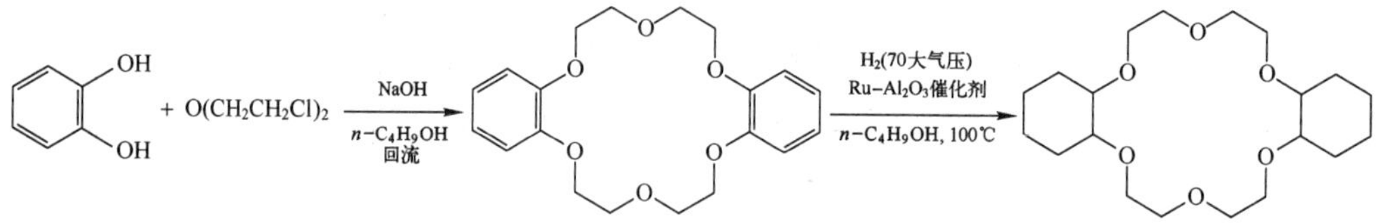

（2）穴醚

穴醚是可与阳离子发生配位的双环和多环多齿配体。"穴醚"（cryptand）一词指该配体形如空穴,将底物分子容纳在里面,整个分子是一个三维结构。因此与单环冠醚相比,穴醚配合物更加稳定,对底物分子的选择性更强,形成的复合物具有脂溶性。

唐纳德·克拉姆（D. J. Cram,1919—2001）、让-马里·莱恩（J. M. Lehn,1939—）和查尔斯·佩德森（C. J. Pedersen,1904—1989）通过对穴醚和冠醚进行研究,开创了超分子化学的先例,获得 1987 年诺贝尔化学奖。

例如,大环穴醚的合成：

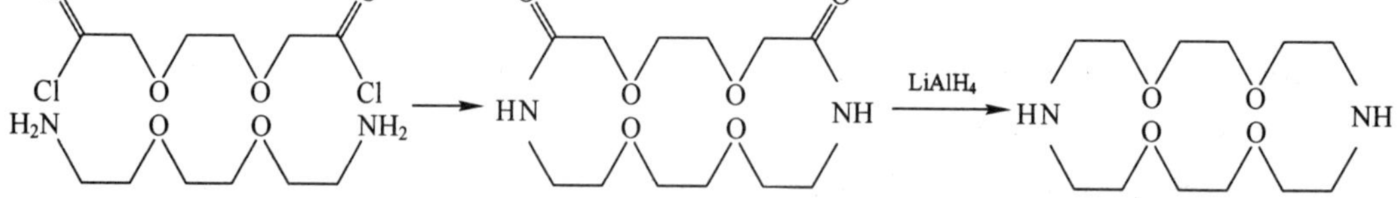

（3）开链聚醚

开链聚醚是近年来发展起来的,具有易得、无毒,蒸汽压小、价格低廉、在使用过程中不受孔穴大小的限制,且反应条件温和、操作简便及产率较高等优点。常用的开链聚醚包括聚乙二醇类、聚氧乙烯脂肪醇类和聚氧乙烯烷基酚类。最常用的开链聚醚有聚乙二醇400、600、1000、4000 等。

3）高分子载体催化剂

以高分子或硅胶等载体将季铵盐、季磷盐、冠醚、聚乙二醇等联在高分子链上作为相转移催化剂使用,应用中由于反应中存在固相（催化剂）-水相-有机相三相体系,故把这种催化剂称为三相催化剂。

高分子载体相转移催化剂的特点：①不溶于水、酸、碱和有机溶剂,反应结束后只需过滤即可定量回收；②可多次重复使用而活性不降低或稍微降低,反应产物从反应体系中的分离提取很方便；③由于催化剂已高分子化,挥发性小、毒性降低；④适合于工业上的连续化生产。

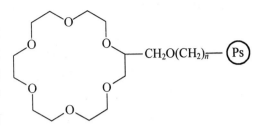

常见的高分子载体相转移催化剂有固载化季铵盐、固载化冠醚、固载化聚乙二醇等,其中研究最多、使用最广泛的是固载化聚乙二醇。

4. 影响相转移催化反应的因素

在相转移催化反应中,影响因素包括反应物结构、试剂性质、催化剂、反应溶剂、反应温度和搅拌等。其中催化剂和反应溶剂的影响最大。

1）催化剂

在选择相转移催化剂时,主要从活性、用量、稳定性和易分离性4点考虑。

（1）活性：在中性介质中,优良的相转移催化剂应具有 15 个或更多的碳原子。当研究一种新相转移催化反应时,中性或碱性介质中可选用四丁基铵盐；浓碱溶液存在下首先应选用 TEBA；其他催化剂如冠醚和穴醚也是较有效的催化剂；苄基三丁基溴化铵在实验室中易制备,且十分有效,是使用最多的相转移催化剂。

（2）用量：在不同体系中,催化剂的用量在 0.01%mol ~ 10%mol 之间。因为反应速率决定于催化剂浓度,因此只有强放热或催化剂非常昂贵时,催化剂用量才很少。一般正常情况下用量为 1%mol ~ 3%mol；某些情况下要求催化剂用量在摩尔级,例如不活泼烷基化试剂参与的相转移催化反应,烷基试剂容易引发副反应的相转移催化反应,希望多官能团分子发生有选择性的相转移催化反应等。

（3）稳定性：催化剂的稳定性非常重要。一般条件下,相转移催化剂的稳定性很好。但有些催化剂不稳定,高温下分解或发生副反应。例如四丁基铵盐在浓 NaOH 水溶液中,60℃或100℃下,7h 后分别分解出 52% 和 92% 的三丁基胺。

（4）易分离性：在多数情况下,只有催化剂可溶于水。合成反应后,催化剂易从产品中分离出来,有时用水反复洗涤反应混合液即可。在某些反应中,可将催化剂的溶液蒸馏,残留物用水处理,再用溶液（如醚）反复萃取。为再生催化剂,可将不同来源的四丁基铵盐收集并溶解在二氯甲烷中,用 pH<3 的过量 NaI 水溶液在一起振荡,除去溶剂后,形成的碘化物可用甲乙酮结晶回收。催化剂的回收在大规模或连续操作时,尤为重要。

2）反应溶剂

反应底物为液体时,可用该液体作为有机相使用。原则上,许多有机溶剂都可使用,但要求它们与水的互溶性必须很小,以确保离子对不发生水合作用。溶剂的性质对催化剂在水相和有机相的分配关系影响很大。

常用的有机溶剂包括苯、甲苯、简单烷烃、卤代烃、极性非质子溶剂等；无机溶剂为水。由于负离子被溶剂化,活性低,一般不用极性质子溶剂。

溶剂选择原则如下：①有机物本身为液体,一般不用溶剂；②若离子对有一定亲水性,可选低级卤代烷为溶剂；③对正离子体积大,负离子亲脂性差（如 OH$^-$）,可选乙醚、石油醚、甲苯等低极性溶剂;④极性非质子溶剂效果好,但较贵,且一般沸点较高。

3) 搅拌

在多数情况下,相转移催化反应采用电磁搅拌。搅拌太慢时,尤其是在高黏性的 NaOH(50%)中,反应结果有时不能重现。一般在水/有机相中的中性相转移催化反应搅拌速度应大于 200r/min;固液反应及有 NaOH 存在下的反应,搅拌速度应大于 750~800r/min。目前,超声波在相转移催化中的搅拌和空化作用也受到重视,对提高产物收率、降低催化剂使用量、提高反应效率有很好的作用。

4) 其他

在水/有机相两相体系中,为助于离子对萃取到有机相中,水溶液应具有相当的浓度。同时为防止某些相转移催化反应的放热,应准备冷却浴或采用逐步加入试剂的方法。在浓 NaOH 的反应中,常出现稳定的乳化现象,这时可用中和或离心分离的方法,也可采用水反复洗涤反应液以除去过量的碱。

5. 相转移催化在有机合成中的应用

相转移催化反应已应用于工业、农业、医学等领域,可用于烷基化反应、亲核取代反应、消去反应、加成反应、氧化-还原反应、缩合反应和 Wittig 反应等。

1) 烷基化反应

含有活泼氢的碳的烃基化反应,经典方法是用强碱摘去质子形成碳负离子后在非质子性溶剂中和卤代烃反应。采用相转移催化剂,碳的烃基化反应可在温和条件下于苛性钠溶液中实现。即使卤代烃的活性较差,反应也有较高效率。

$$CH_2(COOEt)_2 + C_2H_5I \xrightarrow[NaOH+H_2O+CH_2Cl_2]{TBAB} C_2H_5CH(COOEt)_2$$

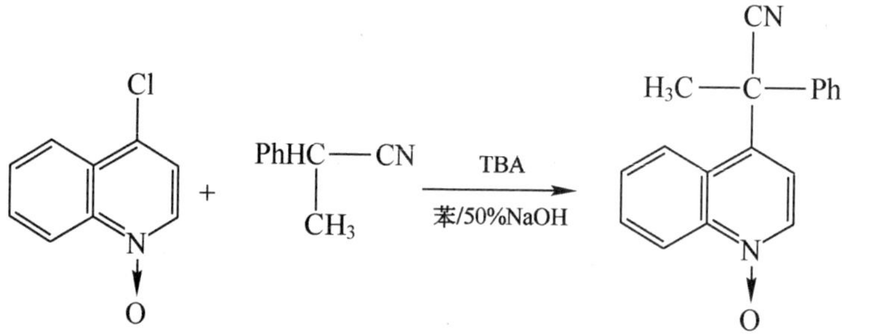

对含双活化亚甲基的化合物,如丙二酸酯、α-氰基乙酸等,在苛性碱溶液中,烷基化反应也易进行。例如 2-乙氧甲酰-1,3-二噻烷的烷基化反应,式中 R 为 PhCH$_2$、CH$_2$=CHCH$_2$等。

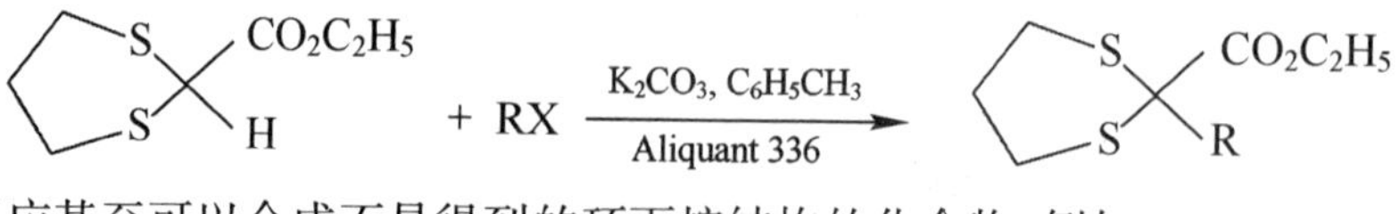

这类反应甚至可以合成不易得到的环丙烷结构的化合物,例如:

氧的烷基化反应主要产物是醚和酯两大类。用 Williamson 经典方法可以合成醚,但此法中用仲、叔卤化物作烃基化试剂时,易发生消去反应而生成烯,而相转移催化法合成

醚反应条件温和、产率高。如 α-萘酚醚是由 α-萘酚和卤代烷反应制备的,所用的相转移催化剂是四丁基溴化铵,产率可达 84%。

氧的烷基化常用的相转移催化剂有季铵盐、聚乙二醇、高分子交联的季铵盐。反应大多在浓碱(50%NaOH 或 KOH)水溶液中进行。伯、仲醇(或酚)与伯氯化物、硫酸二烷酯反应,大多会得到高收率的醚。

氮的烷基化反应是在含有碳酸钠或碱性氢氧化物的两相体系中进行。形成的仲盐或叔铵盐须扩散到相界面转化成胺。反应速率由胺的亲核性决定,催化剂对正常胺的反应无很大影响。NaOH 溶液的碱性不足以使非活化的胺去质子化,但若 NH-基团通过邻近吸电子基团使 N 上 H 酸性增强,可进行去质子化作用。

2) 消去反应

α-消除反应可以得到二氯卡宾和二溴卡宾。通常,二氯卡宾是由氯仿在叔丁醇钠的作用下产生。在相转移催化下,氯仿在浓 NaOH 水溶液中可顺利制得二氯卡宾。其过程是,首先形成 $Cl_3C^-N^+R_4$离子对,然后抽提进入有机相,在有机相中形成下列的平衡:

$$Cl_3C^-N^+R_4 \rightleftharpoons Cl_2C: + R_4N^+Cl^-$$

二氯卡宾是一种非常活泼的中间体,能与许多物质进行反应。二氯卡宾与烯烃和许多芳烃反应得到环丙烷的衍生物。例如:由烯丙醇的缩乙醛与二氯卡宾反应后,经还原和水解可得到环丙基甲醇,反应式为

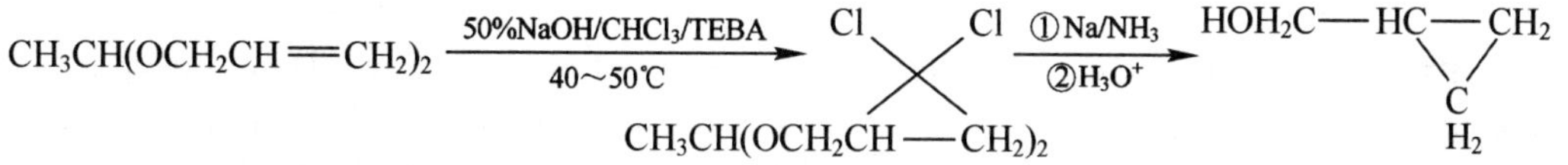

同样,在相转移催化下,溴仿在 NaOH 水溶液中,也能产生二溴卡宾。二溴卡宾与二氯卡宾相似,也能发生许多反应。例如:

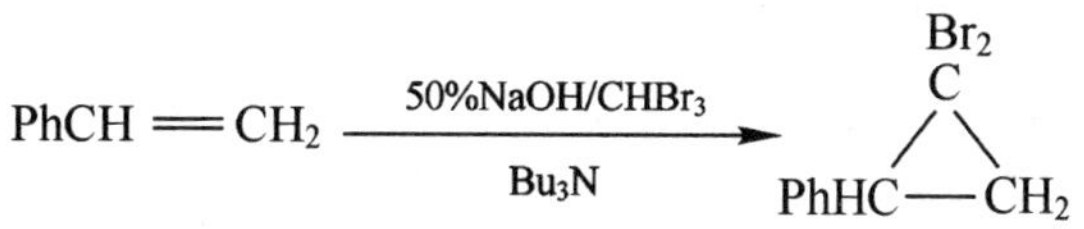

二溴卡宾与桥环烯烃反应,首先得到 1,1-二溴环丙烷,再开环得重排产物。

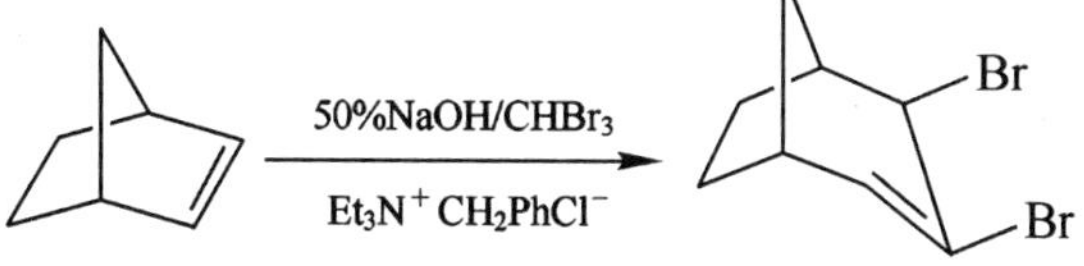

3) 氧化还原反应

相转移催化用于氧化还原反应,能够加速反应,增加选择性。一般常用的氧化剂和还原剂多为无机物,如 $KMnO_4$、$K_2Cr_2O_7$、NaOCl、H_2O_2、$NaBH_4$ 等,这些物质大都是水溶性的,在有机溶剂中的溶解度很小,因此将无机氧化剂的水溶液加入有机物中进行氧化,结果一般不理想,有的甚至无反应发生。在相转移催化下,这些氧化剂可以借助催化剂转移到有机相中,使氧化还原反应在温和的条件下进行,得到高产率的产物。

例如,在癸烯、高锰酸钾水溶液中加入催化量的季铵盐,反应立即进行,癸烯定量地被氧化为壬酸:

$$CH_3(CH_2)_7CH=CH_2 \xrightarrow[Q^+X^-]{KMnO_4} CH_3(CH_2)_7COOH$$

冠醚可催化 $KMnO_4$ 同有机物的氧化反应。在苯、高锰酸钾、水体系中加入双环己基 18-冠-6、苯中的高锰酸根离子浓度可达 0.06mol/L，这种紫色的 $KMnO_4$ 苯溶液足以将大多数还原性基团氧化。

例如，将邻二酚氧化为邻苯醌，反应式为：

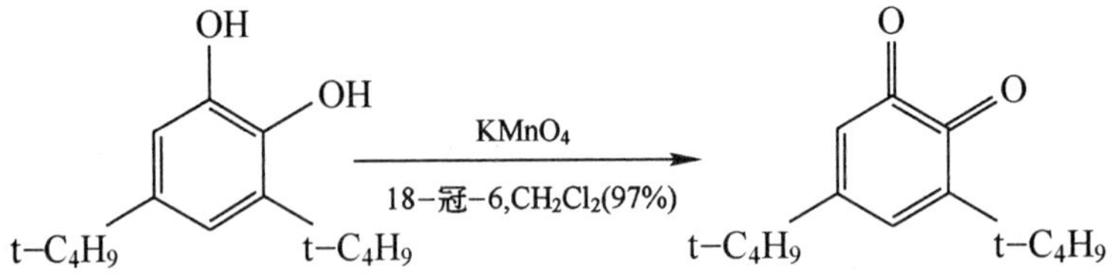

铬酸或重铬酸的水溶液，在有机氧化反应中，比 $KMnO_4$ 用得更加普遍。烯、醇、醛和烃基苯均能被铬(Ⅵ)化合物氧化成羧酸。为提高反应效率，一般这些反应在相转移催化条件下进行。季铵盐是常用的相转移催化剂。

例如：氯化四丁基铵常用于将水相中的 CrO_4^{2-} 移入氯仿、二氯甲烷等有机相的反应；氯化甲基三烷苯铵常用于 CrO_3 的水相到有机相的转移。

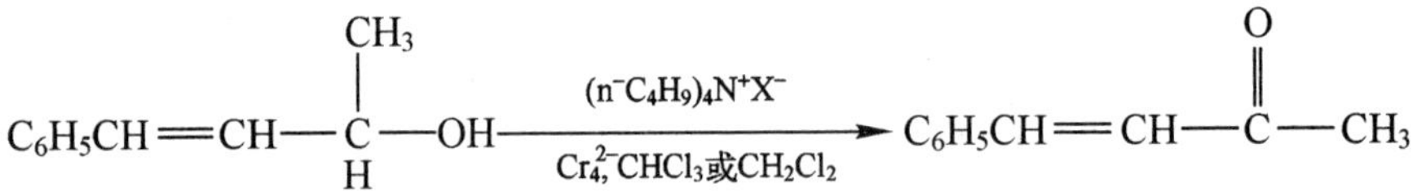

4）加成和缩合

相转移催化能够使加成反应变得容易进行和提高收率。氢卤酸对烯烃双键地加成反应是制备卤代烷的有效方法。在相转移催化下，HCl、HBr、HI 的水溶液能够很容易地按马氏规则加成到碳-碳双键上。其中 R^1 为烷基、芳基；R^2 为 H、烷基、芳基；X 为 Cl、Br、I。

$$R^2R^1C =\!\!= CHR^3（有机相）+ HX \xrightarrow[\triangle]{R_3N^+H^-} R^2R^1CXCH_2R^3（有机相）$$

在相转移催化下，烯烃也可以和含有 α-活性氢的化合物加成。例如：

$$PhSO_2HC =\!\!= CH_2 + Me_2CHCN \xrightarrow[50\%NaOH]{Et_3N^+CH_2PhCl^-} PhSO_2CH_2CH_2CMe_2CN$$

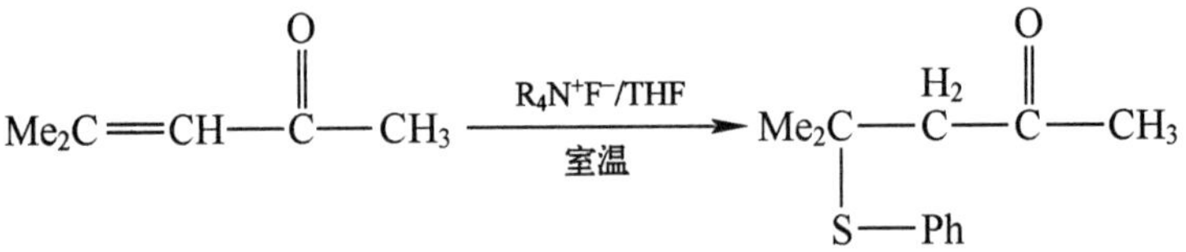

α,β-不饱和醛、酮、酯与活泼亚甲基化合物间的 Michael 加成反应，若采用一般方法，易发生树脂化反应，使收率很低。若采用 Na_2CO_3 液-液相转移催化法，可得到满意效果，下式中 R^1 为 OEt、CH_3，R^2 为 H、CH_3、Ph 等。

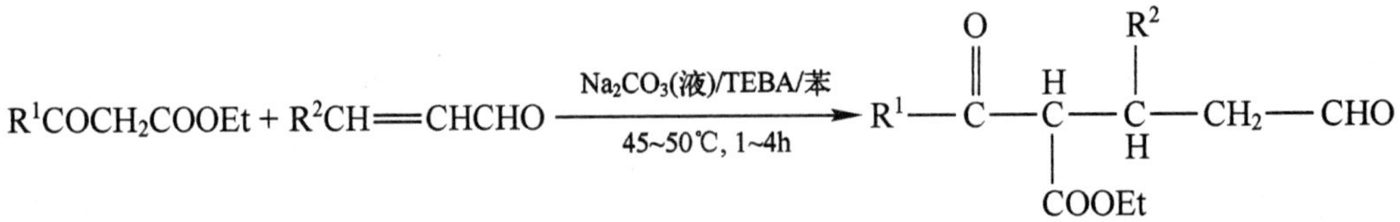

5）羰基化反应

近年来，相转移试剂与金属配位催化剂结合用于羰基化反应已有很大的发展。这一新技术的应用，使羰基化反应可以在更温和的条件下进行。

208

苯乙酸是一种具有广泛用途的药物中间体,工业上主要采用氰化法生产,虽然收率较高,但氰化物是剧毒品。在传统均相催化羰基化的条件下,需要高温高压、过量的碱及长时间反应,且收率低。采用相转移催化技术,在非常温和条件下,苄基卤化物即可顺利转化为苯乙酸。邻甲基苄溴羰基化时,除预期的邻甲基苯乙酸外,还分离出少量的双羰基化合物 α-酮酸。反应式如下:

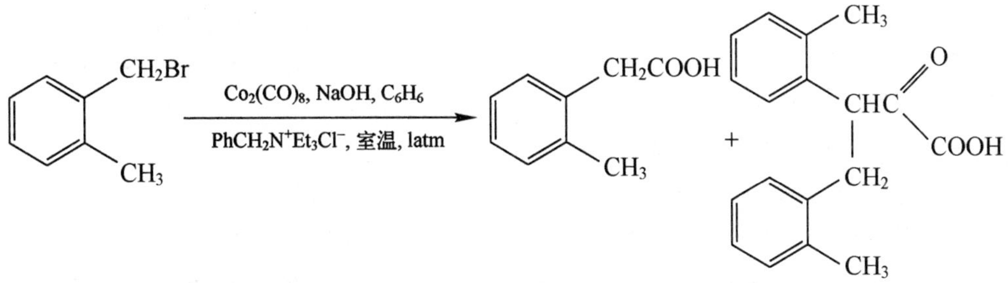

不活泼芳基卤代物的羰基化反应,采用八羰基二钴作催化剂,四丁基溴化铵作相转移试剂,须在光照射条件下才能顺利进行,产率达 95% 以上。例如:

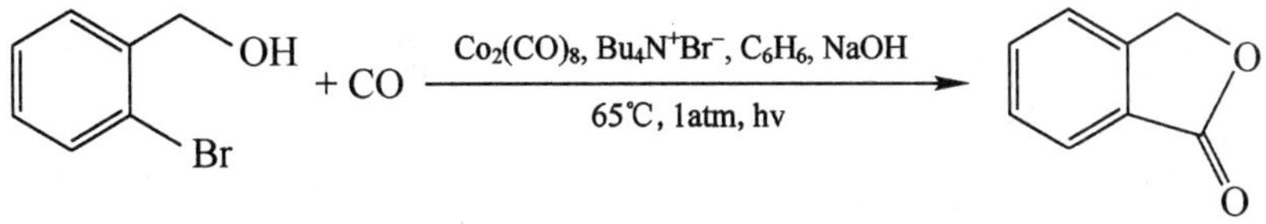

6) 聚合反应

相转移催化剂已应用于许多聚合反应。苯酚和甲基丙烯酸缩水甘油酯或缩水甘油苯醚与甲基丙烯酸在 TEBA 催化下制得(3-苯氧基-2-羟基)炳基甲基丙烯酯,反应式如下所示。该单体加入引发剂后,可以立即聚合。

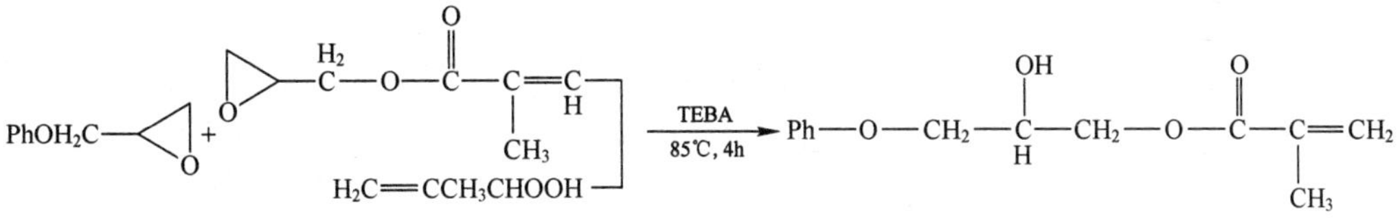

3.4.2 有机电化学合成

电化学反应用于有机合成已有 100 多年历史。经过电化学家和有机化学家的努力,有机电化学已成为一门独立的学科,特别是在 20 世纪 60 年代,电化学合成己二腈和四乙基铅技术的大规模工业化,给有机电化学带来了革命,并由此形成了有机电化学合成。

1. 概述

1) 有机电化学合成的定义

有机电化学合成,又称有机电解合成或有机电合成,是利用电化学氧化或还原方法合成有机物的技术。它是有机合成与电化学技术相结合的一门边缘学科,基本类型包括采用电化学方法进行碳-碳键的生成和官能团的加成、取代、裂解、消去、偶合、氧化、还原及利用媒质的间接电合成等反应。

2) 有机电化学合成的发展历史及特点

1834 年,法拉第(M. Faraday,1791—1867)发现乙酸阳极氧化为 CO_2 的反应,开辟了有机电化学合成的历史。1849 年,科尔贝(A. W. Kolbe,1818—1884)发现羧酸电解氧化可生成较长链烷烃的 Kolbe 反应,此反应曾用来大量合成二甲基癸二酸。1940 年以前,有机电化学合成作为一种制备方法,其动力学过程还十分模糊。随着电子技术和电极过程动力学发展,这种状况才有所改变。

20 世纪 50 年代,电化学理论、技术、新材料的发展为有机电化学合成的工业应用奠定了基础。20 世纪 60 年代中期,美国 Monsanto 公司首先实现丙烯腈电解还原加氢二聚合成己二腈的工业化生产,随后 Nalco 公司实现四乙基铅电解合成的工业化生产。这两项有机电化学合成在全世界化学化工领域产生了巨大影响。1980 年以来,有机电化学合成作为一种绿色合成技术,得到世界各国的重视。近 30 年来,已有近 100 种有机产品通过电化学合成达到工业化生产或中试阶段。

有机电化学合成具有如下的优点:

(1) 无需有毒或危险的氧化剂和还原剂。反应体系中除原料和生成物外,通常不含其他反应试剂。合成产物易分离和精制、产品纯度高、副产物少、环境污染大幅度降低。

(2) 可通过改变电极电位合成不同的产品;也可通过控制电极电位,使反应按预定的目标进行,收率和选择性均较高。

(3) 在反应体系中,电子转移和化学反应这两个过程可同时进行。能缩短工艺,减少设备投资,缓解环境污染。

(4) 可在常温、常压下进行,一般无需特殊的加热和加压设备,可节省能源和设备,操作简单、使用安全。

(5) 装置具有通用性,在同一电解槽中可进行多种合成反应。尤其适合于多品种、少批量的生产部门。

(6) 合成过程中可任意改变氧化或还原反应的速度,或随时中止及启动反应的发生,而化学法对此却无能为力。

当然,有机电化学合成也存在一些问题,如反应必须有特殊的装置和设备;反应过程的影响因素较多。除常规有机合成反应条件外,还需考虑电压、电流、电极材料等因素。

3) 有机电化学合成的原理

关于有机电化学合成的原理与本书 2.7.2 节中"电化学合成法的基本原理"相似,这里不再累述。

2. 影响有机电化学合成的因素

1) 电解槽

实现电化学反应的设备或装置称为电化学反应器,简称电解槽,是有机电化学合成过程中的心脏。按电解槽的结构,分为箱式电解槽、压滤机式或板框式电解槽、特殊结构的电解槽;按电解槽的工作方式,分为间歇式电解槽、柱塞流电化学反应器、连续搅拌箱式反应器或返混式反应器。

电解槽的基本特征如下:①由两个电极(一般是电子导体)和电解质(离子导体)构成;②分为两个类别,一类是由外部输入电能,在电极和电解液界面上发生电化学反应的电解反应器,另一类是在电极和电解质界面上自发发生电化学反应产生能源的化学电源反应器;③发生的主要过程是电化学反应,包括电荷、质量、热量、动量的 4 种传递过程,服从电化学热力学、电极过程动力学及传递过程的基本规律;④一种特殊的化学反应器,一方面具有化学反应器的某些特点,另一方面具有自身特点及需要特殊处理的问题。

一般情况下,电解槽应满足如下要求:尽可能价廉和简单;尽量将电解以外的过程放在电解槽内进行;电极上的电位分布尽量均匀;隔膜电阻尽可能小;所用材料适合在电解液中长时间使用;采用挡板、湍流促进器、流动床、搅拌等措施,保证电解槽的传输过程通畅。

电极是电解槽的重要组成部分,一般要求电极的电流分布尽量均匀,具有良好的催化活性、稳定性、优良的导电性能和一定的机械强度。

2)隔膜

大多数电解槽都需要使用隔膜来分隔阴极和阳极区间,避免两极所生成的产物混合,防止副反应和次级反应发生而影响产物纯度、产率和电流效率,避免发生安全事故。

隔膜材料主要有两大类:非选择性隔膜和选择性隔膜。其中,非选择性隔膜属机械性多孔材料,纯粹靠机械作用传输,不能完全阻止因浓度梯度存在而产生的渗透作用;选择性隔膜又称离子交换膜,分为阳离子交换膜和阴离子交换膜。

隔膜具有如下的要求:①可隔离阴、阳极生成的产物,但允许离子通过,并具有良好的导电性能和透过率;②有较强的化学稳定性和足够的机械强度;③尺寸保持稳定,使用寿命长;④容易安装、维护和更换。

3)介质

介质指电解反应所采用的溶剂和支持电解质。溶剂一般分为质子型溶剂和非质子型溶剂两类:提供质子能力高的溶剂为质子型溶剂,提供质子能力弱的溶剂则为非质子型溶剂。支持电解质的作用是使电流通过介质时电阻不致太大。

选择合适的介质需要考虑以下几个因素:反应物的溶解度、较宽的电位窗口范围、符合所需反应的要求和良好的导电性。

4)温度

温度是有机电化学合成中重要的影响因素之一。提高温度对降低过电位、提高电流密度有益,但过高会使某些副反应加速,同时会使产物有可能分解。

3. 有机电化学合成的反应类型

1)按电极表面发生有机反应的类别

按电极表面发生有机反应的类别,可以将有机电化学合成分为两类:阳极氧化过程和阴极还原过程。如图 3-17 所示。

其中,阳极氧化过程包括电化学环氧化反应、卤化反应、苯环及苯环上侧链基团的阳极氧化反应、杂环化合物的阳极氧化反应、含氮硫化物的阳极氧化反应等。阴极还原过程包括阴极二聚和交联反应、有机卤化物的电化学还原以及羰基化合物、硝基化合物、腈基化合物的电化学还原反应等。

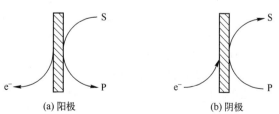

图 3-17 电极表面阳极氧化过程和阴极还原过程

2）按电极反应在整个有机合成过程中的地位和作用

按电极反应在整个有机合成过程中的地位和作用,可将有机电化学合成分为直接有机电化学合成反应和间接有机电化学合成反应。如图 3-18 为间接有机电化学合成反应过程示意。

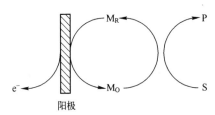

图 3-18　间接有机电化学合成反应过程

有些有机化合物难以直接通过电化学氧化或电化学还原来制备,原因包括:有机反应物在电解质溶液中的溶解度太小,导致电合成进行太慢;反应物或产物易吸附在电极上,或因电解产生树脂状或焦油状物质污染电极,使电化学合成无法正常进行等。在这些情况下,可借助媒质进行有机化合物的间接电化学合成。

4. 各类有机化合物的电化学合成

1）烃的电化学合成

羧酸盐的电化学氧化、不饱和烃的电化学还原和卤代烃的电化学还原都可以生成烃类化合物。

（1）羧酸盐的电化学氧化

羧酸盐的电化学氧化反应通式如下:

$$2RCOO^- \xrightarrow{-2e^-} 2RCOO\cdot \xrightarrow{-CO_2} 2R \xrightarrow{聚合} R\text{-}R$$

例如由丙酸钠电化学氧化可以制备正丁烷:

$$2C_2H_5COO^- \longrightarrow CH_3(CH_2)_2CH_3 + 2CO_2 + 2e^-$$

（2）不饱和烃的电化学还原

烯烃通过电化学还原反应可制备相应的烷烃。

$$CH_3CH = CH_2 + 2H^+ + 2e^- \longrightarrow CH_3CH_2CH_3$$

例如环己烯在铂阴极上可以电化学还原为环己烷:

在高氯酸介质中,苯在铂或钌阴极上可以电化学还原为环己烷。

（3）卤代烃的电化学还原

$$CH_3I + H^+ + 2e^- \longrightarrow CH_4 + I^-$$

溴苯在汞阴极上可还原为苯:

212

卤代烃被还原的活性次序为 RI > RBr > RCl > RF。

三元环、四元环等高张力环的烃类是较难合成的有机化合物,通过卤代烃电化学还原可以制备一些高张力的环烃,如:

$$X-\text{◇}-CH_2X+2e^- \longrightarrow \text{◇} + 2X^-$$

$$\begin{matrix} XH_2C & & CH_2X \\ & C & \\ XH_2C & & CH_2X \end{matrix} + 4e^- \longrightarrow \text{⋈} + 4X^-$$

2) 醇和酚的电化学合成

含有羟基的有机化合物醇和酚既可由酸、醛或酮电化学还原得到,也可由烃类电化学氧化制备。

(1) 烃类的电化学氧化

烷烃和芳香烃的电化学氧化可制备相应的醇或酚。

$$CH_2=CH_2+2H_2O \longrightarrow HOCH_2CH_2OH+2H^++2e^-$$

$$\text{⬡}-CH_3 + H_2O \longrightarrow \text{⬡}-CH_2OH + 2H^+ + 2e^-$$

(2) 羰基化合物的电化学还原

丙烯醛在不同条件下电化学还原,可以生成不同的醇:

$$CH_2=CHCHO$$

$$\xrightarrow[cd,\ H_2SO_4]{+2H^++2e^-} CH_2=CHCH_2OH$$

$$\xrightarrow{+2H_2O_2} \underset{OH}{HOCH_2CHCHO} \xrightarrow[Pb]{+2H^++2e^-} \underset{OH}{HOCH_2CHCH_2OH}$$

$$\xrightarrow{+H_2O} HOCH_2CH_2CHO \xrightarrow[Zn]{+2H^++2e^-} HOCH_2CH_2CH_2OH$$

糠醛电化学还原为糠醇是一个非常有用的反应:

$$\text{⬠}(O)-CHO + 2H^+ + 2e^- \longrightarrow \text{⬠}(O)-CH_2OH$$

(3) 羧酸或酯的电化学还原

在酸性条件下,羧基可以电化学还原成羟基。

$$\underset{COOH}{\overset{COOH}{|}} + 4H^+ + 4e^- \longrightarrow \underset{COOH}{\overset{CH_2OH}{|}} + H_2O$$

3) 醛、酮和醌的电化学合成

(1) 烃的电化学氧化

烯烃经电化学氧化可制备醛。

$$CH_2=CH_2+2H_2O \longrightarrow CH_3CHO+H^++e^-$$

实际上,经常采用适当媒质进行芳烃的间接电化学氧化制取芳醛。如用铈盐做媒质,间接电化学氧化对甲基苯甲醚可以制取茴香醛:

$$H_3CO-\!\!\!\bigcirc\!\!\!-CH_3+4Ce^{4+}+H_2O \longrightarrow H_3CO-\!\!\!\bigcirc\!\!\!-CHO \ + \ 4Ce^{3+}+4H^+$$

$$4Ce^{3+}-4e^-$$

（2）羟基化合物的电化学氧化

羟基化合物经电化学氧化可制备醛。

$$CH_3OH \longrightarrow HCHO+2H^++2e^-$$

苯环侧链上的羟基也可以电化学氧化成羰基,如苄醇电化学氧化成苯甲醛:

$$\bigcirc\!\!\!-CH_2OH \longrightarrow \bigcirc\!\!\!-CHO+2H^++2e^-$$

仲醇在阳极上电化学氧化可以生成酮,例如二苯基甲醇在铂阳极上氧化生成二苯酮:

$$\bigcirc\!\!\!-\underset{\underset{OH}{|}}{CH}-\!\!\!\bigcirc \longrightarrow \bigcirc\!\!\!-\underset{\underset{O}{\|}}{C}-\!\!\!\bigcirc+2H^++2e^-$$

（3）羰基化合物的电化学还原

$$\underset{\underset{COOH}{|}}{COOH} \ +2H^++2e^- \longrightarrow \underset{\underset{CHO}{|}}{COOH} \ +H_2O$$

水杨酸在汞阴极上可以电化学还原成水杨醛:

$$\underset{OH}{\overset{}{\bigcirc}}\!\!\!-COOH \ +2H^++2e^- \longrightarrow \underset{OH}{\overset{}{\bigcirc}}\!\!\!-CHO \ +H_2O$$

4）羧酸的电化学合成

（1）烷基、烃基和羰基的电化学氧化

带烷基、烃基或羰基的化合物电化学氧化可以制得羧酸。

$$O_2N-\!\!\!\bigcirc\!\!\!-CH_3+2H_2O \longrightarrow O_2N-\!\!\!\bigcirc\!\!\!-COOH+6H^++6e^-$$

$$\underset{\underset{CH_2OH}{|}}{CH_2OH} \ +2H_2O \longrightarrow \underset{\underset{COOH}{|}}{COOH} \ +8H^++8e^-$$

$$2Cr_3^+ \overset{}{\underset{-6e^-}{\rightleftharpoons}} Cr_2O_7^{2-}$$

$$H_3C-\!\!\!\bigcirc\!\!\!-CHO \xrightarrow{\text{阳极}} HOOC-\!\!\!\bigcirc\!\!\!-COOH$$

（2）CO_2存在下的电化学还原

CO_2的电化学还原,烯烃、带羰基的化合物或卤代烃等在CO_2存在下电化学还原生成羧酸。

$$2CO_2+2H_2O+2e^- \longrightarrow \underset{\underset{COOH}{|}}{COOH} \ +2OH^-$$

214

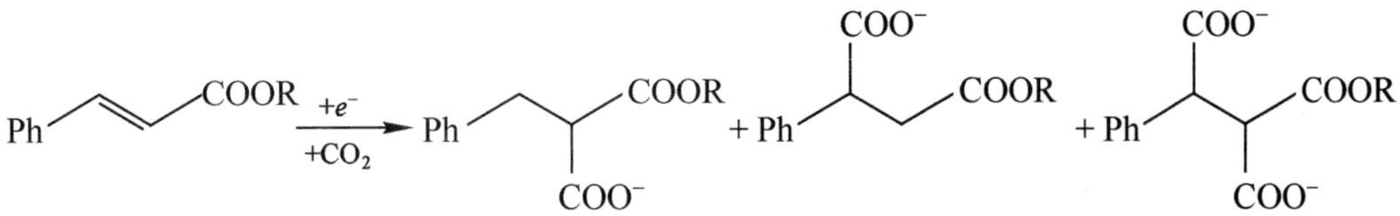

5）胺类的电化学合成

胺类化合物多作为医药、染料、农药等化工产品的中间体。这类化合物可通过电化学还原含硝基、亚硝基或腈基的化合物而得。

（1）硝基化合物的电化学还原

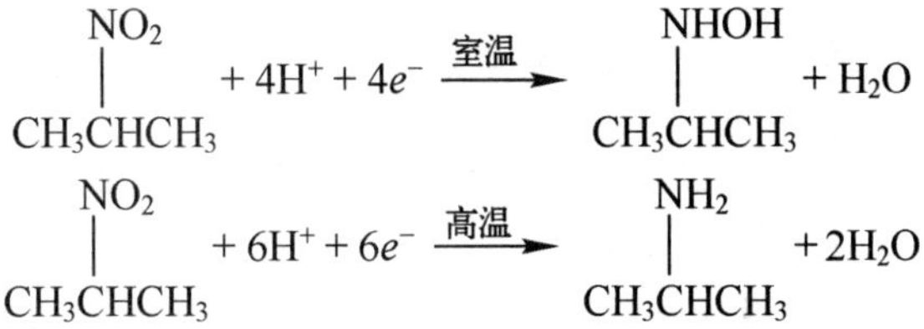

（2）亚硝基化合物的电化学还原

对亚硝基苯酚在铂或铜阴极上可被电化学还原成对氨基苯酚：

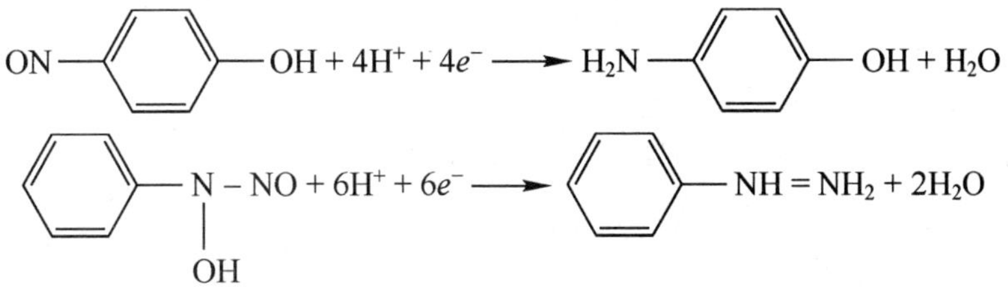

（3）氰基化合物的电化学还原

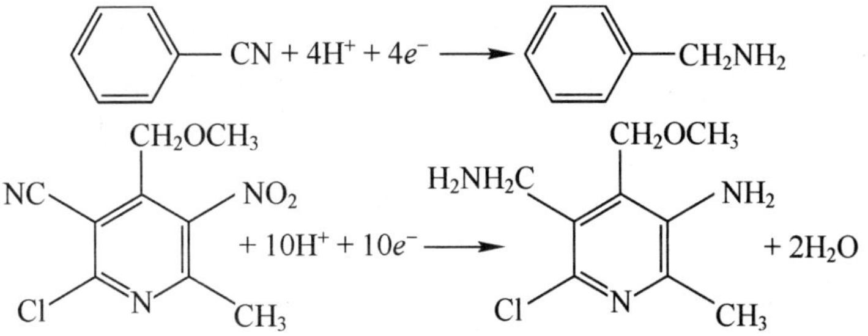

6）金属有机化合物的电化学合成

用电化学方法合成金属有机化合物时，通常要消耗金属电极以提供所需的金属元素。卤代烃、羰基化合物和烯烃等在金属阴极上电化学还原，消耗阴极金属后可以制取相应金属的有机化合物。

（1）卤代烃的电化学还原

在汞、锡、铅或铜等阴极上，卤代烃电化学还原时首先形成自由基，自由基再与金属电极起反应，生成金属有机化合物，可用下列的通式表示：

$$R–X + e^- \longrightarrow [RX\cdot] \rightarrow R\cdot + X^-$$

$$M + zR\cdot \longrightarrow MR_z$$

（2）羰基化合物的电化学还原

在酸性溶液中，醛或酮的羰基电化学还原并与金属阴极结合而生成金属有机化合物，如苯甲醛在汞阴极上电化学还原生成二苄基苯：

$$2 \underset{\text{(CHO)}}{\bigcirc} + Hg + 6H^+ + 6e^- \longrightarrow \left(\underset{\text{(CH}_2)}{\bigcirc} \right)_2 Hg + 2H_2O$$

（3）烯烃化合物的电化学还原

烯烃在某些金属 M 阴极上电化学还原时,在双键断裂处形成 M-C 键,同时一个碳原子发生质子化,通式如下:

$$2RCH == CH_2 + M + 2H^+ + 2e^- \longrightarrow M(CH_2CH_2R)_2$$

丙烯腈在锡电极上电化学还原生成四(β-氰乙基)锡的反应式为

$$4RCH == CH_2 + Sn + 4H^+ + 4e^- \longrightarrow Sn(CH_2CH_2R)_4$$

（4）金属配位物的电化学氧化

格氏试剂 RMgCl 和卤代烃 RX 发生消耗金属阳极的电化学氧化反应生成金属有机化合物,如四乙基铅、四甲基铅等合成可表示如下:

阳极反应:$Pb + 4RMgCl \longrightarrow PbR_4 + 4MgCl^+ + 4e^-$

阴极反应:$4MgCl^+ + 4e^- \longrightarrow 2MgCl_2 + 2Mg$

电解反应:$Pb + 4RMgCl \longrightarrow PbR_4 + 2MgCl_2 + 2Mg$

7）有机卤化物的电化学合成

（1）烯烃的电卤化

以氯化铈-乙腈溶液为阳极液,氯化铵溶液为阴极液,石墨为电极,将丁二烯以鼓泡形式通入阳极区域。室温下电解,可以得到 ClHC == CHCH == CHCl 和 H_2C == CHCCl == CHCl 两种氯化物。以乙烯-盐酸溶液作为阳极液,50℃进行电解,可得到二氯乙烷:

$$RCH_2 == CH_2 + 2HCl \longrightarrow ClCH_2CH_2Cl + 2H^+ + 2e^-$$

（2）芳烃、芳胺和酚的电卤化

芳烃在弱酸溶液中电解可以得到卤化芳烃,如氯化锂-乙腈电解液中,甲苯在石墨电极上发生卤化反应,可以得到对氯甲苯和邻氯甲苯:

$$\underset{\text{CH}_3}{\bigcirc} + Cl^- \longrightarrow \underset{\text{CH}_3 \cdots Cl}{\bigcirc} + H^+ + 2e^- \qquad \underset{\text{CH}_3}{\bigcirc} + Cl^- \longrightarrow \underset{\text{CH}_3 \text{ Cl}}{\bigcirc} + H^+ + 2e^-$$

（3）杂环化合物的电卤化

一些杂环化合物和卤化剂一起电解可以制备杂环卤化物,例如在含 NaBr 的水溶液或乙腈溶液中,丁二酰亚胺在阳极上可发生如下电溴化反应:

$$[CH_2CO]_2NH - Br^- + OH^- \longrightarrow [CH_2CO]_2NBr + H_2O + 2e^-$$

室温下,靛蓝在 51% 的氢溴酸中电解,在碳阳极上发生电溴化反应,生成 5,5'-二溴靛蓝:

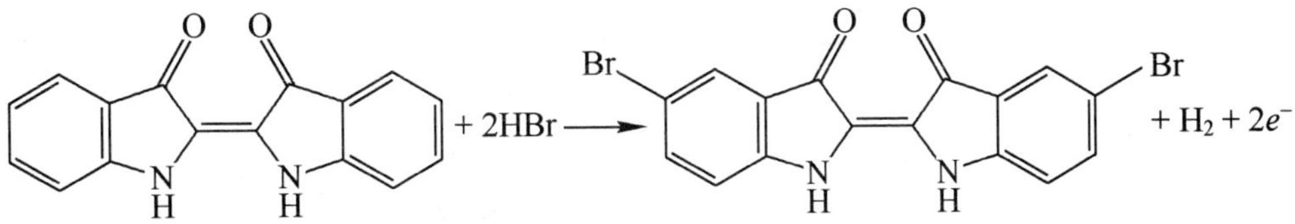

8) 其他有机化合物的电化学合成

(1) 带双键化合物的电化学合成

通过电极反应可让相邻碳上连接的原子或基团脱离化合物而形成双键。这类反应称为电消除反应,通式如下(X 或 Y 为 Cl、Br、I、OH、HS、RS、COO、RCOO 或 RSO_3 等):

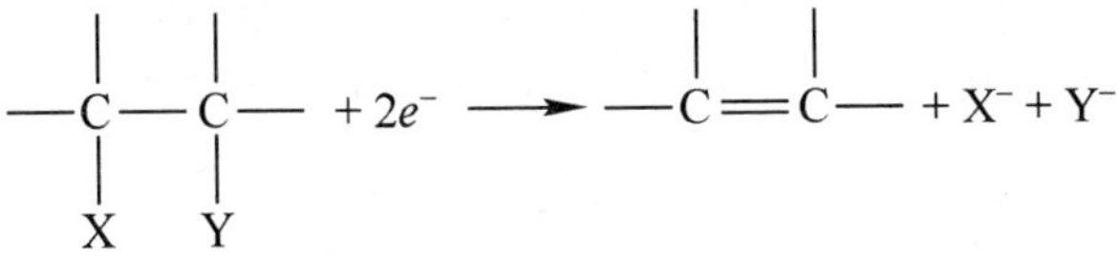

(2) 环状有机化合物的电化学合成

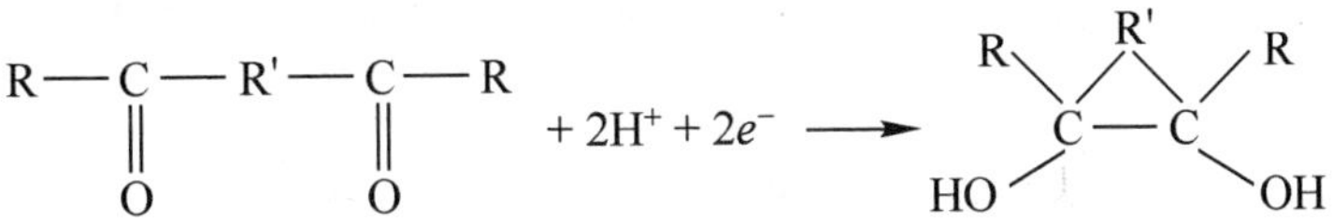

阳极电环化的例子,如已二酸电化学氧化生成环丁烷的反应:

(3) 电聚合

$$2CH_2 = CHCN + 2e^- \longrightarrow 2(CH_2 = CHCN)^- \xrightarrow{2H^+} NC(CH_2)_4CN$$

5. 有机电化学合成工业化实例

1) 已二腈的电化学合成

已二腈是制造尼龙的中间体,是重要的工业原料。已二腈传统的化学合成以乙炔或丁二烯为原料,反应过程如下:

$$CH \equiv CH + HCHO \xrightarrow{\text{加压,催化}} HC \equiv CCH_2OH \xrightarrow{\text{催化,氢化}} HOCH_2C \equiv CC \equiv CCH_2OH$$

$$\xrightarrow{\text{氢化}} HO(CH_2)_6OH \xrightarrow{\text{氧化}} HOOC(CH_2)_4COOH \xrightarrow[\text{②催化脱水}]{\text{①加氢}} NC(CH_2)_4CN$$

$$CH_2 = CH - CH = CH_2 + 2HCN \xrightarrow{\text{催化}} NC(CH_2)_4CN$$

1959 年,Baizer 提出将丙烯腈通过阴极加氢可生成已二腈。1965 年,美国的 Monsanto 公司将这一方法工业化,建成产量为 15,000t/a 的已二腈生产车间。

已二腈的电化学合成分为两步:

(1) 以丙烯为原料经氨氧化加工成丙烯腈,反应如下:

$$CH_2 = CH - CH_3 \longrightarrow CH_2 = CH - CN$$

(2) 通过电解,在阴极表面加氢二聚成已二腈:

阳极反应:$H_2O \longrightarrow 1/2O_2 + 2H^+ + 2e^-$

阴极反应:$2CH_2 = CHCN + 2H^+ + 2e^- \longrightarrow NC(CH_2)_4CN$

电解反应:$2CH_2 = CHCN + H_2O \longrightarrow NC(CH_2)_4CN + 1/2O_2$

反应机理如下:

217

$$CH_2=CHCN + e^- \longrightarrow (CH_2-\overset{\cdot}{C}HCN)^- \xrightarrow{\text{二聚}} (CH_2CHCN)^{2-}$$

（图中反应式）

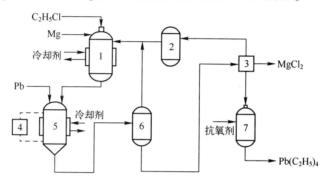

2）四乙基铅的电化学合成

作为汽油中使用的抗爆剂，四乙基铅可提高辛烷值。将格氏试剂和铅丸进行电解，可合成四乙基铅。反应时不断向溶液中加入氯乙烷，并与阴极析出的 Mg 重新生成格氏试剂，副产物 $MgCl_2$ 可用于生产 Mg。反应装置示意图如图 3-19 所示。

图 3-19　四乙基铅电化学合成的装置示意图

反应过程如下：

$$C_2H_5Cl + Mg \longrightarrow C_2H_5MgCl$$

阳极反应：$4C_2H_5MgCl + Pb - 4e^- \longrightarrow Pb(C_2H_5)_4 + 2MgCl_2 + 2Mg^{2+}$

阴极反应：$Mg^{2+} + 2e^- \longrightarrow Mg$

电解反应：$4C_2H_5MgCl + Pb + 2Mg \longrightarrow Pb(C_2H_5)_4 + 2MgCl_2$

3）有机氟化物的电化学合成

利用电化学反应将氟直接引入反应物分子，生成有机氟化物。该方法可生产的氟化产品有 250 多种。

电解氟化的优点：①直接用 AHF 作为溶剂和氟源；②全氟产物可一步合成，具有较高的效率和效益，对于磺酰基、羧基及杂原子化合物，能够保留原有的官能团；③装置简单、操作方便，易于实现大规模工业化；④节能、环境污染少。

电化学氟化有两种方法：①Simons 法，以 Ni 为阳极，在 AHF 中电解制备全氟化物的方法。Simons 法主要合成全氟有机物，可制备特种表面活性剂。②Rozhkov 法，以 Pt 为阳极，以有机溶剂为介质，制备单氟化物。Rozhkov 法主要用于芳烃的选择性氟化，可制备新型药物（如环丙沙星、络美沙星）和活性染料的中间体等。

3.4.3　有机光化学合成

以光为反应提供能量的化学反应属于激发态化学，即光化学。有机光化学合成是现代有机化学的重要组成部分，主要是指研究与开发那些热化学反应难于或必须在苛刻条

218

件下才能合成的化合物而采用光化学方法容易或可在温和条件下合成的光化学反应。

1. 概述

有机化合物分子在光照射下,外层电子被光量子激发升至能量较高的轨道上,由于结构变形、分子激发,发生许多非热力学或动力学控制的反应。分子吸收光的过程称为激发作用,分子由低能级基态激发到高能级激发态,包括旋转、振动或电子能级的激发作用等,只有电子激发作用,才能发生有机光化学反应。

1) 有机光化学的发展历史与特征

早期,人们认为光是一种特殊的、能够产生某些反应的试剂。1843 年,Draper 发现氢与氯在气相中可发生光化学反应。1908 年,Ciamician 利用地中海地区强烈的阳光进行各种化合物光化学反应的研究,只是当时对反应产物的结构还不能鉴定。20 世纪 60 年代前期,发现了大量的有机光化学反应。20 世纪 60 年代后期,随着量子化学在有机化学中的应用和物理测试手段的突破(主要是激光技术与电子技术),光化学开始飞速发展。

目前,光化学被理解为分子吸收大约 200~700nm 的光,使分子到达电子激发态的化学。由于光是电磁辐射,光化学研究的是物质与光相互作用引起的变化。

光化学具有如下特点:①光是一种特殊的生态学上清洁的试剂;②光化学反应条件一般比热化学要温和;③光化学反应能提供安全的工业生产环境,反应基本上在室温或低于室温下进行;④有机化合物在进行光化学反应时,不需要进行基团保护;⑤在常规合成中,可通过插入一步光化学反应缩短合成路线。

因此,光化学在合成化学中,特别是在天然产物、医药、香料等精细有机合成中具有特别重要的意义。

2) 光化学效率

在有机光化学反应中,反应物分子吸收光能而由基态跃迁到激发态,成为活化分子,然后引发化学反应。关于光化学反应的基本原理,请参见相关教材和专业书籍,本书仅介绍光化学效率。

光源发出的光并不能都被反应分子吸收,光的吸收符合 Lambert-Beer 定律,即

$$\lg(I_0/I) = \varepsilon \cdot c \cdot l = A$$

式中:I_0 为入射光强度;I 为透射光强度;c 为吸收光的物质的浓度(mol/L);L 为溶液厚度(cm);ε 为摩尔吸光系数,其大小反映吸光物质的特性及电子跃迁的可能性大小;A 为吸光度或光密度。

光化学过程的效率称为量子产率(φ):

$$\varphi = \frac{单位时间单位体积内发生反应的分子数}{单位时间单位体积内吸收的光子数} = \frac{产物的生成速度}{所吸收辐射的强度}$$

φ 的大小与反应物结构及反应条件如温度、压力、浓度等有关。对于许多光化学反应,φ 处于 0~1。但对于链式反应,吸收一个光子可引发一系列链反应,φ 值可达到 10 的若干次方,如烷烃自由基卤代反应的量子产率 $\varphi = 10^5$。

2. 有机光化学合成技术

有机光化学合成技术包括光源的选择、光强的测定、光化学反应器、光化学中间体的鉴别和测定。

1）波长的选择

有机光化学反应的初级过程（分子吸收光成为激发态分子，解离后生成各种自由基、原子等中间体的过程）和量子效率均与光源有关。光源波长的选择应根据反应物的吸收波长来确定。常见的几类有机化合物的吸收波长如表 3-7 所示。

表 3-7　常见的几类有机化合物的吸收波长

物　　质	吸收波长/nm	物　　质	吸收波长/nm
烯	190～200	苯乙烯	270～300
共轭脂环二烯	220～250	酮	270～280
共轭环状二烯	250～270	苯及芳香体系	250～280
共轭芳香醛酮	280～300	α,β-不饱和酮	310～330

有机化合物的电子吸收光谱往往有相当宽的谱带吸收。光源的波长应与反应物的吸收波长相匹配。

2）光化学反应器

经典的光化学反应器由光源、透镜、滤光片、石英反应池、恒温装置及功率计组成，如图 3-20 所示。

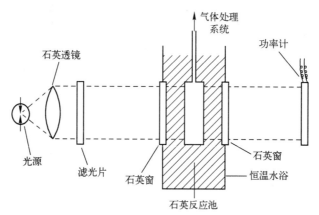

图 3-20　经典的光化学实验装置示意图

3）光源的选择

常用的普通光源有碘钨灯、氙弧灯和汞弧灯，如表 3-8 所示。

表 3-8　不同光源提供光的情况

种　　类	提供光的情况
以石英玻璃制成的碘钨灯	波长低于 200nm 的连续的紫外光
低压氙灯	147nm 的紫外光
低压汞灯	波长为 253.7nm 和 184.9nm 的紫外光
中压汞灯	长为 366nm、546nm、578nm、436nm 和 313nm 的紫外光或可见光
高压汞灯	300～600nm 范围内多个波长段的紫外光或可见光
锌和镉弧灯	200～230nm 的紫外光
激光器	不同波长的单色光

4）光强的测定方法

常用的光强测定有紫外分光光度法、热堆法、光电池法、化学露光剂法。

（1）紫外分光光度法

如果在紫外分光光度计中装入与光化学反应实验相同的光源，利用空白溶液和反应物混合液的吸光度值，可以计算出反应体系在给定波长下的吸光率。但紫外分光光度法仅能测出相对值。

（2）热堆法

利用光照在涂黑物体表面温度升高的原理，将热电偶外节点涂成黑色，根据热电偶测出的温度值来折算光的强度。缺点是热电偶对室温起伏敏感，有误差。

（3）光电池法

光电池是一种在光照下可以产生电流的器件。光强与电流成正比，根据电流大小可以计算出光的强度。光电池法灵敏度比热堆法高，受温度起伏的影响小，实验室的杂散光对其影响小，但使用前要校准。

（4）化学露光剂法

利用量子产率已精确知道的光化学反应的速率进行测量的一种方法。这种性质的化学体系在光化学中称为化学露光剂，又称化学光量剂。

常用化学露光剂是 $K_3Fe(C_2O_4)_3$ 的酸性溶液。当光照射时，Fe^{3+} 被还原成 Fe^{2+}，$C_2O_4^{2-}$ 同时被氧化成 CO_2。生成的 Fe^{2+} 和 1,10-菲咯啉形成的红色配合物可作为 Fe^{2+} 的定量依据。利用测定 Fe^{2+} 浓度和已知的量子产率可计算光的强度。若将露光剂放在反应器前面，则可测出入射反应器的光强；若放在反应器之后，则可测出透射反应器的光强。

3. 各类光化学合成反应

1）周环反应

周环反应是通过环状过渡进行的反应，反应过程中新键的生成和旧键的断裂同时发生，反应是只经历一个过渡态而没有自由基或离子等中间过程而一步完成的基元反应。周环反应又是一种协同反应。电环化反应、环加成反应和 σ-迁移反应都是周环反应。

（1）电环化反应

一个共轭 π 体系中两端的碳原子之间形成一个 σ 键，构成少一个双键的环体系的反应，称为电环化反应。电环化反应是可逆反应，而且电环化反应中，在光照和加热条件下的成键方式不同。如丁二烯型化合物的环化，在光照条件下形成的是对旋结构，在加热条件下形成的是顺旋结构。

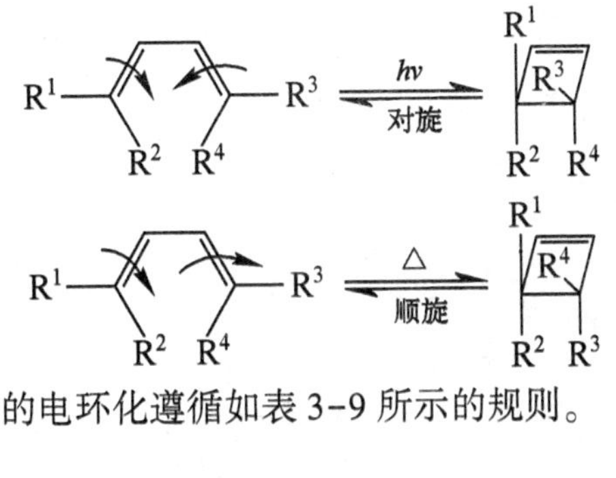

一般而言，共轭多烯的电环化遵循如表3-9所示的规则。

表 3-9 共轭多烯的电环化规则

π 电子数	反 应 条 件	成键旋转方式
4n	加热	顺旋
	光照	对旋
4n+2	加热	对旋
	光照	顺旋

根据上述规则,加热时,$4n\pi$ 体系发生顺旋,而$(4n+2)\pi$ 体系发生对旋的电环化;光照时,$4n\pi$ 体系对旋,$(4n+2)\pi$ 体系顺旋。

反，顺，顺-2，4，6-辛三烯   反，-5，6-二甲基-1，3-环己二烯

反，顺，顺-2，4，6-辛三烯   顺，-5，6-二甲基-1，3-环己二烯

利用电环化规则可合成一些具有较大张力的分子,这一方法已成为合成这种金属有机化合物的重要手段之一。如环丁二烯三羰基铁的合成:

己三烯的光关环反应常用于合成多核芳香环化合物,如:

维生素 D_3 前体的合成,是光环化反应在精细有机合成工业中的一个成功例子。

麦角甾醇   维生素D_3前体   维生素D_3

关于电环化规则的理论解释,可采用由霍夫曼(R. Hoffmann,1937—)等提出的分子轨道对称性守恒原理,此处不做详细解释。

（2）环加成反应

环加成反应是两个或多个不饱和化合物(或同一化合物的不同部分)结合生成环状加合物,并伴随有系统总键级数减少的化学反应。它可以是周环反应或非协同的分步反应,逆过程称为环消除反应。

环加成反应的主要类型是 Diels-Alder 反应,1,3-偶极环加成反应和光照下的[2+2]环加成反应。光环化加成反应是最广泛和最有用的光化学反应之一。

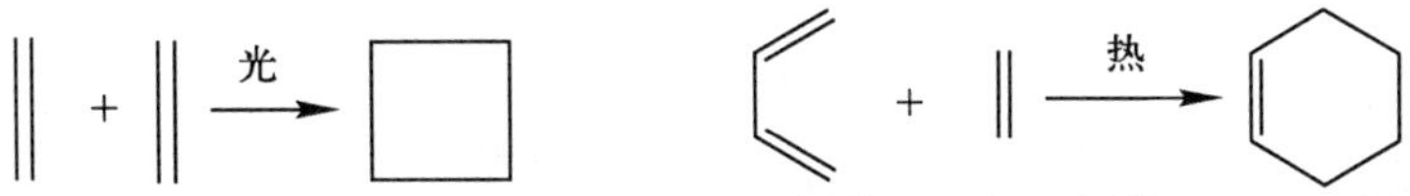

双烯体　　亲双烯体　　环已烯

环加成反应的立体选择性规律如表3-10所示。

表 3-10　环加成反应的立体选择性规律

[m+n]π电子数	反 应 条 件	对 称 性
4n	加热	禁阻
	光照	允许
4n+2	加热	允许
	光照	禁阻

分子间光环化加成:指含双键的两个分子通过光加成形成环状化合物的反应。

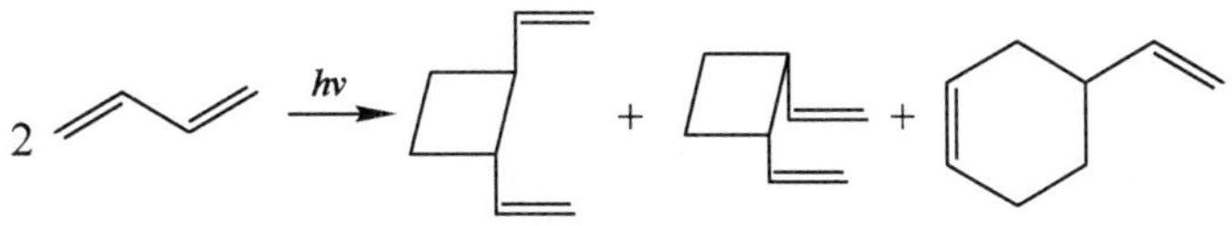

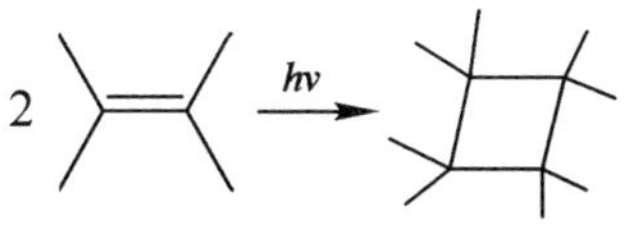

分子间光环化加成的产物比较多,有的甚至有十几种产物。除烯烃外,羰基化合物及含杂原子的 π 体系上也可发生光环化加成反应。

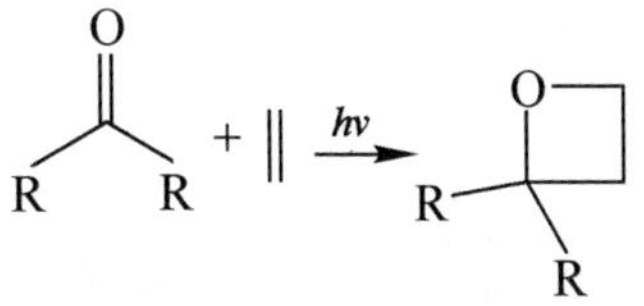

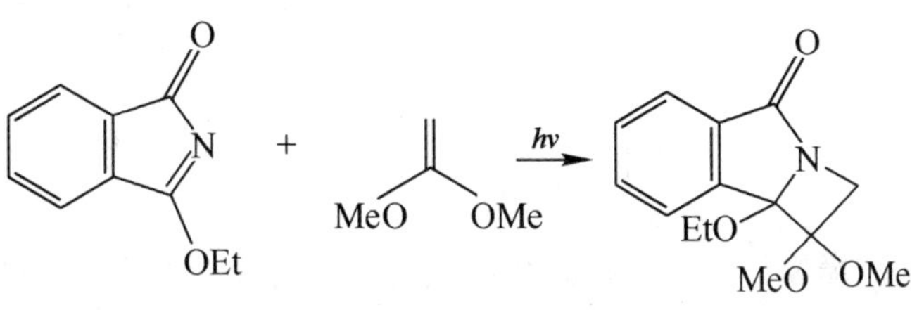

分子内光环化加成:指含多个双键的分子通过光加成形成环状化合物的反应,可生成不同立体结构的化合物(如笼状化合物)。

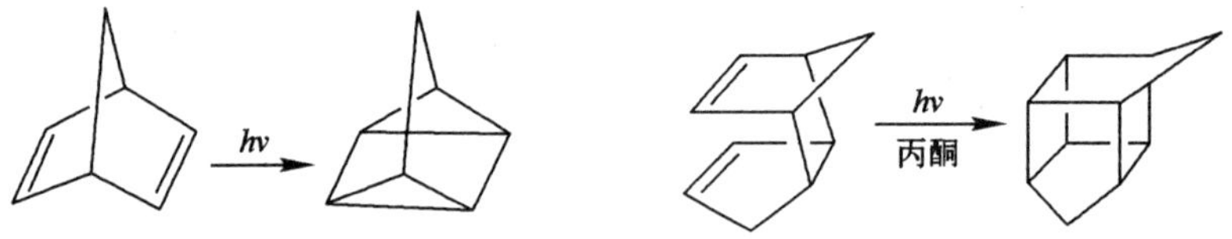

以下分子内光环化加成反应被认为是一个储能体系,双烯反应物受光激发,由于带有苯乙烯基(Ar)而能直接吸收长波光发生环合加成反应生成笼状产物,而笼状产物又能放出能量返回生成反应物,因此被认为是太阳能储存的体系之一,而且该反应的量子产率相当高(0.4 ~ 0.56)。

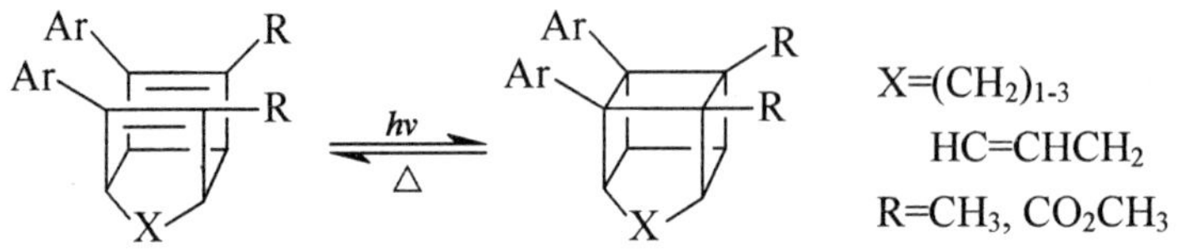

$$X=(CH_2)_{1-3}$$
$$HC=CHCH_2$$
$$R=CH_3, CO_2CH_3$$

（3）σ 迁移反应

σ 迁移是指共轭烯烃体系中一端的 σ 键移位到另一端,同时协同发生 π 键的移位过程,这一过程也经过环状过渡态,但 σ 迁移的结果不一定生成环状化合物。根据 H 原子从碳链上转移位置,有[1,3]、[1,5]、[1,7] 等类型 σ 迁移。

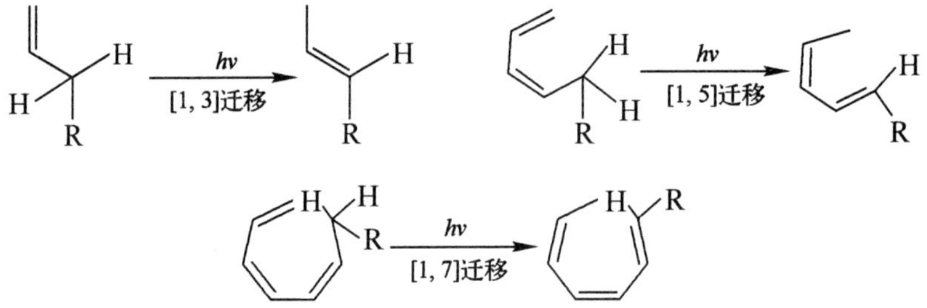

2）烯烃的光化学反应

烯烃参与的光化学反应很多,除光电环化反应、光环加成反应和光致 σ 迁移反应外,还可发生异构、光重排和光加成反应等。

（1）光诱导的顺-反异构化反应

在光照条件下,顺式二苯乙烯或反式二苯乙烯均可生成顺式占93%、反式占7%的混合产物。如下所示:

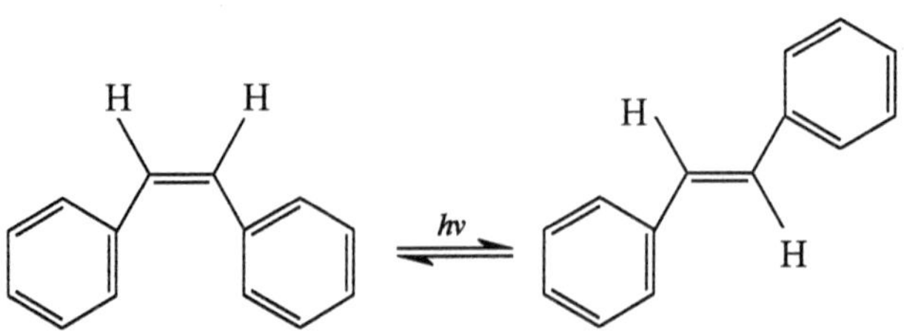

烯烃的光异构在制药工业中有一些成功的应用。由反二烯酮光异构生成的顺-2-(亚环己基亚乙基)-环己酮,是合成维生素 D_2 一类化合物的必要中间体。

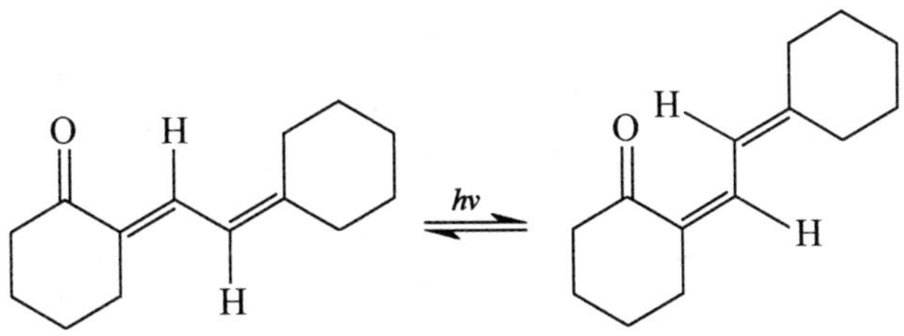

（2）光诱导的重排反应

烯烃的光重排反应大部分是双键与环之间的重排反应，如：

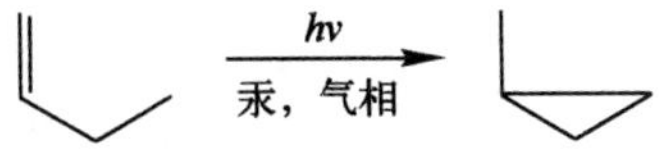

光重排也可发生在不同的环之间，如：

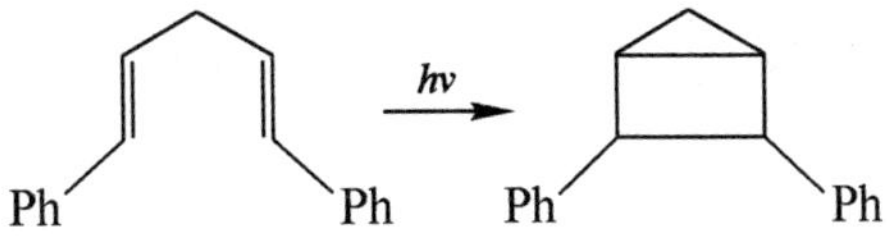

（3）光加成反应

激发态比基态往往具有更大的亲电或亲核活性，烯烃在光照条件下加上质子后可再进行亲核加成反应，取向与马氏规则一致。但在三线态光敏剂存在下，常得到反马氏规则的加成产物。例如：

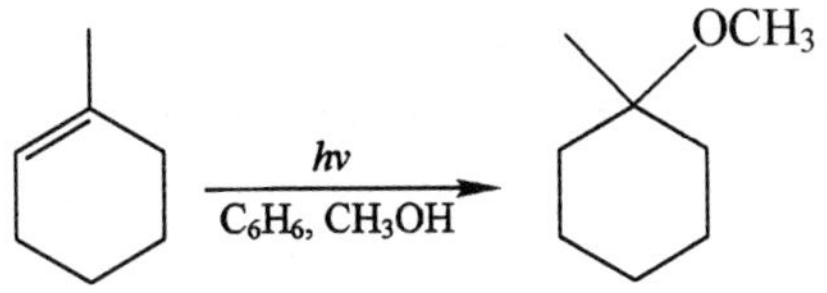

$$Ph_2C = CH_2 \xrightarrow[CH_3OH, \text{ 光敏剂}]{hv} Ph_2CHCH_2OCH_3$$

烯烃也能发生分子内光加成反应，如：

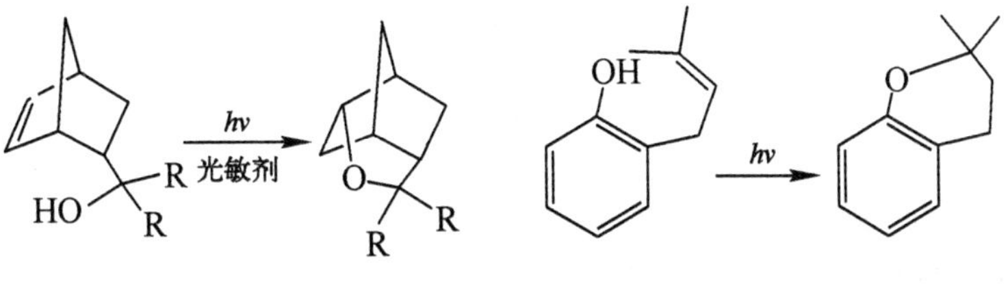

3）芳香族化合物的光化学反应

（1）苯的激发态

苯的热化学性质是稳定的，但其光化学性质却是活泼的。用 166～220nm 的光照射苯，可得到富烯（亚甲茂）、盆烯和杜瓦苯：

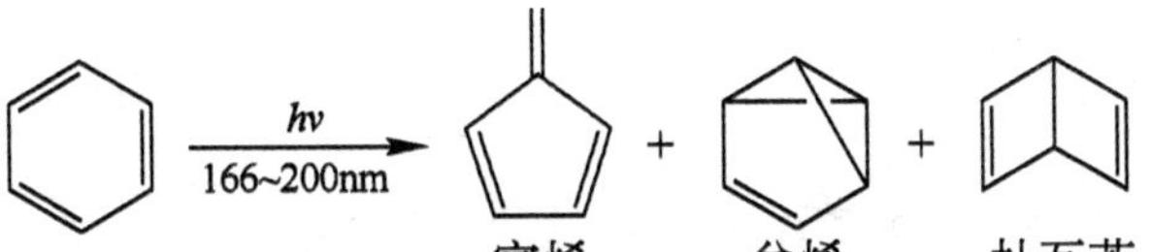

苯在其激发态类似于一个共轭双自由基：

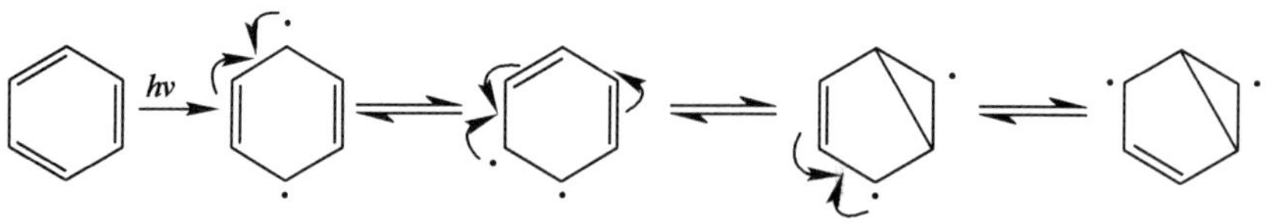

通过实验结果,人们认为苯生成其中间体的光化学反应如下:

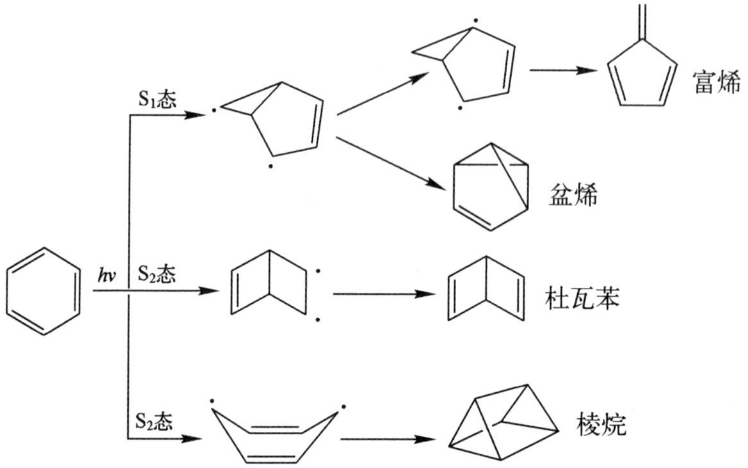

式中的棱烷中间体可能是由 S_2 态形成的,但没有离析出来。利用这些中间体,可以说明苯及芳香族化合物的各种反应。

（2）芳香族化合物的光加成反应

苯在光照下产生的单线态中间体可以与烯烃发生 1,2-、1,3- 和 1,4-加成反应,1,3-加成常得到立体专一性产物,如苯的加成和苯光解产物加成反应:

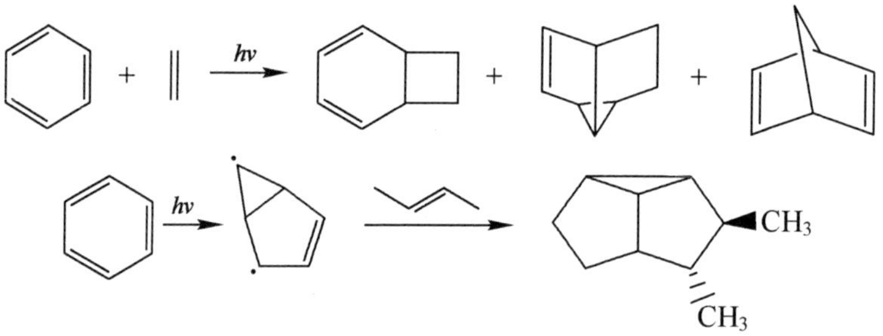

（3）芳环上的光取代反应

芳香族化合物芳环上的光化学取代位置与热化学取代有着显著的差别。例如:

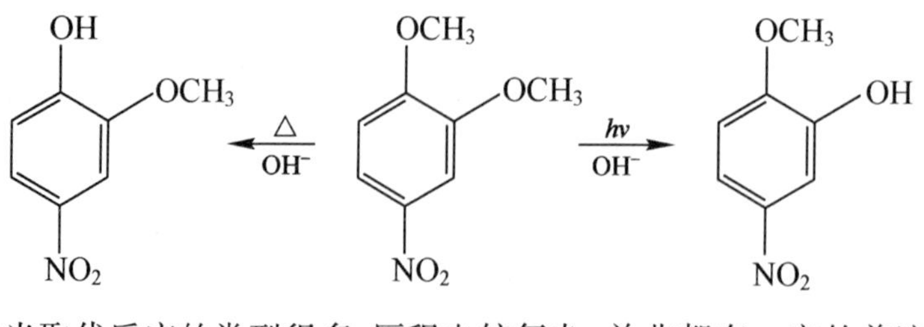

芳环上的光取代反应的类型很多,历程也较复杂,并非都有一定的普遍规律,例如下述的反应。

亲核取代:

226

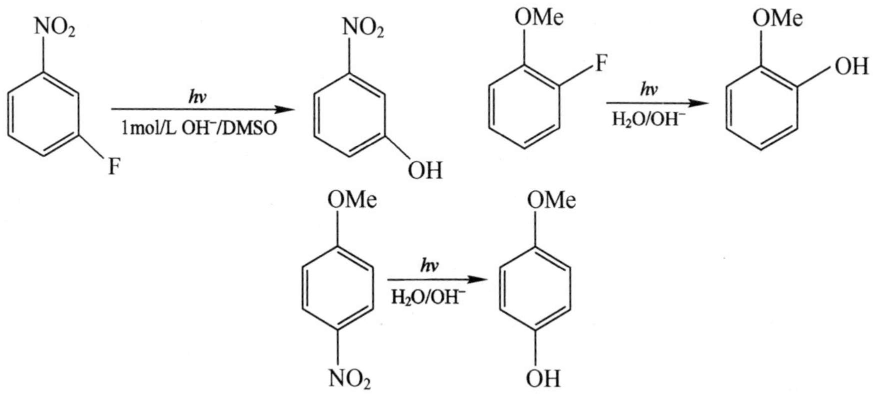

亲电取代：

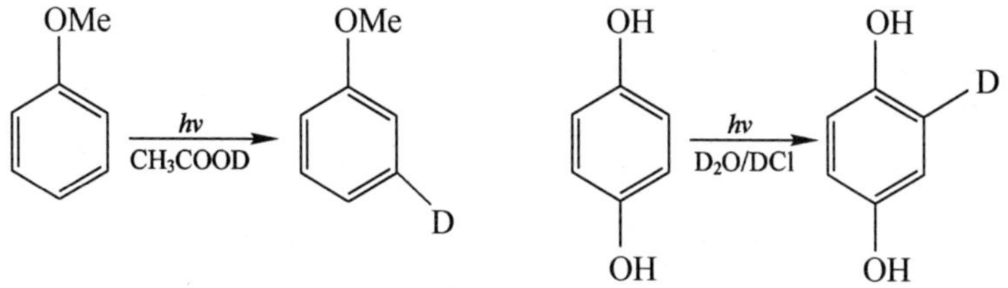

较轻的卤素原子在光照下置换较重的卤素原子：

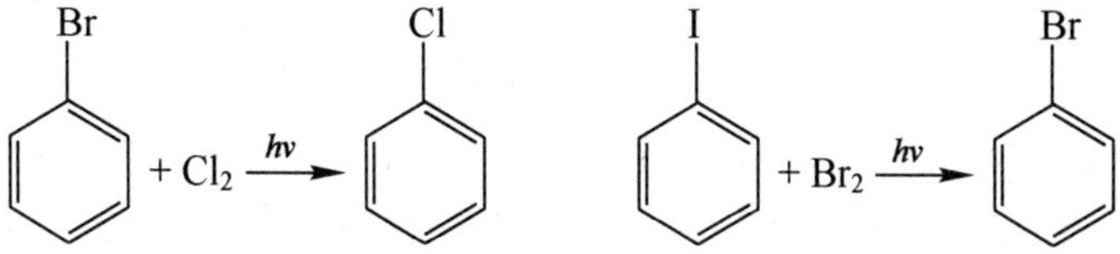

（4）芳香族化合物的光重排反应

光照条件下，苯环上的取代基可发生重排，改变取代位置，取代位置与生成苯环激发态的结构有关。

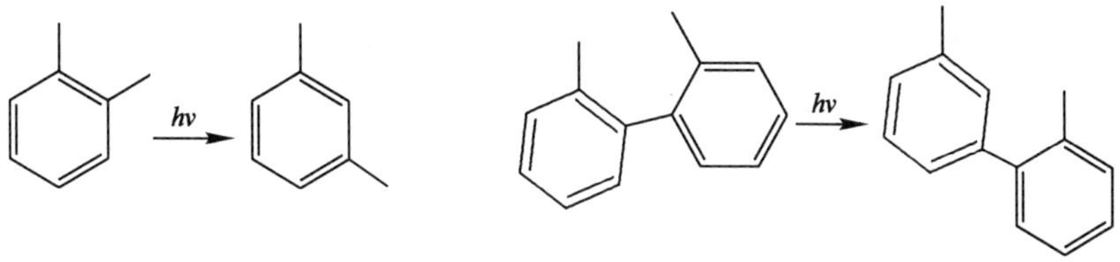

光照下，芳香族化合物侧链可发生重排，产物与热反应重排相同，但反应历程不同。

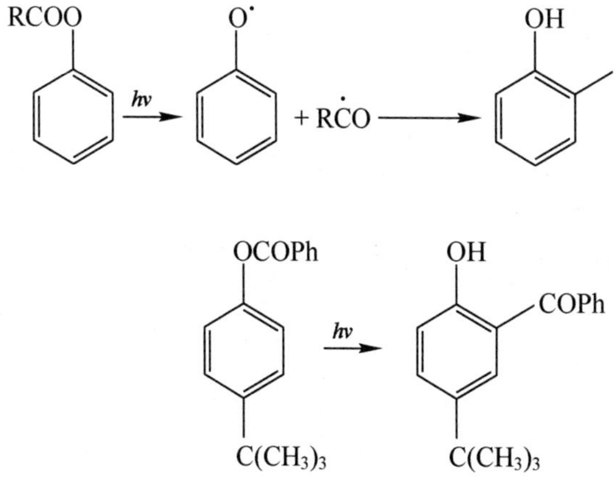

227

芳香杂环在光照下,通过杜瓦苯或盆烯结构的激发态发生重排。

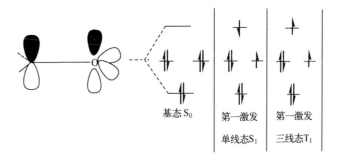

酰基苯胺、芳香醚等也可发生侧链的光重排反应。

4)酮的光化学反应

羰基的双键与碳-碳双键不同,碳-碳双键中没有未成键电子,只能发生 $\pi \rightarrow \pi*$ 激发;而羰基中的氧原子有两对未成键的孤对电子,所以可发生两类激发: $n \rightarrow \pi*$ 和 $\pi \rightarrow \pi*$ 。因非键轨道(n)能量介于 π 与 $\pi*$ 之间,从能量上来看,$n \rightarrow \pi*$ 激发比 $\pi \rightarrow \pi*$ 激发更为有利,因此羰基化合物的大多数光化学反应是由 $n \rightarrow \pi*$ 激发引起的。同样 $n \rightarrow \pi*$ 激发也要产生单线态(S_1)和三线态(T_1)两个激发态。如图 3-21 所示。

基态 S_0　　第一激发单线态 S_1　　第一激发三线态 T_1

图 3-21　羰基基态和激发态的电子排布

(1)Norrish I 型反应

在激发态的酮类化合物中,邻接羰基的碳-碳键最弱,因而首先在此处断裂,生成酰基和烃基自由基,然后再进一步发生后续反应,该反应称为 Norrish I 型反应。在不对称羰基化合物中,断裂发生在羰基的哪一边则取决于生成自由基稳定性的相对大小。例如:

228

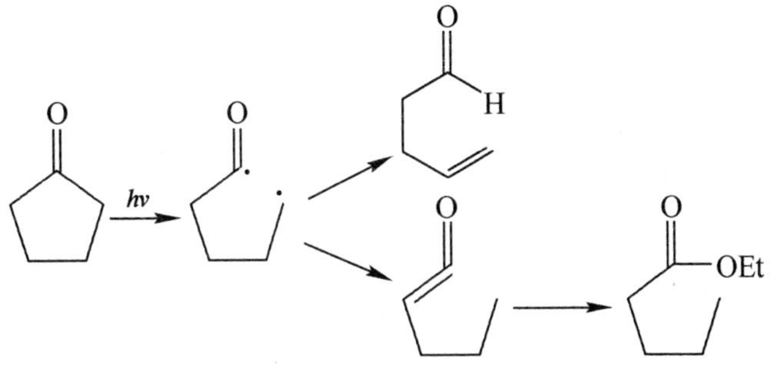

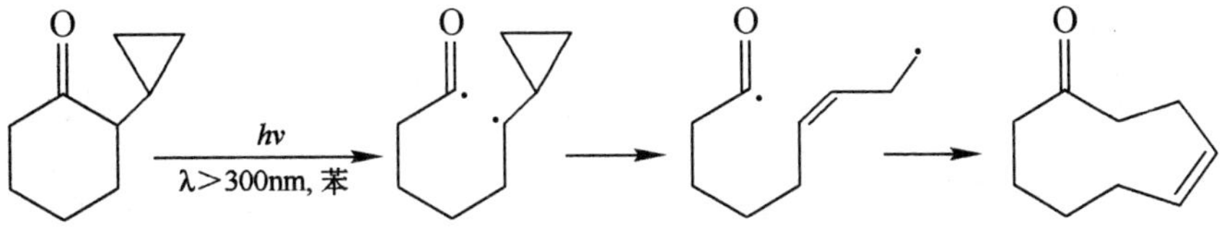

（2）Norrish II 型反应

当酮的羰基上的一个取代基是丙基或更大的烷基时，光激发态的羰基从羰基的 γ-位夺取氢形成 1,4-双自由基，然后分子从 α、β 处发生键断裂，生成小分子的酮和烯，双自由基也可成环生成环醇。这一反应称为 Norrish II 型反应。

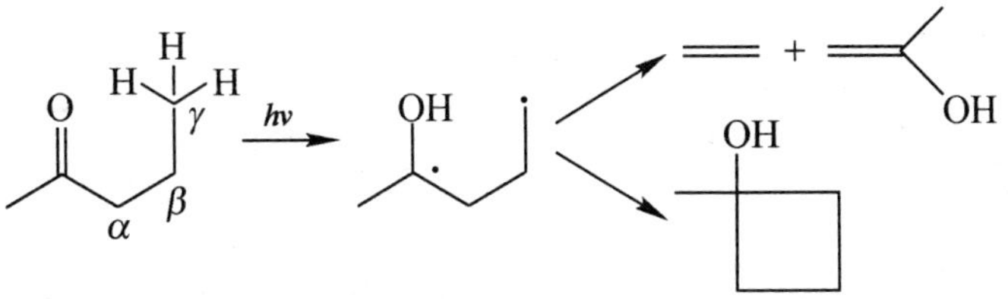

Norrish II 型反应还可应用于杂环体系。

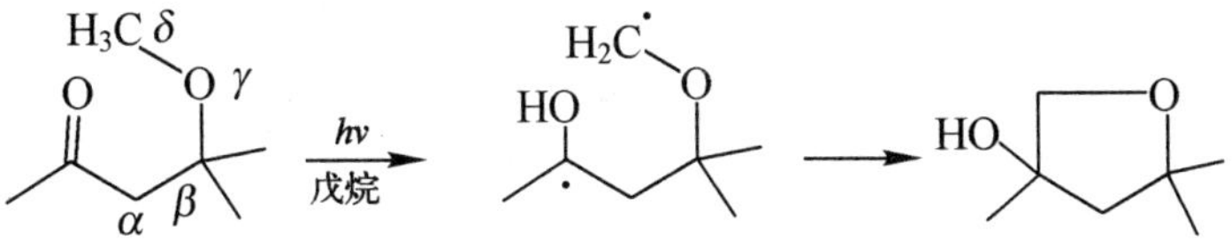

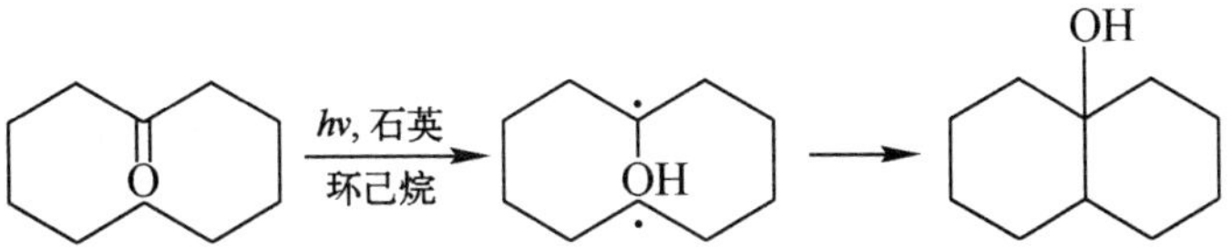

羰基激发时，也可能夺取 δ-氢或更远的氢。究竟夺取哪一位置上的氢，取决于形成双基稳定性的大小。

（3）烯酮的光化学反应

烯酮在激发态时也有 $n \rightarrow \pi*$ 和 $\pi \rightarrow \pi*$ 两种跃迁类型。烯酮中的羰基和碳-碳双键都有可能参与光化学反应，即烯酮的光化学反应兼有酮和烯的反应性质。烯酮中的羰基氧和在共轭体系端头的碳原子都能提取氢，形成自由基中间体，发生类似于 Norrish II 型反应的反应。烯酮也能发生 Norrish I 型断裂（α-断裂），还可以发生二聚、2+2 环加成、重排及异构化等反应。

羰基氧的氢提取反应：

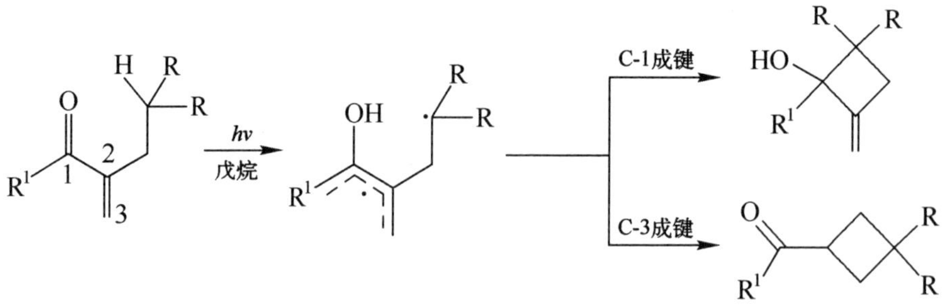

端头碳的氢提取反应：

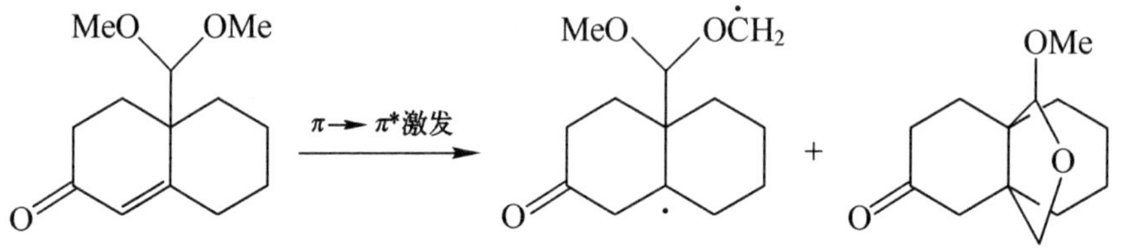

烯酮发生 Norrish I 型断裂(α-键断裂)引起的重排反应：

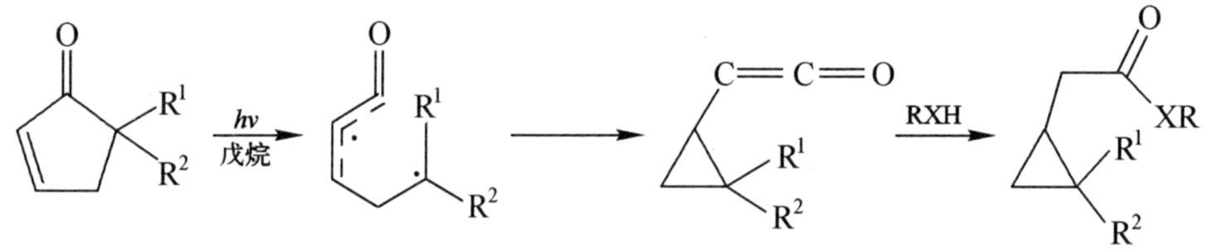

α-键不断裂也可以发生重排反应,例如环己烯酮型化合物的光重排反应：

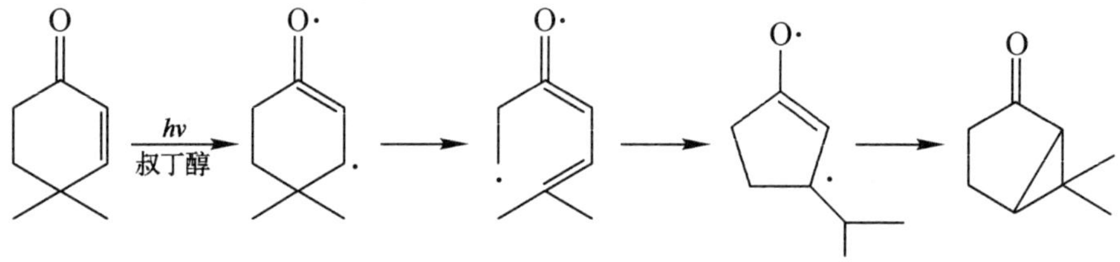

烯酮可以与烯烃发生光环加成反应,烯烃加成到烯酮的碳-碳双键上(2+2 加成),形成环丁烷衍生物。

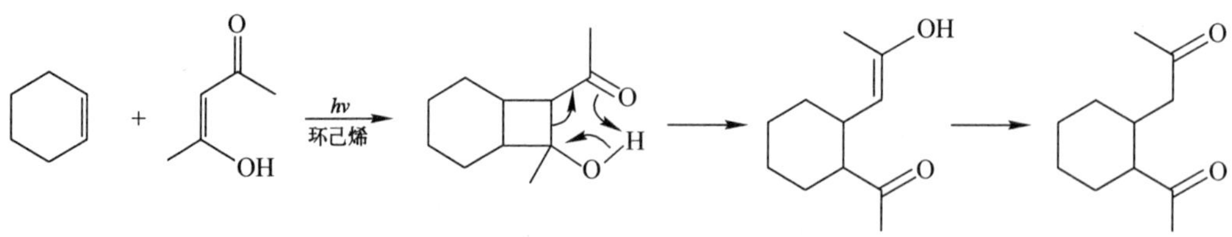

5) 光氧化、光还原和光消除反应

(1) 光氧化反应

光氧化反应是指分子氧对有机分子的光加成反应。光氧化过程有两种途径：一种是有机分子 M 的光激发态 M* 和氧分子的加成反应,另一种是基态分子 M 与氧分子激发态 O_2^* 的加成反应：

230

Ⅰ型光敏化氧化：

$$M \xrightarrow[\text{敏化剂}]{hv} M^* \xrightarrow{O_2} MO_2$$

Ⅱ型光敏化氧化：

$$O_2 \xrightarrow[\text{敏化剂}]{hv} O_2^* \xrightarrow{O_2} MO_2$$

对于第一种途径(Ⅰ型光敏化氧化)，敏化剂激发态从反应分子 M 中提取氢，是分子 M 生成自由基，然后自由基接着将 O_2 活化成激发态，然后激发态氧分子与反应分子 M 反应，常用的光氧化反应的敏化剂主要是氧杂蒽酮染料如玫瑰红、亚甲基蓝和芳香酮等。

激发单线态的氧很容易与烯烃发生加成反应：

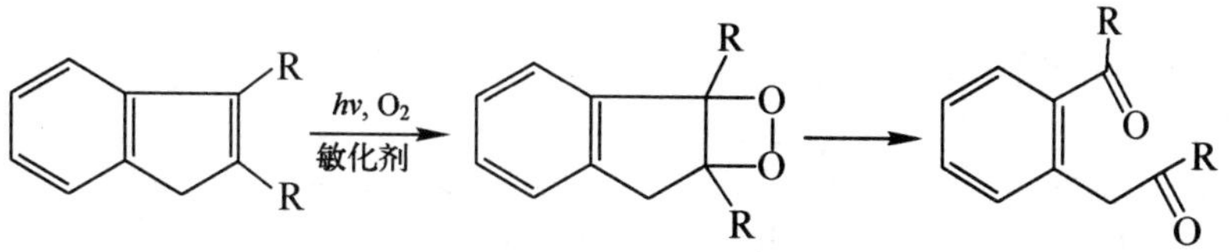

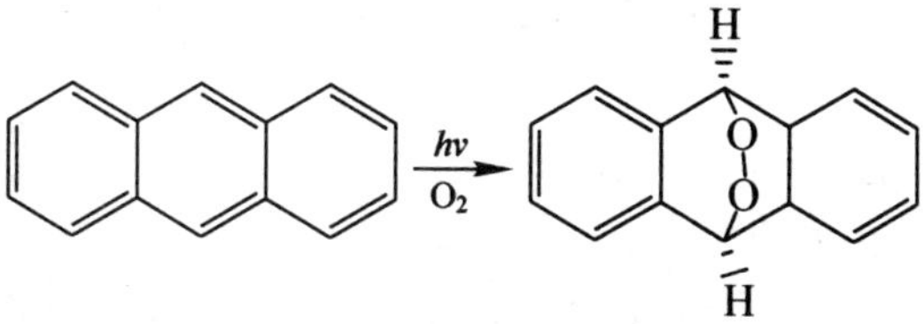

许多(内)桥环过氧化物是热不稳定的，加热时剧烈分解，甚至发生爆炸。并且(内)桥环过氧化物也是光不稳定的，见光重排成双环氧化物。

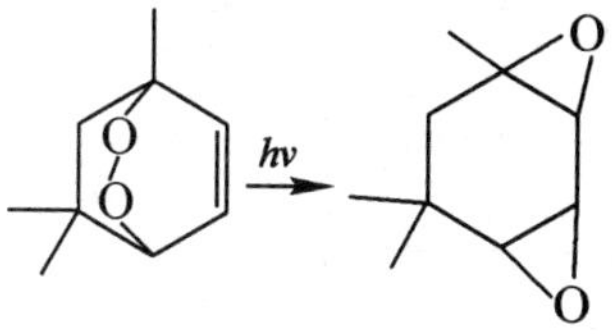

（2）光还原反应

光还原反应是光照条件下氢对某一分子的加成反应，此反应是通过羰基 $n \rightarrow \pi^*$ 激发的三线态进行的，产物相对较复杂。例如二苯酮的光还原：

$$Ph_2CO \xrightarrow{hv} Ph_2CO\,(S_1) \longrightarrow Ph_2CO\,(T_1) \xrightarrow{RH} Ph_2\dot{C}OH + R\cdot$$

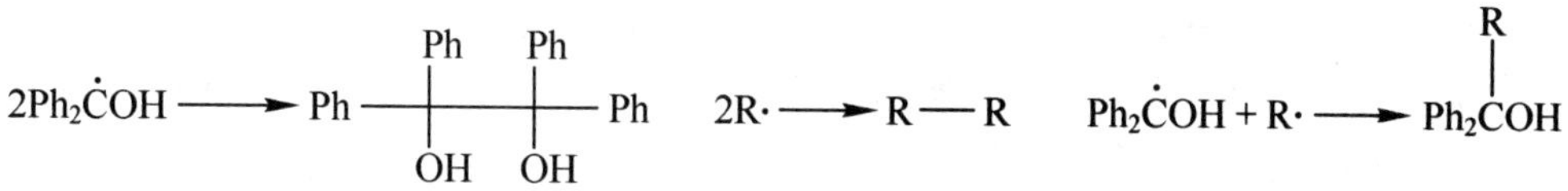

醌类光解发生还原时，激发态醌由溶剂中夺取氢生成半醌自由基，歧化后得到醌和二酚。式中，SH 为质子性溶剂。

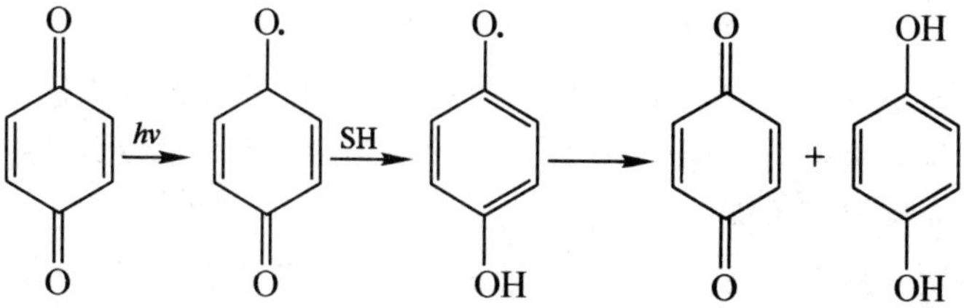

（3）光消除反应

光消除反应是指那些受光激发引起的一种或多种碎片损失的光反应。在前面讨论的

231

羰基化合物的反应中有一氧化碳的损失,除此之外光反应还可导致分子氮、氧化氮和二氧化硫等的损失。例如以下反应:

光消除氮的反应:

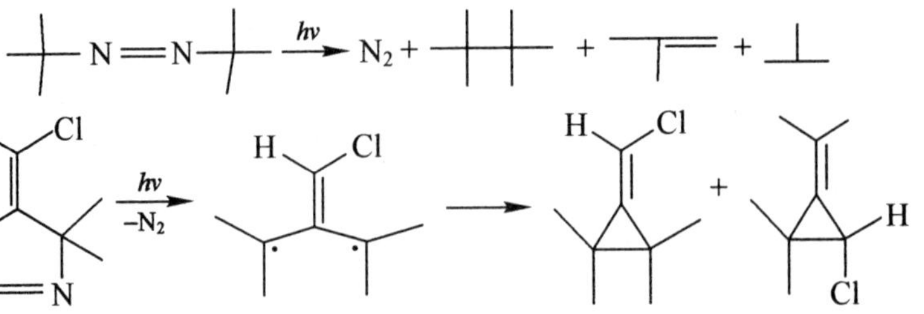

光消除二氧化硫的反应:

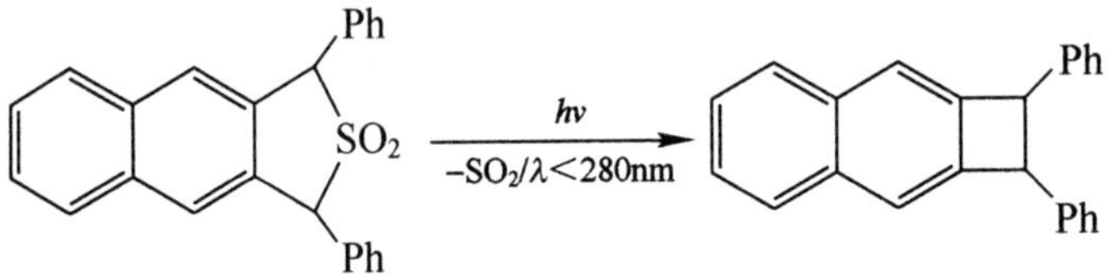

光消除二氧化碳的反应:

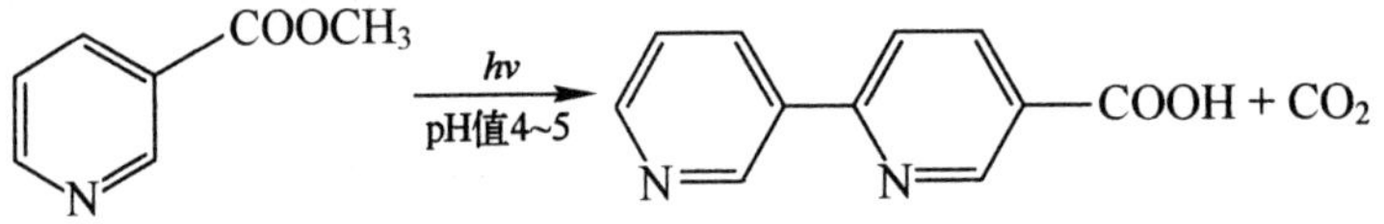

脱羰基的光化反应:

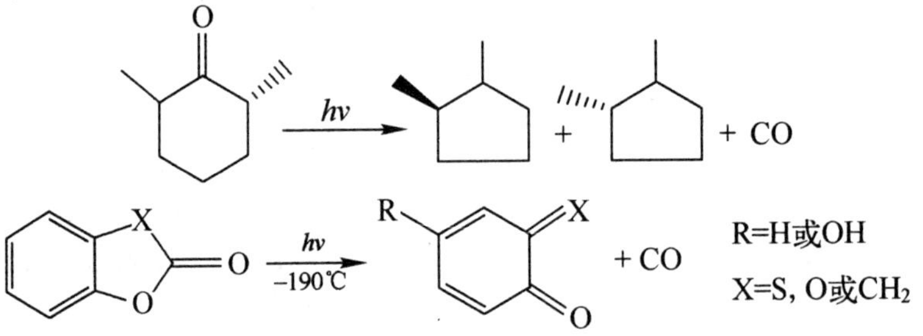

4. 有机光化学的工业应用

有机光化学合成具有一系列的优点,在工业合成中有很多的应用。

(1)可合成出许多热化学反应所不能合成出的有机化合物。热反应遵循热力学的规律,光反应遵循光化学的规律。

(2)受温度影响不明显,一般在室温或低温下就能发生,只要光的波长和强度适当即可,并且反应速率与浓度无关。可见,利用光化学反应可能将高温高压下进行的热化学反应转变到常温常压下进行。

(3)产物具有多样性。除热化学不能合成出而光化学可合成出的这部分反应外,光合成产物的通道理论上可有无穷个,从而使光化学为合成具有特定结构、特定功能或特定用途的有机化合物提供了可能。

(4)具有高度立体专一性,是合成特定构型分子(如手性分子)一种重要途径。而且化学反应容易控制。通过选择适当的光的波长可提高反应的选择性;通过光的强度可控制反应速率。

232

有机光化学合成可以制备一系列的有机化合物,如亚硝基化合物、磺酰氯和磺酸、卤素化合物、硫醇、维生素以及高分子材料。

亚硝基化合物的生成:

$$NOCl \rightleftharpoons NO\cdot + Cl\cdot \qquad RH+Cl\cdot \longrightarrow R\cdot + HCl \qquad R+NO\cdot \longrightarrow RNO$$

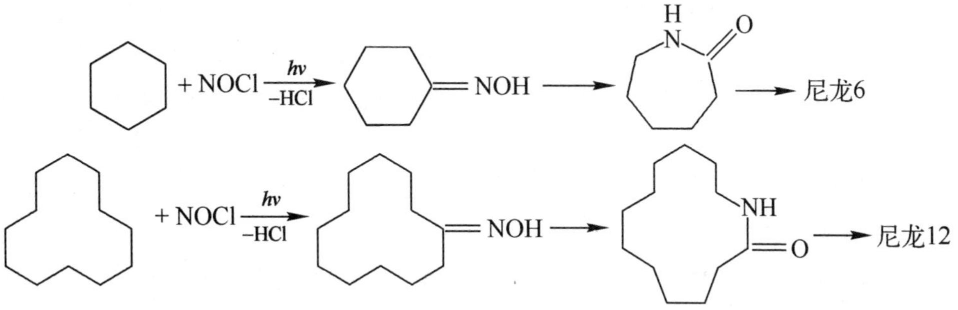

硫醇的合成:

$$H_2S \longrightarrow H\cdot + HS\cdot \qquad RCH{=\!=}CH_2 + HS\cdot \longrightarrow R\overset{\cdot}{C}HCH_2SH$$

$$R\overset{\cdot}{C}HCH_2SH + H_2S \longrightarrow RCH_2CH_2SH + HS\cdot$$

$$CH_3CH_2CH{=\!=}CH_2 \xrightarrow[H_2S]{hv} CH_3CH_2CH_2CH_2SH$$

当然,有机光化学合成也存在一定的缺点:

(1) 一般来说,合成的副产物比较多,纯度不高,分离比较困难。

(2) 有机光化学合成能耗大。这是因为电子激发所需的能量比热反应加热所需的能量大得多,且大部分有机光化学反应的量子产率相当低。

(3) 需要特殊的专用反应器。

由上述内容可知,光化学属于"贵族"化学,仅能应用于合成具有特殊结构和特殊性能的合成中间体、精细化工产品或有机功能材料。目前,许多有机光化学反应已经在工业上得到了应用。但相对来说,有机光合成领域还处于发展时期,但其广阔的应用前景已受到全球有机化学家和光化学家的关注。

3.4.4　有机声化学合成

20 世纪 20 年代,美国普林斯顿大学发现超声波有加速化学反应的作用。20 世纪 80 年代中期,随着大功率超声波设备的普及发展,超声波在化学工业中的应用研究迅速发展,成为一门新兴的交叉学科——声化学。

1. 概述

声化学是指利用超声波加速化学反应、提高反应产率的一门新兴交叉学科。超声波是指振动频率大于 20kHz 以上的声波,超出人耳听觉上限(20kHz),这种听不见的声波叫做超声波。超声波和(可闻)声波本质是一致的,都是一种机械振动,通常以纵波的方式在弹性介质内传播,是一种能量的传播形式,不同点在于超声频率高、波长短,在一定距离内沿直线传播具有良好束射性和方向性。

超声技术作为一种物理手段和工具,能够在化学反应常用介质中产生一系列接近极端的条件,如急剧放电、产生局部和瞬间高温、高压等,这种能量不仅能激发或促进化学反应,加快化学反应速度,而且可改变某些化学反应方向。

1927年,首次报道超声在化学方面加快反应速率的效应;1934年,发现超声能加大电解水的速率;1938年,报道超声可用于有机化学反应;1980年,E. A. Neppiras首次在声空化的综述中使用超声化学(sonochemistry)的术语;1986年,第一届国际声化学学术讨论会在英国Warwick大学召开,标志着超声化学这门新兴学科的诞生;1990年,I. Susliek在Nature上发表文章Sonoehemistry,进一步扩大了声化学这门学科的影响。

相比于普通声波,超声波具有如下的特征:①比普通声波更容易聚集成细束。②易接受目标:超声波与目标或障碍物相遇时,衍射作用小,反射波束扩散小,便于接收以探测目标。③易得到较大功率。因声强与频率的平方成正比,所以超声波的功率可以很大。④在固体和液体中衰减很小。超声波在空气中衰减较快,在固体和液体中衰减很小,正好与电磁波相反,因此在海洋中应用超声波最适宜。⑤能量大:超声波具有的能量很大,可使介质的质点产生显著的声压作用。

由于声能具有独特的优点,无二次污染,设备简单,应用面广,所以受到越来越多的关注。目前,声化学的研究已涉及化学、化工的各个领域,如有机合成、电化学、光化学、分析化学、无机化学、高分子材料、环境保护和生物化学等。近年来,在物质合成、催化反应、水处理、废物降解和纳米材料等方面研究已成为声化学重要的应用研究领域。

2. 声化学合成原理

超声波对液相反应体系有显著的机械作用(如振荡作用),可加快物质分散、乳化、传热和传质等过程,在一定程度上可促进化学反应,但这不足以解释超声波成倍甚至上百倍地加快反应速率和增大产率的实验事实。研究结果表明,加快反应的主要作用是超声波的声空化效应。如图3-22所示。

"空化作用"是指当超声波在液体中传播时,由于液体微粒的剧烈振动,会在液体内部产生小空洞。这些小空洞迅速胀大和闭合,导致液体微粒之间发生猛烈的撞击作用,从而产生几千到上万个大气压的压强。微粒间这种剧烈的相互作用,会使液体的温度骤然升高,起到很好的搅拌作用,从而使两种不相溶的液体(如水和油)发生乳化,并且加速溶质溶解,加速化学反应。这种由超声波作用在液体中所引起的各种效应称为超声波的空化作用。

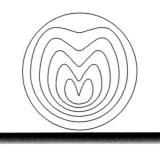

图3-22 空化现象示意图

实际上,超声波在介质中的传播存在着一个正负压强的交变周期。在正压相位时,超声波对介质分子挤压,增大液体介质原来的密度;在负压相位时,介质的密度则减小。当用足够大振幅的超声波作用于液体介质时,在负压区内介质分子间的平均距离会超过使液体介质保持不变的临界分子距离,液体介质就会发生断裂,形成微泡,微泡进一步长大成为空化气泡。在紧接着的压缩过程中,这些空化气泡被压缩,体积缩小,有的甚至完全消失。当脱出共振相位时,空化气泡就不再稳定,这时空化气泡内的压强已不能支持其自身的大小,即开始溃陷或消失,这就是超声波空化效应作用过程。

空化作用引起反应条件变化,导致化学反应的热力学变化,使反应的速度和产率得以提高。虽然超声波可加速反应体系的传热、传质和扩散,但不能完全代替搅拌,如在生成

234

二氯卡宾的反应中,单纯超声波辐射或单纯搅拌一天以上,与苯乙烯加成产物的产率分别为38%和31%,若两者结合使用,1.5h后产率可达96%。

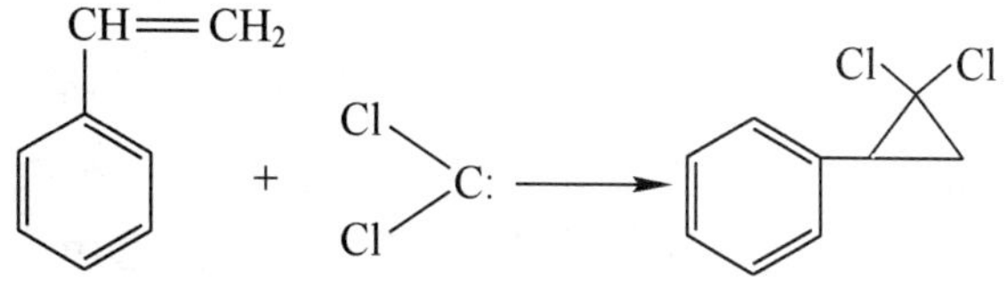

超声波促进化学反应可归纳为以下几个主要特点:

(1) 空化泡爆裂可产生促进化学反应的高能环境(高温高压),是溶剂和反应试剂产生活性物质,如离子、自由基等;

(2) 超声辐照溶液时还可产生机械作用,如促进传热、传质、分散和乳化等作用,并且溶液或多或少吸收超声波而产生一定的宏观加热效果;

(3) 对许多有机反应,尤其是非均相反应,有显著加速效果,反应速率较常规方法快数十乃至数百倍,且在大多数情况下可提高反应产率,减少副产物;

(4) 可使反应在较为温和条件下进行,减少甚至不用催化剂,简化实验操作,大多数情况下不需要辅以搅拌,有些反应不再需要严格的无水无氧条件或分步投料方式;

(5) 对金属(作为反应物或催化剂)参与的反应,可及时除去金属表面形成的产物、中间产物及杂质等,一直暴露清洁的反应表面,促进这类化学反应。

超声波辐射对有些化学反应效果不佳,甚至有抑制作用,且由于空化泡爆裂产生的离子和自由基与主反应发生竞争,降低了某些反应的选择性,副产物增加。

3. 有机声化学合成技术

1) 超声波声源

由超声波发生器(又称超声波换能器)产生的超声波称为人工超声波。所谓超声波发生器是将机械能或电磁能转变为超声振动能的一种器件,分为机械型和机电型两种。其中机电型又分为压电式和磁致伸缩式两类。声化学研究一般采用压电式超声换能器。压电式超声换能器的部分性能如表 3-11 所示。

表 3-11　压电式超声换能器的部分性能

换能器类型	石英(片状)	压电陶瓷(片状)	压电陶瓷(夹心式)
使用频段	>1MHz	200kHz~1MHz	几千赫~几十千赫
电声效率	约80%	约80%	约70%~90%
应用举例	超声检测、声化学研究等	清洗、物化、检测、理疗等	加工、清洗、焊接、声化学研究等

声化学研究的超声波频率并非越高越好。研究表明,随着超声波频率增加,声波膨胀相时间变短,空化核来不及增长到可产生效应的空化泡,即使空化泡形成,由于声波的压缩相时间短,空化泡来不及崩溃,从而致使空化过程难以发生。有机声化学合成所用的超声波频率,一般为 20~80kHz。

2) 有机声化学反应的影响因素

除超声频率与强度外,有机液相反应体系的性质如溶剂性质、溶液的成分、黏度、表面张力及蒸气压等对声空化效应都有重要的影响。

例如,在超声波作用下,偕二卤环丙烷与金属在正戊烷溶剂中几乎没有反应,在乙醚溶剂中反应较慢,而在四氢呋喃溶剂中反应很快。

此外,超声波作用方式(连续或脉冲)、反应温度、外压及液体中溶解气体的种类和含量等也影响有机声化学反应。如温度升高,蒸气压增大,表面张力及黏滞系数下降,使空化泡产生变得容易。但蒸气压升高,反过来又会导致空化强度或声空化效应下降,因此为获得较大的声化学效应,应在较低温度下反应,且选用蒸气压较低的溶剂。

3) 声化学反应器

声化学反应器是有机声化学合成技术的关键装置,一般由电子部分(信号发生器及控制部分)、换能部分(振幅放大器)、耦合部分(超声波传递)及化学反应器部分(反应容器、加液、搅拌、回流、测温等)组成。

声化学反应器主要类型有 4 种:超声清洗槽式反应器、探头插入式反应器、杯式声变幅杆反应器和复合型反应器。

超声清洗槽式反应器是一种价格便宜、应用普遍的超声设备,结构比较简单,由一个不锈钢水槽和若干个固定在水槽底部的超声换能器组成。将装有反应液体的锥形瓶置于不锈钢水槽中就构成超声清洗槽式反应器。

探头插入式反应器中,产生超声波的探头就是声波振幅放大器。由换能器发射的超声波经过变幅杆端面直接辐射到反应液体中。

杯式声变幅杆反应器是将超声波清洗槽反应器与功率可调的声变幅杆反应器结合起来。将超声反应器和电化学反应器、光化学反应器、微波反应器结合起来,便构成复合型声化学反应器。具体结构参考相关教材。

4. 超声波促进下的有机反应

超声波在有机化学合成上的应用主要包括以下反应类型。

1) 氧化反应

超声波对氧化反应有明显的促进作用,以如下反应为例,USI 表示超声波辐照(ultrasonic irradiation),发现产物的产率有明显的提高。

$$CH_3(CH_2)_5—CH—CH_3 \xrightarrow[\text{②KMnO}_4, \text{己烷}, \text{USI 1h}]{\text{①KMnO}_4, \text{己烷}, \text{搅拌5h}} CH_3(CH_2)_5—C—CH_3 \quad \text{① 2\%} \quad \text{② 92\%}$$

其中左侧带OH,右侧带O

$$\text{②} Na_2CO_3, H_2O_2, USI 1h$$

① 48%

② 88%

$$n-C_7H_{15}CH_2OH \xrightarrow[\text{USI, 20min}]{60\%HNO_3} n-C_7H_{15}COOH \ (100\%)$$

2) 还原反应

在有机还原反应中,很多采用金属和固体催化剂,超声波对这类反应的促进作用特别明显。例如,硝基苯还原得到苯胺,在加热回流情况下,24h 得 75% 的收率,如采用超声波 2h 可以达到同样效果。反应式如下:

$$\text{(NO}_2\text{苯)} \xrightarrow[\text{MeOH, USI}]{Al/NH_4Cl} \text{(NH}_2\text{苯)}$$

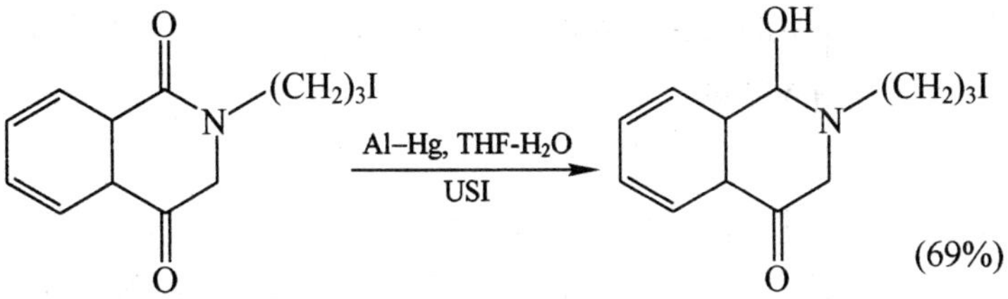

3）加成反应

超声波辐照条件下，烯烃的加成机理可能是自由基历程。例如苯乙烯与四乙酸铅的反应，被认为是自由基与离子的竞争反应。产物 A 由自由基机理产生，产物 B 由离子机理产生，产物 C 是由这两种机理共同作用的结果。超声波有利于按自由基机理进行。

$$PhCH{=}CH_2 \xrightarrow{Pb(OAc)_4/AcOH} \underset{\text{A}}{Ph{-}\underset{OAc}{CH}{-}CH_3} + \underset{\text{B}}{PhCH_2CH(OAc)_2} + \underset{\text{C}}{Ph{-}\underset{OAc}{CHCH_2OAc}}$$

	A	B	C
搅拌15h		33%	
USI, 50℃, 1h	39%		

烯烃上直接引入 F 比较困难，而在超声波辐照下则可很方便地引入：

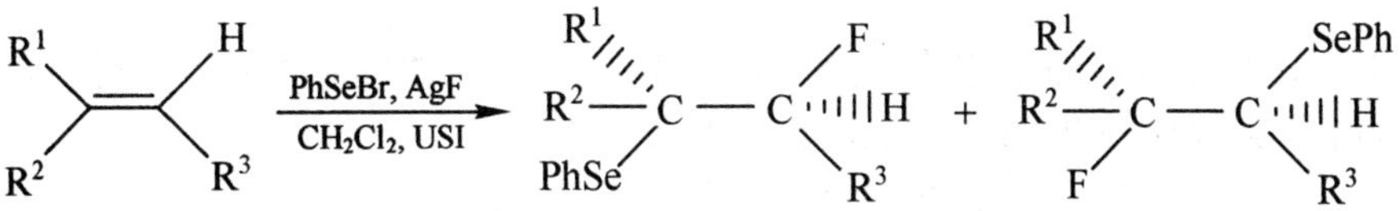

超声波能促进 D-A 环加成反应进行，提高产率和改进其区域选择性，如：

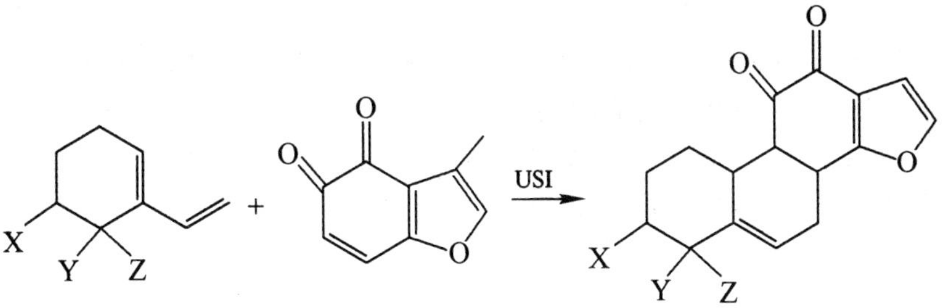

超声波辐照还能使不能发生的加成反应得以进行，例如：

$$H_2C{=}CHCN + CH_3(CH_2)_{13}OH \xrightarrow[\text{② USI 2h}]{\text{① 搅拌2h}} CH_3(CH_2)_{13}OCH_2CH_2CN \quad \begin{matrix}\text{① 0\%}\\ \text{② 91.4\%}\end{matrix}$$

4）取代反应

超声波辐照能改变反应途径，生成与机械搅拌不同的产物。例如，超声波能促使 CN^- 分散在 Al_2O_3 表面，降低 Al_2O_3 对于 Friedel-Crafts 烷基化反应的催化活性，增大了 CN^- 亲核取代的活性。

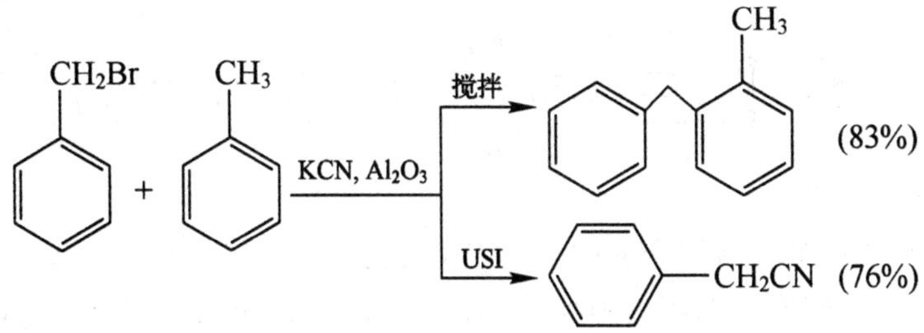

取代反应目前研究较多的主要是利用超声波辐射对复杂化合物的取代反应,如 5'-脱氧-5'-氰基-2',3'-亚异基腺苷进行的 CN^- 取代。

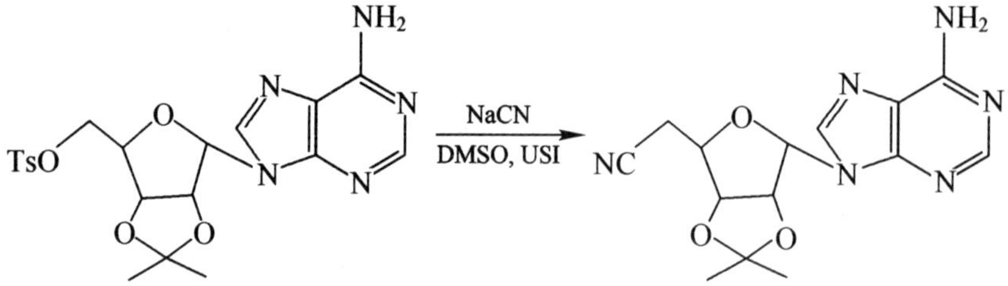

5）偶联反应

Ullmann 反应通常在较高的温度下完成,在超声波作用下,反应温度较低,反应速率比机械搅拌约快 64 倍。反应式如下:

对于氯硅烷的偶联,在传统条件下不能发生,而在超声波辐照条件下可得到较高的产率。例如下列的反应,其中 Mes = 2,4,6-三甲基苯基。

$$2Mes_2SiCl_2 \xrightarrow[USI,15min]{Li,THF} Mes_2Si = SiMes_2（约90\%）$$

6）缩合反应

查耳酮是合成香料和药物的一种重要中间体。研究表明,在超声波作用下,以 KF/Al_2O_3 为催化剂,可有效地促进芳香醛与苯乙酮合成查耳酮的反应。例如:在无水乙醇中用 KF/Al_2O_3 催化,对甲基苯甲醛和苯乙酮缩合生成查耳酮,43℃ 时在超声作用下反应40min 获得 87% 产率;采用非超声作用方式,反应 160min 才能使产率达到 78%。

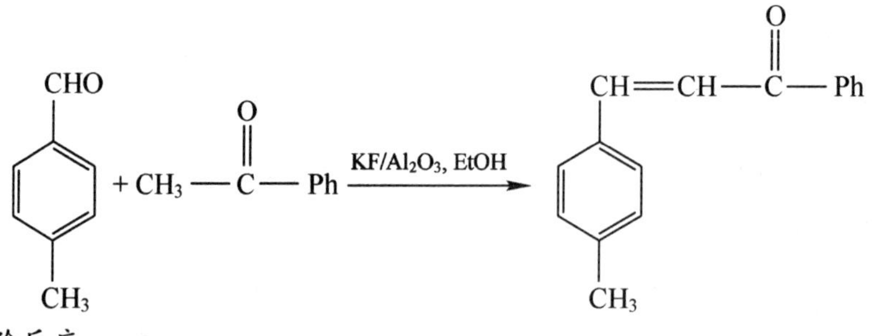

7）消除反应

超声波作用对锌粉进行氟氯烃的脱氯反应十分有效,例如:

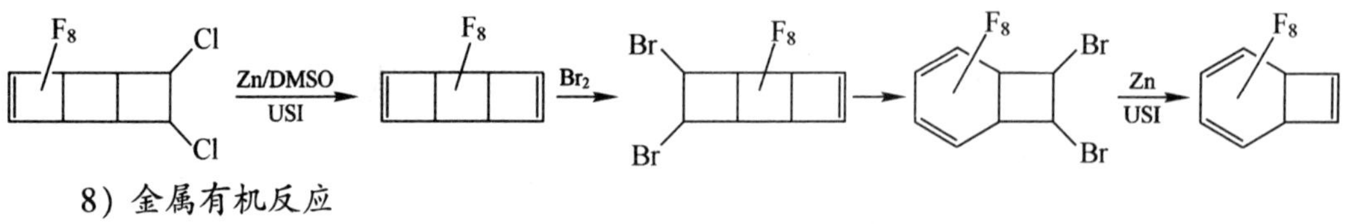

8）金属有机反应

烷基锂和格氏试剂在有机合成中应用广泛,但制备困难,在超声波作用下可增加反应活性,大大缩短反应时间。如烷基锂与醛、酮的反应,不必先制得烷基锂后再加醛、酮,只

238

需将卤代烃、锂及醛或酮加以混合即可。这不仅减少了操作过程,缩短反应时间,而且产率也较高。例如:

$$R^1X + \begin{matrix} R^2 \\ \\ R^3 \end{matrix}C\!=\!O \xrightarrow[\text{②}H_2O, \text{USI, } 15\sim40\text{min}]{\text{①Li, THF}} R^2\!-\!\overset{R^1}{\underset{R^3}{\overset{|}{\underset{|}{C}}}}\!-\!OH \ (76\sim100\%)$$

超声波也可用于有机铝、锌等化合物的合成,例如:

$$\xrightarrow[\text{THF, USI, 1h}]{\text{Mg, BrCH}_2\text{CH}_2\text{Br, (Bu}_3\text{Sn)}_2\text{O}} \quad (94\%)$$

9) 与无机固相的多相有机反应

在超声波辐照下,不加冠醚就可直接用 $KMnO_4$ 将仲醇氧化为酮。二氯卡宾也可直接由固体 NaOH 和 $CHCl_3$ 在超声波作用下产生。例如:

$$\xrightarrow[\text{苯, USI}]{\text{KMnO}_4} \quad (93\%)$$

$$Ph\!-\!CH\!=\!CH_2 \xrightarrow[\text{USI}]{\text{KOH, CHCl}_3} \quad (62\%\sim99\%)$$

超声化学作为一门集物理、化学知识于一体的新兴交叉学科,已成为一个极为重要且异常活跃的领域,正在世界各国迅速发展。但是作为一种理论研究阶段的技术,将其应用到实践中还有一段很长的路要走。

3.4.5　微波辐射有机合成

微波应用于合成化学始于 1986 年,R. Gedye 等在微波炉内进行酯化、水解、氧化和亲核取代反应,R. J. Giguere 等利用微波对 D-A 环加成反应进行研究。目前,微波促进反应的研究已经发展成为一门全新领域——MORE 化学(Microwave - Induced Organic Reaction Enhancement Chemistry)。微波作用下的反应速率比传统加热方法快数倍甚至上千倍,具有操作方便、产率高及产品易纯化等优点,因此微波有机合成涉及有机化学的诸多方面,成功应用于多种有机反应。

1. 概述

微波是频率大致在 300MHz～300GHz,即波长在 100cm～1mm 范围内的电磁波。它位于电磁波谱的红外辐射(光波)和无线电波之间,只能激发分子的转动能级跃迁。微波部分波段范围如表 3-12 所示。

20 世纪 60 年代,微波开始用于无机材料的合成,如表面膜(金刚石膜、氮化硼膜等)和纳米粉体材料的合成。1981 年,嘉茂睦等用微波等离子体增强化学气相沉积法,以 CH_4 与 H_2 为原料,在钼与硅基上沉积出厚度为 $1\sim2\mu m$ 金刚石膜;1986 年,R. Gedye 等发现微波辐射下 4-氰基苯氧离子与氯苄的 SN_2 亲核取代反应可使反应速率提高 1240 倍,并且产率也有不同程度的提高。微波技术在化学中的应用开辟了化学的新领域。

表 3-12　微波部分波段范围

波段名称	频率范围/GHz	波长范围/mm	波段名称	频率范围/GHz	波长范围/mm
L 波段	1~2	300.00~150.00	Q 波段	30~50	10.00~6.00
S 波段	2~4	150.00~75.00	U 波段	40~60	7.50~5.00
C 波段	4~8	75.00~37.50	V 波段	50~75	6.00~4.00
X 波段	8~12	37.50~25.00	E 波段	60~90	5.00~3.33
Ku 波段	12~18	25.00~16.67	W 波段	75~110	4.00~2.73
K 波段	18~27	16.67~11.11	F 波段	90~140	3.33~2.14
Ka 波段	27~40	11.11~7.50	D 波段	110~170	2.73~1.76

微波促进有机化学,也称微波诱导催化有机反应化学。微波具有如下特征:

(1) 似光性。微波波长非常小,当微波照射到某些物体上时,将产生显著反射和折射,就和光线的反、折射一样。

(2) 穿透性。微波照射于介质物体时,能够深入该物体的内部。

(3) 信息性。微波波段的信息容量非常巨大,即使是很小的相对带宽,其可用的频带也是很宽的,可达数百甚至上千兆赫。

(4) 非电离性。微波的量子能量不够大,因而不会改变物质分子的内部结构或破坏其分子的化学键,所以微波和物体之间的作用是非电离的。

目前,微波有机合成化学研究主要集中在 3 个方面:微波有机合成反应技术的进一步完善和新技术的建立,微波在有机合成中的应用及反应规律,微波化学理论的系统研究。

2. 微波加速有机反应的原理

"微波能有效地加速有机反应"这个问题受到学术界的瞩目,吸引许多化学家投入到此项研究中,但是至今仍未有一个统一的认识。

传统的加热是由外部热源通过热辐射由表及里的传导时加热。能量利用率低,温度分布不均匀。微波加热是通过电介质分子将吸收的电磁能转变为热能的一种加热方式,属于体加热方式,温度升高快,并且里外温度相同。与传统加热相比,微波加热可使反应速率大大加快,提高几倍、几十倍甚至上千倍;同时,由于微波为强电磁波,产生的微波等离子体中常可存在热力学方法得不到的高能态原子、分子和离子,因而可使一些热力学上不可能发生的反应得以发生。

关于微波能加速有机反应的原因,目前学术界有两种不同的学术观点:

1)"内加热"观点

微波靠介质的偶极子转向极化和界面极化在微波场中的介电耗损而引起的体内加热。通俗地说,是极性介质在微波场作用下随其高速旋转而产生相当于"分子搅拌"的运动,从而被均匀快速地加热,此即"内加热"。

很多学者支持这一观点,认为微波引起速率加快是由于微波加热引起溶剂过热以及由高温而产生的压力引起的,也可能是由于在某些物质(如催化剂)上形成比周围温度更高的"热点",造成速率加快。从本质上解释是微波能量只有约几个 $J \cdot mol^{-1}$,因此不能引起分子能级的跃迁,所以微波只会使物质内能增加,并不会造

240

成反应动力学的不同。微波对化学反应加速主要归结为对极性有机物的选择加热，即微波的致热效应。

文献报道的许多实验结果支持了这一观点。Jahngen 等研究了微波作用下 ATP 水解反应，得出的结论是微波加热与传统加热方式对反应的影响基本一致，反应动力学无明显差别。Ranev 等对 2,4,6-三甲基苯甲酸与异丙醇酯化反应动力学研究表明，2,4,6-三甲基苯甲酸的酯化速率与加热方式无关。

2）"非热效应"观点

微波加速有机反应的原理，传统的观点认为是对极性有机物的选择性加热，是微波的致热效应。极性分子由于分子内电荷分布不平衡，在微波场中能迅速吸收电磁波的能量，通过分子偶极作用以每秒 $4.9×10^9$ 次的超高速振动，提高了分子的平均能量，使反应温度与速度急剧提高。

但是在非极性溶剂（如甲苯、正己烷、乙醚、四氯化碳等）中吸收微波能量后，通过分子碰撞而转移到非极性分子上，使加热速率大为降低，所以微波不能使这类反应的温度得以显著提高。

"非热效应"说认为微波对有机化学反应的作用非常复杂，除热效应外，还能改变反应的动力学性质，降低反应活化能，即微波的非热效应。微波是电磁波，具有电磁影响，也具有微波的特性影响；微波可引起（激发）分子的转动，就可对化学键的断裂做出贡献。因此，微波对化学反应的机理是不能仅用微波热致效应描述的。反应动力学认为分子一旦获得能量而跃迁，就会成为一种亚稳态状态，此时分子状态极为活跃，分子间的碰撞频率和有效碰撞频率大大增加，从而促进反应的进行。因此，可认为微波对分子具有活化作用；分子的振动、转动在能量上是量子化的，那么微波化学应该具有光化学的某些特性。

例如：Dayl 等用微波由胆汁酸与牛磺合成胆汁酸衍生物，反应 10min 产率达到 70% 以上，尝试采用油浴在与微波相近的温度下加热 10min，但未得到产物。因此，认为微波存在非热效应，并在反应中起作用。Shibata 对乙酸甲酯的水解动力学研究表明，在相同条件下，微波降低该反应的活化能。黄卡玛等研究碘化钾和过氧化氢反应动力学发现，常规加热能很好地符合 Arrhenius 公式，但在微波条件下明显为非线性关系，即已不再符合 Arrhenius 公式，这一结果有力证明"非热效应"的存在。

应当指出，尽管微波用于有机合成至今已有 30 多年时间，但对微波加速反应机理的研究还是一个新的领域，目前尚处于起始阶段，有些实验结果尚缺乏实验上更充分的论证，许多实验现象尚需要更全面、细致和系统的解释。

3. 微波有机合成技术

微波有机合成反应是使反应物在微波的辐射作用下进行反应，需要特殊的反应技术，这与常规有机合成反应是不一样的。

1）微波反应技术

（1）微波密闭合成技术

R. Gedye 等首次将微波引入有机合成方面研究采用的是密闭合成技术，即将反应物放入密封的反应器中进行微波反应的一种合成技术。因为密闭体系在反应瞬间即可获得高温、高压，易使反应器变形或发生爆裂，于是化学家们不断地对反应装置进行改进。随后, D. M. Mingos 等设计了可调节反应釜内压力的密封罐式反应器,可有效控制反应体系的压力,达到控制温度的目的,但只能粗略控温。1995 年,D. K. Raner 等发展了密闭体系下的微波间歇反应器,该装置容量可达到 200mL,操作温度可达到 260℃,压力可达到 10MPa,微波输出功率为 1.2kW,具有快速加热能力。

（2）微波常压合成反应

1991 年,Bose 等对微波常压技术进行了尝试,在微波炉内用锥形瓶进行阿斯匹林中间产物的合成。因为是敞开反应体系,反应物和溶剂易挥发到微波炉体内,会着火甚至爆炸。为使微波常压有机合成反应在安全可靠条件下进行,人们在家用微波炉壁上打孔,使反应烧瓶与冷凝器相接,在微波加热时,溶液能在这种装置中安全回流,利用该装置合成了 $RuCl_2(PPh)_3$ 等一系列金属有机化合物。

（3）微波连续合成反应技术

随着微波有机合成技术的不断改进,若能控制反应液体的流量及流速,连续不断的通过炉体进行反应,这样效率将会得到很大提高,并可用于工业生产中。

Cablenski 等研制出微波连续反应装置,该系统总体积约为 50mL,盘管长约 3m,加工速率约 1L/h,停留时间为 1~2min(流速约 15mL/min),能在 200℃ 和 1400kPa 时运转。利用此装置已经成功进行了丙酮制备丙三醇、PhCOOMe 水解等反应。反应速率较常规反应有很大提高。作为一种连续技术,特别适用于加工一定量的原料及用于优化反应。

2) 微波反应的影响因素

微波合成中影响反应的因素很多。从反应体系看,通常可改变的是溶剂、底物、催化剂及各物质的比例等;从辅助条件看,包括搅拌、预搅拌、气体保护、气体添加等;从微波反应看,包括反应温度、时间、微波利用率等。

（1）反应温度

仪器上最高可设置温度是 300℃ 左右。但在进行微波合成时,反应温度常设定在沸点+10℃、沸点+25℃、沸点+50℃。但通常只做到溶剂沸点+50℃ 以内,以防止由于温度过高造成反应体系压力过大,造成危险。需要注意的是,某些溶剂在微波场作用下会产生分解,如在微波作用下,DMSO 在 120℃ 保持 30min 可能出现分解,DMF 在 150℃ 保持 30min 可能出现分解。当然,在各个条件安全情况下,若反应体系压力并不高(小于 150psi),可以适当提高反应温度。

（2）反应时间

通常微波反应的保持时间在 5~30min。需要注意,不是所有反应延长时间后就能达到更高的转化率。反应时间延长也可能会造成副反应增加,造成反应体系吸收微波能量过度出现分解的情况。

（3）反应功率

仪器可设置的最高功率是 300W,但由于使用环形聚焦微波技术,微波利用率非常高,所以通常 10mL 反应中,微波功率控制在 150W 以内。若微波功率很大,但体系温度却升高很慢,可能是反应体系都是非极性的,此时微波在反应腔内的聚集造成能量累积,可能会造成反应体系中某些物质分解,甚至爆管。

4. 微波合成在有机合成中的应用

将微波用于有机合成的研究涉及酯化反应、D-A 反应、重排反应、Knoevenagel 缩合反应,Perkin 反应、Witting 反应、羧醛缩合反应、开环反应、烷基化反应、消除反应、取代反应、酯交换反应、酯胺化反应、催化氢化反应、脱羧反应及糖类化合物和有机金属反应等。

1) 酯化反应

羧酸与醇生成羧酸酯的反应是最早应用微波的有机反应之一。R. Gedye 等将密闭的反应器置于微波炉中研究苯甲酸与醇的酯化反应,并与传统加热方法进行比较,如表 3-13 所示。式中,R 为 CH_3、$CH_3CH_2CH_2$、$CH_3CH_2CH_2CH_2$ 等。

$$\text{苯环} - COOH + ROH \longrightarrow \text{苯环} - COOR$$

表 3-13 苯甲酸与醇的酯化反应

醇	反应近似温度/℃	反应时间	平均产率%	M/C
甲醇	65	8h(C)	74	96
	134	5min(W)	76	
1-丙醇	97	4h(C)	78	40
	135	6min(W)	79	
1-丁醇	117	1h(C)	82	8
	135	7.5min(W)	79	
1-戊醇	137	10min(C)	83	1.3
	137	5min(W)	79	
1-戊醇(630W)	162	5min(W)	77	6.1

注:全部反应均在 300mL 的 Brghof 反应瓶中进行,醇用量为 10mL,除特别指出的 630W 外,其余均在 560W;C 表示传统加热;M 表示微波加热

R. Gedye 等发现微波对酯化反应有明显的加速作用,反应在几分钟内完成,并注意到随着甲醇到戊醇沸点的升高,微波酯化与传统加热酯化有着不同的规律,微波酯化对沸点较低的甲醇相当成功,比传统的加热法提高反应速率 96 倍。

我国学者在微波常压条件下,由 L-噻唑烷-4-甲酸和甲醇合成了 L-噻唑烷-4-甲酸酯。反应 10min 产率可达 90% 以上,比传统的加热方法快 20 倍。例如:

$$\text{L.S} \underset{NH}{\overset{COOH}{\text{噻唑烷}}} \xrightarrow[\text{微波辐射(MWI)}]{HCl} \text{L.S} \underset{NH}{\overset{CO_2CH_3}{\text{噻唑烷}}}$$

呋喃与丁炔二酸二乙酯的 D-A 反应,微波辐射 10min,产率可达 66%,比传统的加热法快 7 倍。

$$\text{呋喃} + \underset{COOEt}{\overset{COOEt}{|||}} \xrightarrow[\text{10min, 66%}]{MWI} \overset{O}{\text{双环} \underset{COOEt}{\overset{COOEt}{}}}$$

1,4-环己二烯与丁炔二酸酯进行传统加热反应时,首先发生偶联,继而发生分子内 D-A 反应,但产物产率较低(约 40%)。利用微波技术,微波辐射 6min,产率可达 87%。

243

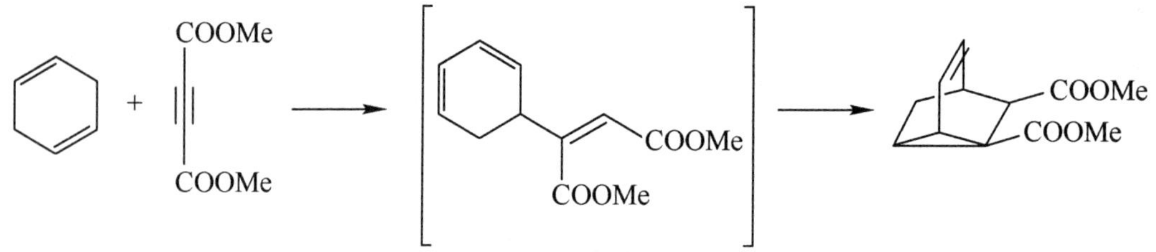

2）环加成反应

环加成反应是构建环类骨架的重要反应,这类反应一般需要较严厉的反应条件(高温高压等)和较长的反应时间。

在微波辐射下,D-A反应可以明显地减少反应时间和提高反应产率。如蒽与顺丁烯二酸酯在微波辐射下进行反应,10min即可得产率为87%的环加成产物,而常规反应条件下需要72h才能达到相近的产率。反应式如下:

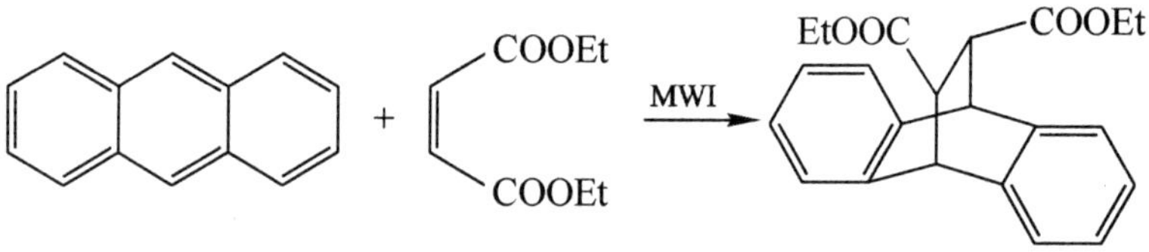

呋喃与丁炔二酸乙酯的反应,微波辐射10min,产率达66%,比传统的加热方法快7倍,反应式如下:

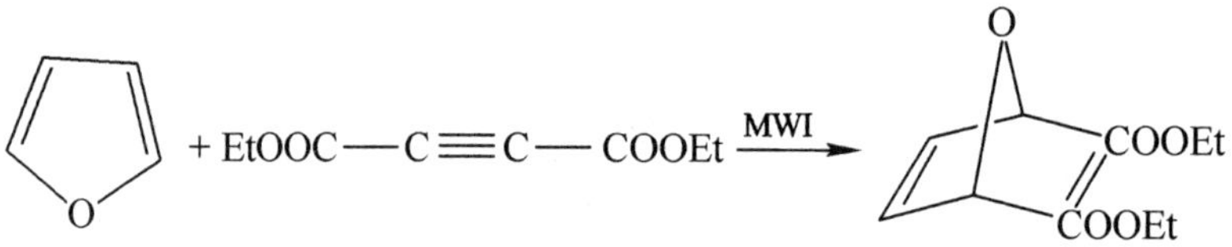

在甲苯中,利用微波进行C_{60}上的D-A反应20min得到39%的加成产物,而传统加热方法回流1h产率仅为22%。反应式如下:

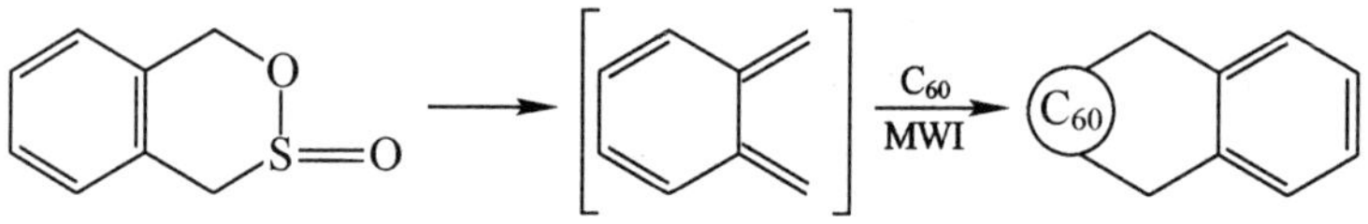

3）重排反应

（1）Claisen重排

苯基丙烯基醚转化成2-烯丙基苯酚是典型的Claisen重排反应,在DMF溶剂中,微波辐射6min,收率达92%,而传统加热方法在200℃反应6h产率仅为85%。同样,2-甲氧基苯基烯丙基醚在微波辐射下,Claisen重排反应产率达87%。

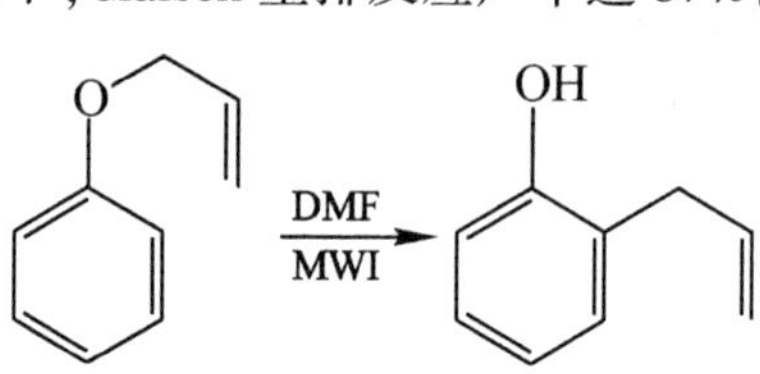

（2）Cope重排

Davies等发现,在传统加热和微波辐射条件下含有硅氧基的二烯均可以发生硅氧基

244

Cope 重排,高立体选择性地得到重排产物,且微波照射条件下的产率明显高于传统加热条件下的产率。这种好的立体选择性源自 Cope 重排的环状过渡态,通常周环反应机理有利于立体选择性的控制。

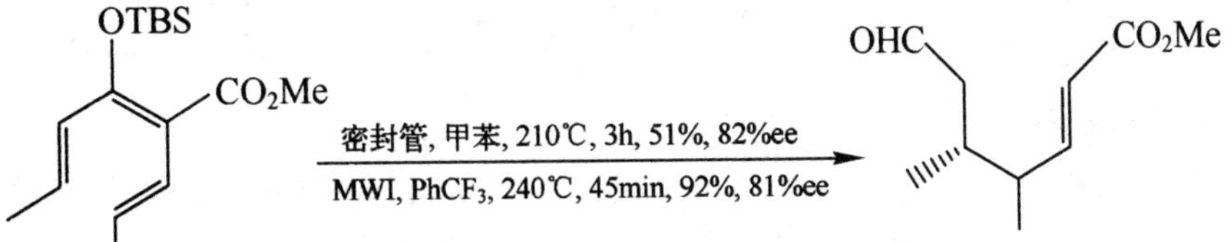

密封管,甲苯,210℃,3h,51%,82%ee
MWI,PhCF$_3$,240℃,45min,92%,81%ee

(3) 频哪醇重排

Gutierrez 等研究金属离子存在下频哪醇重排成频哪酮的微波反应,发现金属离子对重排反应有促进作用,结果如表 3-14 所示。

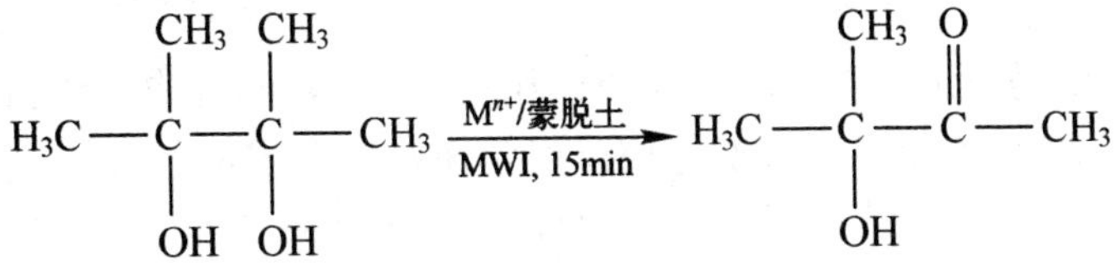

表 3-14　金属离子对 Pinacol 反应影响

M^{n+}	Na^+	Ca^{2+}	Cu^{2+}	La^{3+}	Cr^{3+}	Al^{3+}
MW 产率%	38	23	94	94	98	99
常规产率%	5	2	30	80	99	98
注:微波 450W 辐射 15min;常规加热 100℃,反应 15h							

(4) Fries 重排

Fries 重排反应可在微波辐射下进行。例如乙酸-2-萘酯重排成 1-乙酰基-2-萘酚的 Fries 重排反应,用微波辐射 2min,产率达 70%。

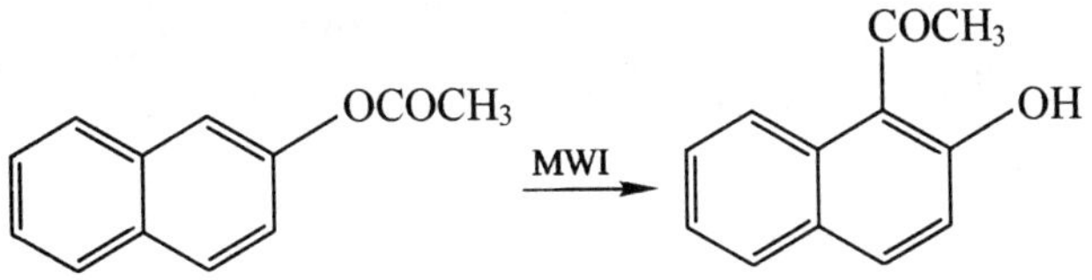

4) Perkin 反应

苯甲醛与乙酐在乙酸钾作用下缩合生成肉硅酸是典型的 Perkin 反应,传统加热法反应 48h,产率为 54%,达到相近的产率微波辐射仅用 24min,提高反应速率 20 倍。

$$\text{PhCHO} + (\text{CH}_3\text{CO})_2\text{O} \xrightarrow[\text{KOAc}]{\text{MWI}} \text{PhCH} == \text{CHCOOH}$$

5) Knoevenagel 反应

2-萘甲醛与丙二酸二乙酯之间的缩合是典型的 Knoevenagel 反应,微波作用下 5min 产率达 78%,而传统的方法加热 24h 产率仅为 44%。

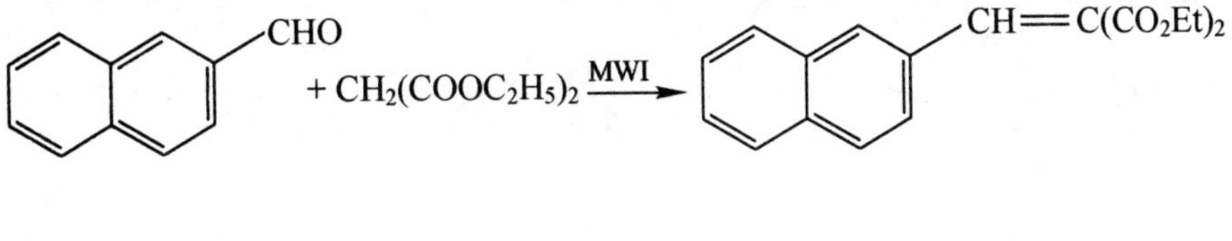

在氟化钾催化下把胡椒醛和 α-氰基甲基砜吸附在氧化铝上进行反应,只生成极少量的缩合产物;但用微波加热时,20min 就以 95% 的产率生成缩合产物。

$$\text{（benzodioxole-CHO）} + C_6H_5SO_2CH_2CN \xrightarrow[\text{MWI}]{KF/Al_2O_3} \text{（benzodioxole-CH=C(CN)SO_2C_6H_5）}$$

6）苯偶姻缩合

苯甲醛在 VB-1 催化下可发生苯偶姻缩合,生成二苯乙酮醇,微波功率 65W,辐射 5min,产率为 43.3%,达到相近的产率,传统的加热方法需要 90min。

$$2PhCHO \xrightarrow[\text{维生素B}_1]{MWI} Ph-\underset{OH}{HC}-\underset{O}{C}-Ph$$

7）Deckman 反应

1,4-环己二酮是由丁二酸二乙酯在醇钠作用下经 Deckman 缩合生成 2,5-二乙基-1,4-环己酮后,再脱酸制得。刘福安等用微波常压技术合成该化合物,选择功率 110W,反应 2.5h,产率达到文献值,比文献报道的反应时间缩短近 20h,并发现微波功率的选择是反应关键,功率过高易发生碳化,不易控制。

$$(CH_2COOC_2H_5)_2 \xrightarrow[\text{MWI}]{C_2H_5ONa} \xrightarrow{H^+} \text{（1,4-环己二酮-2-COOC_2H_5-5-C_2H_5OOC）}$$

8）羟醛缩合反应

在庚醛与苯甲醛的缩合反应中,Ayoubi 等发现采用微波技术仅 1min 可得到 82% 主产物和 18% 自缩合副产物,且反应装置简单,后处理过程容易操作。

$$CH_3(CH_2)_5CHO \xrightarrow[\text{MWI}]{KOH, PTC, PhCHO} \underset{C_5H_{11}}{\overset{Ph}{C}}=\overset{CHO}{C} + \underset{C_5H_{11}}{\overset{C_6H_{13}}{C}}=\overset{CHO}{C}$$

9）亲核取代反应

（1）O-烷基化反应

酚盐、羧酸盐与卤代烷反应可生成相应的 O-烷基化产物。R. Gedye 等首次成功地用微波实现由 4-氰基苯酚钠与苄氯合成 4-氰基苯基苄基醚,反应 4min 产率达 93%,而通常的热反应 12h 产率仅为 72%。

$$NC-\text{（C}_6\text{H}_4\text{）}-O^-Na^+ + ClH_2C-\text{（C}_6\text{H}_5\text{）} \xrightarrow{MWI} NC-\text{（C}_6\text{H}_4\text{）}-O-CH_2-\text{（C}_6\text{H}_5\text{）}$$

在微波作用下,活泼的芳卤与醇钠也可生成酚醚。例如,在相转移催化剂聚乙二醇-400 存在下,对硝基氯苯与乙醇钠的反应。

$$O_2N-\text{（C}_6\text{H}_4\text{）}-Cl + C_2H_5ONa \xrightarrow[\text{2min}]{MWI} O_2N-\text{（C}_6\text{H}_4\text{）}-O-C_2H_5$$

（2）C-烷基化反应

活泼亚甲基化合物与卤代烷的烃基化反应是形成碳-碳键的重要方法，微波技术在该反应研究中取得满意的结果。在微波辐射下，乙酰乙酸乙酯、苯硫基乙酸乙酯与卤化物的 C-烷基化反应只需 3～4.5min，烷基化产率可达 58%～83%。

$$RCH_2COOC_2H_5 + R'\,X \xrightarrow[\text{MWI}]{\text{KOH-K}_2\text{CO}_3,\ \text{PTC}} R\!-\!\underset{\underset{R'}{|}}{CH}\!-\!COOC_2H_5$$

式中：R 为 CH_3CO—、PhS—等；R'为 $C_6H_5CH_2$—、p-$ClC_6H_4CH_2$—等。

（3）N-烷基化反应

微波辐射下，苯并噁嗪类化合物与卤代烃在硅胶载体上能迅速生成 N-烷基化产物。反应速率较传统方法最大提高 80 倍。

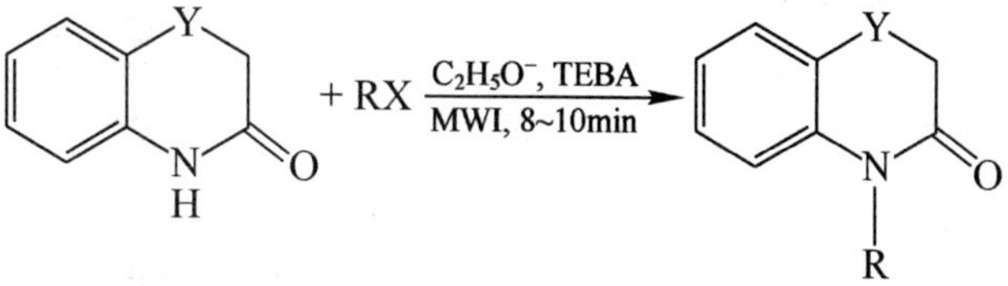

式中：R 为 CH_3、C_2H_5、$PhCH_2$、$HOOCCH_2$ 等；Y 为 O、S。

苯并三氮唑与氯乙酸微波常压下发生 N-烷基化反应，反应速率较传统加热方法加快 15 倍。

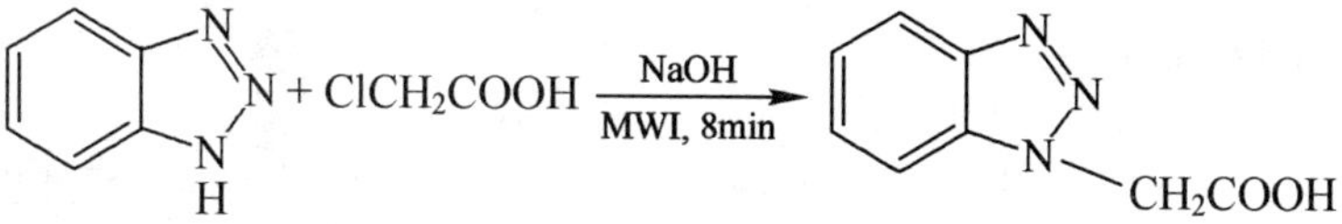

10）Michael 加成

（1）碳原子作为亲核试剂的 Michael 加成

Michael 加成反应在通常加热条件下进行往往需要几小时甚至几天时间；利用微波反应，反应时间可以缩短到几分钟，而且副反应少，产率高。

α,β-不饱和酮分别与硝基烷、丙二酸二乙酯、乙腈和乙酰丙酮等活性亚甲基化合物反应，在碱性 Al_2O_3 作载体、无溶剂条件下，微波辐射高产率得到 Michael 加成产物。

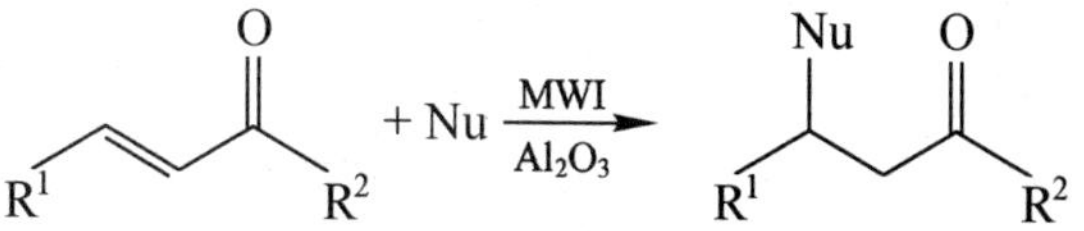

将微波技术也可应用于普通条件下较难进行的环烯酮的 Michael 加成。将反应物吸附在中性的 Al_2O_3 表面，在家用微波炉中无溶剂下辐射 4～7min，就可以得到 65%～90%的 Michael 加成产物。

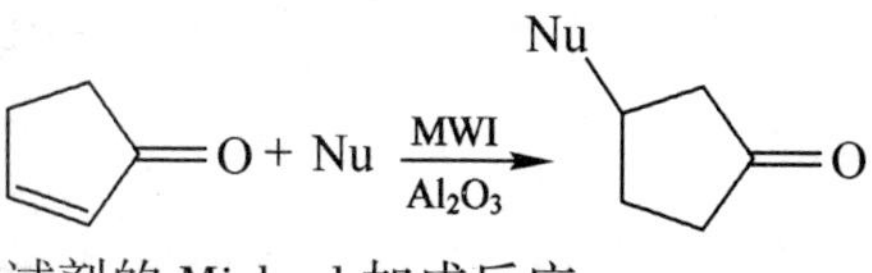

（2）氮原子作为亲核试剂的 Michael 加成反应

胺与 α,β-不饱和酸酯的 Michael 加成反应是合成 β-氨基酸酯的主要方法。传统的反应需要长时间的高温回流或高压反应。将微波方法引入 β-氨基酸酯的合成，反应在无

247

溶剂、无催化剂、微波辐射下进行,实验中没有发现其他副产物和聚合物的生成,反应产率高于催化条件,且反应时间大大缩短。

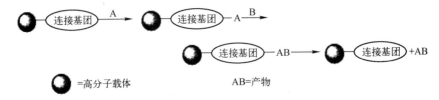

（3）硫原子作为亲核试剂的 Michael 加成反应

研究亲核试剂（CN−,RS−）诱导的 S−（1,3−二芳基−3−羰基丙基）−二硫代磷酸二乙酯的选择性环化生产（Z）−2−烷硫基（或 2−氰基）−2,4−二芳基硫杂环丁烷的反应发现,在无溶剂下经微波照射进行,产率高达 77%～92%,非对映选择性为 93%～97%。

综上所述,微波具有清洁、高效、耗能低、污染少等特点,不仅开辟了有机合成的一个新领域,同时也广泛地应用于其他化学领域中,如微波脱附、干燥、微波溶样、微波净化、微波中药提取等。随着微波技术的不断成熟,微波在有机合成方面乃至整个化学领域都有着无法估量的前景。

3.4.6　固相有机合成

1963 年,美国生物化学家梅里菲尔德（R. B. Merrifield,1921— ）发表肽的固相合成研究,打破传统均相溶液中反应的方法,以固相高分子支持体作为合成平台,在合成中使用大大过量的试剂,反应结束后通过洗涤除去多余的试剂,实现肽的快速合成,并获得 1984 年诺贝尔化学奖。固相有机合成反应产物的分离、提纯方法简单,环境污染小,是一种较理想的合成方法。

1. 固相有机合成基本原理和特点

固相有机合成（Solid−Phase Organic Synthesis,SPOS）,是把反应物或催化剂键合在固相高分子载体上,生成的中间产物再与其他试剂进行单步或多步反应,生成的化合物连同载体过滤、淋洗,与试剂及副产物分离,这个过程能够多次重复,可以连接多个重复单元或不同单元,最终将目标产物通过解脱试剂从载体上解脱出来（产物脱除反应）。其基本原理如图 3−23 所示。

图 3−23　固相有机合成基本原理示意图

固相有机合成反应总体上可以分为 3 类：

第一类是反应底物以共价键和高分子支持体相连,溶液中的反应试剂和底物反应。反应后产物保留在支持体上,通过过滤、洗涤与反应体系中的其他组分分离,最后将产物从支持体上解离下来得到最终产物。

第二类是反应试剂与支持体连接形成固相合成试剂,反应底物溶解在溶液相中,反应后副产物连接在树脂上,而产物留在溶液中,通过过滤、洗涤、浓缩得到最终产物。

第三类是将催化剂连接在支持体上,得到固相高分子催化剂。使用这种催化剂可以在反应的任何阶段把催化剂分离出来,控制反应进程,而且这种催化剂通常还具有更好的稳定性和可循环使用性,降低了成本。

与一般的有机合成方法相比,固相合成方法具有如下的优点:

(1) 后处理简单:通过过滤、洗涤可将每一步反应的产物和其他组分分离。

(2) 易于实现自动化:固相树脂对于重复性反应步骤可以实现自动化,具有工业应用前景。

(3) 高转化率:可以通过增大液相或固相试剂的量来促进反应完成或加快反应速率,而不会带来分离操作的困难。

(4) 催化剂可回收和重复利用:稀有贵重材料(如稀有金属催化剂)可连接到固相高分子上来达到回收和重复利用的目的。

(5) 控制反应的选择性:某些情况下,高分子骨架的化学和空间结构可为连接在高分子上的活性基团提供特殊的微环境,如利用高分子本身的侧链作为取代基团,或利用高分子孔径的结构和大小等,控制反应的立体和空间选择性。

2. 固相载体

固相合成中的组成要素为固相载体、目标化合物和连接基团。近年来,固相载体的研究主要集中在载体选择和应用、载体功能基化及其与反应底物结合的连接基团、固相载体上化学反应及条件优化和产物从固相载体上解离的方法等方面。

在进行固相有机合成前,要选择适合的固相载体。通常对载体有以下几点要求:①载体不溶于普通有机溶剂;②载体要有一定刚性和柔性,机械稳定性好,不易破损;③载体要能比较容易功能基化,有较高的功能基化度,功能基分布较均匀;④聚合物功能基应易被试剂分子所接近,在固相反应中不发生副反应;⑤载体能通过简单、经济和转化率高的反应进行再生,重复使用。

1) 固相载体的类型

根据载体的物理形态,分为线型、交联凝胶型、大孔大网型等;根据骨架的主要成分,分为有机载体和无机载体两类。无机载体包括硅胶、氧化铝等;有机载体包括聚苯乙烯树脂、TentaGel 树脂、PolyHIPE 树脂、聚丙烯酰胺树脂和 PEGA 树脂等。其中,聚苯乙烯树脂具有价廉易得、易于功能基化、稳定性好等特点,是目前应用最多的高分子载体。

(1) 聚苯乙烯(PS)类载体

Merrifield 树脂就属于此类,是一种低交联的凝胶型载体。凝胶型聚苯乙烯树脂通常用1%或2%二乙烯苯交联。一般说来,凝胶型聚苯乙烯树脂在有机溶剂中有较好的溶胀性并具有较高的负载量,但是力学性能和热稳定性较差,所以不适合连续装柱方式操作,反应温度不能超过100℃。此外,还有大孔型树脂,具有较高的交联度,机械稳定性好,在溶剂中溶胀度低,但是负载量较小。

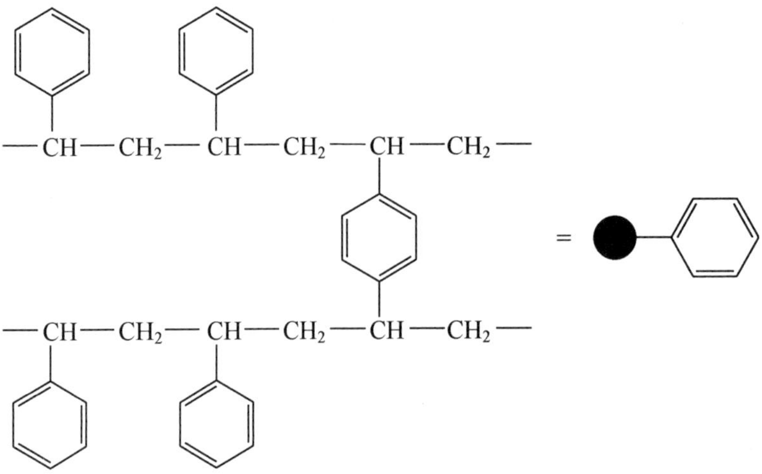

为使固液非均相反应能顺利进行,载体树脂需要在溶剂中具有足够的溶胀性,交联度过高的 PS-DVB 树脂显然不能满足固液反应对树脂溶胀性的要求,所以低交联度的聚苯乙烯(1%~2%二乙烯苯交联)最适宜作为固相合成载体。此交联度的聚苯乙烯树脂在很多溶剂(如甲苯、二氯甲烷、DMF 等)中的溶胀性都很好。

交联聚苯乙烯树脂一般采用悬浮聚合法合成,通过控制工艺参数如反应器的几何尺寸、搅拌方式和搅拌速率等,可以得到合适粒径的珠状颗粒,无需任何后续形状加工,即可直接用作固相合成载体树脂。

固相合成中,要将目标化合物连接到固相载体上,高聚物骨架上须带有活性化学官能团。在聚苯乙烯骨架上引入活性化学官能团的方法有两种:一是对高聚物骨架进行化学修饰;二是用带有化学活性基团的单体与苯乙烯、二乙烯苯共聚。

通常所用的 Merrifield 树脂是将 PS-DVB 树脂中苯环进行氯甲基化后得到的树脂,制备方法是在四氯化锡或二氯化锌催化下,采用氯甲醚处理 PS-DVB 树脂即可实现氯甲基化。

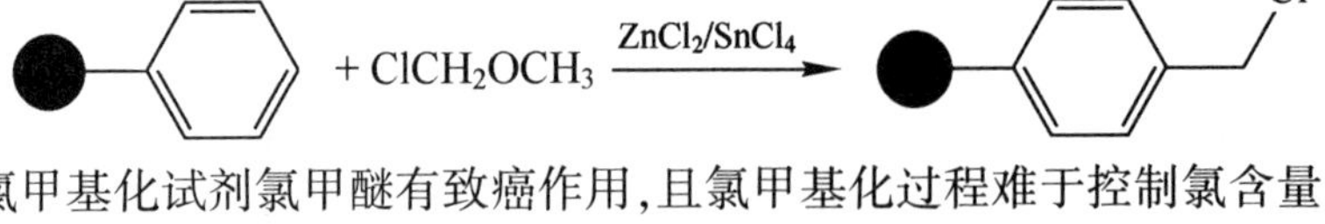

但是,氯甲基化试剂氯甲醚有致癌作用,且氯甲基化过程难于控制氯含量。改进的氯甲基化方法是采用适量 p-氯甲基苯乙烯作为官能团衍生单体,用过氧化苯甲酰作为引发剂,与苯乙烯、二乙烯苯于 80℃左右悬浮共聚。该方法克服了用氯甲醚氯甲基化的缺点,同时可有效地控制苄基氯的含量。

其他比较常用的 PS-DVB 类树脂还有氨甲基树脂和羟甲基树脂等,两者皆从 Merrifield 树脂衍生得到。

250

聚苯乙烯载体由于骨架结构完全疏水,在合成水溶性多肽时,随肽链长度的增长,兼容性越来越差,肽链间容易形成氢键使肽链折迭,造成缺序和截序,因此一般只适用于合成5个氨基酸残基以下的肽。

（2）TentaGel 树脂

TentaGel 树脂是德国聚合物公司 Rapp Polymer Gmbh 一类固相合成树脂产品的商标,是聚乙二醇(PEG)接枝改性的 PS-DVB 树脂,其 PEG 链末端包含具有反应活性的基团,可以作为固相载体的衍生官能团。

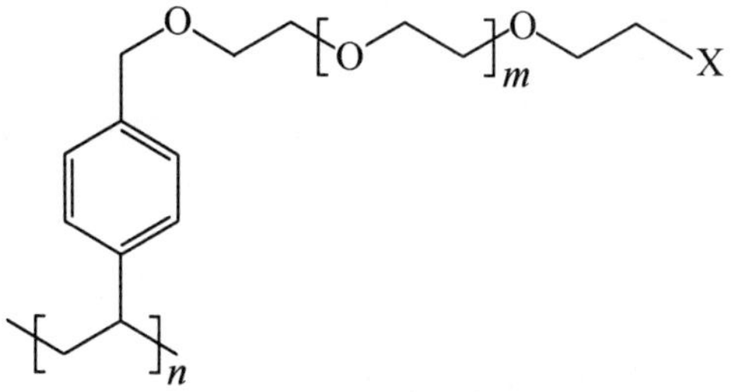

聚乙二醇树脂很早就被用作载体来合成多肽。聚乙二醇在许多溶剂中可溶,形成均相反应体系,但产物不易分离提纯。它在水、甲醇、乙腈、二氯甲烷和 DMF 中有相当高的溶胀体积(4~6mL/g),烷烃和醚可破坏其凝胶相。这种树脂增加了极性试剂的可接近性,反应大多数在无水介质中进行。该树脂在高压下稳定,适于装柱进行流动反应,但在强酸和强亲核试剂中及高温下侧链易裂解。另外,此树脂与普通 PS 树脂相比,负载量低、价格高、机械强度低。

由于 PS-DVB 树脂在极性溶剂中的溶胀性不好,限制其在固相有机合成中的应用。为此,基于 PEG 有较宽的溶解度分布,通过引入 PEG 链接枝改性后得到的 TentaGel 树脂在大多数溶剂(如二氯甲烷、三氯甲烷、甲苯、乙腈、DMF、甲醇、水等)中的溶胀性都很好。

在 PS-DVB 树脂上接枝 PEG 链可起到以下 3 方面的作用:一是改善 PS-DVB 树脂在极性溶剂中的溶胀性;二是作为隔离单元,使一系列的固相合成反应远离聚苯乙烯骨架,减小固相载体对化学反应的影响;三是改变聚苯乙烯骨架复杂的电子效应,从而改变切割步骤的反应条件。

虽然 TentaGel 树脂作为固相载体具有诸多优点,但研究发现产物很容易受到 PEG 碎片的污染。为此,人们寻求结构更具稳定刚性的接枝 PEG 链的聚苯乙烯树脂,如 ArgoGel 树脂和 NovaGel 树脂,其结构与 TentaGel 树脂略有不同,ArgoGel 树脂的 PEG 链通过稳定的叔碳原子与聚苯乙烯链连接,而 NovaGel 树脂 PEG 接枝率较低。

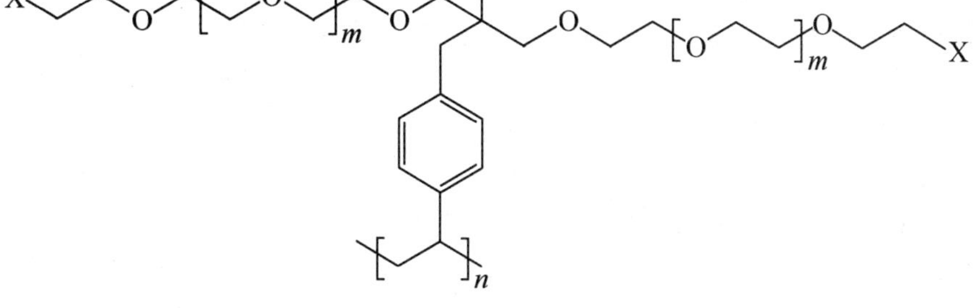

ArgoGel树脂

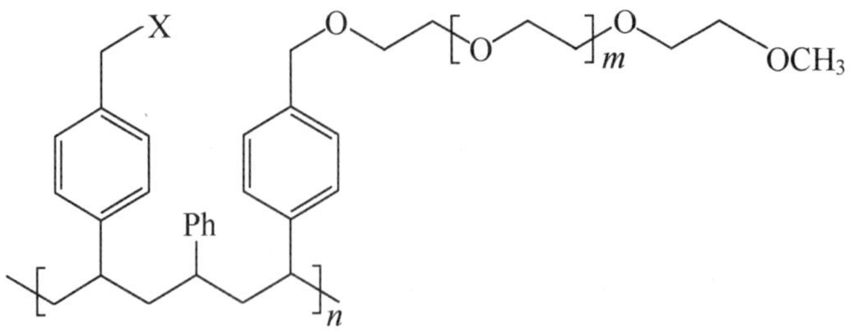

NovaGel树脂

（3）PolyHIPE 树脂

PolyHIPE 树脂是高度支化、被聚二甲基丙烯酰胺接枝的多孔 PS-DVB 树脂,其结构是 PS-DVB 与聚丙烯酰胺材料键合,得到负载量达 5mmol/g 的双骨架树脂。其骨架多孔率达 90%,目的是满足连续流动合成的需要。

（4）聚丙烯酰胺树脂

以 N,N-二甲基丙烯酰胺为骨架,以 N,N′-双烯丙酰基乙二胺为交联剂,并进行官能团化得到一种带伯胺功能基的树脂。这种树脂可在极性溶剂中溶胀,而在极性较小的溶剂如二氯甲烷中则溶胀很小。用更加亲脂性的 N-丙烯酰基吡咯烷酮取代 N,N-二甲基丙烯酰胺制备的聚合物,可在甲醇、乙醇、2,2,2-三氟乙醇、异丙醇、乙酸和水中溶胀,在 CH_2Cl_2 中也溶胀得很好。

（5）PEGA 树脂(丙烯酰胺丙基-PEG-N,N-二甲基丙烯酰胺)

PEGA 树脂是 PEG 树脂的衍生物,有一个高度支化的高分子骨架,对于连续合成具有较高的稳定性。PEGA 树脂在极性溶剂中溶胀,使得长链肽的合成成为可能。这类树脂在 CH_2Cl_2、醇和水中溶胀体积大约是 6mL/g,在 DMF 中达 8mL/g。

（6）磁性树脂珠

将交联聚苯乙烯硝化后再用六水合硫酸亚铁还原硝基,这种还原反应在树脂珠内产生的亚铁和铁离子可通过加入浓氨水溶液,然后温和加热转变为磁铁晶体。树脂珠中包含有 24%～32% 的铁,易用条形电磁铁控制,已被用于合成保护二肽。但被认为吸引力不大,由于高度交联而难以功能基化,且铁在一些合成反应条件下会参与反应。

2）载体的稳定性

载体的稳定性对于固相反应十分重要,包括化学稳定性和物理稳定性。

（1）化学稳定性

无机载体只能在特定很窄的酸碱范围(pH=6～7)内使用,其耐氧化性、耐还原性较好。有机载体对一般的酸碱液比较稳定,尤其是对不带氧化性的酸更稳定。但有机树脂不能在强酸、强碱(浓度大于 2mol/L)中长期浸泡和使用。一般情况下,交联度越高耐氧化性越好。有机树脂一般对还原剂比较稳定。

（2）物理稳定性

物理稳定性包括机械强度、耐磨损、耐压力负荷及渗透压变化等。在应用上,尤其在自动化操作上更为重要。无机载体耐辐射性能比较好,有机载体均易降解。有机载体在一般情况下,交联度越高,物理稳定性越强。一般对有机溶剂,包括醇、醛及酮类都比较稳定。有机载体热稳定性一般不如无机载体好,常见凝胶型树脂使用的上限温度为 120℃,

大孔树脂有的可达150℃。

3）载体的环境效应

载体上功能基团处于聚合物链的包围中，反应活性会受聚合物链的影响。这些影响包括局部浓度效应、扩散效应、分子筛效应、活性部位的隔离效应等。

局部浓度效应：聚合物载体对非均相反应中小分子反应物的富集或排斥，使得反应速度比相应的均相反应大或小。

扩散效应：如果一个反应体系的反应速度与载体的颗粒半径成反比，则说明此体系中存在扩散限制作用。扩散作用的存在一般对反应是不利的，减小扩散限制作用对反应的影响的方法：降低载体颗粒粒径、制备载体时加入稀释剂以增大载体的孔体积、选择合适的溶剂体系、提高搅拌速度、采用薄壳型载体几乎可完全避免扩散限制作用。采用较小颗粒聚合物载体制得的试剂和催化剂可以减小反应物到达这些物种活性部位的扩散限制作用，但粒径过小的载体应用起来常常会引起处理上的麻烦。因此多采用粒径为 50～200μm 的珠体作载体。

分子筛效应：由于聚合物载体孔径不同对不同大小的底物分子具有筛分作用，因而不同大小的分子具有不同的反应活性。分子筛效应的存在有时可以提高固相反应的选择性，而低分子体系无此特性。

活性部位的隔离效应：指载体将能自身反应的物种固定分离开，以避免同一物种多分子之间的副反应发生，类似于均相反应中的"稀释作用"。采用增大聚合物的交联度、降低载体的功能基化程度、降低反应的温度等措施可以增大活性部位的隔离效应。

3. 连接基团

在固相合成过程中，连接基团是不可或缺的部分，决定目标化合物能否在固相载体上进行活性测定，也决定是否具有适合的反应条件以及是否可以采用温和或选择性的切割条件将产物从固相载体上解离出来，因此直接关系到合成策略的成功与否。

很多固相合成中的连接基团是从传统液相合成中的保护基团发展而来的，执行与保护基团相似的作用。事实上，组合固相合成技术中的"树脂—连接基团"单元可以考虑为一类不溶的、固定化的保护基团。然而，连接基团与保护基团又有很多不同之处。

1）连接基团的性能

连接基团是一种双功能保护基。一方面通过一种容易切割的不稳定的键（如酯键、酰胺键等）与目标分子相连，另一方面又通过一种相对稳定的键（如 C-C 键、醚键等）把目标分子固定在固相载体上。

在组合固相合成技术中，把目标化合物从固相载体上解离出来的切割条件不仅取决于连接基团的类型、与连接基团相连的目标分子，而且树脂类型及其上载量和粒度对此也有重要的影响。

在有机合成过程中采用保护基团策略至少要考虑两方面的问题：一是必须保证受保护基团在合成过程中不受损害；二是不能引入很难除去的杂质。连接基团不仅要考虑以上两方面的问题，且理想连接基团还需具有一些新特点：如由于需引入上载步骤和切割步骤，理想的连接基团应该保证在这两个步骤中的化学反应都是定量进行的；对目标分子进行化学反应时，连接基团应不受到影响。

2）连接基团的分类

根据切割步骤所采用的反应条件,可把常用连接基团简单地分成 4 类:酸切割连接基团、碱切割连接基团、光切割连接基团和氧化-还原切割连接基团。

（1）酸切割连接基团

强酸是固相合成中最常使用的切割试剂之一。其中挥发性酸如 HF 和 TFA(三氟乙酸),由于反应后剩余部分易于除去,被广泛作为切割试剂。以酯类和酰胺类连接基团最为常见,如琥珀亚酰胺碳酸酯连接基团 1、二苯甲基树脂 2。

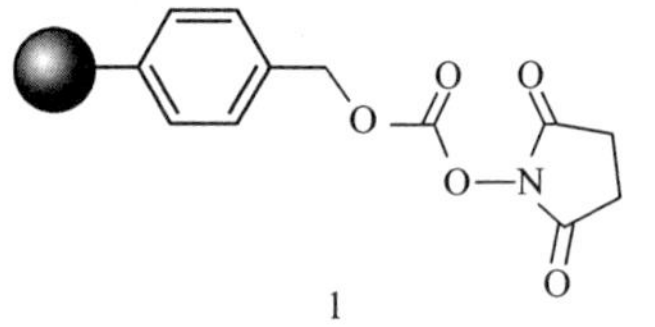

在苯环的对位或邻位引入给电子基团(如甲氧基等),增加其在切割过程中生成的碳正离子的稳定性,可显著增加连接基团对酸的敏感程度,如连接基团 3。连接基团 4 和连接基团 5 比 Merrifield 羟甲基树脂类连接基团对酸更敏感;连接基团 6 比相应的二苯甲基树脂对酸更敏感,前者在弱酸性条件下即可实现切割。

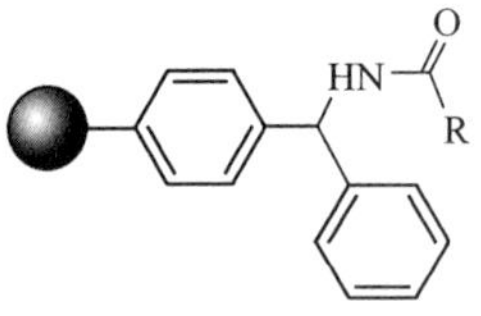

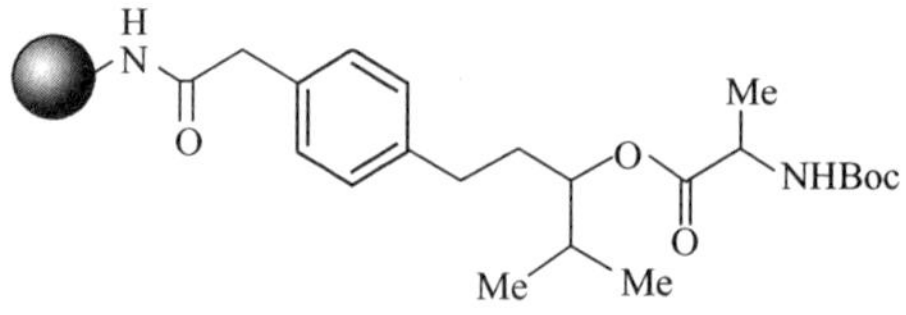

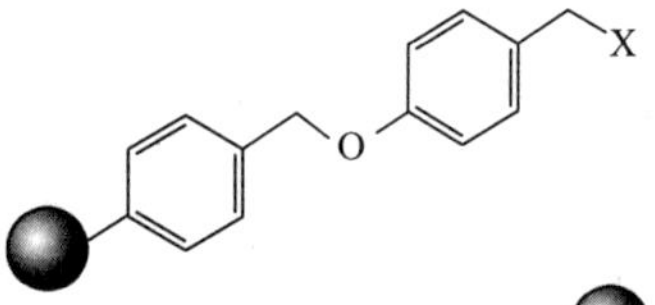

（2）碱切割连接基团

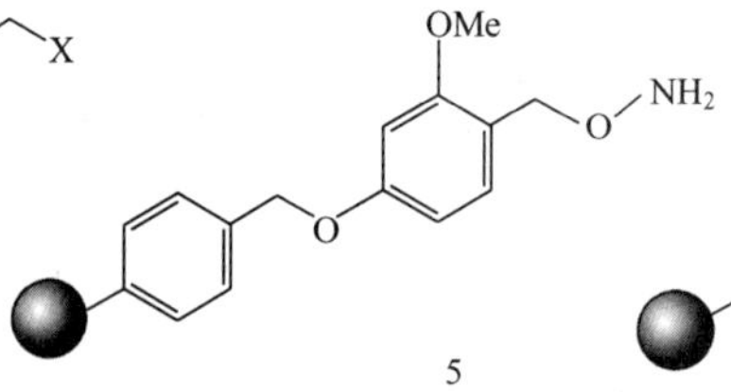

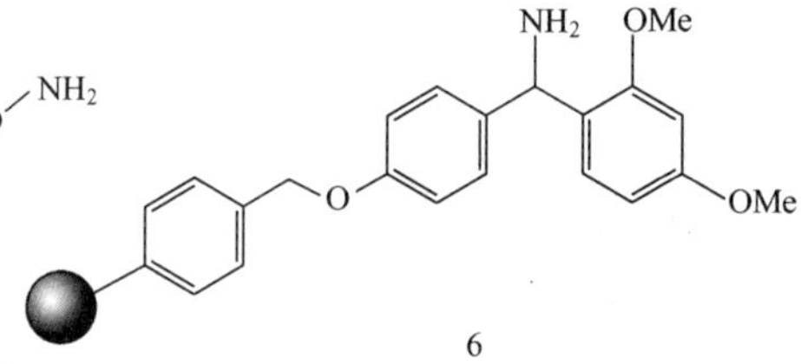

如下所示的反应中,碱作为亲核试剂进攻酰肼连接基团,使发生分子内环化反应,生成吡唑啉酮类产品。

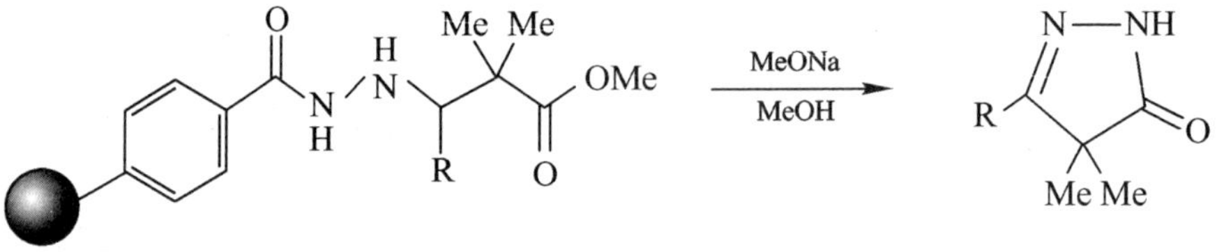

下述的反应中,碱作为催化剂使发生季铵盐的 β-消除反应,得到叔胺产品。

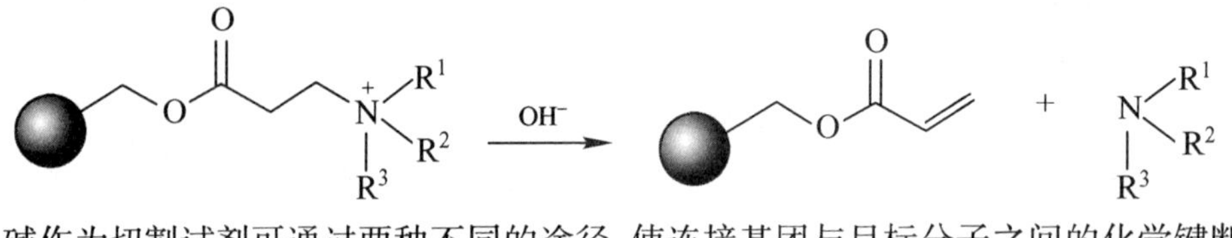

碱作为切割试剂可通过两种不同的途径,使连接基团与目标分子之间的化学键断离。一是作为亲核试剂,发生亲核加成或亲核消除反应;二是通过酸碱中和反应,或在碱催化下发生消除反应或成环反应。

（3）光切割连接基团

常见的光切割连接基团带有邻位硝基苯单元,如连接基团 7、8、9,其光化学反应切割机理涉及从邻位硝基到亚硝基的转化及苄位 C—H 键的断裂。

254

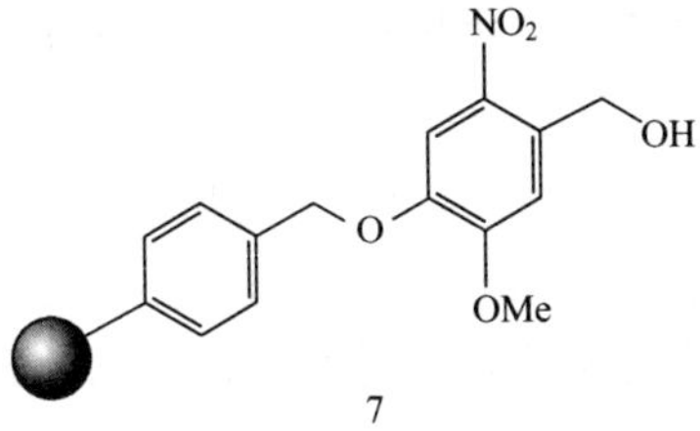

（structures 7, 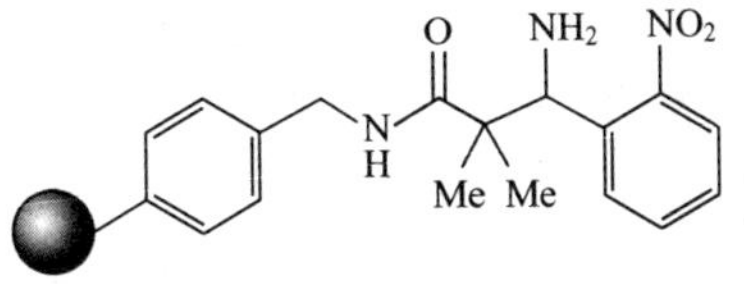 8, 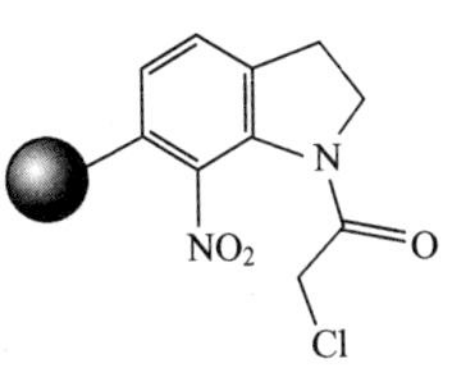 9 at top）

（4）氧化-还原切割连接基团

采用氧化-还原反应来对目标化合物进行解离,是固相有机合成中经常使用的方法,相应的连接基团称为氧化-还原切割连接基团。氧化-还原方法经常与其他切割方法(如酸碱、亲核、亲电和光化学等方法)同时采用。这类连接基团还可以进一步细分为还原性切割和氧化性切割连接基团。

目前广泛用于固相有机合成的还原方法主要有 4 种:催化氢化、二硫化物还原、脱磺酸基作用和金属氢化物还原。而氧化的方法主要有臭氧氧化法和采用其他如 CAN(硝酸铈铵)、DDQ(2,3-二氯-5,6-二氰基-1,4-苯醌)、m-CPBA(间氯过氧化苯甲酸)等氧化剂的方法。

3）具有特殊功能的连接基团

（1）带隔离单元(spacer)的连接基团

可以引入一系列基团(如碳链)在连接基团与固相载体之间作为隔离单元,其形式如下:

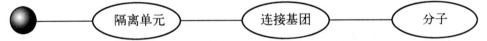

隔离单元可以使反应活性点远离固相载体,在一定程度上克服固液两相反应速度慢的缺点,可专门赋予树脂材料溶解特性,使其更好地与溶剂相溶,还可改变连接基团复杂的电子效应和减少空间位阻效应,改变连接基团的切割条件。同时,可使树脂反应活性位点彼此远离,从而可以抑制交联和多偶合等副反应。

如在 Merrifield 羟甲基树脂 10 上引入亲水性的聚乙二醇链(如 11,TentaGel 树脂),可以增加树脂材料的水溶性。与传统的 Merrifield 羟甲基树脂 10 比较,引入一个亚甲基作为隔离单元 12,明显增加对酸的稳定程度。

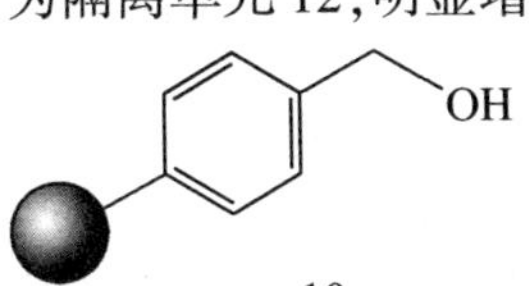

（structures 10, 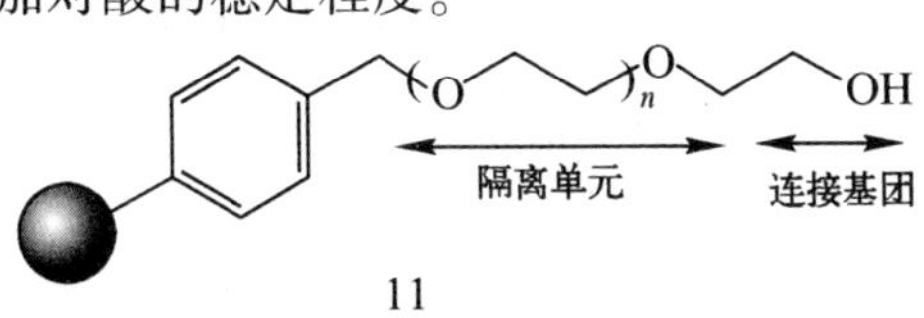 11, 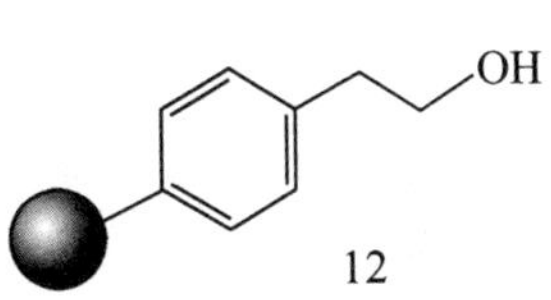 12）

（2）无痕迹连接基团(traceless linker)

大多数连接基团在切割完毕之后留下一个残基官能团在目标化合物上,如羟基、酰胺基、羧基等。但是,对一些化合物的合成,残基的存在并不是所希望的。为解决这个问题,固相合成化学家专门设计了一类无痕迹连接基团。无痕迹连接基团,即在合成结束以后,目标化合物没有留下任何固相合成的痕迹。

1995 年,Pluntett 和 Chenera 首次设计出两种无痕迹连接基团。早期,无痕迹连接基团指的是在切割部位形成新的 C-H 或 C-C 键的那一类连接基团。现在,无痕迹连接基团的定义有所扩大,只要在切割点没有引入杂原子(如氧、氮、硫等),包括生成芳基、烷基

255

等,都可以称为无痕迹切割。因此,在切割过程中发生诸如环加成这样反应的连接基团也该归入无痕迹连接基团的范畴。

最常见的无痕迹连接基团是有机硅烷类连接功能基,如芳基三烷基硅烷、芳基二烷基硅醚和烯丙基硅烷等。这类连接基团是从目前广泛使用的有机硅保护基发展而来的,其切割方法与有机硅保护基的脱保护方法有所类似。另一类较为常见的无痕迹连接基团是通过脱羧基反应来切割目标化合物的连接基团。在酸性条件下,与羧基相连的亚甲基可以被活化,从而发生脱羧基化作用。

(3)安全拉手型连接基团(safety-catch linker)

1971 年,G. W. Kenner 首次提出"安全拉手"概念,之后因其显著的优点得到广泛应用。"安全拉手"原理是连接基团的最初化学结构对化合物的合成条件是稳定的,不发生反应,但它可以通过一个简单的化学转化而活化,随后可以发生切割反应将目标化合物从固相载体上切割下来。这类连接功能基的切割过程涉及两个步骤:先活化连接基团;然后再实施真正意义上的切割。

安全拉手型连接基团的主要优点是可以保证连接基团不受到合成过程中后续反应的影响。目前,文献报道的安全拉手型连接基团主要包括 Kenner 型安全拉手连接基团、Marshall 型安全拉手连接基团、Wieland 型安全拉手连接基团。

(4)复合型连接基团(multidetachable linker)

复合型连接基团指的是固相合成体系中存在两个或两个以上的基团可以作为连接功能基,其形式如下:

复合型连接基团

复合型连接基团可以根据切割条件的不同而制备不同的产物,使用这种方法对产品的分析检测非常方便。

4. 固相法在多肽合成领域的应用

多肽合成的化学方法是有机合成和药物合成一个非常特殊的分支。化学多肽合成,是按照设计的氨基酸顺序,通过定向形成酰胺键方法得到目标分子。从理论上讲这并不复杂,但实施起来却非常困难。简单的羧酸与胺之间形成酰胺键,一般是先将羧基转变成一个活泼的羧基衍生物(如酰氯或酸酐)再与胺作用,或者在反应体系中加入缩合剂。氨基酸之间形成酰胺键情况则复杂得多,每一个氨基酸既含有氨基,同时又含有羧基。如果将一种氨基酸的羧基活化,则其可以和同一种或另一种氨基酸分子的氨基反应;如果将几种氨基酸混合在一起,加入缩合剂,则只能得到由具有多种不同氨基酸顺序的多肽组成的混合物。

随着肽链增长,副产物更多,合成将更困难。Merrifield 创建并发展了多肽的固相合成方法后,多肽研究领域发生了划时代的变化。固相方法以快速简便的操作和高产率显示无可比拟的优越性,应用这一方法几乎可以合成任何多肽。

用固相方法合成具有特定氨基酸顺序的多肽必须满足 3 个条件:一是通常把要合成多肽的羧基端键合到固相载体上,然后从氨基端逐步增长肽链;二是需要对暂不参与形成酰胺键的氨基加以保护,同时对氨基酸侧链上的活性基团也要保护,反应完成后再将保护基团除去;三是对参与形成酰胺键的羧基必须进行活化。

1) 聚合物载体和连接分子

(1) 聚合物载体

对载体的要求是:用于固相合成多肽的载体在合成条件下应是惰性、不溶性的交联聚合物,并能够对单体中活性基团进行选择性保护和去保护;同时,连接反应物到载体上的方法应便于在合成过程中分析反应过程,且最后给出目标物时,可以选择性地从载体上裂解下一部分或全部产物。

可供选择的载体包括微孔溶胀型和大孔非溶胀型两类。其中,微孔溶胀型树脂机械强度高,不易破坏,功能基化反应速度快,负载容量高,但须在溶胀性能良好的溶剂(如氯仿、二氯甲烷、苯、四氢呋喃、二氯六环等)中使用;大孔非溶胀型树脂反应后易于过滤回收,活性基的可接近性好,对反应物的扩散阻力小,几乎可在任何溶剂中使用。

在大多数固相合成多肽中,溶胀型树脂均优于非溶胀型树脂。例如,聚苯乙烯树脂被广泛用于固相多肽的合成,它很容易由单体制得,也容易功能基化。

(2) 连接分子

假如与树脂相连的肽的 C 末端氨基酸为酰胺类型,可选用 Wang 法制备的对苄氧苯甲醇(HMP)树脂。其优点在于:对常用反应介质如二甲基甲酰胺(DMF)和二氯甲烷(DCM)等有一定的溶胀能力;有足够的机械强度,能经受住胀缩、酸碱、碰撞等苛刻的处理条件;活性基团均匀地分布于较宽裕的支持体网格空间,这空间将允许延长了的肽键有较大的回旋余地;具有规则的几何形状,较小的厚度,溶质分子可以迅速地从溶液中扩散到各个活性基团附近而不受阻断。

因树脂键合的连接分子不仅存在于树脂颗粒的表面,也存在于颗粒的孔道或孔穴中,所以固相接肽反应的速度要比液相法慢。固相接肽反应的速度为扩散速度等因素所控制,即决定于低分子量反应物和试剂向聚合物键合的连接分子部位的扩散速度。所以,固相合成中溶剂的性质也起重要作用。

2) 氨基的保护方法

氨基是亲核性很强的基团。氨基经酰化后,亲核性消失,因此对游离氨基实施酰化是保护氨基的基本方法。但是,考虑到肽键形成后,应能在温和条件下将保护基除去,因此对氨基保护基有特殊要求。

常用的氨基保护基包括9-芴甲氧羰基、叔丁氧羰基、苄氧羰基、对甲苯磺酰基、三苯甲基等。关于氨基的具体保护方法见 3.3.4 节中官能团的保护一节。

3) 接肽反应方法

在固相合成中,将肽链连接在高分子载体上的最大优点是合成中所有的纯化步骤都被省略,而代之以简单的冲洗和过滤肽树脂。并且所有反应及操作均在一个反应器中进行,克服了液相法合成长肽分子时在溶液中难以溶解的问题。但为保证固相多肽合成能得到单一的肽,要求每一步的缩合反应都趋于完全,因此对合成反应的要求也就比在液相反应时更高。

具体要求如下:反应快;侧链保护基和肽与树脂的连接在整个接肽反应过程中保持稳定;为便于固相反应时进行搅拌或振荡,一般用 10mL 溶剂对 1g 树脂的比例。这就限制了反应物浓度,而不像液相合成那样选用很高的反应物浓度,反应速度受到影响。

适合于固相上接肽反应的方法较少,例如缩合剂法、混合酸酐法、酰氯法、活化酯法和原位法等。

4）未反应氨基的封闭

由于在固相合成中,第一轮缩合循环所留下的未反应氨基将会在第二轮缩合循环中继续和羧基组分反应,产生在肽链内部少掉某一个氨基酸的内缺失肽。这些内缺失肽的理化性质很可能和所需要产物性质非常相近,给最后产物的纯化造成很大困难。为避免这种缺失肽生成,一般选用主动封闭氨基方法:用醋酐或乙酰咪唑乙酰化、用甲酰异丙烯酯甲酰化、用荧光胺反应、用 3-硝基邻苯二甲酸酐反应、用 3-磺酸丙酸的内酸酐反应。最有效方法是选用醋酐（1mol/L）在三乙胺（0.3mol/L）于 DMF 或 DCM 中对树脂反应20min 到 2h,或用醋酐-吡啶（1:1）在 25℃下反应 2h,可使残余氨基被乙酰化。

5）脱去保护基和树脂

合成肽的最终脱保护基和从树脂上裂解不仅决定合成的成败,而且也决定侧链保护基的选择等固相合成多肽计划的确立,是肽合成中极重要的环节。

目前常用的脱保护基系统是三氟乙酸、HF、有机磺酸（三氟甲磺酸、甲基磺酸等）和含硅试剂（三氟甲磺酸三甲基硅酯等）。

三氟乙酸（TFA）法可以脱除一些不耐酸的保护基,如 Boc、t-Bu、金刚烷氧羰基等。其优点是比较温和、副反应少,越来越多地应用于固相合成法中。TFA 法脱除保护基及裂解树脂上肽链的操作比较简单,只要在样品中加入适量三氟乙酸振摇或搅拌至完全溶解,反应时间随具体情况而定。

以合成二肽为例,一般需要以下 3 个步骤:

（1）保护 N-端氨基酸的氨基和 C-端氨基酸的羧基

$$NH_2—CHRCOOH \xrightarrow{HCOOH} OHCNH—CHRCOOH$$

$$NH_2—CHR'COOH \xrightarrow{CH_3OH} NH_2—CHR'COOMe$$

（2）将两个已保护的氨基酸通过形成酰胺键结合

$$OHCNH—CHRCOOH+NH_2—CHR'COOMe \xrightarrow{DCC} OHC—NHCHRCONHCHR'COOMe$$

（3）最后去保护 N-端氨基和 C-端羧基

$$OHC—NHCHRCONHCHR'COOMe \xrightarrow{0.5mol/LHCl} NH_2CHRCONHCHR'COOMe$$

$$OHC—NHCHRCONHCHR'COOMe \xrightarrow{1.0mol/LNaOH} OHC—HNCHRCONHCHR'COO^-$$

多肽制备的原则上与合成二肽相似,将前两步重复多次,最后去掉多肽两端保护基即可。采用此法合成多肽,每一步都要对中间体进行分离、结晶、提纯,操作繁琐,收率也低。

5. 固相一般有机合成

除用于多肽的合成外,固相法也可用于一般的有机合成。例如,对于对称性双官能团化合物的单官能团反应和以它们为原料的多步合成中使用固相合成法取得了满意的效果,为有些在溶液中不易制备的化合物提供了新的方法。以 1,10-癸二醇为原料用固相法合成了一系列鳞翅目昆虫性诱剂。反应式如下:

$$R-\!\!\!\!-\!\!\!\!\bigcirc\!\!\!\!-\!\!\!\!CPh_2Cl \longrightarrow R-\!\!\!\!-\!\!\!\!\bigcirc\!\!\!\!-\!\!\!\!CPh_2O(CH_2)_{10}OH \xrightarrow[\text{Py}]{CH_3SO_2Cl}$$

$$R-\!\!\!\!-\!\!\!\!\bigcirc\!\!\!\!-\!\!\!\!CPh_2O(CH_2)_{10}OSO_2CH_3 \xrightarrow{LiC\equiv CC_2H_5} R-\!\!\!\!-\!\!\!\!\bigcirc\!\!\!\!-\!\!\!\!CPh_2O(CH_2)_{10}C\equiv CC_2H_5$$

$$\xrightarrow[\text{H}_2\text{O}]{HCl} R-\!\!\!\!-\!\!\!\!\bigcirc\!\!\!\!-\!\!\!\!CPh_2OOH \ + \ HO(CH_2)_{10}\equiv CC_2H_5$$

$$HO(CH_2)_{10}\equiv CC_2H_5 \xrightarrow[\text{②AC}_2\text{O}]{\text{①H}_2/\text{Pd-CaCO}_3} CH_3COO(CH_2)_{10}CH\equiv CHC_2H_5$$

3.4.7 其他合成方法与技术

1. 无溶剂有机合成

在有机化学物质的合成过程中使用有机溶剂是较为普遍的,这些有机溶剂会散失到环境中造成污染。各国化学家创造并研究了许多取代传统有机溶剂的绿色化学方法,例如以水为介质、以超临界流体(如 CO_2)为溶剂、以室温离子液体为溶剂等方法,而最彻底的方法是完全不用溶剂的无溶剂有机合成。

传统的有机溶剂具有能很好地溶解有机反应物、使反应物分子在溶液中均匀分散、稳定地进行能量交换等优点,但也存在毒性、挥发性、难以回收等缺点。

无溶剂有机反应最初被称为固态有机反应,因为它研究的对象通常是低熔点有机物之间的反应。反应时,除反应物以外不加溶剂,固体物直接接触并发生反应。研究表明,很多固态下发生的有机反应,较溶剂中更为有效和更能达到好的选择性。因此,20 世纪 90 年代初人们明确提出了"无溶剂有机合成",它既包括经典的固-固反应,又包括气-固反应和液-固反应。

1)无溶剂反应的操作方法

无溶剂反应机理与溶液中的反应一样,反应的发生起源于两个反应物分子的扩散接触,接着发生反应,生成产物分子。此时生成的产物分子作为一种杂质和缺陷分散在母体反应物中,当产物分子聚集到一定大小,出现产物的晶核,从而完成成核过程,随着晶核的长大,出现产物的独立晶相。

无溶剂反应主要采用如下方法:

(1)室温下,用研钵粉碎、混合、研磨固体反应原料即可反应。

(2)将固体原料搅拌混合均匀之后或加热或静置即可,加热时既可采用常规加热也可用微波加热的方法。

(3)用球磨机或高速振动粉碎等强力机械方法以及超声波的方法。

(4)主-客体方法,以反应底物为客体,以一定比例的另一种适当分子为主体形成包结化合物,然后再设法使底物发生反应,这时反应的定位选择性或光学选择性等都会因主体的作用而有所改变或改善,甚至变成只有一种选择。

利用上述方法反应之后,再根据原料及产物的溶解性能,选择适当的溶剂,将产物从混合物中提取出来或将未反应完原料除去,即可得较纯净产品。所用溶剂为无毒或毒性较低的水、乙醇、丙酮、乙酸乙酯等。上述方法中,室温下的反应能耗最少、最为简单,加热方法次之,能耗较高的是机械方法。

2）无溶剂有机反应的特点

无溶剂有机反应可在固态、液态及熔融状态下进行,也可以超声波、微波协助反应,或通过机械能完成,具有如下的优点:

（1）低污染、低能耗、操作简单

无溶剂固态有机合成中由于没有溶剂的参与,减少了溶剂的挥发和废液的排放,降低了污染;同时,熔点在150℃以下的有机固体原料只需室温搅拌、研磨,不需要加热操作,因此节能、方便;由于不使用溶剂,降低了生产成本。

（2）较高的选择性

无溶剂合成为反应提供与传统溶液反应不同的新的分子环境,有可能使反应的选择性、转化率得到提高。因为在固体状态下,固态分子受到晶格的束缚,分子的构象被冻结,反应分子有序排列,可实现定向反应,提高反应的选择性。生物体内的酶催化有序反应兼有固液相反应的双重特征。

（3）控制分子构型

在固体中,反应物分子处于受限状态,分子构象相对固定,且可利用形成包结物、混晶、分子晶体等手段控制反应物的分子构型,尤其是通过与光学活性的主体化合物形成包结物控制反应物分子构型,实现对映选择性的固态不对称合成。

（4）提高反应效率

无溶剂的固态或液态有机反应,由于没有溶剂分子的介入,反应体系的微环境不同于溶液,造成反应部位的局部高浓度,提高反应效率。同时没有溶剂,可使产物的分离提纯过程变得较容易进行。

但是,无溶剂有机合成也存在一些不足,特别是对以往使用有机溶剂较为普遍的固体物质参与的反应。第一,并非所有有机反应都能在无溶剂条件下进行,因为固体反应物粉末混合时,异种分子间难以接近到一个小距离(如小于1nm),碰撞几率降低。第二,散热问题。有些无溶剂反应在固体状态下进行,反应系统无流动性,反应放出的热量难以散失,大规模的生产比较困难。第三,分离问题:若反应不是定量完成,仍存在分离问题,可能使用有机溶剂。

3）无溶剂有机合成的反应方法

（1）用球磨法反应

在圆筒形金属制反应器中加入金属球和要进行反应的物质,使反应器旋转,进行研磨以实现反应。

例如为除去环境中的DDT(双对氯苯基三氯乙烷($ClC_6H_4)_2CH(CCl_3)$))、PCB(多氯化联(二)苯)、氯苯、二恶英等污染物,可以把污染物与Mg、或Ca、CaO等物质混合后用球磨法研磨6h即可脱氯。

（2）用高速振动粉碎法反应

这是比球磨法更强的机械作用方法。在密封的不锈钢制反应器中加入不锈钢球,反应器以3500r/min转速旋转,使加入的物质发生反应。

例如C_{60}的(2+2)加成生成二聚体C_{120}的反应。将C_{60}与KCN或KOAc、K_2CO_3及微

量的 Li 或 Na、K 等碱金属一起进行高速振动粉碎条件下的反应,无机物是作触媒的,反应 30min 达到平衡,二聚体含量为 30%。

(3) 用离子液体催化反应

以离子液体(BMIM)AlCl$_4$ 为催化剂(BMIM:1-丁基-3-甲基咪唑阳离子),进行醇或酚的四氢吡喃化反应,四氢吡喃化是多步有机合成中最常用的保护与去保护方法。当 ROH 为环已醇时,在 25℃反应 5min,转化率达 100%。研究表明,多种醇或酚的反应转化率可达 100%,离子液体可用乙醚萃取并循环使用。

(4) 应用主体-客体包接化合物的方法

不对称还原反应:使用有光学活性的主体进行固相不对称还原反应。光学活性的 13 或 14 作为主体与酮 15(客体)的包接化合物粉末,与硼烷乙二胺(2BH$_3$·NH$_2$CH$_2$CH$_2$NH$_2$)的配合物粉末混合,反应可得到光学活性的醇 R-(+)-16。

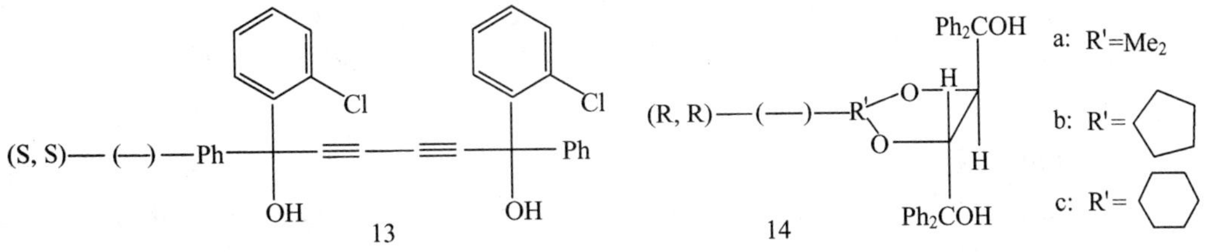

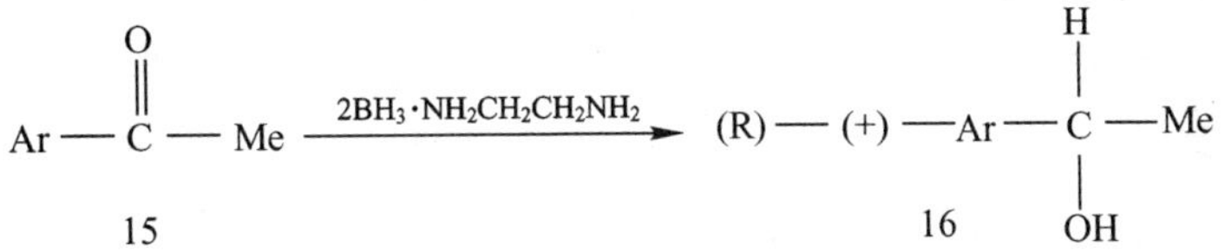

(5) 用研钵研磨反应

二苯乙二酮与 2 倍量 KOH 用研钵混合研磨,80℃反应 12min 后,混合物用稀酸洗净得到酸,产率 90%。苯环上有吸电子基时反应加快,有供电子基时反应变慢。

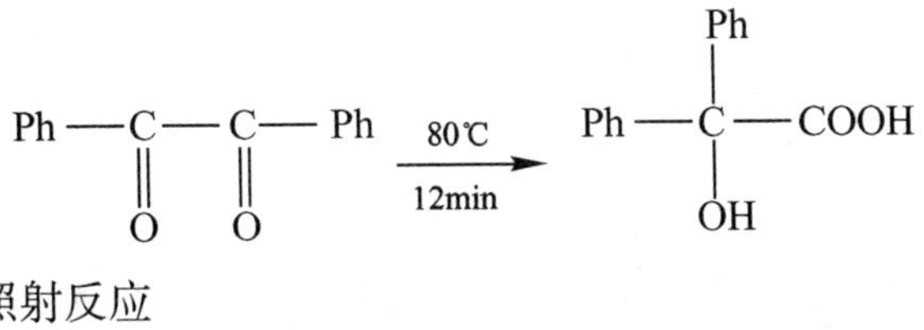

(6) 用超声波照射反应

用蒙脱土 K-10 担载的 Fe(NO$_3$)$_3$ 为氧化剂,使伯醇、仲醇氧化为醛和酮的反应。用超声波照射,反应时间 15~60s,醛或酮产率达 87%~96%。用 Al$_2$O$_3$ 担载的醋酸钾 KAc 与 1-溴辛烷反应,用超声波照射反应时间 2min,醋酸酯产率达 99%。

此外,反应方法还包括在干燥器中反应、加热静置或室温下静置反应等。

4) 无溶剂有机合成反应的类型

(1) 烷基化反应

将甲醇钠吸附在氧化铝或硅胶上可使丙二酸酯发生选择性干法烷基化。例如:当

MeONa/Al_2O_3 为 1mol/kg 时，主要生成 17；MeONa/Al_2O_3 为 1.7mol/kg 时，则生成 18；而在溶液中反应同时生成 3 种产物。

$$CH_2(CO_2Me)_2 + Br(CH_2)_5Br \xrightarrow{MeONa-Al_2O_3} Br(CH_2)_5CH(CO_2Me)_2$$
17

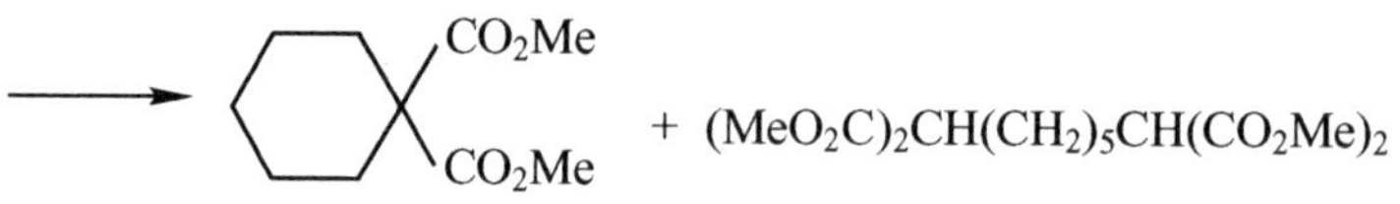

18   19

（2）缩合反应

无溶剂缩合反应一般具有副反应少、产率高、操作简便及选择性好等优点。

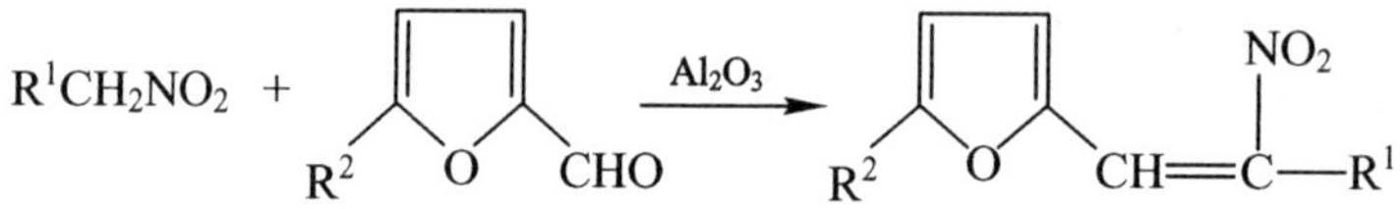

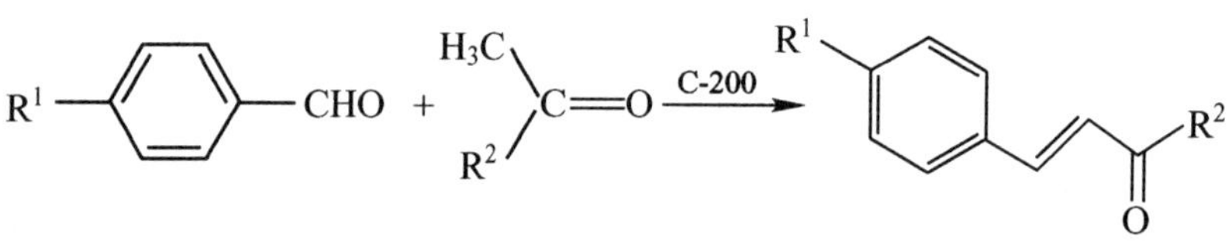

（3）加成反应

利用无溶剂反应可以进行多种加成反应，如用于 Michael 加成、羰基加成、异氰酸酯和异硫氰酸酯的加成等。反应如下：

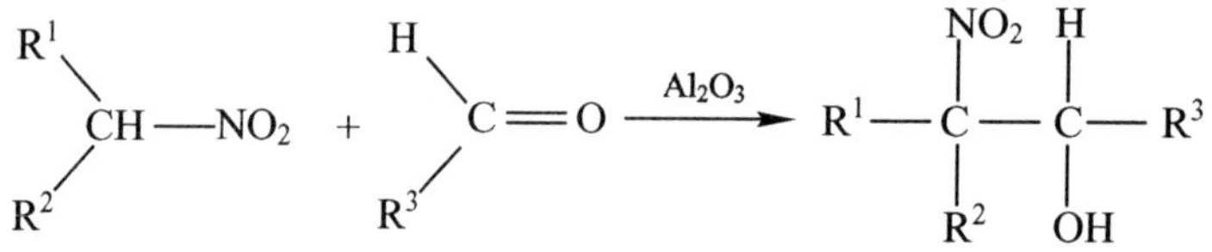

（4）氧化反应

烯键和炔键化合物可在含水硅胶负载下，氧化成羰基化合物，例如：

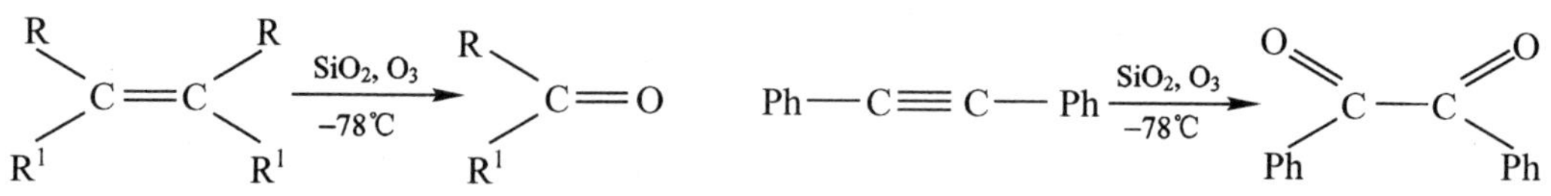

2. 一锅合成法

在进行多步骤合成时，中间产物无需分离，于同一反应器中完成的方法称为一锅合成法（One pot synthesis）。这种方法与传统合成方法相比具有高效、高选择性、条件温和、操作简便等优点。因此，近 20 年来发展很快。一锅合成法促进了新的有机化学反应的研究，已成为现代有机合成重要的新课题。

1）烯烃和炔烃的合成

利用 Wittig-Horner 反应一锅合成烯、炔衍生物。例如将苯基氯甲基砜或苯基甲氧基砜经二锂化合物并与二乙氧膦酰氯作用生成膦酸酯，再与醛、酮反应得到一系列 α-官能团化的烯基砜，用碱处理，脱去氯化氢得到乙炔基砜。

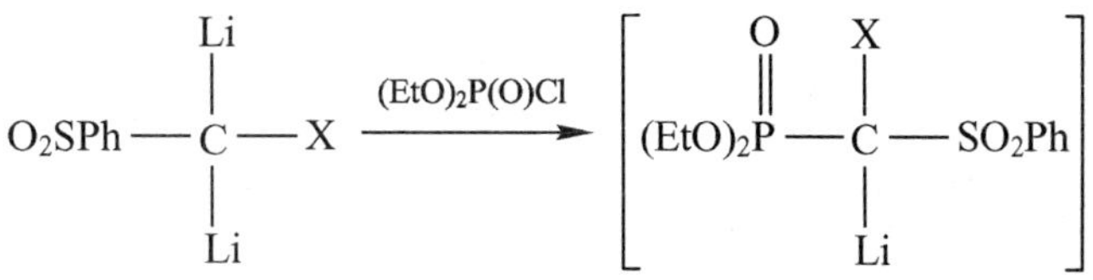

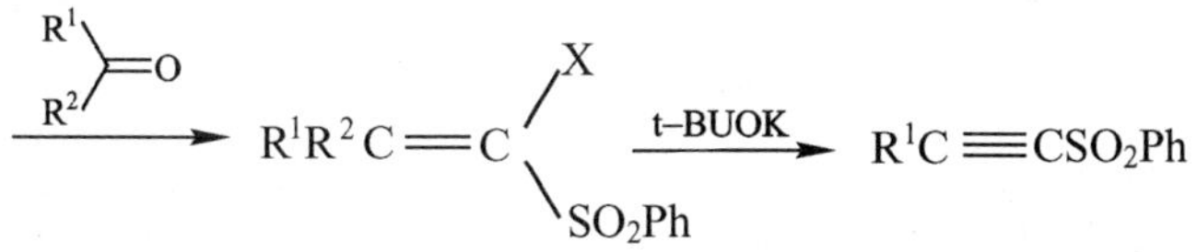

2）醛、酮的合成

醛、酮的一锅合成法很多,这里介绍两种。

（1）有机锂和 CO_2 作用

利用有机锂化合物和 CO_2 作用一锅合成法可合成醛和酮。反应中,CO_2 作为亲电体与一种烷基锂作用,除去过量 CO_2 后,在质子性溶剂存在下加入另一种烷基锂或氢化锂,最后使反应混合物水解得到醛、酮。这一方法可以用来合成多种结构的醛酮,改变条件也可用来制备叔醇。

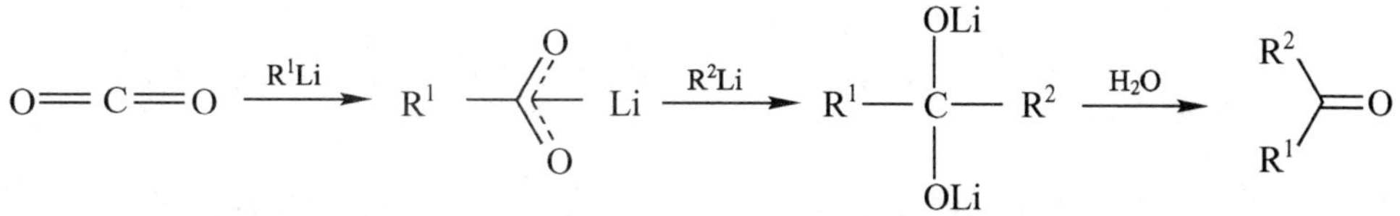

（2）由羧酸酯制备

将羧酸酯经偶姻缩合和氯化亚砜处理,一锅合成对称 1,2-二酮,在偶姻缩合后,选用溴酸钠氧化再用氯化亚砜,则得到对称的单酮。

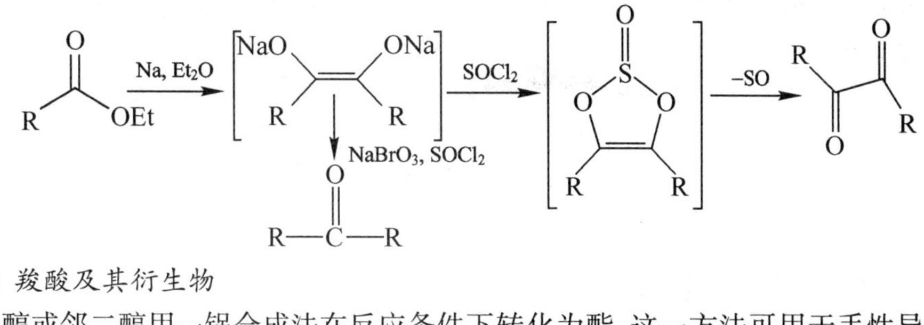

3）羧酸及其衍生物

伯醇或邻二醇用一锅合成法在反应条件下转化为酯,这一方法可用于手性异构体的合成。例如由 D-葡萄糖单缩酮合成木糖酸酯,反应式如下:

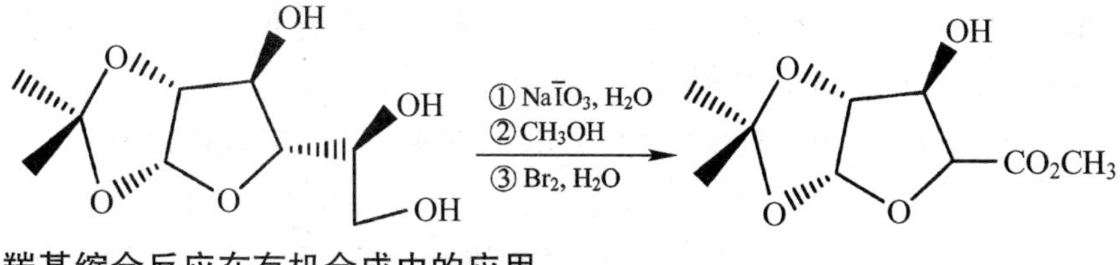

3. 羰基缩合反应在有机合成中的应用

碱催化缩合反应是指含活泼氢的化合物在碱催化下摘去质子形成碳负离子并与亲电试剂的反应。它是用来增长碳链的一类反应。

1）羟醛缩合反应

含有 α-H 的醛或酮在稀碱催化下,生成 β-羟基醛或酮,或经脱水生成 α,β-不饱和醛或酮的反应称为羟醛缩合反应。

$$2RCH_2COR' \underset{}{\overset{OH^-/H^+}{\rightleftharpoons}} \underset{\substack{| \\ OH}}{RH_2C-C}\underset{\substack{| \\ H}}{-C}\underset{\substack{\| \\ O}}{-CR'} \xrightarrow{-H_2O} RH_2C-\overset{R'}{C}=\overset{R}{C}-\underset{\substack{\| \\ O}}{CR'}$$

（1）醛和酮的自身缩合反应

将乙醛用稀 NaOH 处理,形成 β-羟基丁醛。这是最简单的羟醛缩合反应,反应式如下:

$$2CH_3CHO \xrightarrow{OH^-} \underset{\substack{| \\ OH}}{CH_3CHCH_2CHO}$$

丙酮的自身缩合得到的是二丙酮醇。这种缩合反应一般产率较低,实际操作中可采取一定措施,使反应产率提高。

β-羟基醛或酮,可以发生脱水反应形成 α,β-不饱和醛或酮,若生成具有 γ-H 的 α,β-不饱和化合物,则它能进一步转变为烯醇负离子,后者能继续缩合,生成聚合物。

$$\underset{\substack{OH \\ | \\ CH_3CHCH_2CHO}}{} \xrightarrow{-H_2O} CH_3CH{=}CHCHO \xrightarrow{-OH^-} \bar{C}H_2CH{=}CHCHO$$

$$\xrightarrow{CH_3CHO} \underset{\substack{| \\ OH}}{CH_3CHCH_2CH}{=}CHCHO \xrightarrow[\text{缩合}]{\text{反复脱水}} CH_3(CH{=}CH)_n CHO$$

（2）醛和酮的混合缩合反应

一个芳香醛和一个脂肪醛或酮,在强碱作用下发生缩合反应 α,β-不饱和醛或酮的反应称为 Claisen-Schmidt 反应。

苯甲醛与乙醛在氢氧化钠水溶液或乙醇溶液中进行反应,得到自身缩合产物和混合缩合产物,由于后者比前者易发生不可逆失水作用,最后则变为肉桂醛。

$$C_6H_5CHOH + CH_3CHO \begin{array}{l} \xrightarrow{-OH^-, H_2O} CH_3CH(OH)CH_2CHO \\ \xrightarrow{-OH^-, H_2O} C_6H_5CH(OH)CH_2CHO \xrightarrow{-H_2O} C_6H_5CH{=}CHCHO \end{array}$$

羟醛缩合在有机合成上有重要的应用,是增长碳链的有效方法。它在工业上的应用,主要是将缩合生成的 α,β-不饱和羰基化合物加氢还原成醇。

$$2CH_3CHO \xrightarrow[\triangle]{OH^-} CH_3CH{=}CHCHO \xrightarrow[Ni]{H_2} CH_3CH_2CH_2CH_2OH$$

$$HCHO + CH_3CHO \xrightarrow{OH^-} \underset{\substack{| \\ OH}}{CH_2CH_2CHO} \xrightarrow{\triangle} CH_2{=}CHCHO$$

这是工业上制备丙烯酸的方法。此外,羟醛缩合还可以合成香料等。

2）酯缩合反应

酯和 RCH_2COR'' 型（含活性甲基或亚甲基）的羰基化合物在强碱作用下缩合，生成 β-羰基化合物的反应称为 Claisen 酯缩合反应。反应式如下：

$$RCOOC_2H_5 \;+\; \underset{R'}{\overset{COR''}{H-CH}} \xrightarrow[-EtOH]{\text{碱}} R-\underset{R'}{\overset{O}{\underset{|}{\overset{\parallel}{C}}}}-\overset{COR''}{CH}$$

式中：R、R′ 可以是 H、烃基、芳基或杂环基；R″ 可以是任意有机基团。

Claisen 酯缩合是制取 β-酮酸酯和 1,3-二酮的重要方法，也是增长碳链的有效方法。该缩合可分为酯-酯缩合和酯-酮缩合两大类。

此外，羰基化合物的缩合反应还有 Perkin 反应、Stobbe 缩合等。

3.5　绿色有机合成与仿生合成

3.5.1　绿色有机合成

20 世纪是化学工业蓬勃发展并对人类社会做出重大贡献的世纪，也是对资源和环境破坏最严重的世纪。目前，威胁人类生存的不但是核战争，还包括环境危机。有机化学，特别有机合成化学对提高人类生活质量做出了巨大贡献。然而，"传统"合成化学方法以及依据其建立的"传统"合成化学工业，对人类赖以生存的生态环境造成了严重的污染和破坏。对于这一问题，通常的解决手段是治理、停产甚至关闭。人们为了治理环境污染花费大量的人力物力和财力，西方发达国家走过了一条"先污染、后治理"的道路。

20 世纪 90 年代，化学家提出与传统"治理污染"不同的"绿色化学"概念，即从源头上减少甚至消除污染的产生。绿色化学是新世纪人们追求健康、环保、生态平衡的趋势，研究成果对于解决环境问题有着重要的意义。

1. 概述

1）绿色化学的定义

绿色化学（Green Chemistry）又称环境无害化学、环境友好化学、清洁化学，是采用化学的技术和方法去减少或停止那些对人类健康、社区安全、生态环境有害的原料、催化剂、溶剂和试剂、产物、副产物等的使用和产生。而在其基础上发展起来的技术称为绿色技术、环境友好技术或清洁生产技术。

绿色合成的目标是理想合成，即要求最大限度利用原料分子中的每一个原子，使之结合到目标产物中，达到零排放，使原子利用率达 100%。1996 年，美国斯坦福大学温德（P. A. Wender，1947—）在"Chemical Review"杂志《有机合成的前沿》专辑中，对理想合成作了完整定义：一种理想的（最终是实效的）合成是指用简单的、安全的、环境友好的、资源有效的操作，快速、定量地把廉价易得的起始原料转化为天然或设计的目标分子。

绿色化学研究的中心问题是使化学反应及其产物具有以下特点：①采用无毒、无害的原料；②在无毒、无害的反应条件下进行；③具有"原子经济性"：即反应具有特有收率，很高选择性,极少副产品,甚至实现"零排放";④产品及其原料与工艺应是环境友好的,既不产生环境污染又不破坏生态平衡;⑤满足"物美价廉"的传统标准。

因此,绿色化学可看作是进入成熟期的更高层次的化学,其目标要求任何一个化学活动(包括原料、过程及最终产品)对人类健康和环境都是友好的,使污染消除在生产的源头,整个合成和生产过程对环境友好,从根本上消除污染。

2)原子经济性

1991 年,美国著名化学家 B. M. Trost 提出以"原子经济性"的观念来评估化学反应的效率,即要考察有多少反应物分子进入到最后的产物分子。"原子经济性"观念是绿色化学的基本原理之一。

传统的有机合成化学重视反应产物收率,忽略副产物或废弃物的生成。例如,Wittig 成烯反应是一个应用非常广泛的有机反应,但其"原子经济性"很差。Trost 提出的"原子经济性"概念引导人们在设计合成途径中如何经济地利用原子,避免用保护基或离去基团,这样设计的合成方法是环境友好的。Trost 因此获得 1998 年美国"总统绿色化学挑战奖"。当然,目前真正属于高"原子经济性"的有机合成反应,特别是适于工业化生产的高"原子经济性"有机合成反应还不多见。

理想的"原子经济性"合成反应,应该是原料分子中的原子 100% 地转变为产物,不需要加促进剂,或仅仅需加催化剂。以如下的反应表示:

$$A+B \rightarrow C(主产物)+D(副产物)$$

根据原子经济性反应的要求,副产物 D 应为 0,即

$$A+B \rightarrow C$$

原子经济性或原子利用率(%)=(被利用原子的质量/反应中所使用的全部反应物分子的质量)×100。

下面来看一些典型有机反应的原子经济性。

(1)加成反应

加成反应是指把反应物的各个部分完全加到另一种物质中,例如环加成、亲电加成、亲核加成、催化加成等反应,它们是原子经济反应。

① 环加成反应

[4+2]环加成反应:

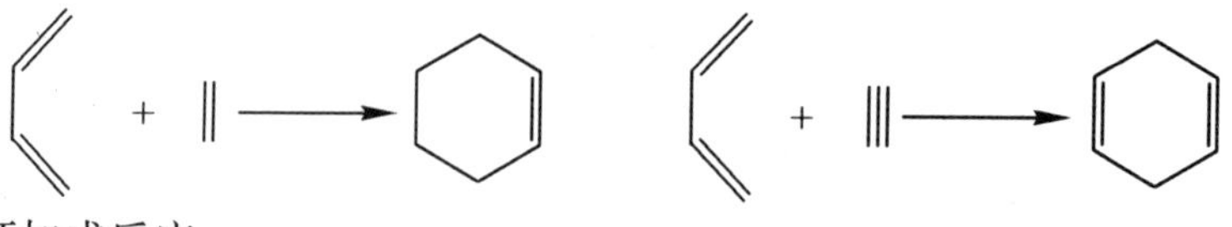

[2+2]环加成反应:

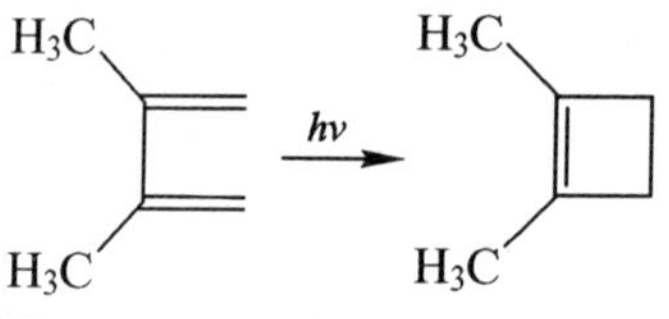

卡宾与不饱和烃环加成反应:

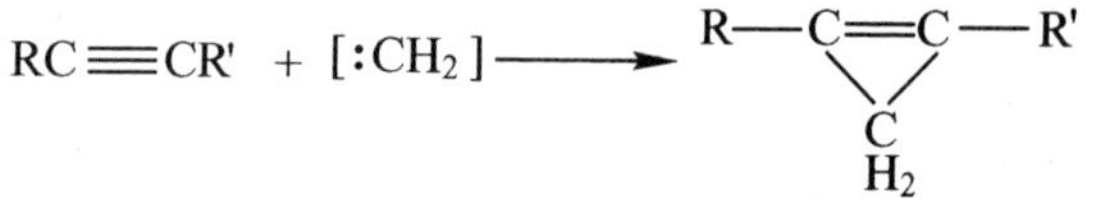

② 亲电加成反应

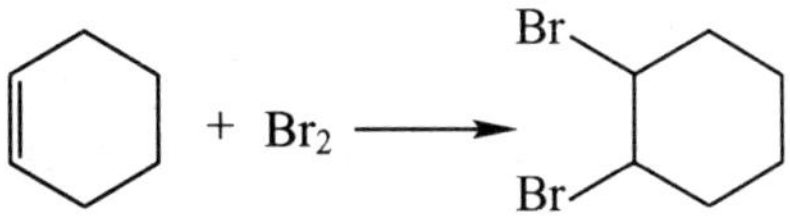

③ 亲核加成反应

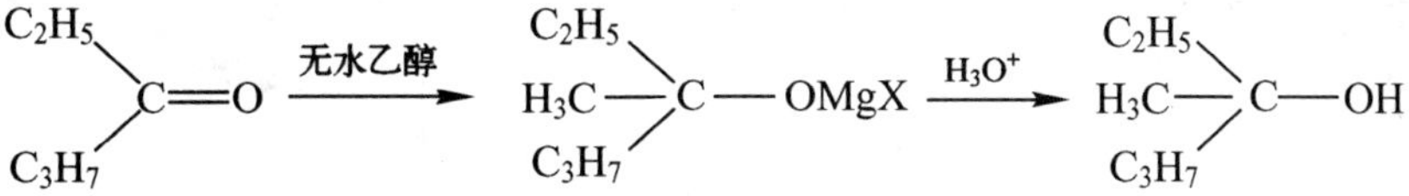

④ 催化加氢反应

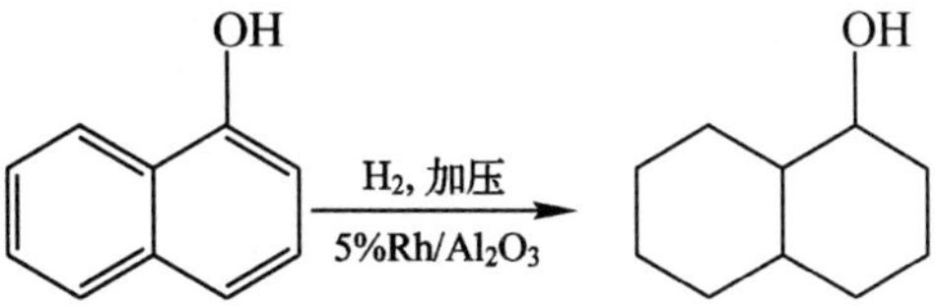

（2）重排反应

① Beckmann 重排

环戊酮肟在 $AlCl_3$ 作催化剂,加热重排可定量生成 δ-戊内酰胺,原子利用率为 100%。

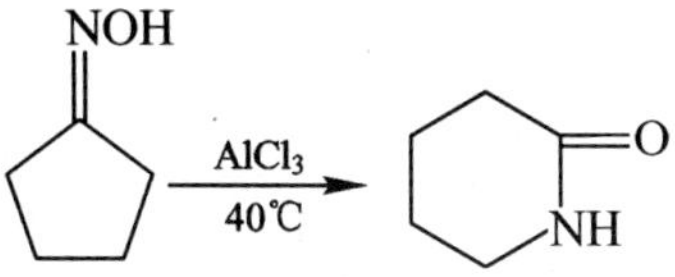

② Claisen 重排

在碱和三烷基氯硅烷的作用下,丙烯酸烯丙酯能发生 Claisen 重排,生成不饱和羧酸,原子利用率 100%。

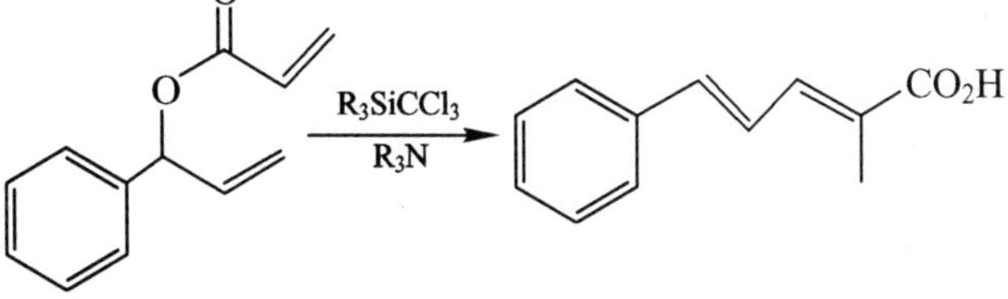

③ Cope 重排

内消旋 3-甲基-1,5-己二烯重排后,几乎全部转化为（E）-1-甲基-1,5-己二烯,是原子经济性反应。

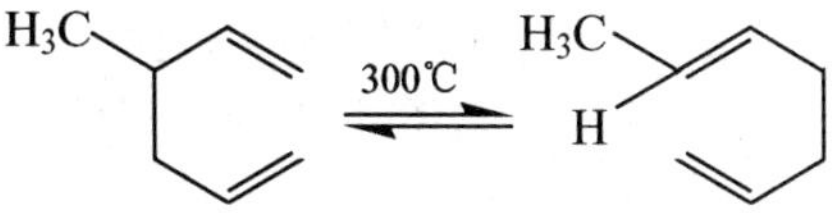

④ Schmidt 重排

2-（4-叠氮正丁基）环己酮以四氯化钛为催化剂,在室温下发生重排,生成内酰胺,是100%的原子经济性反应。

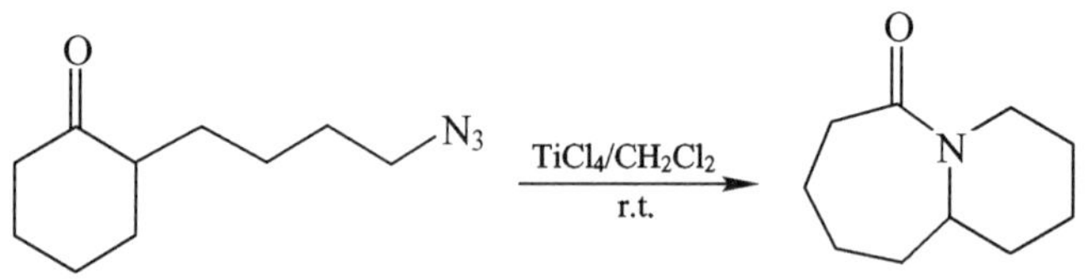

⑤ Fries 重排

α-萘酚乙酸酯在 5mol%三氟甲磺酸钪催化下,100℃反应 6h,可生成 2-乙酰基-1-萘酚,原子利用率为 100%。

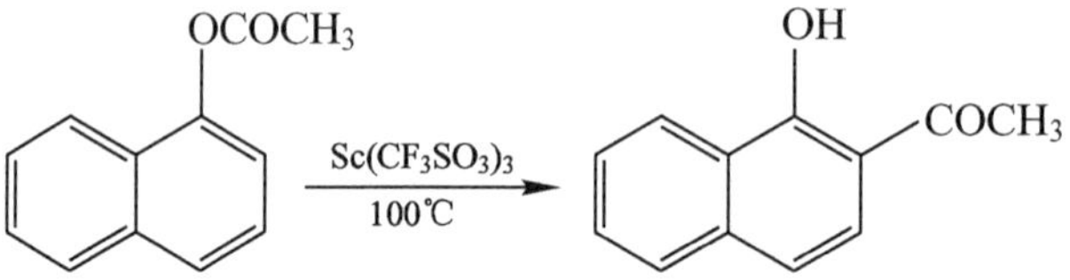

（3）取代反应

无论是哪种取代反应都要生成副产物,它不是原子经济性反应。

亲电取代反应:

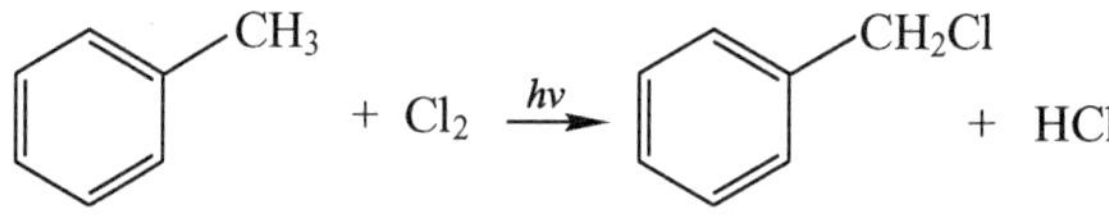

亲核取代反应:

$$CH_3CH_2Cl + C_2H_5OH \longrightarrow CH_3CH_2OC_2H_5 + HCl$$

自由基取代反应:

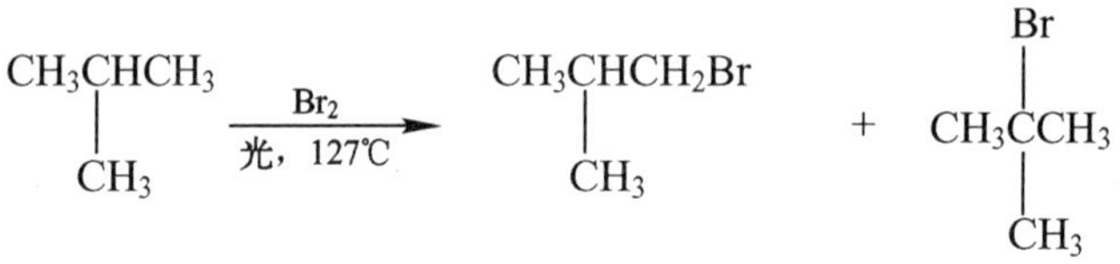

（4）消除反应

消除反应所用试剂有的没有成为产物,且被消除掉的原子或基团成为废物,所以不管是 α-消除反应还是 β-消除反应都不是原子经济性反应。

α-消除反应:

$$CHCl_3 + (CH_3)_3COK \longrightarrow :CCl_2 + (CH_3)_3COH + KCl$$

β-消除反应:

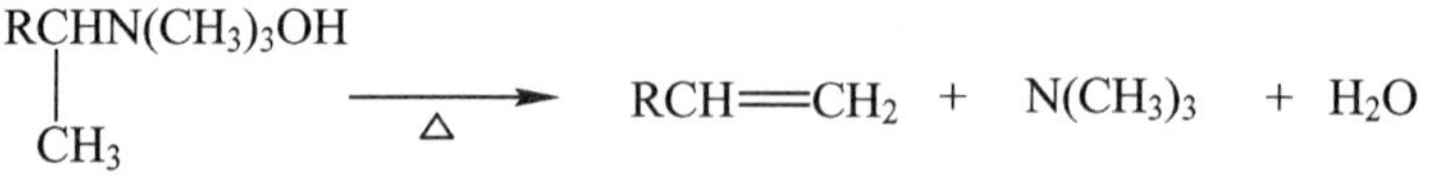

（5）Wittig 反应

Wittig 试剂能发生多种有机反应,是有机合成的重要中间体,广泛用于碳碳双键的形成。但有些反应产率达 80%以上,原子利用率仅有 4%左右。例如下列第一个反应,生成的双键处于原来羰基的位置;第二个反应具有立体的选择性。

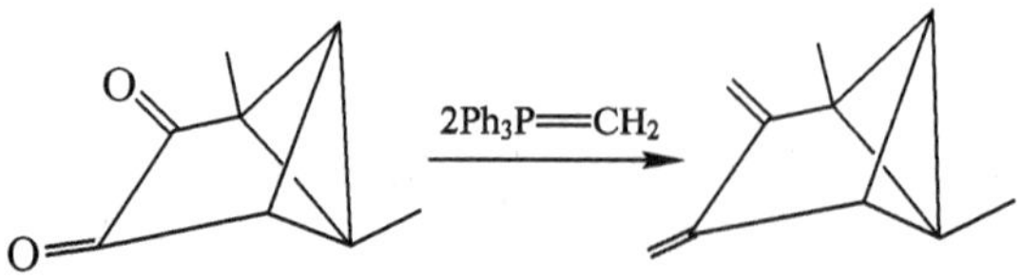

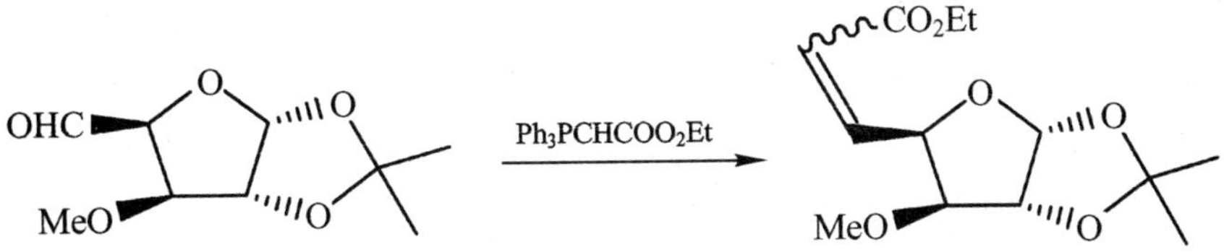

（6）异构化反应

利用钯作催化剂进行下列反应是原子经济性的。

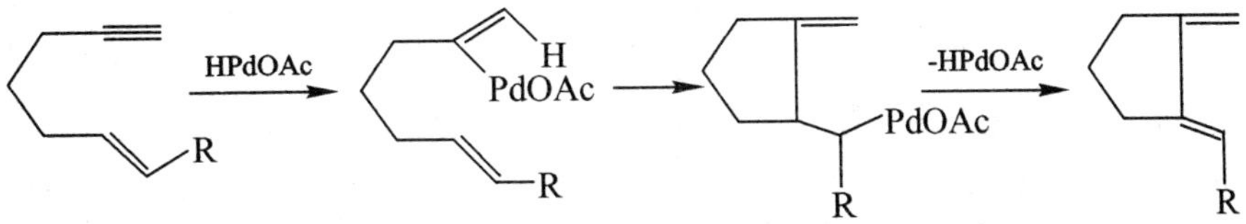

利用传统 Wittig-Hormer 法合成双烯烃，一般产率较低，立体选择性差。用 R_3P 或过渡金属氢化物催化可使贫电子炔烃异构化为双烯，属于原子经济性反应。

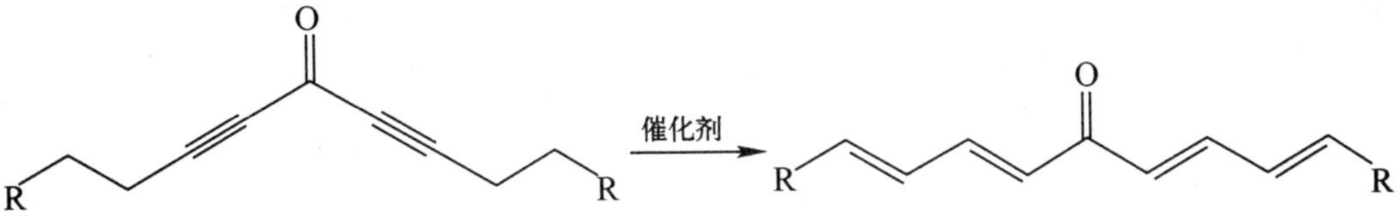

2. 绿色化学的原理

绿色化学所追求的目标是实现高选择性、高效的化学反应，极少的副产物，实现"零排放"，继而达到高"原子经济性"的反应。绿色化学主要是通过以下几个方面的控制实现其"绿色"的功能。

1）从源头上制止污染，而不是在末端治理污染

1990 年，美国国会通过"污染防治法"，指出环保的第一步选择是在源头上防止废物产生。绿色化学是利用技术，从源头上防止污染，避免进一步处理和控制化学污染物。

2）合成方法具有原子经济性

为节约资源和减少污染，化学合成效率成为绿色化学研究中关注的焦点。合成效率包括两个方面：一是选择性；二是原子经济性，即原料分子中究竟百分之几的原子转化成了产物。一个有效的合成反应不但要有高度的选择性，且须具备较好的原子经济性，尽可能充分利用原料分子中的原子。

3）发展高选择性、高效的催化剂

相对化学当量的反应，高选择性、高效的催化反应更符合绿色化学的基本要求。

（1）催化的不对称合成反应

获得单一手性分子的方法中，外消旋体的拆分是一个重要的途径。但是，其产率只能达到50%，另外50%的异构体只能废弃，从绿色化学角度看，原子经济性是很差的。因此，对于合成单一的手性分子，催化的不对称合成反应应该是首选的。催化的不对称反应是有机合成化学研究的热点和前沿。2001 年，诺贝尔化学奖授予 Knowles、Noyori 和 Sharpless 三位化学家，以表彰他们在催化不对称反应研究方面所取得的卓越成就，说明催化不对称反应研究的重要意义。

（2）生物转化反应

虽然对于某些生物催化剂是否会导致污染还没有定论，但是总的来看，生物转化反应

269

非常符合绿色化学的要求：具有高效、高选择性和清洁反应的特点；反应产物单纯，易分离纯化；可避免使用贵金属和有机溶剂；能源消耗低；可以合成一些用化学方法难以合成的化合物。化学家 Chi-Huey Wong 以在酶促反应所取得引入瞩目的创新性成就获得了2000 年美国总统绿色化学挑战奖。

4）简化反应步骤，减少污染排放，开发新的合成工艺

传统有机合成方法常采用多步合成，不仅浪费资源，而且产生副产物，可能对环境造成污染。因此，合成过程中应减少合成步骤以减少原料消耗，避免环境污染。同时，绿色化学的任务之一是设计新的、更安全的、对环境更友好的合成路线，在合成中尽量不使用和不产生对健康和环境有毒的物质，如以碳酸二甲酯代替有毒的硫酸二甲酯等。

Roche Colorado 公司在开发抗病毒药物 cytovene 初期采取 persilylation 的路线。但随着市场需求量增加，生产规模扩大，很多原有工艺问题暴露。公司对原有工艺进行改进，采用从鸟嘌呤三酯出发的新合成路线。与旧工艺相比，新工艺将反应试剂和中间产物的数量从 22 种减少到 11 种，减少了 66% 废气排放和 89% 固体废弃物，5 种反应试剂中有 4种不进入最终产物而能在工艺过程中循环使用，产率提高 2 倍。

5）新的或非传统的"洁净"反应介质的开发利用

选择与环境友好的"洁净"反应介质是绿色化学研究的重要组成部分。目前，除个别例子（如以甲苯代替有毒的苯作为反应介质）外，主要有以下几种类型的反应介质：超临界和近（或亚）临界流体、液体水、离子液体等，此外包括一些无溶剂的固态反应。

有关超临界二氧化碳作为有机反应"洁净"介质的研究已有大量报道，成为绿色化学研究的一个热点。超临界水的研究也引起了人们的重视。关于超临界水的相关内容2.5.2 节"水热与溶剂热合成的基本原理"中已经有详细阐述，此处不再累述。

以水为介质的有机反应是"与环境友好的合成反应"的重要组成部分。水相中有机反应具有许多优点：操作简便，安全，无有机溶剂的易燃、易爆等问题。在有机合成方面，可省略许多诸如官能团的保护和去保护等合成步骤。水的资源丰富，成本低廉，不会污染环境。水相有机反应的研究已涉及多个反应类型，如：周环反应；亲核加成和取代反应；金属参与的有机反应；Lewis 酸和过渡金属试剂催化的有机反应；氧化和还原反应，包括加氢反应、水相中的自由基反应等。

离子液体是指室温或低温下为液体的盐，由含氮、磷有机阳离子和大的无机阴离子（如 BF_4、PF_6 等）组成。离子液体对有机化合物、金属有机化合物、无机化合物有很好的溶解性，无可测蒸气压，无味，不燃，易与产物分离，易回收，可循环使用，离子液体在作为与环境友好的"洁净"溶剂方面有很大的潜力。

6）替代有毒、有害的化学品

（1）选择无毒、无害的化学原料

例如：以二氧化碳代替光气合成异氰酸酯催化的硝化反应，可少用或不用强酸；以二甲基碳酸酯代替硫酸二甲酯进行选择性甲基化反应；以二苯基碳酸酯代替光气与双酚 A进行固态聚合等。特别指出的是，我国科学家利用自行设计的催化剂，在过氧化氢作用下，直接从丙烯制备环氧丙烷。整个过程只消耗烯烃、氢气、分子氧，实现了高选择性、高产率、无污染的环氧化反应，替代或避免了易造成污染的氧化剂和其他试剂，被认为是一个"梦寐以求的（化学）反应"和"具有环境最友好的体系"。

（2）绿色产品——无公害的替代品

氯氟烃和杀虫剂 DDT 的使用对人类生活都起到过很大的作用,但对环境的危害也日渐暴露。发现和开发无公害的替代品已成当务之急。设计更安全的替代化学产品可大大降低所合成物质的危害性,对环境更加友好。例如,美国 Dow AgroSci 公司开发的一种除白蚁的杀虫剂,其作用机理是通过抑制昆虫外壳生长来杀死昆虫。该化合物对人畜无害,是被美国 EPA 登录的第一款无公害杀虫剂。

（3）材料的再利用和无害化

将生物质转化成动物饲料、工业化学品及燃料的技术是一个十分活跃的研究领域。美国 M. Holtzapple 教授在这方面取得杰出成就,获 1996 年美国总统绿色化学挑战奖学术奖。其他诸如将木质素作为原料的化学品制造技术,通过生物合成方法用葡萄糖制造商用化学品的研究,用生物质制造氢气技术等,都是在材料再利用方面很有意义的工作。生物质利用及人类生活中废弃物的再利用,有利于形成一个良性的生态循环。此外,材料和化学产品的无害化问题也值得注意,这是主要的化学污染源之一。

3. 绿色有机合成的途径

按照绿色化学要求,对于一个有机合成反应,从原料到产品要使之绿色化。从原料上是否采用更绿色原料代替对环境有害的原料;从设计流程是否更加有害的流程。

1）改变合成原料和试剂

芳胺不仅是染料、农药、医药、橡胶助剂等重要的有机化工原料,也是重要的精细化工中间体。传统的合成方法如下:

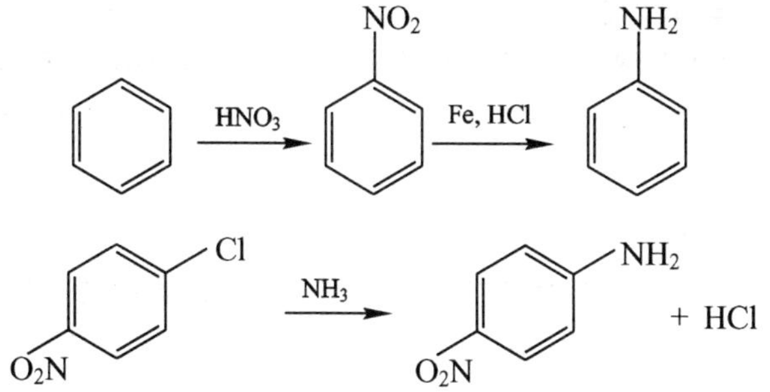

这种方法原子利用率低,副产物多,中间产物硝基苯对环境、人体危害大,而氯代芳烃对环境有积累性危害。采用芳烃直接胺化合成芳胺,原子利用率达 98%,唯一副产物是氢,对环境无害,原料简单易得,这是传统合成化学转向绿色合成化学的巨大进步。

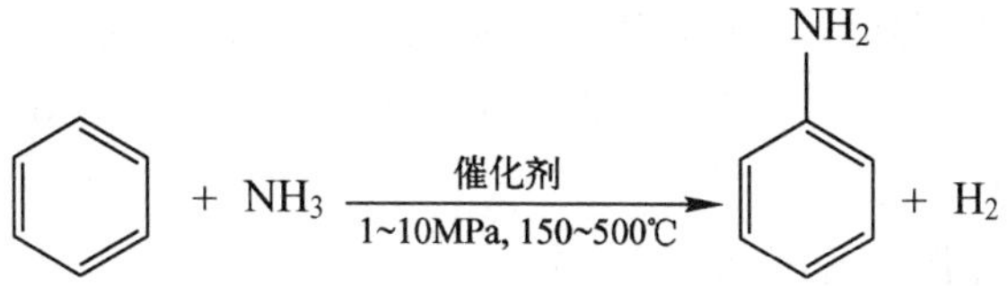

又如甲基化反应。常用的试剂硫酸二甲酯或卤代甲烷,都有剧毒和致癌性。碳酸二甲酯(DMC)是一种环境友好的新型绿色化工基础原料,Tundo 成功地用碳酸二甲酯代替硫酸二甲酯作为甲基化试剂合成了 N-甲基苯胺。

$$PhNH_2 + DMC \xrightarrow{\text{气液相转移催化剂}} PhNHCH_3 + CH_3OH + CO_2$$

碳酸二甲酯以前用光气合成,光气剧毒且生产过程产生大量的 HCl,既腐蚀设备,又污染环境。从 CO 出发合成碳酸二甲酯,副产物是无污染的水。

$$2CH_3OH + 0.5O_2 + CO \longrightarrow (CH_3O)_2CO + H_2O$$

2) 采用无毒、高选择性、高效的催化剂

Hoffmann La Roche 公司开发的抗帕金森药物拉扎贝胺,采用传统的多步骤合成,历经 8 步,产率只有 8%。

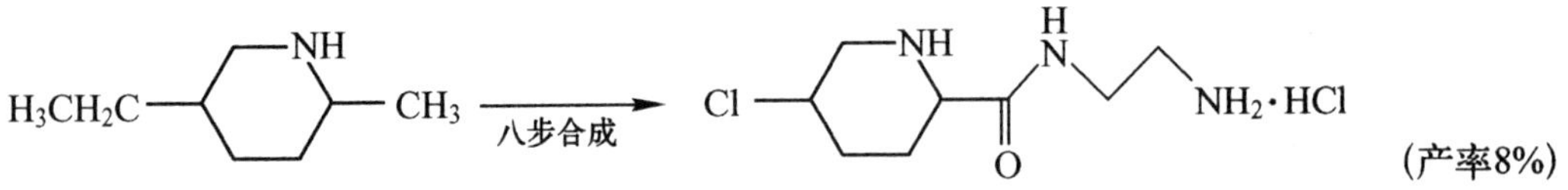

（产率8%）

而采用 Pd 作催化剂一步合成,原子利用率达 100%。

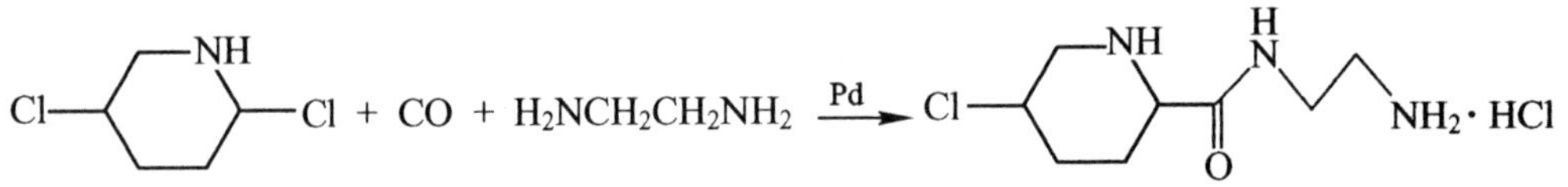

1990 年,诺贝尔化学奖获得者 Corey 等合成一类新型手性催化剂,催化作用与酶的催化作用相似,都具有催化活性和对映选择性,也称化学酶。

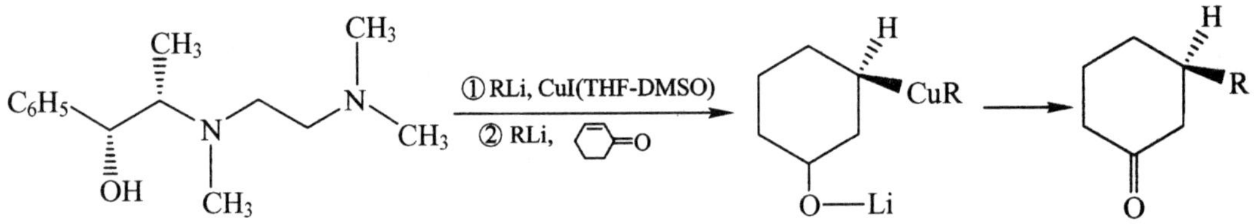

3) 采用无毒、无害的溶剂

采用无毒、无害溶剂代替有毒挥发性的有机溶剂已成为绿色化学的重要研究方向。采用水、超临界流体、离子液体作为反应介质,以及固态有机合成都将成为绿色合成的有效途径。

（1）以水作反应溶剂

水具有廉价、无毒、不危害环境等优点。此外,水作为溶剂特有的疏水效应对一些重要有机转化是十分有益的,有时可提高反应速率和选择性。

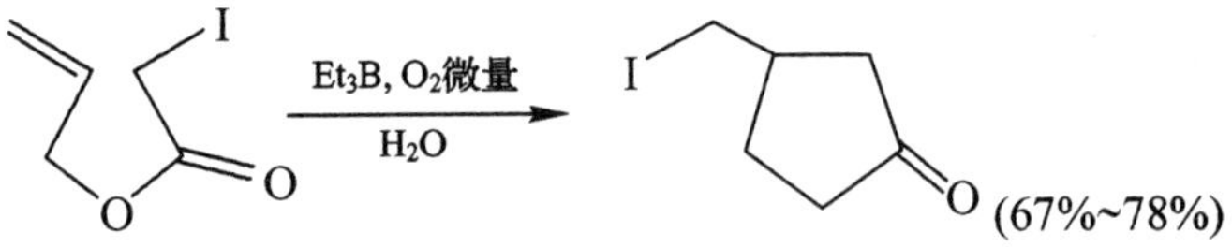

(67%~78%)

1980 年,Breslow 发现环戊二烯与甲基乙烯酮的环加成反应,在水中较在异辛烷中反应快 700 倍。Fujimoto 等发现,上述反应在水相中进行时产率可达 67%～78%,但在己烷和苯中却没有产物生成。

（2）以超临界流体作反应溶剂

超临界二氧化碳通常具有液体的密度、普通溶剂的溶解度,在相同条件下,又具有气体的黏度,很高的传质速度,无毒、不可燃,价廉。

用超临界二氧化碳溶剂代替挥发性有机化合物反应,可消除有机溶剂对环境的污染。Burk 小组以超临界二氧化碳流体为溶剂提高催化不对称氢反应。Noyori 等在超临界二氧化碳中以二氧化碳和 H_2 合成了甲酸,反应的原子利用率高达 100%。

272

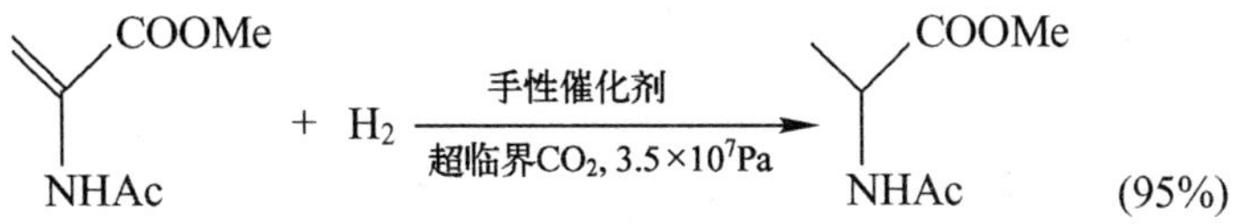

$$CO_2 + H_2 \xrightarrow[\text{85 atm超临界}CO_2,Et_3N, 50℃]{RuH_2(PMe_3)_4} HCOOH$$

（3）以离子液体为溶剂

离子液体被认为是一种绿色溶剂,表现出 Bronsted 酸、Lewis 酸、Franklin 酸及超强酸的酸性,因而可作为 D-A 反应、聚合反应、烷基化反应、酰基化反应、异构化反应、氢化反应等反应的催化剂。

常规 D-A 反应受反应条件如加热或光照的影响,而且加热或光照产生的结果不同,一般不受溶剂极性、酸碱催化剂和自由基引发剂及抑制剂的影响。但是,在离子液体中进行的 D-A 反应与常规反应不同。例如,在 [EtNH$_3$][NO$_3$] 离子液体中环戊二烯与丙烯酸甲酯的反应,生成内型和外型产物,且离子液体组成对内外型比例有影响,与非极性有机溶剂相比,该反应表现出明显的高内型产物倾向和高反应速率特征。

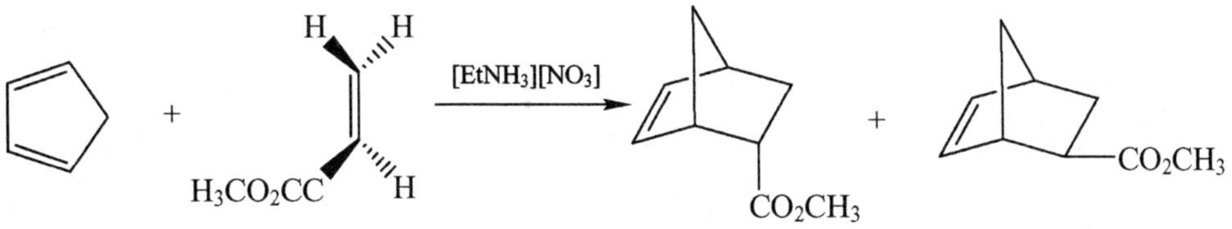

4) 固态反应

关于"固相有机合成",在本书 3.4.6 节中已有详细的介绍。固态反应有时比溶液反应更为有效并达到更好的选择性。有机溶剂的毒性和难以回收已成为环境污染的主要因素。虽然水作为溶剂可替代有机溶剂作为反应介质,但是,随着空气中溶剂污染的减少,大量污水的产生也是一个不可忽视的问题。

固相有机合成是绿色有机合成的重要组成部分。固相有机合成不使用溶剂,反应分子排列有序,造成反应局部浓度高,实现定向反应,提高了反应的收率、选择性和空间效率。

5) 改变反应方式

有机电化学合成的电化学过程是洁净技术的重要组成部分。电解一般无需使用有毒试剂,通常在常温、常压下进行,在绿色有机合成中具有独特的魅力。此外,微波合成是清洁的现代合成技术,超声波能对一些类型转化反应起催化作用。

6) 采用高效的合成方法

在有机合成中往往涉及合成与分离的多步骤反应。因此,高效率的多步合成是绿色有机合成的重要组成部分。

（1）一锅多步串联反应

由于串联反应一般涉及活性中间体,如碳正离子、碳负离子、自由基等,所以多步反应可连续进行,无需分离出中间体,不产生相应的废弃物。

Heathcock 用一锅多步串联反应方法研究了 Yuzuriha 类生物碱的合成,整个过程形成了 5 个环、4 个碳-碳键、2 个碳-氮键和 1 个碳-氢键。

273

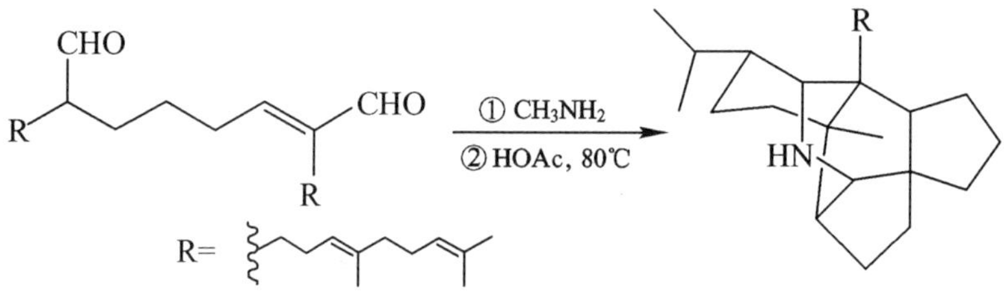

（2）一锅多组分反应

一锅多组分反应也是一类高效的方法。这类反应涉及至少 3 种不同的原料,每步反应都是下一步反应所必需的,而且原料分子的主体部分都融进最终产物中。如 Domling 等研究了七组分反应:

$$NaSH + BrCMe_2CHO + NH_3 + Me_2CHCHO + CO_2 + MeOH + t\text{-}BuNC$$

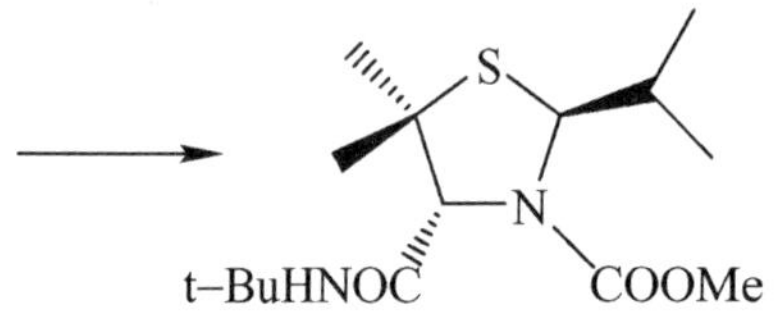

$$+ 2H_2O + NaBr$$

（3）组合化学

组合化学是通过反应矩阵快速小规模地制备数目巨大的各种化合物的实用方法。近年来兴起的组合化学提供了一种达到分子多样性的捷径。

合成新分子,提供药物和农用化学品或其他功能分子(如催化剂)的先导化合物是合成化学的一项重要任务。它的出现使制备及评估其性能成为可能,而不必像过去那样担心在制备过程中必须处理反应所产生的大量废物。目前,组合化学已从肽库发展到有机小分子库,并已筛选出许多药物的先导化合物。

7）计算机辅助的绿色合成设计

在设计新化学反应时,既要考虑产品性能好、经济,还要考虑产生最少的废物和副产品,对环境无害。Coery 和 Bersohn 等利用计算机来辅助设计来完成有机合成。关于计算机辅助设计,参考徐家业主编的《高等有机合成》一书。

8）利用可再生的生物质

目前,95%以上的有机化学品来自石油,但地球上的煤和石油是有限的。因此,科学家开始利用生物质代替煤和石油生产人们需要的化学物质。

淀粉、木质素和纤维素是主要的生物质。淀粉和纤维素都是多糖聚合物,破碎成单体后就可用于发酵。从生物质中提取的蔗糖和葡萄糖可作为原料,在细菌和酶催化作用下生产出需要的化学物质。以己二酸生产为例。传统生产方法如下:

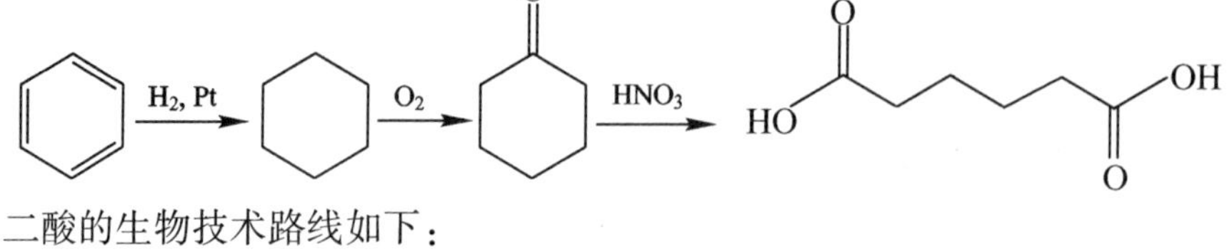

己二酸的生物技术路线如下:

$$葡萄糖 \xrightarrow{\text{细菌}} 己二烯二酸 \xrightarrow{\text{加氢}} 己二酸$$

以绿色石油为例。由碳水化合物通过发酵制备的乙醇称为绿色石油,可直接用于汽车或掺加在汽油中,不但可节省石油资源,还可提高辛烷值,减少污染物的排放。巴西从

20世纪70年代中期施行用甘蔗糖蜜生产乙醇的计划,年产量已达1.3×10^7t,足够300万辆汽车使用,是世界上最大的发酵乙醇生产国。

4. 绿色化学小结

综上所述,绿色化学示意图如图3-24所示。绿色化学是当今国际化学科学研究的前沿,吸收了当代化学、物理、生物、材料、信息等学科的最新理论和技术,是具有明确社会需求和科学目标的新兴交叉学科。从科学观点看,绿色化学是化学科学内容的更新;从环境观点看,是从源头上消除污染;从经济观点看,合理利用资源和能源、降低生产成本,符合经济可持续发展的要求。绿色化学已成为21世纪化学研究的重要方向之一。

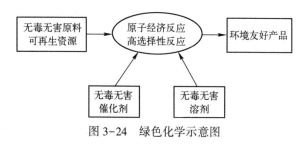

图3-24　绿色化学示意图

3.5.2　仿生合成

自然界存在许多具有优良力学性质的生物自然复合材料,如木、竹、软体动物的壳及动物的骨、肌腱、韧带、软骨等。组成生物自然复合材料的原始材料(成分)从生物多糖到各种各样的蛋白质、无机物和矿物质,虽然这些原始生物材料的力学性质并不好,但通过优良的复合与构造,形成具有很高强度、刚度及韧性的生物自然复合材料。天然产物的生物合成过程,完全在正常自然条件下(室温或接近室温)进行的,其合成的高效率、高立体特异性是体外任何一个化学合成方法所不可比拟的,而且没有任何难以忍受的化学污染。因此,这种天然的合成能力和方法,成为科研工作者借鉴的"理想的合成"。

仿生合成是仿生化学的一个重要内容。有机化学领域的仿生合成也就是生物有机合成。生物有机合成为有机物合成和探索生物体内的有机化学反应提供了新的实验方法和手段。其发展依赖于生物化学和生物学的理论、方法、技术和原理。在分子生物学迅速发展的推动下,仿生化学是从分子水平上模拟生物化学过程的一门新的边缘科学,即在分子水平上模拟生物的功能,将生物的功能原理用于化学,借以改善现有的和创造崭新的化学原理和工艺的科学。

仿生合成主要包括:模仿生源合成反应;模拟酶和辅酶的催化功能,如模拟酶的微环境效应、对分子或过渡态的选择性识别功能和在特定位置引入活性基团等。同时,最初的仿生合成是模仿无机物在有机物模板下形成自组装体的过程,即在自组装体的模板作用下,形成无机/有机复合体,再将有机物模板去除后即可得到具有一定形状有组织的无机材料。因此,模板在仿生合成技术中起到举足轻重的地位,模板千变万化,是制备结构、各种仿生材料的前提。

1. 模仿生源合成反应

仿生合成第一个成功的例子是颠茄酮的合成。按照有机化学经典合成方法,以环庚酮为起始原料的Willstatter法,前后经历21步,总收率为0.75%。1917年,罗宾逊

(R. Robinson,1886—1975)提出假说:在植物体内颠茄酮是由活泼的丁二醛、甲胺和丙酮反应得来,三者以水为溶剂,经过反应得到颠茄酮。根据这一假说,罗宾逊巧妙利用双重 Mannich 反应,选择几种结构简单的原料,仅用几步反应便合成了颠茄酮,且产率提高到 40%。具体反应路线参见 3.3 节“有机合成中技巧与合成设计”。

另一类研究较多的是仿生多烯环化反应。角鲨烯是一个三十碳六烯,为甾醇和多环三萜的前体,是一个链形分子,无手性中心,含有 6 个双键,除两端的双键外,分子中其他 4 个双键的构型都是反型的,具有很好的 C_2 对称性。其生物关环反应过程如下:

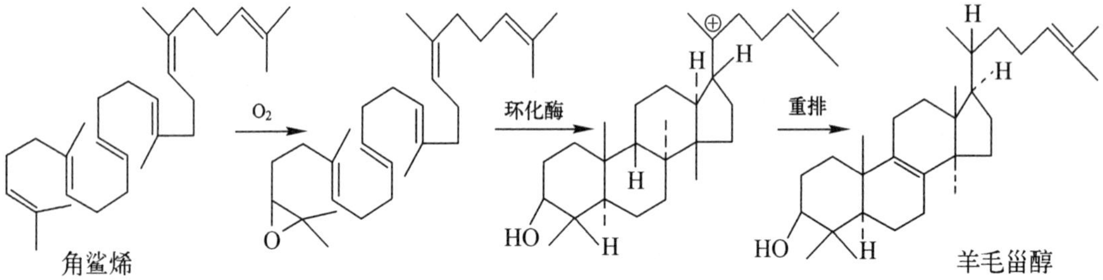

角鲨烯 羊毛甾醇

最初,通过多烯末端双键的质子化来引发环化反应,结果并不理想,主要原因是质子化缺乏选择性。改进方法是在分子中适当位置引入官能团以产生一个可环化的碳正离子,同时对其他双键不产生影响,满足这个要求的基团有磺酸酯基、乙二醇缩醛、烯丙烯基和环氧基。一般用磺酸酯为活性基引发环化反应,立体专一性很高,但收率太低。

多烯乙二醇缩醛在四氯化锡催化下可发生环化反应,产物是外消旋体,而酶催化反应只生成一种对映体。为在非酶催化时实现立体选择,利用手性二醇形成的手性缩醛多烯实现了立体选择性。如下列的反应,产物比为 92:8。

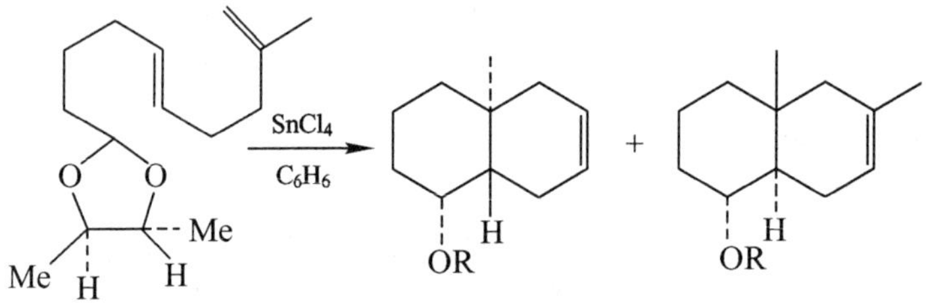

实际上,人们对有生物活性的维生素 B_1 有较多研究。维生素 B_1 又称硫胺素或噻胺,是一种辅助酶。其结构如下:

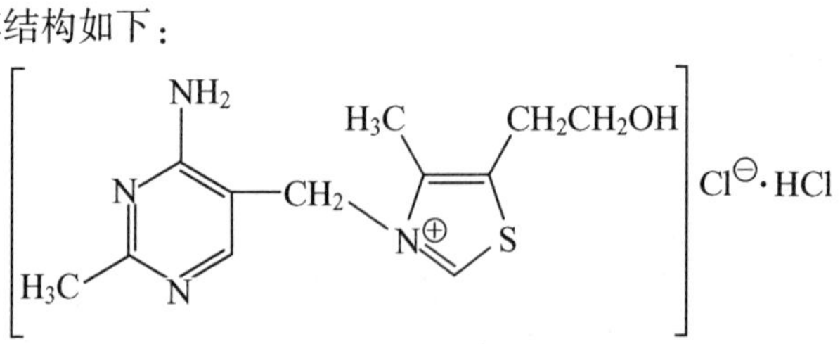

许多实验借助维生素 B_1 的辅酶作用,利用仿生合成技术成功地合成有机物。例如安息香辅酶的合成。苯甲醛的安息香缩合在 KCN 存在条件下进行,但 KCN 有剧毒,安全隐患大,副产物多,污染环境,使得安息香的缩合操作不符合现代有机化学要求。

$$2C_6H_5CHO \xrightarrow[C_2H_5OH-H_2O]{CN^-} C_6H_5—\overset{\overset{OH}{|}}{CH}—\overset{\overset{O}{\|}}{C}—C_6H_5$$

使用 VB$_1$ 替代 KCN 作催化剂,反应操作更加安全,符合"绿色化学"。反应如下所示(为简便起见,以下反应只写噻吩环的变化,其他部分相应地用 R 和 R′代表)。

（1）在碱的作用下,产生的碳负离子和邻位带正电荷的氮原子形成稳定的两性离子——内鎓盐或称叶立德。

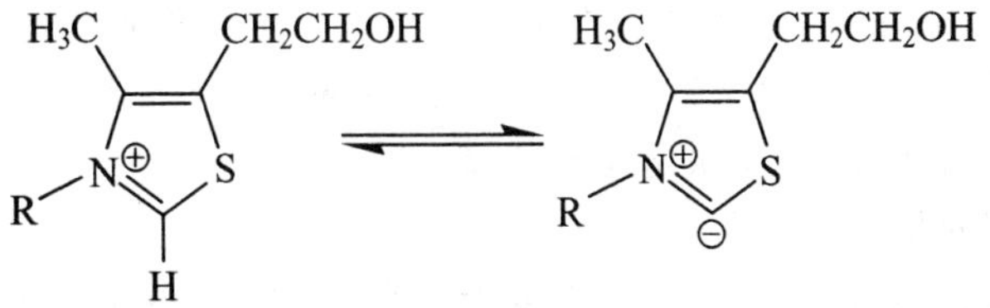

（2）噻吩环上的碳负离子与苯甲醛的羰基发生亲核加成,形成烯醇加合物,环上带正电荷的氮原子起到调节电荷的作用。

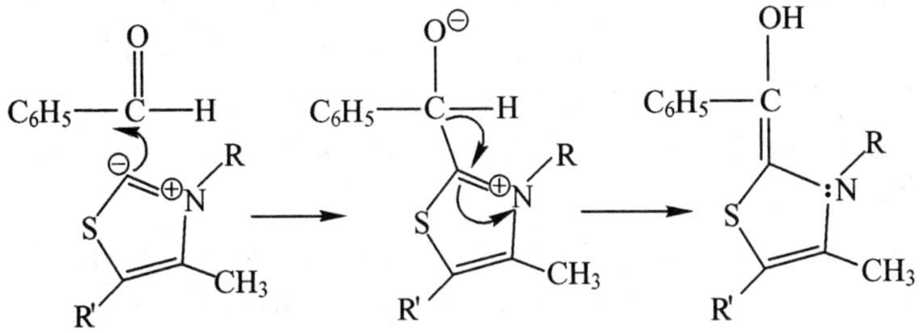

（3）烯醇加合物再与苯甲醛作用,形成新的辅酶加合物。

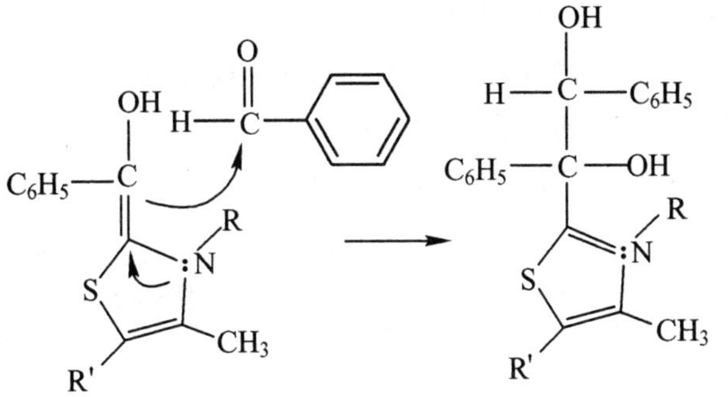

（4）辅酶加合物离解成安息香,辅酶还原。

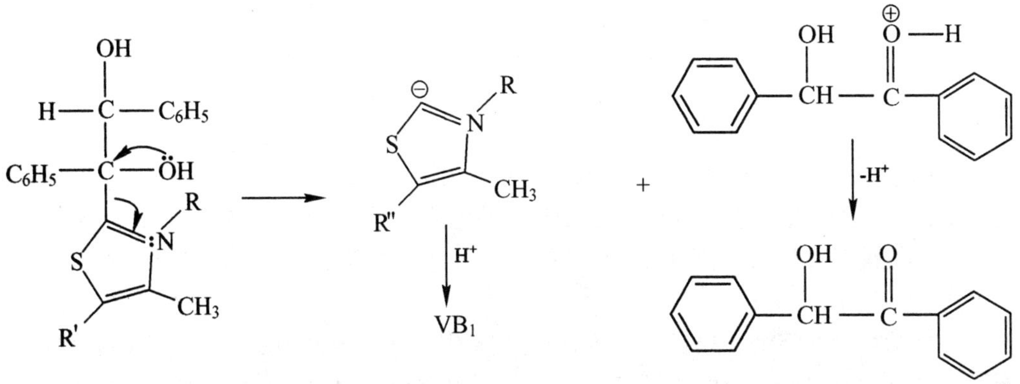

例如维生素 B$_1$ 催化合成双糠醛。糠醛是一种廉价但非常重要的有机化工原料,对糠醛的利用是目前生物资源利用的一个很有前景的方向。1994 年,俞善信等首次报道利用维生素 B$_1$ 催化合成糠偶姻的方法。1997 年,李忠芳等利用 VB$_1$ 催化合成糠偶姻。

此外，拟除虫菊酯的合成也是仿生合成典型的例子。以植物来源的天然除虫菊酯为模型化合物，通过仿生合成开发出一系列高效、低毒的拟除虫菊酯杀虫剂，以动物来源的沙蚕毒为模型化合物开发出沙蚕毒系杀虫剂等。

2. 环糊精类模拟酶

酶催化及抗体催化的共同点是这些生物活性物质对分子的选择性识别功能，通过识别与底物形成结构互补的有效结合，同时建立起有利于反应的微环境。酶的催化功能是生物在亿万年进化过程中形成的，一种酶可高效、专一地催化某种特定的反应。抗体催化则是利用生物免疫系统对外来抗原的抵抗能力，结合反应机理，针对某一特定反应利用生物技术在几周内让生物产生具有催化功能的类酶蛋白——抗体的一种生物-化学方法。酶或抗体与底物结合的同时，使反应活性中心充分（接近效应），或通过分子间作用使过渡态稳定从而使反应得到加速。

为模仿酶的功能，人们开始寻找天然的或合成的与酶具有类似功能的化合物——模拟酶。一些天然与合成的大环、多环化合物如环糊精、冠醚和穴醚等具有类似酶对分子的识别功能，因而成为模拟酶的首选对象。

1）简单环糊精

环糊精（Cyclodextrins，简称 CD）是一类环状低聚糖，由 6 个、7 个或 8 个 D-葡萄糖通过 α-1,4 苷键连接而成的环糊精分别称为 α-、β- 和 γ-环糊精。它们由若干种芽孢杆菌产生的 α-淀粉酶作用于淀粉而得。如图 3-25 所示。

（$n=6, d=4.5\times10^{-10}$m；$n=7, d=7.0\times10^{-10}$m；$n=8, d=8.5\times10^{-10}$m；）

图 3-25　环糊精结构示意图

环糊精的形状像一个无底盆，从侧面看稍呈倒梯形，每个糖单元上底仲羟基处于大圈上，而 C-6 上底伯羟基处于小圈上，整个环糊精围成一个空腔，这个空腔内部除了醚键之外就是碳氢键，所以具有疏水性，而环糊精分子本身由于羟基伸向外面具有亲水性，故能溶于水中（β-CD 溶度小）。

环糊精在碱性溶液中相当稳定，但易受酸催化水解。环糊精的一个重要特点是可与很多化合物形成包合物。例如：具有苯环或萘环的化合物、脂肪族化合物的非极性烃链都可进入环糊精的空腔，通常形成 1:1 的包合物。

环糊精结构与性质决定了其某种类酶性质。例如：苯酚与氯仿和氢氧化钠的混合

278

物反应,一般生成邻和对羟基苯甲醛,以邻位产物为主;在环糊精存在下,主要生成对位产物。其中,以 α-环糊精为催化剂的对位选择性为 86%,β-环糊精为催化剂时接近 100%。

苯酚在环糊精存在下,以铜粉为催化剂与四氯化碳的碱性溶液作用,选择性地合成对羟基苯甲酸:无 CD 时,产率为 8.6%,对位选择性为 55%;有 β-CD 时,产率为 59%,对位选择性为 99%。

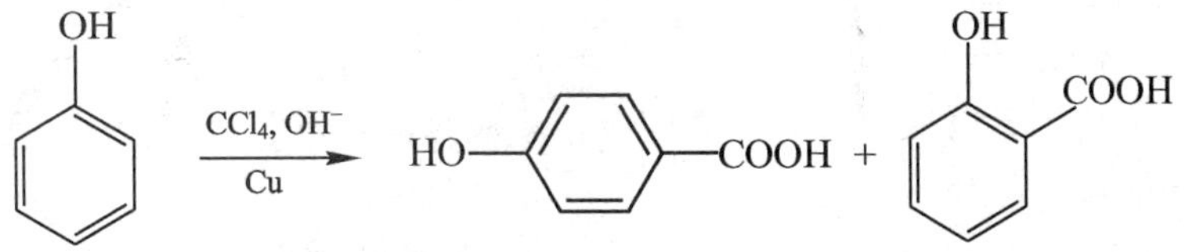

苯甲酸的羧基化反应:在 β-环糊精存在下,反应主要生成对苯二甲酸,有较高地收率和选择性。此反应无 β-CD 时不会发生反应,α-和 γ-CD 均无催化作用。

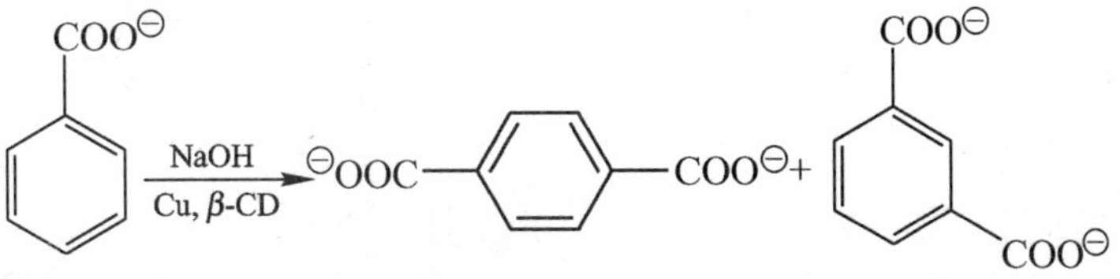

2) 改性环糊精模拟酶

经化学修饰后的环糊精可提高对底物的识别能力,引入适当基团可产生临近效应促进反应发生。

为提高环糊精对酚酯水解的催化作用,可在环糊精上导入咪唑基。例如在 α-环糊精仲羟基上导入组胺基的修饰物在 pH=3.37,25℃时,与对硝苯酚乙酸酯的水解速度比 α-环糊精大 100 倍,但如果在伯羟基上导入同样的基团,则无此催化活性。这显然与咪唑基与酰基间的相对位置(临近效应)有关。

Breslow 把乙二胺导入环糊精,用以催化 β-酮酸盐的脱羧反应获得成功。

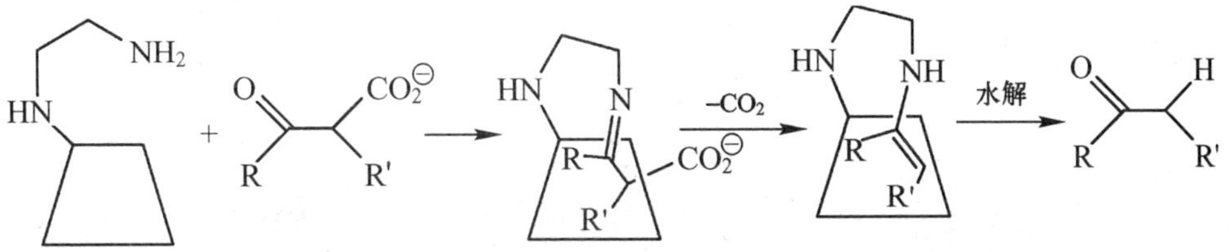

3. 模板合成

"模板效应"是在 20 世纪 60 年代初由 M. C. Tompson 等首先定义并开始使用的。开始只是指金属离子在合成大环化合物中的特殊作用,80 年代发现中性分子也具有模板效应。随着近年来超分子化学的发展,模板合成发展十分迅速。

模板效应是指以某种作用物(包括阳离子、阴离子、中性分子及聚合物等)作为客体,使配体或主体在其周围配位形成对生成某一特殊产物有利的构像的效应,其作用过程如图 3-26 所示。

图 3-26　模板效应原理

模板效应属于超分子化学的范畴,目前这种方法已受到人们的重视。

1) 金属阳离子为模板的合成

一个经典的例子是以碱金属离子为模板合成冠醚,合成用配体基块围绕金属离子有利于关环形成大环化合物。

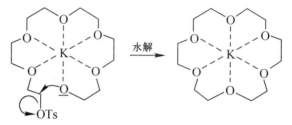

过渡金属离子作为模板可合成含氮等原子的大环化合物,如 Creaser 以 Co^{3+} 为模板用乙二胺、甲醛和氨合成含氮穴状配体。

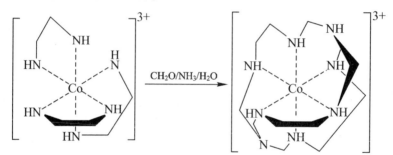

除合成大环、多环化合物外,用金属离子或络合物作模板也可合成指定结构的开链化合物。其中,R^1 = Ph、—CH_2CH_2—、—CH_2;R^2 = Ph、t-Bu、p-NCPh 等。

2) 中性分子作为(超分子)模板

Hunig 等在合成下述阳离子主题分子时,如果在反应混合物中加入过量的菲,其产率从 3%~5% 增加到 16%,后来发现该分子也是很好的 π 受体,菲在合成过程中通过 π-堆垛作用使产率提高。

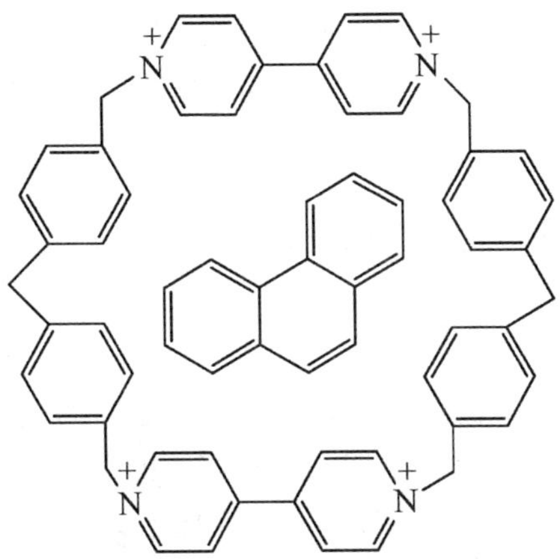

如果在一个分子中有两个或多个结合位点，可选择性地将两个或多个反应物临时结合在一起，就有可能像酶催化那样使分子间反应转化位分子内反应。Kelly 等利用所谓双作用物反应模板，实现了两分子间的成键反应。

3）热力学模板和动力学模板

根据反应是热力学控制还是动力学控制可以把模板分为热力学模板和动力学模板。热力学模板用于平衡反应中，所需产物往往与其他副产物共存且处于热力学平衡状态。加入模板与所需产物发生螯合等作用使平衡移动有利于生成所需产物。因此，热力学模板主要用来提高所需产物的收率。

例如，β-氨基乙硫醇与 α-二酮反应生成 Schiff 碱与一双五元杂环化合物，加入醋酸镍有利于生成 Schiff 碱。

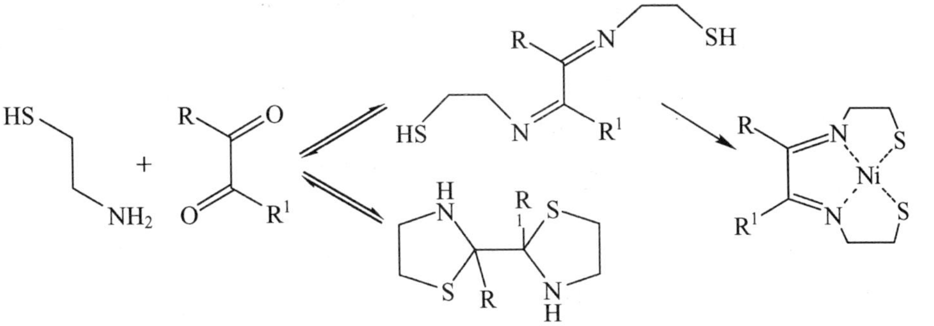

动力学模板是对不可逆反应而言，这里模板的作用是稳定过渡态与产物。例如：一线型配体与另一双官能团化合物的缩合反应，无模板时将生成各种聚合物与环状化合物。模板的存在可控制反应的方向，如果线型配体可选择性地围绕模板以平面排布方式配位，则两端可接近，利于环化。

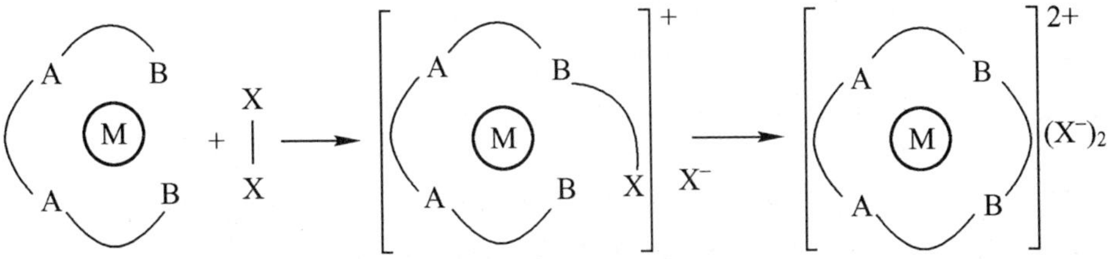

理论上讲，热力学模板可在反应进行过程中任何时候加入，结果不变。动力学模板则

281

必须在反应开始前加入,才能最大限度地提高模板的效率。动力学模板在反应过程中识别和络合特定的物质,使反应基团有特定的构像和取向,这样容易得到单一产物。这与模拟酶的催化有相似之处。

4)模板效应的其他应用

把模板官能团引入聚合物即得到聚合物模板。例如以聚苯乙烯磺酸作模板,进行 4-乙烯基吡啶的聚合时,可提高聚合反应的速度。Bystrom 等成功地利用 $LiAlH_4$ 和聚合物模板对甾族酮进行选择性还原。

利用模板组装合成蛋白质是模仿 DNA 和 RNA 复制的一种体外合成蛋白质的新方法。根据所要合成的蛋白质分子结构,设计一种特制的模板分子,把相应的肽块安装在模板分子上,使其按照特定的方向进行缩合,得到所要合成的蛋白质。

众所周知,分子自组装已成为常用化学制备方法,从模板效应到分子自组装只是一步之遥,基本原理是相同的。二维或三维多孔物质作为模板通过分子自组装,可制备功能膜、泡囊等新材料,进一步发展形成纳米空间反应器、纳米级包合化学等领域。

练 习 题

3-1 有机合成按照工业分类有哪些?

3-2 在有机合成中,新合成目标产生的方法有哪些?

3-3 有机合成化学的研究过程一般包括哪几步?简要叙述。

3-4 目前主要的有机合成理论有哪些?试分别作一简述。

3-5 所有有机合成共同的要求是什么?

3-6 烷烃和芳香烃的合成方法有哪些?

3-7 烯烃和炔烃的一般合成方法有哪些?

3-8 醇、醚、羧酸及其衍生物的一般合成方法有哪些?

3-9 列出 5 种烷烃的一般合成方法。

3-10 简要阐述根据分子骨架和官能团的变与不变,合成路线的分类。

3-11 有机合成原料的选择有何要求?设计合成路线的具体步骤如何?

3-12 合成子、合成等效剂的定义?

3-13 导向基、保护基的定义?

3-14 以甲苯为原料合成化合物 $NH_2—H_2C—\langle\text{苯环}\rangle—CO_2H·H_2O$。

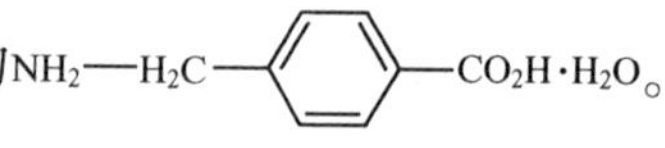

3-15 以乙炔为起始原料合成化合物 〈结构式〉。

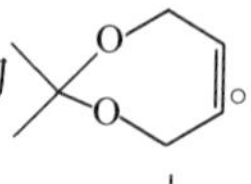

3-16 以 〈结构式〉为起始原料合成化合物 〈结构式〉。

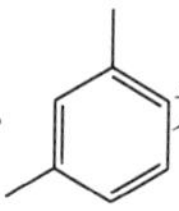

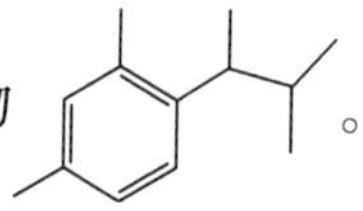

3-17 以 〈结构式〉为起始原料合成化合物 〈结构式〉。

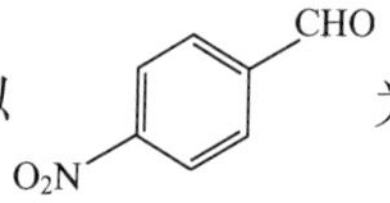

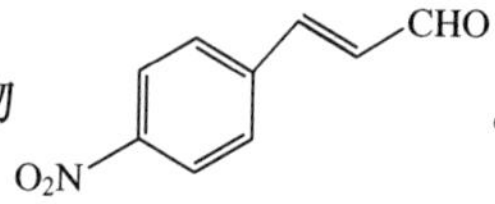

3-18 采用逆合成分析法设计下列化合物。

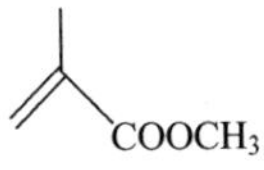

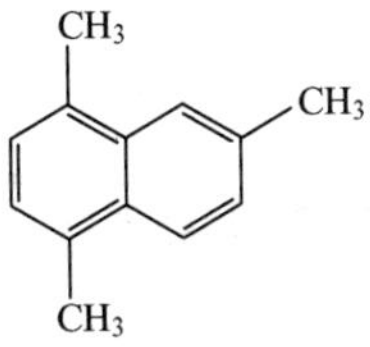

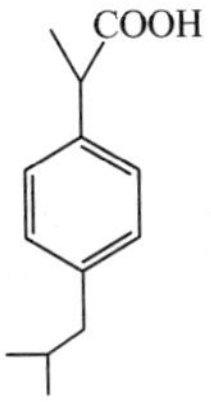

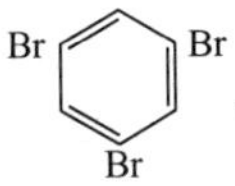

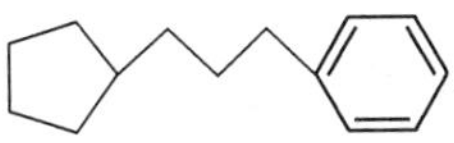

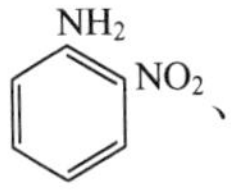

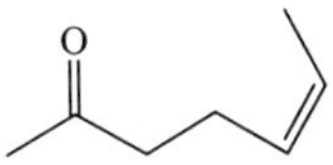

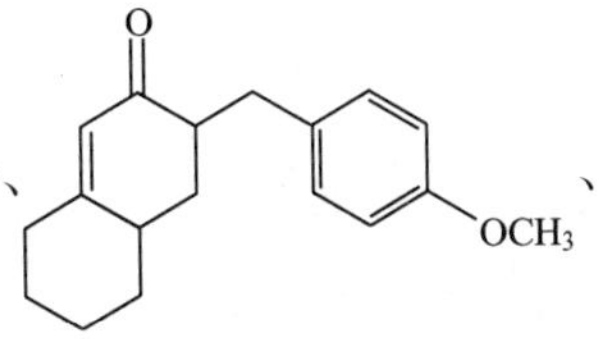

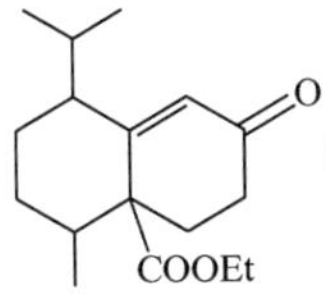

（一系列化合物结构式）（采用导向基）。

3-19 简述相转移催化反应机理。

3-20 相转移催化剂的分类及特点？

3-21 在相转移催化反应中,选择有机溶剂和水相时,应遵循哪些原则？

3-22 简述电化学有机合成的原理及特点。

3-23 影响有机电化学合成的因素有哪些？

3-24 光强的测定方法有哪些？

3-25 共轭多烯的电环化规则是什么？

3-26 声化学合成原理是什么？何为空化效应？

3-27 简要叙述微波的定义及微波反应的基本原理。

3-28 试举两例微波技术在有机合成中的应用(与非微波反应对比)。

3-29 简述固相有机合成基本原理和特点。

3-30 简述一锅合成法的定义与特点。

3-31 什么是绿色化学？绿色合成的目标是什么？

3-32 什么是原子经济性反应？试举例说明。

3-33 简述绿色化学的基本原理。

3-34 绿色有机合成的途径有哪些？

3-35 仿生合成的定义是什么？有何特点？

3-36 仿生合成包括哪几类？试举例说明。

3-37 简述模板合成的意义、分类及模板效应的定义。

第4章 高分子合成方法

高分子科学的发展经历了一个漫长的历史过程。早在几千年前，人类就使用棉、麻、丝、毛、皮等天然高分子作为织物材料，使用竹木石料作为建筑材料。但是，直到19世纪，还无"高分子"这一名称，更无法确定高分子的结构，甚至连分子量的测定方法都未建立。高分子的概念始于20世纪20年代。

1920年，德国化学家施陶丁格（H. Staudinger，1881—1965）发表"论聚合"论文，提出高分子的概念，并预测了聚氯乙烯和聚甲基丙烯酸甲酯等聚合物的结构。1930年，高分子概念被承认，高分子化学和工业开始兴起，同时相关理论研究逐步完善。目前，高分子科学更加成熟，新的聚合方法和新结构聚合物不断出现和发展，高分子材料的体积产量已远超过钢铁和金属的总和。在结构材料中，已与金属材料、无机材料并列，不可或缺。

高分子合成与有机合成有密切关系，但又有其自身的特点。高分子合成方法是研究如何从单体聚合成高分子的反应和方法。单体是小分子的化合物，是组成高分子的结构单元，有时也称重复单元。按照聚合机理或动力学，聚合反应分为连锁聚合和逐步聚合两大类。不同类型的聚合反应有不同的特征和合成方法。

本章重点介绍20世纪下半叶以来，高分子合成领域出现的最重要的新技术和新方法，如离子聚合、配位聚合、模板聚合、等离子体聚合、基团转移聚合、大分子引发剂和大分子单体等合成方法。

4.1 概　　述

4.1.1 基本概念

由低分子单体合成聚合物的反应总称聚合反应。按照聚合机理或动力学，聚合反应分为连锁聚合和逐步聚合两大类。

1. 连锁聚合反应

连锁聚合反应也称链式反应，反应需要活性中心。反应中一旦形成单体活性中心，就能很快传递下去，瞬间形成高分子。平均每个大分子的生成时间很短（零点几秒到几秒）。根据活性中心的不同，可将连锁聚合反应分为自由基聚合、阳离子聚合、阴离子聚合和配位聚合。

连锁聚合反应具有以下特征：①由链引发、链增长和链终止等基元反应组成；②除微量引发剂外，体系由聚合物和单体组成，无分子量递增的中间体；③转化率随时间而增加，单体随时间而减少。

284

2. 逐步聚合反应

逐步聚合反应无活性中心,单体官能团间相互反应而逐步增长。反应早期,单体很快转变成二聚体、三聚体、四聚体等中间产物,后续反应在低聚体之间进行。聚合体系由单体和分子量递增的中间产物所组成。

逐步聚合反应的主要特征是在低分子转变成聚合物的过程中反应是逐步进行的,其单体通常是含有官能团的化合物。大部分的缩聚反应(反应中有低分子副产物生成)都属于逐步聚合反应。

上述两类反应中,连锁聚合反应采用的合成方法主要包括本体聚合、悬浮聚合、乳液聚合和溶液聚合。逐步聚合反应采用的合成方法主要包括熔融聚合、溶液缩聚、界面缩聚和固相缩聚等。

4.1.2　高分子的分离与纯化

高分子合成反应中,试剂的纯度对反应有很大的影响。如缩聚反应中,单体的纯度影响官能团的摩尔比,从而使聚合物的分子量偏离设定值;离子型聚合中,单体和溶剂中少量杂质的存在,会影响聚合反应速度,改变聚合物的分子量,甚至会导致聚合反应不能进行;自由基聚合中,单体中往往含有少量阻聚剂,使反应存在诱导期或聚合速率下降,影响动力学常数的准确测定。因此,在实验前有必要对所用试剂进行纯化。

在聚合物合成后一般会含有一定量的低分子物和杂质,尤其是缩聚反应,这些低分子物和杂质对聚合物的力学、电学和光学性能等有较大影响,有时少量杂质的存在会引起或加速聚合物的降解反应或交联反应。因此,有必要对聚合物进行纯化,除去样品中的低分子物(如残留单体、助剂和低聚物)。

1. 单体的纯化与贮存

所有合成高分子化合物都是由单体通过聚合反应生成的。在聚合反应过程中,所用原料的纯度对聚合反应影响巨大,特别是单体,即使单体中仅含质量百分比为 $0.0001\% \sim 0.01\%$ 的杂质也常常对聚合反应产生严重的影响。

单体中杂质的来源多种多样,如生产过程中引入的副产物、销售时加入的阻聚剂、储存过程中与氧接触形成的氧化或还原产物及少量的聚合物等。

关于单体纯化,不同的单体常采用一些通用方法,如固体单体常用结晶和升华的方法纯化,液体单体采用减压蒸馏、惰性气氛下分馏等方法进行纯化。单体中酸性杂质(如阻聚剂对苯二酚)可用稀 NaOH 溶液洗涤除去;碱性杂质(如阻聚剂苯胺)可用稀盐酸洗涤除去。单质中难挥发的杂质,可用减压蒸馏法除去。

单体的脱水干燥,一般情况下可采用普通干燥剂(如无水 $CaCl_2$、无水 Na_2SO_4 和变色硅胶);要求较高时可使用 CaH_2 来除水;进一步的除水,需要加入 1,1-二苯基乙酰阴离子(仅适用于苯乙烯)或 $AlEt_3$(适用于甲基丙烯酸甲酯等),待液体呈一定颜色后,再蒸馏出单体。芳香族杂质可用硝化试剂除去,杂环化合物可用硫酸洗涤除去,注意苯乙烯绝对不能用浓硫酸洗涤。

大多数经提纯后的单体可在避光及低温条件下短时间贮存,如放置冰箱中;若需贮存较长时间,则除避光低温外还需除氧及氮气保护。

2. 常见引发剂的提纯

为使聚合反应顺利进行以及获得真实准确的聚合反应数据，对引发剂进行提纯处理是非常必要的。以下是一些常见引发剂的提纯方法。

1）过氧化二苯甲酰

过氧化二苯甲酰（BPO）是最常用的引发剂，BPO 的提纯一般采用重结晶。但为防止发生爆炸，重结晶操作应在室温下进行。一般以三氯甲烷为溶剂，以甲醇为沉淀剂。

将待提纯的 BPO 溶于三氯甲烷，再加等体积的甲醇或石油醚使 BPO 结晶析出。如将 15g 粗 BPO 在室温下溶于 62mL 三氯甲烷中，过滤除去不溶性杂质，滤液倒入 140mL 预先用冰盐浴冷却的甲醇中，白色针状 BPO 晶体析出，用布氏漏斗过滤，晶体用少量甲醇洗涤，置于真空容器中，于室温下减压除去溶剂，贮存于干燥器中避光保存。必要时可进行多次重结晶。

2）偶氮二异丁腈

偶氮二异丁腈（AIBN）的提纯一般采用重结晶。重结晶的溶剂主要采用低级醇（如甲醇、乙醇等），也可采用甲醇–水混合溶剂、乙醚和石油醚等。

在装有回流冷凝管的 150mL 三角瓶中加入 100mL 醇（95%）和 10g 偶氮二异丁腈，然后水浴加热接近沸腾，振荡使其全部溶解；将热溶液迅速减压抽滤，过滤除去不溶性杂质，滤液用冰盐浴冷却，过滤即得重结晶产物，在五氧化二磷存在下于真空干燥器中干燥，低温保存于棕色瓶中。

3）过硫酸胺和过硫酸钾

过硫酸盐可用作高分子聚合反应游离引发剂，特别是氯乙烯乳化聚合和氧化还原聚合反应，其杂质主要为硫酸氢钾等，可用少量蒸馏水反复重结晶提纯。

将过硫酸盐在 45℃溶解于蒸馏水中，过滤后的滤液用冰盐浴冷却，采用 $BaCl_2$ 溶液检验直至滤液无 SO_4^{2-} 为止，过滤得重结晶产物，并以冰冷的水洗涤，在氯化钙存在下于真空干燥器中干燥。

4）叔丁基过氧化氢

叔丁基过氧化氢为挥发性、微黄色透明液体，是一种烷基氢有机过氧化物，主要用作聚合反应的引发剂。

将叔丁基过氧化氢在搅拌下缓慢加入已预先冷却的 NaOH 水溶液中，使之生成钠盐析出；过滤，将析出的钠盐配制成饱和的水溶液，用氯化铵或固体二氧化碳（干冰）中和，叔丁基过氧化氢生成。分离有机层，采用无水碳酸钾干燥，进行减压蒸馏，可制得纯度 95% 以上的产物。

3. 聚合物的分离与纯化

聚合物的提纯是指将其中的杂质除去，对于不同的聚合物，杂质可能是引发剂及其分解产物、单体分解及其副反应产物、各种添加剂（如乳化剂、分散剂和溶剂），也可以是同分异构聚合物或原料的聚合物。

聚合物具有分子量的多分散性和结构的多样性，因此聚合物的提纯与小分子的提纯有所不同。根据杂质的不同，应当选择相应的提纯方法。聚合物提纯常用的方法有洗涤法、溶解沉淀法、抽提法、蒸发法、交换树脂法和渗析法。

1）洗涤法

洗涤法是最简单的一种聚合物提纯方法,其原理是利用聚合物与杂质在溶剂中溶解度的不同将杂质除去。

一般选择聚合物的不良溶剂,通过反复地洗涤聚合物,将可溶于不良溶剂的单体、引发剂和杂质除去。如悬浮聚合所得到的聚合物颗粒是本体聚合形成的较为纯净的聚合物,颗粒表面附着有分散剂等杂质,通过洗涤的方法可将分散剂除去,然后经过滤得到较为纯净的聚合物。

但洗涤法一般只能作为辅助的提纯方法,需要和其他提纯方法配合使用。因为对于一些聚合反应制备的产品,颗粒较大,洗涤法难于除去颗粒内部的杂质,且在很多时候,单体是聚合物的良溶剂。要将溶于聚合物的残余单体除去,不通过聚合物的溶解和不良溶剂的浸泡是很难达到分离效果的。

2）溶解沉淀法

溶解沉淀法是最常用的聚合物提纯方法之一,其原理是将聚合物溶解于某种溶剂中,然后向溶剂中添加对聚合物不溶,但与溶剂能混溶的沉淀剂,同时沉淀剂能够溶解单体、引发剂、溶剂及其他全部的杂质,并使聚合物沉淀出来,而杂质留在溶剂里面。在这一方法中,聚合物在溶剂中的含量一般小于5%,而沉淀剂用量一般为溶液的5~10倍。通常是在搅拌下,将含有溶解聚合物的溶液倒入到沉淀剂中,重复溶解与沉淀,也可采用不同的溶剂—沉淀剂来提纯。

使用溶解沉淀法提纯时,溶剂—沉淀剂的类型和配比、聚合物在溶液中的浓度、溶液加入到沉淀剂中的速度和方法、实验温度等均对沉淀出的聚合物的纯度和外观有一定影响。聚合物在溶液中浓度过高,则混合性相对较差,沉淀物容易成为橡胶状;而浓度较低时,沉淀物容易成为微细粉状,后期分离困难。

因此,采用溶解沉淀法提纯聚合物时,需选择适当的工艺和配比。如聚苯乙烯能溶解于芳香族溶剂和某些酮类,常用提纯溶剂包括丁酮、苯、甲苯和氯仿等,常用的沉淀剂主要有甲醇及乙醇;聚甲基丙烯酸甲酯能溶于自身单体、氯仿、乙酸、乙酸乙酯和丙酮等有机溶剂,常用的提纯溶剂–沉淀剂组合为丙酮/甲醇、氯仿/石油醚、甲苯/二硫化碳、苯/甲醇和氯仿/乙醚等。

3）抽提法

抽提法是提纯聚合物的重要方法,其原理是利用溶剂萃取出聚合物中可溶的部分,从而达到分离和提纯的目的。抽提法一般采用索氏提取器进行。

在抽提法提纯过程中,聚合物多次被新蒸馏的溶剂浸泡,经过一定时间,其中的可溶性物质可以完全被抽提到烧瓶中,抽提器中只留下纯净的不溶性聚合物,可溶性部分残留在溶剂中。这样往复循环利用溶剂,比溶解沉淀法节省溶剂,同时得到纯化的聚合物。

4.1.3 聚合物的合成方法

1. 连锁聚合反应采用的方法

连锁聚合反应采用的合成方法主要包括本体聚合、悬浮聚合、溶液聚合和乳液聚合4种方法。

1）本体聚合

本体聚合是单体(或原料低分子物)在不加溶剂以及其他分散剂的条件下,由引发剂或光、热、辐射作用下其自身进行聚合引发的聚合反应。有时也可加少量着色剂、增塑剂、分子量调节剂等。本体聚合是制造聚合物的主要方法之一。

液态、气态、固态单体都可以进行本体聚合。单体和聚合物处于熔融状态的熔融聚合也属于本体聚合范畴。按照聚合物是否溶于单体,分为均相和非均相本体聚合。自由基聚合、配位聚合、缩聚、离子聚合都可选用本体聚合。

本体聚合的特点是组分简单、速度快,通常只含单体和少量引发剂,所以操作简便、产物纯净,不需要复杂的分离、提纯操作。但是,连锁聚合反应进行本体聚合时,由于反应热瞬间大量的释放,且随着聚合进行体系黏度大大增加,使得散热变得更加困难,故容易产生局部过热,产品变色,甚至爆聚。

已工业化的本体聚合方法有苯乙烯液相均相本体聚合(自由基聚合)、乙烯高压气相非均相本体聚合(自由基聚合)、乙烯低气压气相非均相本体聚合(配位聚合)、甲基丙烯酸甲酯液相均相本体浇铸聚合(自由基聚合)等。

2）悬浮聚合

悬浮聚合又称珠状聚合,是指在分散剂存在下,利用强烈机械搅拌使液态单体以微小液滴状分散于悬浮介质中,在油溶性引发剂引发下,进行的聚合反应。悬浮介质通常是水,进行悬浮聚合的单体应呈液态或加压下成液态且不溶于水。悬浮聚合体系一般有单体、引发剂、水和分散剂4个基本组分组成。

悬浮聚合体系是热力学不稳定体系,需借助搅拌和分散剂维持稳定。在搅拌剪切作用下,溶有引发剂的单体分散成小液滴,悬浮于水中引发聚合。不溶于水的单体在强力搅拌作用下,被粉碎分散成不稳定的小液滴,随着反应的进行,分散的液滴又可能凝结成块,为防止黏结,体系中必须加入分散剂。悬浮聚合产物的颗粒粒径一般在 0.05~0.2mm,其形状、大小随搅拌强度和分散剂的性质而定。

悬浮聚合聚合物粒子的形成过程如下:

（1）均相粒子的形成过程

均相粒子的形成分3个阶段:聚合初期、聚合中期、聚合后期。生成的聚合物能溶于自身单体中使反应液滴保持均相,最终形成均匀、坚硬、透明的固体球粒。

单体液滴　　　　聚合初期　　　聚合中期　　　　　　聚合后期　　　透明粒子

（2）非均相粒子的形成过程

一般认为非均相粒子的形成过程有5个阶段,聚合物不溶解于自己的单体中,有聚合物产生就沉淀出来。形成由均相变为单体和聚合物组成的非均相体系,产物不透明,外形极为不规则的小粒子。

悬浮聚合的特点是体系以水为连续相,黏度低,容易传热和控制;聚合完毕后,只需经简单的分离、洗涤、干燥等工序,即得聚合物产品,可直接用于加工成型;生产投资和费用少;产物比乳液聚合的纯度高。但是,悬浮聚合存在自动加速作用,必须使用分散剂,且在聚合完成后,很难从聚合产物中除去,会影响聚合产物的性能(如外观、老化性能等),反应器生产能力和产物纯度不及本体聚合,不能采用连续法生产。

悬浮聚合主要用于生产聚氯乙烯、聚苯乙烯和聚甲基丙烯酸甲酯等。

3)乳液聚合

乳液聚合是指在用水或其他液体作介质的乳液中,在机械搅拌或振荡下,单体在水中按胶束机理或低聚物机理生成彼此孤立乳胶粒而进行的聚合。分散成乳状液的单体,其液滴的直径仅在 1~10μm 范围,比悬浮聚合的单体液滴小很多。

乳液聚合体系至少由单体、引发剂、乳化剂和水 4 个组分构成,一般水与单体的配比(质量)为 70/30~40/60,乳化剂为单体的 0.2%~0.5%,引发剂为单体的 0.1%~0.3%;工业配方中常另加缓冲剂、分子量调节剂和表面张力调节剂等。所得产物为胶乳,可直接用以处理织物或作涂料和胶黏剂,也可把胶乳破坏,经洗涤、干燥得粉状或针状聚合物。

乳液聚合的特点是反应速度快,分子量高;聚合热易扩散,聚合反应温度易控制;聚合体系即使在反应后期黏度也很低,因而适于制备高黏性的聚合物;用水作介质,生产安全及减少环境污染;可直接以乳液形式使用,可同时实现高聚合速率和高分子量。在自由基本体聚合过程中,提高聚合速率的因素往往会导致产物分子量下降。此外,乳液体系的黏度低,易于传热和混合,生产容易控制,残余单体容易除去。但是,乳液聚合所得聚合物含有乳化剂等杂质影响制品性能;为得到固体聚合物,还要经过凝聚、分离、洗涤等工序;反应器的生产能力也比本体聚合时低。如果干燥需破乳,工艺较难控制。

乳液聚合主要用于生产聚丁苯橡胶、聚丙烯酸酯乳、聚乙酸乙烯酯乳、丁苯橡胶、丁腈橡胶、氯丁橡胶、PVC 树脂和 ABS 工程塑料等。

4)溶液聚合

溶液聚合是将单体、引发剂(或催化剂)溶解于适当的溶剂中进行聚合反应的一种方法。根据溶剂与单体和聚合物相互混溶的情况分为均相、非均相溶液聚合(或沉淀聚合)两种;根据聚合机理可分为自由基溶液聚合、离子型溶液聚合和配位溶液聚合。

溶液聚合的特点是聚合体系黏度比本体聚合低,混合和散热比较容易,生产操作和温度都易于控制,可利用溶剂的蒸发排除聚合热。但是,溶液聚合对于自由基聚合往往收率较低,聚合度也比其他方法小,使用和回收大量昂贵、可燃、甚至有毒的溶剂,不仅增加生产成本,还会造成环境污染。在工业上只有采用其他聚合方法有困难或直接使用聚合物溶液时,才采用溶液聚合。

溶液聚合主要用于直接使用聚合物溶液的场合,如乙酸乙烯酯甲醇溶液聚合直接用于制备聚乙烯醇,丙烯腈溶液聚合直接用于纺丝,丙烯酸酯溶液聚合直接用于制备涂料或胶黏剂等。

2. 逐步聚合反应采用的方法

逐步聚合反应采用的合成方法主要有熔融缩聚、溶液缩聚、界面缩聚和固相缩聚等 4 种方法。

1)熔融缩聚

单体和聚合产物均处于熔融状态下的聚合反应称为熔融缩聚。熔融缩聚是最简单的缩聚方法,只有单体和少量催化剂。聚酯、聚酰胺等通常都用此法生产。

熔融缩聚一般分为 3 个阶段,其工艺关键是小分子的排除及分子量的提高。

初期阶段:体系中以单体间、单体与低聚物之间的反应为主,可在较低温度、较低真空度下进行。工艺过程中要注意防止单体挥发、分解等,保证功能基等摩尔比。

中期阶段:体系中主要是低聚物间的反应,同时存在降解、交换等副反应。反应条件要求高温、高真空。工艺过程中要注意除去小分子,从而提高反应程度和聚合产物分子量。

终止阶段:反应已达预期指标。注意及时终止反应,避免副反应。

熔融缩聚反应温度高(200~300℃)、反应时间长、需在惰性气氛下进行,反应后期需高真空,具有产品后处理容易,设备简单,可连续生产等优点。

但是,该方法要求严格控制功能基等摩尔比,对原料纯度要求高,存在需高真空、对设备要求高、易副反应等问题。

2) 溶液聚合

单体在溶液中进行聚合反应的一种实施方法。其溶剂可以是单一的,也可以是几种溶剂混合。溶液聚合广泛用于涂料、胶黏剂等的制备,特别适于分子量高且难熔的耐热聚合物,如聚酰亚胺、聚苯醚、聚芳香酰胺等。

溶液聚合分为高温溶液聚合和低温溶液聚合。高温溶液聚合采用高沸点溶剂,多用于平衡逐步聚合反应。低温溶液聚合一般适于高活性单体,如二元酰氯、异氰酸酯与二元醇、二元胺等反应。在低温下进行,逆反应不明显。

溶液聚合方法中,溶剂的选择是非常关键的,要求溶剂具有以下的特征:对单体和聚合物的溶解性好、溶剂沸点应高于设定的聚合反应温度;有利于移除小分子副产物:高沸点溶剂;溶剂与小分子形成共沸物。

溶液聚合具有以下优点:反应温度低,副反应少;传热性好,反应可平稳进行;无需高真空,反应设备较简单;可合成热稳定性低的产品。但是,由于反应影响因素增多,工艺复杂,而且残留溶剂影响产品的性能。

3) 界面缩聚

界面缩聚是将两种单体分别溶于两种不互溶的溶剂中,再将这两种溶液倒在一起,在两液相的界面上进行缩聚反应,聚合产物不溶于溶剂,在界面析出。

界面缩聚是一种不平衡缩聚反应,小分子副产物可被溶剂中某一物质消耗吸收,其反应速率受单体扩散速率控制。由于界面缩聚中单体为高反应性,聚合物在界面迅速生成,因此其分子量与总反应程度无关;此外,界面缩聚对单体纯度与功能基等摩尔比要求不严,反应温度低,可避免因高温导致的副反应,有利于高熔点耐热聚合物合成。

但是,界面缩聚由于需采用高活性单体,且溶剂消耗量大,设备利用率低,因此虽然有许多优点,但工业上实际应用并不多。典型例子有光气与双酚 A 合成双酚 A 型聚碳酸酯、芳香聚酰胺的合成。

4) 固相缩聚

在原料和聚合物熔点以下进行的缩聚反应称为固相缩聚。主要用于由结晶单体或某些预聚物进行固相缩聚。

固相缩聚的反应速度较慢,表观活化能大(110~331kJ/mol),其反应由扩散控制,分子量高,产品纯度高。

4.1.4　高分子科学的发展

如今,大到国民经济,小到日常生活都与高分子材料息息相关,可称为"高分子材料时代"。但是,在历史上高分子科学的发展经历了一个漫长的过程。前已述及,高分子的概念始于 20 世纪 20 年代,但其应用更早。

1838 年,人们利用光化学第一次使氯乙烯聚合。但是,由于聚氯乙烯的硬度和脆性,这种材料一直无法得到广泛的商业应用。

1839 年,人们合成了聚苯乙烯;同年,英国 Macintosh、Hancock 和美国 Goodyear 发现天然橡胶用硫磺进行硫化能制备出橡皮产品,这类产品可用作轮胎和防雨布。

1868 年,英国科学家 Parks 用硝化纤维素与樟脑混合制得赛璐珞;次年,商业化生产赛璐珞的商品。

1893 年,法国 D. Chardonnet 发明黏胶纤维,到 1898 年,英国开始生产人造丝。20 世纪初,人们合成了苯乙烯和双烯类共聚物。

1907 年,第一个合成高分子——酚醛树脂诞生,并于 1909 年工业化。

虽然大量的高分子材料出现,但是直到 19 世纪末、20 世纪初还无"高分子"这一名称,更无法确定高分子的结构,甚至连分子量的测定方法都未建立。

1890—1919 年间,E. Fischer 通过蛋白质的研究,开始涉及聚合物的结构,对以后高分子概念的建立起了重要的作用。

1920 年,德国 Staudinger 发表了《论聚合》的论文,提出高分子的概念,并预测了聚氯乙烯和聚甲基丙烯酸甲酯等聚合物的结构。

直到 1929 年,Dupont 公司的 Carothers 系统研究了缩聚反应,并发展了大分子理论,开发了聚酰胺和聚酯的合成,高分子概念已被承认。

20 世纪 30—40 年代是高分子化学和工业兴起的时代。1931 年,出现聚甲基丙烯酸甲酯;1935 年,Carothes 研制成功尼龙 66,并于 1938 年工业化。随后,一批经自由基聚合而成的烯类加聚物如聚苯乙烯、聚醋酸乙烯酯、聚甲基丙烯酸甲酯等出现。自由基聚合的成功已经突破了经典有机化学的范围。缩聚和自由基聚合奠定了早期高分子化学学科发展的基础。40 年代,高分子工业以更快的速度发展,相继开发了丁苯橡胶、丁腈橡胶、氟树脂、ABS 树脂等。

50—60 年代,聚甲醛、聚碳酸酯、聚砜、聚苯醚、聚酰亚胺等大量高分子工程材料问世,出现了许多新的聚合方法和聚合物品种,高分子化学和工业发展更快,规模更大。1953—1954 年,Ziegler 和 Natta 发明配位聚合催化剂,制得高密度线型聚乙烯、等规立构聚丙烯,开拓了高分子合成的新领域,因此两人于 1963 年获得了诺贝尔化学奖。

60 年代以后,高分子科学更加成熟,新的聚合方法和新结构聚合物不断出现和发展,特种高分子和功能高分子得到发展。2000 年,日本科学家 H. Shirakawa、美国科学家 A. J. Heeger 和 A. G. MacDiarmid 因在导电高分子方面所作的贡献获得诺贝尔化学奖。

近年来,合成高分子化学向结构更精细、性能更高级的方向发展。如超高模量、超高强度、难燃性、耐高温性、耐油性等材料,生物医学材料,半导体或超导体材料,低温柔性材料等及具有多功能性的材料。

4.2 离子聚合

离子聚合反应是合成高分子化合物的重要反应之一。离子聚合反应属于连锁聚合反应,其活性中心是离子。根据中心离子所带电荷不同,离子聚合可分为阳离子聚合反应、阴离子聚合反应。配位聚合也可归属于离子聚合的范畴(本质上属于阴离子聚合),但配位聚合的机理独特,故本书中将单列一节学习。

除活性中心性质不同外,离子聚合与自由基聚合的不同在以下几个方面:

1) 单体结构

自由基聚合对单体选择性较低,大部分烯类单体都能进行自由基聚合,但离子聚合却有极高的选择性,其原因是离子聚合对阳离子和阴离子的稳定性要求比较严格。如只有带 1,1-二烷基、烷氧基等强推电子的单体才能进行阳离子聚合;只有带腈基、羰基等强吸电子基的单体才能进行阴离子聚合。但是,含有共轭体系的单体,如苯乙烯、丁二烯等,由于电子流动性大,既可进行阳离子聚合,也能进行阴离子聚合。由于离子聚合单体选择范围窄,导致已工业化的聚合品种要较自由基聚合少得多。

2) 活性中心的存在形式

离子聚合的链增长活性中心带电荷,为保持电中性,在增长活性链近旁有一个带相反电荷的离子存在,称为反离子或抗衡离子。这种离子和反离子形成的离子对在反应介质中可以以共价键、离子对和自由离子的形式存在。

3) 聚合温度

离子聚合的活化能较自由基聚合低,可在低温如0℃以下,甚至−100~−70℃下进行。若温度过高,聚合速率过快,有可能产生爆聚。同时,活性中心具有发生如离子重排、链转移等副反应倾向,低聚合温度可减少这些竞争副反应的发生。

4) 聚合机理

离子聚合的引发活化能较自由基聚合低,因此与自由基聚合的慢引发不同,离子聚合是快引发。自由基聚合中链自由基相互作用可进行双基终止,但离子聚合中,增长链末端带有同性电荷,不会发生双基终止,只能发生单基终止。

5) 聚合方法

自由基聚合可在水介质中进行。但水对离子聚合引发剂和链增长活性中心有失活作用,因此离子聚合一般采用溶液聚合,偶有本体聚合,不能进行乳液聚合和悬浮聚合。

离子聚合在工业上有极其重要的作用,聚异丁烯、聚甲醛、聚环氧乙烷、SBS 热塑性弹性体等都是用离子聚合反应合成的。有些重要的聚合物,如合成天然橡胶、丁基橡胶(异丁烯—异戊二烯共聚物)、聚甲醛等,只能通过离子聚合制得。

离子聚合的发展导致了活性聚合的诞生。这是高分子发展史上的重大转折点。它使高分子合成由必然王国向自由王国迈出了关键的一步。其中,阴离子活性聚合在制备特殊结构的嵌段共聚物、接枝共聚物、星状聚合物等方面有十分重要的作用。通过阴离子活性聚合,可以实现高分子化合物的分子设计,制备预定结构和分子量的聚合物。

4.2.1 阳离子聚合

阳离子聚合的研究工作和工业应用有着悠久的历史。1839 年,Devile 首次用 $SnCl_4$ 引发苯乙烯聚合;1934 年,Whitmore 用强酸催化烯烃反应制齐聚物,提出阳离子聚合的概念;1944 年,美国 Exxon 公司建立第一个丁基橡胶生产厂。

从体系上讲,可供阳离子聚合的单体种类有限,主要是异丁烯;但引发剂种类却很多,从质子酸到 Lewis 酸;可选用的溶剂不多,一般选用卤代烃如氯甲烷。主要的聚合物商品包括聚异丁烯、丁基橡胶等。

烯烃阳离子聚合的活性物种是碳阳离子 $A^{\oplus}$,与反离子(或抗衡离子)$B^{\ominus}$ 形成离子对,单体插入离子对而引发聚合。阳离子聚合通式可表示如下:

$$A^{\oplus}B^{\ominus} + M \longrightarrow AM^{\oplus}B^{\ominus} \xrightarrow{M} Mn$$

式中:$B^{\ominus}$ 为反离子,又称抗衡离子(通常为引发剂碎片,带反电荷);$A^{\oplus}$ 为阳离子活性中心(碳阳离子,氧鎓离子),难以孤立存在,往往与反离子形成离子对。

1. 阳离子聚合的单体

能进行阳离子聚合反应的单体有烯类化合物、醛类、环醚及环酰胺等。不同单体进行阳离子型聚合反应的活性不同。本节主要讨论烯类单体。

1) α-烯烃

具有推电子取代基的烯类单体原则上都可进行阳离子聚合。推电子取代基使碳-碳双键电子云密度增加,有利于阳离子活性种(缺电子的原子或基团)的进攻;另外,使生成的碳阳离子电荷分散而稳定。但实际上能否进行阳离子聚合取决于取代基推电子能力的强弱和形成的碳阳离子是否稳定。

乙烯无侧基,双键上电子云密度低,且不易极化,对阳离子活性种亲和力小,难以进行阳离子聚合。丙烯、丁烯上的甲基、乙基是推电子基,双键电子云密度有所增加,但一个烷基的供电性不强,聚合增长速率并不快,生成的碳阳离子是二级碳阳离子,电荷不能很好地分散,不够稳定,容易发生重排等副反应,生成更稳定的三级碳阳离子。以丙烯为例:

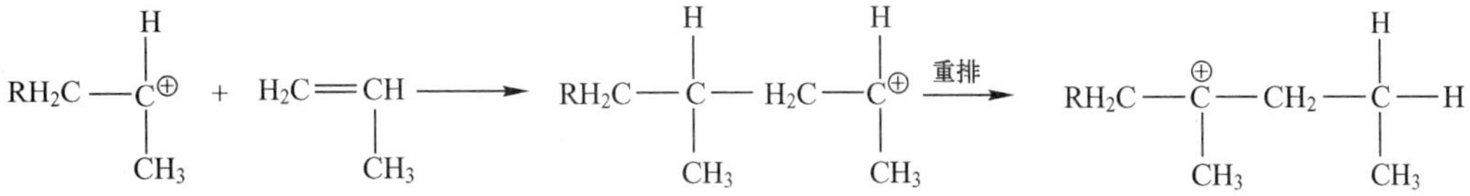

重排的结果将导致支化,三级碳阳离子比二级碳阳离子稳定,不容易再发生反应。丙烯、丁烯经阳离子聚合只能得到低分子油状物。

异丁烯有两个甲基供电基,使 C≡C 双键电子云密度增加很多,易受阳离子活性种进攻,引发阳离子聚合,生成的三级碳阳离子较为稳定。链中—CH_2—上的氢,受两边 4 个甲基的保护,不易被夺取,减少了重排、支化等副反应,因而可以生成分子量很高的线型聚合物。

更高级的 α-烯烃,由于空间位阻效应较大,一般不能通过阳离子聚合得到高分子量聚合物。因此,实际上异丁烯是至今为止唯一一个具有实际工业价值和研究价值的能进行阳离子聚合的 α-烯烃单体。

2) 烷基乙烯基醚

烷氧基的诱导效应使双键电子云密度降低,但氧原子上的未共有电子对与双键形成

p-π 共轭效应,双键电子云增加。与诱导效应相比,共轭效应对电子云偏移的影响程度更大。事实上,烷氧基乙烯基醚只能进行阳离子聚合。

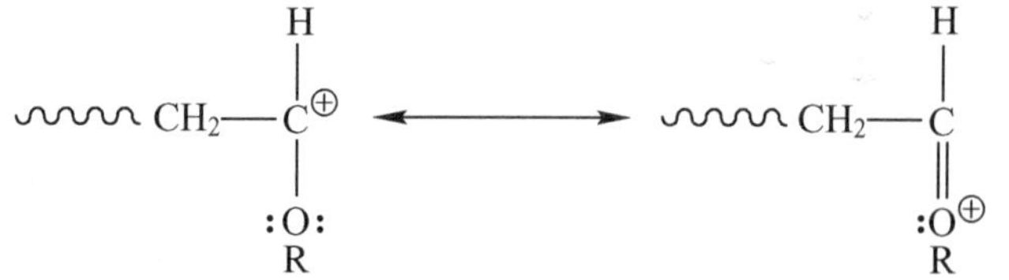

但当烷基换成芳基后,由于氧上的未共有电子对也能与芳环形成共轭,分散了双键上的电子云密度,从而使其进行阳离子聚合的活性大大降低。

3) 共轭单体

苯乙烯、丁二烯等含有共轭体系的单体,由于其 π 电子云的流动性强,易诱导极化,因此能进行阳离子、阴离子或自由基聚合。但聚合活性较低,远不及异丁烯和烷基乙烯基醚,工业上很少单独用阳离子聚合生成均聚物。一般选用共聚单体。异丁烯与少量异戊二烯共聚,可制备丁基橡胶。

4) 其他

N–乙烯基咔唑、乙烯基吡咯烷酮、茚、古马隆等都是可进行阳离子聚合的活泼单体。

2. 阳离子聚合的引发体系

阳离子聚合的引发方式有两种:一是由引发剂生成阳离子,进而引发单体,生成碳阳离子;二是电荷转移引发。

阳离子聚合引发剂都是亲电试剂,主要包括以下几类。

1) 质子酸

常用的质子酸有 H_2SO_4、HCl、HBr、$HClO_4$、Cl_3CCOOH 及 HF 等。其中最常用的是 H_2SO_4。质子酸在溶剂作用下电离成 H^+ 离子与酸根阴离子,H^+ 离子与烯烃双键加成形成单体阳离子,酸根阴离子则作为反离子(或抗衡离子)存在:

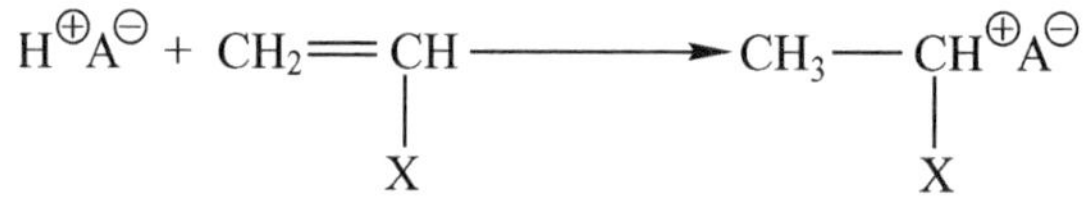

质子酸成功引发聚合反应要求酸要有足够的强度产生质子 H^+,故弱酸不行;酸根的亲核性不能太强,否则会与活性中心结合成共价键而终止:

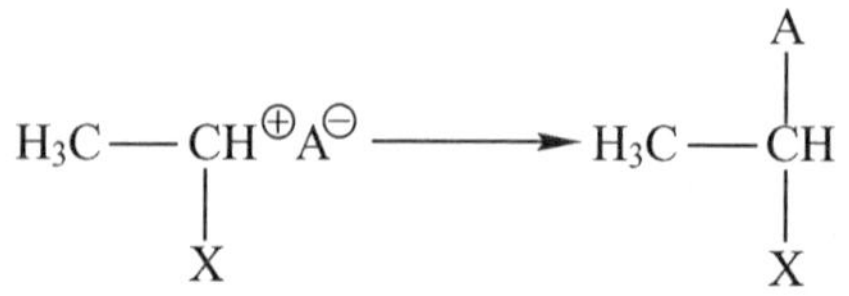

氢卤酸(如 HCl、HBr)的酸根亲核性太强,一般不作为阳离子聚合引发剂;HSO_4^-、$H_2PO_4^-$ 的亲核性稍差,可以得到低聚体;$HClO_4$、CF_3COOH、CCl_3COOH 的超强酸根较弱,可以生成高聚物。

采用质子酸作引发剂,要获得高聚物,可从下列几个方面考虑:

(1) 从结构方面,选用活性较大单体,如 N–乙烯基咔唑,在甲苯溶液中用 HCl 引发即可获得高分子量产物;选用共轭碱 A^- 的亲核性较弱的酸,如用 $HClO_4$ 而非 HCl。

(2) 从反应条件方面,可采用极性溶剂(极性越大,越易稳定离子对,阻碍正负离子间的成键作用），如 CF_3COOH 加入到苯乙烯中不能聚合；苯乙烯加入到 CF_3COOH 中则能聚合；也可通过改变质子酸的浓度、降低聚合温度、加入某些金属或其氧化物。如异丁基乙烯基醚用 HCl 引发不能聚合，若在反应体系中加入 Ni、Co、Fe、Ca 或氧化物 V_2O_5、PbO_2、SiO_2 等即可聚合。这些添加物可促使 HCl 电离，且与 Cl^- 络合使之稳定。

2）Lewis 酸

一些缺电子物质，尤其是 Friedel-Crafts 催化剂，如 BF_3、$AlCl_3$、$SnCl_4$、$SnCl_2$、$SbCl_3$、$ZnCl_2$、$TiCl_4$ 等通常被称为 Lewis 酸。Lewis 酸是最常用的阳离子聚合引发剂，种类很多。聚合大多在低温下进行，所得聚合物分子量可以很高。

Lewis 酸单独使用时活性不高，往往与少量共引发剂（如水）共用，两者形成络合物离子对，才能引发阳离子聚合：

（1）"Lewis 酸-质子酸"引发体系

常见的助引发剂（质子酸）有 H_2O、HCl、HF 及 CCl_3COOH。与 Lewis 酸先形成络合物和离子对，如 BF_3-H_2O 引发体系，然后引发异丁烯聚合。

$$BF_3 + H_2O \longrightarrow H^{\oplus}(BF_3OH)^{\ominus}$$

$$CH_2 = \underset{\underset{CH_3}{|}}{\overset{\overset{CH_3}{|}}{C}} + H^{\oplus}(BF_3OH)^{\ominus} \longrightarrow CH_3 - \underset{\underset{CH_3}{|}}{\overset{\overset{CH_3}{|}}{C}}{}^{\oplus}(BF_3OH)^{\ominus}$$

在这一反应过程中，微量水属共引发剂。过量水存在时，将使阳离子聚合活性降低，可以发生向水分子的终止反应，形成没有活性的配合物。

（2）Lewis 酸-卤代烃引发体系

常见的 RX 包括氯代叔丁烷、氯代正丁烷、3-氯-1-丁烯、二苯基氯甲烷等。

$$t-BuCl + Et_2AlCl \longrightarrow t-Bu^{\oplus}Et_2AlCl_2^{\ominus}$$

$$t-Bu^{\oplus}Et_2AlCl_2^{\ominus} + CH_2 = \underset{\underset{CH_3}{|}}{\overset{\overset{CH_3}{|}}{C}} \longrightarrow t-Bu-CH_2-\underset{\underset{CH_3}{|}}{\overset{\overset{CH_3}{|}}{C}}{}^{\oplus}Et_2AlCl_2^{\ominus}$$

（3）Lewis 酸-卤素体系

卤素和某些烷基铝化合物混合物可以引发异丁烯聚合，特别有效的是 $Et_2AlCl-Cl_2$ 体系。

$$Cl_2 + Et_2AlCl \rightleftharpoons Cl^{\oplus}Et_2AlCl_2^{\ominus}$$

$$Cl^{\oplus}Et_2AlCl_2^{\ominus} + M \longrightarrow ClM^{\oplus}Et_2AlCl_2^{\ominus}$$

又如 $SnCl_4-RCl$ 体系，引发剂和共引发剂的共引发作用如下：

$$SnCl_4 + RCl \longrightarrow R^{\oplus}(SnCl_5)^{\ominus}$$

$$CH_2 = \underset{\underset{Y}{|}}{\overset{\overset{X}{|}}{C}} + R^{\oplus}(SnCl_5)^{\ominus} \longrightarrow RCH_2 - \underset{\underset{Y}{|}}{\overset{\overset{X}{|}}{C}}{}^{\oplus}(SnCl_5)^{\ominus}$$

引发剂和共引发剂的不同组合，可得到不同引发活性的引发体系。主引发剂的活性

与接受电子的能力、酸性强弱有关,顺序如下:

$$BF_3>AlCl_3>TiCl_4>SnCl_4 \qquad AlCl_3>AlRCl_2>AlR_2Cl>AlR_3$$

共引发剂的活性顺序为:

$$HX>RX>RCOOH>ArOH>HO_2>ROH>R_1COR_2$$

通常引发剂和共引发剂有一最佳比,此时聚合速率最快,分子量最大。此外,最佳比还与溶剂性质有关。定性地说,共引发剂过少,则活性不足;共引发剂过多,则将终止。

在工业上,一般采用反应速率较为适中的 $AlCl_3-H_2O$ 引发体系。对有些阳离子聚合倾向很大的单体,可不需要共引发剂,如烷基乙烯基醚。

3) 其他引发剂

其他阳离子引发剂有碘、高氯酸盐、六氯化铅盐等。例如碘分子歧化成离子对,再引发聚合:

$$I_2+I_2 \longrightarrow I^{\oplus}(I_3)^{\ominus}$$

形成的碘阳离子可引发活性较大单体,如对甲氧基苯乙烯、烷基乙烯基醚等。

阳离子聚合也能通过高能辐射引发,形成自由基阳离子,自由基进一步偶合,形成双阳离子活性中心,高能辐射引发阳离子聚合的特点是无反离子存在。

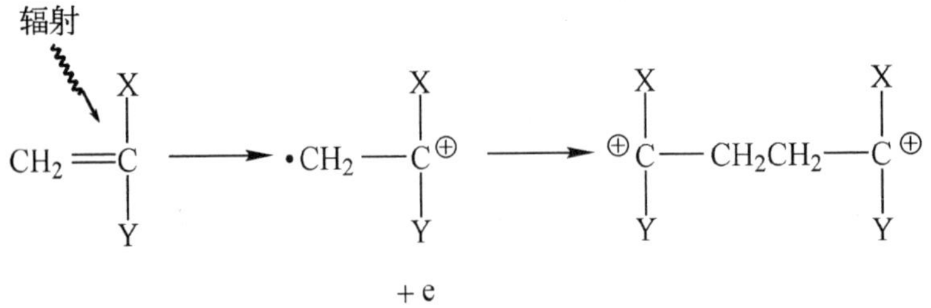

4) 电荷转移络合物(CTC)引发

电荷转移络合物有两部分组成:电子给予体分子和电子接受体分子,两种分子常以1:1(分子比)比例结合成络合物。电子给予体分子中有结合不牢固的电子,具有较低的电离势;电子接受体分子则相反,具有能位较低的空轨道,对电子的亲核能较高。

在 CTC 中,往往是电子给予体给出一对电子构成它与电子接受体间的络合键,而电子给予体上的一个电子能否全部或部分地转移到电子接受体分子中去,即转移的程度将取决于 D、A 两者的结构、电离能、亲核能、溶剂极性、温度及有否光照等因素。

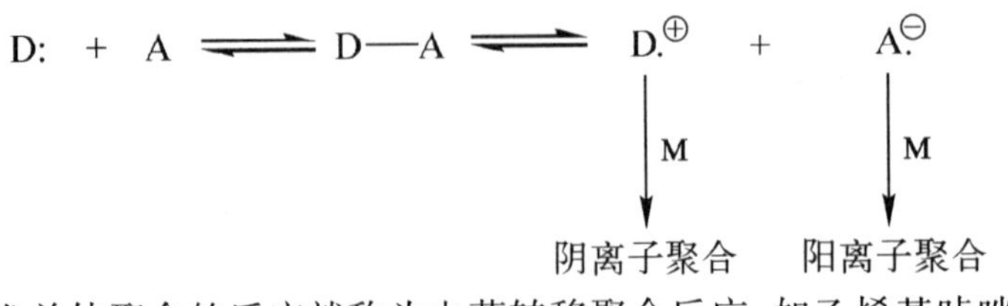

由 CTC 引发单体聚合的反应就称为电荷转移聚合反应,如乙烯基咔唑和四腈基乙烯(TCE)的电荷转移引发:

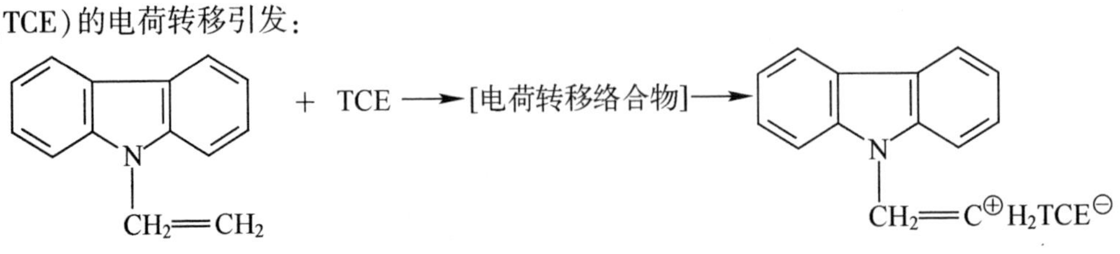

296

3. 阳离子聚合机理及动力学

1) 阳离子聚合机理

阳离子聚合是由链引发、链增长和链终止等基元反应组成的。与自由基聚合相比,阳离子聚合有其自身的特点,如快引发、快增长、易转移、难终止,链转移是终止的主要的方式等。

(1) 链引发

以引发剂 Lewis 酸(C)和共引发剂(RH)为例。引发剂首先与质子给体(RH)形成络合离子对,小部分离解成质子和自由离子,两者之间建立平衡。然后引发单体聚合。

$$C+RH \Longleftrightarrow H^{\oplus}(CR)^{\ominus} \Longleftrightarrow H^{\oplus}+(CR)^{\ominus}$$

$$H^{\oplus}(CR)^{\ominus}+M \xrightarrow{k_i} HM^{\oplus}(CR)^{\ominus}$$

阳离子引发极快,引发活化能为 $E_i = 8.4 \sim 21 kJ/mol$(自由基聚合的 $E_d = 105 \sim 125 kJ/mol$),几乎瞬间完成。

(2) 链增长

引发反应生成的碳阳离子活性中心与反离子始终构成离子对,离子对与单体发生连续的亲电加成反应使链增长。

$$HM_n^{\oplus}(CR)^{\ominus}+M \xrightarrow{k_p} HM_nM^{\oplus}(CR)^{\ominus}$$

阳离子聚合的链增长反应具有如下特点:

① 增长反应是离子和分子间的反应,活化能低,增长速度快,几乎与引发同时完成($E_p = 8.4 \sim 21 kJ/mol$)。

② 离子对的紧密程度与溶剂、反离子性质、温度等有关对聚合速率、分子量和构型有较大影响,相对分子量分布较宽。

③ 常伴有分子内重排,异构成更稳定的结构,例如 3-甲基-1-丁烯聚合,先形成二级碳阳离子,然后转化为更稳定的三级碳阳离子。因此,分子链中可能含有两种结构单元。

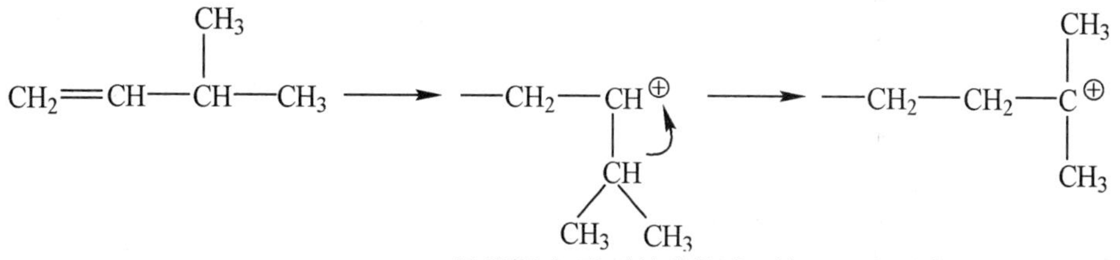

二级碳阳离子（仲碳阳离子）　　三级碳阳离子（叔碳阳离子）

(3) 链转移和链终止

离子聚合的活性种带有电荷,无法双基终止,因此只能通过单基终止和链转移终止,也可人为添加终止剂终止。

自由基聚合的链转移一般不终止动力学链,而阳离子聚合的链转移则有可能终止动力学链。因此,阳离子聚合的链终止只可分为动力学链不终止的链终止反应和动力学链终止的链终止反应两类。

① 动力学链不终止

向反离子转移:增长离子对重排导致活性链终止成聚合物,再生出引发剂-共引发剂络合物,继续引发单体,动力学链不终止。

$$\text{H} \left[\text{CH}_2\underset{\underset{\text{CH}_3}{|}}{\overset{\overset{\text{CH}_3}{|}}{\text{C}}} \right]_n \text{CH}_2\underset{\underset{\text{CH}_3}{|}}{\overset{\overset{\text{CH}_3}{|}}{\text{C}}}{}^{\oplus}(\text{BF}_3\text{OH})^{\ominus} \longrightarrow \text{H} \left[\text{CH}_2\underset{\underset{\text{CH}_3}{|}}{\overset{\overset{\text{CH}_3}{|}}{\text{C}}} \right]_n \text{CH}_2\overset{\overset{\text{CH}_3}{|}}{\text{C}}{=}\text{CH}_2 + \text{H}^{\oplus}(\text{BF}_3\text{OH})^{\ominus}$$

向单体转移:活性种向单体转移,形成含不饱和端基的大分子,同时引发剂再生,动力学链不终止。

$$\text{H} \left[\text{CH}_2\underset{\underset{\text{CH}_3}{|}}{\overset{\overset{\text{CH}_3}{|}}{\text{C}}} \right]_n \text{CH}_2\underset{\underset{\text{CH}_3}{|}}{\overset{\overset{\text{CH}_3}{|}}{\text{C}}}{}^{\oplus}(\text{BF}_3\text{OH})^{\ominus} \; + \; \underset{H^+}{\text{CH}_2{=}\overset{\overset{\text{CH}_3}{|}}{\underset{\underset{\text{CH}_3}{|}}{\text{C}}}}$$

$$\longrightarrow \text{H} \left[\text{CH}_2\underset{\underset{\text{CH}_3}{|}}{\overset{\overset{\text{CH}_3}{|}}{\text{C}}} \right]_n \text{CH}_2\overset{\overset{\text{CH}_3}{|}}{\text{C}}{=}\text{CH}_2 + \text{CH}_3\overset{\overset{\text{CH}_3}{|}}{\underset{\underset{\text{CH}_3}{|}}{\text{C}}}{}^{\oplus}(\text{BF}_3\text{OH})^{\ominus}$$

向单体链转移是阳离子聚合最主要终止方式之一。向单体转移常数 C_M 约 $10^{-2} \sim 10^{-4}$,比自由基聚合大($10^{-4} \sim 10^{-5}$),是控制分子量的主要因素。

为保证聚合物有足够大的分子量,阳离子聚合一般在低温下进行。例如,异丁烯的聚合,$T = -40 \sim 0\,^\circ\!C$,$Mn < 5$ 万,$T = -100\,^\circ\!C$,$Mn = 5 \sim 500$ 万。

② 动力学链终止

a. 反离子向活性中心加成终止

反离子亲核性足够强时会与增长的碳阳离子以共价键结合而终止。

$$\text{HMnM}^{\oplus}(\text{CR})^{\ominus} \longrightarrow \text{HMnM}(\text{CR})$$

例如三氟乙酸引发的苯乙烯聚合:

$$\text{H} \left[\text{CH}_2\text{CH} \right]_n \text{CH}_2\text{CH}^{\oplus}(\text{F}_3\text{CCOO})^{\ominus} \longrightarrow \text{H} \left[\text{CH}_2\text{CH} \right]_n \text{CH}_2\overset{\overset{H}{|}}{\text{C}}{-}\text{O}{-}\overset{\overset{O}{\|}}{\text{C}}{-}\text{CF}_3$$

b. 活性中心与反离子中的阴离子碎片结合终止

活性中心与反离子中的阴离子碎片结合而终止,从而使引发剂—共引发剂比例改变。例如用 $\text{BF}_3\text{-H}_2\text{O}$ 引发的异丁烯聚合。

$$\text{H} \left[\text{CH}_2\underset{\underset{\text{CH}_3}{|}}{\overset{\overset{\text{CH}_3}{|}}{\text{C}}} \right]_n \text{CH}_2\underset{\underset{\text{CH}_3}{|}}{\overset{\overset{\text{CH}_3}{|}}{\text{C}}}{}^{\oplus}(\text{BF}_3\text{OH})^{\ominus} \longrightarrow \text{H} \left[\text{CH}_2\underset{\underset{\text{CH}_3}{|}}{\overset{\overset{\text{CH}_3}{|}}{\text{C}}} \right]_n \text{CH}_2\underset{\underset{\text{CH}_3}{|}}{\overset{\overset{\text{CH}_3}{|}}{\text{C}}}{-}\text{OH} + \text{BF}_3$$

c. 添加链终止剂

阳离子聚合自身不容易终止,通过添加水、醇、酸、醚、胺、醌等终止剂可使聚合反应终止。

$$\text{HMnM}^{\oplus}(\text{CR})^{\ominus} + \text{XA} \xrightarrow{k_{tr,S}} \text{HMnMA} + \text{X}^{\oplus}(\text{CR})^{\ominus}$$

$$\text{H}\overbrace{\text{CH}_2\underset{\underset{\text{CH}_3}{|}}{\overset{\overset{\text{CH}_3}{|}}{\text{C}}}}^{}{}_n\text{CH}_2\underset{\underset{\text{CH}_3}{|}}{\overset{\overset{\text{CH}_3}{|}}{\text{C}}}{}^{\oplus}(\text{BF}_3\text{OH})^{\ominus} + \text{H}_2\text{O} \longrightarrow \text{H}\overbrace{\text{CH}_2\underset{\underset{\text{CH}_3}{|}}{\overset{\overset{\text{CH}_3}{|}}{\text{C}}}}^{}{}_n\text{CH}_2\underset{\underset{\text{CH}_3}{|}}{\overset{\overset{\text{CH}_3}{|}}{\text{C}}}\text{—OH} + \text{H}^{\oplus}(\text{BF}_3\text{OH})^{\ominus}$$

$$\Big\downarrow \text{H}_2\text{O}$$

$$\text{H}_3\text{O}^{\oplus}(\text{BF}_3\text{OH})^{\ominus}$$

形成的氧鎓离子活性低,不能再引发聚合。

2) 阳离子聚合动力学

阳离子聚合速率快,对环境条件苛刻,微量杂质对聚合速率影响很大,实验重复性差;引发速率很快,而真正的终止反应实际上不存在,稳态假定很难成立等,使得其动力学研究复杂化。因此只能在特定条件下做动力学研究。

(1) 聚合速率

离子聚合无双基终止,无自动加速现象,往往以低活性的 SnCl_4 为引发剂,向反离子转移作为终止方式时的聚合作为典型进行讨论。

以下为各基元反应的动力学方程。

链引发:

$$R_i = k_i [\text{H}^{\oplus}(\text{CR})^{\ominus}][\text{M}] = K k_i [\text{C}][\text{RH}][\text{M}]$$

链增长:

$$R_p = k_p [\text{HM}^{\oplus}(\text{CR})^{\ominus}][\text{M}]$$

链终止:

$$R_t = k_t [\text{HM}^{\oplus}(\text{CR})^{\ominus}]$$

式中:$[\text{HM}^{\oplus}(\text{CR})^{\ominus}]$ 为所有增长离子对的总浓度;K 为引发剂和共引发剂络合平衡常数。为便于处理,仍作稳态假定,$R_i = R_t$。

则有:

$$[\text{HM}^{\oplus}(\text{CR})^{\ominus}] = \frac{K k_i [\text{C}][\text{RH}][\text{M}]}{k_t}$$

聚合速率方程为:

$$R_p = \frac{K k_i k_p [\text{C}][\text{RH}][\text{M}]^2}{k_t}$$

由此可见,速率对引发剂和共引发剂均呈一级反应,对单体浓度则呈二级反应。自发终止时,引发剂浓度为常数,而向反离子加成时,引发剂浓度下降。

(2) 聚合度

在阳离子聚合中,向单体转移和向溶剂转移是主要的终止方式,虽然转移后聚合速率不变,但聚合度降低。转移速率方程为:

$$R_{tr,M} = k_{tr,M} [\text{HM}^{\oplus}(\text{CR})^{\ominus}][\text{M}]$$

$$R_{tr,S} = k_{tr,S} [\text{HM}^{\oplus}(\text{CR})^{\ominus}][\text{S}]$$

参照自由基聚合,可将阳离子聚合物的聚合度表达为:

$$\frac{1}{\overline{X}_n} = \frac{k_t}{k_p[M]} + C_M + C_S \frac{[S]}{[M]}$$

单基终止时:

$$\overline{X}_n = \frac{R_p}{R_t} = \frac{k_p[M]}{k_t}$$

向单体转移终止时:

$$\overline{X}_n = \frac{R_p}{R_{tr,M}} = \frac{k_p}{k_{tr,M}} = \frac{1}{C_M}$$

向溶剂转移终止时:

$$\overline{X}_n = \frac{R_p}{R_{tr,S}} = \frac{k_p[M]}{k_{tr,S}[S]} = \frac{1}{C_S} \cdot \frac{[M]}{[S]}$$

4. 影响阳离子聚合的因素

1) 反应介质(溶剂)的影响

在阳离子聚合中,活性中心离子与反离子形成离子对,增长反应在离子对中进行。溶剂的极性大小影响离子对的松紧程度,从而影响聚合速率。

$$A\text{–}B \rightleftharpoons A^{\oplus}B^{\ominus} \rightleftharpoons A^{\oplus} \parallel B^{\ominus} \rightleftharpoons A^{\oplus} + B^{\ominus}$$

共价键　　紧对　　　　松对　　　　　　自由离子

一般情况下,离子对为松对时的聚合速率和聚合度均较大。溶剂的极性越大,松对比例越高,因此聚合速率和聚合度都较大。

2) 反离子的影响

反离子亲核性对能否进行阳离子聚合有很大的影响。亲核性强,易与活性中心离子结合,使链终止。如 Cl^- 一般不宜作为反离子。

其次,反离子的体积越大,离子对越疏松,聚合速率越大。如用 I_2、$SnCl_4\text{–}H_2O$、$HClO_4$ 引发苯乙烯在 2,2-二氯乙烷中 25℃ 下的阳离子聚合,聚合速率常数分别为 0.003L/mol·s、0.42L/mol·s、1.70L/mol·s。

反离子对增长速率常数的频率因子 Ap 也有类似影响。

3) 聚合温度的影响

根据 Arrhenius 公式可知,聚合速率和聚合度的综合活化能分别为:

$$E_R = E_i + E_p - E_t$$
$$E_{\overline{X}_n} = E_p - E_t$$

通常聚合速率总活化能 $E_R = -21 \sim 41.8 kJ/mol$,因此往往出现聚合速率随温度降低而增加的现象。$E_{\overline{X}_n}$ 一般为 $-29 \sim -12.5 kJ/mol$,表明聚合度随温度降低而增加。这也是阳离子聚合一般在低温下进行的原因,同时温度低还可减弱副反应。

例 1:异丁烯聚合

$AlCl_3$ 为引发剂,氯甲烷为溶剂,在 -40~0℃ 聚合,得低分子量(<5 万)聚异丁烯,用于黏结剂、密封材料等;在 -100℃ 下聚合,得高分子量产物(5~100 万),用作橡胶制品。

例 2:丁基橡胶制备

异丁烯和少量异戊二烯(1%~6%)为单体,$AlCl_3$ 为引发剂,氯甲烷为稀释剂,在

−100℃下聚合，瞬间完成，分子量达 20 万以上。丁基橡胶冷却时不结晶，−50℃柔软，耐候，耐臭氧，气密性好，主要用作内胎。

4.2.2 阴离子聚合

20 世纪早期，碱催化环氧乙烷开环聚合和丁钠橡胶的合成都属于阴离子聚合，但当时并不知道机理。1956 年，兹瓦克(M. Szwarc, 1909—2000)根据苯乙烯-萘钠-四氢呋喃体系的聚合特征，首次提出活性阴离子聚合的概念。此后，这一领域迅速发展。

从体系上讲，阴离子聚合的常用单体包括丁二烯类和丙烯酸酯类，常用的引发剂为丁基锂。主要的聚合物包括低顺 1,4-聚丁二烯、顺 1,4-聚异戊二烯、苯乙烯-丁二烯-苯乙烯嵌段共聚物等。

阴离子聚合反应的通式可表示如下：

$$A^{\oplus}B^{\ominus}+M \longrightarrow BM^{\ominus}A^{\oplus}\cdots \xrightarrow{\ M\ } -M_n-$$

式中：$B^{\ominus}$ 为阴离子活性中心，$A^{\oplus}$ 为反离子，一般为金属离子。与阳离子聚合不同，阴离子聚合中活性中心可以是自由离子、离子对或是处于缔合状态阴离子。

阴离子聚合反应具有如下的特性：

(1) 多种链增长活性种共存：在反应体系中，紧密离子对、溶剂分离离子对和自由离子都具有链增长活性。

(2) 单体与引发剂之间有选择性：即能引发 A 单体聚合的引发剂，不一定能引发 B 单体聚合。例如 H_2O，对于一般单体不具备引发聚合活性，但对于一些带强吸电子取代基的 1,1-二取代乙烯基，由于单体活性很高，因此即使像 H_2O 这样非常弱的碱也能引发聚合，如：

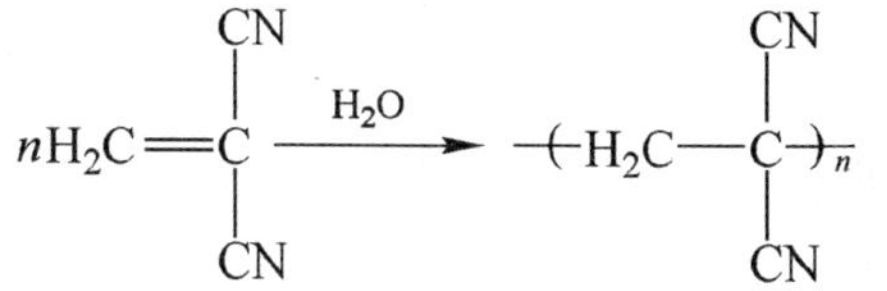

(3) 无双基终止：由于链增长活性中心是负电性，相互之间不可能发生双基终止，只能与体系中其他的亲电试剂反应终止，如：

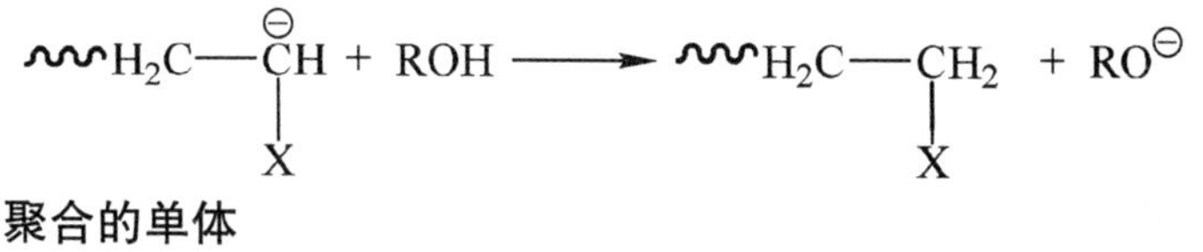

1. 阴离子聚合的单体

能够进行阴离子聚合反应的单体与能够进行阳离子聚合反应的单体相反，带有吸电子取代基的烯类单体往往可以发生阴离子型聚合反应，比如烯类、羰基化合物、三元含氧杂环和含氮杂环都有可能进行阴离子聚合。

1) 带吸电子取代基的乙烯基单体

如果取代基与双键形成 $\pi-\pi$ 共轭，则一方面，其吸电子性能能使双基上电子云密度降低，有利于阴离子的进攻，另一方面，形成的碳阴离子活性中心由于取代基的共轭效应而稳定，因此，这类单体具有很高的阴离子聚合活性，易进行阴离子聚合。如：

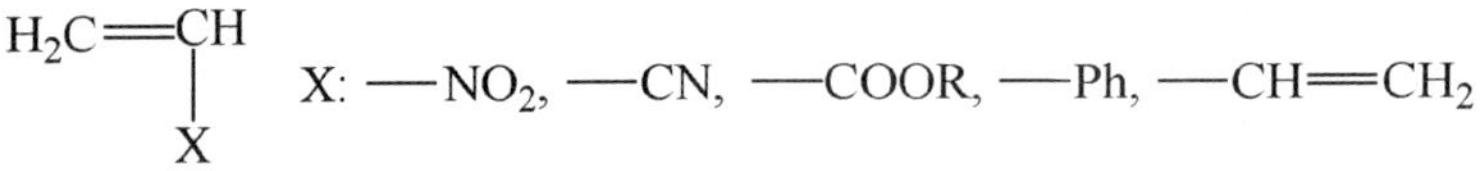

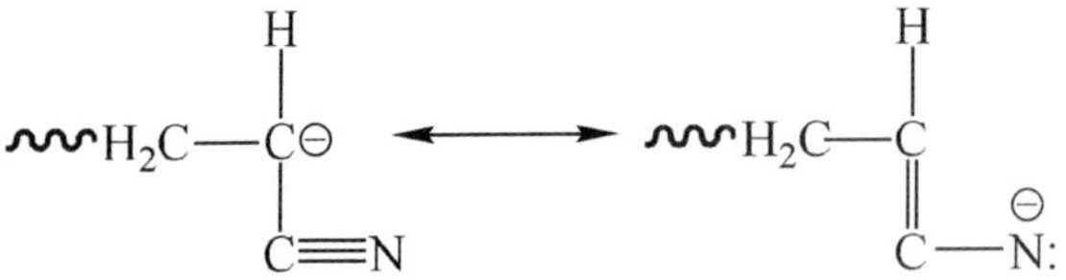

$$H_2C=CH \quad\quad X: —NO_2, \ —CN, \ —COOR, \ —Ph, \ —CH=CH_2$$
$$|$$
$$X$$

$$\sim\sim H_2C—\overset{H}{\underset{|}{C}}^{\ominus} \longleftrightarrow \sim\sim H_2C—\overset{H}{\underset{|}{C}}$$
$$\underset{C\equiv N}{} \qquad\qquad \underset{C=\overset{\ominus}{N}}{}$$

但对于一些同时具有给电子 $p\text{-}\pi$ 共轭效应的吸电子取代基单体而言,由于 $p\text{-}\pi$ 给电子共轭效应降低了其吸电子诱导效应对双键电子云密度的降低程度,不易受阴离子的进攻,不具备阴离子聚合活性。如:

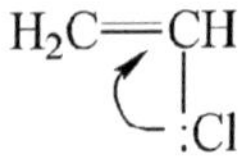

$$H_2C=CH \qquad\qquad H_2C=CH$$
$$\underset{:Cl}{} \qquad\qquad \underset{:O—C—CH_3}{\underset{\|}{O}}$$

氯乙烯 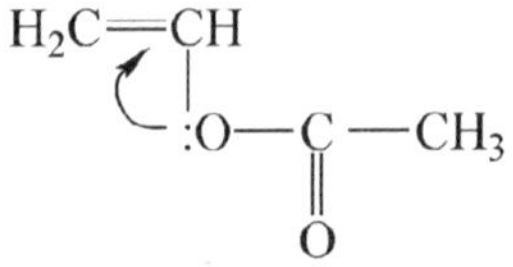　　　　　　　　乙酸乙烯酯

2）羰基化合物

如 HCHO。

3）杂环化合物

一般是一些含氧、氮等杂原子的环状化合物,如:

（环氧化合物　　　内酰胺　　　内酯结构式）

环氧化合物　　　　内酰胺　　　　内酯

2. 阴离子聚合的引发体系

阴离子聚合的引发剂包括碱金属、碱金属和碱土金属的有机化合物、三级胺等碱类、给电子体或亲核试剂。

根据引发机理可分为电子转移引发和阴离子直接引发两类。

1）电子转移引发-碱金属

Li、Na、K 等碱金属原子最外层仅一个价电子,容易转移给单体或其他化合物,生成单体自由基-阴离子,并进而形成双阴离子引发聚合,因此属于电子转移引发。丁钠橡胶的生产是这一引发机理的典型例子,但丁钠橡胶性能差,引发效率低,该技术早已淘汰。以苯乙烯为单体引发反应过程如下所示,碱金属将外层电子直接转移给苯乙烯,生成单体自由基-阴离子,两分子的自由基末端偶合终止,转变成双阴离子,而后由两端阴离子引发单体双向增长而聚合。

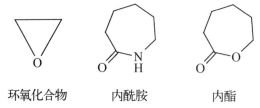

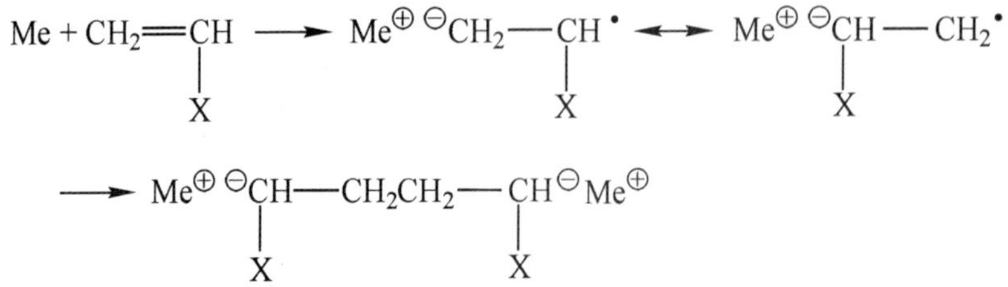

302

碱金属也可将电子转移给中间体,使中间体转变为自由基——阴离子,然后再将活性转移给单体。这种引发能量较低,反应速度快。如萘—钠引发体系在四氢呋喃溶液中引发苯乙烯的聚合。

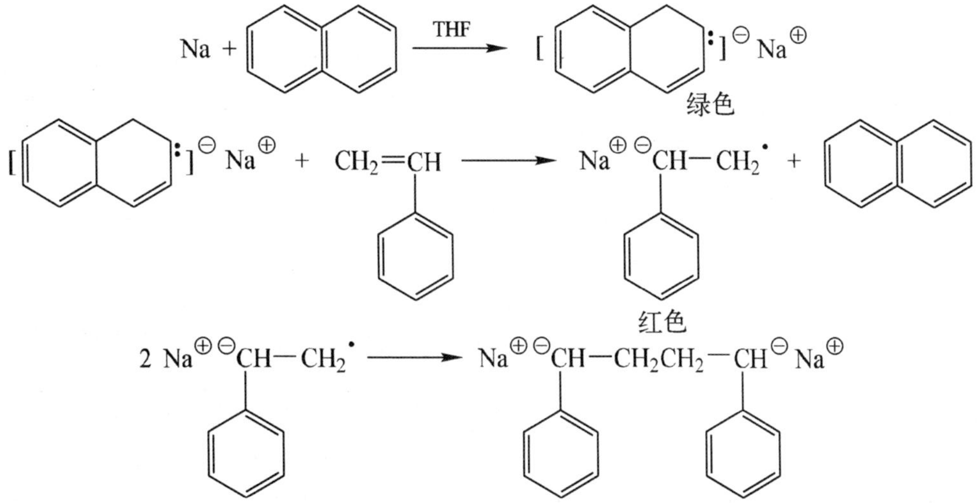

需要注意的是,碱金属一般不溶于单体和溶剂,是非均相聚合体系,聚合在金属细粒表面进行,效率较低。聚合过程中通常是把金属与惰性溶剂加热到金属的熔点以上,剧烈搅拌,然后冷却得到金属微粒,再加入聚合体系。萘-钠体系实施聚合反应时,先将金属钠与萘在惰性溶剂中反应后再加入聚合体系引发聚合反应,属均相引发体系,碱金属利用率增加,聚合效率提高。

2) 阴离子直接引发-有机金属化合物

这类引发剂的品种较多,主要包括金属胺基化合物、金属烷基化合物和格利雅试剂等亲核试剂。

$NaNH_2$ 和 KNH_2 在液氨体系可呈自由阴离子形式引发聚合,是研究得最早的阴离子引发剂。这类引发剂的活性太大,聚合不易控制,故目前已不使用。

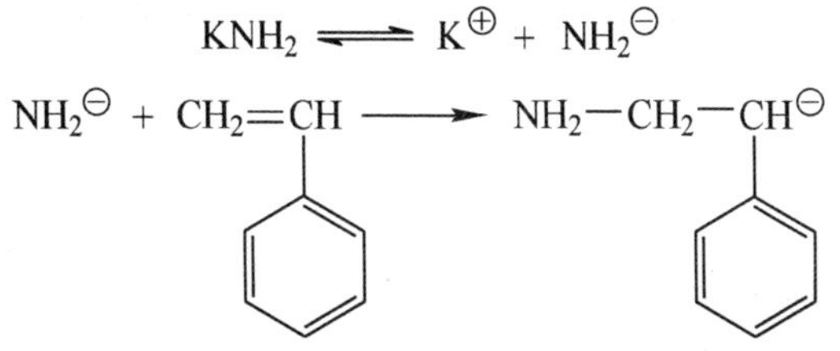

金属烷基化合物 RMe 是目前最常用的阴离子聚合引发剂。其活性与金属的电负性有关。金属与碳的电负性相差越大,越容易形成离子。各种元素的电负性如下:C(2.5),Mg(1.2),Li(1.0),Na(0.9),K(0.8)。

RLi、RNa、RK 都是引发活性很大的引发剂,其中以 RLi 最为常用,如丁基锂。丁基锂之所以成为最常用的阴离子引发剂,原因是其兼具引发活性和良好的溶解性能。锂电负性为1.0,是碱金属中原子半径最小的元素,Li—C 键为极性共价键,丁基锂可溶于多种非极性溶剂和极性溶剂中,丁基锂在非极性溶剂中以缔合体存在,无引发活性;若添加少量四氢呋喃,则解缔合成单量体,就有引发性。同时,四氢呋喃中氧的未配对电子与锂阳离子络合,有利于疏松离子对或自由离子的形成,活性得以提高。

$$(C_4H_9Li)_n \xrightarrow{\text{烷烃}} C_4H_9Li \xrightarrow{\text{单体}} C_4H_9^{\ominus}Li^{\oplus}$$

$$C_4H_9^{\ominus}Li^{\oplus}+M \longrightarrow C_4H_9M^{\ominus}Li^{\oplus}$$

$$C_4H_9Li+:OC_4H_8 \longrightarrow C_4H_9^{\ominus}+[Li\leftarrow OC_4H_8]^{\oplus}$$

此外,Mg 的电负性较大,R_2Mg 不能直接引发阴离子聚合。但制备成格利雅试剂 MgRX 以增加 Mg-C 键的极性,也能引发活性较大的单体聚合,如丙烯腈、硝基乙烯等。Al 必须与过渡金属配合才能用作引发剂。

3)其他亲核试剂

ROH、H_2O、R_3P、R_3N 等中性亲核试剂,都有未共用电子对,能引发很活泼的单体阴离子聚合,如硝基乙烯、偏二腈乙烯、α-氰基丙烯酸酯等。

$$R_3N: + H_2C{=}CH{\underset{X}{|}} \longrightarrow R_3\overset{\oplus}{N}{-}H_2C{-}\underset{X}{\overset{\ominus}{C}}H \longrightarrow R_3\overset{\oplus}{N}{+}CH_2{-}\underset{X}{\overset{}{C}}H{+}_n CH_2{-}\underset{X}{\overset{\ominus}{C}}H$$

电荷分离的两性离子　　　　只能引发非常活性的单体

3. 引发剂与单体的匹配

阴离子聚合的单体和引发剂的活性各不相同,并具有选择性。只有某些引发剂才能引发某些单体。表 4-1 是阴离子聚合的单体活性和引发剂活性。

分析表 4-1 可以发现,单体与引发剂匹配的基本原则如下:活性大的引发剂可引发活性从小至大的活种单体;而引发活性小的引发剂,只能引发活性大的单体。

表 4-1　阴离子聚合的单体活性和引发剂活性

引发剂活性	高	较高	中	低
引发剂	K,Na 萘-Na 复合物 KNH_2,RLi	RMgX t-BuOLi	ROK RONa ROLi	吡啶 R_3N H_2O
单体	苯乙烯 α-甲基苯乙烯 丁二烯 异戊二烯	丙烯酸甲酯 四基丙烯酸甲酯	丙烯腈 甲基丙烯腈 甲基丙烯酮	偏二氰乙烯 α-氰基丙烯酸乙酯 硝基乙烯
单体活性	低	中	较高	高

4. 阴离子聚合的机理和动力学

1)阴离子聚合的机理

阴离子聚合的特点是快引发、慢增长、无终止。"无终止"是指阴离子聚合在适当条件下(体系非常纯净;单体为非极性共轭双烯),可以不发生链终止或链转移反应,活性链直到单体完全耗尽仍可保持聚合活性。这种单体完全耗尽仍可保持聚合活性的聚合物链阴离子称为"活高分子"。

如萘钠在 THF 中引发苯乙烯聚合,碳阴离子增长链为红色,直到单体 100% 转化,红色仍不消失,重新加入单体,仍可继续链增长,红色消退非常缓慢,可持续几天至几周。

(1) 链引发

根据引发机理,阴离子聚合可分为电子转移引发和阴离子引发两类。其中,阴离子引发根据引发阴离子与抗衡阳离子的离解程度不同,可有两种情况:

① 自由离子

在极性溶剂中,引发剂主要以自由离子的形式存在,引发反应为引发阴离子与单体的简单加成:

$$Nu^{\ominus} + CH_2{=\!\!=}CHX \longrightarrow Nu{-\!\!}CH_2{-\!\!}CH^{\ominus}X$$

② 紧密离子对

在非极性溶剂中,引发剂主要以紧密离子对的形式存在,一般认为其引发反应先形成引发剂与单体的 π-复合物,再引发聚合。如:

$$R{-\!\!}Li + CH_2{=\!\!=}CHX \rightleftharpoons R{-\!\!}Li{-}{-}{-}\overset{CH_2}{\underset{CHX}{\|}} \longrightarrow R{-\!\!}CH_2{-\!\!}CHLi\,X$$

在电子转移引发中,引发剂将电子转移给单体形成单体阴离子自由基,两个阴离子自由基结合成一个双阴离子再引发单体聚合。

$$Na^{\oplus\ominus}HC{-\!\!}CH_2{-\!\!}CH_2{-\!\!}CH^{\ominus}Na^{\oplus} + CO_2 \longrightarrow Na^{\oplus\ominus}OOC{-\!\!}HC{-\!\!}CH_2{-\!\!}CH_2{-\!\!}CH{-\!\!}COO^{\ominus}Na^{\oplus}$$

(2) 链增长

不管引发机理如何,增长反应始终是单体与增长聚合物链之间的加成反应,单体不断插入到离子对中,活性中心不断向后转移。

与阳离子聚合类似,阴离子聚合增长反应可能以离子紧对、松对,甚至以自由离子方式进行。离子对形式取决于反离子的性质、溶剂的极性和反应温度等。

链增长的特点是几种不同活性中心同时增长;慢增长(相对于阴离子聚合的引发速率 R_i,慢增长,但是较自由基聚合的 R_p 快)。

$$\sim\!\!\sim\!\!CH_2{-\!\!}\overset{H}{\underset{X}{C^{\ominus}}}{-\!\!}{-}{-}{-}Li^+ + CH_2{=\!\!=}\overset{H}{\underset{X}{CH}} \xrightarrow{k_p} \sim\!\!\sim\!\!CH_2{-\!\!}\overset{H}{\underset{X}{C}}{-\!\!}CH_2{-\!\!}\overset{H}{\underset{X}{C^{\ominus}}}{-}{-}{-}Li^+$$

(3) 链转移和连终止

自由基聚合通常是双基偶合、歧化终止,也有链转移终止。对于阴离子聚合,由于活性中心带有相同电荷,不能双基终止;反离子是金属离子,无法夺取某个原子而终止,而且从活性链上脱除 H 活化能相当高,非常困难。

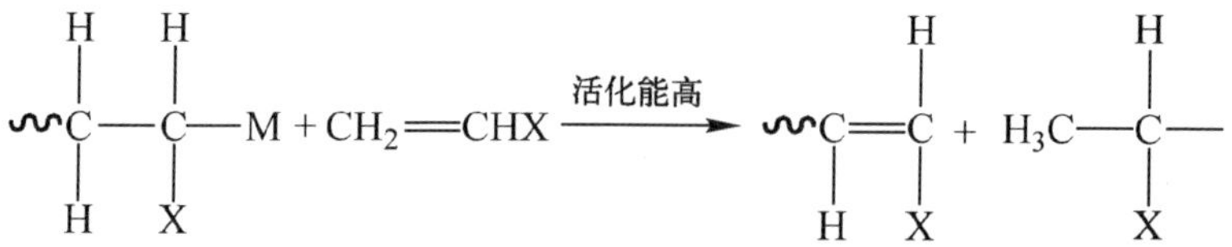

因此,对于理想的阴离子聚合体系如果不外加链终止剂或链转移剂,一般不存在链转移反应与链终止反应。

阴离子聚合需在高真空、惰性气氛或完全除水等条件下进行,试剂和反应器都必须十分洁净。微量杂质,如水、氧气、二氧化碳都会使阴离子聚合终止。在聚合末期,加入水、醇、酸(RCOOH)、胺(RNH₂)等物质可使活性聚合物终止。有目的地加入 CO₂、环氧乙烷、二异氰酸酯可获得指定端基聚合物。

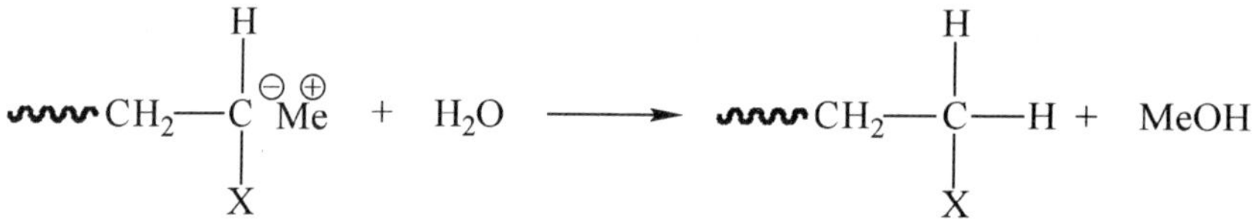

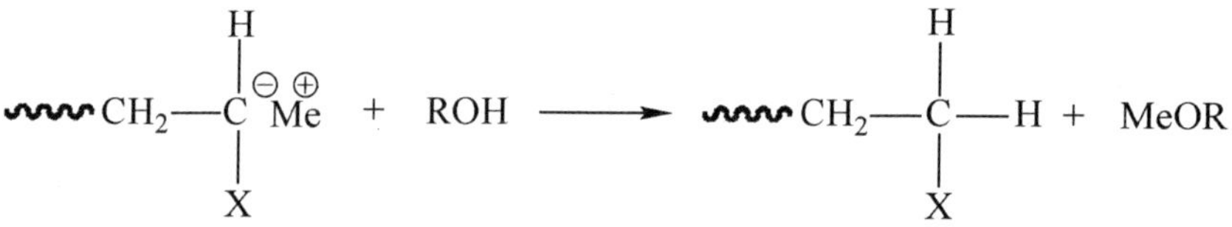

需要指出的是,有些单体(极性单体)聚合时存在链转移与链终止反应。如:丙烯腈的阴离子聚合。

2) 阴离子聚合的反应动力学

根据阴离子聚合的快引发、慢增长、无终止、无转移的机理特征,动力学处理就比较简单。快引发活化能低,与光引发相当。慢增长是与快引发相对而言,实际上阴离子聚合的链增长速率比自由基聚合还要大。

(1) 聚合速率

由于阴离子聚合为活性聚合,聚合前引发剂快速全部转变为活性中心,且活性相同。增长过成中无新的引发,活性中心数保持不变,无终止,速率方程为:

$$R_p = k_p[B^-][M] = k_p[C][M]$$

上式表明,聚合速率对单体呈一级关系。在聚合过程中,阴离子活性增长种的浓度 $[B^-]$ 始终保持不变,且等于引发剂浓度 $[C]$。将上式积分,就可得到单体浓度(或转化率)随时间作线性变化的关系式。

$$\ln \frac{[M]_0}{[M]} = k_p[C]t$$

式中:引发浓度 $[C]$ 和起始单体浓度 $[M_0]$ 已知,只要测得 t 时的残留单体浓度 $[M]$,就可求出链增长速率常数 k_p。

阴离子聚合的 k_p 与自由基聚合的 k_p 基本相近。但阴离子聚合无终止,且阴离子浓度远远大于自由基聚合中的自由基浓度(前者 $10^{-3} \sim 10^{-2}$ mol/L,后者 $10^{-9} \sim 10^{-7}$ mol/L)。综合的效果,阴离子聚合速率远远大于自由基聚合。

（2）聚合度

根据阴离子聚合特征,引发剂全部、很快转化成活性中心;链增长同时开始,各链增长几率相等;无链转移和终止反应;解聚可以忽略。转化率100%时,单体全部平均分配到每个活性端基上,因此活性聚合物的聚合度就等于单体浓度$[M]$与活性链浓度$[B^-]/n$之比,即产物的聚合度与引发剂浓度和单体浓度有关,可以定量计算。

$$\overline{X}_n = \frac{[M]}{[B^-]/n} = \frac{n[M]}{[C]}$$

式中:$[C]$为引发剂浓度,n为生成一大分子所需引发剂分子数,即双阴离子为2,单阴离子为1。活性阴离子聚合分子量分布服从 Flory 分布或 Poisson 分布。

$$\frac{\overline{X}_w}{\overline{X}_n} = 1 + \frac{\overline{X}_n}{(\overline{X}_n + 1)^2} \approx 1 + \frac{1}{\overline{X}_n}$$

从式中可见,当聚合度很大时,质均和数均聚合度之比接近1,说明分子量分布很窄。如萘钠-四氢呋喃体系引发制得的聚苯乙烯,其质均和数均聚合度之比为1.06~1.12,接近单分散性,常用作分子量测定中的标样。

5. 影响阴离子聚合速率的因素

与自由基聚合相比,阴离子聚合速率常数的影响因素较多。

1）反应介质和反离子性质影响

溶剂和反离子性质不同,离子对的松紧程度可以差别很大,影响到单体插入增长的速率。一般而言,增长活性种可以处于各种状态,如共价键、紧离子对、松离子对、自由离子等,彼此互相平衡。聚合速率是处于平衡状态的离子对和自由离子共同作用的结果。离子对结合的松紧程度很难量化,为简化起见,仅将活性种区分成离子对P^-C^+和自由离子P^-两种,其增长速率常数分别以$k_{\mp}$和k_-表示,离解平衡可写成下式:

$$P^-C^+ + M \xrightarrow[\text{离子对增长}]{k_{\mp}} PM^-C^+$$

$$\Updownarrow K \qquad\qquad \Updownarrow K$$

$$P^- + C^+ + M \xrightarrow[\text{自由离子增长}]{k_-} PM^- + C^+$$

总聚合速率是离子对P^-C^+和自由离子P^-聚合速率之和:

$$R_p = k_{\mp}[P^-C^+][M] + k_-[P^-][M]$$

可得表观速率常数:

$$k_p = \frac{k_{\mp}[P^-C^+] + k_-[P^-]}{[B^-]}$$

式中:活性种总浓度$[B^-] = [P^-C^+] + [P^-]$,两活性种平衡常数$K = \dfrac{[P^-][C^+]}{[P^-C^+]}$。

一般情况下:$[P^-] = [C^+]$,可推出$[P^-] = [K(P^-C^+)]^{1/2}$。代入上式,得:

$$\frac{R_p}{[M][P^-C^+]} = k_{\mp} + \frac{K^{1/2} \cdot k_-}{[P^-C^+]^{1/2}}$$

在多数情况下,离子对解离程度很低,即$[B^-] \approx [P^-C^+] = [C]$,上式可改写为:

$$k_p = k_\mp + \frac{K^{1/2} \cdot k_-}{[B^-]^{1/2}} = k_\mp + \frac{K^{1/2} \cdot k_-}{[C]^{1/2}}$$

以 k_p 对 $[C]^{-1/2}$ 作图,可得直线,截距为 $k_\mp$,斜率为 $K^{1/2} \cdot k_-$。再通过电导法测得平衡常数 K 后,就可以求得 k_-。通常 k_- 比 $k_\mp$ 大 $10^2 \sim 10^3$ 倍。在溶剂化能力较大的溶剂中(如四氢呋喃),反离子体积越大,解离程度越低,越易形成紧对,故 $k_\mp$ 随反离子半径增加而减小。在溶剂化能力小的二氧六环溶剂中,离子对不易电离,也不易使反离子溶剂化,因此离子对增长速率常数很小,同时随反离子半径大,离子对间距增大,单体易插入,结果随反离子半径增加而增大。

2)温度对增长速率常数的影响

活性聚合的活化能一般为较小的正值(8~20kJ/mol),因此聚合速率随温度升高略有增加,但不敏感。

升高温度可使离子对和自由离子的聚合速率常数提高,但使两者的平衡常数降低。在不同性质的溶剂中,温度对聚合速率常数的影响不同。

在溶剂化能力较弱的溶剂(如二氧六环)中,离子对解离能力较弱,温度对 K 的影响较小,增长速率主要取决于离子对,表观活化能较大,温度对聚合速率影响较大。在溶剂化能力较强的溶剂(如四氢呋喃)中,离子对解离能力较大,温度对 K 的影响也较大。因此,温度对 K 和 k_-、$k_\mp$ 的影响抵消,表观活化能较低,则温度对聚合速率影响较小。

4.3　配　位　聚　合

配位聚合是指烯类单体的碳-碳双键首先在过渡金属引发剂活性中心上进行配位、活化,随后单体分子相继插入过渡金属-碳键中进行链增长的过程。

配位聚合在聚合物合成史上具有非常重要的意义,它不但实现了丙烯的聚合、乙烯的低温低压聚合,而且获得了立构规整性极高的聚合物。同时通过对聚合机理的探索、阐述产生了一门新的聚合体系——配位聚合体系。配位聚合体系的建立在高分子科学领域里起着里程碑式的作用,用配位聚合方法合成的聚烯烃树脂已成为当今世界上最大品种的合成树脂。配位聚合的发明者德国的齐格勒(K. W. Ziegler,1898—1973 年)和意大利的纳塔(G. Natta,1903—1979)也因在络合引发体系、配位聚合机理、有规立构聚合物的合成、表征等方面的研究成就而被授予 1963 年度诺贝尔化学奖。

配位聚合增长反应分为两步:一是单体在活性点(例如空位)上配位活化;二是活化后的单体在金属-烷基键(Mt-R)中间插入增长。上述两步反应反复地进行,形成大分子长链。

与其他聚合反应相比,配位聚合有如下特点:①活性中心是阴离子性质的,故可称为配位阴离子聚合;②单体 π 电子进入亲电性金属空轨道,配位形成络合物;③π 络合物进一步形成四元环过渡态;④可形成立构规整聚合物。

学习和研究配位聚合,需要了解立体异构现象,掌握配位聚合引发剂(催化剂)、聚合机理和动力学、定向机理等基本规律。对于立体异构现象,在很多的教材中有详细的讲解,本书中不做累述。

4.3.1 配位聚合的引发体系

引发剂是影响聚合物立构规整度的关键因素。目前,常用的配位阴离子聚合引发剂体系包括以下 4 类:

(1) Ziegler-Natta 引发体系:这类引发剂数量最多,可用于 α-烯烃、二烯烃、环烯烃等的定向聚合。

(2) π-烯丙基镍型引发体系:限用于共轭二烯烃聚合,不能使 α-烯烃聚合。

(3) 烷基锂类:可引发共轭二烯烃和部分极性单体定向聚合。

(4) 茂金属引发剂:可用于多种烯类单体的聚合,包括氯乙烯。

在配位聚合反应过程中,配位引发剂的作用是提供引发聚合的活性种和独特的配位能力,主要是引发剂中过渡金属反离子,与单体和增长链配位,促使单体分子按一定的构型进入增长链。即单体通过配位而"定位",引发剂起连续定向的模型作用。

一般说来,配位阴离子聚合的立构规整化能力取决于引发剂的类型、特定的组合与配比、单体种类和聚合条件。

1. Ziegler-Natta 催化剂

Ziegler-Natta 催化剂是指由 IV-VIII 族过渡金属卤化物与 I-III 族金属元素的有机金属化合物所组成的一类催化剂。其通式可写为:

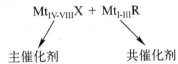

1) Ziegler-Natta 催化剂的组分

Ziegler-Natta 催化剂的主引发剂为周期表中 IV～VIII 过渡金属化合物,其中,IV～VI 副族主要为 Ti、Zr、V、Mo、W、Cr 的卤化物、氧卤化物、乙酰丙酮基、环戊二烯基等,主要用于 α-烯烃的聚合。在上述化合物中,$TiCl_3$(α、γ、δ)的活性较高;VIII 族的化合物包括 Co、Ni、Ru(钌)、Rh(铑)的卤化物或羧酸盐,主要用于二烯烃的聚合。

Ziegler-Natta 催化剂的共引发剂主要为 I～III 主族的金属有机化合物,如 RLi、R_2Mg、R_2Zn、AlR_3(R 为 1～11 碳的烷基或环烷基),其中有机铝化合物 $Al\ H_nR_{3-n}$ 和 $AlR_n\ X_{3-n}$ 应用最多,式中 $n = 0～1$,X = F、Cl、Br、I 等。

当主引发剂选择 $TiCl_3$ 时,从制备方便、价格和聚合物质量等方面考虑,共引发剂多选用 $AlEt_2Cl$。其中,Al/Ti 的摩尔比是决定引发剂性能的重要因素,适宜的 Al/Ti 比为 1.5～2.5。

两组分的 Ziegler-Natta 引发剂称为第一代引发剂,引发剂聚合活性约 500～1000gPP/gTi。为了提高引发剂的定向能力和聚合速率,常加入第三组分(给电子试剂)——含 N、P、O、S 的化合物,如六甲基磷酰胺、丁醚、叔胺等。

加入第三组分的引发剂称为第二代引发剂,引发剂聚合活性可提高到 $5×10^4$ gPP/gTi。第三代引发剂,除添加第三组分外,还使用 $MgCl_2$、$Mg(OH)Cl$ 等载体,引发剂聚合活性可达 $6×10^5$ gPP/gTi 或更高。

2) Ziegler-Natta 催化剂的类型

将主引发剂、共引发剂、第三组分进行组配,获得的引发剂数量可达数千种,现在泛指一大类引发剂。按两组分反应后形成的络合物是否溶于烃类溶剂,分为可溶性均相引发剂和不溶性非均相引发剂,后者的引发活性和定向能力较高。

形成均相或非均相引发剂,主要取决于过渡金属的组成和反应条件。如:

$$TiCl_4 \qquad AlR_3$$
或 与 或 组合
$$VCl_4 \qquad AlR_2Cl$$

在-78℃反应可形成溶于烃类溶剂的均相引发剂,低温下只能引发乙烯聚合。温度升高,发生不可逆变化,转化为非均相,活性提高,可引发丙烯聚合。

$$TiCl_4 \qquad AlR_3$$
$$TiCl_2 \qquad 与 \qquad 或 \qquad 组合$$
$$VCl_3 \qquad AlR_2Cl$$

反应后仍为非均相,是α-烯烃的高活性定向引发剂。

3) 使用 Ziegler-Natta 催化剂注意的问题

Ziegler-Natta 催化剂中主引发剂卤化钛的性质非常活泼,在空气中吸湿后发烟、自燃,并可发生水解、醇解反应;共引发剂烷基铝,性质也极活泼,易水解,接触空气中氧和潮气迅速氧化,甚至燃烧、爆炸。

因此,使用过程中要注意:在保持和转移操作中必须在无氧干燥 N_2 中进行;在生产过程中,原料和设备要求除尽杂质,尤其是氧和水分;聚合完毕,工业上常用醇解法除去残留引发剂。

2. π-烯丙基镍引发剂

过渡金属元素 Ti、V、Cr、Ni、Co、Ru、Rh 等均可与 π-烯丙基形成稳定聚合物。其中,π-烯丙基镍($\pi-C_3H_5NiX$)最重要。X 是负性基团,可以是 Cl、Br、I、$OCOCH_3$、$OCOCH_2Cl$、$OCOCF_3$ 等基团。

π-烯丙基镍引发剂容易制备,比较稳定,只含一种过渡元素,单一组分就有活性,专称为 π-烯丙基镍引发剂。若无负性配体时,无聚合活性,得环状低聚物,聚合活性随负性配体吸电子能力的增大而增强;当负性配体为 I 时,得反 1,4 结构(93%),对水稳定。

3. 茂金属引发剂

茂金属引发剂是由环戊二烯、ⅣB 族过渡金属和非茂配体组成的有机金属络合物,是一类烯烃配位聚合高效引发剂。主要有 3 类结构:

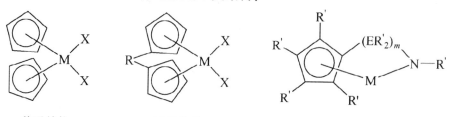

普通结构　　　　　桥链结构　　　　限定几何构型配位体结构

其中,五元环可以是单环,也可是双环、茚、芴等基团。

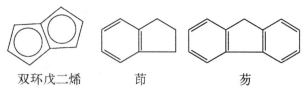

双环戊二烯　　　　茚　　　　　芴

金属 M 主要为锆、钛、铪等,分别称为茂锆、茂钛和茂铪;非茂配体 X 一般为氯或甲基;桥链结构中 R 为亚乙基、亚异丙基、二甲基亚硅烷基等;限定几何构型配体结构中的 R′为氢或甲基;N—R′为氨基;(ER′₂)ₘ 为亚硅烷基。

茂金属引发剂中,双(环戊二烯)二氯化锆和亚乙基双(环戊二烯)二氯化锆是普通结构和桥链结构茂金属引发剂的代表。

茂金属引发剂具有如下的优点:

（1）高活性:几乎 100%金属原子可形成活性中心,而 Ziegler-Natta 催化剂只有 1%～3%形成活性中心。

（2）单一活性中心:产物的分子量分布很窄(1.05～1.8),共聚物组成均一。

（3）定向能力强:能使丙烯、苯乙烯等聚合成间同立构聚合物。

（4）单体适应面宽:几乎能使所有乙烯基单体聚合,包括氯乙烯、丙烯腈等极性单体。

茂金属引发剂单独使用时没有活性,须与共引发剂甲基铝氧烷、三甲基铝或二甲基氟化铝等共用。一般要求共引发剂大大过量。

茂金属引发剂用于烯烃和乙烯基单体聚合,至今已经成功合成了线型低密度聚乙烯、高密度聚乙烯、等规聚丙烯、间规聚丙烯、间规聚苯乙烯、乙丙橡胶、聚环烯烃等,发展迅猛,已形成与 Ziegler-Natta 催化剂相争之势。

4.3.2　丙烯的配位聚合

丙烯是 α-烯烃的代表,经 Ziegler-Natta 催化聚合,可制得等规聚丙烯。等规聚丙烯是目前发展最快的塑料品种。

1. 丙烯配位聚合反应历程

由 α-TiCl₃-AlEt₃(或 AlEt₂Cl)体系引发丙烯聚合属于阴离子配位聚合,暂缓考虑吸附和配位定向问题,其反应机理特征与活性阴离子聚合相似,基元反应主要由链引发、链增长组成,难终止,难转移。

1）链引发

钛-铝两组分反应后,形成活性种,引发在表面进行。

$$[Mt]^{\oplus}\!\!-\!\!^{\ominus}C_2H_5 + H_2C\!=\!\!\underset{R}{\overset{}{C}}H \longrightarrow [Mt]^{\oplus}\!\!-\!\!^{\ominus}CH_2\!-\!\!\underset{R}{\overset{}{C}}H\!-\!C_2H_5$$

2）链增长

单体在过渡金属-碳键间插入而增长。

$$[Mt]^{\oplus}\!\!-\!\!^{\ominus}CH_2\!-\!\!\underset{R}{\overset{}{C}}H\!-\!C_2H_5 + nH_2C\!=\!\!\underset{R}{\overset{}{C}}H \longrightarrow [Mt]^{\oplus}\!\!-\!\!^{\ominus}CH_2\!-\!\!\underset{R}{\overset{}{C}}H\!\!\left(\!CH_2\!-\!\!\underset{R}{\overset{}{C}}H\!\right)_{\!n}\!\!C_2H_5$$

3）链转移

活性链可能向烷基铝、丙烯转移,但转移常数较小。生产时需加入氢作为链转移剂来控制聚合物的分子量。

（1）向单体转移

$$[Mt]^{\oplus}-{}^{\ominus}CH_2-\underset{R}{CH}\!\!-\!\!(CH_2-\underset{R}{CH})_n C_2H_5 + H_2C=\underset{R}{CH} \longrightarrow$$

$$[Mt]^{\oplus}-{}^{\ominus}CH_2-\underset{R}{CH_2} + H_2C=\underset{R}{C}\!\!-\!\!(CH_2-\underset{R}{CH})_n C_2H_5$$

（2）向金属有机物转移

$$[Mt]^{\oplus}-{}^{\ominus}CH_2-\underset{R}{CH}\!\!-\!\!(CH_2-\underset{R}{CH})_n C_2H_5 + Al(C_2H_5)_3 \longrightarrow$$

$$[Mt]^{\oplus}-{}^{\ominus}C_2H_5 + (C_2H_5)_2-AlH_2C-\underset{R}{CH}\!\!-\!\!(CH_2-\underset{R}{CH})_n C_2H_5$$

（3）向 H_2 转移(实际生产中常加 H_2 作为分子量调节剂)

$$[Mt]^{\oplus}-{}^{\ominus}CH_2-\underset{R}{CH}\!\!-\!\!(CH_2-\underset{R}{CH})_n C_2H_5 + H_2 \longrightarrow [Mt]^{\oplus}-{}^{\ominus}H + H_3C-\underset{R}{CH}\!\!-\!\!(CH_2-\underset{R}{CH})_n C_2H_5$$

$$\xrightarrow{H_2C=\underset{R}{CH}} [Mt]^{\oplus}-{}^{\ominus}CH_2-\underset{R}{CH_2}$$

（4）分子内转移

$$[Mt]^{\oplus}-{}^{\ominus}CH_2-\underset{R}{CH}\!\!-\!\!(CH_2-\underset{R}{CH})_n C_2H_5 \longrightarrow [Mt]^{\oplus}-{}^{\ominus}H + H_2C=\underset{R}{C}\!\!-\!\!(CH_2-\underset{R}{CH})_n C_2H_5$$

$$\xrightarrow{H_2C-\underset{R}{CH}} [Mt]^{\oplus}-{}^{\ominus}CH_2-\underset{R}{CH_2}$$

4）链终止

醇、羧酸、胺、水等含活泼氢的化合物能与活性中心反应,使之失活:

$$[Mt]^{\oplus}-{}^{\ominus}CH_2-\underset{R}{CH}\!\!-\!\!(CH_2-\underset{R}{CH})_n C_2H_5 + \begin{cases} ROH \\ RCOOH \\ RNH_2 \\ H_2O \end{cases}$$

$$\longrightarrow \begin{cases} [Mt]-OR \\ [Mt]-OOCR \\ [Mt]-NHR \\ [Mt]-OH \end{cases} + H_3C-\underset{R}{CH}\!\!-\!\!(CH_2-\underset{R}{CH})_n C_2H_5$$

氧气、二氧化碳、一氧化碳、酮等也能导致链终止，因此单体、溶剂要严格纯化，聚合体系要严格排除空气：

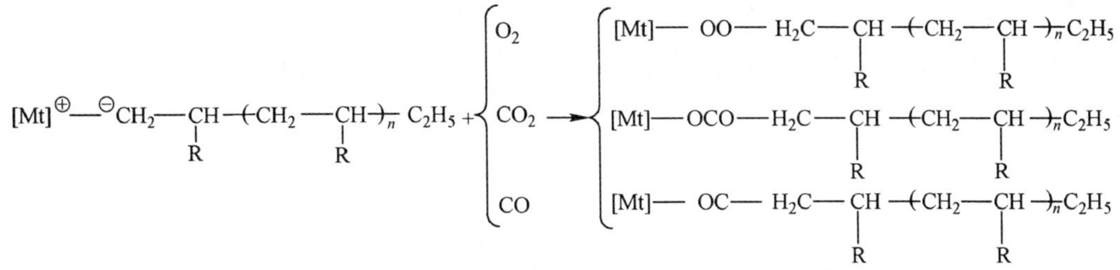

$$[Mt]^{\oplus} {}^{\ominus}CH_2-CH-\!\!\left(CH_2-CH\right)_{\!n}\!C_2H_5 + \begin{cases} O_2 \\ CO_2 \\ CO \end{cases} \longrightarrow \begin{cases} [Mt]-OO-H_2C-CH-\!\!\left(CH_2-CH\right)_{\!n}\!C_2H_5 \\ [Mt]-OCO-H_2C-CH-\!\!\left(CH_2-CH\right)_{\!n}\!C_2H_5 \\ [Mt]-OC-H_2C-CH-\!\!\left(CH_2-CH\right)_{\!n}\!C_2H_5 \end{cases}$$

2. 丙烯配位聚合的定向机理

关于 Ziegler–Natta 催化剂活性中心结构及聚合反应机理目前主要有两种理论，以丙烯聚合为例进行分析。

1) 双金属活性中心机理

双金属活性中心机理认为，$TiCl_4$ 与烷基铝配位形成 Ti—C—Al 碳桥三中心键，当聚合反应发生时，单体首先插入到 Ti 原子上和烃基相连的位置上，Ti—C 键打开，Ti 原子产生一个空 d 轨道，单体的双键与该空 d 轨道生成 p 配位化合物，再形成环状过渡态，然后移位再生成 Ti—C—Al 碳桥三中心键。由于丙烯在进行配位时是定向性的，所以得到的是全同立构高分子。

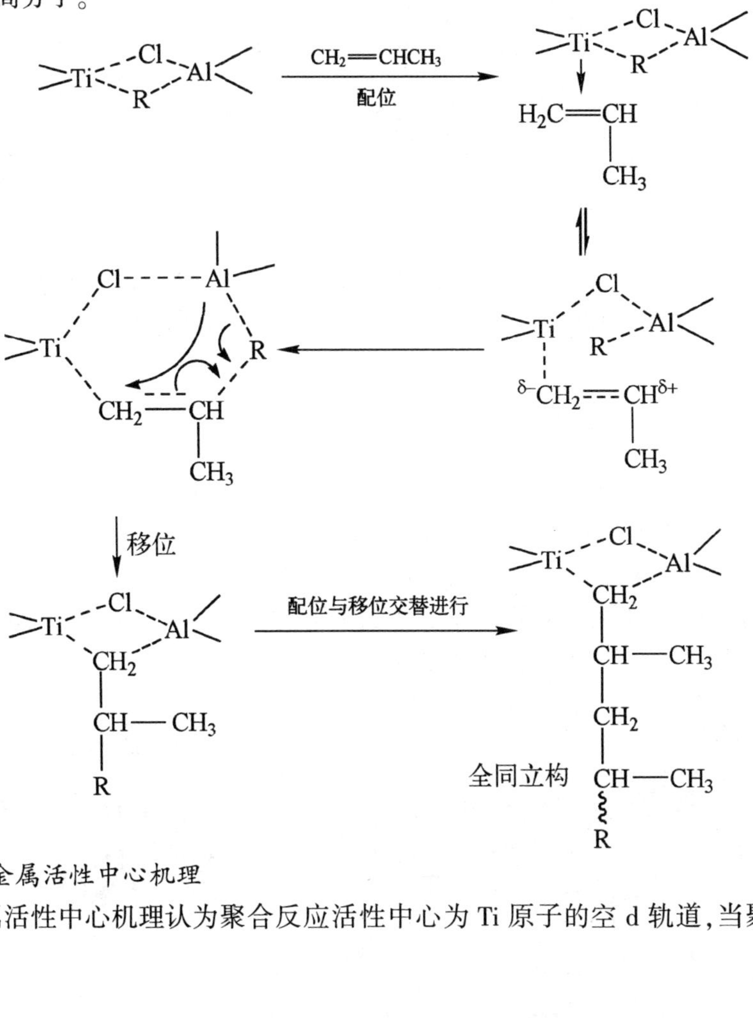

2) 单金属活性中心机理

单金属活性中心机理认为聚合反应活性中心为 Ti 原子的空 d 轨道，当聚合时，单体的双键直接与 Ti 原子的空 d 轨道配位生成 p 配位化合物,进一步形成环状配位过渡态,再发生烃基移位,生成新的空 d 轨道活性中心,但新的空 d 轨道转到另一方向,下一个单体进行配位时,其配位方向也转到另一方向,依此应生成间同立构高分子。要生成全同立构高分子,则空 d 轨道必须转位恢复原来的构型,有关空规则转位的动力和过程是单金属活性中心机理存在较多争论。

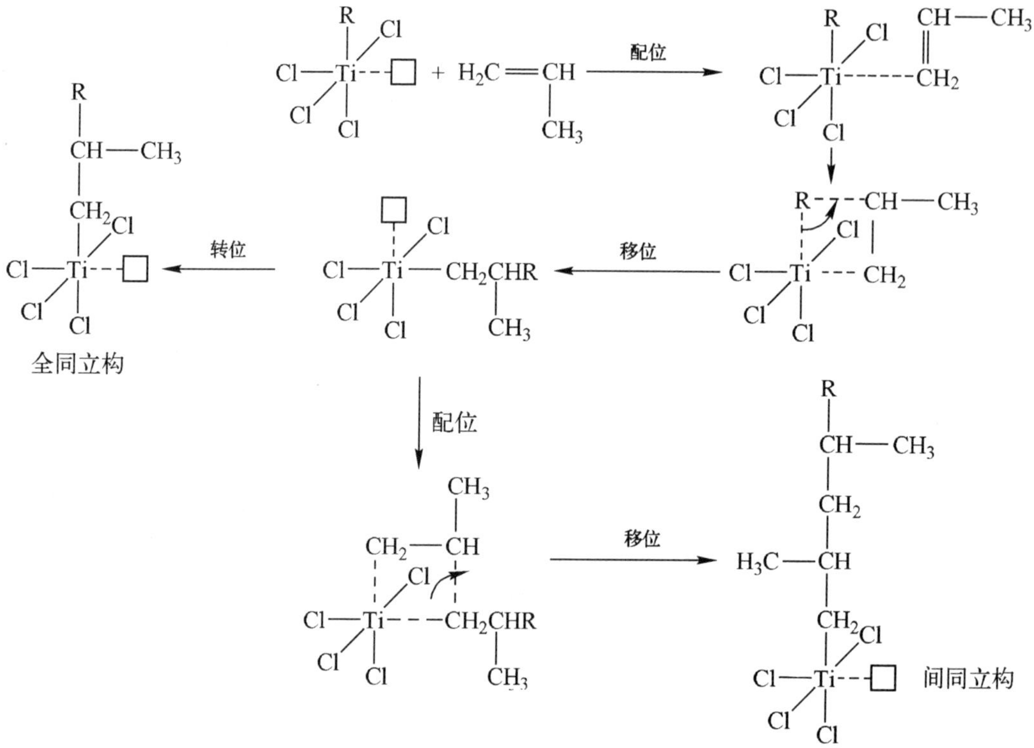

配位聚合与自由基聚合和离子聚合不同,后两者链增长时,都是单体分子与活性链末端发生加成反应,而配位聚合中单体分子是插入催化剂活性中心与增长链之间,因此有时也称为"插入聚合"。

4.3.3 共轭双烯配位聚合

共轭双烯聚合产物是重要的橡胶产品。其中以丁二烯和异戊二烯最重要。利用 Ziegler-Natta 催化剂可获得(高)顺式 1,4-加成的聚丁二烯,俗称顺丁橡胶。

共轭双烯在聚合过程与活性中心金属配位时,若以顺式 1,4-形式配位,则得到顺式 1,4-加成的单体单元,反之若以反式 1,4-形式配位则得到反式 1,4-加成单体单元,聚合产物中两种单体单元的含量与所用催化剂有关。

其机理可简单示意如下:

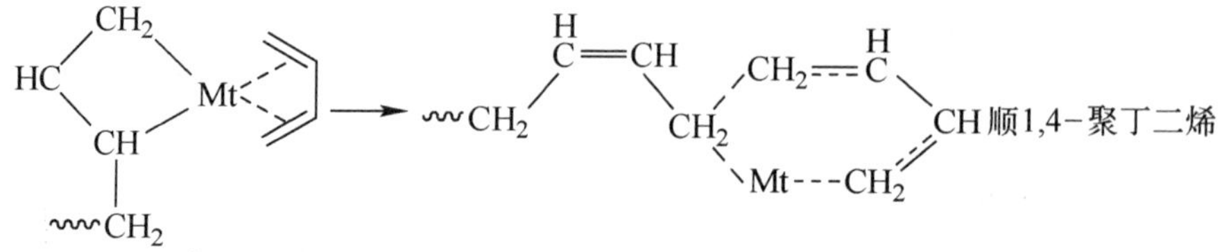

反1,4聚丁二烯

4.4 模板聚合

在自然界生命代谢、繁衍和生物进化过程中,各色各样的分子模板过程起着极其重要的作用。例如 DNA 复制时,组成双螺旋的两条链先拆分成两条单链,以 DNA 单链为模板,按照碱基互补原则合成出一条互补的新链,这样新形成的两个子代 DNA 分子就与原来 DNA 分子的碱基顺序完全一样。酶催化反应中,第一步是酶与底物形成酶-底物中间复合物。当底物分子在酶作用下发生化学变化后,中间复合物再分解成产物和酶。

人类在认识宏观世界的过程中,发明了以"模板"原理为基础复制物件的各种制造工艺(如铸造等)。1986 年,德国的 G. Wulff 首次提出模板聚合物的合成原理及其在分离、催化和生物医学领域的应用前景。目前,模板聚合和模板合成已经成为高分子化学和生物合成领域最受瞩目的研究领域之一。

"模板聚合",指单体在具有特定结构聚合物存在下进行的聚合反应,这些特定结构的聚合物对单体聚合起着模板作用,例如:能加速聚合反应;新生成聚合物的结构和性能等方面都能受模板的影响,甚至生成物可以成为模板的模制品或复制品。

在聚合体系中能控制聚合反应的高分子链称为高分子模板,用高分子模板与单体聚合称为铸型反应或模板聚合。利用模板聚合可以控制聚合物分子的结构,如甲基丙烯酸甲酯在二甲基甲酰胺(DMF)溶液中的光聚合,若加入有规立构聚甲基丙烯酸甲酯作为高分子模板,单体链增长反应就在模板上继续进行,大大地加速了聚合反应速率,获得与模板结构相同的聚合物。

模板聚合的原理是基于模板高分子的组成单元与单体小分子之间的相互作用,如氢键、离子吸引、电子给体和受体的相互作用或形成共价键等,这种作用为单体的聚合创造有利的条件,提供可以仿效的样板。

模板聚合反应可用以下 3 步表示:

(1) 模板(T)与单体(M)形成复合物:

$$n \cdot M + -X-X-X-X \longrightarrow \begin{matrix} M & M & M & M \\ \vdots & \vdots & \vdots & \vdots \\ -X-X-X-X- \end{matrix}$$

(2) 模板聚合:

$$\begin{matrix} M & M & M & M \\ \vdots & \vdots & \vdots & \vdots \\ -X-X-X-X- \end{matrix} \longrightarrow \begin{matrix} -M-M-M-M- \\ \vdots & \vdots & \vdots & \vdots \\ -X-X-X-X- \end{matrix}$$

(3) 模板与"复制"高分子的分离:

$$\begin{matrix} -M-M-M-M- \\ \vdots & \vdots & \vdots & \vdots \\ -X-X-X-X- \end{matrix} \longrightarrow -M-M-M-M- + -X-X-X-X-$$

315

可见,模板作用是一个高分子对合成另一个高分子所起的模具或样板作用。在聚合过程中,模板指导新高分子的合成,并决定产物的组成、结构、构象和分子量。因此,模板聚合能获得具有指定聚合度或所需立体构型、规定序列结构的聚合物,是高分子设计、合成及仿生高分子方面的重要手段。

模板聚合虽然与一般聚合一样,都要从热力学和动力学两方面去考察反应能否进行,但由于模板的存在,使聚合速率加快,聚合物分子排列整齐,从而引起科学家研究兴趣。但由于反应的复杂性,至今尚有许多理论问题没有得到解决。

4.4.1 模板的合成

目前,模板聚合一般采用主链上含有氮原子的阳离子聚体作为模板。使用最多的包括脂肪族含氮聚合物和杂脂环族含氮聚合物两类。

1. 脂肪族含氮化合物

脂肪族含氮化合物的通式如下:

$$\left[\begin{array}{c} R^1 \\ | \\ N^+ - R^2 - N^+ - R^3 \\ Br^- \quad\quad Br^- \\ | \quad\quad\quad | \\ R^1 \quad\quad\quad R^1 \end{array} \right]_n$$

式中:R^1 为脂肪族基团;R^2、R^3 为 $(CH_2)_n$。

N,N,N',N'-四甲基 α,β-二氨基碱和 α,ω-二卤化物反应得到脂肪族的离子聚合体,其反应历程如下:

$$H_3C\diagdown N-(CH_2)_x-N\diagup CH_3 + X-(CH_2)_y-X \longrightarrow \left[N^+-(CH_2)_x-N^+-(CH_2)_y \right]_n$$

在上述反应物中,x、y 值是控制生成物主链上电荷密度分布及聚合物结构的主要参数。反应速率与以下因素有关:①反应级数与使用的溶剂有关。DMF 溶剂为一级反应,DMF-甲醇混合溶剂为二级反应。②溶剂的介电常数越高,反应速率越快。③基本上不随氨基或卤化物上 CH_2 的数目而变化。④反应中 Cl^- 的形成速率较 Br^- 低得多。

作为模板使用的脂肪族离子聚合体一般希望相对分子质量比较低,以利于聚合物从模板上分离下来。

例如 6,6-Br 离子聚合体的制备。将 7.2g(0.029mol)1,6-二溴己烷溶于 25mL DMF 中,于室温下加入溶有 5.05g(0.029mol)的 N,N,N',N'-四甲基-六亚甲基-二胺的 DMF 溶液 25mL。反应 48h 后,将产物通过过滤器于溶剂分离,并于 50℃下进行真空干燥。进一步精制可将粗产品溶于水中,用丙酮沉淀。沉淀物用丙酮多次洗涤,在 50℃下真空干燥,产率 88%。

反应可用下式表示:

$$H_3C\diagdown N-(CH_2)_6-N\diagup CH_3 + X-(CH_2)_6-X \longrightarrow \left[N^+-(CH_2)_6-N^+-(CH_2)_6 \right]_n$$

2. 杂脂环族含氮化合物

杂脂环族含氮化合物的通式如下,其中,$x=4,6,8$。

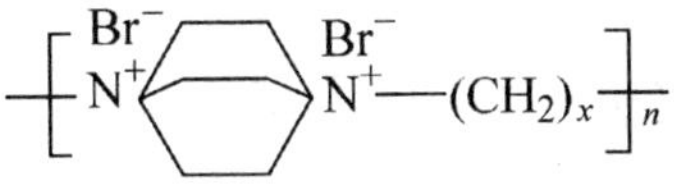

$$\left[\begin{array}{c} Br^- \\ N^+ \end{array} \begin{array}{c} Br^- \\ N^+ \end{array} (CH_2)_x \right]_n$$

在杂脂环族模板的合成中,多选用低分子量的刚性离子聚合体,以利于聚合物从模板上分离出来。例如(α,α,α)4-Br 离子聚合体制备过程:将 2.25g(0.012mol)1,4-二溴丁烷溶于 5mL 甲醇和 DMF 按体积比 1:1 的混合溶液中,于室温下加入溶有 1.346g(0.012mol)的 1,4-二氮二环辛烷的甲醇/DMF 溶液 5mL。反应 48h 后,将产物移于旋转蒸发器中,将溶剂蒸发后,所得粗产品经丙酮洗涤后干燥,又经甲醇/乙醚萃取精制,然后于 50℃下进行真空干燥即得精品,产率 90%。

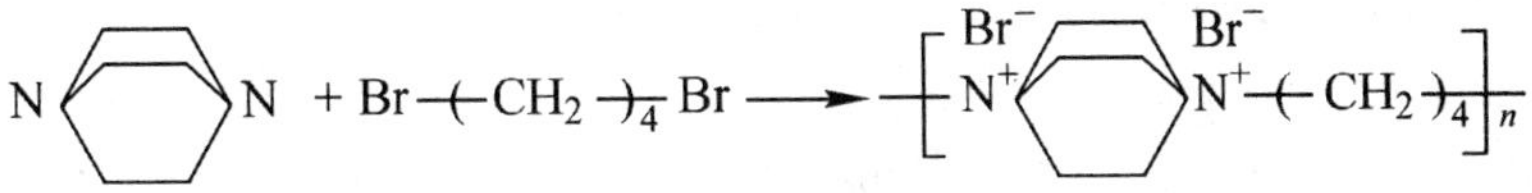

$$N \bigcirc N + Br(CH_2)_4 Br \longrightarrow \left[\begin{array}{c} Br^- \\ N^+ \end{array} \bigcirc \begin{array}{c} Br^- \\ N^+ \end{array} (CH_2)_4 \right]_n$$

在反应过程中,离子聚合体相对分子质量的大小与反应时间有关。反应时间越长,所得产物的相对分子质量越高。为了获得相对分子质量分布比较均匀的离子聚合体,可对产物进行分子量分级。

(α,α,α)4-Br 离子聚合体分子链中两个连续电荷之间的距离为 0.45nm,有利于单体反离子的相互作用,并使双键易于聚合。由于(α,α,α)4-OH 离子聚合体在水溶液中十分稳定,因此在实际作为模板使用中,都将季胺溴盐通过离子交换或与 AgOH 作用转化为季胺羟基盐(N^+OH^-)的形式。反应式如下:

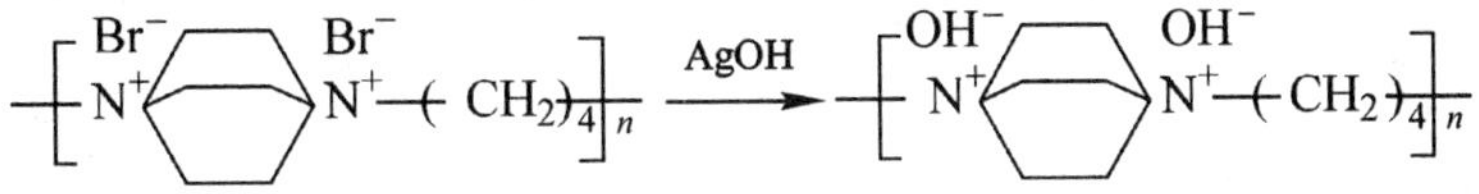

$$\left[\begin{array}{c} Br^- \\ N^+ \end{array} \bigcirc \begin{array}{c} Br^- \\ N^+ \end{array} (CH_2)_4 \right]_n \xrightarrow{AgOH} \left[\begin{array}{c} OH^- \\ N^+ \end{array} \bigcirc \begin{array}{c} OH^- \\ N^+ \end{array} (CH_2)_4 \right]_n$$

用上述方法还可以制备(α,α,α)6、(α,α,α)8 -Br 或 OH 等离子聚合体。随着聚合物中次甲基的增加,电荷之间的距离也从 0.45nm 增加至 0.90nm。这对模板与单体之间的作用有一定影响,从而影响聚合速率。

综合以上分析,阳离子聚合物模板具有如下的特点:①离子位于聚合物的主链上,其密度较其他离子聚合体要高;②离子在主链上的排列是有规律的,可以控制和变化;③合成过程简单;④通常反离子为卤素原子,但在一定条件下可以被其他阴离子取代。

4.4.2 模板聚合反应

1. 模板聚合的类型

模板聚合基本上可分为 3 类:

(1)当模板与单体的相互作用比与增长链的作用更强时,模板先于单体作用,然后随着聚合的进行,单体不断从模板上脱落而加成到增长链上,此时模板实际上起到了催化剂的作用,见图 4-1(a)。

(2)增长链与模板的作用比单体更强时,增长链总是与模板处于缔合状态,得到如图 4-1(b)所示的高分子复合物。

(3)单体、增长链与模板的相互作用相同,此时单体沿着模板进行聚合,所产生的聚合物与模板缔合,如图 4-1(c)所示。

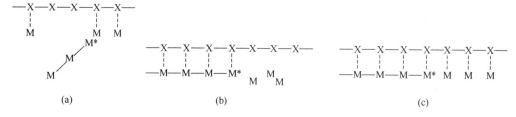

图 4-1 模板与单体或增长链相互作用示意图

在实际使用中,随着单体和模板的不同,3类情况都可能出现。

2. 自由基模板聚合动力学

为比较单体在有模板和无模板作用下的聚合动力学,选用以下两个聚合体系,其中模板聚合单体为苯乙烯磺酸(SSA),模板为杂脂环含氮化合物。

(1)苯乙烯磺酸钠(SSS)的溶液聚合:异丙醇/水[V/V:25/75]为溶剂,AIBN作为引发剂,浓度10^{-4}mol/L,单体浓度5×10^{-3}mol/L,聚合温度为70℃。——无模板聚合

(2)苯乙烯磺酸(SSA)的模板聚合:(α,α,α)4-OH离子聚合体为模板,异丙醇/水[V/V:25/75]为溶剂,AIBN作为引发剂,浓度10^{-4}mol/L,单体浓度5×10^{-3}mol/L,聚合温度为70℃。——模板聚合

图4-2(a)和(b)为聚合的单体转化率与时间的关系图。从图中可以发现,无模板SSS的溶液聚合速率较SSA的模板聚合速率低得多。

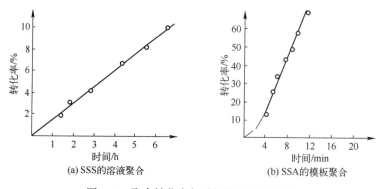

图 4-2 聚合转化率与时间的关系(70℃)

这一差别也可以从聚合活化能的测定中看出来。根据$\lg k_p$对$1/T$作图(图4-3),分别计算出SSS的聚合活化能E_a(95.5±2.5kJ/mol)大于SSA模板聚合的活化能(70.8±3.8kJ/mol)。

产生这一结果的原因可从以下两个方面来分析:

首先,(α,α,α)4-OH离子聚合体与SSA反离子通过静电作用形成当量的聚合物,使SSA在模板周围的浓度提高。由于每一个模板单元带上两个单体反离子,使模板周围的单体浓度在同样的条件下比一般聚合体系要高3个数量级,从而导致聚合速率的提高。

其次,与溶液聚合相比,模板聚合的引发剂浓度级数也比较高。在自由基均相聚合过程中,引发剂的反应浓度为0.5级,表明链终止为增长链的双基相互作用。但是在模板聚合中,单体聚集在模板上,一旦引发就很快聚合完毕,链终止主要是向溶剂转移。因此,与

318

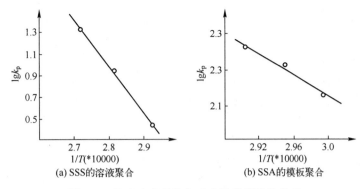

图 4-3　聚合速率常数与反应温度倒数的关系

引发剂的关系为 1 级反应,这也是导致聚合速率提高的原因之一。整个模板聚合的反应速率方程可表示为:

$$v_p = K[I][M]$$

3. 模板聚合实例

下面来看一个模板聚合的实例。以苯乙烯磺酸(SSA)为单体,以 (α,α,α)4-OH 离子聚合体为模板,采用以下配方在 70℃下进行聚合:

复合物[(α,α,α)4-OH 离子聚合体∶SSA = 1∶1]的浓度为 $1×10^{-3}$mol/L,AIBN 为 $1×10^{-4}$ mol/L,$H_2O/CH_3CH(OH)CH_3$ 的体积比为 75/25。

这种聚合反应对氧极其敏感,少量氧的存在都会起阻聚作用,导致聚合的失败。聚合前采用抽真空的方法排氧。

1) 聚合前准备

取上述配制液 5ml 置于特制的聚合瓶中,密封;置于液氮中冷冻使配制液凝固;采用机械泵和扩散泵抽真空至其压力低于 0.1Pa 后,再通入氩气将氧气置换干净,如此反复数次。

2) 模板聚合过程

将聚合瓶置于恒温水槽中,于 70℃下进行聚合,并随时测定它的转化率。待转化率达到要求后,将反应管置于液氮中,使反应终止。将聚合物经冷冻干燥等处理,即得含有模板的聚合物。

3) 聚合产物分离

如何将聚合物从模板上分离出来,是当前研究的重要课题,但成功的例子不多。唯有乙烯基磺酸在模板(α,α,α)4-离子聚合体作用下形成的聚合物,通过溶解于 6mol 的 HCl 中,将聚乙烯磺酸钠从模板上分离开来获得成功。

将模板/聚乙烯基磺酸溶于 HCl 中(6mol/L),加入 $K_2S_2O_8$,再用 6mol/L 的 NaOH 中和,模板——(α,α,α)4—离子聚合体沉淀出来,清液中有聚乙烯基磺酸钠;过滤分子量低于 500 的聚合物,过滤袋内的聚合物溶液经冷冻干燥得到聚乙烯基磺酸钠,酸化得聚乙烯基磺酸,产品的产率为 50%。

产率只有 50% 的原因,与模板上形成的二聚物或三聚物未分离出来,以及分子量低于 500 的聚合物通过过滤袋分离出去有关。

4. 影响模板聚合的因素

1）模板的影响

（1）模板电荷分布对聚合速率的影响

选择杂脂环族$(\alpha,\alpha,\alpha)4-$、$(\alpha,\alpha,\alpha)6-$、$(\alpha,\alpha,\alpha)8-$以及脂肪族6,6-、6,10-离子聚合体为模板，分别加入当量比的SSA单体中和，采用异丙醇/水混合溶剂[25/75（体）]，以AIBN为引发剂，在70℃下进行聚合。

从实验数据可计算出电荷密度与聚合速率之间的关系如表4-2所示。从表中可以看出，聚合速率与电荷密度成正比，随着电荷密度的升高而加快。

表4-2　不同离子聚合体作用下苯乙烯磺酸的聚合速率[①]

离子聚合体	电荷密度[②]	模板附近单体浓度 /（mol/L）	聚合速率 /[$\times 10^7$ mol/mL·s]
$(\alpha,\alpha,\alpha)4-Br$	2.2	1.63	7.3
$(\alpha,\alpha,\alpha)6-Br$	1.74	1.27	5.5
$(\alpha,\alpha,\alpha)8-Br$	1.73	1.05	3.9
$6,6-Br$	1.11	0.82	2.5
$6,10-Br$	0.87	0.64	1.3

① 聚合条件：复合物单体浓度10^{-2}mol/L，引剂AIBN浓度为10^{-3}mol/L，聚合物温度为70℃，介质pH值为7.0。
② 模板离子聚合体中每10mm长度上的电荷数目。

（2）模板分子量的影响

以$(\alpha,\alpha,\alpha)4-$离子聚合体为模板，选择特性黏数$[\eta]$分别为0.16、0.36、0.48的3种离子聚合体在上述聚合条件下，研究对苯乙烯磺酸聚合速率的影响，实验所得结果如表4-3所示。由表可知，随着离子聚合物特性黏数的提高，聚合速率也相应增加。这是由于模板分子量的大小直接影响模板对反离子Br^-或OH^-的束缚能力。

表4-3　不同特性黏度的离子聚合体对SSA聚合速率的影响

离子聚合体的特性黏度	0.16	0.36	0.48
V_p[10^7/mol/（mL·s）]	5.8	7.23	7.62

将这种束缚能力以聚集分数x表示，则$1-x$即为Br^-或OH^-在溶剂中的自由离子分数。模板特性黏数与聚集分数的关系如表4-4所示。

表4-4　不同特性黏数的$(\alpha,\alpha,\alpha)4-$离子聚合体与反离子Br^-聚及分数的关系

模板特性黏数	极低	0.16	0.36	0.48
x	0.34	0.47	0.54	0.58

由表4-4可以看出，随着x的增加，通过静电作用与单体结合的浓度越高，聚合速率越高。但$[\eta]$也有一个适宜值，因为$[\eta]$过高，模板在溶液中不易溶解或黏数增高，也会影响聚合的进行。一般模板单元控制在10~12左右。

（3）模板与单体的分子比

以$(\alpha,\alpha,\alpha)4-OH$离子聚合体为模板，苯乙烯磺酸为单体，在上述条件下聚合。单体

浓度由低到高变化。当单体浓度低,模板过量时,溶液用硫酸中和,使 pH = 7。如果单体过量,则溶液中加入氢氧化钠中和,同样控制 pH = 7。在模板和引发剂浓度不变的情况下,测定聚合速率与模板上单体浓度的关系,见表 4-5。

表 4-5 聚合速率与模板上单体浓度的关系

单体浓度 /(mol/L)	聚合速率 /[×10^7 mol/mL · s]	单体浓度 /(mol/L)	聚合速率 /[×10^7 mol/mL · s]
0.5	1.6	1.35	6.9
0.75	4.2	1.60	6.4
1.0	7.2	2.00	5.5

从表 4-5 中可以看出,聚合速率最初随着模板上单体浓度的增加而增加,当模板与单体的加入量达到当量比时,聚合速率达到最高点,以后随着单体浓度的增加,聚合速率缓慢下降,这与单体过重后产生非均相反应有关。

因此,在进行模板聚合时,通常会选择模板与单体的浓度为当量比,以保证聚合速率达到最高点。

2) 溶剂的影响

模板溶液聚合中,溶剂的选择既要有利于模板、单体、聚合物的溶解,又要有利于聚合速率的提高。以 (α,α,α)4-Br 为模板,SSA 为单体,AIBN 为引发剂,在 70℃ 下进行聚合。比较不同介电常数 D 的异丙醇/水混合溶剂对聚合速率的影响,结果如表 4-6 所示。

从表 4-6 可以看出,随着介电常数 D 的减小,聚合速率有很大提高,可以认为在这一范围内,加强了模板与单体反离子之间的静电作用。当溶剂中醇的含量减少,D 增大,甚至接近纯水时,聚合速率也提高。可以认为此时模板与单体反离子之间的静电作用已很弱,主要作用是疏水基团的键合作用。

表 4-6 当量离子聚合体-SSA 的聚合速率与溶剂组成的关系

异丙醇含量(质量含量)/%	1/D/(*100)	v_p/[×10^7 mol/(mL · s)]
0.8	1.58	15.1
4.0	1.63	12.9
12.2	1.72	9.2
20.7	1.97	7.42
44.1	3.3	10.1
70.2	4.96	17.8
83.3	6.06	27.9
93.7	7.40	32.8

上述的实验数据表明,溶剂性质对模板聚合有重要的影响,必须根据实验要求进行认真选择。

3) 温度的影响

同无模板聚合一样,温度是影响模板聚合速率的重要因素。随着温度的提高,聚合速率增加。温度的选择,需要根据选用的引发剂来确定。

4.4.3 模板共聚合

模板共聚合仍具有聚合速度快的特点,但由于反应的复杂性,研究难度较大。美国 Lowell 大学的 A. Blumstein 教授在这方面做了有益的工作。他选用相同的单体首先进行了一般的溶液共聚合,然后在同样条件下进行模板共聚合,并对二者进行比较。

1. 苯乙烯磺酸钠与氯代丙烯酸的溶液共聚合

苯乙烯磺酸钠(SSS)与氯代丙烯酸(SCA)的溶液共聚合步骤如下:

(1) SSS 与 SCA 均先进行精制。精制方法是 SSS 在乙醇中结晶两次;SCA 由两次升华所得的氯代丙烯酸经 NaOH 中和后获得(熔点 62℃)。

(2) 两种单体溶解在异丙醇/水 = 25/75(体)的混合溶剂中,单体总浓度为 0.1mol/L,以 AIBN 为引发剂。彻底除氧后,于 70℃下进行聚合,聚合 3h。

(3) 所得产品经 NMR 光谱测定及元素分析。

利用 NMR 质子谱来计算 SSS 和 SCA 在共聚物中的组成,是基于 SSS 单元中的苯基质子吸收峰在 5~8ppm 处,整个主键的质子信号在 0.5~3.8ppm 处,并利用下述关系式计算的。

$$m_1/m_2 = 2S_1(4S_2 - 3S_1)$$

式中:m_1、m_2 分别为 SSS 和 SCA 单体在共聚物中的摩尔组成;S_1 为相应于 SSS 中苯基的质子吸收峰面积;S_2 为整个主链 SSS 和 SCA 质子吸收峰的面积。由此计算出的共聚物组成如表 4-7 所示。根据这些数据,利用共聚合积分方程,采用 Tidwell 方法可计算出竞聚率 $r_1 = 1.39 \pm 0.14$,$r_2 = 0.26 \pm 0.05$。由此可见 SSS 的聚合比 SCA 要快得多。

表 4-7　SSS-SCA 共聚物组成

编　　号	SSS 在进料中的摩尔分数	SSS 在共聚物中的摩尔分数	产率/%	元素分析		
				S	Cl	Cl[1]
1	0.7	0.78	59	12.08	0.56	6.14
2	0.6	0.68	54	11.76	1.09	6.71
3	0.5	0.62	54	10.95	1.29	6.71
4	0.4	0.54	47	9.82	2.21	10.20
5	0.3	0.46	39	8.53	2.66	12.46
PSCA	—	—	40	—	0.67	27.24

1) 根据 SCA 结构单元计算。

为研究共聚物 SSS-SCA 的结构,利用 IR 光谱进行了分析。在比较共聚物与 PSSA 及 PSCA 均聚物的红外光谱以后,发现共聚物除无 1790cm^{-1} 处的强吸收峰外,其他所有均聚物的特征峰都存在,且 1720cm^{-1} 处有一新的特征峰出现。这些事实说明 SSS-SCA 不是均聚物的混合物,而是真正的共聚物。

2. 苯乙烯磺酸和氯代丙烯酸模板聚合

取不同摩尔比的苯乙烯磺酸(SSA,M_1)和氯代丙烯酸(SCA,M_2),总浓度为 0.1mol/L 的两种单体,与模板(α,α,α)4-离子聚合体组成 1:1 当量比的复合物,控制 pH 值为 7。以异丙醇/水[25/75(体)]为溶剂,于 70℃下进行聚合。

聚合后的共聚物采用元素分析法,分析 N、Br、S、Cl 的含量,从而获得共聚物的组成,结果如表4-8所示。由表中结果可知,尽管两种单体的起始进料组成与溶液聚合一致,但两者共聚物组成却不相同。

表4-8　不同单体进料比的模板共聚物组成

编　　号	M_1/mol	M_2/mol	单体摩尔转化率/%	dM_1/mol	dM_2/mol	聚合时间/min
1	0.3	0.7	0.2772	0.9056	0.0944	15
2	0.4	0.6	0.2800	0.9393	0.0607	12
3	0.5	0.5	0.3565	0.9190	0.0810	10
4	0.6	0.4	0.3559	0.9582	0.0418	6
5	0.7	0.3	0.6094	0.9747	0.0253	5

在模板共聚合中,不管两种单体的起始进料组成如何变化,但在共聚物组成中PSSA总是占绝对优势。如PSSA进料比的摩尔分数在0.3~0.7范围内变化时,相应的共聚物组成的PSSA摩尔分数仅由0.91变至0.97。由此可见在模板聚合中,两种单体的进料组成不是影响共聚物组成的主要因素,而起作用的是单体对模板的亲和力。

由于苯乙烯磺酸和氯代丙烯酸都具有电负性强的取代基,都有通过静电作用与模板(α,α,α)4-离子聚合体形成复合物的能力,哪一种对模板的亲和力大,出现在模板周围的浓度高,在共聚物组成中就占优势。

E. Bellantoni 等利用 Br 电极测定上述两种单体对(α,α,α)4-离子聚合体的亲和力,结果 KSSC/KSCA = 1.6,由此可见,PSSA 单体对(α,α,α)4-离子聚合体的亲和力比 SCA 大得多,再加上竞聚率 $r_1>r_2$,因此出现了如表4-8所示的结果。从表中可知,模板聚合的聚合速率远远高于普通的溶液聚合,特别在 SSA 含量高的情况下,这又一次显示了模板聚合速率快的特点。

4.4.4　模板聚合物的应用

模板聚合有着广泛的应用,模板聚合物可用于:作为色谱载体固定相,拆分手性异构体;制作膜传感器;作为高选择性催化剂;制作化学传感器、类酶催化剂、合成抗体、仿生合成等。

模板聚合与共聚合反应过程复杂,而且不易从模板上分离出聚合物,对模板聚合的机理研究不够充分。但是由于它在工业上有许多应用,特别是作为制备膜材料用于导电高分子、生物医学、污水处理等方面,加上它独特的聚合反应规律,引起了高分子领域科学家们极大的研究兴趣。随着科学技术的发展和测试手段的进步,预期模板聚合与共聚合的研究将会取得更大的成效。

4.5　等离子体聚合

等离子体用于高分子合成始于1960年,Goodman 成功地进行苯乙烯的低温等离子体聚合,制备出具有低导电率、耐腐蚀的超薄聚合物膜。经过60多年的发展,等离子聚合在理论研究和应用开发方面都取得极大成功,形成了新理论。尤其近年来,功能高分子材料的大量涌现,使等离子体聚合发挥了独特的作用。

"等离子体"是指正负电荷数量和密度基本相等的部分电离的气体,是由电子、离子、原子、分子、光子或自由基等粒子组成的集合体。物理学上将等离子体定义为物质存在的第4种状态。一般物质有三态。随着外界供给物质能量的增加,物质可以有固态、液态、气态的转变。进一步给气体以能量,则气体原子中的价电子可以脱离原子成为自由电子,原子成为正离子。如果气体中有较多原子被电离,则原来是单一原子的气体变为含有电子、正离子、中性粒子的混合体。整个气体处于电离状态,其中正离子和电子所带电荷相等,表面上呈中性,因而称为等离子体。

目前,等离子现象已被广泛用于科技和工业生产中:如用其光学性质作为照明电源、气体激光器等;用其导电性作放电管;其热性质用于焊接加工、核聚变;用其力学性质进行同位素分离等。

等离子体分为高温等离子体和低温等离子体。

在一个辉光放电管中,对压力为 0.113Pa 左右的低压气体施加一电场,进行辉光放电,气体中少量自由电子将沿电场方向被加速。当压力低、距离长时,电子的运动趋向极高的速度,因而获得极大的动能。这种高能电子与分子或原子相碰撞时,会使之激发、离解或化学键断裂,形成各种激发态的分子、原子、自由基及电子,整个气体处于电离状态。其中,得到的等离子体中,被离子化的只占百分之一到十万分之一,大部分气体粒子仍为中性。这种等离子体中电子温度极高,为 $10^4 \sim 10^5 ℃$,中性气体温度相对低,仅 100~300℃。电子与气体温差大,之间不能保持热平衡,故称为非平衡等离子体或低温等离子体。

在电弧放电时,常压下由于气体分子与电子反复剧烈碰撞,使整个气体温度与电子温度达到热平衡,气体温度可高达 5000℃ 以上。该等离子体称为平衡等离子体或高温等离子体。

其中,低温等离子体,由于电子与气体之间不存在热平衡,意味着电子可以拥有使化学键断裂的足够能量,而气体温度又可以保持与环境温度相近,这对于不耐高温的有机化合物及高分子化合物具有重要意义。高分子化合物在高温下都会发生热分解,因此高温等离子体不适合高分子化学反应,在高分子化学领域所利用的是低温等离子体。

4.5.1　等离子体聚合反应

利用等离子体中的电子、粒子、自由基及其他激发态分子等活性粒子使单体聚合的方法称为等离子体聚合反应。其聚合机理非常复杂。

1. 等离子体聚合的特点

等离子体中各种活性粒子都存在低能、中能、高能等能量分布,则使等离子体聚合具有如下特点:

(1) 等离子体聚合不要求单体有不饱和单元,也不要求含有两个以上的特征官能团,在常规情况下不能进行或难以进行的聚合反应,在此体系中容易聚合且速度很快。

(2) 生成的聚合物膜具有高密度网络结构,且网络的大小和支化度在某种程度上可以控制,膜的机械强度、化学稳定性和热稳定性很好。

(3) 聚合的工艺过程非常简单。

目前,等离子体聚合技术已在多个方面获得应用。等离子体聚合的优点与缺点如表 4-9 所示。

表 4-9　等离子体聚合的优点和缺点

优　　点	缺　　点
① 易获得无针孔的薄膜	① 聚合机理复杂,难以确定机理和定量控制
② 可制得具有新型结构与性能的聚合物	② 聚合膜的结构十分复杂
③ 聚合膜可形成三维网状结构	③ 难得到再现性的结果
④ 合成工艺简单,清洁	④很难做成较大厚度的膜
⑤ 可对物体进行涂层处理	—

2. 等离子体聚合的装置

真空容器置于高频电场中,可以采用辉光放电(直流放电、高频放电、微波辐射)和电晕放电等。低温等离子体反应装置由反应器、电源匹配网络、真空系统、气体控制系统组成。其中,重要的是包括电极部分的反应器的设计。试验用反应器的材料通常采用派热克斯(pyrex)耐热玻璃。

辉光放电装置按反应器形状分为钟罩形和圆柱流通型。其中,钟罩形等离子体反应装置容易控制聚合速度,按电极位置分为内部电极方式和外部电极方式两种。图 4-4 是钟罩形等离子体反应装置。

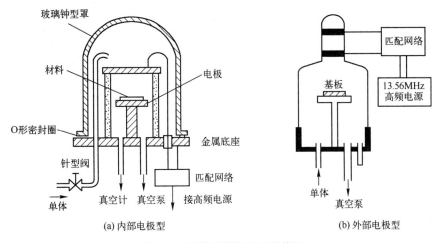

(a) 内部电极型　　　　　　　　　　(b) 外部电极型

图 4-4　钟罩型等离子反应装置

图 4-4(a)为内部电极型,特点是电功率利用效率高。但由于电极腐蚀或生成的聚合物附着在电极上,等离子体条件易变动,因此难以避免等离子体处理的高分子表面特性或等离子体聚合膜物性不稳定的问题。

图 4-4(b)为外部电极型,特点是在等离子体反应器中造成 Ar 或其他惰性气体的等离子体,然后将单体气体导入该等离子体氛围中进行等离子体聚合反应。

3. 等离子体聚合反应机理

等离子体聚合与传统的聚合方法完全不同,聚合过程十分复杂,主要表现在两个方面:首先,在等离子体聚合时,由于辉光放电时电子的能量状态差别很大,电子能量分布和电子空间密度分布不同,引起反应的类型也不相同,同时发生的基元反应很多,由此构成了聚合机理的复杂性。其次,辉光放电时的电子状态又受反应器几何结构、放电方式等众多因素的影响,加剧了聚合机理的复杂性。

等离子体中存在离子、自由基、电子和其他激发态分子,识别控制等离子体聚合机理的主要粒子是研究等离子体聚合引发中心的关键。其中,Wastwood 等根据观察到聚合物几乎全部沉积到阴极上,认为是正离子机理,而 Denaro 等根据等离子体聚合物中有很大浓度的自由基,认为是自由基引发机理。目前,大部分研究者倾向于认同自由基引发机理。

1) 自由基的产生

单体的电离可看作等离子聚合的第一个基元步骤。单体与高速电子碰撞而产生电离是形成单体等离子的关键。

$$e^{\ominus} + A \longrightarrow A^{\oplus} + 2e^{\ominus}$$

此外还有光离解作用(A 为受碰撞的分子,形成单体等离子 $A^{\oplus}$)。

$$h\nu + A \longrightarrow A^{\oplus} + e^{\ominus}$$

已经证明,等离子体聚合中的主要活性种是自由基,通常有 4 种产生活性种的途径:激发态分子的解离、阳离子的解离、离子-电子的中和、离子-分子反应。

(1) 激发态分子的解离:

$$(R'-R'')* \longrightarrow R'\cdot + R''\cdot \qquad (RH)* \longrightarrow R\cdot + H\cdot$$

(2) 阳离子的解离:

$$\text{H}_3\text{C}-\overset{\overset{\displaystyle \text{CH}_3}{|}}{\underset{\underset{\displaystyle \text{CH}_3}{|}}{\text{C}^{\oplus}}}-\text{CH}_3 \longrightarrow \text{CH}_3^{\bullet} + \text{H}_3\text{C}-\overset{\bullet}{\underset{\underset{\displaystyle \text{CH}_3}{|}}{\text{C}^{\oplus}}}-\text{CH}_3$$

(3) 离子-电子的中和:

$$\text{H}_3\text{C}-\overset{\oplus}{\underset{\underset{\displaystyle \text{CH}_3}{|}}{\text{C}}}-\text{CH}_3 + e^{\ominus} \longrightarrow \text{H}_3\text{C}-\overset{\bullet}{\underset{\underset{\displaystyle \text{CH}_3}{|}}{\text{C}}}-\text{CH}_3$$

(4) 离子-分子反应:

$$RH^{\oplus} + RH \longrightarrow RH_2^{\oplus} + R\cdot$$

2) 链增长(快速的逐步增长过程)

传统的聚合方式与单体结构有直接的关系。在等离子体聚合中则相反,不仅是带有双键的不饱和单体,任何饱和的有机化合物原则上都可以进行聚合。文献表明,不饱和单体与饱和单体的聚合速度相差很小,均在一个数量级范围内。因此,等离子体聚合所涉及的单体概念已远远超出传统高分子化学中单体概念。

Yasuda 根据等离子体聚合链增长反应特点,提出一个总的聚合机理,即双循环快速逐步聚合机理(Bicyclic Rapid Step-growth Polymerization),如图 4-5 所示。这种双循环等离子体聚合机理区别于常规的聚合反应。以等离子体中粒子的能量大于有机化合物键能的观点,这两种循环中的反应有相同的几率。其为等离子体聚合的链增长过程提供了较为合理的解释,但无法解释含氟、含氧化合物不能进行等离子体聚合的现象。

常存在双键或三键的单体在等离子体作用下将产生双自由基为主的活性中心,饱和

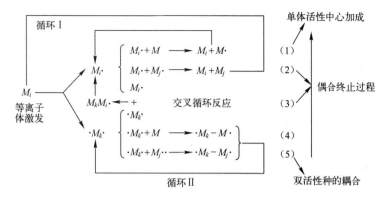

图 4-5　等离子体聚合的双循环快速聚合机理

化合物的聚合主要是按循环 I 进行的,如对二甲苯双自由基的反应:

$$n(\cdot H_2C \text{—} \bigcirc \text{—} CH_2 \cdot) \longrightarrow \cdot H_2C \text{—} \bigcirc \text{—} H_2C \left[H_2C \text{—} \bigcirc \text{—} CH_2 \right]_{n-2}$$

$$\text{—} H_2C \text{—} \bigcirc \text{—} CH_2 \cdot$$

双循环机理为等离子体聚合的链增长过程提供了较为圆满的解释。

3) 等离子体聚合中的沉积和消融

等离子体聚合过程的另一个重要步骤是聚合产物的沉积。在反应器中,任何粒子都会与机体的表面发生碰撞,是否沉积在其表面取决于撞击粒子的动能和机体表面温度。粒子由于失去一部分动能,或由于与表面形成化学键而无法离开机体表面时则发生沉积。

沉积在基体表面上的聚合物在撞击粒子的动能和基体表面温度的影响下重新离开基体的过程称为消融。

在等离子体聚合中,聚合与沉积是无法分割的,是聚合沉积与消融作用的竞争。其动力学与沉积紧密相关,而不是像其他聚合反应的动力学是聚合机理的直接反应。相应地,一般等离子体聚合的产物都沉积在机体表面,形成聚合膜。

4.5.2　等离子体引发聚合

等离子体引发聚合是利用单体蒸气激发产生等离子体,使等离子体活性基团与单体液面或固体表面接触实现聚合制备高分子的方法。与等离子体聚合不同,等离子体引发聚合可以不破坏单体的结构,合成直链超高分子量聚合物或结晶性聚合物。等离子体引发聚合有两个显著的特征:一是聚合的引发反应是在气相中进行的;二是链增长及终止反应是在凝聚相内进行的。

等离子体引发聚合的链引发、增长、转移、再结合、再引发的全过程与等离子体聚合不同。通常是用等离子体照射聚合体系数秒至数分钟,然后在适当温度进行聚合反应。

1. 等离子体引发聚合的机理

从高分子合成化学的角度来看,等离子体引发聚合的实质是利用非平衡等离子体作为引发聚合反应的能源,尽可能保持起始单体的化学结构使之聚合。

针对等离子体引发聚合中的独特现象,不同研究者对等离子体引发聚合的机理进行了大量研究。概括起来主要有如下几种理论。

1) 双自由基机理

该机理认为,当单体蒸气形成等离子体时,生成可引发液态单体聚合的物质,并分解生成双自由基化合物。若不考虑链转移反应,双自由基引发的聚合反应将不会终止,产物为超高分子量聚合物。但受条件所限,该机理未能对猜测中的引发剂结构进行表征,缺乏足够的实验依据支持,故支持者较少。

2) 位阻排斥引发机理

Paul 等根据 Johnson 等的早期工作,收集沉积在等离子体反应器壁上的非挥发性油状物,研究了引发单体聚合的动力学过程,发现等离子体引发聚合为典型的自由基引发机理。其机理反应如下:

链引发:$I \xrightarrow{k_{i1}} 2R^{\bullet}$,$R^{\bullet} + M \xrightarrow{k_{i2}} M_1^{\bullet}$

链增长:$M_1^{\bullet} + nM \xrightarrow{k_p} M_{n+1}^{\bullet}$

链终止:$M_n^{\bullet} + M_m^{\bullet} \xrightarrow{k_{t1}} P_{n+m}$,$M_n^{\bullet} + M_m^{\bullet} \xrightarrow{k_{t2}} P_n + P_m$

式中:I 为引发剂;$R \cdot$ 为初级自由基;M 为单体;M_n 和 M_m 为增长链;P_n 和 P_m 为失去活性的大分子链。

Paul 等采用多种分析手段研究油状物的结构、性质及其分解过程。结果表明,非挥发性油状物不是一种单一的化合物,而是分子量不同($100 \sim 1300$)的一系列物质的混合物。这些物质分解后均可引发 MMA 聚合,但其引发效率存在差别。由于这种物质分子量较大,因空间位阻造成的分子内排斥力很大,很容易分解生成引发单体聚合的自由基。因此,这种引发机理被称为位阻排斥引发机理。进一步研究发现,异丁酸甲酯、乙酸异丙酯等饱和有机物蒸气也可在等离子体中生成非挥发性油状物,并引发单体聚合。

显然,等离子体引发聚合过程中的引发剂并不需要特定的官能团。因此,他们推翻 Johnson 等的观点,认为活性中心应该是由单自由基。

3) 瞬时引发——活性自由基机理

Simiones 等对等离子体引发聚合进行一系列研究后认为,单体的蒸气在辉光放电后,即生成大量的小分子自由基混合物。但绝大多数的自由基因相互结合而失去活性,只有极少量的活性自由基可以到达冷冻的单体表面,与单体极快反应生成大分子自由基。

由于单体浓度远大于引发剂浓度,链终止反应很少发生,在室温时链转移反应也不易发生,在出现自动加速效应情况下,超高分子量聚合物很快生成。因此,挥发性成分——小分子自由基引发单体聚合机理符合瞬时引发-活性自由基机理。

4) 溶剂化活性种引发机理

前面的机理均无法解释等离子体引发聚合的溶剂效应,因此有研究者研究了不同溶剂对等离子体引发聚合的影响。结果发现,有机溶剂中只有 DMF 的等离子体可引发丙烯酰胺、甲基丙烯酸等单体聚合。

在等离子体的气相与液态单体的界面处,高能电子与单体发生作用,生成了可引发单体聚合的活性种——离子型自由基。由于活性种扩散并与液相单体接触时,可被溶剂

328

化——溶剂化活性种引发聚合。

该机理介于自由基机理和离子型机理之间,颇为新颖。它把介于离子和自由基之间的中间体作为引发物质,对等离子体引发聚合的诸多现象均有较合理的解释,且较符合低温等离子体的特点,因此不失为一种全面合理的机理。

综上所述,等离子体引发聚合的机理中,链增长过程为自由基历程已取得一致意见,目前争论的焦点在引发活性种的形成及引发过程,这是等离子体引发聚合机理研究的关键。目前原位技术日渐广泛应用,若能应用于此项研究,对等离子体引发聚合的机理研究来说可能是个突破。当然,国外研究的单体多集中于 MMA 上,如此得出的机理是否具有普遍性是值得商榷的。

2. 乙烯基单体的等离子体引发聚合

多种乙烯基单体都可以通过等离子体引发进行聚合。

1) 超高分子量聚合物的合成

将 MMA 采用等离子体照射 60s,发生活性聚合反应,可得到重均分子量为 3000 万超高分子量聚合物。等离子体引发聚合的 PMMA 无分支或交联结构,可溶于溶剂,且不含会使力学强度下降的低分子量聚合物。因此,从材料物理性能的观点来看有重要的意义。

2) 嵌段共聚物的合成

利用等离子体引发聚合生成的长寿命自由基,以及在水溶液中表现出极高的聚合速度,可用以合成水溶性乙烯基单体的嵌段共聚物。

目前,已经合成的嵌段共聚物有 AAM–MAA(丙烯酰胺–甲基丙烯酸)、AMPS–HEMA(丙烯酰氨基甲基丙烷磺酸–甲基丙烯酸–2 羟乙酯)、AMPS–AAM(丙烯酰氨基甲基丙烷磺酸–丙烯酰胺)等。

等离子体引发共聚合反应因单体活性不同,一般可能出现两种情况:

(1) 两种聚合活性相近的单体组合时(如 MMA 和 MAA),无论组成比如何变化,都能有效地聚合;

(2) 若一方为非活性单体的组合(如 St 为非活性单体,MMA 活性单体),随体系中非活性单体比例的增大,聚合效率急剧下降。但无论何种情况,共聚物组成都与自由基共聚物一致,印证等离子体引发聚合的链增长反应是自由基机理。

3) 固相开环聚合

等离子体引发聚合还可实现环状化合物的固相开环聚合,主要有以下几种环状单体的等离子体引发聚合。

(1) 环醚的固相开环聚合

环醚经低温等离子体短时间照射,可被引发开环聚合,得到高度结晶结构的聚合物。从 1,3,5-三噁烷[$(CH_2O)_3$,TOX]或 1,3,5,7-四噁烷[$(CH_2O)_4$,TEOX]出发,可有效地合成高度取向的纤维状聚甲醛。

(2) 无机环状化合物的固相开环聚合

无机环状化合物如六氯环三磷腈($PNCl_2)_3$结晶物经等离子体直接照射,可发生下列开环聚合反应。

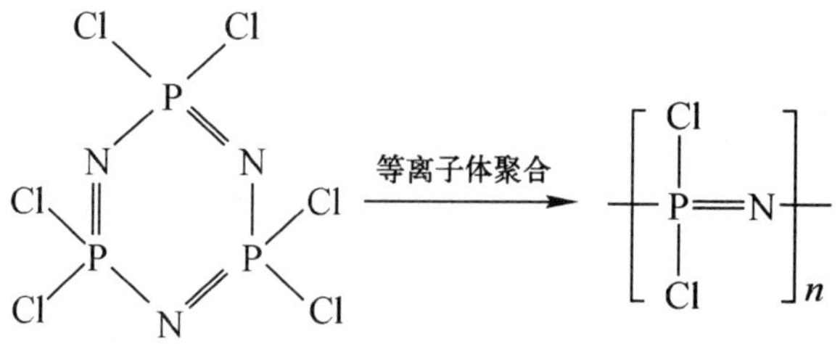

在110W放电功率、$1 \times 10^5 Pa$ 气体压力下等离子体引发聚合,15min 后即可得到收率为41%的白色磁性体聚合物。这是迄今为止采用高能电子束、γ 射线、β 射线等辐射聚合等方法均未能实现的聚合。

（3）环状有机硅化合物的开环聚合

环状有机硅化合物如六甲基环三硅氧烷、八甲基环四硅氧烷等化合物,利用等离子体都可容易地发生开环聚合,得到聚二甲基硅氧烷。这两种有机硅单体的聚合转化率都随着等离子体照射时间的增加呈直线上升。红外光谱和气相色谱分析表明,二者都发生了开环聚合,但有分支结构产生,也有分子量较小的低聚物生成。

4.5.3 等离子体聚合的应用

等离子体聚合作为一种新的聚合方法,与传统的聚合存在着很大的差别。低温等离子体中含有多种活性粒子,它可以引发许多单体进行聚合反应,且具有引发时间短,引发效率高,引发过程中几乎不引入任何杂质等优点。

等离子体聚合技术在化工、电子、光学、能源、生物材料、分离膜等方面具有广泛的应用前景。如大部分有机化合物气体在低温等离子体作用下聚合并沉积在基体表面,形成聚合膜(保护膜、导电膜、分离膜)等。

1. 保护膜

等离子体聚合膜不仅机械性能好,而且与机体的黏结性好,可用于太阳能发电的集光反射镜、电视唱盘的保护膜以及金属的防护。

在中性钢表面,通过六甲基二硅烷的等离子体聚合形成致密的超薄膜。膜的厚度可以通过等离子体的能量来调节,得到很好的防腐蚀结果。

用某些无机氧化物作为高温超导材料存在缺乏稳定性的缺点,在材料的表面用氟烃油进行等离子体聚合形成保护膜,能有效地防止超导电性的劣化。

2. 导电膜

含金属化合物经等离子体聚合制成导电膜,在电子技术方面显示出广泛地应用前景。目前已合成含 Cu、Fe、Sn、Co、Hg、Bi、Ag 等金属的等离子膜,这是传统合成方法难以实现的。

例如,$AcAu_2$ 的等离子体聚合膜有十分独特的现象,随着等离子体的能量、聚合时间、单体温度等不同,聚合膜导电率在 $10^{-10} \sim 10^4 s/cm$ 范围变化,与此相对应分别出现无色透明,黄、绿、蓝、红等多色彩,其内部具有有机物相和金属相的多相分离结构。

3. 分离膜

可利用等离子体聚合制备用于液体气体混合物的分离膜,如气体分离膜、医用膜、富氧膜等。有机硅化合物具有很多优异特性,如具有很高的气体渗透性,可用作气体分离膜,目前已经合成了许多有机硅单体的等离子体聚合物:六甲基二硅氧烷,三乙氧基乙基硅烷,聚二甲基硅氧烷等聚合物。

虽然等离子体聚合技术具有一定的优点,但目前还十分不成熟。等离子体引发聚合的研究尚处于起步阶段,许多问题没有解决,如等离子体引发聚合的聚合机理、动力学以及与聚合有关的引发活性种的结构目前还不清楚等。

4.6　基团转移聚合

基团转移聚合作为一种新的活性聚合技术,由美国杜邦公司 O. W. Webster 等于 1983年首先报道,是除自由基、阳离子、阴离子和配位阴离子型聚合外的第 5 种连锁聚合技术,被认为是继 20 世纪 50 年代 Ziegler 等发现用配位催化剂使烯烃定向聚合、Szwarc 发明阴离子活性聚合后的又一重要的新聚合技术。

"基团转移聚合"是以不饱和酯、酮、酰胺和腈类等化合物为单体,以带有硅烷基、锗烷基、锡烷基等基团的化合物为引发剂,用阴离子型或 Lewis 酸型化合物做催化剂,选用适当有机物为溶剂,通过催化剂与引发剂端基的硅、锗、锡原子配位,激发硅、锗、锡原子,使之与单体羰基上的氧原子或氮原子结合成共价键,单体中的双键与引发剂中的双键完成加成反应,硅烷基、锗烷基、锡烷基团移至末端形成"活性"化合物的过程。以上过程反复进行,得到相应的聚合物。

基团转移聚合与其他连锁聚合反应类似,包括下列 3 个基元反应:

1. 链引发反应

将少量二甲基乙烯酮甲基三甲基硅烷基缩醛(MTS)为引发剂,与大量甲基丙烯酸甲酯(MMA)单体在阴离子催化剂(HF_2^-)作用下发生如下的加成反应:

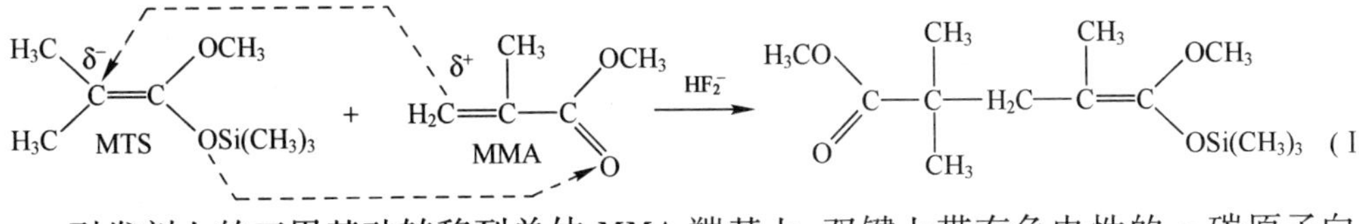

引发剂上的三甲基硅转移到单体 MMA 羰基上,双键上带有负电性的 α 碳原子向单体上带有正电性的双键 α 碳原子加成,结果新生成的中间体 I 的端基上重新产生一个三甲基硅氧基和一个双键。

2. 链增长反应

上述加成产物 I 的一端仍具有与 MTS 相似的结构,可与 MMA 的羰基氧原子进一步进行加成反应。这种过程可反复进行,直至所有单体全部消耗完毕,最后得到高聚物。所以,基团转移聚合的实际过程是活泼的三甲基硅基团首先从引发剂 MTS 转移到加成产物 I 上,然后又不断向 MMA 单体转移,使分子不断增长,"基团转移聚合反应"由此得名。

链增长反应过程可表示如下:

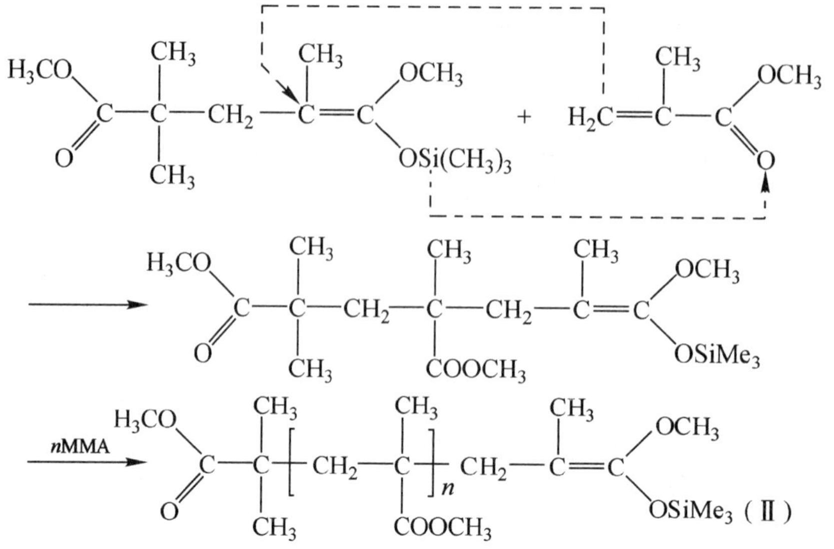

3. 链终止反应

从活性聚合物(Ⅱ)可见,在加入终止剂之前,增长的聚合物均含有三甲基硅氧基末端基,它具有向剩余的同一单体或不同单体继续加成的能力,因此是一种活性聚合物链。与阴离子聚合一样活性链也可以通过人为加入可与末端基发生反应的物质将其杀死,即进行链终止反应。例如:以甲醇为终止剂时发生如下的反应。

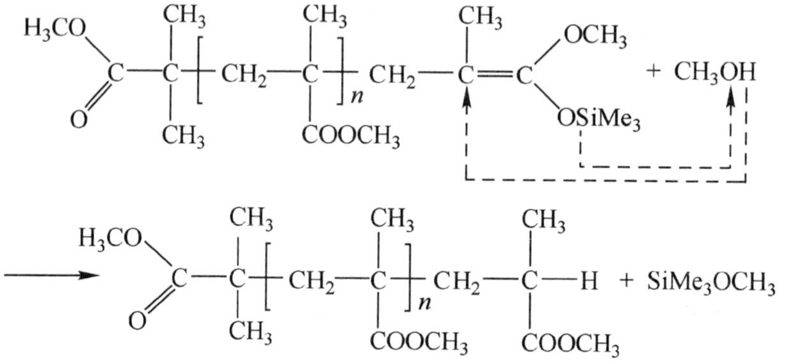

与阴离子聚合一样,在聚合体系中如果存在可能与活性中心发生反应杂质,如活泼氢(质子)等,则活性链将被终止。因此,一般要求聚合体系十分干净。

由于基团转移聚合技术与阴离子型聚合一样,均属"活性聚合"范畴,故此种聚合体系在室温下也比较稳定,存放若干天后当加入相应的单体仍具有连续加成的能力。加上引发剂的引发速度大于或等于链增长速度,因此所有被引发的活性中心都会同时发生链增长反应,从而获得分子量分布很窄的、具有"泊松"分布的聚合物,一般 $D=1.03\sim1.2$。

同时,产物的聚合度可以用单体和引发剂两者的摩尔浓度比来控制($DP=[M]/[I]$)。当 M_n 在 $1000\sim20000$ 时,产物的聚合度及其分布可以比较准确地控制,但要制取更高聚合度的聚合物时,控制窄分布就比较困难,因为这时所需引发剂用量少,容易受体系中杂质的干扰。然而,当使用高纯度的单体、试剂和溶剂时,也可制得数均分子量高达 10 万~20 万的聚合物。

基团转移聚合在控制聚合物分子量分布、端基官能化和反应条件等方面比通常的聚合物方法具有更多优越性,为高分子的分子设计增添了一种新的方法和内容。在实际方面,采用这种技术生产汽车面漆、合成液晶聚合物和一些特殊的聚合物,如嵌段、遥爪型高分子材料等已获得成功。当然,基团转移聚合技术尚不很成熟,其反应机理、条件和单体范围等问题还有待深入探讨。

4.6.1 基团转移聚合的特点

1. 单体

目前,基团转移聚合仅限于 α、β-不饱和酯、酮、腈和二取代的酰胺等单体,这类单体可用通式 $H_2C=CR'X$ 表示,$R'=H$、CH_3,$X=COOR$、$CONH_2$、COR 和 CN,其中 R 为烷基。

研究最多的单体是甲基丙烯酸甲酯(MMA)和丙烯酸乙酯(EA)。由于 MMA 的活性最大,因此研究得更为深入。对某些特定结构的单体,采用基团转移聚合技术制取相应的聚合物具有特殊意义。例如如下结构的单体(a),若采用自由基聚合或其他连锁聚合方法进行聚合,一般都会发生交联反应。采用基团转移聚合技术可顺利排除发生交联的可能性,因为按照三甲基硅氧基的转移规律,不会使单体上的—$CH_2CH=CH_2$ 基团聚合。因此,通过基团转移聚合技术可望将这些单体制备成弹性体或光敏性聚合物。

$$CH_2=\underset{CO_2CH_2CH=CH_2}{\overset{CH_3}{C}} \qquad (a)$$

由于独特的聚合机理,使许多含有对其他聚合方法敏感基团的单体能通过基团转移聚合方法聚合,从而保留这些基团不发生变化。例如在0℃以下对甲基丙烯酸环氧酯(b)采用基团转移聚合技术进行聚合,可保持环氧基团不发生反应,产物可作为环氧树脂应用。若采用阴离子聚合,则双键、环氧基和羰基均可能发生反应,使产物复杂化。

$$CH_2=\underset{CO_2CH_2CH—CH_2}{\overset{CH_3}{\underset{\qquad\qquad\searrow O \swarrow}{C}}} \qquad (b)$$

此外,含硅氧基的丙烯酸酯单体(c),经基团转移聚合反应可得到含有侧基 CH_2CH_2OH 的聚合物。因此,通过基团转移聚合方法可十分容易地得到含特殊官能团的聚合物。

$$CH_2=\underset{CO_2CH_2CH_2OSiMe_3}{\overset{CH_3}{C}} \qquad (c)$$

2. 引发剂

目前,已发现的可用于基团转移聚合的引发剂包括以下几类。

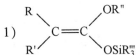

1) 这是最好的一类基团转移聚合反应引发剂,应用最多的是化合物(a),以 MTS 表示。一般而言,Si 上的 R''' 基团越大,反应速度越小;OR'' 基团上 R'' 可有较大的变化,此可作为引入聚合物末端特殊官能团的途径。例如通过化合物(b)作为引发剂可向聚合物引入端羧基。而化合物(c)作为引发剂则可引入端基 $COOCH_2CH_2OH$。

333

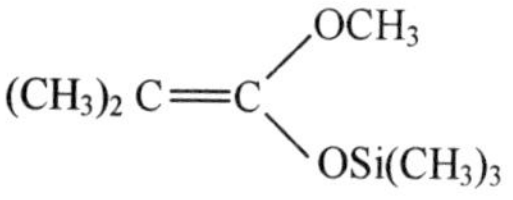

(a) MTS 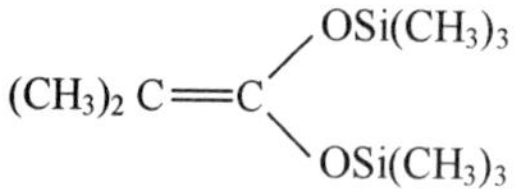　　　　　　　　　　(b) 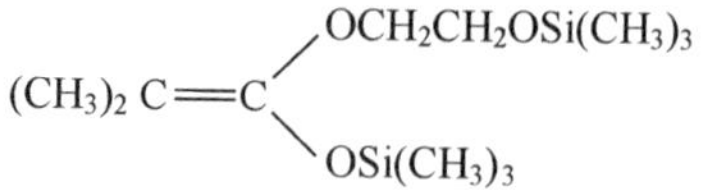　　　　　　　　　　(c)

需要指出的是,这类引发剂在聚合体系中往往存在异构化现象,如下所示:

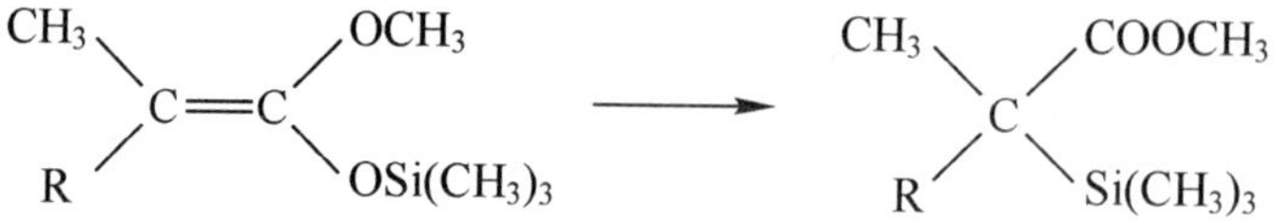

当 R 为 CH₃ 时,异构化速率不影响聚合过程;当 R 为 H 原子时,异构化速率足以影响聚合过程,使聚合反应停止。

此外,硅原子上取代基团的大小对引发速率也有很大影响。一般来说,硅原子上取代的基体积越小,对聚合过程的可控性越好。

例如采用引发剂(d)引发 MMA 聚合,可获得分子量控制良好而且分子量分布很窄的产物($X_w/X_n = 1.10$)。采用引发剂(e)引发 MMA 速率却非常慢,产物分子量数值高于理论值,分子量分布宽,很大程度上已经偏离活性聚合。

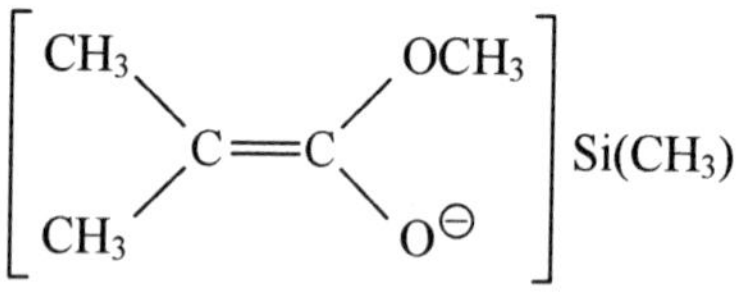

(d) D=1.10 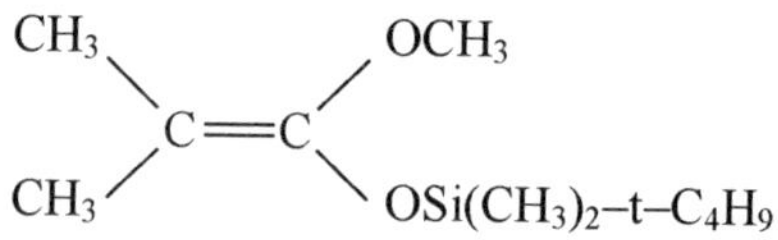　　　　　　　　　　(e)

如果硅原子上的取代基团虽然较长,但立体阻碍较小时[如化合物(f)],对产物的分子量仍有良好的控制作用,但分子量分布较宽。这可能是由于催化剂在活性分子之间的交换速率小于增长速率之故。

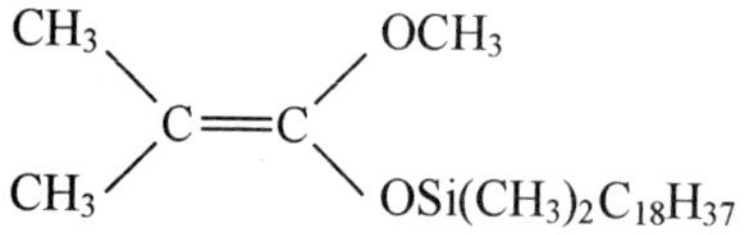

2) R₃SiX 类引发剂

这类引发剂中 X 可为 CN、SCH₃、CH₂COOEt 等,其引发原理如下:

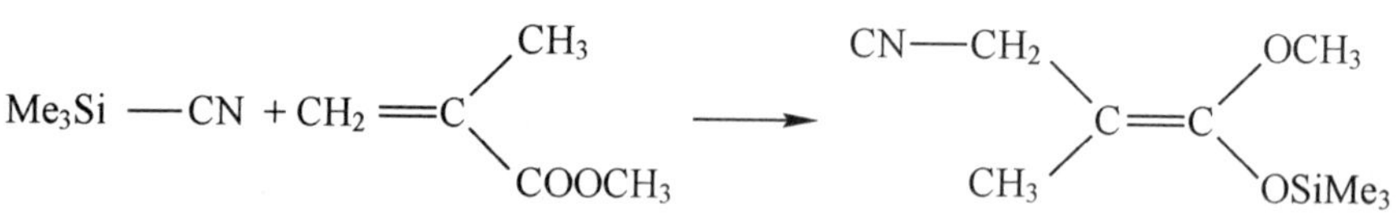

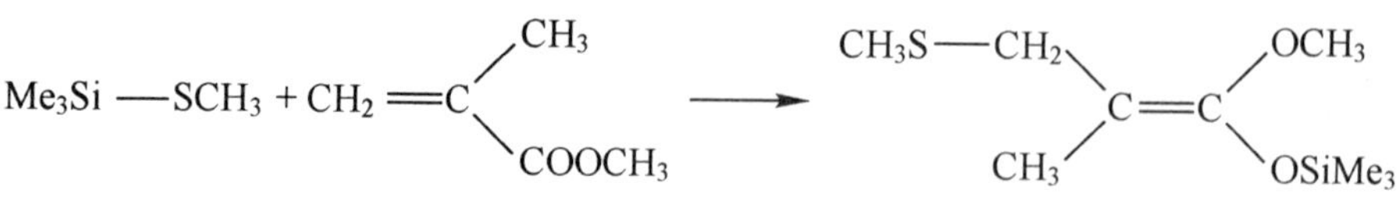

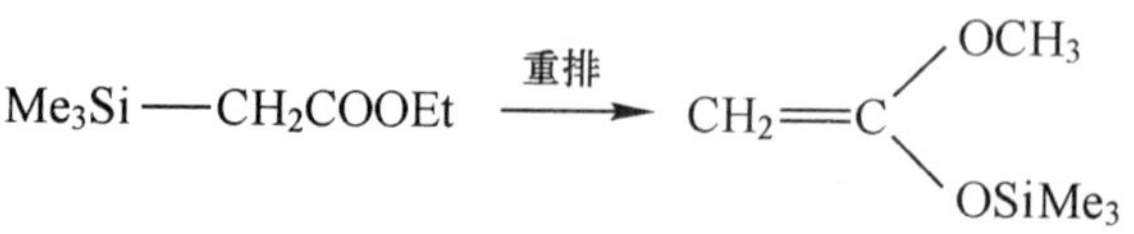

334

这类引发剂在引发 MMA 聚合过程中往往存在明显的诱导期。其引发过程是经过与 MMA 加成而发生的,对产物分子量的可控性较差。

3) $P(OSiMe_3)_3$ 引发剂

引发剂先与 MMA 在 110～120℃加热生成如下结构的化合物,这类引发剂对聚合过程有良好的可控特性。

$$(Me_3SiO)_2P \overset{\overset{\displaystyle O}{\|}}{\underset{}{}} -CH_2 - \overset{\overset{\displaystyle CH_3}{|}}{C} = C \overset{\displaystyle OCH_3}{\underset{\displaystyle OSiMe_3}{}}$$

作为基团转移聚合引发剂,由于含有较活泼的 R_3M-C 键或 R_3M-O 键,极易被含活泼氢的化合物分解,所以与阴离子聚合物的操作和要求一样,在整个反应体系中必须避免含质子化合物,如水、醇、酸等存在,所有仪器、设备和试剂都要经过严格的干燥预处理,然后在抽排空气和高纯氮充气条件或真空中进行。

3. 催化剂

基团转移聚合与阴离子型聚合反应有所不同,一般要在添加催化剂情况下进行。催化剂主要分阴离子型和 Lewis 酸型两大类。

1) 阴离子型

阴离子型催化剂包括 HF_2^-、CN^-、$F_2Si(CH_3)_3^-$ 等,最常用和最有效阴离子催化剂为 $[(CH_3)_2N]_2SHF_2$,简称 $TASHF_2$。其他阴离子催化剂一般都制成季铵盐(如 Bu_4NF)和以 $[(CH_3)_3N]S^+$ 为阳离子的盐(TAS^+X^-)形式存在,易溶于有机溶剂,具有较大活性。

阴离子型催化剂的催化机理一般认为是引发剂在催化剂作用下,形成超价硅中间态,使引发剂活化的过程。与其他类型一样,催化剂用量对基团转移聚合有很大的影响。

一般阴离子催化剂用量为引发剂的 0.01%～0.1%(摩尔),即可使反应以一定速度进行,但常存在一个诱导期,后者随催化剂对引发剂比例的增加而缩短,故实际用量一般为引发剂的 1%～5%(摩尔)。例如,$TASHF_2$ 对基团转移聚合的催化效率高,用量一般为引发剂的 0.1%(摩尔),但对 $P(OSiMe_3)_3$ 这类引发剂,$TASHF_2$ 用量须高达 4%～11%(摩尔)。这是由于催化剂与 P 原子之间的配位作用而导致催化剂用量增加。

此外,KHF_2 也可用作基团转移聚合催化剂,但在一般有机溶剂中溶解度较低,需要在乙腈、二甲基甲酰胺等极性溶剂中才能聚合。将 KHF_2 与 18-冠醚-6 配合引发 MMA 聚合,可得到高转化率、低分散度的 PMMA。

2) Lewis 酸型

常用的包括卤化锌无机物(如 $ZnCl_2$、$ZnBr_2$、ZnI_2 等)、烷基有机物(如 R_2AlCl、$(RAlOR)_2O$ 等)。前一类的用量为单体 10%～20%(摩尔),才能使单体完全转化,后一类的用量则为引发剂 10%～20%(摩尔)。

Lewis 酸型催化剂催化机理是 Lewis 酸与单体中的羰基配位而使单体活化,使得引发剂更容易发生亲核进攻。

Lewis 酸型催化剂对基团转移聚合来说,用量较阴离子型要多几倍。ZnX_2 在室温下使用效果较好,烷基铝催化剂在室温下存在竞争的分解反应,因此一般须在低温(-78℃)下使用。

4. 溶剂

基团转移聚合与其他某些聚合类型一样,可以进行本体聚合。但由于本体聚合的反应十分迅速,大量反应热难以排除,导致聚合反应无法控制,甚至产生爆聚。例如当 MMA 在室温下进行本体聚合时,15 min 内体系温度即可升至 84℃。因此,为便于控制聚合反应速度,一般基团转移聚合都在溶剂中进行。同时便于准确配制引发剂和催化剂,借以来达到准确计量的目的。

根据催化剂的不同类型,相应地可采用两类不同的溶剂。当选择阴离子型催化剂进行基团转移聚合时,一般宜采用给电子体的溶剂,如 THF、CH_3CN、CH_3O—CH_2CH_2—OCH_3、CH_3CH_2O—CH_2CH_2—OCH_2CH_3 等。

当选用 Lewis 酸型催化剂时,则应避免用给电子体的溶剂,因为它容易与 Lewis 酸发生配位作用,从而妨碍催化剂与单体的羰基氧配位。所以,在此情况下一般选用卤代烷烃和芳烃,如甲苯、CH_3Cl 和 $ClCH_2CH_2Cl$ 等。

5. 反应温度

采用基团转移聚合技术时,根据单体种类的不同,反应温度可在非常宽的范围内进行,如 $-100\sim150℃$ 间,但较合适的反应温度是 $0\sim50℃$。

例如对 MMA,以室温下最好,这在操作应用上较方便;对丙烯酸酯来说,则反应在 0℃ 或稍低为好,这是因为它们的活性相对较大。由于(甲基)丙烯酸酯类的反应都比较快,所以常用逐步加入单体的办法来加以控制。

根据文献报道,催化剂和反应温度的不同,对聚合产物的立规结构有一定的影响。例如:HF_2^- 为催化剂,在室温下制备 PMMA,产物中间规和无规结构的聚合物含量接近相等;而在 $-78℃$ 下聚合时则主要是间规结构的聚合物。

若采用 THF 为溶剂进行 MMA 等温基团转移聚合,发现等规 PMMA 含量总是低,而反应温度由 60℃ 下降值 $-90℃$,间规 PMMA 由 50% 增加至 80% 以上,

当用 Lewis 酸做催化剂时,产物中的间规 PMMA 比用阴离子催化剂时所得的多。在多数温度下,间规和无规 PMMA 的比例都接近于 2:1。此外,同时发现基团转移聚合所得聚合物的立规性与所用溶剂的极性无关,这与阴离子性聚合不同,后者与所用的溶剂有关而与温度关系不大。

4.6.2 基团转移聚合的机理

根据催化剂的不同,基团转移聚合的反应机理也各有差异。

采用阴离子型催化剂时,硅烷基的转移机理是在亲核性催化剂作用下,通过形成超价态硅的中间物而转移,即亲核性阴离子 Nu^- 先与引发剂或活性聚合物中活性端基上的硅原子配位,使硅原子活化,然后活化的硅原子与单体中羰基氧原子相连形成六配位硅的中间过渡态:

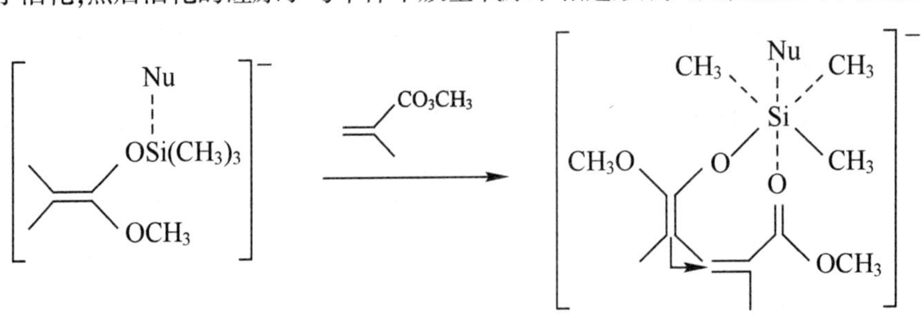

随后,三甲基硅与单体的羰基氧原子形成共价键,使引发剂的双键与单体中的双键完成加成反应,催化剂 Nu 被挤出,单体形成接在键前端的 C—C 单键,—Si(CH₃)₃ 移至链末端形成活性聚合物。其反应方程如:

$$
\begin{array}{c}
R' \\ | \\ R'-\overset{1}{C}=\overset{2}{C}-OR'' \\ | \\ OSiR_3
\end{array}
\quad + \quad
\begin{array}{c}
R'''' \\ | \\ CH_2=\overset{4}{C} \\ \overset{5}{C}-OR'''' \\ \| \\ O
\end{array}
\quad \xrightarrow{\ HF_2^-\ } \quad
\begin{array}{c}
R''O\ \ \ R'\ \ \ \ \ \ R'''\ \ \ OR'''' \\ | \quad\ | \qquad | \qquad | \\ \overset{2}{C}-\overset{1}{C}-CH_2-\overset{4}{C}=\overset{5}{C} \\ \| \quad | \qquad\qquad\quad | \\ O\quad R' \qquad\qquad\ OSiR_3
\end{array}
$$

由以上过程可见,在 HF₂⁻ 催化剂存在下,引发剂与单体的双键发生加成反应,引发剂上的三烷基硅氧基移至单体的羰基氧原子上,生成中间产物。中间产物继续与另一单体单元发生反应,不断地重复上述过程,使分子链增长,最后用 H⁺ 分解,三烷基硅氧基脱落得到聚合物。上述机理的核心是形成六配位硅的中间过渡态,Farmham 和 Sogah 认为它属于缔合机理范畴。

若用 Lewis 酸做催化剂,基团转移聚合的反应机理可能是催化剂先与单体的羰基氧原子配位形成配位化合物,使单体活化后被引发剂进行亲核反应所致。当单体中先加入 Lewis 酸和溶剂混合一段时间后,再加入引发剂,即可立刻发生反应而无诱导期,若将引发剂、溶剂和催化剂先混合一段时间,后加入单体,则产生一定的诱导期,且反应进行缓慢,这也证实了可能催化剂是在活化单体后才发生反应。

采用基团转移聚合合成聚合物的立构规整性通常只与所用的催化剂和聚合温度有关。由 Lewis 酸催化剂进行 MMA 基团转移聚合时,得到 PMMA 的间同立构体与无规立构体的比例基本为 2:1,用阴离子类催化剂时,两者比例基本为 1:1。但不管采用何种催化剂,全同立构体的含量均较少。当聚合温度上升时,全同立构体和无规立构体的比例都随之上升,而间同立构体的比例则下降。

此外,研究表明,基团转移聚合产物的立构规整性还与所用单体中酯基的大小有关,间同立构体的比例随酯基的增大而减少。例如,20℃时聚甲基丙烯酸叔丁酯间同立构体的比例比 PMMA 要低。

4.6.3 基团转移聚合的应用

基团转移聚合与阴离子型聚合有很多类似的特点,所以利用此种技术同样可以合成窄分子量分布的标准样品,制备无规和嵌段共聚物以及带官能团的遥爪聚合物等功能高分子材料等。下面对基团转移聚合的应用作简单介绍。

1. 窄分子量分布均聚物的合成

基团转移聚合与阴离子型聚合一样,属"活性聚合"范畴,故产物的相对分子质量分布很窄,一般 $D = 1.03 \sim 1.2$,仅少数接近 2。同时,产物的聚合度可以用单体和引发剂两者的摩尔浓度比来控制($DP = [M]/[I]$)。

表 4-10 列出几种单体在不同催化剂下进行基团转移聚合的结果。从表中可以看出,采用 ZnX₂ 做催化剂时,选用 ZnI₂ 所得产物的 D 值最小,对分子量的控制最好;采用 ZnCl₂ 时,则控制效果最差。此外,大多数数均分子量接近理论值。至于有些相差较大数据,则可能与试剂和溶剂等聚合体系的纯度有关。

表 4-10 基团转移聚合举例

单 体	引 发 剂	催 化 剂	溶 剂	聚 合 物		
				$\bar{M}_n$	$\bar{M}_w$	$\bar{M}_w/\bar{M}_n$
甲基丙烯酸甲酯	MTS	TASF$_2$SiMe$_3$	THF(−78℃)	1120	1750	1.56
		TASN$_3$	CH$_3$CN	3000	3100	1.03
		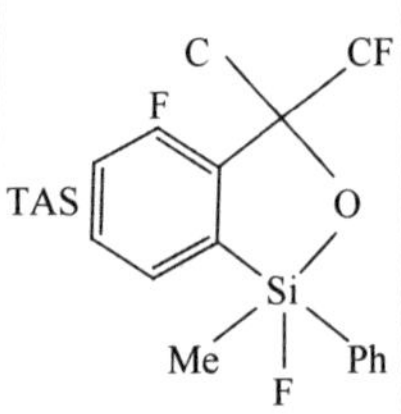 TAS（结构式）	CH$_3$CN	1700	1900	1.11
		ZnBr$_2$	ClCH$_2$CH$_2$Cl	6020	7240	1.20

总之,利用引发剂对单体用量摩尔比的不同来控制聚合物的分子量和制备窄分子量分布样品是基团转移聚合的优点之一。实践证明,采用基团转移聚合技术来制备有预定分子量的单分散性聚合物是可行的。

2. 共聚物的合成

1) 无规共聚物的合成

采用引发剂进行甲基丙烯酸乙烯苄酯/甲基丙烯酸甲酯(VBM/MMA)的基团转移聚合,合成的共聚物是以 PMMA 为主链,苯乙烯为侧链的活性聚合物。苯乙烯侧链的存在对进一步形成聚合物网络或互穿网络具有重要意义。

根据基团转移聚合的原理,在聚合过程中,MMA 中的双键能够打开,而苯乙烯中的双键不可能打开,因此可将单体中的苯乙烯双键保留下来,当温度较高时,部分苯乙烯可能参与热聚合,因此应在较低温度下进行聚合。

2) 嵌段共聚物的合成

利用基团转移聚合技术可形成活性聚合物特点,与阴离子聚合一样,可方便地通过按顺序加入不同单体的方法制备嵌段共聚物(顺序加料法),例如选用活性相差不大的同一类单体(丙烯酸酯/丙烯酸类,或甲基丙酸酯/甲基丙烯酸类),可以在第一种单体反应完后加入第二种单体继续反应,即可形成 AB 型嵌段共聚物。

如果采用双官能度引发剂,如化合物(1)可形成三嵌段共聚物。

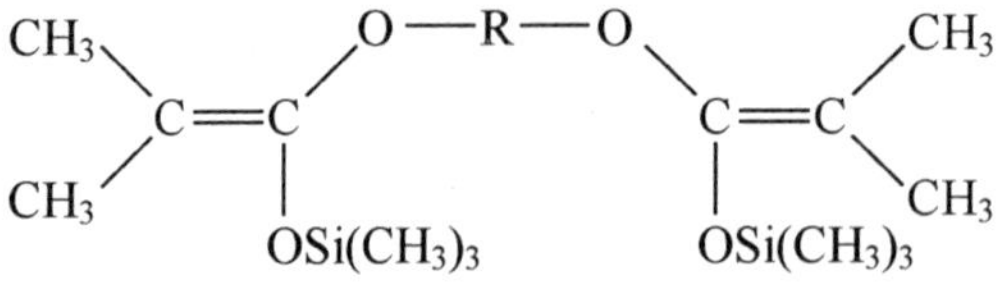

化合物(1)

将基团转移聚合与其他聚合方法结合,也是制备嵌段共聚物的有效方法。已经通过这种方法制备了多种嵌段共聚物。如将羟醛基团转移聚合与基团转移聚合结合使用制备的聚乙烯醇-聚甲基丙烯酸甲酯嵌段共聚物,合成过程如下:

(1) 先通过基团转移聚合法制备聚甲基丙烯酸甲酯活性聚合物:

$$\underset{CH_3}{\overset{CH_3}{>}}C=C\underset{OSi(CH_3)_3}{\overset{OCH_3}{<}} + CH_2=\underset{CH_3}{\overset{|}{C}}-\underset{\overset{||}{O}}{C}-OCH_3 \xrightarrow{HF_2^-} \underset{PMMA}{\overset{CH_3}{>}}C=C\underset{OSi(CH_3)_3}{\overset{OCH_3}{<}}$$

（2）再通过羟醛基团转移聚合法制备含硅氧侧基的聚合物：

$$\text{〇}-CHO + CH_2=CHOSi(CH_3)_2Bu \xrightarrow{ZnBr_2} \text{〇}-[CH_2-\underset{OSi(CH_3)_3Bu}{\overset{|}{CH}}]_n-CHO$$

（3）将上述两种聚合物链偶合，用甲醇处理，即可将共聚物上的 $OSi(CH_3)_3Bu$ 基团转换为羟基，得到 PVA–PMMA 嵌段共聚物：

$$\underset{PMMA}{\overset{CH_3}{>}}C=C\underset{OSi(CH_3)_3}{\overset{OCH_3}{<}} + \text{〇}-[CH_2-\underset{OSi(CH_3)_3Bu}{\overset{|}{CH}}]_n-CHO \xrightarrow{CH_3OH} PVA—PMMA$$

3. 遥爪聚合物的合成

借助基团转移聚合技术，可以像阴离子聚合一样制备遥爪聚合物，而且其官能团可以达到理论值，较其他合成方法优越。以 MMA 的聚合为例，引发剂（a）引发 MMA 生成中间体（b），然后将此中间体与含质子的溶剂或合适的烷基化试剂作用，再用 Bu_4NF 处理，可以定量地得到一个含有 100% 末端羟基的聚合物。若用 $Br_2/TiCl_4$ 或对二溴甲基苯/H^+ 做终止剂，然后用 Bu_4NF 处理，则可得到双官能团的遥爪聚合物。其聚合过程可表示如下：

$$\underset{H_3C}{\overset{H_3C}{>}}C=C\underset{OCH_2CH_2OSi(CH_3)_3}{\overset{OSi(CH_3)_3}{<}} + \underset{H}{\overset{H}{>}}C=C\underset{COOCH_3}{\overset{CH_3}{<}} \xrightarrow{HF_2^-}$$

引发剂（a）

$$(CH_3)_3SiOCH_2CH_2OCO-\underset{CH_3}{\overset{CH_3}{\underset{|}{\overset{|}{C}}}}\Big[H_2C-\underset{COOCH_3}{\overset{CH_3}{\underset{|}{\overset{|}{C}}}}\Big]_{n-1}CH_2-\underset{OSi(CH_3)_3}{\overset{CH_3}{\underset{|}{\overset{OCH_3}{C}}}}C=C \xrightarrow{CH_3OH 或 Br_2}$$

中间体（b）

$$(CH_3)_3SiOCH_2CH_2OCO-\underset{CH_3}{\overset{CH_3}{\underset{|}{\overset{|}{C}}}}\Big[CH_2-\underset{COOCH_3}{\overset{CH_3}{\underset{|}{\overset{|}{C}}}}\Big]_{n-1}X \ (X=H, Br) \xrightarrow{Bu_4NF}$$

$$HOCH_2CH_2OCO-\underset{CH_3}{\overset{CH_3}{\underset{|}{\overset{|}{C}}}}\Big[CH_2-\underset{COOCH_3}{\overset{CH_3}{\underset{|}{\overset{|}{C}}}}\Big]_{n-1}X \ (-端基羟基的遥爪聚合物)$$

中间体(b) + BrH_2C—〈苯环〉—CH_2Br ⟶ $(CH_3)_3SiOCH_2CH_2OCO-\overset{CH_3}{\underset{CH_3}{C}}-[H_2C-\overset{CH_3}{\underset{COOCH_3}{C}}]_n$

$-H_2C-\langle苯环\rangle-CH_2-[\overset{CH_3}{\underset{COOCH_3}{C}}-CH_2-\overset{CH_3}{\underset{CH_3}{C}}]_n-COOCH_2CH_2OSi(CH_3)_3 \xrightarrow{Bu_4NF}$

$HOCH_2CH_2OCO-\overset{CH_3}{\underset{CH_3}{C}}-[H_2C-\overset{CH_3}{\underset{COOCH_3}{C}}]_n-H_2C-\langle苯环\rangle-CH_2-[\overset{CH_3}{\underset{COOCH_3}{C}}-CH_2-\overset{CH_3}{\underset{CH_3}{C}}]_n-COOCH_2CH_2OH$ （两端带羟基的遥爪聚合物）

除采用芳香醛引发剂外,也可用脂肪醛或酮作为引发剂。若用芳香二醛作为引发剂,则类似于阴离子型聚合时的双官能团引发剂,反应向两端增长。除醛类外,可采用亲电性的苄卤和缩醛作引发剂。当用1,4-二(溴甲基)苯作引发剂时,同样可得到与用对苯二甲醛相似的聚合产物,活性链两端含有醛基。

4. 产品开发

近年来,在采用基团转移聚合技术对某些特殊单体的聚合方面取得了进展。例如,Pugh等利用含有咔唑或苯环等一系列特殊基团的甲基丙烯酸酯及丙烯酸酯作为单体进行基团转移聚合,所得聚合物中有许多是近晶型液晶聚合物。

工业上,基团转移聚合首先用于制备丙烯酸酯系汽车涂料,所得聚合物分子量分布均匀,固体含量达60%,而一般自由基聚合,固体含量通常为20%;同时由于无未反应单体存在,在涂饰时挥发量少,减少了污染。此外,基团转移聚合合成的丙烯酸酯系汽车面罩涂料可在82℃固化,有可能在室温固化,而通常汽车罩面涂料需在116~127℃固化。

基团转移聚合技术在分子结构控制方面有很大优越性,具有很重要的实际价值。例如美国杜邦公司采用基团转移聚合工艺开发出汽车面漆涂料,此法生产的感光树脂用于制备半导体硅片、光导纤维用涂料、热塑性弹性体和可代替金属复合材料。

4.7 大分子引发剂和大分子单体

4.7.1 大分子引发剂

大分子引发剂是指在分子链上带有可分解成可引发单体聚合活性中心(主要为自由基)的高分子化合物,分子量一般为数千至数万。

20世纪50年代,Shah等利用邻苯二甲酰氯与过氧化钠反应制得聚邻苯二甲酸过氧化物。Smets等将其用于聚苯乙烯-聚甲基丙烯酸甲酯及聚苯乙烯-聚醋酸乙烯酯的嵌段共聚。20世纪60年代,Smith等将带偶氮基的高分子化合物用于嵌段共聚。70年代,随着对嵌段共聚的研究,大分子引发剂才引起重视,上田明等合成出一系列大分子引发剂,并用它制备出结构明确的嵌段共聚物。这种聚合方法有两个显著的优点:

(1)几乎所有烯类单体都能由大分子引发剂引发进行自由基聚合,因此都有可能用于制备结构明确的嵌段共聚物;

(2)与离子聚合比较,自由基聚合对杂质敏感性小,合成路线简单并易于控制。因此,大分子引发剂在高分子分子设计中显示出极好的前景。

1. 大分子引发剂的合成

在自由基聚合中最广泛使用的引发剂是偶氮化合物和过氧化物。同样,目前研究的大分子引发剂可分为大分子偶氮化物和大分子过氧化物。制备大分子引发剂的主要问题是如何在分子链中引入活泼的偶氮基和过氧基。

1)大分子偶氮化合物

大分子偶氮化合物可以通过 3 种途径来制备。

(1)带取代基的低分子偶氮单体法

带取代基的偶氮单体与具有官能团的聚合物或单体起反应。其中,带取代基的偶氮单体与聚合物反应如下:

$$\sim\!\!\sim\!\!X+\ \square\!-\!N\!=\!N\!-\!\square\!-\!Y\longrightarrow\ \square\!-\!N\!=\!N\!-\!\square\!\sim\!\!\sim$$

$$\sim\!\!\sim\!\!X+Y\ \square\!-\!N\!=\!N\!-\!\square\!-\!Y\longrightarrow\ \sim\!\!\sim\!\square\!-\!N\!=\!N\!-\!\square\!\sim\!\!\sim$$

$$X\!\sim\!\!\sim\!\!X+\ \square\!-\!N\!=\!N\!-\!\square\!-\!Y\longrightarrow\ \square\!-\!N\!=\!N\!\sim\!\!\sim\!-\!N\!=\!N\!-\!\square$$

$$X\!\sim\!\!\sim\!\!X+Y\ \square\!-\!N\!=\!N\!-\!\square\!-\!Y\longrightarrow\ [\!\sim\!\!\sim\!\square\!-\!N\!=\!N\!-\!\square\!]_n$$

带取代基的偶氮单体与单体反应如下:

$$Y\!-\!\square\!-\!N\!=\!N\!-\!\square\!-\!Y+(n+m)M\longrightarrow(\!M\!)_n\square\!-\!N\!=\!N\!-\!\square(\!M\!)_m$$

例如,偶氮二异丁腈的 α、ω-二羟基化物与异氰酸酯反应得到结构多变的聚异氰酸酯型偶氮化物。

Heitz 等将偶氮二异丁腈与聚乙二醇反应,合成得到聚酯型的偶氮化物,从偶氮二异丁腈的 α、ω-二酰氯出发,分别与二元胺、二元醇或双酚 A 等单体反应,可以制备一系列结构不同的大分子偶氮化物。

341

$$NC-\underset{\underset{CH_3}{|}}{\overset{\overset{CH_3}{|}}{C}}-N=N-\underset{\underset{CH_3}{|}}{\overset{\overset{CH_3}{|}}{C}}-CN + HO\!-\!(CH_2CH_2O)_n\!-\!H \xrightarrow{\text{Pinner合成}} CH-\underset{\underset{CH_3}{|}}{\overset{\overset{O}{||}}{C}}\cdots-N=N-\underset{\underset{CH_3}{|}}{\overset{\overset{CH_3}{|}}{C}}-\overset{\overset{O}{||}}{C}-O-(CH_2CH_2O)_n\!\sim\!\sim$$

（2）聚合物的基团转换法

通过聚合物分子链上的基团转换,可以制备大分子偶氮化合物。例如,Hill 等采用类似于偶氮二异丁腈合成中的水合肼路线,首先将双酮化合物聚合,然后将聚合产物氧化得到聚偶氮二异丁腈($n>4$):

$$H_3C-\overset{\overset{O}{||}}{C}-(CH_2)_n-\overset{\overset{O}{||}}{C}-CH_3 \xrightarrow{N_2H_4 \cdot H_2O} \left[=\overset{\overset{CH_3}{|}}{C}-(CH_2)_n-\overset{\overset{CH_3}{|}}{C}=N-N\right]_m \xrightarrow{HCN}$$

$$\left[-\overset{\overset{CH_3}{|}}{\underset{\underset{CN}{|}}{C}}-(CH_2)_n-\overset{\overset{CH_3}{|}}{\underset{\underset{CN}{|}}{C}}-\overset{H}{\underset{}{N}}-\overset{H}{\underset{}{N}}-\right]_m \xrightarrow{\text{氧化}} \left[-\overset{\overset{CH_3}{|}}{\underset{\underset{CN}{|}}{C}}-(CH_2)_n-\overset{\overset{CH_3}{|}}{\underset{\underset{CN}{|}}{C}}-N=N-\right]_m$$

Craubner 等利用聚酰胺的氧化和重排反应制得另一种类型大分子偶氮化物:

$$\left(R-\overset{\overset{O}{||}}{C}-NH\right)_n \xrightarrow{N_2O_3} \left(R-\overset{\overset{O}{||}}{C}-\overset{\overset{NO}{|}}{N}\right)_n \xrightarrow{\text{重排}} \left(R-\overset{\overset{O}{||}}{C}-N=N\right)_n$$

2）大分子过氧化物

由于有机过氧化物的种类繁多,相应的大分子过氧化物也有很多不同的类型和结构,其制备方法与有机过氧化物的制备都类似,在过氧化物、氧、臭氧的作用下起氧化反应引入过氧基。目前报道的有 4 类大分子过氧化物:

（1）过氧化酰类:

$$\left[\overset{\overset{O}{||}}{C}-R-\overset{\overset{O}{||}}{C}-O-O\right]_n$$

（2）改性过氧化酰类:

$$\left[\overset{\overset{O}{||}}{C}-R-\overset{\overset{O}{||}}{C}-O-R'-O-\overset{\overset{O}{||}}{C}-R-\overset{\overset{O}{||}}{C}-O-O\right]_n$$

（3）过氧化酯类:

$$\left[\overset{\overset{O}{||}}{C}-R-\overset{\overset{O}{||}}{C}-O-R'-O-O\right]_n$$

（4）过氧化醚类:

$$\left[R-O-O\right]_n$$

R、R'基团可以是脂肪类或芳香类,改变其结构可改善过氧化物的引发活性、抗爆性、溶解性等。除利用单体合成的方法制备大分子过氧化物外,将烯类单体的聚合物在氧或臭氧的作用下加热裂解，也能得到大分子过氧化物。例如，将聚丙烯与臭氧在室温下反应即可形成大分子过氧化物。

2. 大分子引发剂的分解特性

作为产生自由基的引发剂，最重要性质是热分解特性。连接在大分子链中过氧基、偶氮基的热分解性与低分子过氧化物和偶氮化物没有本质上差别，其分解反应通式如下：

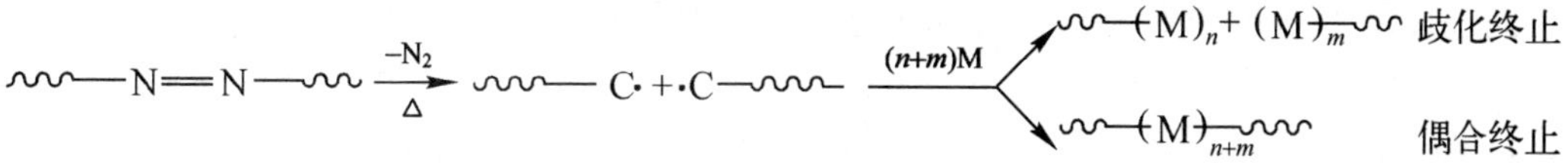

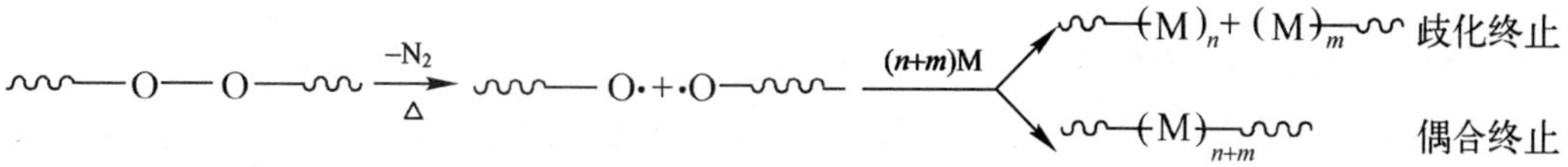

对聚异二醇与偶氮二乙丁腈反应得到的聚酯型偶氮化物进行研究表明，分解反应服从一级动力学规律，分解活化能为 124.0kJ/mol。对大分子过氧化物的热分解性能研究表明，过氧基的热分解性与大分子链的长度无关，以大分子过氧化酯为例，活化能为 34～38kcal/mol，接近于低分子过氧化酯的均裂键能。

实际聚合结果表明，大分子引发剂的引发效率比低分子引发剂要低得多，这是由于在大分子引发剂聚合体系中，分子体积较大的自由基扩散速度低，与单体进行碰撞反应的概率也降低之故。

3. 大分子引发剂的应用

1）大分子自由基及嵌段共聚物类型

大分子引发剂的应用可以使传统的自由基聚合也具有"活性聚合"的能力，用于制备预定结构的聚合物，尤其在嵌段共聚物设计方面具有十分重要的意义。

通过大分子引发剂制备嵌段共聚物极为方便，即在第二单体存在下，使大分子引发剂上的偶氮基或过氧基分解并引发第二单体聚合。最终的终止反应与通常的自由基聚合一样，有偶合终止和歧化终止两种形式。

根据大分子单体中偶氮基团和过氧基团位置和分解方式不同，可出现两种自由基，即单头或双头大分子自由基，由此制备的嵌段共聚物可能有不同形式，如下所示。

双头大分子自由基

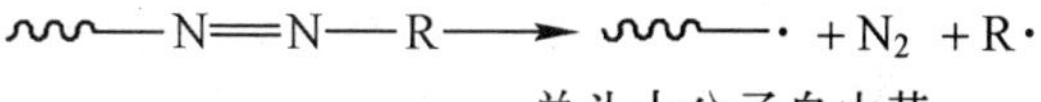

单头大分子自由基

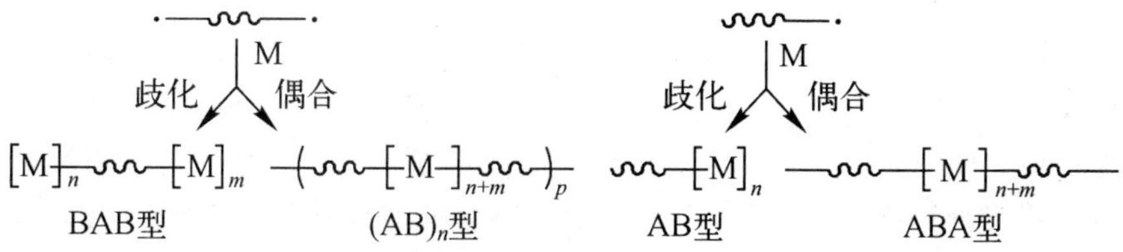

2）嵌段共聚物的制备

（1）聚醚-聚苯乙烯嵌段共聚物

以聚醚型偶氮化物为大分子引发剂，在苯乙烯存在下进行热分解，可得到$(AB)_n$型嵌段共聚物。共聚物中聚醚链段长度由所采用的聚乙二醇链段的长度决定，聚苯乙烯链段长度由共聚时单体与引发剂比例和温度控制。若共聚单体为 MMA，由于 PMMA 自由基倾向于歧化终止，最终得到的是 ABA 型或 AB 型嵌段共聚物。

$$\left[O(CH_2CH_2O)_m \overset{O}{\underset{CH_3}{C}}\overset{CH_3}{\underset{CH_3}{C}}N=N\overset{CH_3}{\underset{CH_3}{C}}\overset{O}{\underset{}{C}}\right]_n \xrightarrow{pM} \left[O(CH_2CH_2O)_m\overset{O}{\underset{CH_3}{C}}\overset{CH_3}{\underset{CH_3}{C}}(M)_p\overset{CH_3}{\underset{CH_3}{C}}\overset{O}{\underset{}{C}}\right]_n$$

（2）PMMA-PS-PMMA 三嵌段共聚物

用同时带有偶氮基团和过氧化基团的引发剂分步引发 MMA 和苯乙烯聚合，并偶合终止，可制备三嵌段的 ABA 型嵌段共聚物，反应步骤如下：

$$ROOCR'N=NR'COOR \longrightarrow \cdot OCR'N=NR'CO\cdot + 2RO\cdot$$

$$\cdot OCR'N=NR'CO\cdot + CH_2=\overset{CH_3}{\underset{COOCH_3}{C}} \longrightarrow PMMA\sim\sim OCR'N=NR'CO\sim\sim PMMA$$

$$\downarrow \overset{CH_2=CH}{\underset{\triangle}{\bigcirc}}$$

$$PMMA\sim\sim OCR'\sim\sim PS\sim\sim R'CO\sim\sim PMMA$$

（3）聚酯-聚丙烯酰胺嵌段共聚物

用聚酯型偶氮化合物为引发剂，控制偶氮基团的部分分解，引发丙烯酰胺的聚合，可制备含偶氮基的聚酯-聚丙烯酰胺嵌段共聚物。这种嵌段共聚物分子链上既有亲水部分，又有疏水部分，是一种两亲性嵌段共聚物，在醋酸乙烯酯乳液聚合中可起到大分子乳化剂的双重作用。其结构如下：

$$\left[\overset{O}{\underset{CH_3}{C}}\overset{CH_3}{\underset{CH_3}{C}}N=N\overset{CH_3}{\underset{CH_3}{C}}\overset{O}{\underset{}{C}}O-CH_2CH_2O\overset{O}{\underset{CH_3}{C}}\overset{CH_3}{\underset{}{C}}\right]_n[CH_2-\underset{\underset{NH_2}{C=O}}{CH}]_m$$

（4）嵌段液晶共聚物

嵌段液晶共聚物通常是由非液晶链段和液晶链段构成。由于大分子引发剂可以使传统的自由基聚合具有"活性聚合"特征，因此在合成嵌段液晶共聚物方面具有良好的应用前景。

由大分子引发剂制备嵌段液晶共聚物的反应通常分两步来完成。第一步是合成分子链上含有偶氮基或过氧基的液晶(或非液晶)低聚物,即制备大分子引发剂;第二步是使大分子引发剂的偶氮基或过氧基分解成自由基并引发另一种单体聚合形成嵌段共聚物。其中,最主要的问题是如何在含液晶的分子链中引入活泼的偶氮基团或过氧基团。目前用于制备嵌段液晶共聚物的大分子引发剂通常通过以下两种偶氮化合物(a 和 b)合成:

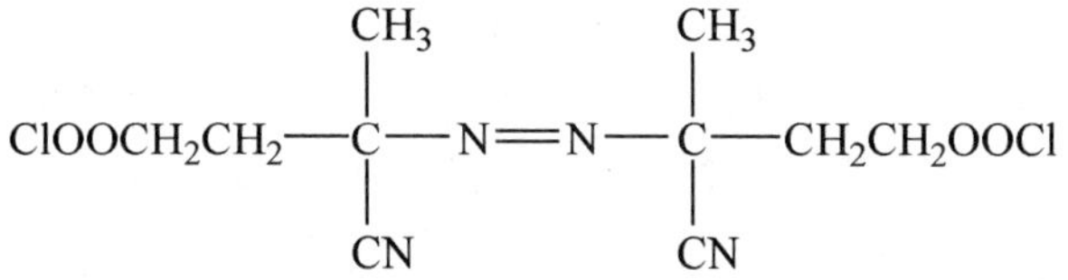
CH3
CH3
ClOOCH2CH2—C—N═N—C—CH2CH2OOCl
CN
CN

(a)

偶氮化合物 a 与含有低亲核性反离子的银盐作用后生成双酰基阳离子,可作为阳离子聚合的活性种,用于引发单体进行阳离子聚合,形成大分于引发剂。

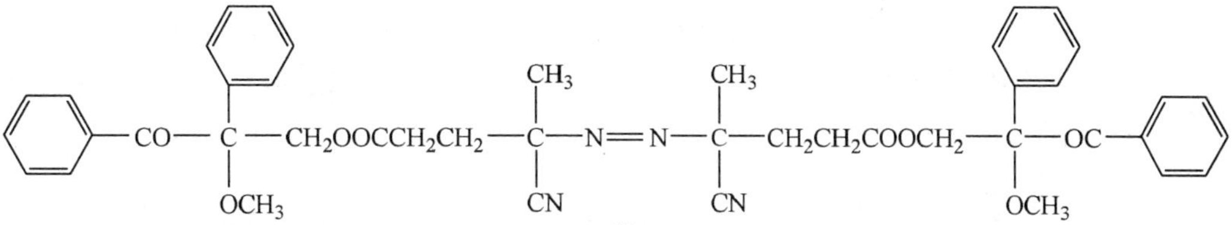
CO
C
CH2OOCCH2CH2
CH3
C
N═N
CH3
C
CH2CH2COOCH2
C
OC
OCH3
CN
CN
OCH3

(b)

偶氮化合物 b 由于其分子中含有光活性的二苯乙醇酮部分,经紫外光照射后产生电子给体自由基,此自由基与合适电子受体相互作用,可被氧化成对应的碳阳离子(如下式所示),进而用于引发单体进行阳离子聚合形成大分子引发剂。

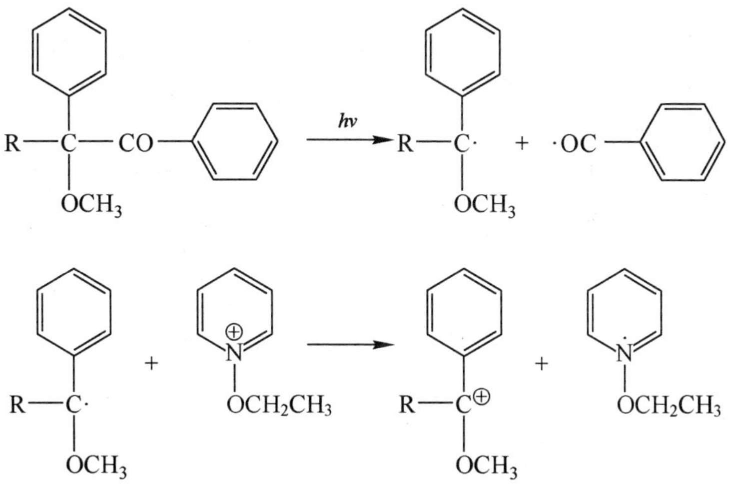
R—C—CO
OCH3
hv
R—C·
+
·OC
OCH3
R—C·
OCH3
+
N
OCH2CH3
R—C
OCH3
+
N
OCH2CH3

采用上述偶氮化合物为引发剂,通过阳离子聚合与自由基聚合相结合,制备 AB 或 ABA 型嵌段共聚物。例如 A 段为非液晶嵌段,由四氢呋喃或氧化环己烯经阳离子聚合而成,而 B 段为液晶嵌段,由含有不同侧链液晶单元的 PMMA 聚合物组成。

其具体反应过程如下:

偶氮化合物 a(或 b)经适当的反应,形成阳离子引发活性中心;在阳离子引发活性中心的作用下,进行四氢呋喃(或氧化环己烯)的阳离子聚合,制得分子中含偶氮基团的聚四氢呋喃(或聚氧化环己烯)大分子引发剂;在加热的条件下,使大分子引发剂上的偶氮基分解,形成大分子自由基并引发含有液晶基元的甲基丙烯酸酯类单体进行聚合形成嵌段液晶共聚物。

4.7.2　大分子单体

大分子单体是指在分子链上带有可聚合基团的齐聚物,分子量一般为数千至数万。大分子单体的概念由美国化学家 Milkovich 在 1974 年首次提出。

近 30 年来,随着活性聚合技术的发展,人们已经合成出许多结构不同的大分子单体。这种可聚合的中间体在高分子设计中发挥重要的作用。例如,通过大分子单体聚合可获得结构明确的接枝共聚物,可以综合完全相反的性能,如软/硬、结晶/非结晶、亲水/疏水、极性/非极性、刚性/韧性等,其中许多大分子单体已经用于功能性高分子制备,因此越来越受到重视。目前,大分子单体技术已经成为高分子设计的一种有效手段。

1. 大分子单体的合成

大分子单体的合成主要通过在低聚物分子链末端引入可聚合的基团来实现。具有实际应用价值的有阴离子聚合、阳离子聚合、自由基聚合以及近年来发展起来的基团转移聚合和原子转移自由基聚合等。

1) 阴离子聚合法

阴离子聚合可以实现无转移反应的活性聚合。利用阴离子聚合的原理,可以准确地控制大分子单体的分子量及其分布,链的规整性和链端官能度,因此是制备大分子单体的有效手段。用这种方法制备大分子单体的主要过程是利用烯类单体(如苯乙烯、丁二烯、异戊二烯等)经过链引发和链增长达到预定的分子量后,加入不饱和卤化物使活性链终止,从而引入不饱和端基。

例如,苯乙烯的阴离子活性聚合中,加入烯丙基氯为终止剂,可得烯烃型大分子单体;加入甲基丙烯酰氯为为终止剂,则得丙烯酸酯型大分于单体。1974 年美国化学家 Milkovich 在发明大分子引发剂时提出的合成方法如下:

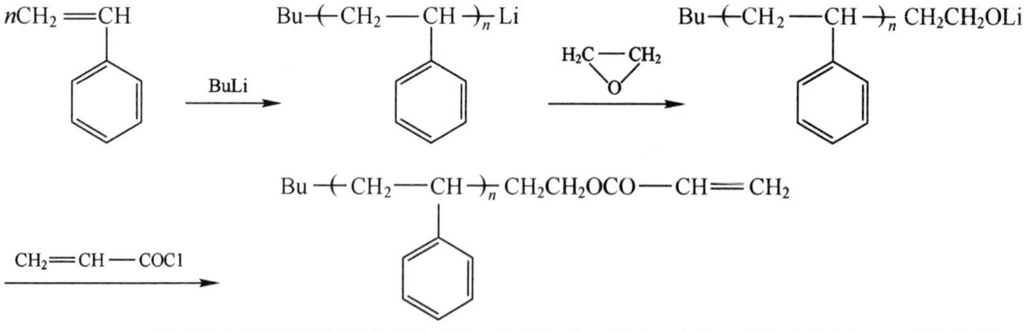

Yuhsuke 等利用硅氧烷的阴离子活性开环聚合,制备了苯乙烯型和甲基丙烯酸酯型大分子单体,产物具有非常窄的分子量分布,分子量约为 10000。反应过程如下:

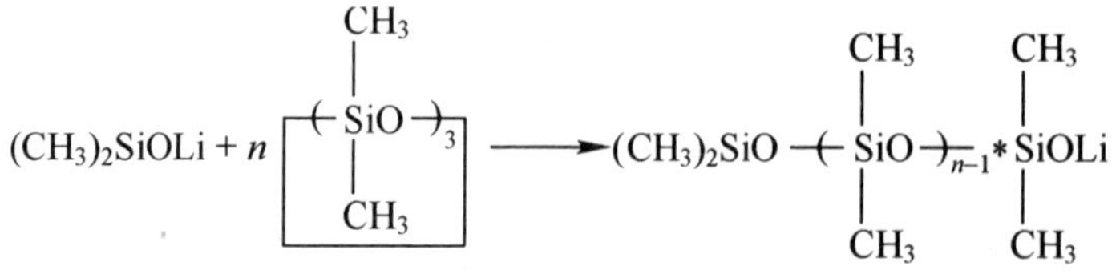

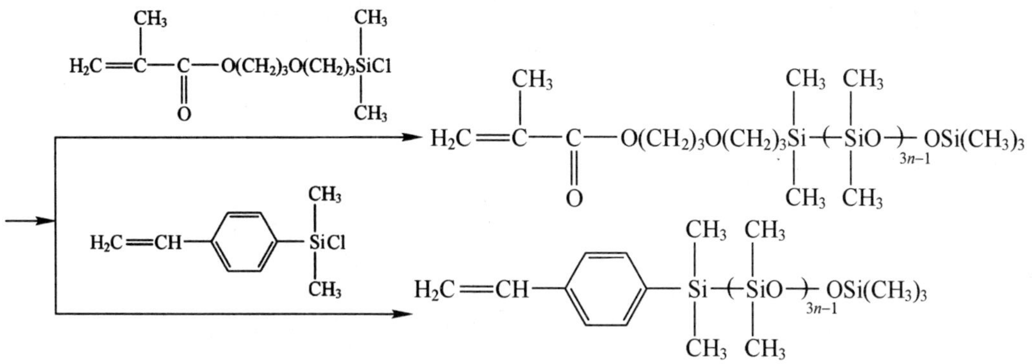

$$H_2C=C(CH_3)-C(=O)-O(CH_2)_3O(CH_2)_3SiCl(CH_3)_2$$

$$H_2C=C(CH_3)-C(=O)-O(CH_2)_3O(CH_2)_3Si(CH_3)_2 \left(SiO(CH_3)_2 \right)_{3n-1} OSi(CH_3)_3$$

$$H_2C=CH-C_6H_4-SiCl(CH_3)_2$$

$$H_2C=CH-C_6H_4-Si(CH_3)_2 \left(SiO(CH_3)_2 \right)_{3n-1} OSi(CH_3)_3$$

又如采用 2-乙烯基吡啶通过阴离子活性聚合制备水溶性大分子单体的研究结果。反应过程如下:

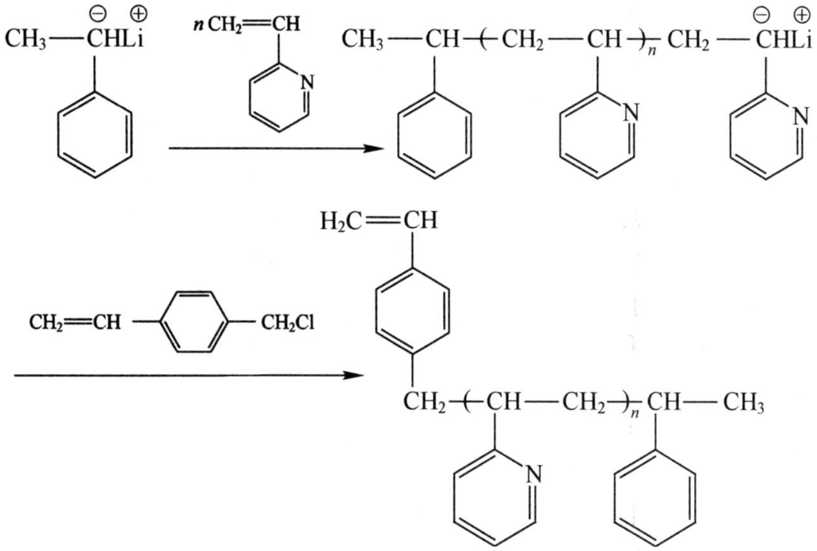

$$CH_3-\overset{\ominus}{C}HLi(C_6H_5) + n\,CH_2=CH(C_5H_4N) \longrightarrow CH_3-CH(C_6H_5)\left(CH_2-CH(C_5H_4N) \right)_n CH_2-\overset{\ominus}{C}HLi(C_5H_4N)$$

$$CH_2=CH-C_6H_4-CH_2Cl \longrightarrow$$

$$H_2C=CH-C_6H_4-CH_2\left(CH(C_5H_4N)-CH_2 \right)_n CH(C_6H_5)-CH_3$$

2) 阳离子聚合法

某些阳离子聚合具有活性聚合的性质,可用于制备窄分子量分布和端基带有预定官能团的大分子单体。THF 的阳离子开环聚合是阳离子型活性聚合法制备大分子单体的典型例子。例如用三乙基硼盐引发 THF 聚合,再由带官能团的亲核物终止反应。

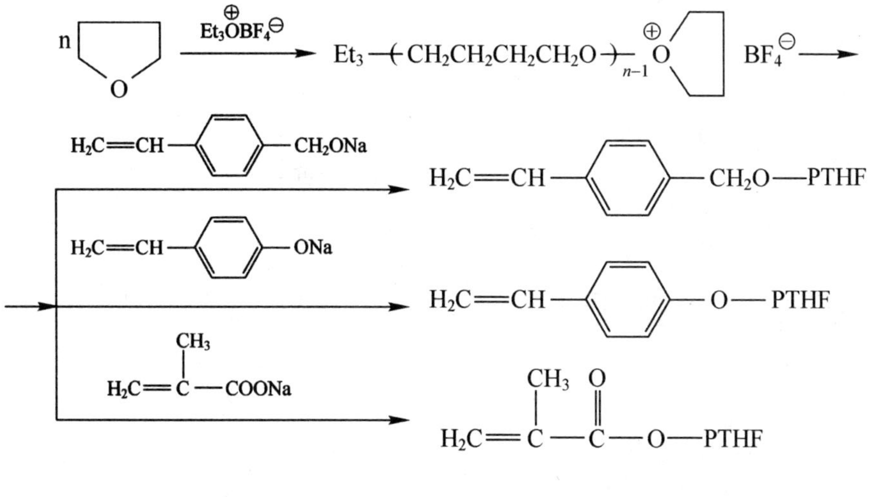

$$n\;\text{THF} \xrightarrow{\;Et_3O^{\oplus}BF_4^{\ominus}\;} Et_3 \left(CH_2CH_2CH_2CH_2O \right)_{n-1} \overset{\oplus}{O}\; BF_4^{\ominus} \longrightarrow$$

$$H_2C=CH-C_6H_4-CH_2ONa \longrightarrow H_2C=CH-C_6H_4-CH_2O-PTHF$$

$$H_2C=CH-C_6H_4-ONa \longrightarrow H_2C=CH-C_6H_4-O-PTHF$$

$$H_2C=C(CH_3)-COONa \longrightarrow H_2C=C(CH_3)-C(=O)-O-PTHF$$

可采用带官能团的引发剂引发 THF 开环聚合得到大分子单体。如下列反应,用类似的方法已经得到主链为聚异丁烯的单官能度和双官能度的大分子单体。

$$H_2C = CH - COCl + AgSbF_6 \xrightarrow{-AgCl} H_2C = CH - \overset{\oplus}{C}OSbF_6^{\ominus} \longrightarrow$$

$$\xrightarrow{\underset{O}{\triangle}} H_2C = CH - CO + CH_2CH_2CH_2CH_2 \underset{n-1}{)} \overset{\oplus}{O} \rangle SbF_6^{\ominus}$$

$$\xrightarrow{C_6H_5ONa} H_2C = CH - CO + CH_2CH_2CH_2CH_2 \underset{n-1}{)} OCH_2CH_2CH_2CH_2 - OC_6H_5$$

3) 自由基聚合法

采用自由基聚合制备大分子单体已经成为最广泛和最有效的方法,如采用有效的链转移剂(巯代乙酸或碘代乙酸)使大分子链带上羧基,然后再与甲基丙烯酸缩水甘油酯反应,生成丙烯酸酯型的大分子单体。这类反应曾制备出多种类型的大分子单体。

$$n\,H_2C = CRX \xrightarrow[\text{AIBN}]{HSCH_2COOH} HOOCCH_2S + CH_2CRX \underset{n}{)} H \xrightarrow{\substack{CH_3 \\ H_2C=C-COOCH_2-\overset{O}{\triangle}CH_2 \\ H}}$$

$$\underset{OH}{\overset{CH_3}{H_2C = C}} - COOCH_2CHCH_2OOCCH_2S + CH_2CRX \underset{n}{)} H$$

通过自由基聚合合成以聚氯乙烯、聚偏二氯乙烯为主链的大分子单体,具有十分重要的现实意义,如聚氯乙烯大分子单体的合成:

$$n\,H_2C = CHCl \xrightarrow[\text{HSCH}_2CH_2OH]{AIBN} HOCH_2CH_2S + \underset{Cl}{CH_2CH} \underset{n}{)} H$$

$$\underset{O}{\overset{CH_3}{H_2C = C - COCl}} \qquad \underset{O}{\overset{CH_3}{H_2C = C - COCH_2CH_2S}} + \underset{Cl}{CH_2CH} \underset{n}{)} H$$

聚偏二氯乙烯大分子单体的合成如下:

$$CCl_4 + n\,H_2C = CCl_2 \longrightarrow Cl_3C + \underset{Cl}{\overset{Cl}{CH_2C}} \underset{n}{)} Cl \xrightarrow{H_2C = CHCH_2OCOCH_3}$$

$$Cl_3C + \underset{Cl}{\overset{Cl}{CH_2C}} \underset{n}{)} CH_2CHClCH_2OCOCH_3 \xrightarrow{CH_3OH/H_2SO_4} Cl_3C + \underset{Cl}{\overset{Cl}{CH_2C}} \underset{n}{)} CH_2CHClCH_2OH$$

348

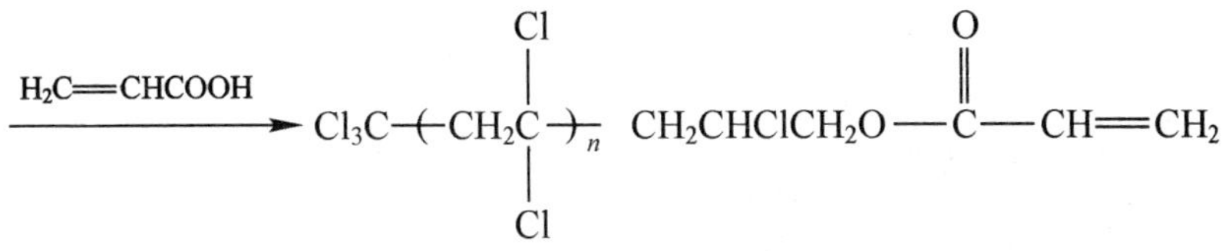

$$H_2C{=}CHCOOH \longrightarrow Cl_3C{\left(CH_2C\right)}_n CH_2CHClCH_2O{-}C{-}CH{=}CH_2$$

4）基团转移聚合法

基团转移聚合法是 1983 年由美国 DuPont 公司的 Webster 等发现的一种新型聚合方法。这种聚合以硅烷基烯酮缩醛类化合物为引发剂，在 HF_2^-、CN^- 等催化下，在四氢呋喃中进行极性烯类单体聚合，聚合过程具有活性特征。具体原理见 4.6 节。

通常聚合反应可在室温下迅速进行，得到窄分子量分布的活性聚合物。它的一个突出优点是可选用各种带有被保护官能团的引发剂，能容易地制备链末端 100%官能化的聚合物。以下为采用基团转移法制备聚甲基丙烯酸甲酯大分子单体的例子，其中 $R = CH_3, C_6H_5, (CH_3)_3 SiOCH_2CH_2$ 等。

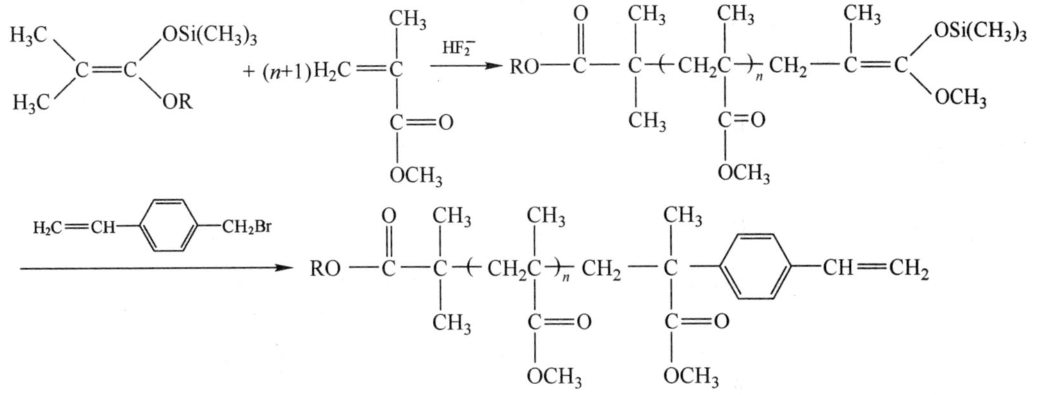

5）其他聚合方法

其他用于制备大分子单体的方法还有缩聚法和官能团改性法等，虽然它们的应用不太普遍，但在制备某些特殊结构的大分子单体中十分有用。例如，在生物材料合成中十分有用的聚胺型大分子单体可采用下列缩聚型反应制得：

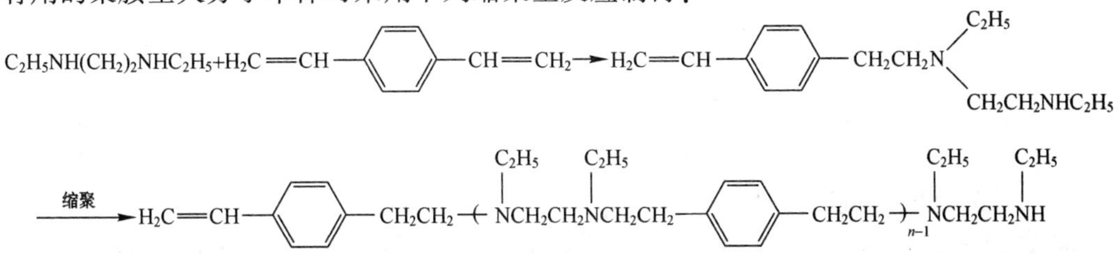

以蛋卵磷脂为起始原料，通过官能团改性制备的卵磷脂型大分子单体是一种合成生物功能膜的重要材料。其反应过程如下：

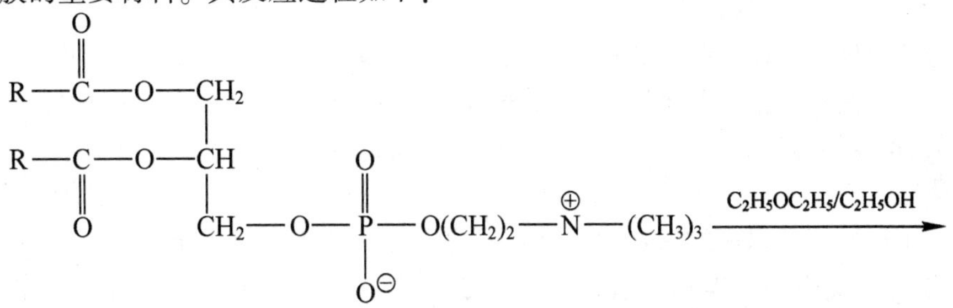

349

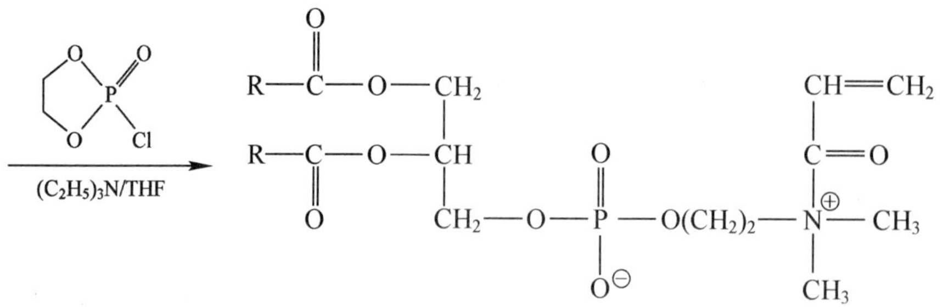

$$\xrightarrow{(C_2H_5)_3N/THF}$$

2. 大分子单体的聚合

1）大分子单体的均聚

大分子单体均聚有可能生成梳型聚合物,但大分子单体与一般小分子单体不同之处是分子量大且聚合官能团含量低,大分子单体聚合时可能存在空间位阻作用,因而大分子单体均聚时,均聚物的聚合度一般不可能达到很高。

例如:将含甲基丙烯酰端基的聚苯乙烯大分子单体在水中进行悬浮均聚,转化率只有24%;特大分子单体进行苯溶液均聚,可发现分子量越大,聚合速度越慢,聚合度仅为10~20;过硫酸钾在水中引发聚氧乙烯大分子单体均聚,得到产物聚合度为20左右;将含苯乙烯端基的聚四氢呋喃或聚苯乙烯大分子单体分别均聚时,在高浓度及高引发剂用量条件下也只能得到聚合度为数十的均聚物。

研究发现,大分子单体进行均聚反应时具有如下几个特征:

（1）由于大分子单体的分子量相当高（$M_n = 1000 \sim 10000$）,所以在聚合体系中活性种的浓度很低。

（2）大分子单体链端可聚合基团的反应活性比同样低分子单体的基团要低,因为空间阻碍减少了分子间碰撞的机会。

（3）如果大分子单体的重复单元会产生链转移反应,那么这种链转移反应的概率随大分子单体聚合度的增加而变大。

（4）大分子单体均聚产物的特点是每一个骨架重复单元上都带有一个支链,因此这种大分子链有极高的接枝密度。

（5）大分子单体的均聚可用自由基、阴离子和阳离子聚合等方法进行,但自由基和阴离子法的报道较多。由于大分子单体本身通常是固体状,因此聚合一般在溶剂中进行。

Rempp 等在苯溶剂中,用3%摩尔浓度的 AIBN 为引发剂进行甲基丙烯酸酯型的苯乙烯大分子单体的均聚反应。结果表明,大分子单体的分子量大时产率较低,表明大分子链端的不饱和键的活性受链长的影响。采用 α-甲基苯乙烯型苯乙烯大分子单体在 THF 中进行阴离子均聚,以二苯基甲基钾为引发剂,聚合产率很高。

2）大分子单体的接枝共聚

大分子单体与其他烯类单体进行共聚反应可制备指定分子结构的接枝共聚物。采用大分子单体法制备的接枝共聚物,支链的长度可以在大分子单体制备时就得到控制,接枝分布均匀,均聚物含量少,产品质量高。共聚物中支链的密度取决于分子单体与小分子单体的竞聚率。

大分子单体末端双键的聚合活性与含相同不饱和基团的小分子单体基本接近,尤其在低转化率时,聚合活性差别不大。随着转化率增加,或大分子单体相对分子质量增加,大分子单体的反应活性显得比含相同不饱和基团的小单体要差。这是由于大分子单体的扩散速度较小,或大分子单体与共聚物主链的相分离倾向增大有关。

3) 典型的大分子单体的共聚

大分子单体的共聚反应活性受端基类型、链长、链结构聚合介质聚合温度等多种因素影响。

(1) 环氧乙烷大分子单体的共聚

环氧乙烷大分子单体与丙烯腈的共聚。苯乙烯型的环氧乙烷大分子单体能稳定地与丙烯腈在水乳液中聚合,产品能改善聚丙烯腈薄膜或纤维的表面润湿性。

甲基苯乙烯型环氧乙烷大分子单体与苯乙烯及甲基丙烯酸甲酯的共聚。大分子单体摩尔浓度为5%,反应在苯溶液中以 AIBN 为引发剂进行,产率低于70%。共聚产物的亲水亲油性使分离困难,即使在共聚物含量达35%~40%(质量分数)时,在甲醇甚至水中都能形成稳定的乳状液。较好的分离方法是在苯溶液中加入正己烷使聚合物沉淀出来。

采用阳离子方法使邻恶唑啉基环氧乙烷与2-苯基恶唑啉进行接枝共聚,反应在乙晴中于80℃下进行,以 BF_3/Et_2O 为引发剂,产率为60%~80%。

(2) 四氢呋喃大分子单体的共聚

甲基丙烯酸酯型的四氢呋喃大分子单体与甲基丙烯酸丁酯或苯乙烯的接枝共聚。以 AIBN 为引发剂,对于苯乙烯,接枝共聚物中大分子单体的比例高于单体进料时的比例;对于甲基丙烯酸丁酯,则情况正相反。这表明甲基丙烯酸丁酯的竞聚率大于1。

以 AIBN 为引发剂,将丙烯酸型和甲基丙烯酸酯型的四氢呋喃大分子单体与 B-乙烯基萘共聚,可用 GPC 测定产物的转化率。

(3) 苯乙烯大分子单体的共聚

将采用阴离子方法制备的甲基丙烯酸酯型苯乙烯大分子单体(分子量5000~20000)与其他单体,如甲基丙烯酸酯、氯乙烯、丙烯腈等进行自由基共聚,GPC 测定表明,当分子共聚单体转化率为80%时,大分子单体几乎完全反应。同样,可采用 Ziegler-Natta 聚合法与乙烯、丙烯进行共聚,采用阳离子聚合法与异丁烯进行共聚。

甲基丙烯酸酯型苯乙烯大分子单体可与一些共聚单体进行共聚反应,大分子单体的分子量为5000左右,共聚单体为甲基丙烯酸-2-羟乙酯或丙烯酸全氟烷基酯等,这些接枝共聚物具有很强的亲水亲油性质。

(4) 甲基丙烯酸烷基酯大分子单体的共聚

甲基丙烯-2-羟乙酯和丙烯酸全氟烷基酯与甲基丙烯酸酯型的甲基丙烯酸甲酯大分子单体共聚,大分子单体分子量为3000~9000,转化率为70%,接枝共聚物中大分子单体的比例稍低于单体进料中的比例。产物的表面性能与纯 PMMA 相比有很大改善。

共聚单体为甲基丙烯酸-2-羟乙酯的接枝共聚物,具有良好的亲水性。共聚单体为丙烯酸全氟烷基酯的接枝共聚物,具有良好的亲油性。甲基丙烯酸十二烷基酯大分子单体与甲基丙烯酸甲酯进行自由基共聚,大分子单体分子量为2000~5000,转化率为50%~70%,产物可作为分散剂、润湿剂等。

(5) 异丁烯大分子单体的共聚

苯乙烯型异丁烯大分子单体与苯乙烯及甲基丙烯酸甲酯或丁酯进行自由基共聚,大分子单体的分子量为9000,当共聚单体的转化率达20%时,反应即停止。苯乙烯和甲基丙烯酸甲酯对大分子单体的竞聚率分别为 2 和 0.5。研究认为，在苯乙烯存在时，大分子单体的双键反应能力降低。

（6）二甲基硅氧烷大分子单体的共聚

苯乙烯和甲基丙烯酸酯型的二甲基硅氧烷大分子单体分别与苯乙烯和甲基丙烯酸甲酯共聚，以 AIBN 为引发剂，产率为 80%。接枝共聚物中大分子单体的摩尔含量与单体进料中大致相同，大分子单体末端的苯乙烯基反应活性与低分子苯乙烯单体一致。

3. 大分子单体的类型

最常见的大分子单体是末端含碳-碳双键的烯类型大分子单体，其末端基团可为（甲基）丙烯酰基、苯乙烯基、乙烯基、烯丙基和二烯基等。

除烯类型大分子单体外，还有可进行开环聚合的内酯型和环醚型大分子单体、可进行开环易位聚合的降冰片烯型大分子单体、可进行氧化偶联的吡咯型和噻吩型大分子单体以及可进行缩聚反应的大分子单体，只要是存在的小分子单体，皆可以通过适当的高分子合成手段获得相应的大分子单体。

1）冰片烯型大分子单体

采用 exo-5-降冰片烯-2-甲酰氯作为终止剂，与活性聚苯乙烯阴离子反应可制备降冰片烯型聚苯乙烯大分子单体。采用类似方法还可制备 5-降冰片烯-2,3-反-双(聚苯乙烯甲酰氯基) 大分子单体，这两种大分子单体皆可在 Schrock 钼催化剂[Mo(N-2,6-iPr$_2$C$_6$H$_3$)(OCMe$_3$)(CHR), R = CMe$_3$, CMe$_2$Ph]作用下进行活性开环易位聚合反应。大分子单体的聚合度为 12～130，具有较窄的分子量分布(1.04～1.13)，NMR 结果表明由烯-氢和苯环氢摩尔比计算的分子量与 GPC 结果非常接近。

2）可氧化偶联的大分子单体

聚苯乙烯阴离子以 3-溴噻吩终止则生成末端带 3-噻吩基的聚苯乙烯大分子单体，但是有双分子终止剂反应发生；用环氧乙烷将碳阴离子转变成氧负离子，再加入 3-噻吩基乙酰氯，可避免副反应的发生。

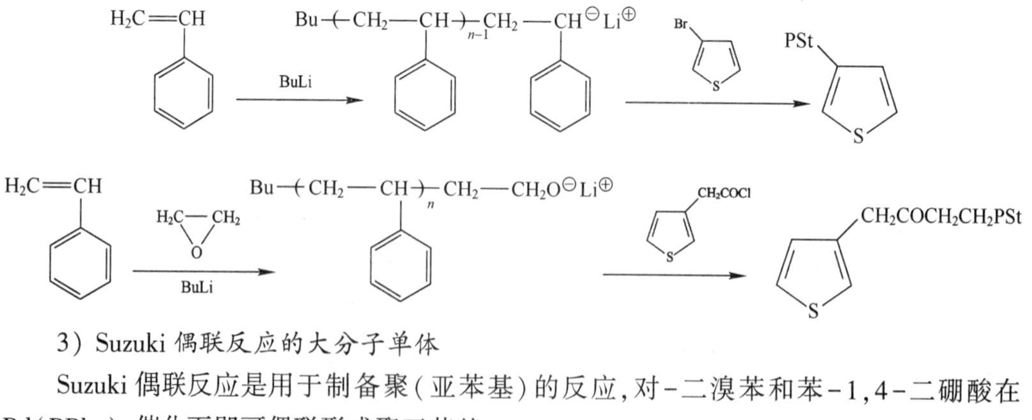

3）Suzuki 偶联反应的大分子单体

Suzuki 偶联反应是用于制备聚(亚苯基)的反应，对-二溴苯和苯-1,4-二硼酸在 Pd(PPh$_3$)$_4$ 催化下即可偶联形成聚亚苯基。

两种类型 Suzuki 偶联反应大分子单体的制备：首先利用 1,4-二溴-2,5-二溴甲基苯/CuBr/联吡啶引发苯乙烯聚合，制备相应的聚苯乙烯大分子单体；然后 2,5-二乙基苯-1,4-二硼酸发生 Suzuki 偶联聚合，制备出可溶性的聚(亚苯基-g-苯乙烯)。利用 1,4-二溴-2,5-二溴甲苯与 AgSbF$_6$ 组成引发体系,进行 THF 开环聚合,制备 PTHF 的大分子单体。反应如下:

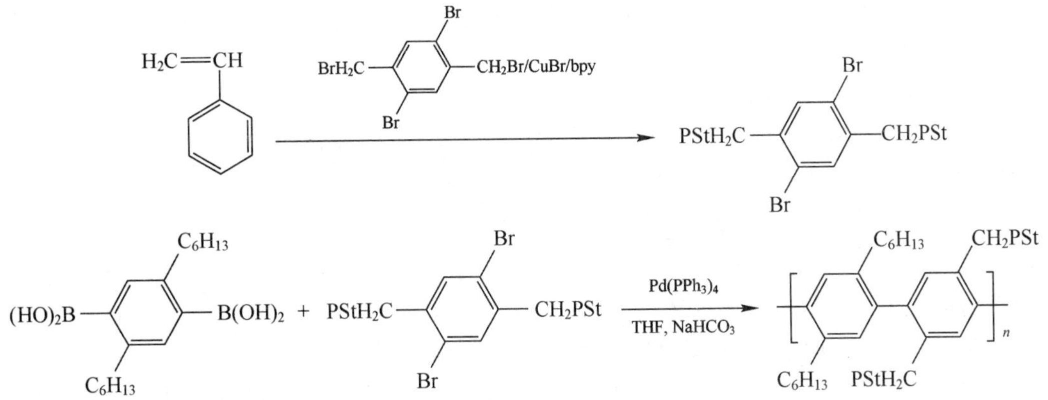

4) 可进行缩聚聚合的大分子单体

许多遥爪聚合物可视作线形的、可进行缩聚反应的大分子单体,主要用于合成嵌段共聚物;另一类缩聚型大分子单体两个功能团在链的同一端,如 2-(聚二甲基硅氧烷)四亚甲基氧-4,4'-联苯二胺。通过 1-烯丙基氧-2,2'-二(苄氧甲基)丁烷与氢封端聚二甲基硅氧烷的硅-氢加成反应和还原法消除苄基制备 2,2'-二(羟甲基)丁氧丙基封端的 PDMS。

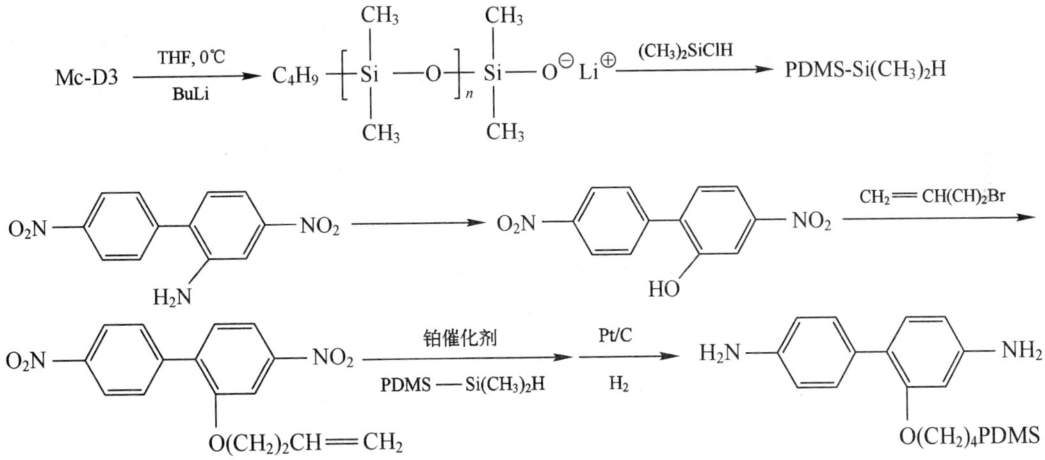

4. 大分子单体的表征

采用傅里叶变换的核磁共振谱用多次叠加法可较精确地测定分子量为数千的大分子单体的末端双键含量。

大分子单体的分子量可以用蒸汽渗透压法(VPO)、膜渗透压法、黏度法、GPC 法等测得,其中以 VPO 法测定其数均分子量最可靠。膜渗透压法测定大分子单体的数均分子量已在仪器测定范围下限。因为分子量较小,一般用黏度法也不易准确测量。GPC 法虽是相对的方法,但可同时测得重均分子量及数均分子量,从而求得分子量分布指数,特别是同时用两种检测器如紫外检测及示差折光检测器时,可测得不含双键的聚合物杂质含量。

但是,大分子单体的表征存在两个问题:

(1) 不可能完全分离出真正含可聚合官能团的大分子单体,因为含可聚合官能团的

353

大分子单体与不含聚合官能团的聚合物杂质在结构和组分上都基本相同。

（2）在不可能提纯和分离的情况下，需要准确测定末端基的含量，才可以得知大分子单体的纯度，但是由于大单体的分子量比起末端官能团来说大得多，因而对官能团的精确测定相当困难。

5. 大分子单体的应用

大分子单体在合成与结构、结构与性能的关系为依据的高分子设计中，具有独特的作用。因此，国内外都在积极开展对大分子单体的合成、聚合、应用乃至工业化生产的研究。

大分子单体既具有聚合物的物理特性，同时又具有聚合反应能力，在制备接枝聚合物、梳形聚合物及高分子纳米颗粒材料等体系中应用广泛。目前，人们对接枝共聚物结构与性能的关系正获得越来越深入的了解。利用大分子单体可以制备具有预定结构的接枝共聚物，这在高分子的分子设计方面具有重要的理论和实际意义。

最早利用大分子单体制备特殊功能的接枝共聚物，并获得应用的是将接枝共聚物用作乳液聚合时的乳化剂和稳定剂。通过这些接枝共聚物的应用，可得到粒径均一的乳液，在涂料领域中有广泛的应用。此外，大分子单体在制备不同性能的热塑性弹性体、膜分离材料和相转移催化剂等方面有重要的应用。利用接枝共聚物的主链与支链结构不同，可能产生相分离的性质对聚合物的表面进行改性。这种表面改性方法也可用于树脂材料改善表面疏水性，增强防污能力和防静电作用。利用其相分离特性可以开发具有抗血栓性能的医用高分子材料等。

总之，大分子引发剂和大分子单体具有十分重要和广泛的用途，随着研究水平的提高，以及应用研究的不断深入，必将在高分子合成和应用方面占据重要的地位。

练 习 题

4-1 简述连锁聚合反应和逐步聚合反应的涵义。

4-2 连锁聚合反应采用的合成方法有哪些？

4-3 逐步聚合反应采用的合成方法有哪些？

4-4 分别叙述阴、阳离子聚合时，控制聚合反应运速率和聚合物分子量主要方法。

4-5 将 $1.0×10^{-3}$ mol 萘钠溶于四氢呋喃中，然后迅速加入 2.0mol 的苯乙烯，溶液的总体积为 1L。假如单体立即均匀混合，发现 2000s 内已有一半单体聚合，计算在聚合 2000s 和 4000s 时的聚合度。

4-6 在搅拌下依次向装有四氢呋喃的反应釜中加入 0.2mol n-BuLi 和 20kg 苯乙烯。当单体聚合了一半时，向体系中加入 1.8g H_2O，然后继续反应。假如用水终止的和继续增长的聚苯乙烯的分子量分布指数均是 1，试计算：

（1）水终止的聚合物的数均分子量；

（2）单体完全聚合后体系中全部聚合物的数均分子量；

（3）最后所得聚合物的分子量分布指数。

4-7 异丁烯在四氢呋喃中用 $SnCl_4$-H_2O 引发聚合。发现聚合速率 $R_p ∝ [SnCl_4][H_2O]$[异丁烯]^2。起始生成的聚合物的数均分子量为 20000，1.00g 聚合物含 $3.0×10^{-5}$ mol 的

OH 基,不含氯。写出该聚合的引发、增长、终止反应方程式;推导聚合速率和聚合度的表达式;指出推导过程中用了何种假定;什么情况下聚合速率是水或 $SnCl_4$ 的零级、单体的一级反应?

4-8 简述配位聚合(络合聚合、插入聚合),定向聚合(有规立构聚合),Ziegler-Natta 聚合的特点,相互关系。

4-9 简述两组分 Ziegler-Natta 催化剂、三组分 Ziegler-Natta 催化剂、载体型 Ziegler-Natta 催化剂和茂金属催化剂的组成和特点。

4-10 丙烯进行自由基聚合、离子聚合及配位阴离子聚合时能否形成高分子聚合物?为什么?怎样分离和鉴定所得聚合物为全同聚丙烯?

4-11 简述双金属机理和单金属机理的基本论点。

4-12 何谓模板聚合?模板聚合分为哪三步?

4-13 模板的合成中,使用最多的是哪两类聚合物?

4-14 影响模板聚合的因素包括哪些?

4-15 何谓等离子体聚合?等离子体聚合有何特点?

4-16 简述等离子体引发聚合的机理。

4-17 等离子体聚合有哪些应用?

4-18 何谓基团转移聚合?基团转移聚合有何特点?

4-19 简述基团转移聚合的机理。

4-20 基团转移聚合有哪些应用?

4-21 什么是大分子引发剂?什么是大分子单体?

4-22 大分子单体的合成方法有哪些?

4-23 大分子单体进行均聚反应时有什么特征?

4-24 大分子引发剂的合成方法有哪些?

第 5 章　高等合成化学实验

现代科学技术的发展要求科研工作者具有较好的创新思维和较强的实践能力。学生在课堂上所获得的知识基本是理论知识或间接的工程知识,这些都不等同于实际技能,往往难以直接运用于现实工作中。而且,实际工作中的许多问题需要考虑诸多因素,综合运用多方面的知识和技能才能解决。实验为学生综合运用知识能力的培养提供了机会,使学生接近实际并从中获得大量的感性认识和有价值的新知识,能够把所学理论知识与实际问题进行对照、比较,逐渐把理论知识转化为认识和解决实际问题的能力,并在实践中拓展新的理论和知识。

本章主要包括 5 个单元,分别涉及实验室的基本知识、无机化合物的合成、有机化合物的合成、高分子化合物的合成、设计性试验等。5 个单元的知识与实验训练,由简单到复杂,加深学生对高等合成化学原理和方法的理解,提高实验操作技能,逐步培养学生独立设计实验和进行实验的能力,培养学生良好的实验习惯、实事求是的工作作风和严格认真的科学态度,培养学生应用先进实验方法、使用现代仪器开展复杂实验研究的能力,形成基本的科学研究素质。

5.1　化学实验室的基本知识和操作

化学实验室所用的药品种类繁多,多数易燃、易爆、剧毒和有腐蚀性,使用不当就有可能引发着火、中毒、烧伤、灼伤、割伤等事故。每一位进入实验室的人员,在进行实验操作之前,必须掌握实验室的相关规定、实验室中常见事故的预防和处理,了解基本仪器的使用和操作方法。

5.1.1　实验室安全知识

1. 实验室规则

实验室规则是所有进入实验室的人员都必须遵循的规定。虽然不同的实验室有不同的规则,但是化学实验室一般都包含以下内容和要求。

(1)进入实验室,严格遵守各项规章制度,听从实验室工作人员的指导。

(2)熟悉实验室水、电、燃气的阀门,消防器材、洗眼器与紧急喷淋器的位置和使用方法。熟悉实验室安全出口和紧急逃生的路线;掌握实验室安全与急救常识,进入实验室应穿实验服,并根据需要佩戴防护眼镜。

(3)实验前认真预习,明确实验目的和要求,掌握实验原理,熟悉实验步骤,查阅有关文献,对可能出现的危险做好防范措施,并做好预习报告。

（4）实验开始前,认真清点仪器和药品,如有破损或缺失,应立即报告指导教师,按规定手续补领;仪器如有损坏要登记予以补发,并按规定赔偿。

（5）实验过程中,保持实验室的安静,不得大声喧哗、打闹,不得擅自挪动实验位置或离开实验室;认真观察实验现象,如实记录实验数据;实验装置做到规范和美观,严格按照操作过程进行;试剂应按教材规定的规格、浓度和用量取用,若未规定用量或自行设计的实验,应尽量少用试剂,注意节约。

（6）保持实验室的整洁和安全。公用仪器和药品应在指定地点使用,使用完毕及时放回原处,并保持整洁;药品取用完毕,及时盖好盖子,严格防止药品的相互污染;固体废弃物及废液应倒入指定位置。

（7）实验结束,将个人实验台面打扫干净,清洗、整理仪器,关闭水、电和燃气,实验记录交教师审阅、签字后方可离开实验室。未经允许,严禁将实验仪器、化学药品擅自带出实验室。

（8）值日生负责整理公用仪器、药品和器材,打扫实验室卫生,离开实验室前应检查水、电、气是否关闭,待教师检查后方可离开实验室,确保实验室安全。

2. 常见的警告标识符号

实验室中常见的警告表示符号如图 5-1 所示。

图 5-1　常见的警告标识符号

3. 火灾的预防和灭火

在实验室中,防火和灭火是非常重要的。火灾发展分为初起、发展和猛烈扩展 3 个阶段。其中,初起阶段持续 5～10min,该阶段是最容易灭火阶段,所以一旦出现事故,实验室人员应保持冷静,设法制止事态发展。首先发出警报,然后尽快把火种周围的易燃物品转移,采用相应的手段灭火。

为了预防火灾的发生,必须做到以下几点:

（1）正确安装实验装置,按操作规范要求进行实验;

（2）易挥发、易燃溶剂不可存放在敞口容器内,使用和处理时要远离火源;

（3）加热实验一般采用具有回流冷凝管的装置,且不能直接采用明火加热;

（4）实验试剂存储于药品库中,实验室内不得存放大量易燃物品。

实验室常用的灭火措施包括多种,使用时要根据火灾的轻重、燃烧物的性质、周围环境和现有的条件进行选择。灭火措施主要包括:

（1）石棉布:适用于小火的扑灭。将石棉布盖上隔绝空气,就能灭火。如果火很小,也可采用湿抹布或石棉板代替。

（2）干沙土:适用于不能用水扑救的燃烧,但对火势很猛、面积很大的火焰欠佳。干沙土一般装于砂箱或沙袋内,将其抛撒在着火物体上就可灭火。如遇金属钠等着火,要用细砂或石棉布扑灭。

（3）水:水是最常用的救火物质,能使燃烧物的温度下降。但一般有机物着火时不适用,因为溶剂一般与水不相溶,又比水轻,溶剂会漂在水面上扩散开来继续燃烧。但若燃烧物与水互溶时,或用水没有其他危险时,可采用水灭火。在溶剂着火时,先用泡沫灭火器把火扑灭,再用水降温是有效的救火方法。

（4）灭火器:灭火器是实验室最常用的灭火器材。常用灭火器种类见表5-1。

表 5-1　常用灭火器种类及其适用范围

名　　称	药液成分	适　用　范　围
泡沫 灭火器	$Al(SO_4)_3$ 和 $NaHCO_3$	用于一般失火及油类着火。因为泡沫能导电,所以不能用于扑灭电器设备着火
四氯化碳灭火器	液态 CCl_4	用于电器设备及汽油、丙酮等着火。四氯化碳在高温下生成剧毒光气,不能在通风不良实验室使用
二氧化碳灭火器	液态 CO_2	用于电气设备失火,忌水物质、有机物着火。注意喷出的二氧化碳使温度聚降,易出现冻伤等危险
干粉 灭火器	$NaHCO_3$等盐类、 润滑剂、防潮剂	用于油类、电气设备、可燃气体及遇水燃烧等物质着火

实验室一旦发生火灾,一定要沉着、冷静。首先要切断电源,然后迅速移开周围易燃物质,采用相应的灭火措施处理火灾。当衣服着火时,应立即用石棉布覆盖着火处或者赶快脱下衣服,火势大时,应一面呼救,一面卧地打滚。

如果火势已开始蔓延,应及时通知有关消防和安全部门,切断所有电源开关,尽量疏散那些可能使火灾扩大、有爆炸危险的物品,对消防人员进出要道及时清理,在专业消防人员到达后,主动介绍着火部位等有关信息。

4. 爆炸事故的预防

物系在热力学上是一种或多种均一或非均一很不稳定的体系,当受到外界能量激发时,会迅速地发生状态转变,在瞬间以机械功形式放出大量能量,称为爆炸。爆炸具有过程进行快,爆炸点附件瞬间压力急剧升高,发出响声和周围介质发生振动或物质遭到破坏等特点。爆炸只能预防,不能中途控制与中断。

爆炸危险品的种类很多,主要包括:①可燃气体,如 H_2、CH_4、乙炔和煤气等;②可燃性液体,如丙酮、乙醚、苯、汽油、乙醇等;③易燃性固体,如镁粉、铝粉、合成树脂粉等;④自燃物,如黄磷等;⑤遇水易燃烧的物质,如碱金属,硼氢化合物等;⑥混合危险物,相互混合或接触能发生燃烧和爆炸的两种或两种以上物质,一般发生在强氧化剂和还原剂之间(强氧化剂如硝酸盐、高氯酸盐、高锰酸钾等,强还原剂如苯胺、胺类、醇类等)。

爆炸的后果往往很严重。为了防止爆炸事故,一定要注意以下事项:

(1)正确安装仪器装置。常压或加热系统要与大气相通;在减压系统中严禁使用不耐压的仪器,如锥形瓶、平底烧瓶等。

(2)蒸馏乙醚、四氢呋喃等化合物前,一定要检查是否存在过氧化物,如果存在过氧化物,必须除去后再进行蒸馏,且蒸馏时勿蒸干。

(3)使用易燃易爆物如氢气、乙炔等,遇水会发生激烈反应的物质如钾、钠等,要小心操作,必须严格按照实验规定操作。

(4)对于反应过于激烈的实验,应引起特别注意。有些化合物因受热分解,体系热量和气体体积突然猛增而发生爆炸,对于这类反应,应严格控制加料速度,并采取有效的冷却措施,使反应缓慢进行。

5. 中毒事故的预防

化学药品大都具有不同程度的毒性。有毒化学品进入人体的途径有以下 3 种:一是呼吸道吸入。这是最危险的一种中毒方式,毒物经肺部吸收进入大循环,可不经肝脏的解毒作用直接遍及全身,产生毒性作用,从而引起急慢性中毒。二是皮肤吸收。如二硫化碳、汽油、苯等能溶解于皮肤脂肪层,且通过皮脂腺及汗腺而进入人体;当皮肤破损时,各类毒物只要接触患处都可以进入人体。三是消化道摄取,通过食物与水等进入人体。有毒化学品的种类很多,包括:

(1)窒息化学品,如 HCN、CO 等。窒息气体取代正常呼吸的空气,使氧的浓度达不到维持生命所需的量而引起窒息。一般氧气浓度低于 16% 时,人会感到眼花;低于 12% 时,会造成永久性脑损伤;低于 5% 时,人在 6~8min 内死亡。

(2)刺激性化学品,如氯气、二氧化硫、氨气、氮氧化物、卤代烃等。需要注意,涉及此类气体的实验必须在通风橱中进行。

(3)麻醉或神经性化学品,如乙醚、锰、汞、苯、甲醇、有机磷等。

(4)剧毒化学危险品,如氰化钾、氰化钠、丙烯腈等烈性毒品,进入人体 50mg 即可致死,与皮肤接触经伤口进入人体,即可引起严重中毒。

(5)强腐蚀化学品,如氢氟酸、浓硫酸等。

实验过程中要预防中毒事故的发生,必须养成良好卫生习惯,保持实验室良好的环境卫生。实验前应了解所用药品的性能和毒性;对于反应中产生有毒或腐蚀性气体的实验,在通风橱内进行或装有吸收装置,实验室保持空气流通;实验操作要规范,采取必要的防护措施。有些有毒物质易渗入皮肤,因此需要佩戴手套拿取化学药品,禁止在实验室内吃东西。此外,剧毒药品应有专人负责保管,不得乱放。使用者取用必须进行登记,并按照操作规程进行实验。

实验过程中如有头晕、恶心等中毒症状,应立即到空气新鲜的地方休息,严重者应视中毒原因实施救治后,立即送医院就诊。

对于固体或液体毒物中毒,有毒物质尚在嘴里的应立即吐掉,用大量水漱口。若误食碱性有毒物,先饮大量水再喝些牛奶。误食酸性有毒物,先喝水,再服 $Mg(OH)_2$ 乳剂,最后饮些牛奶。重金属中毒者,喝一杯含有几克 $MgSO_4$ 的水溶液,立即就医。砷化物和汞化物中毒者,必须紧急就医。

6. 其他意外事故的急救处理

为了对实验过程中出现的意外事故进行紧急处理,实验室内均配备有急救药箱。药箱内准备有下列的药品和工具:红药水、碘酒(3%)、烫伤膏、饱和碳酸氢钠溶液、饱和硼酸溶液、醋酸溶液(2%)、氨水(5%)、硫酸铜溶液(5%)、高锰酸钾晶体和甘油等;创可贴、消毒纱布、消毒棉、消毒棉签、医用镊子和剪刀等。医药箱供实验室急救使用,不得随意挪动和借用。

1)化学灼伤

实验过程中,如果被酸、碱和溴灼伤,应立即用大量水冲洗,然后采用下述方法处理,灼伤严重的经急救后应速送医院治疗:

酸灼伤:皮肤灼伤,应先用大量水冲洗,然后用碳酸氢钠溶液(5%)洗涤,再用清水洗,拭干后涂上碳酸氢钠油膏或烫伤膏;若受氢氟酸腐蚀受伤,应迅速用水冲洗,再用稀苏打溶液冲洗,然后浸泡在冰冷的饱和硫酸镁溶液半小时,最后敷以硫酸镁(20%)、甘油(18%)、水和盐酸普鲁卡因(1.2%)配成的药膏。眼睛灼伤,应立即用水(洗眼器)缓缓彻底冲洗,可用碳酸氢钠溶液(1%)清洗,切忌用稀酸中和溅入眼内的碱性物质、用稀碱中和溅入眼内的酸性物质。

碱灼伤:皮肤灼伤,可用醋酸溶液(1%~2%)洗涤,再用水洗;眼睛灼伤采用硼酸(1%)清洗,再用水洗。

溴灼伤:立即用大量水洗,再用苯或甘油洗,然后涂上甘油或烫伤油膏。

磷灼伤:首先用硫酸铜(5%),硝酸银(10%)或高锰酸钾溶液处理,然后送医院治疗。

2)割伤和烫伤

使用玻璃仪器时,因操作或使用不当,常会发生割伤。如果被割伤,应先把玻璃碎片从伤口处取出,再用蒸馏水或双氧水洗净伤口,然后涂上红药水,用消毒纱布包扎。严重割伤,大量出血,应在伤口上方用纱布扎紧或按住动脉防止大量出血并立即送往医院治疗。

如果实验中发生烫伤,切勿用水冲洗。轻度烫伤可在烫伤处涂烫伤膏、京万红、正红花油等。烫伤比较严重时,若起水泡不宜挑破,撒上消炎粉或涂烫伤膏后立即送往医院治疗。

3)眼睛掉入异物

如果玻璃屑、铁屑等进入眼睛,千万不可用手揉、擦,也不要试图让别人取出碎屑,尽量不要转动眼球,可任其流泪,有时碎屑会随泪水流出。用纱布轻轻包住眼睛后,将伤者立即送往医院处理。

4)触电事故

立即拉开电闸,切断电源,尽快地用绝缘物(干燥木棒、竹竿)将触电者与电源隔离,并进行相应的救治。

7. 实验废物的处置

实验过程中会产生各种有毒的废渣、废液和废气,如不加以处理随意排放,会对周围环境、水源和空气造成污染。因此,树立环境保护观念,综合利用、变废为宝、处理及减免污染,提倡绿色化学是实验室的重要组成部分。

1）废气的处理

产生少量有毒气体的实验应在通风橱内进行，通过排风设备将少量毒气排到室外，以免污染室内空气；产生大量毒气或剧毒气体实验，必须有吸收或处理装置，如二氧化氮、二氧化硫、氯气、硫化氢、氟化氢、溴化氢等酸性气体用碱液吸收后排放；氨气用硫酸溶液吸收后排放；一氧化碳可点燃转化为二氧化碳。

2）废渣的处理

所有的实验废渣应按有害和无害分类收集于指定的容器中。

无害的固体废物，如滤纸、碎玻璃、软木塞、氧化铝、硅胶、氯化钙等可直接倒入普通的废物箱中，不应与其他有害固体废物相混。

对于有害的废渣，应放入带有标签的广口瓶中统一处理；对于一些难处理的有害废物，可送环保部门专门处理。能与水发生剧烈反应的化学品，如金属钠、金属钾等，处置之前要用适当的方法在通风橱内进行分解。

3）废液的处理

有回收价值的废液，应收集起来统一处理，回收利用；无回收价值的有毒废液，应集中起来送废液处理站或实验室分别进行处理。

少量的酸或碱在倒入下水道之前必须被中和，并用水稀释。有机废液可采用氧化分解、水解和生物化学处理等方法处理。其他有毒废液的处理，如含氰化物的废液、含汞及其化合物的废液、含重金属离子的废液的处理参见相关参考书籍。

此外，废物处理时，注意使用防护工具，如防护眼镜、手套等。对可能致癌的物质，应小心处理，避免与手接触。为给处理单位提供参考，废物记录卡应填写详细，包括名称、每种化学品的量以及主要有害特征等有关信息。

5.1.2 化学试剂常识

1. 化学试剂的规格

化学试剂是用以研究其他物质的组成、性状及其质量优劣的纯度较高的化学物质，根据用途可分为通用试剂和专用试剂，又根据纯度划分试剂的等级和规格。

因此，必须对化学试剂类别和等级有明确的认识，做到合理使用化学试剂，既不超规格造成浪费，又不随意降低规格而影响实验结果的准确度。实验室使用最普遍的试剂为一般试剂，按其中所含杂质的多少划分为一级、二级、三级（四级已很少见）及生物试剂。一般试剂的规格和适用范围见表5-2。

表5-2 一般化学试剂的规格和适用范围

级别	名称	英文名称	符号	适用范围	标签标志
一级	优级纯	Guarantee Reagent	G.R	精密分析研究	绿色
二级	分析纯	Analytical Reagent	A.R	精密定性定量分析用	红色
三级	化学纯	Chemical Reagent	C.R	一般定性及化学制备用	蓝色
四级	实验试剂	Laboratorial Reagent	L.R	一般的化学制备实验用	棕色或其他颜色
生物试剂	生化试剂	Biological Reagent	B.R	生物化学及医学化学实验用	黄色或其他颜色

标准试剂是用于衡量其他待测物质化学量的标准物质,其特点是主体含量高而且准确。我国规定容量分析第一基准和容量分析工作基准其主体含量分别为(100%±0.02%)和(100%±0.05%)

高纯试剂中杂质含量低于优级纯或基准试剂,其主体含量与优级纯试剂相当,而且规定检测的杂质项目要多于同种的优级纯或基准试剂,主要用于痕量分析中试样的分解及试液制备。如测定试样中超痕量铅,必须采用高纯盐酸溶液。

专用试剂是指具有专门用途的试剂。例如,仪器分析专用试剂中有色谱分析标准试剂、薄层分析标准试剂、核磁共振分析标准试剂、光谱纯试剂等。专用试剂主体含量高,杂质含量很低。如光谱纯试剂的杂质含量用光谱分析法已测不出或者杂质的含量低于某一限度,主要用于光谱分析中的标准物质。但光谱纯试剂不能作为分析化学中的基准试剂。

按规定,试剂瓶的标签上应标示试剂名称、化学式、摩尔质量、级别、技术规格、产品标准号、生产批号、厂名等,危险品和毒品还应给出相应的标志。

同一化学试剂因规格不同而价格差别很大,实验本着节约原则,根据要求选用不同级别的试剂,以能达到实验结果的准确度为准,尽量选用便宜的试剂。

2. 实验用水及气体钢瓶

化学实验中仪器清洗、溶液配制、产品洗涤以及分析测定等都要用到大量不同级别纯水,而不能用普通自来水代替。

根据国家标准 GB 6682—86 的技术要求,实验室用水分为一级、二级和三级,其主要的技术指标如表5-3所示。其中,电导率是纯水质量的综合指标,其值越低,说明水中含有的杂质离子越少。化学实验用的纯水常用蒸馏法、电渗析法和离子交换法来制备。具体制备方法参考相关教材。

表5-3　实验室用水的级别及主要技术指标

指 标 名 称	一　级	二　级	三　级
pH 范围(25℃)	—	—	5.0~7.5
电导率(25℃)/$\mu S \cdot cm^{-1}$	0.1	1.0	5.0
吸光度(254nm,1cm 光程)	0.001	0.01	
二氧化硅/$mg \cdot L^{-1}$	0.02	0.05	—

三级水、去离子水适用于一般的实验工作,如洗涤仪器、配制溶液等。在定量分析化学中,有时要用二级水或二级水加热煮沸后再用,在仪器分析实验中一般用二级水,有时将去离子水分为"一次水"和"二次水"。"一次水"指自来水经电渗析器提纯的电渗析水,其质量接近于三级水,可用于一般的无机化学实验和定量化学实验;"二次水"指电渗析水再经离子交换树脂处理后的离子交换水,其质量介于一级水和二级水之间,可用于仪器分析实验。水的纯度越高,价格越高,所以在保证实验要求的前提下,注意节约用水。

实验室气体一般以高压状态储存在钢瓶中。储存使用时要严格遵守有关规程,避免气体误用和造成事故。常用高压气体钢瓶的颜色与标志如表5-4所示。

表 5-4　常用高压气体钢瓶的颜色与标志

气瓶名称	外表颜色	字　样	字样颜色
氧气瓶	天蓝	氧	黑
氢气瓶	深绿	氢	红
氮气瓶	黑	氮	黄
氨气瓶	黄	氨	黑
乙炔气瓶	白	乙炔	红

3. 化学试剂的取用

化学试剂的取用分为液体试剂的取用和固体试剂的取用。

1）液体试剂的取用

所有盛装试剂的瓶上都应贴有明显的标志,写明试剂的名称、规格及配制日期。严禁在试剂瓶中装入非标签上所写的试剂。无标签标明名称和规格的试剂,在未查明前不能随便使用。书写标签最好用绘图墨汁,以免日久褪色。

液体试剂根据用量的多少,一般采用滴瓶、细口瓶分装。当对液体的体积不做精确要求时,在取用时一般用滴管吸取或采用试管、量筒以倾斜法量取。

滴管吸取:一般滴管一次可吸取 1mL,约 20 滴。从滴瓶中取用液体试剂时,应使用滴瓶中专用滴管。注意的是,滴管绝不能伸入所用接受容器中,以免污染试剂。滴管专用,用完后放回原处。

用倾斜法量取:量筒有 5mL、10mL、50mL、100mL 和 1000mL 等规格。取液时,先将试剂瓶的瓶塞取下,倒放于桌面上,左手拿量筒,右手拿试剂瓶(试剂瓶标签朝上,正对手心),使瓶口紧靠盛接容器边缘慢慢倒出所需体积的试液后,斜瓶口在量筒上轻轻靠一下,再将试剂瓶竖起来。当用试管代替量筒时,操作方法相似。

2）固体试剂的取用

固体试剂一般用专用药勺取用。药勺的两端为大小两个匙,分别取用大量固体和少量固体。粉状的固体用药勺或纸槽加入。取用块状固体时,应将玻璃仪器倾斜,使其慢慢沿壁至底部,以免砸破玻璃仪器。取药不宜超过指定用量,已取出试剂不能倒回原瓶,可置于指定容器供他人使用。

4. 化学试剂的保管

化学试剂的保管要注意安全,防火、防水、防挥发、防曝光和防变质,应根据试剂的毒性、易燃性、腐蚀性和潮解特性等特点,以不同的方式妥善保存。

一般单质和无机盐类的固体,应存放于试剂柜内,无机试剂要与有机试剂分开存放。危险试剂应严格管理,必须分类隔开放置,严禁混放在一起。

易燃液体如苯、乙醇、甲醇、丙酮、乙醚等,因极易挥发成气体,遇明火即燃烧。应单独存放,注意阴凉通风,远离火种。

易燃固体如硫磺、红磷、镁粉、铝粉等,着火点很低,应单独存放。存放处应通风、干燥。白磷在空气中可自燃,应保存在水里,并置于阴凉处。

遇水燃烧物品如金属锂、钠、钾、电石和锌粉等,可与水剧烈反应,放出可燃性气体。

锂要用石蜡密封,钠和钾需保存在煤油中,电石和锌粉应置于干燥处。

强氧化剂如氯酸钾、硝酸盐、过氧化物、高锰酸盐和重铬酸盐等,具有强氧化性,当受热、撞击或混入还原性物质时,可能引起爆炸。保存这类物质时,严禁与还原性物质或可燃性物质存放在一起,应置于阴凉通风处。

有毒药品如氰化物、三氧化二砷或其他砷化物、升汞、其他汞盐及水银等,均为剧毒性药品,应锁在固定铁柜内,由专人负责保管。可溶性铜盐、钡盐、铅盐、锑盐等是有毒试剂,同样应妥善保管。

受光照易分解或变质试剂如硝酸、硝酸银、碘化钾、过氧化氢、亚铁盐和亚硝酸盐,应储存于棕色瓶中,避光保存,如无棕色瓶,可用黑纸将试剂瓶贴裹。

碱性物质如氢氧化钾、氢氧化钠、碳酸钠、碳酸钾和氢氧化钡等溶液,必须存放于带橡皮塞瓶中。

5.1.3　常用的反应装置与设备

1. 常用的反应装置

1) 回流装置

在化学反应中,有些反应和重结晶样品的溶解需要加热,为不使反应物和溶剂蒸气逸出,常在烧瓶口垂直安装球形冷凝管,如图 5-2(a)所示。若有有毒气体产生时,需要接加气体吸收装置,如图 5-2(b)所示。回流操作时要注意两点:加热前务必加沸石;蒸气上升高度控制在不超过第二个球为宜。

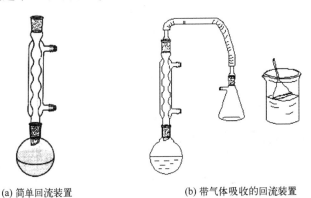

(a) 简单回流装置　　　　　(b) 带气体吸收的回流装置

图 5-2　回流装置和带气体吸收的回流装置

2) 蒸馏与分馏装置

蒸馏和分馏是化学实验中的重要操作。蒸馏装置主要包括常压蒸馏、减压蒸馏和水蒸气蒸馏装置 3 种,如图 5-3 所示。

3) 搅拌与减压过滤装置

实验中常用的减压过滤如图 5-4(a)所示,一般在抽滤瓶与水泵(或油泵)间加一缓冲瓶,以防止水(或油)倒吸到抽滤瓶中。

在很多非均相溶液反应或反应物之一是滴加的实验中,需要进行搅拌,这种情况需要如图 5-4(b)所示的搅拌反应装置。

364

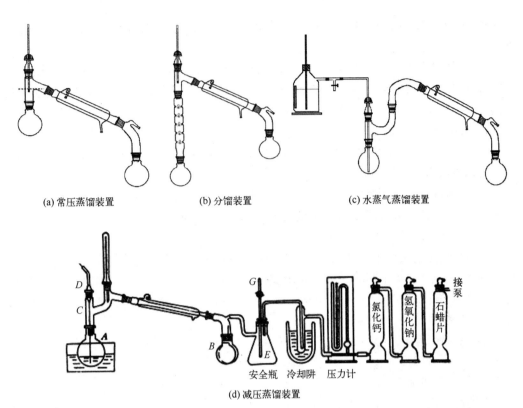

(a) 常压蒸馏装置   (b) 分馏装置   (c) 水蒸气蒸馏装置

(d) 减压蒸馏装置

图 5-3   蒸馏与分馏装置

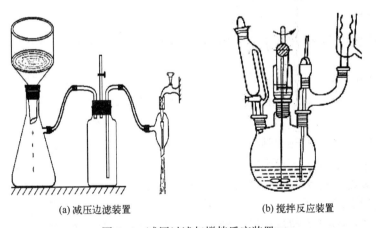

(a) 减压边滤装置   (b) 搅拌反应装置

图 5-4   减压过滤与搅拌反应装置

2. 实验室常用设备

化学实验中常用的设备很多,包括酒精灯、电子天平、电热套、电吹风、电动搅拌机、烘箱、循环水真空泵、旋片式油泵、旋转蒸发仪、阿贝折光仪等。

1)酒精灯

酒精灯加热温度为 400~500℃,适用于温度不需要太高的实验,由灯帽、灯芯和灯壶

3个部分组成。酒精灯火焰分为焰心、内焰和外焰3部分。外焰温度最高,内焰温度次之,焰心温度最低。若要灯焰平稳并适当提高温度,可加金属网罩。

注意:加热完毕或需要添加酒精时,需要用灯帽熄灭火焰。盖灭后再重盖一次,让空气进入,以免冷却后造成盖内负压使盖子打不开,绝不允许用嘴吹灭。使用时,若洒出的酒精在灯外燃烧,可用湿抹布或沙土扑灭。

2) 电子天平

电子天平是实验室最常用的称量设备,能快速准确称量,在使用前应仔细阅读使用说明书或认真听取指导教师的讲解。

注意:确认天平量程范围,一旦称量物品超过天平的量程,容易损坏天平;具有腐蚀性试剂和药品,避免与天平接触或洒落至天平部件,以防腐蚀天平。

3) 电热套

电热套是化学实验中用来间接加热的设备,由玻璃纤维与电热丝编织成半圆形的内套、外边的金属外壳和中间的保温材料组成,分为可调和不可调两种。根据内径的大小,电热套分为50mL、250mL、500mL、1000mL等规格,最大可达3000mL。电热套比较安全,使用完毕应注意放置于干燥处存放。

注意:新购置的电热套第一次使用时,会有白色的烟雾和刺鼻的气味,属于正常现象,加热半小时左右即可消失。

4) 电动搅拌机

电动搅拌机一般用于常量的非均相反应,搅拌液体反应物。电动搅拌机的使用流程如下:先将搅拌棒与电动搅拌棒连接好;再将搅拌棒用套管或塞子与反应瓶固定;在开动搅拌机前,首先需空试搅拌机转动是否灵活,如果转动不灵活,应找出摩擦点,进行调整,直至转动灵活。

注意:如果电动搅拌机长期不使用,应该向电机的加油孔中加入一些机油,保证电机以后能正常运转。

5) 磁力加热搅拌器

磁力加热搅拌器可以同时进行加热和搅拌,适合于微型实验和反应液黏度较低的化学反应。使用时将聚四氟乙烯搅拌子(根据容器大小选择合适尺寸的搅拌子)放入反应容器内,通过调速器调节搅拌速度。

实验室常用搅拌器的一般性能:搅拌转速为0~1200r/min;控温范围为室温~100℃或室温至300℃(集热式磁力加热搅拌器);搅拌容量为20~3000mL;电炉功率一般为300~1000W,可连续工作。

注意:使用中防止有机溶剂及强酸、碱等腐蚀性药品腐蚀搅拌器。使用完毕,应擦拭干净后存放。

6) 烘箱

实验室一般使用带有自动控温系统的电热鼓风干燥箱,使用温度50~300℃,主要用于玻璃仪器或无腐蚀性、热稳定性好药品的干燥。刚洗好的仪器,应先将水沥干后再放入烘箱中;带旋塞的仪器,应取下塞子后再置于烘箱中。放置时,要先放上层,以免湿仪器的水滴到热仪器上造成炸裂。取出烘干的仪器时,应戴手套或以干布垫手,以免烫伤。

注意:热仪器取出后,不要马上接触冷物体。干燥玻璃仪器一般控制在100~110℃;

干燥固体有机药品一般控温应比其熔点低20℃以上,以免药品熔融。

7）循环水真空泵

循环水真空泵是以循环水作为流体,利用射流产生负压的原理而设计的一种减压设备,广泛应用于减压蒸馏和过滤等操作中。由于水可循环使用,节水效果明显,且避免了使用普通水泵因高楼水压低或停水无法使用的问题。

循环水真空泵一般用于对真空度要求不高的减压体系中,使用时应注意:真空泵的抽气口最好连接一个缓冲瓶,以免停泵时倒吸;开泵前,检查是否与体系连接好,然后打开缓冲瓶上的旋塞。开泵后,用旋塞调至所需真空度;关泵时,先打开缓冲瓶上旋塞,拆掉与体系的接口后再关泵。切忌相反操作。

注意:有机溶剂对水泵的塑料外壳有溶解作用,应经常更换水泵中的水,以保持水泵的清洁、完好和真空度。

8）旋片式油泵

旋片式油泵是实验室常用的减压设备,多用于对真空度要求较高的反应中,其效能取决于泵的结构及油的质量(油的蒸气压越低越好),质量高的油泵能抽到 $10 \sim 100Pa$（1mmHg 柱以下）以上的真空度。

注意:为了保护泵和油,使用时应做到定期换油;当干燥塔中的氢氧化钠、无水氯化钙已经成块时应及时更换。

9）旋转蒸发仪

旋转蒸发仪由马达带动可旋转的蒸发器(圆底烧瓶)、冷凝器和接收器组成。旋转蒸发仪可用于常压或减压下操作,可一次进料,也可分批加入蒸发液。由于蒸发器不断旋转,可免加沸石而不会暴沸。蒸发器旋转时,液体附在壁上形成一层薄膜,加大蒸发面积,使蒸发速率加大。因此,旋转蒸发仪是溶液浓缩、溶剂回收的快速、方便的装置。

注意:控制好水浴温度和真空度,防止物料暴沸冲入冷凝管;恒温槽通电前必须加水,禁止无水干烧;旋转蒸发开始时,先接入蒸馏烧瓶,抽真空后开始旋转;旋转蒸发结束时,先停旋转,再破坏真空,然后取下蒸馏烧瓶。

5.1.4 基本实验操作

在化学合成实验中,常用的基本操作包括常压蒸馏、减压蒸馏、水蒸气蒸馏、分馏、重结晶、过滤与抽滤、萃取、薄层色谱、柱色谱、纸色谱等。这些操作是进行高等合成化学实验的基础,在诸多教材中有详细的介绍,这里不再赘述。应用时可参考相关的教材。

5.2 无机化合物的合成

实验 5.2.1 非水溶剂合成-液氨介质中制备硝酸六氨合铬

[实验目的]

(1)掌握以液氨为溶剂的合成原理和相关技术;

(2)掌握紫外-可见吸收光谱的应用,理解配合物的构型等特性。

[基本原理]

配合物是由可以提供孤电子对的一定数目的离子或分子(统称为配体),和接受孤电子对的原子或离子(统称为形成体),按一定的组成和空间构型所形成的化合物。由一定数目的配体结合在形成体周围所形成的结构单元称为配位个体。根据配离子所带的电荷,可将配离子分为配阳离子和配阴离子。

凡含有配离子的化合物均为配合物。由配离子形成的配合物,是由内界和外界两部分组成。其中,内界为配合物的特征部分,是形成体(中心离子)和配体结合而成的一个相对稳定的整体,在配合物的化学式中,一般用方括号标明。不在内界的其他离子,距离中心较远,构成外界。中性分子的配合物,如 $[CoCl_3(NH_3)_3]$ 等是没有外界的。以 $[Cr(NH_3)_6](NO_3)_3$ 为例:

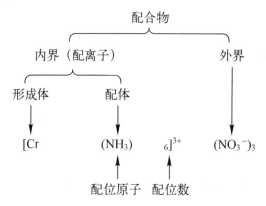

形成体为配合物的核心部分,位于配离子或中性分子配合物的中心,一般多为带正电荷的阳离子。配体中与形成体直接相连的原子称为配位原子,配位原子提供孤电子对与形成体形成配位键,通常为电负性较大的非金属的原子。

在水溶液中利用配体的取代反应合成金属配合物是最普遍的方法之一。以合成 $[M(NH_3)_6]^{n+}$ 为例,当 M 为 Cu^{2+}、Ni^{2+}、Co^{2+}、Zn^{2+} 等离子时,在含过量 NH_3 的水溶液中,即可方便地制备目标产物。当 M 为 Cr^{3+}、Fe^{3+}、Al^{3+}、Ti^{4+} 等离子时,在氨水介质中得到的总是氢氧化物,即使过量的 NH_3 存在,也没有 NH_3 配合物生成。但在液氨中将可顺利地合成 $[Cr(NH_3)_6]^{3+}$。

液氨是研究最多的非水溶剂之一。使用非水溶剂有 4 个方面的原因:一是为防止某些金属离子水解;二是溶解配体;三是溶剂本身是比水弱的配体,竞争不过水;四是溶剂本身就是配体。在合成 $[Cr(NH_3)_6]^{3+}$ 时使用液氨正是利用了其第一和第四方面的原因。无水 $CrCl_3$ 与液氨反应,主要产物是 $[Cr(NH_3)_5Cl]Cl_2$,配体内界中剩下的一个 Cl^- 很难被取代。众所周知,碱性溶液中的水解反应比中性溶液中的水解反应要快得多。因此,用碱催化液氨取代剩下的 Cl^- 是可能的。此时,氨基(NH_2^-)是碱,而进场配体是 NH_3。

根据研究,反应 $CrCl_3 + 6NH_3 \rightarrow [Cr(NH_3)_6]Cl_3$ 可能经过如下的反应历程:

$$CrCl_3 + 6NH_3 \longrightarrow [Cr(NH_3)_6Cl]Cl_2(快)$$

$$[Cr(NH_3)_5Cl]^{2+} + NH_2^- \longrightarrow [Cr(NH_3)_4NH_2Cl]^+ + NH_3(次快)$$

$$[Cr(NH_3)_4NH_2Cl]^+ \longrightarrow [Cr(NH_3)_4NH_2]^{2+} + Cl^-(慢)$$

$$[Cr(NH_3)_4NH_2]^{2+} + 2NH_3 \longrightarrow [Cr(NH_3)_6]^{3+} + NH_2^-$$

为了防止 $[Cr(NH_3)_6]^{3+} + Cl^- \longrightarrow [Cr(NH_3)_5Cl]^{2+}$ 反应的发生,必须及时将 $[Cr(NH_3)_6]^{3+}$ 转化为 $[Cr(NH_3)_6](NO_3)_3$ 沉淀。由于 $[Cr(NH_3)_6](NO_3)_3$ 对光不稳定,缓慢分解,所以必须保存在棕色瓶中。NH_2^- 是 NH_3 完全取代反应的催化剂。$NaNH_2$ 的液氨溶液的制备是基于碱金属 Na 与 NH_3 的如下反应:

$$2Na + 2NH_3 \longrightarrow 2NaNH_2 + H_2$$

反应与 Na 和 H_2O 的反应相类似,但十分缓慢。若引入少量 Fe^{3+},反应将大大加快。这是由于 Fe^{3+} 在该条件下被氨化的电子极迅速地还原为细微的金属铁粉末,这种粉末则是 $NH_3 + M$(碱金属)$\rightarrow 2MNH_2 + H_2$ 反应的催化剂。

[实验条件]

实验仪器:锥形瓶、蒸发皿、酒精灯、吸滤装置、冰、棕色试剂瓶、玻璃棒。

实验试剂:液氨、金属钠、硝酸铁(CP)、无水氯化铬(CP)、盐酸(CP)、硝酸(CP)、95%乙醇、乙醚(CP)。

[实验过程]

1)$NaNH_2$ 液氨溶液的制备

将约 40mL 液氨按规范转移至 100mL 锥形瓶中,将刚预先切好的洁净金属钠块(约占0.1g)放入液氨中,得到蓝色溶液。加入一小粒 $Fe(NO_3)_3 \cdot 9H_2O$ 晶体或其他铁盐晶体,对生成 $NaNH_2$ 的反应催化脱色,如有必要可搅动溶液。

2)$[Cr(NH_3)_6](NO_3)_3$ 的制备

将 2.5g(15.8mmol)已研成粉末的无水 $CrCl_3$ 多次逐步小心加入上述 $NaNH_2$/液氨溶液中,避免溶液沸腾溢出。待棕色沉淀物沉降后,倒出上层清液,沉淀物转移至蒸发皿中,挥发干燥。

利用 10mL 的 HCl 溶液(0.75mol/L,40℃)迅速溶解上述产物,吸滤;立即向溶液中加入 4mL 浓 HNO_3(16mol/L),在冰水中冷却,吸滤,然后分别用稀 HNO_3、乙醇(95%)和乙醚洗涤滤饼。在空气中干燥,称量,计算产率,保存于棕色瓶中。

[注意事项]

1)液氨的取放

液氨是一种挥发性、刺激性和毒性均较强的物质,所有操作必须在通风良好的通风橱中进行。建议戴橡胶或塑料手套操作。虽然液氨的沸点是-33℃,但由于它的高汽化热,阻止了其迅速蒸发。操作中反应物在溶于液氨之前加以冷却将有利于减少 NH_3 的挥发。为尽量避免空气中湿气凝入 NH_3 中,根据反应物对 H_2O 的敏感程度,可考虑采用适当的防湿措施。但本实验中少量 H_2O 对反应不会造成较大的影响,故不必采取特殊的措施。

液氨从钢瓶转移至反应器,可采用以下操作:①检查液氨钢瓶总阀 3 和针阀 1,两阀均处于关闭状态;②将钢瓶按图 5-5 所示放置并固定;③打开钢瓶总阀 3,用旋转针阀 1 控制液氨的流速,使要求的取液量安全地转移。

2)金属钠的取用

金属钠按规范切取洁净的钠块。多余的废钠屑要移入到一个装有甲醇的小烧杯中,使之反应生成 H_2 和 $NaOCH_3$。在 Na 反应完全后才可将该甲醇溶液在流水中冲入下水道,不可将金属钠残余丢弃在废物桶或水槽中,以免发生危险。

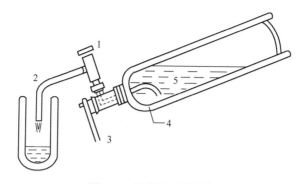

图 5-5　转移液氨的操作

1—针形阀；2—液氨引出导管；3—NH$_3$ 瓶总阀；4—NH$_3$ 瓶；5—液 NH$_3$。

[思考题]

（1）实验中加入小粒 Fe(NO$_3$)$_3$·9H$_2$O 晶体的目的是什么？

（2）液氨的取放需要注意哪些事项？

实验 5.2.2　溶胶-凝胶法合成纳米氧化锌

[实验目的]

（1）掌握溶胶-凝胶法合成化合物的基本原理和方法；

（2）熟悉纳米粉末的分析表征方法。

[基本原理]

纳米氧化锌(ZnO)是一种多功能新型无机材料，其粒径范围为 1~100nm。由于晶粒的细微化，其表面电子结构和晶体结构发生变化，使得纳米 ZnO 产生其本体块状物料所不具备的表面效应、小尺寸效应和宏观量子隧道效应等。

纳米 ZnO 具有一般 ZnO 不具备的优异特性，如无毒和非迁移性、荧光性、压电性、抗菌除臭、吸收和散射紫外线能力等，可以用来制造气体传感器、荧光体、抗菌材料、紫外线遮蔽材料、变阻器、图像记录材料、压电材料、压敏材料、压敏电阻、高效催化剂、磁性材料和塑料薄膜等。因此，纳米氧化锌的研究已成为国内外关注的焦点。

纳米 ZnO 的制备方法可以分为物理法和化学法。物理法是采用特殊的粉碎技术，将普通级粉体粉碎。化学法则是在控制条件下，从原子或分子的成核，生成或凝聚为具有一定尺寸和形状的粒子。

溶胶-凝胶(Sol-Gel)技术是指金属有机或无机化合物经过溶胶、凝胶化和热处理形成氧化物或其他固体化合物的方法。其过程包括：采用液体化学试剂（或粉状试剂溶于溶剂）或溶胶为反应物，在液相中均匀混合并进行反应，生成稳定且无沉淀的溶胶体系。放置一定时间后转变为凝胶，经脱水处理，在溶胶或凝胶状态下成型为制品，再在低于传统温度下烧结。

溶胶-凝胶方法是湿化学反应方法之一，不论所用的起始原料（称为前驱物）为无机盐或金属醇盐，其主要反应步骤是前驱物溶于溶剂（水或有机溶剂）中形成均匀的溶液，溶质与溶剂产生水解或醇解反应生成物聚集成 1nm 左右的粒子并组成溶胶，经蒸发干燥转变为凝胶。其基本反应原理在本书 2.6 节中已经详细阐述，这里不再累述。

溶胶-凝胶法的基本工艺过程包括以下 5 步：

（1）含金属醇盐和水的均相溶液的制备。这是确保醇盐的水解反应在分子水平上进行的关键步骤。由于金属醇盐在水中的溶解度不大，一般选用醇作为溶剂，醇和水的加入应适量，习惯上以水/醇盐的摩尔比计量，催化剂对水解速率、缩聚速率、溶胶、凝胶在陈化过程中的结构演变都有重要影响，常用的酸性和碱性催化剂分别为 HCl 和 NH_4OH，催化剂加入量也常以催化剂/醇盐的摩尔比计量，为保证前期溶液的均匀性，在配制过程中需施以强烈搅拌。

（2）溶胶的制备。溶胶的制备有聚合法和颗粒法两种方法，两者间的差别是加水量不同。聚合溶胶是在控制水解的条件下使水解产物及部分未水解的醇盐分子之间继续聚合而形成的，因此加水量很少；粒子溶胶，则是在加入大量水，使醇盐充分水解的条件下形成的。金属醇盐的水解反应和缩聚反应是均相溶液转变为溶胶的根本原因，控制醇盐水解缩聚的条件如加水量、催化剂和溶液 pH 值及水解温度等是制备高质量溶胶的前提。

（3）溶胶通过陈化得到湿凝胶。溶胶在敞口或密闭容器中放置，由于溶剂蒸发或缩聚反应继续进行而导致其向凝胶逐渐转变，此过程往往伴随粒子的 Ostward 熟化，即因大小粒子溶解度不同而造成的平均粒径增加。在陈化过程中，胶体粒子逐渐聚集形成网络结构，整个体系失去流动特性，溶胶从牛顿体向宾汉体转变，并带有明显触变性，成纤、涂膜、浇注等制品的成型可在此阶段完成。

（4）凝胶的干燥。湿凝胶内含有大量溶剂和水，干燥过程往往伴随很大的体积收缩，因而很容易引起开裂。防止凝胶在干燥过程中开裂是溶胶-凝胶工艺中至关重要的一步，特别对尺寸较大的块状材料。因此，需要严格控制干燥条件，或添加控制干燥的化学添加剂，或采用超临界干燥技术。

（5）干凝结胶的热处理。热处理的目的是消除干凝胶中的气孔，使制品的相组成和显微结构能满足产品性能要求。在热处理时发生导致凝胶致密化的烧结过程，由于凝胶的高比表面积、高活性，其烧结温度比通常的粉料坯体低数百度，采用热压烧结工艺可以缩短烧结时间，提高制品质量。

本实验以醋酸锌（$Zn(CH_3COO)_2 \cdot 2H_2O$）为原料，以草酸（$H_2C_2O_4$）为络合剂，柠檬酸三铵（$(NH_4)_3C_6H_5O_7$）为表面改性剂，无水乙醇（$C_2H_5OH$）、去离子水为溶剂，通过水解、缩聚反应，使溶液经溶胶、凝胶化过程得到凝胶，经干燥、煅烧制备纳米 ZnO。其反应方程式如下：

$$Zn(CH_3COO)_2 \cdot 2H_2O + H_2C_2O_4 \longrightarrow ZnC_2O_4 \cdot 2H_2O + 2CH_3COOH$$
$$ZnC_2O_4 \cdot 2H_2O \longrightarrow ZnO + CO_2 + CO + 2H_2O$$

[实验条件]

实验仪器：烧杯、三口烧瓶、搅拌器、水浴装置、减压抽滤装置、锥形瓶、表面皿、玻璃棒、马弗炉、电子天平等。

实验试剂：醋酸锌、草酸、柠檬酸三铵、无水乙醇等。

[实验过程]

1）溶液配制

称取 8.1g 草酸，溶于 100mL 无水乙醇中配成草酸无水乙醇溶液；称取 6.57g 醋酸锌，溶于 50mL 蒸馏水中，形成醋酸锌水溶液，然后加入 0.5256g 柠檬酸三铵表面改性剂。

2）凝胶的制备

将上述醋酸锌溶液置于恒温(80℃)水浴中,剧烈搅拌1.5h,使其充分溶解,然后缓慢滴加到草酸无水乙醇溶液中,置于恒温(80℃)水浴中反应0.5h,过滤得凝胶。

3）凝胶的干燥

将白色凝胶分别用蒸馏水和无水乙醇各洗涤两次,置于真空干燥箱(80℃)内干燥2h。

4）烧结处理

将上述步骤生成的干凝胶在马弗炉中600℃下锻烧3h,冷却后将所得产物用蒸馏水和无水乙醇各洗涤两次,干燥后即可得白色纳米ZnO粉体。

[注意事项]

1）反应物浓度

当醋酸锌浓度较低时,溶液中过饱和度较小,反应完全需要较长时间,颗粒直径会较大;当醋酸锌浓度过高时,将会使表面活性剂形成的双电层变薄,排斥能降低,团聚现象加剧。所以,醋酸锌浓度必须适中,一般为0.6mol/L。

2）改性剂用量

当表面改性剂含量小于饱和吸附量时,不能完全阻止颗粒的团聚;当表面改性剂含量大于饱和吸附量时,会阻止颗粒自由移动,致使颗粒团聚长大,表面改性剂之间也会相互联结。一般改性剂的用量为醋酸锌质量的8%。

3）溶剂用量

无水乙醇可以提高体系的黏度,缩短成胶时间,提高胶体稳定性。由于质点生长速度与介质黏度成反比,当体系黏度增大时候,质点生长速度就会放慢,这会有充分时间来生成更多晶核,从而得到更多质点。所以,溶剂的用量必须适中,适宜的溶剂用量为$V_{乙醇}/V_水 = 1 \sim 3$。

4）干燥时间、温度

为防止凝胶在干燥时与空气发生反应,对凝胶采取真空干燥方法。在真空干燥条件下,干燥温度和时间的选择,对干凝胶的状态有着重要的影响。本实验中的干燥时间均为2h,干燥温度范围为80~100℃。

5）其他因素

反应体系的pH值、反应物的加入方式、搅拌速度、搅拌时间等因素都会影响反应的进行和生成物的品质。当体系pH值适当时,醋酸锌水解速度会加快,水解充分,有利于反应充分进行;在配制溶液及反应中,剧烈搅拌可以使反应均匀、充分进行,有利于表面改性剂充分包覆颗粒。

[思考题]

(1)溶胶-凝胶法的基本原理是什么?

(2)干凝胶高温烧结过程中,烧结温度和时间对氧化锌有哪些影响?

实验5.2.3 微波辐射法合成磷酸锌

[实验目的]

(1)掌握磷酸锌的微波合成原理和方法;

（2）掌握微型吸滤的基本操作。

[基本原理]

磷酸锌($Zn_3(PO_4)_2$)，无色斜方结晶或白色微晶粉末，有腐蚀性和潮解性。溶于无机酸、氨水、铵盐溶液，不溶于乙醇，在水中几乎不溶，溶解度随温度上升而减小。加热到100℃时失去2个结晶水而成为无水物。常用作醇醛、酚醛、环氧树脂等各类涂料的基料，氯化橡胶、合成高分子的阻燃剂等。

磷酸锌与三价铁离子具有很强的缩合能力，这种磷酸锌的根离子与铁阳极反应，可形成以磷酸铁为主体的坚固的保护膜，这种致密的纯化膜不溶于水、硬度高，附着力优异，呈现出卓越的防锈性能。由于磷酸锌具有很好的活性，能与很多金属离子作用生成络合物，因此具有良好的防锈效果。

磷酸锌的合成方法有多种，包括氧化锌法、复分解法等。实验室中通常是采用硫酸锌、磷酸和尿素在水浴加热下反应，反应过程中尿素分解放出氨气并生成铵盐，普通条件下反应需4h才完成。

本实验采用微波加热条件下进行反应，反应时间缩短为10min。反应式如下：

$3ZnSO_4+2H_3PO_4+3(NH_2)_2CO+7H_2O=Zn_3(PO_4)_2 \cdot 4H_2O+3(NH_4)_2SO_4+3CO_2$

所得的四水合晶体在110℃烘箱中脱水即得二水合晶体。

[实验条件]

实验仪器：微波炉、电子天平、微型实验仪器、烧杯、表面皿、量筒。

实验试剂：$ZnSO_4 \cdot 7H_2O$、尿素、磷酸、无水乙醇、EDTA标准溶液（0.0100mol/L）、氨与氯化铵的缓冲溶液（pH=10）、铬黑T、氨水。

[实验过程]

1）合成 $Zn_3(PO_4)_2 \cdot 2H_2O$

称取2.00g硫酸锌于50mL烧杯中，加1.00g尿素和1.0mL的H_3PO_4，再加入20.0mL水搅拌溶解，把烧杯置于100mL烧杯水浴中，盖上表面皿，放进微波炉里，以大火挡（约600w）辐射10min，烧杯里隆起白色沫状物，停止辐射加热后，取出烧杯，用蒸馏水浸取、洗涤数次，吸滤。

晶体用水洗涤至滤液无SO_4^{2-}。产品在110℃烘箱中脱水得到$Zn_3(PO_4)_2 \cdot 2H_2O$，称重计算产率。

2）测定 $Zn_3(PO_4)_2 \cdot 2H_2O$ 中的锌含量

分析天平称取0.1～0.3g样品，微热溶解，用50mL容量瓶定容；移取25mL处理好的$Zn_3(PO_4)_2 \cdot 2H_2O$溶液于锥形瓶中，加入1:1氨水直至白色沉淀出现，再加入5mL氨与氯化铵的缓冲溶液、50mL水和3滴铬黑T，用EDTA标准溶液滴定至溶液由酒红色变为纯蓝色即为终点。

平行标定3次，计算平均值。

[注意事项]

（1）合成反应完成时，溶液的pH=5~6左右;加尿素的目的是调节反应体系的酸碱性。

（2）晶体最好洗涤至近中性再吸滤，否则最后会得到一些副产物杂质。

（3）微波辐射对人体会造成损害。市售微波炉在防止微波泄漏上有严格的措施，使用时要遵照有关操作程序与要求进行,以免造成损害。

[思考题]

(1)磷酸锌的制备方法还有哪些?原理是什么?

(2)为什么微波辐射加热能显著缩短反应时间,使用微波炉注意哪些事项?

实验 5.2.4 电解法制备过二硫酸钾

[实验目的]

(1)了解电化学合成的基本原理、特点及影响电流效率的主要因素;

(2)掌握阳极氧化制备含氧酸盐的方法和技能。

[基本原理]

过二硫酸钾,白色结晶无气味的无机化合物,有潮解性。主要用作漂白剂、强氧化剂、照相药品、分析试剂和聚合促进剂。

过二硫酸钾的制备方法包括电解法、复分解反应等。本实验采用电解 $KHSO_4$ 水溶液(或 H_2SO_4 和 K_2SO_4 水溶液)的方法来制备 $K_2S_2O_8$。电解过程中,在电解液中主要含有 K^+、H^+ 和 HSO_4^- 离子,电流通过溶液后,发生如下电极反应:

阴极反应: $2H^+ + 2e \rightarrow H_2$ $\qquad \varphi^\theta = 0.00V$

阳极反应: $2HSO_4^- \rightarrow S_2O_8^{2-} + 2H^+ + 2e^-$ $\qquad \varphi^\theta = 2.05V$

在阳极除发生以上反应外,H_2O 变为 O_2 的氧化反应也是很明显的:

$$H_2O = O_2 + 4H^+ + 4e^- \qquad \varphi^\theta = 1.23V$$

从标准电极电位来看,HSO_4^- 的氧化反应先发生,H_2O 的氧化反应也随之发生,实际上从水中放出 O_2 需要的电位比 1.23V 更高,这是由于水的氧化反应是一个很慢的过程,从而使得这个半反应为不可逆的,这个动力学的慢过程需要外加电压(超电压)才能进行。慢反应的速率受发生这个氧化反应的电极材料的影响极大。氧在 1mol/L KOH 溶液中的不同阳极材料上的超电压如下:

阳极	Ni	Cu	Ag	Pt
超电压/V	0.87	0.84	1.14	1.38

正是由于氧的超电压使物质在水中的氧化反应可以进行。若水放出氧的副反应没有超电压,物质在水中的氧化反应便不能实现。

在电极 Pt 上,氧的超电压为 1.38V,所以 $K_2S_2O_8$ 可以最大限度地生成,并使 O_2 的生成限制在最小的程度。调整电解的条件增加氧的超电压是有利的,因为超电压随电流密度增加而增大。同样,假如电解在低温下进行,因反应速度变小,同时水被氧化这个慢过程的速度也会变小,增加了氧的超电压,所以低温对 $K_2S_2O_8$ 的形成有利。此外,提高 HSO_4^- 的浓度也可使 $K_2S_2O_8$ 产量最大。根据以上分析,HSO_4^- 的电解将采用 Pt 电极、高电流密度、低温及饱和的溶液。

当然,在任何电解制备中,总有对产物不利的方面,即产物在阳极发生扩散,到阴极上又被还原为原来的物质,所以一般阳极和阴极必须分开,或用隔膜隔开。在本实验中,阳极产生的 $K_2S_2O_8$ 也将向阴极扩散,但由于 $K_2S_2O_8$ 在水中的溶解度不大,所以它在移动到阴极以前就从溶液中沉淀出来。

电解设备的阳极采用直径较小的 Pt 丝,已知 Pt 丝的直径、Pt 丝同电解液接触的长度,可以计算电流密度:电流密度=安培/阳极面积。

根据法拉第电解定律可以计算电解合成产物的理论产量和产率:

$$理论产量=\frac{流过的电量(库仑)}{96500 \text{ 库仑}}×产物的电化当量=\frac{I×t}{96500}×产物的电化当量$$

因为有副反应存在,所以实际产量往往比理论产量少,通常所说的产率,在电化学中称为电流效率:

$$产率=电流效率=实际产量×100\%/理论产量$$

过二硫酸根离子的盐比较稳定,但在酸性溶液中产生 H_2O_2:

$$O_3S—O—O—SO_3^{2-}+2H^+ \longrightarrow HO_3S—O—O—SO_3H$$

$$HO_3S—O—O—SO_3H+H_2O \longrightarrow HO_3S—O—OH+H_2SO_4$$

$$HO_3S—O—OH+H_2O \longrightarrow H_2O_2+H_2SO_4$$

在某些条件下反应可能会停留在中间产物过一硫酸 HO_3SOOH 这一步。工业上为制备 H_2O_2,是用蒸出 H_2O_2 而迫使反应完成的。

$S_2O_8^{2-}$ 离子是已知最强的氧化剂之一,其氧化性甚至比 H_2O_2 还强。

$$S_2O_8^{2-}+2H^++2e^- = 2HSO_4^- \qquad \varphi^{\theta}=2.05V;$$

$$H_2O_2+2H^++2e^- = 2H_2O \qquad \varphi^{\theta}=1.77V$$

$S_2O_8^{2-}$ 离子可以把很多种元素氧化为它们的最高氧化态,例如,Cr^{3+} 可被氧化为 $Cr_2O_7^{2-}$,此反应较慢,加入 Ag^+ 则可加速反应。

$$S_2O_8^{2-}+2Cr^{3+}+7H_2O \longrightarrow 6SO_4^{2-}+Cr_2O_7^{2-}+14H^+$$

$S_2O_8^{2-}$ 的强氧化能力已经被用来制备 Ag 的特殊的氧化态(+2)化合物,例如配合物 $[Ag(PY)_4]S_2O_8$ 的合成:

$$2Ag^{2+}+3S_2O_8^{2-}+8PY \longrightarrow 2[Ag(PY)_4]S_2O_8+2SO_4^{2-}$$

阳离子 $[Ag(PY)_4]^{2+}$ 具有平面正方形的几何构造,类似于 $Cu(PY)^{2+}$ 的形状,PY 为 Pyri-dine 的缩写,其分子式为 C_5H_5N。

[实验条件]

实验仪器:直流稳压电源、铂电极、烧杯(1000mL)、大口径试管、抽滤装置一套、碱式滴定管、碘量瓶等。

实验试剂:H_2SO_4(1mol/L)、HAc(浓)、$Na_2S_2O_3$(0.1000mol/L)、KI(0.1mol/L)、$Cr_2(SO_4)_3$(0.1mol/L)、$MnSO_4$(0.1mol/L)、$AgNO_3$(0.1mol/L)、$KHSO_4$、KI、吡啶、H_2O_2(10%)、C_2H_5OH(95%)。

[实验过程]

1)$K_2S_2O_8$ 的合成

将 40g 的 $KHSO_4$ 溶解于 100mL 水中,冷却到-4℃后倒入 80mL 至大试管中,装配 Pt 丝电极和 Pt 片薄电极,调节两极间的合适距离,并使之固定。

将试管放在 1000mL 烧杯中,并采用冰/盐水浴冷却。通电约 0.33A,1.5~2h,$K_2S_2O_8$ 的白色晶体会聚集在试管底部,待 $KHSO_4$ 将消耗尽时,电解反应变慢。由于电解时溶液的电阻使电流产生过量的热,因此电解时每隔半小时在冰浴中补加冰,必须使温度保持在-4℃左右。

反应结束后,关闭电源并记录时间。在布氏漏斗中进行抽滤,收集 $K_2S_2O_8$ 晶体,先后用 95% 乙醇、乙醚洗涤晶体。抽干后,在干燥器中干燥 1~2 天,一般得产物 1.5~2g,若产量少 1.5~2g,则需加入新的 $KHSO_4$ 溶液,再进行电解。

2) $K_2S_2O_8$ 的性质

将 0.75g 的 $K_2S_2O_8$ 溶解在尽量少的水中,配制 $K_2S_2O_8$ 饱和溶液,将 $K_2S_2O_8$ 溶液同下列各种溶液反应,注意观察每个试管中发生的变化。

(1) 与酸化的 KI 溶液反应(微热)。

(2) 与酸化的 $MnSO_4$ 溶液(需加入一滴 $AgNO_3$ 溶液)反应(微热)。

(3) 与酸化的 $Cr_2(SO_4)_3$ 溶液(需加入一滴 $AgNO_3$ 溶液)反应(微热)。

(4) 与 $AgNO_3$ 溶液反应(微热)。

(5) 用 10% 的 H_2O_2 溶液作以上①~④实验,与 $K_2S_2O_8$ 对比。

(6) 过二硫酸四吡啶合银(Ⅱ)$[Ag(PY)_4]S_2O_8$ 的合成(选做):加 1.4mL 分析纯吡啶至 3.2mL 含有 1.6g 硝酸银的溶液中,搅拌,将此溶液加入到 135mL 的 $K_2S_2O_8$ 溶液(含 2g 的 $K_2S_2O_8$)中,放置 30min,由沉淀生成,抽滤,用尽可能少量的水洗涤黄色产品,在干燥器中干燥,计算产率。

3) $K_2S_2O_8$ 的含量

在碘量瓶中溶解 0.25g 样品在 30mL 水中,加入 4g 的 KI,用塞子塞紧,振荡,溶解碘化物以后至少静置 15min,加入 1mL 冰醋酸,用标准 $Na_2S_2O_3$ 溶液(0.1000mol/L)滴定析出的碘,至少分析两个样品,计算电流效率。

[注意事项]

废液和固体废弃物倒入指定容器中。

[思考题]

(1) 分析制备 $K_2S_2O_8$ 中电流效率降低的主要原因。

(2) 比较 $S_2O_8^{2-}$ 的标准电极电位,你能预言 $S_2O_8^{2-}$ 可以氧化 H_2O 为 O_2 吗?实际上这个反应能发生吗?为什么能或为什么不能?

(3) 写出电解 $KHSO_4$ 水溶液时发生的全部反应。

(4) 为什么在电解时阳极和阴极不能靠得很近?

(5) 如果用铜丝代替铂丝作阳极,仍能生成 $K_2S_2O_8$ 吗?

实验 5.2.5 高温合成荧光粉 $Y_2O_2S:Eu$

[实验目的]

(1) 掌握高温合成的方法;

(2) 了解发射光谱的基本原理,掌握发射光谱分析的操作方法。

[基本原理]

发光材料是一类由基质组分掺杂少量所谓激活剂或敏活剂离子组成的功能材料,其发光本质是由激活剂或敏活剂离子的电子结构特征决定。材料形态可以是超细粉体(如磷光粉),也可以呈晶体形态(如闪烁晶体)。发光材料广泛应用在照明、显示器以及医疗科技等领域。

Y_2O_2S:Eu 是彩色电视显像管内所用 3 种基色(G. B. R.)荧光粉中的红粉,是一种高纯度的高温结晶物质。其中,Y_2O_2S 是发光基质材料,而 Eu 被称为发光材料的激活剂。

彩色电视能够传播天然色彩,就在于彩色显像管有能发射出红、绿、蓝 3 种基色的荧光粉,在电子束的作用下发生不同亮度的三色光相互搭配而成的。因此荧光粉的光色和亮度是整个制造发光工艺的关键部分。荧光粉的光色是否良好,亮度能否符合使用要求,这与合成时所用基质材料的纯度有着极为密切的关系,如 Y_2O_2S:Eu 中 Ce、Fe、Co、Ni 等杂质的含量不得超过一定的范围,否则将直接影响其发光性能(如光色、亮度、余辉等),甚至根本不能发光。

影响荧光粉发光性能的另一个重要因素是高温反应过程。在这一过程中,基质材料会与激活剂相互作用,形成特定的晶型,激活剂进入晶格内而形成发光中心,因此晶型的形成与激活剂进入晶格的数量是和高温过程直接相关的。

各种物质的分子或原子所能吸收或发射的波长是不同的。在电弧的高温下,被测样品变为基态原子蒸汽,然后用高速电子流与基态原子相碰撞,从而使被测原子处于激发态,并很快又从激发态返回到基态,这时就会发射出一定波长的光。

本实验以氧化钇、氧化铕为原料,以草酸为沉淀剂,在高温下制备荧光粉 Y_2O_2S:Eu,并对其发光情况进行分析。

Y_2O_2S:Eu 制备的有关反应如下:

$$Y_2O_3+Eu_2O_3+H^+ \longrightarrow Y^{3+}+Eu^{3+}+H_2O$$
$$Y^{3+}+Eu^{3+}+H_2C_2O_4 \longrightarrow (Y,Eu)_2(C_2O_4)_3 \cdot xH_2O$$
$$(Y,Eu)_2(C_2O_4)_3 \cdot xH_2O \longrightarrow (Y,Eu)_2O_3+CO_2+CO+xH_2O$$
$$Na_2CO_3+S \longrightarrow Na_2S+Na_2S_x(高温下)$$
$$(Y,Eu)_2O_3+Na_2S+Na_2S_x \longrightarrow Y_2O_2:Eu$$

[实验条件]

实验仪器:荧光光谱仪、高温炉、布氏漏斗、砂芯漏斗、石英坩埚(直径 25mm、35mm,高 20mm 各 1 只)、玛瑙研钵、电磁搅拌器等。

实验试剂:氧化钇(Y_2O_3,99.97%)、氧化铕(Eu_2O_3,99.95%)、盐酸、草酸、硫、碳酸钠(Na_2CO_3)、磷酸钾($K_3PO_4 \cdot 3H_2O$)等。

[实验过程]

1)$(YEu)_2(C_2O_4)_3 \cdot xH_2O$ 的制备

称取 2g 的 Y_2O_3 和 125mg 的 Eu_2O_3,加入到 50mL 盐酸中,稍稍加热使其溶解,并不断搅动,待完全溶解后,用砂芯漏斗抽滤,将所得溶液加热。

称取 5.2g 草酸溶于 50mL 的 H_2O 中,加热,待两溶液的温度达 90℃左右;将草酸溶液用滴管滴加到钇、铕的氯化物溶液中,并不断搅动;维持沉淀的温度不低于 80℃(开始加草酸溶液较快,当沉淀出现时要较慢);沉淀完全后,用电磁搅拌器继续搅动 5min,然后静置并用倾析法以 80℃左右的热水漂洗沉淀到中性。

过滤后将沉淀置于蒸发皿中在 120℃以下烘干。

2)$(YEu)_2(C_2O_4)_3 \cdot xH_2O$ 的分解

将烘干后的 $(YEu)_2(C_2O_4)_3 \cdot xH_2O$ 倒入石英坩埚内,并加盖,然后外套直径 35mm 石

英坩埚(或普通坩埚,只要可以放进高温炉膛就可以),将其移入高温炉内,并按以下的升温速度和保温时间进行升温分解:

以40℃/min升温到200℃,保温20min;以20℃/min升温到300℃,保温10min;以10℃/min升温到400℃,保温10min;以30℃/min升温到800℃,保温10min;以10℃/min升温到1000℃,保温15min。在升温到1000℃并保温完毕后,趁高温出炉,所得(YEu)$_2$O$_3$粉在冷却后备用。

3)Y$_2$O$_2$S:Eu的合成

称取1g(YEu)$_2$O$_3$、300mg硫粉、300mg的Na$_2$CO$_3$和50mg的K$_3$PO$_4$·3H$_2$O,在玛瑙研钵中研磨,使其混合均匀,然后移到直径25mm石英坩埚内,略加压紧,在上面盖上1~2g硫粉。盖好石英盖子。

外套直径35mm的石英坩埚,暂置于高温炉顶上预热,待高温炉的温度升到1200℃时,将坩埚在高温入炉,在1150℃时保温15min,保温完毕后高温出炉。

粉末冷却后用不锈钢匙将覆盖层去掉,再从坩埚内将产物移出,用温水浸泡并压碎,最后用不高于80℃的热水漂洗到中性,用120目尼龙网过筛;用布氏漏斗过滤,Y$_2$O$_2$S:Eu在120℃烘干并存放在样品瓶内。

4)发光情况测试

将荧光粉(Y$_2$O$_2$S:Eu)置于紫外灯下,观察其发光的情况。此外,在荧光光谱仪上测定其激发及发射光谱。

[注意事项]

(1)将草酸溶液用滴管滴加到钇、铕的氯化物溶液中时,注意不断搅动,并注意反应液的温度。

(2)高温炉的升温设定可采用程序升温,并注意安全。

[思考题]

(1)为什么在合成Y$_2$O$_2$S:Eu之前要先合成(YEu)$_2$O$_3$?

(2)K$_3$PO$_4$·3H$_2$O在合成Y$_2$O$_2$S:Eu中有什么作用?

实验5.2.6 水热法合成A型分子筛性能测定

[实验目的]

(1)学习和掌握A型分子筛的水热合成方法;

(2)了解A型分子筛物性的鉴定。

[基本原理]

分子筛是一种硅铝酸盐化合物,是由SiO$_4$和AlO$_4$四面体之间通过共享顶点而形成的三维四连接空旷骨架。在骨架中均匀而有序的孔道,内表面积很大的空穴及与一般分子尺寸相近的孔径等结构特征使得分子筛被广泛用于气体和液体的干燥、脱水、净化、分离、吸附及石油加工催化裂化过程和催化剂载体等。

分子筛的基本骨架元素是硅、铝及与其配位的氧原子,基本结构单元为硅氧四面体和铝氧四面体,四面体可以按照不同的组合方式相连,构筑成各式各样的沸石分子筛骨架结构。其化学组成经验式可表示为:

$$M_{2/n}O \cdot Al_2O_3 \cdot xSiO_2 \cdot yH_2O$$

式中:M 为金属离子;n 为金属离子的价数;x 为 SiO_2 物质的量(摩尔);y 为结晶水的物质的量,A 型分子筛中的 SiO_2/Al_2O_3 的摩尔比 $x=2$。

A 型分子筛属立方晶系,晶胞组成为 $Na_{12}(Al_{12}Si_{12}O_{48}) \cdot 27H_2O$。将 β 笼置于立方体的 8 个顶点,用四元环相互连接,围成一个 α 笼,α 笼之间可通过八元环三维相通,八元环是 A 型分子筛的主窗口,如图 5-6 所示。A 型分子筛有 3A、4A、5A 三种型号,其中 4A 型指的是 A 型晶体结构的钠型。α 笼和 β 笼是 A 型分子筛晶体结构的基础。α 笼为二十

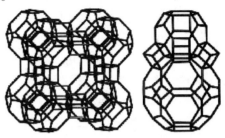

图 5-6　A 型分子筛晶穴结构示意图

六面体,由 6 个八元环、8 个六元环和 12 个四元环组成,β 笼为十四面体,由 8 个六元环和 6 个四元环相连而成,笼的窗口最大有效直径为 4.5Å,因此能吸附临界直径不大于 4Å 的分子。

常规的沸石分子筛合成方法为水热晶化法。水热合成是指在一定温度(100~1000℃)和压强(1~100MPa)条件下利用溶剂中的反应物通过特定的化学反应进行的合成。水热晶化反应是指在水热条件下,使溶胶、凝胶等非晶化物质进行晶化反应。水热合成根据合成温度不同可分为低温(70~100℃)水热合成法和高温(高于 150℃)水热合成法。水热合成从分子筛合成的压力条件不同可分为常压法、自生压力法和高压法。其中,低温常压法和低温自生压力法的合成条件较温和,合成设备要求较低,是应用最为广泛的分子筛合成法。

分子筛水热晶化法包括硅铝酸盐水合凝胶的生成和水合凝胶的晶化。

(1)凝胶的生成。将原料按照适当比例,在过量碱的作用下于水溶液中混合形成碱性硅铝胶。

(2)凝胶的晶化。将凝胶密封于水热反应釜中,在适当温度及相应的饱和蒸气压下恒温热处理一段时间,使其转化为晶体,晶化过程分诱导期、成核期和晶体生长期。

反应凝胶多为四元组分体系,可表示为 $R_2O-Al_2O_3-SiO_2-H_2O$,其中 R_2O 可以是 NaOH、KOH,作用是提供分子筛晶化必要的碱性环境或结构导向的模板剂,硅和铝元素的提供可选择各种的硅源和铝源,如硅溶胶、硅酸钠、正硅酸乙酯、硫酸铝和铝酸钠等。反应凝胶的配比,硅源、铝源和 R_2O 的种类,体系的均匀度,pH 值,晶化温度及晶化时间等对分子筛的形成和性能都有重要的影响。

鉴定分子筛结晶类型的方法主要是粉末 X 射线衍射,各类分子筛均具有特征的 X 射线衍射峰,通过比较实测衍射谱图和标准衍射数据,可以推断出分子筛产品的结晶类型。此外,还可通过比较分子筛某些特征衍射峰的峰面积大小,计算出相对结晶度,以判断分子筛晶化状况的好坏。

本实验以水热晶化法制备 A 型分子筛,并对其进行测试表征。

[实验条件]

实验仪器:烧杯、不锈钢反应釜(容量 30mL,内有聚四氟乙烯衬管)、电子天平、搅拌器、电热恒温箱、表面皿、真空干燥器、光学显微镜、扫描电子显微镜、X 射线衍射仪。

实验试剂:氢氧化钠、硫酸铝、硅溶胶(25%)。

[实验过程]

1) A 型分子筛的制备

凝胶的生成:反应凝胶配比为 $Na_2O:SiO_2:Al_2O_3:H_2O=4:2:1:300$。在 250mL 烧杯中,将 13.5g 的 NaOH 和 12.6g 的 $Al_2(SO_4)_3 \cdot 18H_2O$ 溶于 130mL 去离子水中,在磁力搅拌状态下,用滴管缓慢加入 9g 硅溶胶(25%),充分搅拌约 10min,得到白色凝胶。

凝胶的晶化:将白色凝胶转移入洁净的不锈钢水热反应釜中,密封,放入恒温 80℃的电热烘箱中,6h 后取出。将反应釜冷至室温,减压抽滤并洗涤产物至滤液为中性,移至表面皿中,放在 120℃的烘箱中干燥过夜,取出称重后置于硅胶干燥器中存放,备用。

2) A 型分子筛的组成、晶形特征分析

分子筛晶形特征:显微镜观察产品结晶情况。用扫描电镜(SEM)仔细观察晶体形貌,测定粒径分布和平均粒度。

X 射线粉末衍射:各类分子筛均具有特征的 X 射线衍射峰,通过比较实测谱图和标准衍射数据,可以推断分子筛的类型、成分、结晶度、纯度等。

查阅有关资料,拟定测定分子筛组成的化学分析方法,自行测定分子筛中的 Na_2O、SiO_2、Al_2O_3 的含量。

3) A 型分子筛的钙离子交换性能

分子筛的钙离子交换性能与粒度、温度密切相关。温度高,粒度细有利于提高钙离子交换速率和能力。根据产品标准 QB1768293 规定,钙离子交换容量大于 285mg/g 为合格品,大于 310mg/g 时为优质品。

[注意事项]

沸石分子筛的晶化过程十分复杂,目前还未有完善的理论来解释。可以粗略地描述分子筛的晶化过程:当各种原料混合后,硅酸根和铝酸根可发生一定程度的聚合反应形成硅铝酸盐初始凝胶。在一定的温度下,初始凝胶发生解聚和重排,形成特定的结构单元,并进一步围绕着模板分子(可以是水合阳离子或有机胺离子等)构成多面体,聚集形成晶核,并逐渐成长为分子筛晶体。

[思考题]

(1) 说明影响分子筛类型和物理性质的主要因素。

(2) 说明合成过程中晶化时间对产品转化率及性能的影响。

实验 5.2.7　固体超强酸的制备与表征

[实验目的]

(1) 了解固体超强酸的概念;

(2) 掌握固体超强酸的制备方法;

(3) 掌握利用 IR、TG-DTA 表征化合物结构和热稳定性的技术。

[基本原理]

"固体酸"是指能使碱性指示剂变色或能对碱实现化学吸附的一类固体。固体酸克服了液体酸的缺点,具有容易与液相反应体系分离、不腐蚀设备、后处理简单、环境污染少、选择性高等特点,同时可在较高温度范围内使用,扩大了热力学上可能进行的酸催化反应的应用范围。

固体酸通常用酸度、酸强度、酸强度分布和酸类型 4 个指标来表征。其中,酸强度是指一个固体酸去转变一个吸附的中性碱使其成为共轭酸的能力。如果这一过程是通过质子从固体转移到被吸附物的,则可用 Hammett 函数 H_0 表示:

$$H_0 = pK_\alpha + \lg \frac{[B]}{[BH^+]}$$

平衡时 $H_0 = pK\alpha$,其中[B]和[BH^+]分别代表中性碱及其共轭酸的浓度。

超强酸是比 100% 的 H_2SO_4 还要强的酸,即 $H_0 < -11.93$ 的酸。在物态上它们可分为液态与固态。液态超强酸的 H_0 为 $-20 \sim -12$,固体超强酸 H_0 约为 $-16 \sim -12$。

自 20 世纪 40 年代以来,固体超强酸由于其特有的优点和广阔的工业应用前景,成为固体酸催化剂研究中的热点。实际上,已合成的固体超强酸大多数与液体超强酸一样含有卤素,如 $SbF_5-SiO_2 \cdot TiO_2$、$FSO_3H-SiO_2 \cdot ZrO_2$、$SbF_5-TiO_2 \cdot ZrO_2$ 等。其中,采用硫酸根离子处理氧化物制备的 $M_xO_y-SO_4^{2-}$ 型固体超强酸对烯烃双键异构化,烷烃骨架异构化,醇脱水、酯化、烯烃烷基化、酚化以及煤的液化等许多反应都显示非常高的活性。在有机合成中易分离,具有不腐蚀反应装置,不污染环境,对水稳定,热稳定性高等优点。

$M_xO_y-SO_4^{2-}$ 型固体超强酸的制备一般将某些金属盐用氨水水解得到较纯氢氧化物(或氧化物),再用一定浓度硫酸根离子水溶液处理,在一定温度下焙烧。目前发现 3 种氧化物可合成这类超强酸,即 SO_4^{2-}/ZrO_2、SO_4^{2-}/Fe_2O_3 和 $SO4^{2-}/TiO_2$。研究表明,制备这类超强酸须使用无定型氧化物(或氢氧化物),不同金属氧化物在用硫酸溶液处理时,都有一个最佳浓度范围,对 ZrO_2、TiO_2 和 Fe_2O_3 所用硫酸分别为 $0.25 \sim 0.5$ mol/L、$0.5 \sim 1.0$ mol/L 和 $0.25 \sim 0.5$ mol/L,这能使处理后的表面化学物种 M_xO_y 与 SO_4^{2-} 以配位的状态存在,而不形成 $Fe_2(SO_4)_3$ 或 $ZrOSO_4$ 稳定的金属硫酸盐,氧化物表面上硫为高价氧化态是形成强酸性的必要条件。氧化物用硫酸处理后,表面积和表面结构者发生很大变化,其表面结构决定于氧化物的性质。

本实验合成 TiO_2/SO_4^{2-} 和 Fe_2O_3/O_4^{2-} 固体超强酸,并表征其结构和热稳定性。

[实验条件]

实验仪器:坩埚、烧杯、抽滤装置、红外灯、马弗炉、TG-DTA 热分析仪等。

实验试剂:$TiCl_4$、$FeCl_3 \cdot 6H_2O(s)$、氨水(28%)、H_2SO_4(1.0mol/L 和 0.5mol/L)。

[实验过程]

1) TiO_2/SO_4^{2-} 的制备

在通风柜内取 10mL 的 $TiCl_4$ 于 100mL 烧杯中搅拌,加入氨水至溶液 pH=8,生成白色沉淀。抽滤,用蒸馏水洗至无 Cl^- 离子,得白色固体。在红外灯下烘干后研磨成粉末,过 100 目筛后,用 H_2SO_4(1.0 mol/L)浸泡 14h,过滤。将粉末在红外灯下烘干,于马弗炉中在 $450 \sim 500℃$ 下活化 3h 后,置于干燥器中备用。

2) Fe_2O_3/SO_4^{2-} 的制备

取 5.0g 的 $FeCl_3$ 于 100mL 烧杯中,加入 20mL 水搅拌溶解,边搅拌边滴加氨水,使 $FeCl_3$ 水解沉淀,抽滤,洗涤沉淀至无 Cl^- 离子,固体在 100℃ 以下烘干(约 24h),并在

250℃下焙烧 3h 得 Fe_2O_3，研磨成粉末，过 200 目筛后用 H_2SO_4(0.5mol/L)浸泡 12h，过滤，于 110℃下烘干，然后在 600℃下焙烧 3h 左右，置于干燥器中备用。

3）红外光谱的测定

取上述两种样品，用 KBr 压片，分别做 IR 光谱分析，观察各样品 IR 谱中特征吸收峰和差异。

4）固体超强酸的热稳定性

用上述两种样品分别做 TG-DTA 热分析曲线，考察其热稳定性。条件选择：升温速率 10℃/min，N_2 气氛(50mL/min)。

5）超强酸催化活性测定

以冰乙酸及异戊醇为原料，上述两种固体超强酸作催化剂合成乙酸异戊酯，并与采用硫酸催化的结果作比较。

[注意事项]

活化温度和时间对固体超强酸的催化活性有较大影响。

[思考题]

（1）什么是固体超强酸？有何用途？

（2）合成固体超强酸成败的关键步骤是什么？

实验 5.2.8 配合物三氯化六氨合钴(Ⅲ)的制备及组成测定

[实验目的]

（1）掌握多相催化制备三氯化六氨合钴的方法；

（2）了解配合物的形成对 Co(Ⅱ)、Co(Ⅲ)稳定性的影响；

（3）掌握三氯化六氨合钴的组成测定及电离类型的方法；

（4）通过分裂能的测定，判断中心离子 d 轨道电子排布和自旋情况，推断配合物的类型。

[基本原理]

1）三氯化六氨合钴的合成(Ⅲ)

Co(Ⅲ)的配合物在配位化学的发展过程中起过极为重要的作用，特别是钴氨配合物。在不同条件下，$CoCl_3$ 和氨可形成一系列颜色和性质不同的配合物，如橙黄色的[Co(NH$_3$)$_6$]Cl$_3$、紫红色的[Co(NH$_3$)$_5$Cl]Cl$_2$、砖红色的[Co(NH$_3$)$_5$H$_2$O]Cl$_2$ 和绿色的[Co(NH$_3$)$_4$Cl$_2$]Cl。

许多过渡金属离子具有氧化还原活性，可以通过配合物中金属离子的氧化还原反应来制备新的配合物。由 $\varphi_A^\theta(Co^{3+}/Co^{2+}) = 1.84V$ 可知，Co(Ⅱ)的简单盐比 Co(Ⅲ)的更稳定，不易被氧化成 Co(Ⅲ)；但 Co(Ⅱ)简单盐的水溶液与过量的 NH_3 和 NH_4Cl 组成的反应混合物形成 Co(Ⅱ)配合物后，可使电对 Co^{3+}/Co^{2+} 的电极电势大大降低，在空气或其他的氧化剂作用下，被氧化成更稳定的 Co(Ⅲ)配合物。

本实验以活性炭为催化剂，在氨和氯化铵存在的条件下，用过氧化氢氧化氯化钴溶液制得三氯化六氨合钴(Ⅲ)，其反应方程式如下：

$$2CoCl_2 + 2NH_4Cl + 10NH_3 + H_2O_2 \xrightarrow{\text{活性炭}} 2[Co(NH_3)_6]^{3+} + 6Cl^- + 2H_2O$$

$$[\,Co\,(\,NH_3\,)_6\,]^{3+}+3Cl^-\xrightarrow{\text{浓盐酸,低温}}[\,Co\,(\,NH_3\,)_6\,]Cl_3\,(\,s\,)$$

2) 三氯化六氨合钴(Ⅲ)的测定

电离类型的测定:采用电导率仪测定一定浓度样品的电导率,根据 $\Lambda_m=\kappa/c$ 计算摩尔电导率,与一系列已知离子数目的物质的摩尔电导率比较,可求得配合物的离子总数,确定配离子的电荷数,从而确定 $[\,Co\,(\,NH_3\,)_6\,]Cl_3$ 的电离类型。

配体氨的测定:三氯化六氨合钴(Ⅲ)是橙黄色单斜晶体,固态的 $[\,Co\,(\,NH_3\,)_6\,]Cl_3$ 在 488K 转变为 $[\,Co\,(\,NH_3\,)_5Cl\,]Cl_2$,高于 523K 则被还原为 $CoCl_2$。在强碱(冷)或强酸的作用下基本不被分解,只有在煮沸下的过量强碱中被分解:

$$[\,Co\,(\,NH_3\,)_6\,]Cl_3+3NaOH\xrightarrow{\text{煮沸}}Co\,(\,OH\,)_3+6NH_3+3NaCl$$

分解释放出的氨气可用过量盐酸标准溶液吸收,再用标准碱滴定过量的盐酸,计算出配体氨的配位数。

中心离子钴的测定有两种方法。一种方法是采用碘量法测定蒸氨后的样品溶液中的 Co(Ⅲ),反应如下:

$$2Co\,(\,OH\,)_3+2I^-+6H^+\longrightarrow2Co^{2+}+I_2+6H_2O$$
$$I_2+2S_2O_3{}^{2-}=\!=\!=\!=S_4O_6^{2-}+2I^-$$

另一种方法是将一定量的样品用强碱在加热条件下分解,再用 HCl 将 Co(Ⅲ)还原为 Co(Ⅱ),加入过量的 EDTA 标准溶液,在 pH=5~6 条件下,用 $ZnCl_2$ 标准溶液滴定,计算出钴的含量。

外界氯离子的测定:用 $AgNO_3$ 标准溶液滴定。

分裂能 Δ 的测定:配离子 $[\,Co\,(\,NH_3\,)_6\,]^{3+}$ 中心离子有 6 个 d 电子,通过配离的分裂能 Δ 的测定并与其成对能 P(21000cm^{-1})比较,可以确定 6 个 d 电子在八面体场中属于低自旋排布还是高自旋排布。在可见光区由配离子的 A-λ(吸光度-波长)曲线上能量最低的吸收峰所对应的波长求得分裂能 Δ(cm^{-1}),其中 λ 的单位为 nm。

$$\Delta=\frac{1}{\lambda\times10^{-7}}$$

[实验条件]

实验仪器:电子天平、分析天平、吸滤装置、分光光度计、电导率仪、锥形瓶、碘量瓶、蒸馏装置、滴定管、烧杯、温度计、量筒、滴管等。

实验试剂:$CoCl_2\cdot6H_2O$、活性炭、NH_4Cl、HCl(浓)、HCl(6mol/L)、HCl 标准溶液(0.5mol/L)、H_2O_2、NaOH 标准溶液(0.5mol/L)、NaOH(10%)、$Na_2S_2O_3$ 标准溶液(0.1mol/L)、$AgNO_3$标准溶液(0.10mol/L)、$K_2Cr_2O_7$(5%)、$NH_3\cdot H_2O$(浓)、EDTA 标准溶液、$ZnCl_2$标准溶液(0.05mol/L)、乙醇、甲基橙等。

[实验过程]

1) 三氯六氨合钴的合成

称取 6.0g 的 $CoCl_2\cdot6H_2O$ 和 4.0g 固体 $NH_4Cl(s)$,转入到 100mL 的锥形瓶中,加入 10mL 的 H_2O,水浴加热溶解。

在上述锥形瓶中加入 0.2~0.3g 活性炭(用纸槽送入),摇匀,冷却至室温后,加入 14~15mL 浓 $NH_3\cdot H_2O$,用冰水冷却至 283K 以下,逐滴加入 14~16mL ω=6% 的过氧化氢,在 50~60℃ 水浴中加热 20min,并适当摇动锥形瓶,然后在冰水中冷却 10min 以上,抽滤(切不可用水洗涤沉淀),得到沉淀。

将沉淀加入到沸水(50mL H_2O + 2mL 浓 HCl)中溶解,趁热抽滤,将滤液转入到 100mL 洁净的烧杯中,缓慢地加入 7mL 浓盐酸(在通风橱中进行),冰水冷却(不少于 20min),结晶,抽滤,用 3~4mL 乙醇洗涤晶体,干燥(378K)或水浴上干燥,称量。

2)三氯化六氨合钴(Ⅲ)电离类型的测定

配制 $c = 1.00×10^{-3}$ mol·L^{-1} 三氯化六氨合钴(Ⅲ)的溶液 100mL,用 Delta326 型电导率仪测定溶液的电导率,求出 Λ_m。

3)配体氨的测定

用分析天平准确称取 0.2g(准确至 0.1mg)样品于 250mL 锥形瓶中,加入 50mL 去离子水、10mL 的 NaOH(10%)。在另一个锥形瓶中准确加入 30mL 的 0.5mol/L 标准 HCl 溶液,接收蒸馏出来的氨,并用冰水冷却接收瓶。

将冷凝管接通冷水,开始加热,保持沸腾状态,蒸馏至黏稠(约 10~15min),断开冷凝管和锥形瓶的连接处,去掉火源。用少量去离子水冲洗冷凝管和下端玻璃管,将冲洗液转入接收瓶中。

以甲基橙为指示剂,用 0.5mol/L 的标准 NaOH 溶液滴定接收瓶的剩余 HCl 溶液,计算氨的含量,确定配体氨的个数[即配位数]。

4)中心离子钴的测定

准确称取 0.2g 左右(准确到 0.1mg)样品 2 份于锥形瓶中,分别加入 20mL 去离子水溶解,再加入 5mL 的 NaOH(10%)。加热,有棕黑色沉淀产生,煮沸后用小火加热 10min,使其完全分解。

冷却后,加入 3.5~4.0mL 的 6mol/L HCl,滴加 1~2 滴的 H_2O_2,加热至棕黑色沉淀完全溶解成为浅红色透明溶液。冷却后准确加入 35~40mL 0.05mol/L EDTA 标准溶液,加入 10mL 的六亚甲基四胺(30%),调节 pH=5~6,以二甲酚橙为指示剂,用 $ZnCl_2$ 标准溶液(0.05mol/L)滴定,溶液由橙色变为紫红色即为终点。

5)外界氯离子的测定

准确称取样品 0.2g 左右(准确到 0.1mg)于锥形瓶中[平行 2 份],加入 20mL 去离子水溶解,加入 1mL 的 $K_2Cr_2O_7$(5%),以 $AgNO_3$ 标准溶液(0.10mol/L)滴定至溶液呈现砖红色即为终点。

6)分裂能 Δ 的测定

准确称取约 0.2g 样品溶于 40mL 去离子水中,以去离子水作为参比溶液,在波长 400~500nm 范围内测定配合物的吸光度 A,每隔 10nm 波长测定一次(在吸收峰的最大值附近波长间隔可适当减小)。

作 A-λ 曲线图,求出配合物的分裂能 Δ,与成对能 P 比较,讨论配合物中心 d 电子的排布和自旋情况,确定配合物类型(低自旋或高自旋)。

[注意事项]

(1)合成过程的每一温度要控制好。加入 H_2O_2 后,水浴温度不宜太高,否则 H_2O_2 分解,氧化不充分;氧化反应完成后,要充分冷却,使产物沉淀下来;与活性炭分离时要趁热过滤;抽滤时,要保持低温,降低产品的溶解度。

（2）当有铵盐存在时，能大大抑制 $NH_3 \cdot H_2O$ 的解离，使 $Co(Ⅱ)$ 不形成 $Co(OH)_2$ 而形成 $[Co(NH_3)_6]^{2+}$；在本实验条件下，若不使用活性炭作催化剂，得到的产物主要是紫红色的 $[Co(NH_3)_5Cl]Cl_2$，这是多相催化作用的一个最典型的应用。

[思考题]

（1）在合成步骤中，有两处加入浓盐酸，各起什么作用？反应中 NH_4Cl、H_2O_2 和活性炭又各起什么作用？

（2）合成过程中，第一次过滤为什么不可用水洗涤含有活性炭的沉淀？第二次过滤为什么要趁热？

（3）合成过程中，加入 H_2O_2 后，为什么溶液要在 50～60℃ 水浴中加热 20min？温度过高或过低有什么影响？

（4）从实验结果说明配合物的形成对 $Co(Ⅱ)$、$Co(Ⅲ)$ 稳定性的影响。

（5）测定钴含量的实验中，加入几滴 H_2O_2 的作用是什么？得到的浅红色透明溶液是什么物质？

实验 5.2.9　无机高分子净化剂聚合硫酸铁的合成

[实验目的]

（1）学习聚合硫酸铁的制备及净化水的知识；

（2）学习和了解絮凝沉降法处理工业废水的有关知识；

（3）巩固分光光度法和原子吸收法的测定方法。

[基本原理]

聚合硫酸铁（PFS）也称碱式硫酸铁或羟基硫酸铁，是一种无机高分子絮凝剂。分子中存在多种高价多核羟基络合物，在使用过程中，络合物进一步水解，其产物具有中和胶体电荷、压缩双电层、降低胶体电位的能力，最终水解成氢氧化物沉淀。与其他絮凝剂如三氯化铁、硫酸铝、氯化硫酸铁、碱式氯化铝等相比，聚合硫酸铁生产成本低、投加量少、适用 pH 范围广、杂质（浊度、COD、悬浮物等）去除率高、残留物浓度低、沉降速度快、脱色效果好，因而广泛应用于工业废水、城市污水、工业用水以及生活饮用水的净化处理。

按工艺的不同，聚合硫酸铁的制备包括直接氧化法、催化氧化法、一步法、两步法、微生物氧化法以及其他方法。按原料来源的不同，其制备包括硫铁矿法、铁屑法、铁矿石法、硫酸亚铁法（直接氧化法、生物氧化法和催化氧化法）钢铁酸洗废液氧化法等。

在工业生产上，聚合硫酸铁的制备一般采用直接氧化法，此法工艺路线较简单，用于工业生产可以减少设备投资和生产环节，降低设备成本，但这种生产工艺必须依赖于某种氧化剂，如 H_2O_2、$KClO_3$、HNO_3 等无机氧化剂，产品成本较高，而且生产过程中排出的 NO_x 污染环境，又需其他设备进行处理，不利于大规模生产。

硝酸是强氧化剂，氧化 Fe^{2+} 过程中产生 NO，NO 与 Fe^{2+} 络合生成 $Fe(NO)SO_4$ 络合物，有助于加快氧化 Fe^{2+} 的速度。硝酸氧化法可以采用铁矿石和煤系硫铁矿为原料生产 PFS。硝酸氧化法的显著特点是反应速度快，且硝酸做氧化剂价格适中，生产成本可接受。但是硝酸被还原时产生大量的氮氧化物，这些氮氧化物与空气接触后产生红棕色 NO_2 气体，增加尾气吸收装置又使生产成本急剧上升，因此一般不采用硝酸氧化法生产 PFS。

氯酸盐氧化 $FeSO_4$ 生产 PFS 和双氧水氧化 $FeSO_4$ 生产 PFS 具有反应速度快、工艺简单、无污染等特点。由于氯酸盐和双氧水价格高、用量大、生产成本很高,因此氯酸盐和双氧水氧化未被工业化生产所采用。

生物氧化法是以工业硫酸亚铁为原料,配制一定浓度的 $FeSO_4$ 溶液,用 H_2SO_4 调节 pH 值,加入合适的营养物质,$FeSO_4$ 在微生物作用下经氧化、水解、聚合反应得到生物聚合硫酸铁。此种工艺目前还未普遍应用。

催化氧化法一般是选用一种催化剂,利用氧气或空气氧化 Fe^{2+},如用 $NaNO_2$ 催化氧化工艺。这种方法是在气液两相间进行,会造成催化剂投入量较大,氧化反应时间较长,而且 $NaNO_2$ 被怀疑是一种致癌物质,使得该催化剂生产的 PFS 在饮用水净化领域中不能应用,但净水剂恰恰在饮用水的净化中使用量最大。

本实验以七水合硫酸亚铁为原料,在酸性条件下,被 $KClO_3$ 氧化成硫酸铁,经水解、聚合反应制得红棕色聚合硫酸铁(PFS)。主要反应如下:

氧化反应:$6FeSO_4+KClO_3+3H_2SO_4 \rightarrow 3Fe_2(SO_4)_3+3H_2O+KCl$

水解反应:$Fe_2(SO_4)_3+nH_2O \rightarrow Fe_2(OH)_n(SO_4)_{3-n/2}+\dfrac{n}{2}H_2SO_4$

聚合反应:$mFe_2(OH)_n(SO_4)_{3-n/2} \rightarrow [Fe_2(OH)_n(SO_4)_{3-n/2}]_m$

氧化、水解、聚合 3 个反应同时存在于一个体系当中,相互影响,相互促进。其中氧化反应是 3 个反应中较慢的一步,控制着整个反应过程。最后生成红褐色黏稠液体,即得聚合硫酸铁。

[实验条件]

实验仪器:电子天平、烧杯、电炉、恒温干燥箱、蒸发皿、表面皿、锥形瓶。

实验试剂:$KClO_3$、$FeSO_4 \cdot 7H_2O$(质量分数 30.6%)、浓硫酸(1mol/L)。

[实验过程]

1)聚合硫酸铁的制备

称取 55.9g 的 $FeSO_4$,溶于 100mL 蒸馏水,将溶液置于 250mL 烧杯中,加入 1mol/L H_2SO_4 约 3~4 mL(按 $n(FeSO_4):n(H_2SO_4)=1:0.3$),混合均匀。

称取 4.5g 固体 $KClO_3$,加入到上述混合溶液中,开启磁力搅拌器,转速控制在 120r/min,25 ℃下反应 2.5h,得红褐色黏稠液体。

将溶液倾入蒸发皿中(沉淀弃去),在电炉上蒸发浓缩,其间需不断搅拌,当溶液变稠时,改用慢火加热,直至溶液非常黏稠搅拌困难为止,将半干的产品转移至已知质量的表面皿中,继续于 100℃下烘 45min,使其完全干燥,即得灰黄色固体 PFS 产品。

2)去浊率的测定

量取制得的聚合硫酸铁溶液 1mL 于 500mL 烧杯中,加入 100mL 蒸馏水,制得稀释溶液。取 200mL 高浊度的原水样,分别向其中加入稀释后的聚合硫酸铁 0、3mL、5mL、7mL、10mL,剧烈搅拌 3min,然后慢速搅拌 10min,再静置 10min,取上层清液(液面以下 2~3cm 处),测定其吸光度,比较处理前后吸光度,计算去浊率。

[注意事项]

硫酸在聚合硫酸铁的合成过程中有两个作用:一是作为反应的原料参与聚合反应;二

是决定体系的酸度,其用量直接影响产品性能。硫酸用量太大,亚铁离子氧化不完全,样品颜色由红褐色变为黄绿色,且大部分铁离子没有参与聚合,导致盐基度很低,合成失败;硫酸量不足,量越少,生成 $Fe(OH)_3$ 趋势越大,即溶液中 $[OH^-]$ 相对较大。

[思考题]

(1) 为什么需控制 H_2SO_4 的用量比理论值要低?

(2) 氧化剂 $KClO_3$ 是一次性加入,若分次加入对产品的质量有无影响?

(3) 聚合硫酸铁能将悬浮物除去的原理?

5.3 高分子化合物的合成

实验 5.3.1 悬浮聚合制备聚苯乙烯高分子微球

[实验目的]

(1) 掌握苯乙烯原料的提纯和预处理工艺;

(2) 了解悬浮聚合反应的原理和特点,掌握实验室进行悬浮聚合的方法;

(3) 掌握聚苯乙烯微球制备方法。

[基本原理]

球形聚合物微粒的合成和研究是近几十年来高分子科学中一个新研究领域。微米级聚苯乙烯(PS)微球具有以下特点:优良的疏水性、不可生物降解性;不被一般溶剂溶解或溶胀,利于应用和回收;对一些诸如蛋白质、染料、亲合配位体等物质具有极好的结合能力;比表面积大、吸附性强、凝聚性好,适于作为一些物质的固定载体;粒子大小的可控性好、表面反应活性高,用于色谱中吸附效能高。因而,聚苯乙烯微球在生物医学和电子化工方面有着广泛的应用。

随着技术的发展,人们提出一种以聚苯乙烯或 SiO_2 微球胶晶为模板来制备有序二维或三维大孔材料的方法。其基本原理是:首先利用单分散的胶体微球经过特殊的排列方式构成二维或三维有序的类晶体结构的体系;然后以这种阵列胶晶为模板,在微球的空隙填充其他材料;最后,将微球除去而获得一种多孔的且长程有序的新结构材料,拓展了聚苯乙烯微球的应用,如图 5-7 和图 5-8 所示。

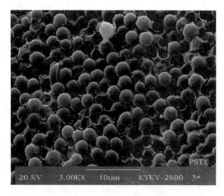

图 5-7 用溶胶-凝胶法填充聚苯乙烯微球　　　图 5-8 聚苯乙烯的反 Opal 结构

本实验采用悬浮聚合制备聚苯乙烯高分子微球。悬浮聚合是指在较强的机械搅拌下,借悬浮剂的作用,将溶有引发剂的单体分散在另一与单体不溶的介质中(一般为水)所进行的聚合。根据聚合物在单体中溶解与否,可得透明状聚合物或不透明不规整的颗粒状聚合物。像苯乙烯、甲基丙烯酸酯,其悬浮聚合物多是透明珠状物,故又称珠状聚合;而聚氯乙烯因不溶于其单体中,故为不透明、不规整的乳白色小颗粒(称为颗粒状聚合)。

悬浮聚合实质上是单体小液滴内的本体聚合,在每一个单体小液滴内单体的聚合过程与本体聚合是相类似的,但由于单体在体系中被分散成细小的液滴,因此又具有自身的特点。由于单体以小液滴形式分散在水中,散热表面积大,水的比热大,因而解决了散热问题,保证反应温度的均一性,有利于反应的控制。悬浮聚合的另一优点是由于采用悬浮稳定剂,所以最后得到易分离、易清洗、纯度高的颗粒状聚合产物,便于直接成型加工。

可作为悬浮剂的物质有两类:一类是可以溶于水的高分子化合物,如聚乙烯醇、明胶、聚甲基丙烯酸钠等;另一类是不溶于水的无机盐粉末,如硅藻土、钙镁的碳酸盐、硫酸盐和磷酸盐等。悬浮剂的性能和用量对聚合物颗粒大小和分布有很大影响。一般来讲,悬浮剂用量越大,所得聚合物颗粒越细。如果悬浮剂为水溶性高分子化合物,悬浮剂相对分子质量越小,所得的树脂颗粒就越大。因此悬浮剂相对分子质量的不均一会造成树脂颗粒分布变宽。如果是固体悬浮剂,用量一定时,悬浮剂粒度越细,所得树脂的粒度也越小,因此,悬浮剂粒度的不均匀也会导致树脂颗粒大小的不均匀。

为得到颗粒度合格的珠状聚合物,除加入悬浮剂外,严格控制搅拌速度是一个相当关键的问题。随着聚合转化率的增加,小液滴变得很黏,如果搅拌速度太慢,则珠状不规则,且颗粒易发生黏结现象。但搅拌太快时,又易使颗粒太细。因此,悬浮聚合产品粒度分布的控制是悬浮聚合中一个很重要的问题。

[实验条件]

实验仪器:三口烧瓶、水浴装置、电动搅拌器、离心机、减压蒸馏装置。

实验试剂:苯乙烯、过氧化苯甲酰、聚乙烯醇、去离子水、氮气。

[实验过程]

1) 苯乙烯的减压蒸馏

向蒸馏烧瓶中倒入待蒸馏的苯乙烯,其量控制在瓶容积的 1/3~2/3;加入少量沸石,关闭安全瓶上活塞,打开水泵抽气。开启冷凝水,水浴温度控制在 60℃,密切观察,及时调整温度,避免暴沸将未蒸馏的苯乙烯冲入收集瓶,控制馏出速度 1~2 滴/s。当无蒸馏物产生后关闭水泵,然后停止加热。

2) 苯乙烯微球的制备

在 250mL 三口瓶上,装上搅拌器和水冷凝管。量取 45mL 去离子水,称取 0.2g 聚乙烯醇(PVA)加入到三口瓶中,开动搅拌器并加热水浴至 90℃左右,待聚乙烯醇完全溶解后(20min 左右),将水温降至 80℃左右。

称取 0.15g 过氧化二苯甲酰(BPO)于一干燥洁净的 50mL 烧杯中,并加入 9mL 单体苯乙烯(已精制)使之完全溶解。

将溶有引发剂的单体倒入三口瓶中,此时需小心调节搅拌速度,使液滴分散成合适的颗粒度(注意开始时搅拌速度不要太快,否则颗粒分散得太细),继续升高温度,控制水浴温度在 86~89℃范围内,使之聚合。一般在达到反应温度后 2~3h 为反应危险期,此时搅拌速度控制不好(速度太快、太慢或中途停止等),就容易使珠子黏结变形。

反应 3h 后,可以用大吸管吸出一些反应物,检查珠子是否变硬,如果已经变硬,即可将水浴温度升高至 90~95℃,反应 1h 后即可停止反应。

将反应物进行过滤,并把所得到的透明小珠子放在 25mL 甲醇中浸泡 20min,然后再过滤,将得到的产物用约 50℃的热水洗涤几次,用滤纸吸干后,置产物于 50~60℃烘箱内干燥,计算产率,观看颗粒度的分布情况。

[注意事项]

(1) 在工业上要得到一定相对分子质量的珠状聚合物,一般引发剂用量应为单体质量的 0.2%~0.5%。本实验为了缩短反应时间,选用较大的引发剂用量(为单体质量的 2%)。

(2) 工业上为提高设备利用率,采用的水油比比较小,一般为 1:1~4:1。本实验中所采用的水油比为 5:1,因为高水油比有利于操作(水油比即水用量与单体用量之比)。

(4) 聚乙烯醇用量根据所要求珠子的颗粒度大小及所用聚乙烯醇本身性质(相对分子质量,醇解度)而定。根据研究,用量差别较大,其用量相对于单体,最多为 3%,最少为 0.1%~0.5%。本实验聚乙烯醇的用量为单体的 2.5%。

(5) 微球的扫描电镜观察分析课后自行完成。

[思考题]

(1) 苯乙烯珠状聚合过程中,随转化率增长,反应速度和相对分子的变化规律是什么?

(2) 为什么聚乙烯醇能够起稳定剂的作用?聚乙烯醇的质量和用量在悬浮聚合中,对颗粒度影响如何?

(3) 根据实验,你认为在珠状聚合操作中,应该特别注意哪些事项?

实验 5.3.2 醋酸乙烯酯的溶液聚合

[实验目的]

(1) 了解微型高分子化学实验的优点;

(2) 通过醋酸乙烯酯的溶液聚合反应,掌握溶液聚合的基本实验技巧;

(3) 复习减压蒸馏等基本操作。

[基本原理]

微型高分子化学实验是近年来发展迅速的一种高效、经济、安全、减污的新技术,符合科技发展和环境保护的历史潮流,体现了化学实验微量化的趋势,具有突出的教学效果和显著的环保与经济效益。

高分子化学实验经常接触易燃、易爆、易挥发和有毒、有害药品。由于微型实验投料只是常规实验的 1/10,减少了挥发物和反应剩余物的排放量。如醋酸乙烯酯的乳液聚合,常规实验做出 100mL 乳液,性能检验只用 2mL,剩余的乳液不小心流入水池,沉淀凝聚成块极易堵塞下水道。改为微型实验后,全部做到底,且每步现象明显。这样对减少污染、保护环境具有重要意义;微型化学实验全部采用磨口玻璃仪器和塑料膜封口,提高了高分子化学实验的精确度和实验室的安全程度;微型高分子化学实验可以节省经费,减轻实验工作人员工作量,同时也有利于科学研究素质和能力的培养。

溶液聚合是将单体、引发剂(或催化剂)溶解于适当的溶剂中进行聚合反应的一种方法。根据溶剂与单体和聚合物相互混溶的情况分为均相、非均相溶液聚合(或沉淀聚合)两种;根据聚合机理可分为自由基溶液聚合、离子型溶液聚合和配位溶液聚合。溶液聚合的特点是聚合体系黏度比本体聚合低,混合和散热比较容易,生产操作和温度都易于控制,可利用溶剂的蒸发排除聚合热。

但是,溶液聚合对于自由基聚合往往收率较低,聚合度也比其他方法小,使用和回收大量昂贵、可燃甚至有毒的溶剂,不仅增加生产成本和设备投资,降低设备生产能力,还会造成环境污染。所以,在工业上只有采用其他聚合方法有困难或直接使用聚合物溶液时,才采用溶液聚合。溶液聚合主要用于直接使用聚合物溶液的场合,如乙酸乙烯酯甲醇溶液聚合直接用于制聚乙烯醇,丙烯腈溶液聚合直接用于纺丝,丙烯酸酯溶液聚合直接用于制备涂料或胶黏剂等。

在溶液聚合中,存在向溶剂链转移的反应,使产物分子量降低。因此,选择溶剂时必须注意活性的大小。各种溶剂的链转移常数变动很大,水为零,苯较小,卤代烃较大。一般根据聚合物分子量的要求选择合适的溶剂。此外,要注意溶剂对聚合物的溶解性能,选用良溶剂时,反应为均相聚合,可以消除凝胶效应,遵循正常的自由基动力学规律。

本实验以偶氮二异丁腈为引发剂,甲醇为溶剂的醋酸乙烯酯的溶液聚合,属于自由基聚合反应。反应式如下:

$$n H_2C = CH \longrightarrow -[HC-CH_2]_n-$$
$$\qquad\quad | \qquad\qquad\qquad\quad |$$
$$\quad OCOCH_3 \qquad\qquad OCOCH_3$$

[实验条件]

实验仪器:三口烧瓶、搅拌器、回流冷凝管、铁架台、烧杯、温度计、减压抽滤装置。

实验试剂:醋酸乙烯酯、甲醇、Na_2CO_3、无水 Na_2SO_4、偶氮二异丁腈等。

[实验过程]

1)原料的精制与制备

(1)醋酸乙烯酯的精制

量取 300mL 醋酸乙烯酯(VAc)放入 500mL 分液漏斗中,加入 60mL 饱和 Na_2CO_3 溶液,充分振荡后,放尽水层。如此 2～3 次,再用 100mL 蒸馏水洗 1 次,用 60mL 10% 的 Na_2CO_3 溶液洗 2 次,最后用蒸馏水洗至中性。将此洗净的 VAc 倒入干净的瓶内,加入无水 Na_2SO_4 干燥,存放在冰箱内。干燥过的 VAc 置于蒸馏瓶中在水泵减压下进行减压蒸馏。

(2)偶氮二异丁腈的精制

在装有回流冷凝管的 150mL 锥形瓶中加入 50mL 乙醇,于水浴上加热至接近沸腾,迅速加入 5g 偶氮二异丁腈,摇荡使其全部溶解(时间过长,分解严重),热溶液迅速抽滤(漏斗和吸滤瓶必须预热),滤液冷却后得白色结晶。采用布氏漏斗过滤后,结晶于真空干燥器中干燥,称重,测其熔点为 102℃(分解)。产品放在棕色瓶中存放在干燥器内。

2)醋酸乙烯酯的溶液聚合

在装有搅拌器,回流冷凝管和温度计的反应瓶中加入醋酸乙烯酯 2.0g,再将另一小烧杯中预先准备好的偶氮二异丁腈溶液(0.005g溶于2mL甲醇中)倒入反应瓶,升温,控制反应瓶内温度61~63℃,注意观察体系内黏度的变化,3h后停止反应,将瓶内物料倒入用锡箔纸折成的小表面皿中,置于50℃真空烘箱中干燥,得无色透明树脂。

[注意事项]

(1) 醋酸乙烯酯有麻醉性和刺激作用,高浓度蒸气可引起鼻腔发炎,因此实验过程中应注意通风。

(2) 实验过程中应先加引发剂,然后再升温。

[思考题]

(1) 比较微型高分子化学实验与常规高分子化学实验的异同。

(2) 溶液聚合的特点及影响因素有哪些?

实验 5.3.3 醋酸乙烯酯的乳液聚合

[实验目的]

(1) 掌握实验室制备聚醋酸乙烯酯乳液的方法;

(2) 了解乳液聚合的特点、配方及各组分所起作用;

(3) 参照实验现象对乳液聚合各个过程的特点进行对比分析。

[实验原理]

单体在水相介质中,由乳化剂分散成乳液状态进行的聚合,称乳液聚合。其主要成分是单体、水、引发剂和乳化剂。引发剂常采用水溶性引发剂。

乳化剂是乳液聚合的重要组份,可使互不相溶的油-水两相,转变为相当稳定难以分层的乳浊液。乳化剂分子一般由亲水的极性基团和疏水的非极性基团构成,根据极性基团的性质可以将乳化剂分为阳离子型、阴离子型、两性和非离子型4类。当乳化剂分子在水相中达到一定浓度,即到达临界胶束浓度值后,体系开始出现胶束。胶束是乳液聚合的主要场所,发生聚合后的胶束称为乳胶粒。随着反应的进行,乳胶粒数不断增加,胶束消失,乳胶粒数恒定,由单体液滴提供单体在乳胶粒内进行反应。此时,由于乳胶粒内单体浓度恒定,聚合速率恒定。到单体液滴消失后,随乳胶粒内单体浓度的减少而速率下降。

乳液聚合的反应机理不同于一般的自由基聚合,其聚合速率及聚合度式可表示如下:

$$R_p = \frac{10^3 N k_p [M]}{2 N_A} \qquad \overline{X_n} = \frac{N k_p [M]}{R_t}$$

式中:N为乳胶粒数;N_A是阿伏加德罗常数。

由此可见,聚合速率与引发速率无关,而取决于乳胶粒数。乳胶粒数的多少与乳化剂浓度有关。增加乳化剂浓度,即增加乳胶粒数,可以同时提高聚合速度和分子量。而在本体、溶液和悬浮聚合中,使聚合速率提高的一些因素,往往使分子量降低。所以,乳液聚合具有聚合速率快、分子量高的优点。乳液聚合在工业生产中的应用也非常广泛。

醋酸乙烯酯的乳液聚合机理与一般乳液聚合相同。采用水溶性的过硫酸盐为引发剂,为使反应平稳进行,单体和引发剂均需分批加入。聚合中常用的乳化剂是聚乙烯醇。实验中常采用两种乳化剂合并使用,其乳化效果和稳定性比单独使用一种要好。聚醋酸乙烯酯胶乳漆具有水基漆的优点,黏度小,分子量较大,不使用有机溶剂。作为黏合剂时(俗称白胶),木材、织物和纸张均可使用。

本实验将非离子型乳化剂聚乙烯醇与 OP-10 按一定的比例混合使用,以制备 EVA 聚合物白乳胶。聚合反应采用过硫酸钾为引发剂,按自由基聚合的反应历程进行聚合,主要的聚合反应式如下:

1) 链的引发

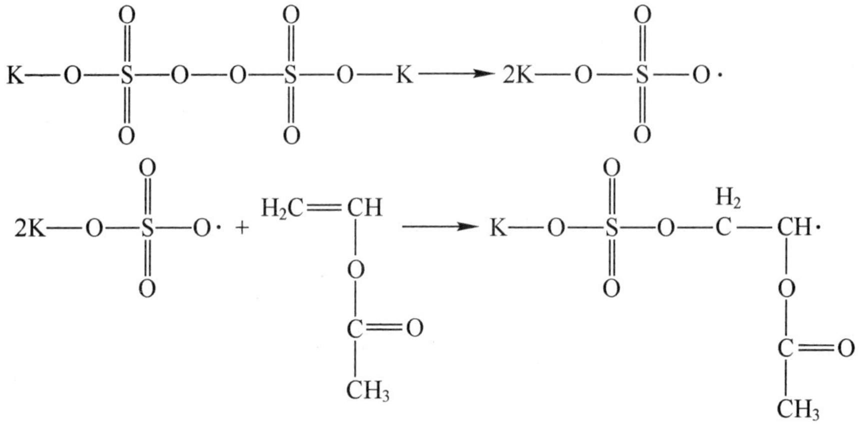

$$K-O-SO_2-O-O-SO_2-O-K \longrightarrow 2K-O-SO_2-O\cdot$$

$$2K-O-SO_2-O\cdot + H_2C=CH(OCOCH_3) \longrightarrow K-O-SO_2-O-CH_2-CH\cdot(OCOCH_3)$$

2) 链的增长

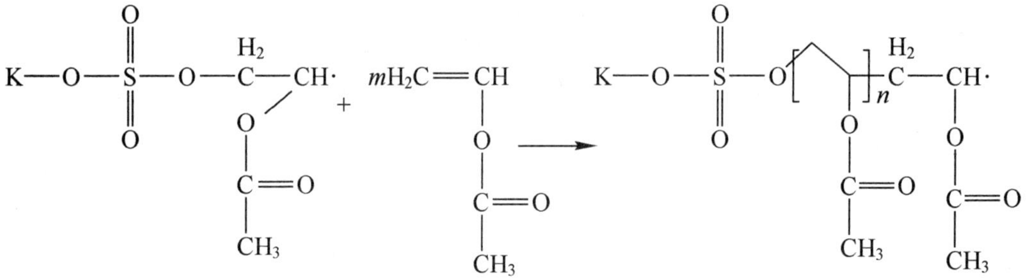

$$K-O-SO_2-O-CH_2-CH\cdot(OCOCH_3) + mH_2C=CH(OCOCH_3) \longrightarrow K-O-SO_2-O-[\,]_n-CH_2-CH\cdot(OCOCH_3)$$

3) 链的终止

$$2\ \text{~~~}CH_2CH\cdot(OCOCH_3) \longrightarrow \text{~~~}CH_2CH_2(OCOCH_3) + \text{~~~}CH=CH(OCOCH_3)$$

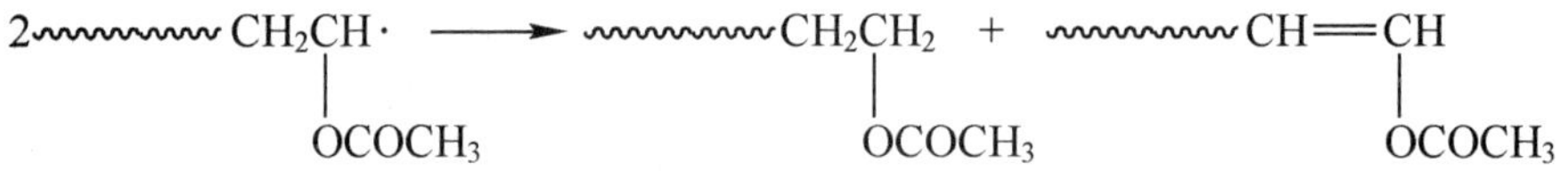

由于醋酸乙烯酯聚合反应放热放热较大,反应温度上升显著,应采用分批加入引发剂和单体的方法。本实验分两步加料反应:第一步,加入少许的单体、引发剂和乳化剂进行预聚合,可生成颗粒很小的乳胶粒子;第二步,继续滴加单体和引发剂,在一定的搅拌条件下使其在原来的形成的乳胶粒子上继续长大。由此得到的乳胶粒子不仅粒度较大,且粒度分布均匀,保证胶乳在高固含量情况下仍具有较低的黏度。

[实验条件]

实验仪器:恒温水浴锅、电动搅拌器、三口烧瓶、量筒、电子天平、滴液漏斗、球形冷凝管、直形冷凝管、温度计、烧杯玻璃棒。

实验试剂:醋酸乙烯酯、过硫酸钾、聚乙烯醇、OP-10(烷基酚的环氧乙烷缩合物)、邻苯二甲酸二丁酯、碳酸氢钠、蒸馏水。

[实验过程]

1）加料

在装有搅拌器、回流冷凝管及温度计的三口瓶中加入 20mL 聚乙烯醇、1mL 乳化剂 OP-10、20mL 蒸馏水、3mL 醋酸乙烯酯和 2.5mL 过硫酸钾水溶液。

2）反应

开动搅拌器,逐渐加热至 75℃并保持恒温。反应约 20～30min 后,选用滴液漏斗在 30min 内加入剩余的 9mL 醋酸乙烯酯和 7.5mL 过硫酸钾水溶液。保持反应温度到无回流时,逐步升温,以不产生大量泡沫为准,最后升到 90℃,继续反应到无回流为止。

3）后处理

冷却到 50℃后,若 pH<4,则滴加碳酸氢钠溶液,调至 pH 为 4～5 时,然后加入邻苯二甲酸二丁酯 1.5g,搅拌均匀、出料。观察乳液外观。

4）固含量的测定

取约 0.10g 乳液,均匀流布于已称重的蒸发皿底部,放在 120℃烘箱中烘至恒重,称重,计算固含量。

$$X\% = \frac{m_2 - m_0}{m_1} \times 100$$

式中:X 为固体含量;m_2 为烘干后蒸发皿和试样的质量(g);m_0 为蒸发皿的质量(g);m_1 为烘干前试样质量(g)。

[注意事项]

（1）制备聚乙烯醇溶液时,发现有块状物出现,一定要设法取出。

（2）按要求严格控制单体滴加速度,如果开始阶段滴加快,乳液中出现块状物,使实验失败。

（3）反应结束后,料液自然冷却,测固含量时,最好出料后马上称样,以防止静止后乳液沉淀。

（4）整个实验过程,机械搅拌不能停顿,否则聚醋酸乙烯酯会凝结成块团析出。

[思考题]

（1）比较乳液聚合、溶液聚合、悬浮聚合和本体聚合的特点及其优缺点。

（2）在乳液聚合过程中,乳化剂的作用是什么?

（3）乳化剂主要有哪些类型?乳化剂浓度对聚合反应速率有何影响?

（4）为什么 pH 值会下降?

实验 5.3.4　导电高分子聚苯胺的合成

[实验目的]

（1）掌握导电高分子聚苯胺的合成方法;

（2）掌握导电高分子聚苯胺的掺杂改性方法;

（3）了解四探针电导率测试仪、FT-IR 光谱仪的应用。

[实验原理]

19 世纪 70 年代以来,高分子聚合物以绝缘这一优点在工业中得到了广泛的应用。20 世纪 80 年代,科学技术的进步使导电高分子聚合物得到很大的发展,应用领域更加宽广。导电高分子聚合物是指聚合物主链结构具有导电功能的聚合物,一般是以电子高度离域的共轭聚合物经过适当电子受体(或供体)进行掺杂后而制得的,分为复合型、结构(本征)型、离子型三大类。前者是在绝缘性高分子聚合物中加入碳黑、细微金属粉或镀金属的氧化物等导电物质而获得导电性能。离子型是加入高氯酸锂等盐离子而导电,而结构型则依靠高聚物主链结构具有导电基因而赋予导电性,三者有根本的区别。

导电高分子的发展十分迅速,从 1977 年日本白川英树(H. Shirakawa, 1936—)发现掺杂聚乙炔(PA)呈现金属特性至今,相继发现的导电高分子有聚对苯(PPP)、聚吡咯(PPY)、聚噻吩(PTH)、聚苯胺(PANI)和聚亚苯基亚乙烯(PPV)。由于导电高分子具有特殊的结构和优异的物化性能,在电子、信息、国防工程及其新技术的开发和发展方面都具有重大的意义。其中,聚苯胺因具有原料易得、合成工艺简单、化学及环境稳定性好等特点而得到更加广泛的研究和开发,并在许多领域显示出广阔的应用前景。

聚苯胺作为一种重要的导电高分子,合成方法主要包括化学氧化聚合、电化学聚合等。这些方法各有特点,聚合时间长短不一。电化学方法适宜小批量合成特种性能聚苯胺,用于科学研究;化学方法适宜大批量合成聚苯胺,易于工业化生产。经典的化学法聚合一般是在酸性水溶液中使苯胺氧化聚合,氧化剂主要有 $(NH_4)_2S_2O_8$、$K_2Cr_2O_7$、H_2O_2、$FeCl_3$ 等。S. Armers 等对苯胺的聚合条件进行了研究,认为 $(NH_4)_2S_2O_8$ 是最理想的氧化剂,且控制苯胺单体与氧化剂物质的量比为 1:1 时,可获得高产率、高相对分子量和高电导率的聚苯胺。目前,大多数研究都采用与苯胺等物质量的 $(NH_4)_2S_2O_8$ 做氧化剂。

本实验采用直接化学氧化聚合法,以过硫酸铵作为氧化剂,通过改变掺杂酸的种类、氧化剂用量、反应温度以及反应时间来确定最佳的反应条件,使产物兼具良好的电导率和溶解性,且产率相对较高,并采用红外光谱等表征掺杂聚苯胺。

[实验条件]

实验仪器:三口烧瓶、磁力加热搅拌器、低温恒温反应浴、压片机、数字式四探针电导率测试仪、FT-IR 光谱仪等。

实验试剂:苯胺、过硫酸铵、盐酸、十二烷基苯磺酸、十二烷基苯磺酸钠、二甲基亚砜、N, N-二甲基甲酰胺。

[实验过程]

1)聚苯胺的合成

聚苯胺的合成在配有搅拌器的三口瓶中进行。首先在室温下,取 4.6mL 苯胺,加入 50mL 的盐酸(2.0mol/L)配成溶液,放入三口瓶中,取 11.4g 过硫酸铵(APS)溶于 25mL 蒸馏水中配制成过硫酸铵溶液,机械搅拌下在冰水浴条件下滴加到上述苯胺的盐酸溶液中,约 25min 滴加完毕,继续反应 1h。反应完毕后抽滤,用稀盐酸洗涤至无色以除去未反应的有机物和低聚物。再用去离子水冲洗至滤液 pH 值为 6。置于 80℃烘箱中干燥 24h 后,研磨成粉末状,得到未掺杂态的导电聚苯胺。

2)盐酸掺杂聚苯胺的合成

取 20g 苯胺溶液加入至 20mL 浓度为 0.5mol/L 的盐酸溶液中,放入三口瓶中,将转子固定在磁力搅拌器上。取 APS 约 24.47g,将其加入到 40mL 浓度为 1mol/L 的盐酸溶液中,搅拌均匀,全部溶解后倒入滴定瓶,将滴定瓶固定在搅拌器的架子上。调节滴定速度(1 滴/(2~3)s)使 APS 溶液在 1h 内滴定完毕。反应完后抽滤(真空抽滤机抽滤直到滤液基本无色)、干燥(恒温烘箱 80℃烘干 24 h)、称重后研磨成粉状,即得盐酸掺杂的导电聚苯胺。

3) 十二烷基苯磺酸钠-盐酸掺杂聚苯胺的合成

取 20g 苯胺溶液加入至 20mL 浓度为 0.5mol/L 的盐酸溶液中,放入三口瓶中,将转子固定在磁力搅拌器上。取十二烷基苯磺酸钠(LAS)约 2.0g,1mol/L 的盐酸 5.74mL,将 LAS 溶于盐酸后加入到三口瓶中。取 APS 约 24.47g,将其加入到 40mL 浓度为 1mol/L 的盐酸溶液中,搅拌均匀,全部溶解后倒入滴定瓶,将滴定瓶固定在搅拌器的架子上。调节滴定速度(1 滴/(2~3)s),使 APS 溶液在 1h 内滴定完毕。反应完后抽滤(真空抽滤机抽滤直到滤液基本无色)、干燥(恒温烘箱 80℃烘干 24h)、称重后研磨成粉状,即得 LAS-盐酸掺杂的导电聚苯胺。

4) 十二烷基苯磺酸掺杂聚苯胺的合成

取 20g 苯胺溶液加入至 20mL 浓度为 0.5mol/L 的盐酸溶液中,放入三口瓶中,将转子固定在磁力搅拌器上。取十二烷基苯磺酸(DBSA)约 2.0g,1mol/L 的盐酸 5.74mL,将 DBSA 溶于盐酸后加入到三口瓶中。取 APS 约 24.47g,将其加入到 40mL 浓度为 1mol/L 的盐酸溶液中,搅拌均匀,全部溶解后倒入滴定瓶,将滴定瓶固定在搅拌器的架子上。调节滴定速度(1 滴/(2~3)s)使 APS 溶液在 1h 内滴定完毕。反应完后抽滤(真空抽滤机抽滤直到滤液基本无色)、干燥(恒温烘箱 80℃烘干 24h)、称重后研磨成粉状,即得 DBSA 掺杂的导电聚苯胺。

5) 分析测试

采用数字式四探针电导率测试仪对干燥的聚苯胺粉末压片进行电导率的测量;采用 FT-IR 光谱仪对掺杂态聚苯胺进行测定。

[注意事项]

(1) 苯胺有毒,能经皮肤被吸收,使用时需小心。

(2) 反应温度不同,所得产物的性能也会随之改变。由于聚苯胺的聚合反应为放热反应,低温更有利于反应的进行,所以随着反应温度的升高,所得产物的产率有所下降,在 10℃时产率及电导率都较高。

[思考题]

(1) 导电高分子的导电机理同金属导电机理是否相同?为什么?

(2) 导电高分子与金属相比较其优势表现在哪些方面?其不足又表现在哪些方面?

(3) 课外完成聚苯胺粉末电导率和红外谱图的测定,并进行分析。

实验 5.3.5 导电聚合物 PPV 衍生物的合成

[实验目的]

(1) 以导电聚合物 PPV 的合成及表征为代表,掌握高分子聚合物的合成;

(2) 学习高分子产物的分析表征方法(FT-IR、DSC、核磁共振等)。

[基本原理]

1987 年,英国剑桥大学伯勒斯(J. H. Burroughes,1960—)等发现聚亚苯基亚乙烯

(Polyphenylene Vinylene, PPV) 及其衍生物既是导电高分子材料,也是一种性能优良的电致发光材料。他们用该材料装配的发光二极管(Light Emitting Diode, LED) 在直流电压驱动下发黄绿色光。随后,人们利用可溶性共轭聚合物作为发光层,简化了 LED 制作工艺,提高了发光效率。

PPV 及其衍生物是具有一维结构的链状共轭聚合物,具有与可见光能量相当的带隙能,其数值取决于分子结构,如共轭链长度、取代基类型等,是决定物质颜色的重要因素。PPV 衍生物同其他大分子聚合物一样,玻璃化温度高,不易结晶,可溶性 PPV 衍生物又具有优良的机械性能,可用于大面积、多色显示。

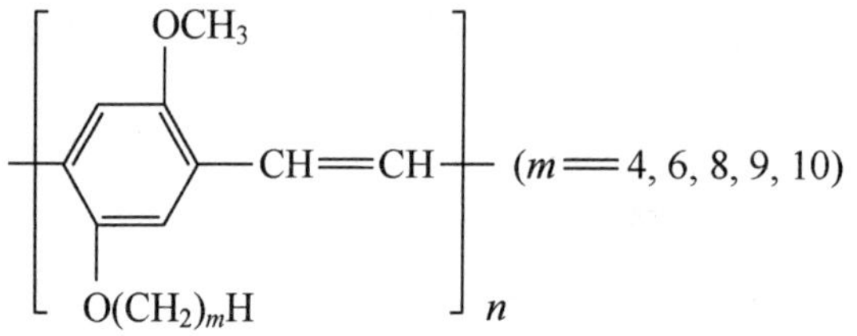

关于共轭聚合物 PPV 衍生物的合成,通常方法合成的 PPV 衍生物往往不溶不熔,加工性能差,从而限制其应用。因此,合成可溶性 PPV 衍生物,探讨提高 PPV 衍生物溶解性的途径以及研究提高可溶性 PPV 衍生物产率的方法,将加快 PPV 衍生物在电致发光设备中的应用。

共轭聚合物 PPV 衍生物的合成方法包括:脱氯化氢法、预聚合物法、wittig 反应法等。其中,脱氯化氢法合成 PPV 及其衍生物的优势在于步骤简便、产率高,但需要对苯环进行修饰,才能得到可溶性 PPV 衍生物。

本实验采用脱氯化氢法合成 PPV 及其衍生物,具体原理如下:

(1) 对甲氧基烷氧基苯的合成:

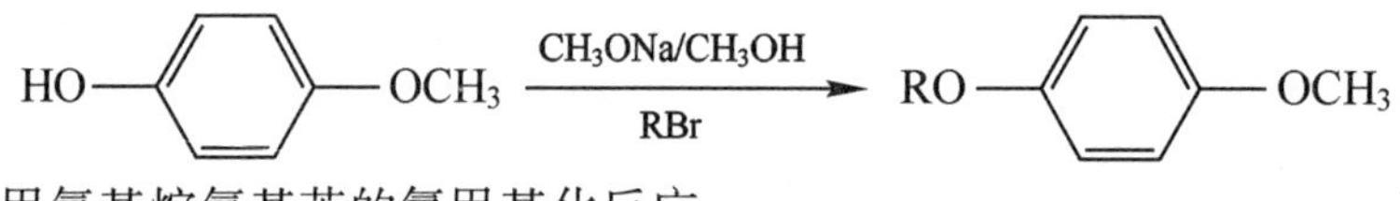

(2) 对甲氧基烷氧基苯的氯甲基化反应:

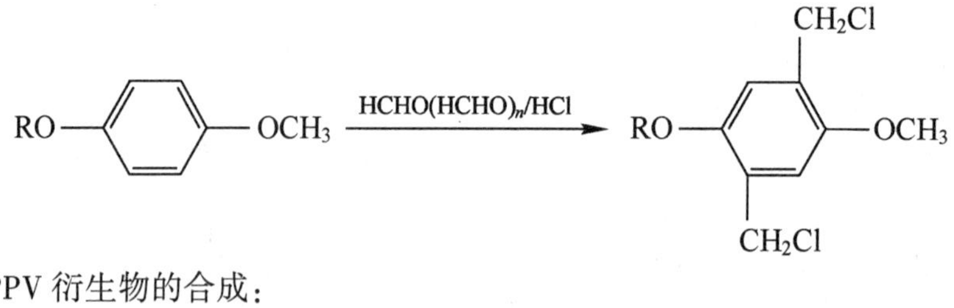

(3) PPV 衍生物的合成:

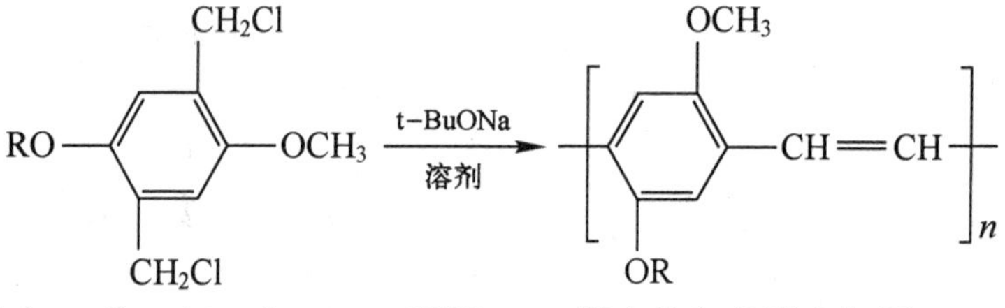

在本实验中,R 为—$(CH_2)_3CH_3$。所得 PPV 衍生物各种形态如图 5-9 所示。

(a) PPV 衍生物   (b) PPV 在 HCCl₃中

(c) PPV 溶液   (d) 玻璃表面的 PPV 膜

图 5-9　PPV 衍生物的各种形态

[实验条件]

实验仪器：三口烧瓶、水浴装置、电动搅拌器、温度计、减压蒸馏装置。

实验试剂：金属钠、甲醇、对苯二酚、溴代正丁烷、氢氧化钠、乙醇、二氧六环、H(CHO)$_n$、甲醛、浓盐酸、金属钾、叔丁醇、二甲亚砜、PH 试纸。

[实验过程]

1）对甲氧基烷氧基苯的合成（MOAOB）

将 6g 金属钠切成小块，分批次加入到 70~80mL 的甲醇溶液中，配制甲醇钠的甲醇溶液（注意安全，加入过程中会有氢气产生，并剧烈放热）。

待甲醇钠的甲醇溶液冷却后，将 0.1mol 对苯二酚与其混合，冷却后再慢慢加入 0.2mol 的 RBr，利用加热回流装置加热回流 4~7h（加热温度为 70~80℃，开始为糊糊状，不需搅拌，随着反应的进行转变为液态）。

反应完毕，将回流装置改为减压蒸馏装置，减压蒸去甲醇（蒸馏温度为 60℃左右），残液用 10%的 NaOH 溶液洗涤，再用蒸馏水洗至中性。

所得产物用乙醇重结晶，干燥（注意不超过 50℃），称重，计算产率，备用。

2）1，4-双氯甲基-2，5-烷氧基苯的合成（BCMMAOB）

准确称取第一步产物（MOAOB）3.8g 于烧杯中，用量筒量取 80mL 二氧六环加入烧杯中，充分搅拌将其溶解。

将上述溶液加入到三口烧瓶中，常温下依次加入 5g H(CHO)$_n$、6mL HCHO，搭建带搅拌的反应回流装置，在三口烧瓶中小心加入 100mL 浓盐酸，直接加热回流搅拌 5h（加热温度为 60~70℃）。

反应完毕后，冷却，三口烧瓶中有固体产物生成，减压抽滤、并用水洗涤 2~3 次，再用乙醇重结晶，干燥（注意不超过 50℃），称重，计算产率，备用。

3）PPV 衍生物的合成

用量筒量取 200mL 叔丁醇置于烧杯中,取金属钾切成小块,加入叔丁醇溶液中,在烧杯中反应,得到 t-BuOK 溶液。

准确称取第二步产物(BCMMAOB)2.9g 溶于二甲亚砜中,将溶液置于带磁力搅拌的反应回流装置中,慢慢逐滴加入 t-BuOK 溶液,滴加过程中不断用 pH 试纸测试,直到pH=12~14 为止。

继续搅拌回流反应 5~6h 后过滤,产物用水洗 3 次,干燥、称重、计算产率,保存待测试。

[注意事项]

（1）甲醇钠的甲醇溶液配制中,金属钠要切成小块,置于甲醇中反应产生气泡,出气口有白烟,反应放热,直至金属钠全部溶解。

（2）对甲氧基烷氧基苯的合成实验中,甲醇钠的甲醇溶液加入对苯二酚粉末后,溶液黏度变大,呈黄褐色。

（3）对甲氧基烷氧基苯的合成实验中,开始加热回流后,溶液颜色逐步加深,且黏度较上步降低,反应结束,溶液呈红褐色。碱洗过滤得白色鳞片状固体,重结晶后,得光泽度很好的银白色鳞片状固体。称重,约 9.5g。

（4）1,4-双氯甲基-2,5-烷氧基苯的合成实验中,加热回流时,冷凝管上口有白烟,溶液为淡黄绿色。洗涤干燥后,得白色固体 4.2g。

（5）PPV 衍生物的合成实验中,向溶液中逐滴加入叔丁醇钾,溶液变为橙红色,并出现橘红色沉淀。在 t-BuOK 溶液滴加过程中,控制好滴加速度,而且 pH 值很难达到 12。最后洗涤干燥后得橙红色粉末 3.1g。

（6）金属钠/钾的取用:金属钠/钾按规范切取洁净的小的钠/钾块。多余的废钠/钾屑要移入一个装有甲醇的小烧杯中,使之反应生成 H_2 和 $NaOCH_3$(或 $KOCH_3$),在钠/钾反应完全后才可将该甲醇溶液在流水中冲入下水道,不可将金属钠/钾残余丢弃在废物桶或水槽中,以免发生危险。

[思考题]

（1）导电高分子 PPV 衍生物合成的反应原理是什么?

（2）溶剂二甲亚砜的作用是什么?

（3）提交一篇关于导电聚合物研究的综述。

实验 5.3.6　酚系低黏度环氧树脂的合成

[实验目的]

（1）以双酚系环氧树脂的合成为代表,了解逐步聚合反应在聚合物合成中的应用及产物结构的控制方法;

（2）学习相转移催化剂作用原理及高分子合成中常用精制方法;

（3）学习高分子产物的分析表征方法(环氧值测试、FT-IR、DSC)。

[基本原理]

环氧树脂是指高分子链结构中含有两个或两个以上环氧基团,以脂肪族、脂环族或芳香族等有机化合物为骨架,并通过环氧基团反应作用形成的热固性产物的高分子低聚体的总称。其结构式如下：

$$H_2C-\overset{\overset{\displaystyle H}{|}}{C}-CH_2-\left[O-\text{苯环}-\overset{\overset{\displaystyle CH_3}{|}}{\underset{\underset{\displaystyle CH_3}{|}}{C}}-\text{苯环}-O-CH_2-\overset{\overset{\displaystyle }{|}}{C}-CH_2\right]_n$$
（OH）

$$-O-\text{苯环}-\overset{\overset{\displaystyle CH_3}{|}}{\underset{\underset{\displaystyle CH_3}{|}}{C}}-\text{苯环}-O-CH_2-\overset{\overset{\displaystyle H}{|}}{C}-CH_2$$

环氧树脂在性能上具有如下特点：力学性能高、黏结性能优异、固化收缩率小、工艺性好、电性能好、稳定性好。从应用方面考虑，环氧树脂具有极大的配方设计灵活性和多样性；不同的环氧树脂固化体系分别能在低温、中温或高温固化，对施工和制造工艺要求的适应性很强，广泛用于汽车、造船、航空、机械、化工、电子电气工业及大型水利工程和土木建筑工业等方面。

环氧树脂是热固性树脂中应用量较大的品种，可用作涂料、胶黏剂、电子电器材料、工程塑料等，每年应用量不断增加。环氧树脂技术开发向高性能化、高附加值发展，重视环境保护和生产的安全性。特殊结构环氧树脂和助剂产品向精细化、功能化、能在特殊环境下固化发展。高分子品种的发展已集中于采用化学或非化学合成的方法，通过共混等手段来制备环氧-橡胶，环氧-热塑性塑料，各种有机、无机的填充料复合物以及环氧树脂基无机纳米复合材料。

环氧树脂是由环氧氯丙烷和二酚基丙烷（双酚 A）在氢氧化钠作用下聚合而得，反应式如下：

$$(n+2)H_2C-CH-CH_2Cl + (n+1)HO-\text{苯环}-\overset{\overset{\displaystyle CH_3}{|}}{\underset{\underset{\displaystyle CH_3}{|}}{C}}-\text{苯环}-OH \xrightarrow{(n+2)NaOH}$$

$$H_2C-CH-CH_2\left[O-\text{苯环}-\overset{\overset{\displaystyle CH_3}{|}}{\underset{\underset{\displaystyle CH_3}{|}}{C}}-\text{苯环}-O-CH_2-CH-CH_2\right]_n$$

$$-O-\text{苯环}-\overset{\overset{\displaystyle CH_3}{|}}{\underset{\underset{\displaystyle CH_3}{|}}{C}}-\text{苯环}-O-H_2C-HC-CH_2$$

在合成环氧树脂时，环氧氯丙烷要过量，这样才能保证产物的两端都是环氧基，同时也能将分子量控制在一定范围内。当然，根据不同的原料配比，不同操作条件（如反应介质、温度和加料顺序），可制备不同软化点、不同分子量的环氧树脂。目前，生产上将双酚 A 型环氧树脂分为高相对分子质量、中等相对分子质量及低相对分子质量 3 种。

在环氧树脂结构中，包含羟基、醚基和极为活泼的环氧基团。羟基、醚基有高度的极性，使环氧分子与相邻界面产生较强的分子间作用力，环氧基团则与介质表面特别是金属表面的游离键起反应，形成化学键。因而，环氧树脂具有很高的黏合力，商业上称为万能胶。

但是，环氧树脂在未固化前呈热塑性的线性结构，使用时必须加入固化剂，固化剂与环氧树脂的环氧基等反应，形成网状结构的大分子，成为不溶不熔的热固性成品。不同的固化剂，其交联反应的机理不同。以乙二胺为例：

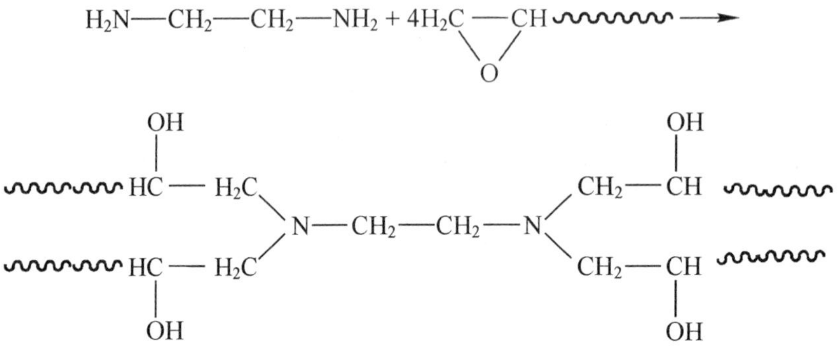
H2N—CH2—CH2—NH2 + 4H2C —CH
O
OH
HC — H2C
N—CH2—CH2—N
CH2—CH
HC — H2C
CH2—CH
OH

[实验条件]

实验仪器：三口烧瓶、水浴装置、电动搅拌器、温度计、减压蒸馏装置。

实验试剂：双酚 A、间苯二酚、环氧氯丙烷、四甲基氯化铵、磷酸二氢钠、浓盐酸、甲苯、氢氧化钠、甲基红、丙酮、乙醇。

[实验过程]

1）醚化反应和闭环反应

将 22g 双酚 A(0.1mol)、28g 环氧氯丙烷(0.3mol)加入 250mL 的三口烧瓶中，装上搅拌器、回流冷凝管及温度计，水浴加热到 75℃，搅拌使双酚 A 全部溶解，然后加入四甲基氯化铵作为相转移催化剂(0.45g)，升温至 85℃搅拌醚化反应 4h。水浴加热，每隔 1h 用滴管取样一次，测试环氧值。

反应完毕，向上述产物中分 9 次加入 NaOH，于 65℃进行闭环化反应(每 10min 加一次，加入总量为酚类单体摩尔数 1.8 倍(0.8 g/次)，加完后恒温 0.5h。

2）减压蒸馏和二次闭环反应

将实验 1 产物于 90～100℃减压蒸馏 4h，除去过量环氧氯丙烷。在蒸馏产物中加入 75g 甲苯，搅拌均匀后，用布氏漏斗将盐滤掉(甲苯洗涤两次)。

过滤后的溶液加 NaOH，加入量为酚类单体摩尔数 0.25 倍(1.0g)，然后在 80℃恒温 1h 反应。

3）产物提纯与表征

称取适量 NaH_2PO_4(2.5g)溶于蒸馏水中，加入二次闭环产物中，在分液漏斗中水洗 3～4次，100～110℃减压蒸馏 3h，得到产物。

运用 FT-IR、核磁共振等分析手段研究产物的组成和结构。

4）黏结实验(以铝合金片作黏结对象)

将铝片两块在处理液($K_2Cr_2O_7$ 10 份、浓硫酸 50 份、H_2O 34 份)中浸泡 10～15min，取

出后用清水洗干净,干燥。用干净的表面皿称取环氧树脂4g,加入乙二胺0.3g,用玻璃棒搅拌均匀,取少量涂于两块铝片端面,把两块铝片对准胶合面合拢,并用螺旋夹固定,放置固化,观察黏结效果。

环氧树脂合成实验流程图如图5-10所示。

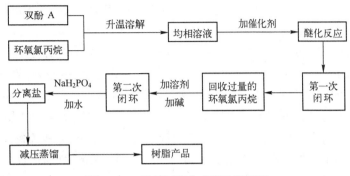

图5-10 环氧树脂合成实验流程图

[注意事项]

（1）环氧值:100g环氧树脂中环氧基的克数,环氧当量(E_W)是指1g当量环氧基的环氧树脂的质量克数,即$E_W = 100/E$。

（2）测试方法:盐酸-丙酮法。

（3）试剂:盐酸-丙酮溶液,用吸液管将密度为1.19g/L的1.6mL浓盐酸转入100mL的容量瓶中,以精制的丙酮稀释至刻度,配成0.2mol/L的盐酸-丙酮溶液;NaOH标准溶液(0.1mol/L);甲基红指示剂。

（4）测定方法:用移液管吸取环氧树脂试样0.5g左右,加入到已称重的250mL密闭锥形瓶中,精确称取样品重量,用移液管加入盐酸-丙酮20mL,加盖轻轻摇匀,使试样充分溶解,放在阴凉处静置1h,加入2滴甲基红指示剂,然后用0.1mol/L的NaOH标准溶液滴定,由红色至黄色,同时做一次平行实验,并做一次空白实验对比。

$$E = \frac{(V_1 - V_2)C_{NaOH}}{m} \times \frac{100}{1000}$$

式中:m为环氧树脂试样的克数;V_1为空白实验滴定所需要的NaOH的体积(mL);V_2为试样滴定所需要的NaOH体积(mL);C_{NaOH}为NaOH溶液浓度。

[思考题]

（1）闭环过程中为何分批次加入NaOH?

（2）醚化过程加入相转移催化剂的目的和作用原理是什么?

（3）如何对产物的结构进行分析表征?

（4）完成一篇关于低黏度双酚F环氧树脂研究进展的综述。

实验5.3.7 聚丙烯酸类超强吸水剂的制备

[实验目的]

（1）了解超强吸水剂的种类及其应用;

（2）通过超强吸水剂的制备学习酯化反应和自由基聚合反应;

（3）复习减压蒸馏和共沸蒸馏分水等基本操作；

（4）学习使用红外光谱方法表征产物结构。

[基本原理]

超强吸水剂与传统的吸水性材料不同。传统吸水性材料，如医药卫生中使用的脱脂棉、海绵、餐巾及作为吸湿干燥用的硅胶、氯化钙、石灰、活性炭等，吸水能力较小，只能吸收自身质量几倍至 20 倍的水，尤其保水能力更差，稍加压就失水。超强吸水剂是一种吸水能力特别强的物质，可吸收自身质量的几十倍乃至几千倍的水，即使加压也不脱水。

超强吸水剂的分子链上存在大量亲水基团（如羧基、羟基、酰胺基、氨基、羧酸盐等），当这些分子在交联剂的存在下进行适度交联即可能形成高吸水性高分子化合物。从结构上看，超强吸水剂是具有带亲水基团的低交联度的三维空间网络结构。超强吸水剂主要为功能高分子材料，不仅具有独特的吸水能力和保水能力，同时又具备高分子材料的许多优点，有良好的加工性和使用性能，被广泛用于医疗卫生、建筑、日用化妆品等方面。

超强吸水剂的种类繁多，按原料来源分为三大系列，即淀粉系、纤维素系、合成聚合物系（包括聚丙烯酸系、聚乙烯醇系、聚氧乙撑系等）。丙烯酸-聚乙二醇二丙烯酸酯共聚物属于合成聚合物系聚丙烯酸类吸水剂。制备此类吸水剂所使用的原料有单体、交联剂、引发剂以及碱、分散介质或溶剂。

本实验以丙烯酸、聚乙二醇为主要原料首先制备聚乙二醇二丙烯酸酯，然后以此作为交联剂与丙烯酸共聚制备聚丙烯酸类超强吸水剂。

1）聚乙二醇二丙烯酸酯的制备（交联剂）

本实验所采用的交联剂是聚乙二醇二丙烯酸酯，其制备原理实际上是酸催化下二元醇与羧酸的酯化反应。因为丙烯酸易聚合，所以要在反应体系中加入氢醌做阻聚剂，以对甲苯磺酸为催化剂，在氮气保护的条件下进行。

此外，酯化反应是一个平衡反应，为了使平衡向酯化完全方向移动，实验中采用苯作为共沸溶剂将产物中的水带出。

$$2CH_2{=\!\!=}CHCOOH + H{-\!\!(}OCH_2CH_2{-\!\!)_n}OH \longrightarrow CH_2{=\!\!=}CHC{-\!\!(}OCH_2CH_2{-\!\!)_n}O{-\!\!}CCH{=\!\!=}CH_2 + 2H_2O$$

2）丙烯酸-聚乙二醇二丙烯酸酯共聚物的合成（超强吸水剂）

聚丙烯酸类吸水剂的制备原理为自由基引发的链式聚合反应。丙烯酸-聚乙二醇二丙烯酸酯共聚物是由丙烯酸与聚乙二醇二丙烯酸酯共聚得到，如下所示：

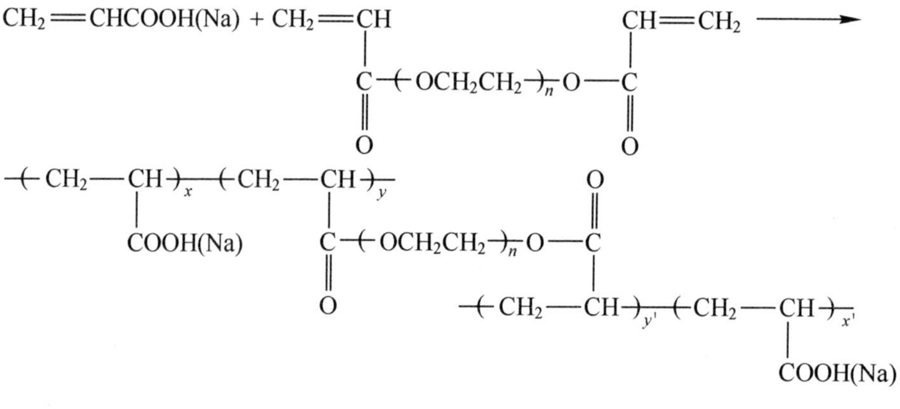

反应式中丙烯酸为主要成分,用碱中和,中和度为 60mol% ~ 90mol%;聚乙二醇二丙烯酸酯为共聚物一个组分,同时起交联剂作用,体系中也可加入少量三乙醇胺作为另一交联剂。本体系用水溶液法聚合,故可使用水溶性引发剂,如过硫酸盐、过氧化氢或它们与亚硫酸盐等组成氧化还原系引发剂。为提高共聚物分子量,聚合温度宜控制在 20~80℃。

3) 吸水剂性能测试

由于超强吸水剂应用范围广泛,且作为功能材料应用。因此,对其性能有各种各样的要求,主要是吸收能力、吸液速度、保液能力、黏性等方面,此外包括吸水剂的稳定性及根据实用要求所需具备的特殊性能。

超强吸水剂的基本用途是对水溶液进行吸收,吸收性能的大小是衡量是否为超强吸水剂的根本标志。本实验主要进行吸收能力测试,测定吸收去离子水的吸收倍率。吸收倍率是指 1g 吸收剂所吸收液体的量,单位为 g/g 或 mL/g。

$$Q = (m_2 - m_1)/m_1 \quad 或 \quad Q = V_2/m_1$$

式中:Q 为吸收倍率;m_1 为吸收剂的质量;m_2 为吸收后树脂的质量;V_2 为吸收液体体积。

[实验条件]

实验仪器:减压蒸馏装置、油泵、恒温水浴、电磁搅拌器、电热套、循环水式真空泵、旋转蒸发器、氮气源、玻璃仪器一套、分水器、注射器。

实验试剂:丙烯酸、聚乙二醇(分子量 400)、对甲苯磺酸、氯化铜、氢醌、苯、氯化钠、氢氧化钠、无水硫酸镁、过硫酸铵、亚硫酸氢钠。

[实验过程]

1) 交联剂(聚乙二醇二丙烯酸酯)的合成

按照要求搭建减压蒸馏的装置,将丙烯酸加入蒸馏烧瓶,用水浴加热,收集 36~38℃/4mmHg 的馏分。

在 100mL 三口瓶中分别装置氮气导入管、分水器、温度计,在分水器的上方依次装置冷凝管、氮气导出管及液封装置。瓶内加入 4.5g 对甲苯磺酸,32mg 氯化铜,99mg 氢醌,27.5g 聚乙二醇,12.8g 丙烯酸,34mL 苯;分水器中加适量苯;通 N_2 保护,磁力搅拌,用电热套加热,将体系温度控制在 83~88℃,反应至无水分出(约需 5h),结束反应,记录此时分出水的体积。

将反应液移至分液漏斗中,依次用 NaCl 溶液(20%)、(5% NaOH + 15% NaCl)混合溶液、NaCl 溶液(20%)各 50mL 洗涤 3 次,每次分去下层液体即水层。最后水层无色且为中性,将上层液体(有机层)倒入干燥锥形瓶中,加入 4g 无水 $MgSO_4$ 干燥 12h。滤去 $MgSO_4$,用旋转蒸发仪蒸馏除去溶剂苯,得到交联剂,称量,计算产率,备用。

2) 超强吸水剂的制备

在 100mL 三口瓶中分别装置氮气导入管、Y 形管、温度计,在 Y 形管一个口的上方依次装置氮气导出管及液封装置。

在一小烧杯中加入 10g 丙烯酸、30g 水,混合均匀,然后缓慢加入 12~17mL 氢氧化钠溶液(最好用冰水浴冷却),再次混匀。

将上述混合溶液加入已装置好的三口瓶内,加入一定量的聚乙二醇二丙烯酸酯,磁力搅拌,通氮气 30min 后,再用注射器加入一定量的 $(NH_4)_2S_2O_8$ 溶液(1%)和 $NaHSO_3$ 溶液(1%),继续在室温下搅拌,使整个体系混合均匀。然后用水浴加热,在 40min 内使体系温度上升至70℃,停止搅拌,静置反应。当体系黏度明显增大时,停止通氮气,密闭反应体系,继续在70℃反应至凝胶生成,再升温至80℃反应1h,得到透明凝胶状聚合体。

取出生成的透明含水聚合体,剪切成细片,在160℃干燥1~2h至恒重,经粉碎,可得粉末状的吸水剂,备用。

3）吸水剂性能测试

准确称取一定量(约0.5g)干燥的吸水剂,置于500mL去离子水中,待溶胀至吸水饱和后,将剩余水滤去,再称吸水后吸水剂的重量。准确计算吸水剂的吸水倍率,标定其吸水性能。

[注意事项]

注意分水器的使用。

[思考题]

（1）超强吸水剂与一般吸水物质有何区别?

（2）超强吸水剂有何用途?

（3）中和度的大小、交联剂及引发剂的用量对反应产品的性能有何影响?

实验5.3.8 强酸型阳离子交换树脂的制备

[实验目的]

（1）掌握悬浮聚合制备颗粒均匀共聚物的方法;

（2）通过苯乙烯和二乙烯苯共聚物磺化反应,掌握制备功能高分子方法;

（3）掌握离子交换树脂体积交换量的测定方法。

[基本原理]

离子交换树脂是球型小颗粒,这样的形状使离子交换树脂的应用十分方便。采用悬浮聚合方法制备球状聚合物是制取离子交换树脂的重要实施方法。

悬浮聚合,又称珠状聚合,是指在分散剂存在下,利用强烈机械搅拌使液态单体以微小液滴状分散于悬浮介质中,在油溶性引发剂引发下进行的聚合反应。悬浮聚合中影响颗粒大小的因素有3个:分散介质(一般为水)、分散剂和搅拌速度。水量不够不足以把单体分散开,水量太多反应容器要增大,给生产和实验带来困难。一般水与单体比例在2~5。分散剂的最小用量虽然可能小到单体的0.005%左右,但一般常用量为单体的0.2%~1%。当水和分散剂的量选好后,只有通过搅拌才能把单体分开。搅拌速度是制备粒度均匀球状聚合物的重要因素。

离子交换树脂对颗粒度要求比较高,所以严格控制搅拌速度,制得颗粒度合格率比较高的树脂,是实验中需特别注意的问题。在聚合时,如果单体内加有致孔剂,得到的是乳白色不透明状大孔树脂,带有功能基后仍为带有一定颜色的不透明状。如果聚合过程中没有加入致孔剂,得到的是透明状树脂,带有功能基后仍为透明状。这种树脂又称为凝胶树脂,凝胶树脂只有在水中溶胀后才有交换能力。这时凝胶树脂内部渠道直径只有2~4μm,树脂干燥后,这种渠道消失,所以又称隐渠道。大孔树脂的内部渠道,直径可小至数微米,大至数百微米。树脂干燥后这种渠道仍然存在,所以又称真渠道。大孔树脂内部由于具有较大的渠道,溶液以及离子在其内部迁移扩散容易,所以交换速度快,工作效率高。

按功能基分类,离子交换树脂分为阳离子交换树脂和阴离子交换树脂。当把阳离子基团固定在树脂骨架上,可进行交换的部分为阳离子时,称为阳离子交换树脂,反之为阴离子交换树脂。不带功能基的大孔树脂,称为吸附树脂。阳离子交换树脂用酸处理后,得到的都是酸型,根据酸的强弱分为强酸型及弱酸型树脂。一般把磺酸型树脂称为强酸型,羧酸型树脂称为弱酸型,磷酸型树脂介于这两种树脂之间。离子交换树脂应用极为广泛,可用于水处理、原子能工业,化学工业、食品加工、分析检测、环境保护等领域。

本实验中制备凝胶型磺酸树脂的反应方程式如下:

(1) 聚合反应:

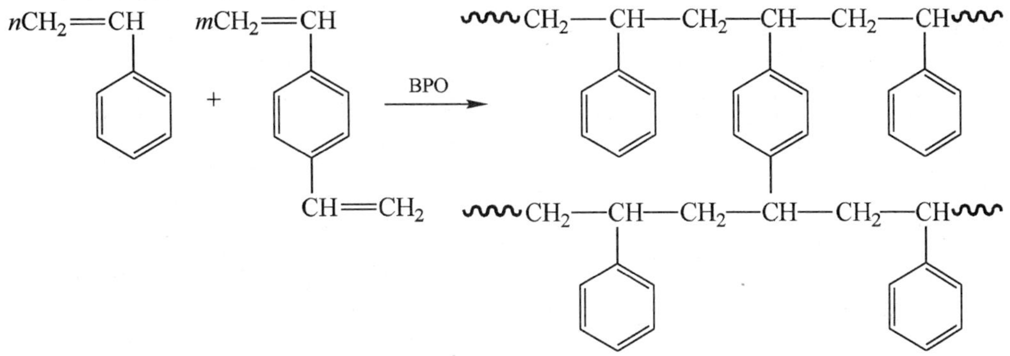

(2) 磺化反应:

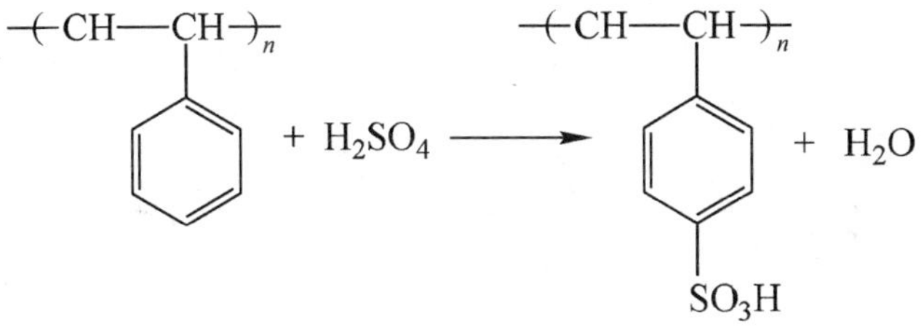

[实验条件]

实验仪器:三口烧瓶、球型冷凝管、直型冷凝管、交换柱、量筒、烧杯、搅拌器、水银导电表、继电器、电炉、水浴锅、标准筛(30~70目)。

实验试剂:苯乙烯、二乙烯苯、过氧化苯甲酰、聚乙烯醇(5%)水溶液、次甲基蓝水溶液(0.1%)、二氯乙烷、H_2SO_4(92%~93%),HCl(5%)、NaOH(5%)。

[实验过程]

1) 苯乙烯–二乙烯苯的悬浮共聚

在250mL三口瓶中加入100mL蒸馏水、聚乙烯醇水溶液(5%)5mL,数滴次甲基蓝溶液,调整搅拌片的位置,使搅拌片的上沿与液面平。

在小烧杯中溶解0.4g过氧化苯甲酰、40g苯乙烯和10g二乙烯苯,混合均匀。开动搅拌器并缓慢加热,升温至40℃后停止搅拌。将上述小烧杯中的混合物倒入三口瓶中。继续开动搅拌器,开始转速要慢,待单体全部分散后,用细玻璃管(不要用尖嘴玻璃管)吸出部分油珠放到表面皿上。观察油珠大小。如油珠偏大,可缓慢加速。过一段时间后继续检查油珠大小,如仍不合格,继续加速,如此调整油珠大小,一直到合格为止。

待油珠合格后,以1~2℃/min的速度升温至70℃,并保温1h,再升温到85~87℃反应1h。在此阶段避免调整搅拌速度和停止搅拌,以防止小球不均匀和发生黏结。当小球定型后升温到95℃,继续反应2h。

405

停止搅拌,在水浴上煮 2~3h,将小球倒入尼龙纱袋中,用热水洗小球 2 次,再用蒸馏水洗 2 次,将水甩干,把小球转移到瓷盘内,自然凉干或在 60℃烘箱中干燥 3h,称量。用 30~70 目标准筛过筛,称重,计算小球合格率。

2) 共聚小球的磺化

称取合格白球 20g,置于 250mL 装有搅拌器、回流冷凝管的三口烧瓶中,加入 20g 二氯乙烷,溶胀 10min,加入 100g 的 H_2SO_4(92.5%)。开动搅拌器,缓慢搅动,以防把树脂粘到瓶壁上。用油浴加热,1h 内升温至 70℃,反应 1h,再升温到 80℃反应 6h。然后改成蒸馏装置,搅拌下升温至 110℃,常压蒸出二氯乙烷,撤去油浴。

冷至近室温后,用玻璃砂芯漏斗抽滤,除去硫酸,然后把这些硫酸缓慢倒入能将其浓度降低 15%的水中,把树脂小心地倒入被冲稀的硫酸中,搅拌 20min。抽滤除去硫酸,将此硫酸的一半倒入能将其浓度降低 30%的水中,将树脂倒入被第二次冲稀的硫酸中,搅拌 15min。

抽滤除去硫酸,将硫酸的一半倒入能将其浓度降低 40%的水中,把树脂倒入被 3 次冲稀的硫酸中,搅拌 15min。抽滤除去硫酸,把树脂倒入 50mL 饱和食盐水中,逐渐加水稀释,并不断把水倾出,直至用自来水洗至中性。

取约 8mL 树脂于交换柱中,保留液面超过树脂约 0.5cm,树脂内不能有气泡。加 100mL 的 NaOH(5%)并逐滴流出,将树脂转为 Na 型。用蒸馏水洗至中性。加 100mL 盐酸(5%),将树脂转为 H 型。用蒸馏水洗至中性。反复 3 次。

3) 树脂性能的测试

质量交换量:单位质量的 H 型干树脂可以交换阳离子的摩尔数。

体积交换量:湿态单位体积的 H 型树脂交换阳离子的摩尔数。

膨胀系数:树脂在水中由 H 型(无多余酸)转为 Na 型(无多余碱)时体积的变化。

本实验测定体积交换量与膨胀系数两项。

取 5mL 处理好的 H 型树脂放入交换柱中,倒入 NaCl 溶液 300mL,用 500mL 锥形瓶接流出液,流速 1~2 滴/min。注意不要流干,最后用少量水冲洗交换柱。将流出液转移至 500mL 容量瓶中。锥形瓶用蒸馏水洗 3 次,也一并转移至容量瓶中,最后将容量瓶用蒸馏水稀释至刻度。然后分别取 50mL 液体于两个 300mL 锥形瓶中,用 0.1M 的 NaOH 标准溶液滴定。

空白实验:取 300mL 1M NaCl 溶液于 500mL 容量瓶中,加蒸馏水稀释至刻度,取样进行滴定。体积交换容量 E 用下式计算:

$$E = \frac{M(V_1 + V_2)}{V}$$

式中:E 为体积交换容量,mol/mL;M 为 NaOH 标准溶液的浓度,mol/L;V_1 为样品滴定消耗的 NaOH 标准溶液的体积,mL;V_1 为空白滴定消耗的 NaOH 标准溶液的体积,mL;V 为树脂的体积,mL。

用小量筒取 5mL 的 H 型树脂,在交换柱中转为 Na 型并洗至中性,用量筒测其体积。膨胀系数 P 按下式计算:

$$P, \% = \frac{V_H - V_{Na}}{V_H} \times 100$$

式中:P 为膨胀系数,%;V_H 为 H 型树脂体积,mL;V_{Na} 为 Na 型树脂体积,mL。或者在交换柱中测 H 型树脂的高度,转型后再测其高度,则

$$P,\% = \frac{L_H - L_{Na}}{L_H} \times 100$$

式中:L_H 为 H 型树脂的高度,cm;L_{Na} 为 Na 型树脂的高度,cm。

[注意事项]

(1) 致孔剂就是能与弹体混溶,但不溶于水,对聚合物能溶胀或沉淀,但其本身不参加聚合也不对聚合产生链转移反应的溶剂。

(2) 次甲基蓝为水溶性阻聚剂。它的作用是防止体系内发生乳液聚合,如水相内出现乳液聚合,将影响产品外观。

(3) 磺化后期硫酸稀释时滴加速度需缓慢,控制温度35℃以下,防止裂球。

(4) 由于是强酸,操作中要防止酸溅出。可准备一空烧杯,把树脂倒入烧杯内,再把硫酸倒进盛树脂的烧杯中,以防止酸溅出。

[思考题]

(1) 计算本实验所制备白球的交联度。

(2) 欲使制备的白球合格率高,实验中应注意哪些事项?

(3) 磺化的后期处理过程中,为什么需逐渐稀释硫酸以及滴加水的速度不宜过快,且控制温度小于35℃?

实验 5.3.9　环保型脲醛树脂的合成

[实验目的]

(1) 理解加成缩聚的反应机理;

(2) 掌握环保型脲醛树脂的合成方法和胶合试验;

(3) 掌握木材胶黏剂用树脂胶合强度的测定方法。

[基本原理]

随着木材加工行业的迅速发展,人们对木材工业用胶黏剂的需求量也大大增加。脲醛树脂胶黏剂(UF)、酚醛树脂胶黏剂(PF)、密胺树脂胶黏剂(MF)以原料充足、价格低廉等优点而被广泛运用于木材加工行业中。

脲醛树脂具有胶合强度高、固化快、操作性好等特点,是用量最大的一种胶黏剂,约占80%以上。但脲醛树脂胶黏剂的突出缺点是游离甲醛含量高,在加工中释放出刺激性有毒气体,危害健康、污染环境。因此,研究环保型脲醛树脂的合成及木材胶合试验有很重要的现实意义。

实验中可通过降低甲醛和尿素的摩尔比(F/U)、尿素分批加料,并添加三聚氰氨改性剂来降低脲醛树脂甲醛释放量。脲醛树脂是由尿素与甲醛经加成聚合反应制得的热固性树脂,主要分两个阶段:第一阶段羟甲基脲生成,为加成反应阶段;第二阶段树脂化,为缩聚反应阶段。具体反应如下:

(1) 加成反应阶段:

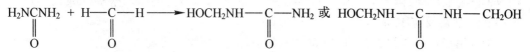

（2）缩聚反应阶段：

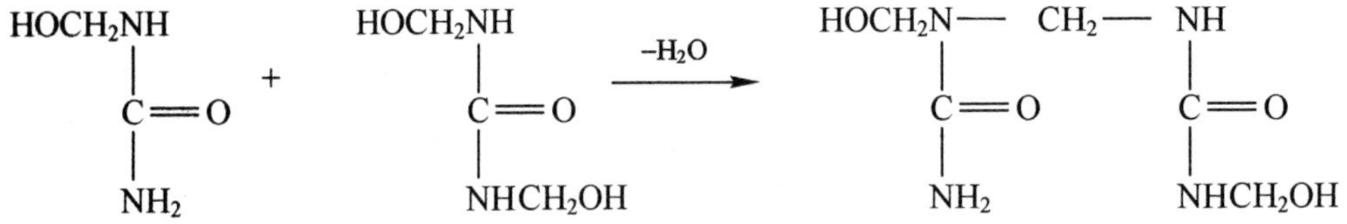

$$HOCH_2NH-C(=O)-NH_2 + HOCH_2NH-C(=O)-NHCH_2OH \xrightarrow{-H_2O} HOCH_2N(-C(=O)-NH_2)-CH_2-NH(-C(=O)-NHCH_2OH)$$

当然，也可以在羟甲基与羟甲基间脱水缩合：

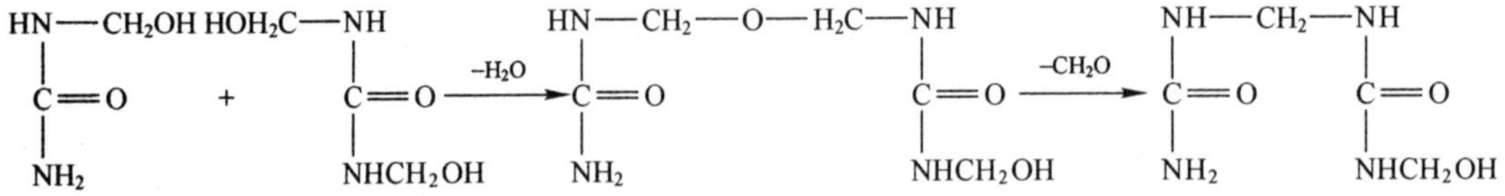

$$HN(-C(=O)-NH_2)-CH_2OH + HOH_2C-N(-C(=O)-NHCH_2OH)H \xrightarrow{-H_2O} \cdots \xrightarrow{-CH_2O} \cdots$$

当进一步加热，或者在固化剂作用下，羟甲基与氨基进一步缩合交联成复杂的网状体型结构。

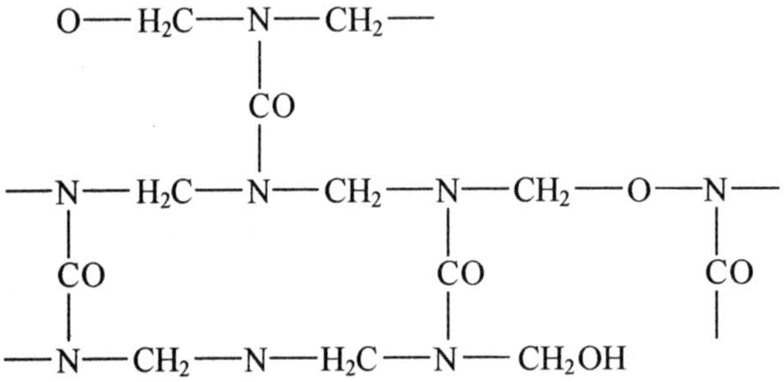

本实验利用三聚氰胺改性剂来降低脲醛树脂甲醛释放量。三聚氰胺与甲醛在碱性条件下可得到羟甲基三聚氰胺。不同的羟甲基三聚氰胺之间互相发生缩合反应生成亚甲基桥键和亚甲基醚键，降低树脂在热固化及水解时放出的甲醛量。同时由于引入多官能度的三聚氰胺分子，提高了树脂的交联程度。

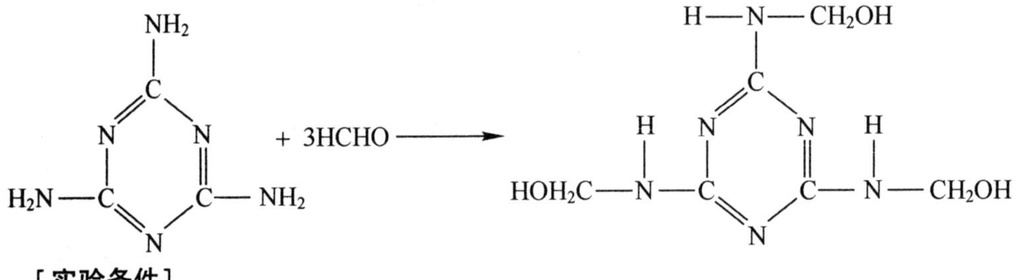

三聚氰胺 $+ 3HCHO \longrightarrow$ 羟甲基三聚氰胺

[实验条件]

实验仪器：电动搅拌器、水浴锅、三口烧瓶（250mL）、球形冷凝器、温度计、胶合板、游标卡尺、电子万能试验机、平板硫化机等。

实验试剂：甲醛、尿素、氢氧化钠溶液、甲酸溶液、三聚氰胺、NH_4Cl 等。

[实验过程]

1）脲醛树脂的合成

在 250mL 三口烧瓶上分别安装搅拌器、温度计、球形冷凝器；用 50mL 量筒量取甲醛水溶液 37mL，加入三口烧瓶中，开动搅拌器同时用水浴缓慢加热，开始升温至 45～50℃，用 NaOH 溶液（5%）调节 pH 值至 7.5～8.0（不能超过 8.0），再加入尿素（20g），升温至 85～90℃，然后反应 40min。

加入第二批尿素约 2.5g，反应 30min，然后用甲酸溶液（可配成 5% 浓度）调节 pH 值到 4.5~5.0,继续反应,此后不间断地用胶头滴管吸取少量脲醛胶液滴入冷水中,观察胶液在冷水中是否出现雾化现象。当雾状沉下形成细颗粒,用 NaOH 溶液(5%)调节 pH 值至 7.5~8.0,加入第三批尿素(2.5g),降温至 65℃,再加入三聚氰胺 0.25g,继续反应大约 30min。

迅速冷却至 35~40℃(脲醛树脂在碱性条件下可发生水解,温度越高,水解越严重,故在反应结束后要迅速降温至 40℃以下),用 NaOH 溶液(5%)调 pH 值至 6.5~7.5,即可出料,得到脲醛树脂。

2) 试样的制备

在小烧杯内称取 100g 树脂试样(精确到 0.1g),加入 1g 氯化铵(精确到 0.1g),搅拌均匀,在试材胶合面分别涂胶,涂胶量为 250g/m²(单面)。然后将两片试材平行顺纹对合在一起,陈放 30min,再在平板硫化机上进行热压,热压压力(1.0±0.1)MPa,温度为 110℃,时间为 5min。胶合后的试材按图 5-11 所示的规格锯切成试件。

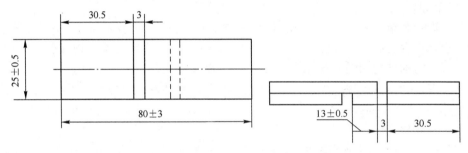

图 5-11　试件规格示意图

3) 胶合强度的测定

用游标卡尺测量试件胶接面的宽度与长度。

将试件夹在带有活动夹头的拉力试验机上,试件的放置应使其纵轴与试验机活动夹头的轴线一致,并保持试件上下夹持部位与胶接部位距离相等。实验以 5880N/m 的速度均匀加荷直至破坏。读取最大破坏荷重,读数应精确至 5N。

胶合强度按下式计算,测定胶合强度的试件不应少于 3 个,取其平均值。

$$\sigma = \frac{P}{a \cdot b}$$

式中:σ 为胶合强度,N/mm²;P 为试件破坏时最大荷重,N;a 为试件胶接面长度,mm;b 为试件的宽度,mm。

[注意事项]

(1) 实验前确保玻璃仪器干净整洁。

(2) 调节 pH 值时一定要慢,不宜过酸过碱,特别是在酸性阶段,过酸会发生暴聚,生成不溶性物质。

(3) 注意温度控制,缩聚阶段反应放热,温度太高,反应过程不易控制,易出现凝胶现象;温度太低,反应时间加长,影响树脂的聚合度。

[思考题]

(1) 如何判断脲醛树脂合成反应的终点?

（2）使用脲醛树脂胶接时，为什么要加固化剂？常用的固化剂有哪些？加入固化剂的量为什么要适当？

（3）在脲醛树脂的合成过程中，缩合阶段有时会发生黏度骤增，以致出现冻胶现象，这是什么原因？如何补救？如何预防？

（4）为什么脲醛树脂具有黏结木、竹的能力？

（5）为什么加入三聚氰胺可降低脲醛树脂胶中游离甲醛的含量？

实验 5.3.10　四氢呋喃阳离子开环聚合

[实验目的]

（1）通过四氢呋喃阳离子开环聚合，掌握阳离子开环聚合反应的机理；

（2）制备低相对分子质量的聚四氢呋喃，其可作为聚醚型聚氨酯的原料和环氧树酯的改性剂。

[基本原理]

开环聚合是指具有环状结构的单体经引发聚合，将环打开形成高分子化合物的一类聚合反应。聚合前后，化学键的数量和性质没有发生变化，生成的聚合物的重复单元与环状单体开裂时的结构相同。开环聚合条件温和，副反应少。

开环聚合的反应机理较为复杂，大多数环状单体开环聚合机理与离子聚合机理类似，根据单体种类、引发剂种类以及增长活性中心电荷的不同，分为阴离子开环聚合、阳离子开环聚合及配位聚合。

四氢呋喃为五元环的环醚类化合物，其环上氧原子具有未共用电子对，为亲电中心，可与亲电试剂如 Lewis 酸、含氢酸（如硫酸、高氯酸、醋酸等）发生反应进行阳离子开环聚合。但四氢呋喃为五元环单体，环张力较小，聚合活性较低，反应速率较慢，须在较强的含氢酸引发作用下，才能发生阳离子开环聚合。

研究表明，四氢呋喃在高氯酸引发（醋酸酐存在下）作用下，可合成相对分子质量为 1000~3000 的聚四氢呋喃。化学反应原理如下：

1）链引发反应

$$HA + \underset{CH_2-CH_2}{\overset{CH_2-CH_2}{O\!\!<}} \longrightarrow H-\overset{\oplus}{\underset{A^{\ominus}}{O}}\!\!<\!\!\underset{CH_2-CH_2}{\overset{CH_2-CH_2}{}}$$

$$H-\overset{\oplus}{\underset{A^{\ominus}}{O}}\!\!<\!\!\underset{CH_2-CH_2}{\overset{CH_2-CH_2}{}} + \underset{CH_2-CH_2}{\overset{CH_2-CH_2}{O\!\!<}} \longrightarrow HO(H_2C)_4-\overset{\oplus}{\underset{A^{\ominus}}{O}}\!\!<\!\!\underset{CH_2-CH_2}{\overset{CH_2-CH_2}{}}$$

2）链增长反应

$$HO(H_2C)_4-\overset{\oplus}{\underset{A^{\ominus}}{O}}\!\!<\!\!\underset{CH_2-CH_2}{\overset{CH_2-CH_2}{}} + n\underset{CH_2-CH_2}{\overset{CH_2-CH_2}{O\!\!<}} \longrightarrow H\!-\!\!\left[O(H_2C)_4\right]_{n+1}\!\!\overset{\oplus}{\underset{A^{\ominus}}{O}}\!\!<\!\!\underset{CH_2-CH_2}{\overset{CH_2-CH_2}{}}$$

3）链终止反应

$$H\!-\!\!\left[O(H_2C)_4\right]_{n+1}\!\!\overset{\oplus}{\underset{A^{\ominus}}{O}}\!\!<\!\!\underset{CH_2-CH_2}{\overset{CH_2-CH_2}{}} + H_2O \xrightarrow{NaOH} H\!-\!\!\left[O(H_2C)_4\right]_{n+2}\!\!OH + HA$$

$$HA+NaOH \longrightarrow NaA+H_2O$$

式中:HA 代表高氯酸 $HClO_4$。

由以上聚合反应过程可知主产物是聚四氢呋喃,副产物是高氯酸钠和醋酸钠。本实验原料用量比为醋酸酐:高氯酸:四氢呋喃:氢氧化钠 = 1:0.067:5.9:2.92(摩尔比)= 1.02:6.7:430:116.8(质量比)。

[实验条件]

实验仪器:四口烧瓶、滴液漏斗、蒸馏装置、回流冷凝管、电热套、低温温度计(-50~50℃)、温度计(0~100℃)、分液漏斗。

实验试剂:四氢呋喃、醋酸酐、高氯酸、氢氧化钠(40%)、甲苯。

[实验过程]

1)催化剂制备

在装有搅拌器、温度计(-50~+50℃)、滴液漏斗的 250mL 四口烧瓶中,加入醋酸酐 102g,冷却至-10±2℃,在低速搅拌下缓慢滴加高氯酸 6.7g,温度控制在 2±2℃,滴加完毕后搅拌 5~10min 即制成催化剂,放入冰箱中备用。

2)聚四氢呋喃的合成

在装有搅拌器、温度计(-50~+50℃)、滴液漏斗的 500mL 四口烧瓶中,加入四氢呋喃 430g,并冷却至-10±2℃,在搅拌下加入上述催化剂,温度控制在 2±2℃。加完催化剂后于 2±2℃温度下反应 2h(缓慢搅拌),再升温至 10±2℃反应 2h,再将体系冷却至 5±2℃,滴加 NaOH 水溶液(40%),使体系 pH 值控制在 6~8。

换上蒸馏装置,蒸出未反应的四氢呋喃,收集 65~67℃的馏份(回收)。再换上回流装置,继续加热,使体系温度保持在 116~120℃,强烈搅拌 4~5h,反应完毕。当物料温度降至 50℃以下时出料,将反应物料倒入 1000mL 大烧杯中。

3)聚合物后处理

在反应物料中加入 100~150mL 甲苯、100mL 蒸馏水,并用醋酸酐或氢氧化钠水溶液调整体系的 pH 值为 7~8。将上层物料倒入 1000mL 分液漏斗中,分去下面水层,用蒸馏水洗涤 4~5 次(每次约 50~100mL)至体系的 pH 值为 7。

再换上蒸馏装置蒸出甲苯-水,收集 110.6℃的馏份(回收),即得到端羟基聚四氢呋喃。将聚四氢呋喃至真空干燥箱中温度 50~60℃、压力 21.3kPa(160mmHg)下干燥脱水 3h,得到相对分子质量 2000~3000 的聚四氢呋喃。

[注意事项]

(1)体系的低温控制可采用熔融氯化钙-冰体系,或采用氯化钠-冰体系,根据温度要求二者按一定比例混合,冰块小些,氯化钠多些体系的温度较低。

(2)在滴加 NaOH(40%)时,需注意滴加速度,开始时需慢慢滴加,随着终止反应的进行,反应速度减慢,可以加快滴加速度,但注意不要使体系的温度超过 40℃,否则由于反应剧烈,物料有冲出的危险。

[思考题]

(1)阳离子聚合时,对单体和催化剂有什么要求?

(2)阳离子聚合时,为什么不能有水?为什么需要在低温下进行?

(3)比较阳离子聚合与阴离子聚合的特点。

5.4 有机化合物的合成

实验 5.4.1 8-羟基喹啉合铝(锌)的制备

[实验目的]

(1) 以 8-羟基喹啉合铝(或锌)合成为代表,掌握金属配合物的合成方法;

(2) 了解 8-羟基喹啉合铝的发光性能和应用;

(3) 学习产物的分析表征方法(FT-IR、核磁共振等)。

[基本原理]

有机发光二级管(OLED)也称为有机电致发光(OEL)。1987 年,Kodak 公司 C. W. Tang 等首次研制成功有机小分子发光二极管,掀起 OLED 的研究热潮,OLED 主要由阳极透明导电膜(ITO)、金属阴极和电极间的有机薄膜组成。为了提高器件的性能,有机薄膜一般包括发光层、载流子传输层、阻挡层等。当两电极间施加直流电压后,由阳极 ITO 注入的空穴和阴极注入的电子相向运动并在发光层中相遇形成激子,当电子与空穴复合时,复合能量以光子形式辐射出来,从而产生电致发光现象。

OLED 属于自主发光器件,发光波长可以在合成过程中进行化学调节,可制成平板显示器。与液晶显示器相比,OLED 显示器具有高对比度、广视角、响应速度快和启动电压低等优点,被视为未来最有竞争潜力的显示技术。目前,OLED 的研究方向主要集中在器件材料的制备、发光机理、制造工艺等方面。就 OLED 材料而言,主要是由电极材料、发光材料和载流子传输材料三大部分组成,其中发光材料是 OLED 器件的核心。

有机发光显示器件所用的发光材料种类繁多,选择余地大,且材料性能还可通过分子设计进行优化。性能优良的发光材料应具有以下基本要素:(1)较高的荧光量子效率。荧光光谱应主要分布在 400~700nm 的可见光区域内。(2)良好的热稳定性。不产生重结晶,不与传输层材料形成电荷转移络合物或聚集激发态。(3)优良的加工性和成膜性。能形成均匀、致密、无针孔的薄膜。

发光材料按其分子量大小,大致可以分为小分子(分子量为几百到几千)发光材料和聚合物(分子量为几万到几百万)发光材料。图 5-12 为有机电致发光电子器件。

图 5-12 有机电致发光电子器件

有机小分子发光材料又可分为化合物和金属络合物两类。有机小分子化合物结构中往往带有共轭杂环及各种生色团。目前性能比较好的小分子发光材料有 TAD、TAP、

TAZ、TPB、TPP、DPVBi 等。通过调节小分子化合物的化学结构,可以改变材料的发光波长。小分子化合物具有良好的成膜性、较高的载流子迁移率以及较好的热稳定性,但发光亮度不如金属络合物,且易发生重结晶,导致器件稳定性下降。所以,人们逐渐将注意力转向具有稳定结构的金属络合物。

金属络合物介于有机物与无机物之间,同时具有有机物的高荧光量子效率和无机物的高稳定性等优点,被认为是最有应用前景的一类发光材料,是目前该领域的研究重点。常用的金属离子有周期表中第 II 主族元素(如 Be、Zn)和第 III 主族元素(如 Al、Ga、In)以及稀土元素(如 Tb、Eu、Gd)等。

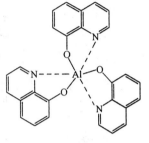

图 5-13　8-羟基喹啉
合铝分子结构

在众多有机小分子发光材料中,8-羟基喹啉金属络合物是目前研究较多的。其中,8-羟基喹啉(Alq₃)是小分子金属络合物的典型代表,也是目前用得最多的发光材料和电子传输材料,其结构如图 5-13 所示。Alq₃ 在热蒸发成膜的过程中具有较好的结构稳定性,容易合成与提纯,其分子结构还可以通过修饰以避免与载流子传输层形成激基复合物,是很好的绿色发光材料,几乎满足有机器件对材料提出的所有要求,是一种性能优良的电致发光绿光材料。

本实验以 $AlCl_3 \cdot 6H_2O$、$ZnSO_4$ 和 8-羟基喹啉为原料,分别在不同的条件下制备 8-羟基喹啉合铝和 8-羟基喹啉合或锌,并对其结构进行分析。

[实验条件]

实验仪器:烧杯、三口烧瓶、搅拌器、水浴装置、抽滤装置、量筒、锥形瓶、表面皿、玻璃棒等。

实验试剂:$AlCl_3 \cdot 6H_2O$、乙醇、8-羟基喹啉、氨水、$ZnSO_4$、甲醇、盐酸。

[实验过程]

1) 8-羟基喹啉合铝的合成

称取 8-羟基喹啉 15mmol,置于锥形瓶中,加入 40mL 无水乙醇(95%),并采用磁力搅拌,可适当加热至完全溶解;称取 5mmol 的 $AlCl_3 \cdot 6H_2O$ 加入到 10mL 的乙醇-水混合溶液(体积比=1:1)中溶解。

将 8-羟基喹啉的乙醇溶液加入到 $AlCl_3 \cdot 6H_2O$ 的乙醇-水的混合溶液中,控制反应温度在 60~70℃,充分搅拌 10min 后,缓慢将氨水滴加到该溶液中,调节其 pH 值在 7~8,沉淀逐渐析出。

搁置 30min 后,真空抽滤,滤饼用去离子水洗涤 2~3 次,60℃干燥,得到黄色粉末,计算产率。此时,8-羟基喹啉合铝的纯度为 80% 左右,若要进一步提纯,可采用真空升华法得到纯度为 95% 左右的黄色粉末晶体。

2) 8-羟基喹啉合锌的合成

将过量 $ZnSO_4$ 溶于去离子水,配制 $ZnSO_4$ 饱和溶液;配制 8-羟基喹啉的甲醇饱和溶液。

取 $ZnSO_4$ 饱和溶液 10mL 和 8-羟基喹啉的甲醇饱和溶液 20mL 在锥形瓶中充分混合,并采用磁力搅拌 10min,缓慢将盐酸滴加到该溶液中,调节其 pH 值在 4 左右,加热到 70℃,沉淀逐渐析出。

搁置 30min 后,真空抽滤,滤饼用去离子水洗涤 2~3 次,60℃ 干燥,得到黄色粉末,计算产率,并进行相关分析表征(如 FT-IR)。

[注意事项]

(1) 在 8-羟基喹啉合铝的合成中,pH 值对于产物的生成有较大的影响,pH 值过低会使产物溶解,因此应严格控制反应体系的 pH 值。

(2) 在 8-羟基喹啉合锌的合成中,可能有黑色的黏稠物产生,必须严格控制 pH 值(黑色的黏稠物将消失)。

(3) 产物分析表征课外自行完成,至少有红外图谱分析,列于实验报告中。

[思考题]

(1) 完成实验报告(按照规范的格式完成)。

(2) 提交一篇关于电致发光材料研究的综述(按照科技论文的格式完成)。

实验 5.4.2 酯缩合反应:乙酰乙酸乙酯的制备

[实验目的]

(1) 了解乙酰乙酸乙酯制备的原理和方法;

(2) 熟悉在酯缩合反应中金属钠的应用和操作;

(3) 复习液体干燥和减压蒸馏等基本操作。

[基本原理]

克莱森缩合反应(Claisen 缩合反应)是指两分子羧酸酯在强碱(如乙醇钠)催化下,失去一分子醇而缩合为一分子 β-羰基羧酸酯的反应。参与反应的两个酯分子不必相同,但其中一个必须在酰基的 α-碳上连有至少一个氢原子。克莱森缩合反应的核心步骤是一个亲核取代反应。

乙酰乙酸乙酯就是通过 Claisen 缩合反应制备的。乙酰乙酸乙酯(Ethyl acetoacetate),分子式为 $CH_3COCH_2COOC_2H_5$,简称三乙,即乙酰乙酸的乙醇酯,是有机化学中的常用试剂,有机合成中非常重要的原料。

乙酰乙酸乙酯的合成经过如下一系列平衡反应:

$$CH_3COOC_2H_5 + C_2H_5O^- \rightleftharpoons CH_2COOC_2H_5 + C_2H_5OH$$

$$\underset{O}{CH_3COC_2H_5} + {}^-CH_2COOC_2H_5 \rightleftharpoons \underset{O}{CH_3CCH_2COOC_2H_5} + OC_2H_5$$

乙酰乙酸乙酯分子中亚甲基上的氢非常活泼,能与醇钠作用生成稳定的钠化合物,所以反应向生成乙酰乙酸乙酯钠化合物的方向进行:

$$CH_3COCH_2COOC_2H_5 + NaOC_2H_5 \rightleftharpoons Na^+[CH_3COCHCOOC_2H_5]^- + C_2H_5OH$$

乙酰乙酸乙酯的钠化合物与醋酸作用即生成乙酰乙酸乙酯:

$$Na^+[CH_3COCHCOOC_2H_5]^- + CH_3COOH \rightleftharpoons CH_3COCH_2COOC_2H_5 + CH_3COONa$$

乙酰乙酸乙酯与其烯醇式是互变异构(或动态异构)现象的一个典型例子,它们是酮式和烯醇式平衡的混合物,在室温时含 92.5% 的酮式和 7.5% 的烯醇式。单个异构体具有不同的性质并能分离为纯态,但在微量酸碱催化下,迅速转化为二者的平衡混合物。

$$\underset{\text{酮式}92.5\%}{CH_3COCH_2COOC_2H_5} \rightleftharpoons \underset{\text{烯醇式}7.5\%}{CH_3C(OH)=CHCOOC_2H_5}$$

414

本实验的反应式如下：

$$CH_3COOC_2H_5 \xrightarrow{C_2H_5ONa} [CH_3COCHCOOC_2H_5]^- Na^+ \xrightarrow{H^+} CH_3CCH_2COOC_2H_5$$

[**实验条件**]

实验仪器：圆底烧瓶、冷凝管、干燥管、水浴装置、分液漏斗、蒸馏装置等。

实验试剂：金属钠、甲苯、氯化钙、乙酸乙酯、醋酸、氯化钠、无水硫酸钠、乙酰乙酸等。

[**实验过程**]

1）熔钠

在干燥的 100mL 圆底烧瓶中加入 10mL 甲苯和 1.30g 金属钠，装上回流冷凝管，在冷凝管的上口装一个氯化钙干燥管。

加热回流至钠熔融，待回流停止后，拆去冷凝管，用橡皮塞塞紧圆底烧瓶，按住塞子，用力振荡，制成钠粉（颗粒要尽可能小，否则要重新熔融后再重复上述操作）。静置，待钠粉沉于底部后，将甲苯倾倒到甲苯的回收瓶中（切记，不能把甲苯倒入水池中，以免有残余钠与水发生反应引起着火）。

2）加酯回流

迅速加入 14mL 已干燥过的乙酸乙酯，并重新装上冷凝管（上口加干燥管），此时即有反应发生，并有氢气泡逸出；如不反应或反应很慢时，可用热水浴加热，保持沸腾状态，直到所有金属钠作用完为止。

在反应过程中要不断振荡反应瓶。此时生成乙酰乙酸乙酯的钠盐为橘红色的透明溶液（有时析出黄白色沉淀）。

3）酸化

将反应物冷却，搅拌下小心加入约 8mL 醋酸（50%，由 4mL 冰醋酸和 4mL 水混合而成），直至呈微酸性（用 pH 试纸检验，pH=6）。为了减少乙酰乙酸乙酯在水中的溶解度，要避免加入过量的醋酸。

4）分液、干燥

将反应液移入分液漏斗，加入等体积经过过滤的饱和氯化钠溶液，用力振荡，静置，乙酰乙酸乙酯全部析出。分层后，用无水硫酸钠干燥。然后将其滤入蒸馏瓶中，并以少量的乙酰乙酸洗涤干燥剂。

5）蒸馏和减压蒸馏

先在沸水浴上进行蒸馏，收集未反应的乙酸乙酯。将剩余液体移入圆底烧瓶进行减压蒸馏，蒸馏时加热需缓慢，待低沸点液体全部蒸出后，再升高温度收集乙酰乙酸乙酯。

表 5-5 乙酰乙酸乙酯沸点与压力关系表

p/mmHg	760	80	60	40	30	20	18	15	12
b. p. /℃	180	100	97	92	88	82	78	73	71

[**注意事项**]

（1）本实验要求无水操作。金属钠遇水即燃烧爆炸，故使用时应严格防止钠接触水或皮肤。钠的称量和切片要快，以免氧化或被空气中的水气侵蚀。多余的钠片应及时放入装有二甲苯的瓶中。

（2）摇钠为本实验关键步骤，因为钠珠的大小决定反应的快慢。钠珠越细越好，应为小米状细粒。否则，应重新熔融再摇。摇钠时应用干抹布包住瓶颈，快速而有力地来回振摇，往往最初的数下有力振摇即达到要求。

（3）乙酰乙酸乙酯在常压蒸馏时很易分解，其分解产物为"失水乙酸"，这样会影响产率，故采用减压蒸馏法。其沸点与压力关系如表5-5所示。

（4）第一步中倒出的二甲苯要用干燥的锥形瓶接收，并倒入指定的回收瓶中，严禁倒入水槽，以免引起火灾，发生意外。

（5）乙酸乙酯要重蒸和干燥，含水和含醇量过高都会使产品收率显著降低。

[思考题]

（1）本实验中所用的缩合剂是什么？它与反应物的摩尔比如何？应以哪种原料为基础计算产率？

（2）Claisen 酯缩合反应中的催化剂是什么？实验为什么可用金属钠代替？

（3）什么是互变异构现象？如何用实验证明乙酰乙酸乙酯是两种互变异构体的平衡混合物？

实验 5.4.3　氯化反应：2，6-二氯-4-硝基苯胺的制备

[实验目的]

（1）掌握 2，6-二氯-4-硝基苯胺的制备方法；

（2）掌握氯化反应的机理和氯化条件的选择；

（3）了解 2，6-二氯-4-硝基苯胺的性质和用途，对比分析不同制备方法的特点。

[基本原理]

卤化反应是指将有机化合物中的氢或其他基团被卤素取代生成含卤有机化合物的反应。根据引入卤素不同，卤化反应可分为氯化、溴化、碘化和氟化。因为氯代衍生物的制备成本低，所以氯代反应在精细化工生产中应用广泛，碘化应用较少，氟的活泼性过高，通常以间接方法制得氟代衍生物。卤化反应在有机合成中占有重要的地位，通过卤化反应，可以制备多种含卤有机化合物。

常用的卤化试剂包括卤素（氯、溴、碘）、盐酸和氧化剂（空气中的氧、次氯酸钠、氯化钠等）、金属和非金属的氯化物（三氯化铁、五氯化磷等）。其中，硫酰二氯（SO_2Cl_2）是高活性氯化剂。此外，也可用光气、卤酰胺（RSO_2NHCl）等作为卤化剂。卤化反应有 3 种类型，即取代卤化、加成卤化、置换卤化。

2，6-二氯-4-硝基苯胺是一种黄色针状结晶，熔点为 192～194℃，难溶于水，微溶于乙醇，溶于热乙醇和乙醚，主要用于农用杀菌剂使用。由对硝基苯胺制备 2，6-二氯-4-硝基苯胺有多种合成方法，主要包括直接氯气法、氯酸钠氯化法、硫酰二氯法、次氯酸法和过氧化氢法等。

工业生产一般采用直接氯气法。其优点是原材料消耗低、氯吸收率高、产品收率高、盐酸可回收循环使用。直接氯气法的反应方程式如下：

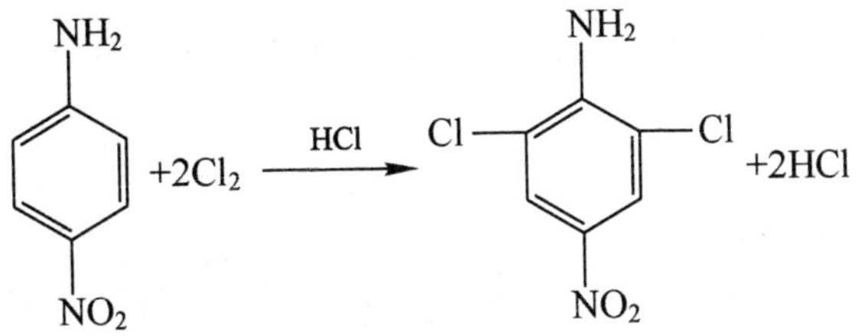

氯酸钠氯化法是由对硝基苯胺氯化、中和而得,反应方程式如下:

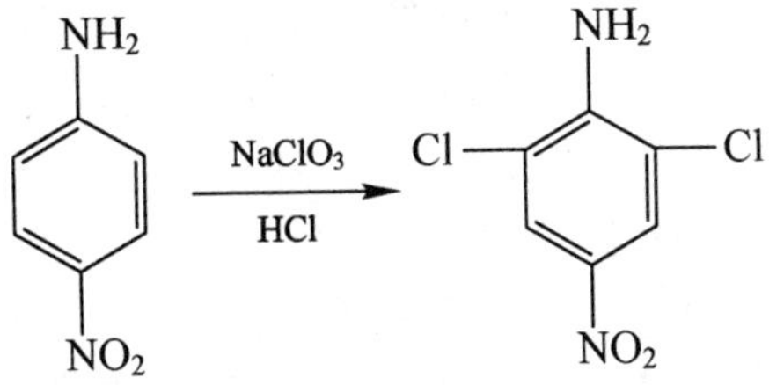

过氧化氢法是由对硝基苯胺在浓盐酸中与过氧化氢反应而得,反应如下:

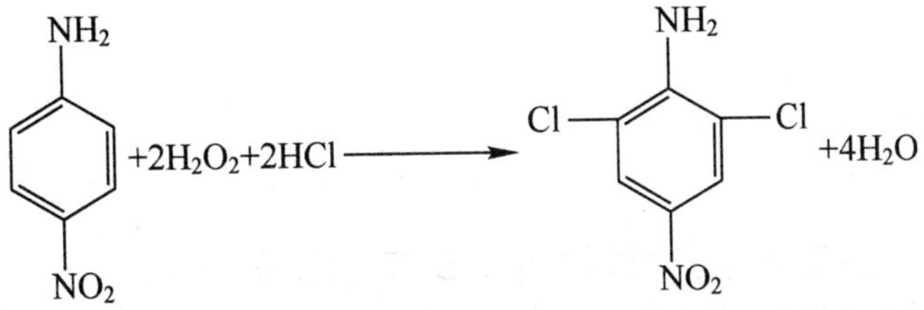

上述 3 种方法各有优缺点,本实验将采用氯酸钠氯化法、直接氯气法和过氧化氢法 3 种方法制备 2,6-二氯-4-硝基苯胺,并对 3 种方法进行比较。

[实验条件]

实验仪器:搅拌器、温度计、滴液漏斗、四口烧瓶、布氏漏斗、回流冷凝器、填充氢氧化钠的气体吸收柱的反应器。

实验试剂:对硝基苯胺、浓盐酸、氯酸钠、氢氧化钠、过氧化氢等。

[实验过程]

1) 氯酸钠氯化法制备 2,6-二氯-4-硝基苯胺

在装有搅拌器、温度计和滴液漏斗(预先检查滴液漏斗是否严密)的 250mL 四口烧瓶中,加入 5.5g(质量分数为 100%)对硝基苯胺,然后加入质量分数 36% 盐酸 100mL,搅拌下升温至 50℃ 左右,使物料全部溶解。待上述溶液慢慢冷却至 20℃ 左右,滴加预先配好的氯酸钠溶液(3g 氯酸钠加水 20mL),约在 1~1.5h 内加完,滴加完毕后 30℃ 下反应 1h。

将上述反应物用 50mL 去离子水稀释,倒入烧杯中,并用少量去离子水冲洗四口烧瓶,将物料全部转移到烧杯中,过滤。

滤液倒入废酸桶,滤饼以少量水打浆,并用水调整体积至 100mL 左右,用质量分数为 10% 的氢氧化钠中和至 pH 值在 7~8,过滤,干燥。产品称重,计算收率。测熔点。

2) 过氧化氢法制备 2,6-二氯-4-硝基苯胺

在装有搅拌器、温度计和滴液漏斗(预先检查滴液漏斗是否严密)的 250mL 四口瓶中,加入 13.8g 对硝基苯胺,再加入 50mL 水,搅拌下慢慢加入 45mL 浓盐酸,加热至 40℃,于搅拌下 1h 内滴加 23mL 质量分数 30% 过氧化氢,滴加过程中温度控制在 35~55℃,滴加完毕后在 40~50℃ 下继续反应 1.5h。

随着反应的进行,逐渐产生黄色沉淀。反应结束后,过滤,水洗,烘干,称重,计算收率,测熔点。

3) 直接氯气法制备2,6-二氯-4-硝基苯胺

向带有回流冷凝器和填充氢氧化钠的气体吸收柱的反应器中加入对硝基苯胺138g (1mol)和4.5mol/L的盐酸水溶液1L。悬浮液在搅拌下加热至105℃左右。在该温度下通氯气,约15min后出现沉淀。

反应约2h后逐渐减少氯气量,至不再吸收氯为止(通入约2.2mol氯气)。反应混合物冷却到70~80℃,过滤,水洗。干燥,称重,计算收率,测熔点。

[注意事项]

(1) 对硝基苯胺有毒,实验时注意安全防护。

(2) 直接氯气法制备2,6-二氯-4-硝基苯胺,氯气的操作时注意安全。

(3) 在氯酸钠氯化法和过氧化氢法制备2,6-二氯-4-硝基苯胺时,一定要确保滴液漏斗的严密性。

[思考题]

(1) 简述本实验中3种方法的优缺点。

(2) 简述由对硝基苯胺制备2-氯-4-硝基苯胺合成方法及如何控制反应条件。

实验5.4.4 硝化反应:对氯邻硝基苯胺的制备

[实验目的]

(1) 掌握对氯邻硝基苯胺的制备方法;

(2) 掌握混酸硝化、氨解反应的机理;

(3) 了解对氯邻硝基苯胺的性质和用途。

[基本原理]

向有机物分子的碳原子上引入硝基的反应称作硝化,引入亚硝基的反应称作亚硝化。也可以是有机物分子中的某些基团,如卤素、磺酸基、酰基和羧酸基等被硝基置换。硝化剂是硝酸以及硝酸和各种质子酸的混合物、氮的氧化物、有机硝酸酯等。最常用的混合酸是硝酸和硫酸的混合物。

硝化方法包括硝酸-硫酸的混酸硝化法、硫酸介质中的硝化、有机溶剂-混酸硝化、乙酐或乙酸中硝化、稀硝酸硝化、置换硝化和亚硝化。

最常用的方法是混酸硝化法,与浓硝酸硝化法相比具有如下特点:混酸比硝酸产生更多的 NO^{2+},硝化能力强,反应速度快,且不易发生氧化副反应,产率高;混酸中的硝酸用量接近理论量,硝酸几乎可以全部得到利用;硫酸的比热容大,避免硝化时的局部过热现象,反应温度容易控制;硝化产物不溶于废硫酸中,便于废酸的循环使用;混酸的腐蚀作用小,可使用碳钢、不锈钢或铸铁设备。

氨基化反应是指氨与有机化合物发生复分解而生成伯胺的反应,包括氨解和胺化。脂肪族伯胺的制备主要采用氨解和胺化法。芳伯胺的制备主要采用硝化-还原法。但如果采用硝化-还原法不能将氨基引入芳环指定位置或收率很低时,需采用芳环上取代基的氨解法。其中,最重要的是卤基的氨解,其次是酚羟基、磺基或硝基的氨解。氨基化剂主要是液氨和氨水。有时也用气态氨或含氨基的化合物,如尿素、碳酸氢铵和羟胺等。

对氯邻硝基苯胺是一种橘黄色或橘红色针状结晶,熔点为 116~117℃,不溶于水,溶于甲醇、乙醚和乙酸,微溶于粗汽油。主要用作棉、黏胶织物的印染显色剂,也可用于丝绸、涤纶织物的印染等。

本实验以对二氯苯为原料,用混酸硝化,制得 2,5-二氯硝基苯,然后用氨水进行氨解,得到目标产物。其中,2,5-二氯硝基苯的氨解,属于芳环上卤基的氨解,是亲核取代反应,因芳环上含有强吸电基,故可采用非催化氨解的方法。反应式如下:

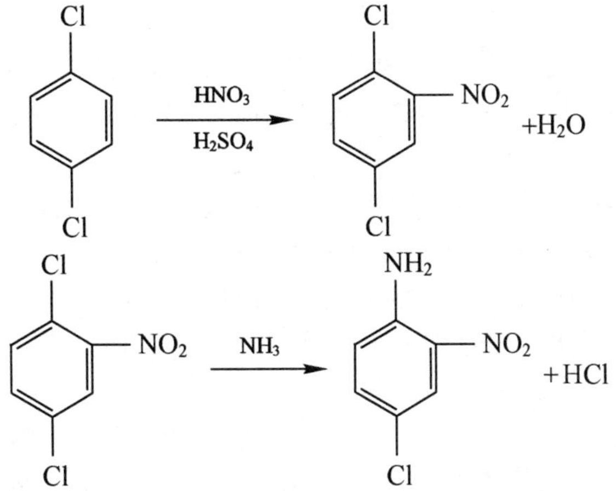

[**实验条件**]

实验仪器:搅拌器、温度计、滴液漏斗、四口烧瓶、砂芯漏斗、布氏漏斗、抽滤装置、500mL 高压釜。

实验试剂:硫酸、对二氯苯、硝酸、氨水等。

[**实验过程**]

1) 2,5-二氯硝基苯的制备

在装有搅拌器、温度计、滴液漏斗的 500mL 四口烧瓶中,加入 144g(96%,质量分数)硫酸,118g 对二氯苯,搅拌均匀。

取 54.4g(96%,质量分数)硫酸和 54.4g(100%,质量分数)硝酸,混合均匀,缓慢加入上述溶液进行硝化反应,1.5h 后利用砂芯漏斗进行过滤,得到 2,5-二氯硝基苯。

2) 对氯邻硝基苯胺的合成

在 500mL 高压釜中加入氨水(30%,质量分数)279g,升温至 170℃,在该温度下压入 118g 2,5-二氯硝基苯,保温反应 3h。

反应完毕,冷却至 30℃,过滤、水洗、干燥,得对氯邻硝基苯胺 105g,收率达 99%,产品含量为 99%。

[**注意事项**]

(1) 实验中用到混酸,操作时注意安全。

(2) 第一步反应后的废液需要处理后才能倒入下水道。

(3) 高压釜中压入 2,5-二氯硝基苯,注意操作方法和安全。

[**思考题**]

(1) 请说明氨解反应的速度与哪些因素有关。

(2) 请说明邻氯对硝基苯胺的制备方法。

实验 5.4.5　氧化反应:对硝基苯甲醛的制备

[实验目的]
(1) 掌握对硝基苯甲醛的制备方法;
(2) 了解苯环侧链氧化反应的原理和方法;
(3) 掌握苯环侧链氧化反应的操作步骤。

[基本原理]
氧化反应在有机合成中是一个非常活跃的领域,其应用非常广泛。利用氧化反应可以制得醇、醛、酮、羧酸、酚、环氧化合物和过氧化物等有机含氧的化合物。此外,还可用来制备某些脱氢产物。

氧化剂的种类很多,一种氧化剂可以对多种不同的基团发生氧化反应;同一种基团也可以因所用氧化剂和反应条件不同,得出不同的氧化产物。所以,氧化反应因所用氧化剂、被氧化基质不同,反应机理不同,涉及一个广泛而复杂的领域。在工业上应用最广的氧化剂是空气。化学氧化剂有高锰酸钾、六价铬的衍生物、高价金属氧化物、硝酸、双氧水和有机过氧化物。此外,还有电解氧化法等。

对硝基苯甲醛是一种白色或淡黄色结晶,熔点为 $105 \sim 107℃$,微溶于水及乙醚,溶于苯、乙醇及冰醋酸,能升华,能随水蒸气挥发,主要用作医药、农药、染料等中间体,如合成对硝基苯-2-丁烯酮、对氨基苯甲醛、对乙酰氨基苯甲醛、氨苯硫脲等。

对硝基苯甲醛的制备方法有多种,不同方法的反应原理不同。

第一种方法是以对硝基甲苯、乙酐为原料,经氧化、水解而制得,即三氧化铬氧化法。

$$O_2N- \bigcirc -CH_3 + 2(CH_3CO)_2O \xrightarrow{CrO_3} O_2N- \bigcirc -CH(OCOH_3)_2 + 2CH_3COOH$$

$$O_2N- \bigcirc -CH(OCOH_3)_2 + H_2O \xrightarrow{H_2SO_4} O_2N- \bigcirc -CHO + 2CH_3COOH$$

第二种方法是由对硝基甲苯与溴素发生溴化反应,再经水解、氧化而制得,即间接氧化法。反应式如下:

$$O_2N- \bigcirc -CH_3 + Br_2 \longrightarrow O_2N- \bigcirc -CH_2Br + HBr$$

$$O_2N- \bigcirc -CH_2Br + H_2O \longrightarrow O_2N- \bigcirc -CH_2OH + HBr$$

$$O_2N- \bigcirc -CH_2OH + 2HNO_3 \longrightarrow O_2N- \bigcirc -CHO + 2NO_2 + H_2O$$

第三种方法是卤化水解法,反应式如下:

$$O_2N- \bigcirc -CH_3 \xrightarrow{Br_2} O_2N- \bigcirc -CHBr_2 \xrightarrow[FeBr_3]{H_2O} O_2N- \bigcirc -CHO$$

以上三条合成路线中,第一种工艺原料成本较高,且三氧化铬会造成环境污染,因此该法只适用于实验室中少量合成。第二种工艺与第三种工艺原料成本和产品收率比较接近，只是第二种方法由于产生较多的稀硝酸废液，难以处理，因此也存在环境污染问题。第三种方法基本不产生污染性的废液和废渣，工艺过程中生成的溴化氢气体，经尾气吸收可生成氢溴酸。故在工业上，第三条合成路线是目前比较合适的工艺路线。

本实验采用三氧化铬氧化法和间接氧化法两种方法制备对硝基苯甲醛，并对两种方法进行比较。

[实验条件]

实验仪器：搅拌器、温度计、四口烧瓶、砂芯漏斗、布氏漏斗、抽滤装置、回流冷凝器、烧杯等。

实验试剂：冰醋酸、乙酐、对硝基甲苯、浓硫酸、三氧化铬、碳酸钠、乙醇、四氯化碳、溴、过氧化二碳酸二(2-乙基)己酯、双氧水、硝酸、碳酸氢钠、焦亚硫酸钠等。

[实验过程]

1) 三氧化铬氧化法

将装有搅拌器、温度计的 500mL 四口烧瓶置于冰盐浴中，加入 150g 冰醋酸，153g 乙酐(质量分数为 95%；1.5mol)和 12.5g(0.09mol)对硝基甲苯，搅拌均匀，慢慢滴加浓硫酸 21mL(速度不可太快，以防发生碳化)，当混合物冷却至 5℃时，分批加入 25g 三氧化铬(约需 1h)，控制温度不超过 10℃(否则影响收率)。加毕，继续搅拌 10min。然后将反应物慢慢倒入预先加入 1000mL 碎冰的 2L 烧杯中，再加冷水，使总体积接近 1500mL。过滤，冷水洗涤直至洗去颜色，过滤。

将滤饼加到 1000mL 烧杯中，加入 125mL 冷的 2%(质量分数)碳酸钠溶液，打浆洗涤，过滤，滤饼用冰水淋洗，再用 5mL 乙醇洗涤，过滤，真空干燥，得到对硝基苯甲二醇二乙酸酯粗品。熔点 120～122℃。

在装有搅拌器、温度计、回流冷凝器的 250mL 四口烧瓶中，加入 11g 上述反应产物、25mL 水、25mL 乙醇和 2.5mL 浓硫酸，搅拌，加热至回流，30min 后，热过滤，滤液在冰浴中冷却结晶，减压抽滤，冰水洗涤，干燥，称重。将滤液和洗涤液合并，加约 75mL 水稀释，有产品析出，过滤回收产品，干燥，称重。测熔点，计算总收率。

2) 间接氧化法

溴化：在装有搅拌器、温度计、回流冷凝器四口烧瓶中，加入 50g 对硝基甲苯、125g 四氯化碳、125mL 水，搅拌，加热至回流，然后分批加入 30g 溴和 0.5g 引发剂。添加时，一般是先加入溴，待搅拌均匀后，再加入引发剂过氧化二碳酸二(2-乙基)己酯(简称 EHP)，而且在加入第二批溴和引发剂之前，反应液红色必须褪去。加溴完毕后，在 70℃±5℃下滴加双氧水 25g(27%，质量分数)，滴加时间为 2～3h。滴加完毕，回流 0.5～1h，使红色基本褪去。

水解：反应结束后，加入 150mL 水，搅拌下升温至 80℃，以蒸出四氯化碳，约回收 75%～80% 的四氯化碳。再加入 150mL 水并升温至 90℃，搅拌下升温至回流，并保持平稳回流 10～12h，然后稍冷却(不要使结晶析出)。静置分层，放掉水层，油层备用。

氧化：在装有搅拌器、温度计、回流冷凝器的 500mL 四口烧瓶中，加入 60g 四氯化碳，搅拌下加入水解后的有机层和硝酸 33g(70%质量分数)，升温至 60℃，搅拌反应 3h。然后冷却至40℃,加水稀释,继续降温至30~35℃,静置分层。分去水相,所得的有机层加等量的水,并用碳酸氢钠中和至 pH=6.5~7,分去水相,有机相精制。

精制:在上述有机相中加入 20g 焦亚硫酸钠和 70mL 水,搅拌溶解后,继续搅拌 1~2h。静置分层,水层滴加液碱以析出沉淀,过滤、打浆洗涤、过滤、真空干燥,得浅黄色的结晶。称重,计算收率,测熔点。

[注意事项]

(1) 在三氧化铬氧化法制备对硝基苯甲醛实验中,最后一步将滤液和洗涤液合并,加约 75mL 水稀释,还有部分产品析出。

(2) 间接氧化法制备对硝基苯甲醛实验中,溴的取用注意安全防护。

[思考题]

(1) 三氧化铬氧化法和间接氧化法制备对硝基苯甲醛的优缺点是什么?

(2) 三氧化铬氧化法中影响产物收率的因素包括哪些?

(3) 芳环侧链的氧化方法有哪些? 氧化的规律有哪些? 试写出下列化合物氧化的产物:对甲异丙苯、邻氯甲苯、萘、苯。

实验 5.4.6　Knoevenagel 反应:香豆素-3-羧酸的制备

[实验目的]

(1) 了解香豆素类化合物在自然界中的存在形式及其生物学意义;

(2) 学习利用 Knoevenagel 反应制备香豆素衍生物的原理和方法;

(3) 掌握酯水解法制备羧酸。

[实验原理]

香豆素,又名 1,2-苯并吡喃酮,为顺势邻羟基肉桂酸的内酯。白色斜方晶体或结晶粉末,最早于 1820 年从香豆的种子中发现获得,也存在于薰衣草、桂皮的精油中。香豆素具有香茅草的香气,是重要的香料,常作为定香剂,可用于配置香水、花露水、香精等,也用于一些橡胶和塑料制品,其衍生物还可以用作农药。由于天然植物中香豆素含量很少,大多数是通过合成获得的。

1868 年,普尔金(W. H. Perkin,1834—1907)采用邻羟基苯甲醛(水杨醛)与乙酸酐、乙酸钾一起加热制得了香豆素,该方法也被称为 Perkin 合成法。

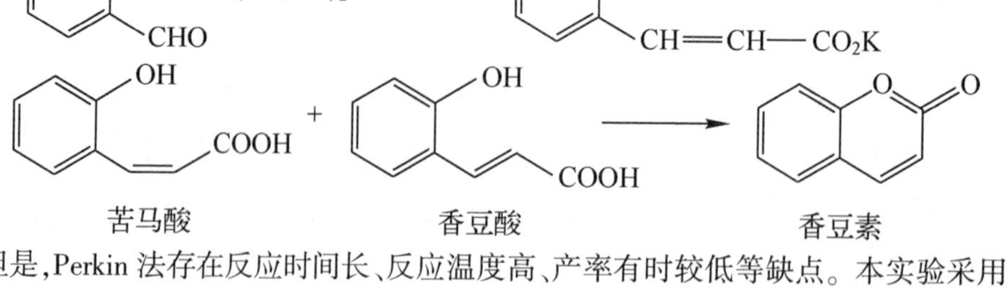

但是,Perkin 法存在反应时间长、反应温度高、产率有时较低等缺点。本实验采用水杨醛和丙二酸二乙酯在有机碱的催化下,可在较低温度下合成香豆素的衍生物香豆素-3-羧酸。

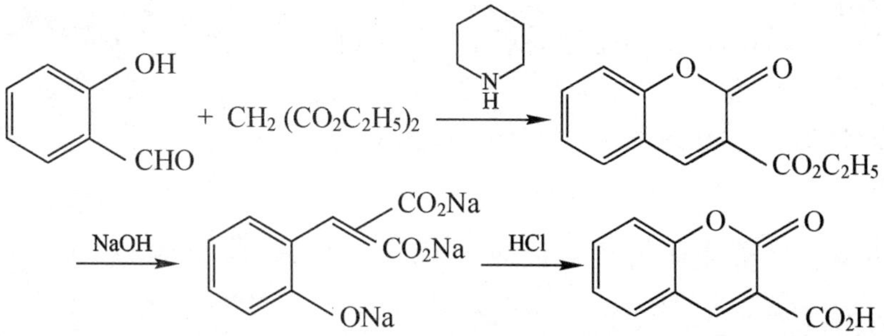

这种在有机碱催化作用下促进羟醛缩合反应的方法称作 Knoevenagel 反应。该法将 Perkin 法中的酸酐改为活泼亚甲基化合物,需要有一个或两个吸电子基团增加亚甲基氢的活泼性,同时采用碱性较弱的有机碱作为反应介质避免醛的自身缩合,扩大缩合反应的原料使用范围。

本实验以水杨醛、丙二酸二乙酯为原料,采用 Knoevenagel 反应制备香豆素-3-羧酸。除要加入有机碱六氢吡啶外,还需加入少量冰醋酸。

[实验条件]

实验仪器:圆底烧瓶、球形冷凝管、干燥管、减压过滤装置、水浴装置等。

实验药品:水杨醛、丙二酸二乙酯、无水乙醇、六氢吡啶、冰醋酸、乙醇(95%)、氢氧化钠、浓盐酸、无水氯化钙、沸石等。

[实验过程]

1) 香豆素-3-甲酸乙酯的制备

在干燥的圆底烧瓶中,加入 4.9g 水杨醛、7.25g 丙二酸二乙酯、25mL 无水乙醇、0.5mL 六氢吡啶和 1~2 滴冰醋酸,放入 2 粒沸石。

安装回流冷凝管,冷凝管上口安放氯化钙干燥管,水浴加热回流 2h。将反应所得混合液转入锥形瓶内,加水 3~5mL,冰水浴冷却使产物结晶析出完全,减压过滤,晶体用冰却的乙醇(50%)洗涤 2 次(每次 3~5mL)。

将上述所得固体用 25% 乙醇重结晶,干燥,得到的白色晶体为香豆素-3-甲酸乙酯,称量,计算此步反应的产率。

2) 香豆素-3-羧酸的制备

在圆底烧瓶中加入 4.0g 上述步骤制备的香豆素-3-甲酸乙酯、3.0g 氢氧化钠、20mL 乙醇和 10mL 水,再加入 2 粒沸石。

装上回流冷凝管,水浴加热回流,使酯和氢氧化钠全部溶解后,再继续回流加热 15min;将反应所得液体趁热倒入由 15mL 浓盐酸和 50mL 水混合而成的稀盐酸中进行酸化,有大量白色晶体析出。

冰水浴冷却使晶体析出完全,减压过滤,少量冰水洗涤晶体 2 次,抽滤得香豆素-3-羧酸粗产物。粗产物进一步用水进行重结晶纯化,干燥、称量,计算反应的产率。

[注意事项]

(1) 加入 50% 乙醇溶液的作用是洗去粗产物中的黄色杂质。

(2) 纯香豆素-3-羧酸熔点为 190℃(分解)。

(3) 水杨醛或者丙二酸酯过量,都可使平衡向右移动,提高香豆素-3-甲酸乙酯的产率。可使水杨醛过量,因为其极性大,后处理容易。

(4) 冷却结晶时不要摇动装置,冷却水要足量。

[思考题]

(1) 试写出 Knoevenagel 法制备香豆素-3-羧酸的反应机理。

(2) 羧酸盐在酸化得羧酸沉淀操作中如何避免酸的损失,提高酸的产量?

(3) 以自然界中存在的香豆素为对象,查阅文献和资料写一篇关于香豆素的合成与应用的综述。

实验 5.4.7　重氮化与偶合反应:甲基橙的制备

[实验目的]

(1) 通过甲基橙的制备,学习重氮化反应和偶合反应的实验操作;

(2) 巩固盐析和重结晶的原理和操作。

[基本原理]

1) 重氮化反应

芳香族伯胺在低温和强酸溶液中与亚硝酸钠作用,生成重氮盐的反应称为重氮化反应。由于芳香族伯胺在结构上的差异,重氮化方法也不尽相同。

苯胺、联苯胺及含有给电子基的芳胺,其无机酸盐稳定又溶于水,一般采用顺重氮法,即先把 1mol 胺溶于 2.5~3mol 的无机酸,于 0~5℃加入亚硝酸钠。含有吸电子基(—SO_3H、—COOH)的芳胺,由于本身形成内盐而难溶于无机酸,较难重氮化,一般采用逆重氮化法,即先溶于碳酸钠溶液,再加入亚硝酸钠,最后加酸。含有一个—NO_2、—Cl 等吸电子的芳胺,由于碱性弱,难成无机盐,且铵盐难溶于水,易水解,生成的重氮盐又容易与未反应的胺生成重氮氨基化合物(—ArN =N—NHAr),因此多采用先将胺溶于热的盐酸,冷却后再重氮化的方法。

2) 偶合反应

在弱碱或弱酸性条件下,重氮盐和酚、芳胺类化合物作用,生成偶氮基(—N =N—)将两分子中芳环偶联起来的反应称为偶合反应。偶合反应实质是芳香环上的亲电取代反应,偶氮基为弱亲电基,只能与芳环上具有较大电子云密度的酚类、芳胺类化合物反应。由于空间位阻的影响,反应一般在对位发生。若对位已经有取代基,则偶联反应发生在邻位。重氮盐和酚的反应是在弱碱性介质中进行;重氮盐与芳胺的反应是在弱酸环境下进行。

甲基橙是一种指示剂,是由对氨基苯磺酸的重氮盐与 N, N-二甲基苯胺的醋酸盐在弱酸性介质中偶合得到的。偶合首先得到嫩红色的酸式甲基橙,称为酸性黄。在碱中酸性黄转变为橙黄色的钠盐,即甲基橙。反应过程如下:

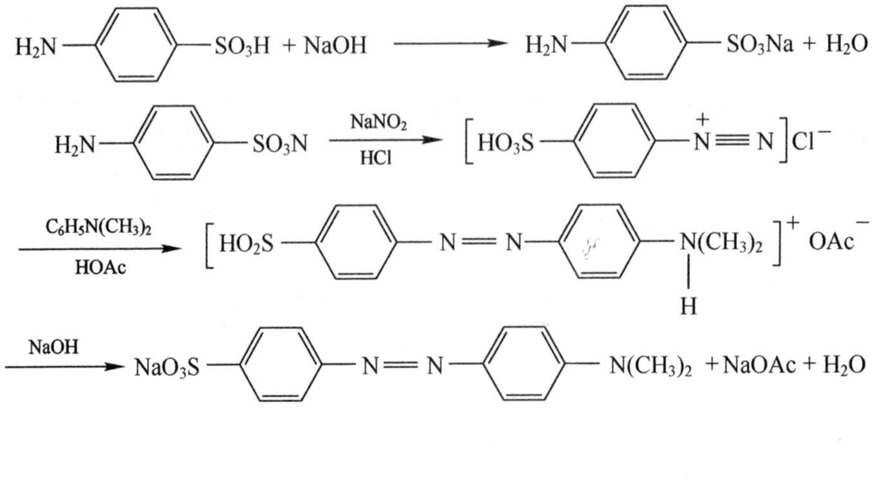

本实验主要运用芳香伯胺的重氮化反应及重氮盐的偶合反应。由于原料对氨基苯磺酸本身能生成内盐，而不溶于无机酸，故采用倒重氮化法，即先将对氨基苯磺酸溶于氢氧化钠溶液，再加需要量的亚硝酸钠，然后加入稀盐酸。

[实验条件]

实验仪器：烧杯、温度计、表面皿、试管、布氏漏斗。

实验药品：对氨基苯磺酸、N，N-二甲基苯胺、亚硝酸钠、氢氧化钠溶液(5%)、浓盐酸、冰醋酸等。

[实验过程]

1) 重氮盐的制备

在 50mL 烧杯中加入 1g 对氨基苯磺酸结晶和 5mL 氢氧化钠溶液(5%)，加热使结晶溶解，用冰盐浴冷却至 0℃ 以下。

在一试管中加入 0.4g 亚硝酸钠和 3mL 水配成的溶液。将此配制液加入上述烧杯中，维持温度在 0~5℃，在搅拌下慢慢用滴管滴入 1.5mL 浓盐酸和 5mL 水配成的溶液，控制温度在 5℃ 以下(注意观察现象)，直至用淀粉-碘化钾试纸检测呈现蓝色为止。

继续在冰盐浴中放置 15min，使反应完全，这时有白色细小晶体析出。

2) 偶合反应

在试管中加入 N，N-二甲基苯胺 0.7mL 和冰醋酸 0.5mL，混合均匀。在搅拌下将混合液缓慢加到上述冷却的重氮盐溶液中，加完后搅拌 10min。缓慢加入约 15mL 氢氧化钠溶液(5%)，直至反应物变为橙色(此时反应液为碱性)。甲基橙粗品呈细粒状沉淀析出。

将反应物置沸水浴中加热 5min，冷却后放置于冰浴中冷却，使甲基橙晶体析出完全。抽滤，依次用少量水、乙醇和乙醚洗涤，干燥后得甲基橙粗产物。

3) 纯化与检验

甲基橙粗产物用 1% 氢氧化钠进行重结晶。待结晶析出完全，抽滤，依次用少量水、乙醇和乙醚洗涤，压紧抽干，得片状甲基橙结晶。称重并计算产率。

将少许甲基橙溶于水中，分两支试管，分别滴加稀盐酸和氢氧化钠溶液，观察并记录颜色变化。

[注意事项]

(1) 对氨基苯磺酸为两性化合物，酸性强于碱性，它能与碱作用成盐而不能与酸作用成盐。

(2) 为了使对氨基苯磺酸完全重氮化，反应过程必须不断搅拌。

(3) 重氮化过程中，应严格控制温度，反应温度若高于 5℃，生成的重氮盐易水解为酚，降低产率。

(4) 若试纸不显色，需补充亚硝酸钠溶液。

(5) 重结晶操作要迅速，否则由于产物呈碱性，在温度高时易变质，颜色变深。用乙醇和乙醚洗涤的目的是使其迅速干燥。

[思考题]

(1) 在重氮盐制备前为什么还要加入氢氧化钠？如果直接将对氨基苯磺酸与盐酸混合后，再加入亚硝酸钠溶液进行重氮化操作行吗？为什么？

（2）制备重氮盐为什么要维持0~5℃的低温,温度高有何不良影响?

（3）重氮化要在强酸条件下,偶合反应要在弱酸条件下进行,为什么?

（4）试解释甲基橙在酸碱介质中的变色原因,并用反应式表示。

实验 5.4.8　格氏反应:三苯甲醇的制备

[实验目的]

（1）掌握溴代反应、乙基化反应、氧化反应、酯化反应、格氏试剂的生成及与酯加成反应的原理和实验方法;

（2）掌握蒸馏、分馏、水蒸气蒸馏、萃取、重结晶等分离提纯化合物方法;

（3）掌握机械搅拌、加热、回流、洗涤、结晶等多种基本操作;

（4）了解对副产物的分离与提纯技术,减少环境污染,树立正确环保意识。

[基本原理]

卤代烃在无水乙醚或 THF 中和金属镁作用生成烷基卤化镁 RMgX,这种有机镁化合物称作格氏试剂。格氏试剂可与醛、酮等化合物发生加成反应,经水解后生成醇,这类反应称作格氏反应。格氏试剂是由法国化学家格林尼亚(V. Grignard,1871—1935)发明,并获得 1912 年的诺贝尔化学奖。

格氏试剂是一种非常活泼的试剂,能起很多反应,是重要的有机合成试剂。最常用是格氏试剂与醛、酮、酯等羰基化合物发生亲核加成生成仲醇或叔醇。

三苯甲醇,化学式为$(C_6H_5)_3COH$,片状晶体,熔点为 164.2℃,沸点为380℃,不溶于水和石油醚,但溶于乙醇、二乙醚、乙醚、丙酮和苯,溶于浓硫酸显黄色。在强酸溶液中,它产生一个强烈的黄色,由于形成稳定的"三苯甲基"的碳正离子,主要用于有机合成中间体。

本实验通过以下五步来进行三苯甲醇的合成,实验原理具体如下:

1）溴代反应

$$NaBr+H_2SO_4 \longrightarrow HBr+NaHSO_4$$

$$CH_3CH_2OH+HBr \longrightarrow CH_3CH_2Br+H_2O$$

该反应可逆,为使平衡向右移动,采用增加反应物乙醇的用量,并及时将生成的溴乙烷蒸出,以提高产率。

2）乙基化反应

烷基化反应常难以停止在一烷基化阶段,但适当选择试剂配比可部分控制多烷基取代物生成。本步采用溴乙烷与过量苯反应,在三氯化铝的催化下制得乙苯。

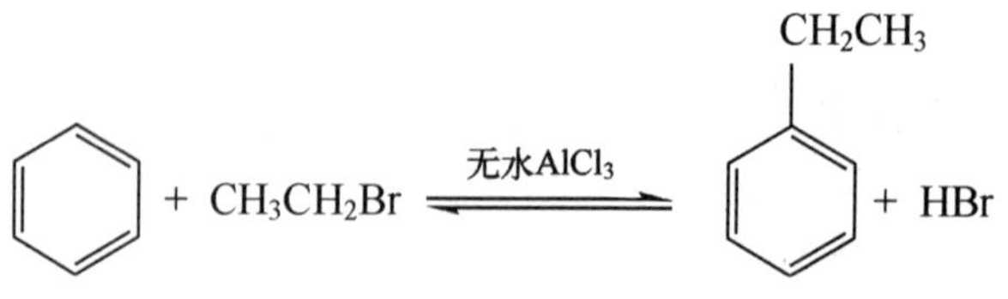

3）氧化反应

芳香族羧酸通常用芳香烃氧化制得。本步中采用高锰酸钾水溶液做氧化剂,将乙苯氧化生成苯甲酸钾,经酸化进一步得到苯甲酸。

$$\text{C}_6\text{H}_5\text{CH}_2\text{CH}_3 + 4\text{KMnO}_4 \longrightarrow \text{C}_6\text{H}_5\text{COOK} + 3\text{KOH} + 4\text{MnO}_2 + \text{H}_2\text{O} + \text{CO}_2$$

$$\text{C}_6\text{H}_5\text{COOK} + \text{HCl} \longrightarrow \text{C}_6\text{H}_5\text{COOH} + \text{KCl}$$

4) 酯化反应

酯化反应是一个可逆反应。由于苯甲酸乙酯的沸点较高,乙醇又与水混溶,故本步中采用加入苯及几倍理论量的乙醇,利用苯、乙醇和水组成的三元恒沸物蒸馏带走反应过程中不断生成的水,使反应向生成苯甲酸乙酯的方向进行。

$$\text{C}_6\text{H}_5\text{COOH} + \text{CH}_3\text{CH}_2\text{OH} \underset{}{\overset{\text{H}_2\text{SO}_4}{\rightleftharpoons}} \text{C}_6\text{H}_5\text{COOC}_2\text{H}_5 + \text{H}_2\text{O}$$

5) 格氏试剂的生成及与酯的加成

无水乙醚存在下,卤代烷烃与金属镁反应生成格氏试剂,后者与酯加成制得三苯甲醇。由于格氏试剂相当活泼,遇含活泼氢的化合物即分解成烃,故实验所用的药品必须无水,仪器必须干燥。

$$\text{C}_6\text{H}_5-\text{Br} + \text{Mg} \xrightarrow{\text{干醚}} \text{C}_6\text{H}_5-\text{MgBr}$$

$$\text{C}_6\text{H}_5-\text{MgBr} + \text{C}_6\text{H}_5-\text{COOC}_2\text{H}_5 \xrightarrow{\text{干醚}} (\text{C}_6\text{H}_5)_2\text{C}(\text{OC}_2\text{H}_5)(\text{OMgBr}) \longrightarrow \text{C}_6\text{H}_5-\text{CO}-\text{C}_6\text{H}_5$$

$$\text{C}_6\text{H}_5-\text{MgBr} + \text{C}_6\text{H}_5-\text{CO}-\text{C}_6\text{H}_5 \xrightarrow{\text{干醚}} (\text{C}_6\text{H}_5)_3\text{COMgbr} \xrightarrow{\text{H}_3\text{O}^+} (\text{C}_6\text{H}_5)_3\text{C}-\text{OH}$$

[实验条件]

实验仪器:蒸馏和分馏装置、气体吸收装置、带电动搅拌的回流装置、普通回流装置、抽滤装置、带油水分离器的回流冷凝装置、分液漏斗、水蒸气蒸馏装置、搅拌器等。

实验药品:无水溴化钠、硫酸、乙醇、溴乙烷、苯、无水三氯化铝、高锰酸钾、盐酸、苯甲酸、碳酸钠、无水乙醚、镁、碘、溴苯、氯化铵、苯甲酸乙酯等。

[实验过程]

1) 溴乙烷的制备

制备粗品:在 250mL 圆底烧瓶中,加入 20mL 乙醇(95%)和 18mL 水。在冷却和振荡下,慢慢加入 36mL 浓硫酸,将混合物冷却至室温,在搅拌下加入研细的溴化钠 25.8g 和几粒沸石。在圆底烧瓶上安装分馏柱及带有气体吸收装置的回流装置,小火加热,使反应平稳,直至无油状物滴出为止。

精制粗品:将馏出液转入分液漏斗中,收集下层粗品于一干燥的锥形瓶中,并置于冰水浴中冷却,在振荡下逐滴加入浓硫酸,以除去乙醚、水、乙醇等副产物。滴加硫酸的量以能观察到上层澄清的溴乙烷和下层硫酸明显分层为止(大约 2mL),再用分液漏斗分去硫酸层。将处理后的溴乙烷转入 100mL 圆底烧瓶内,在水浴上小火加热,用干燥的锥形瓶(浸入冰水中)接收,收集 35~40℃的馏分。

硫酸氢钠的回收:把反应后烧瓶中的溶液及时倒入烧杯中,并置于冷水浴中冷却,轻轻搅动溶液,使晶体析出。待溶液冷却至室温,抽滤,烘干后,即得硫酸氢钠粗制晶体。将其加适量水进行重结晶,可得较纯净的硫酸氢钠无色晶体。

2) 乙苯的制备

制备粗品:在 250mL 三口烧瓶上分别装上机械搅拌装置、回流冷凝管和滴液漏斗,在冷凝管上口安装氯化钙干燥管和气体吸收装置。把三口烧瓶置于水浴中并迅速加入研细的无水三氯化铝 3g,苯 20mL。另外,在滴液漏斗中加入 10mL(0.134mol)溴乙烷和 10mL 苯,并摇匀。

在不断搅拌下慢慢滴入溴乙烷和苯的混合物(以每秒 2 滴为宜),当观察到有溴化氢气体逸出,并有不溶于苯的红棕色配位化合物产生,表明反应已经开始。此时立即减慢加料速度,避免反应过于剧烈,保证溴化氢气体平稳逸出。

加料完毕,继续搅拌,当反应缓和下来时,小火加热,使水浴温度升到 60~65℃,并在此温度范围保温 1.5~2h。停止搅拌,改用冷水浴冷却。

精制粗品:待反应物充分冷却,在通风橱内,于不断搅拌下将反应液倒入预先配制好的 100g 冰、100mL 水和 10mL 浓盐酸的烧杯中进行水解。在分液漏斗中分出上层有机层(保留下层水层,以备回收利用),用等体积冷水洗涤 2~3 次,把芳烃转入干燥的锥形瓶中,加入 3g 无水氯化钙干燥 1~2h,溶液澄清。

将粗品转入干燥的 250mL 圆底烧瓶中,进行蒸馏(配上 Vigreux 分馏柱进行分馏更好),水浴加热,收集 85℃以前馏分,速度控制在每秒 1~2 滴。再改用电热套加热,另外收集 132~138℃馏分。

铝化合物的回收:将上步保留的水层,加热至 70℃左右,移至通风橱内。滴加氨水,并轻轻搅拌,即有蓬松白色胶状氢氧化铝沉淀生成,继续滴加氨水,直到不再产生沉淀为止(溶液 pH 值为 7)。冷却后抽滤,滤饼放入盛有 150mL 热水的烧杯中搅匀后再抽滤,滤饼烘干,即得白色氢氧化铝粉末。

3) 苯甲酸的制备

制备粗品:在圆底烧瓶中加入 5.3g 乙苯和 300mL 水,安装回流冷凝装置,加热至沸腾。从冷凝管上口分批加入 31.6g 高锰酸钾,加完后用少量水冲洗冷凝管内壁附着的高锰酸钾。继续煮沸回流,并不断摇动烧瓶,直到乙苯层近乎消失,回流液不再出现油珠。

精制粗品:趁热减压过滤,并用少量热水洗涤滤饼,滤液和洗液合并,放入冰水浴冷却,然后用浓盐酸酸化,直到苯甲酸完全析出,减压过滤,用少量冷水洗涤,压去水分,即得苯甲酸粗品。将此粗品置于烧杯中,加入适量水进行重结晶,烘干,得精制苯甲酸。

二氧化锰的回收:将上一工序热过滤的滤饼抽干,压平,用少量热水分批洗涤数次,直至滤液呈中性。取出滤饼烘干,即得黑色的二氧化锰粉末。

4) 苯甲酸乙酯的制备

制备粗品:在圆底烧瓶中加入 12.2g 苯甲酸、40mL 乙醇、20mL 苯和 4mL 浓硫酸。摇匀后加入少许沸石。在圆底烧瓶上口装上油水分离器,分离器上端装上回流冷凝管。由回流冷凝管上口加水至油水分离器的支管处,然后放去 9mL 水。将圆底烧瓶置于水浴上加热回流,随着回流的进行,油水分离器中出现上、中、下三层液体。继续加热回流约 4h,油水分离器中层液体达 9mL 左右时,即可停止加热。放出中、下层液体,继续用水浴加热,把圆底烧瓶中多余的苯和乙醇蒸至油水分离器中(保留此混合液,以备回收利用)。

精制粗品:将上述圆底烧瓶中的反应混合液,倒入盛有 160mL 冷水的烧杯中,然后在搅拌下分批加入研细的碳酸钠,直到无二氧化碳气体产生(用 pH 试纸检验,溶液呈中性),用分液漏斗分出粗制的苯甲酸乙酯,然后用 50mL 乙醚分两次萃取水层的苯甲酸乙酯。将乙醚萃取液及粗制苯甲酸乙酯合并,用适量无水氯化钙干燥。把干燥后的澄清溶液移入干燥的蒸馏烧瓶中,先用水浴蒸去乙醚,再在电热套上加热蒸馏,收集 210~213℃ 馏分。

苯的回收:将蒸至油水分离器中的液体混合物,转入分液漏斗中,加入该液体量一倍的水,振摇,静置使之分层。分出苯层,加入少许无水氯化钙干燥。待液体澄清后,蒸馏,收集 79~81℃ 的馏分,即得纯净透明的苯。

5) 三苯甲醇的制备

苯基溴化镁的制备:在三口烧瓶上分别装上搅拌器、冷凝管及滴液漏斗,在冷凝管和滴液漏斗的上口分别装上氯化钙干燥管。在瓶内放入 1.5g 镁屑,一小粒碘。滴液漏斗中装入 9.4g(6.3mL)溴苯及 25mL 无水乙醚,混合均匀。先滴入 10mL 上述混合物液至三口烧瓶中,片刻后碘的颜色逐渐消失即起反应。若反应经过几分钟不发生,可用温水浴加热。反应开始,同时搅拌,继续缓慢滴入其余的溴苯乙醚溶液,以保持溶液微沸。最后用温水浴加热回流 1h,使镁屑作用完全,冷却至室温。

三苯甲醇的制备:将 3.8mL 苯甲酸乙酯与 5mL 无水乙醚的混合液加入滴液漏斗中,缓慢滴加于上述苯基溴化镁乙醚溶液中,水浴温热至沸腾,保温回流 1h。冷却至室温,从滴液漏斗中慢慢滴入 30mL 氯化铵饱和溶液,分离产物。用倾泻法将上层液体转入分液漏斗中分去水层,上层乙醚层转入 250mL 三口烧瓶中,在水浴上蒸馏,回收乙醚。然后改为水蒸气蒸馏装置,蒸至无油状物蒸出为止,留在瓶中的三苯甲醇呈蜡状。冷却、抽滤、用少量冷水洗涤,粗产品用乙醇-水重结晶。三苯甲醇为白色片状晶体。

[注意事项]

(1) 溴乙烷的制备中,加水是为减少溴化氢气体的逸出,降低酸度,减少副产物乙醚、乙醇等。

(2) 溴化钠要预先研细,并在搅拌下加入,以防结块而影响氢溴酸的产生。

(3) 馏出液由浑浊变澄清,表示溴乙烷已蒸完,反应结束。

(4) 加入浓硫酸可以除去乙醚、乙醇和水等杂质。此时有少量热产生,为了防止溴乙烷挥发,在冷却下进行操作。

(5) 无水三氯化铝是小颗粒或粗粉状,露于湿空气中立刻冒烟,加少许水于其上即嘶嘶作响。实验时三氯化铝必须无水,称取和加入速度均应尽量快。

(6) 反应前,反应装置、试剂和溶剂必须充分干燥,因为三氯化铝非常容易水解,将严重影响实验结果或使反应难以进行。

（7）三氯化铝存在下苯与溴乙烷作用，反应速度很快，只要 0.5s 即可生成乙苯。因此，通常是将烷基化剂滴加到芳香族化合物、催化剂和溶剂的混合物中，并不断搅拌冷却使反应速度减慢。烃化反应是可逆的，若在极和缓的条件下起反应，可得到速度控制产物。

（8）加高锰酸钾时，须注意回流情况，如回流冷凝管中有积水，不能加高锰酸钾，否则会发生冲料现象。

（9）苯甲酸在 100mL 水中的溶解度：4℃时为 0.18g；18℃时为 0.27g；75℃时为 2.2g。故重结晶加热操作时，溶液温度必须控制在 80℃左右。

（10）采用乙醚为萃取剂，是因为苯甲酸乙酯易溶于乙醚，而且乙醚的密度与水差异较大，乙醚的沸点较低，易于分层，有利于分离。此外，乙醇为低沸点液体，周围切忌明火。

[思考题]
（1）溴乙烷粗品用浓硫酸洗涤可除去哪些杂质？为什么能除去？
（2）蒸馏溴乙烷前为什么必须将浓硫酸层分干净？
（3）在制备乙苯时苯的用量大大超过理论量的原因是什么？
（4）乙基化反应所用仪器等为何要充分干燥？否则会造成什么结果？
（5）对乙苯粗品分离时，为什么采用分馏法把苯分离出来？
（6）萃取苯甲酸乙酯为什么用乙醚做萃取剂？使用时应注意什么问题？
（7）苯基溴化镁的制备过程中应注意什么问题？试述碘在该反应中的作用。
（8）在三苯甲醇的制备过程中为什么要用饱和的氯化铵溶液分解？

实验 5.4.9　酰基化与卤化反应：对溴苯胺的合成

[实验目的]
（1）掌握有机合成中易反应基团的保护方法；
（2）掌握酰化反应的原理和酰化剂的使用；
（3）学习芳烃卤化反应原理，掌握芳烃溴化方法；
（4）巩固重结晶及熔点测定技术。

[基本原理]
芳胺的酰化在有机合成中有着重要的作用。作为一种保护措施，一级和二级芳胺在合成中通常被转化为其乙酰衍生物，以降低芳胺对氧化剂的敏感性，使其不被反应试剂破坏。同时，氨基经酰化后，降低了氨基在亲电取代反应（特别是卤化）中的活化能力，使其由很强的第Ⅰ类定位基变成中等强度的第Ⅰ类定位，反应由多元取代变为有用的一元取代。同时，由于乙酰基的空间效应，往往选择性地生成对位取代产物。

在某些情况下，酰化可以避免氨基与其他官能团或试剂间发生不必要的反应。在合成的最后步骤，氨基很容易通过酰胺在酸碱催化下水解被重新产生。芳胺可与酰氯、酸酐或冰醋酸共热来进行酰化，其中冰醋酸作为试剂原料易得，价格便宜，但需要较长的反应时间，适合于规模较大的制备。

对溴苯胺是很重要的化工中间体，广泛应用于医药、合成染料、颜料等精细化工产品的合成，在精细化工生产中处于不可替代的地位。

目前，常见的对溴苯胺合成方法包括：

（1）酸性条件下的铁粉还原：以对硝基苯为原料，在硫酸中与亚硝酸钠反应，生成重氮盐，再在溴化亚铜作用下与氢溴酸反应，得到硝基溴苯，进一步用铁粉还原成对溴苯胺。

（2）碱性条件下的硫化碱还原法：使用硫化铵、多硫化铵、硫氢化铵或硫化钠都能够选择性还原二硝基化合物中的一个硝基。

（3）中性条件下的 Raney-Ni 催化加氢还原法：以 Raney-Ni 作为催化剂，加氢还原对硝基苯制备对溴苯胺。

（4）贵金属还原法：利用金属（如 Pt、Pd、Ru 等）作为还原剂，芳香硝基化合物发生还原反应得到芳胺，而金属自身被氧化。

其中，贵金属催化还原法所用催化剂成本高，虽然回收后可适当降低成本，但工艺复杂，目前还不适合工业化生产。中性条件下 Raney-Ni 催化加氢还原法，虽然产率高、催化剂可以循环利用，工艺过程简单、易操作，适合工业化生产，但对设备要求高，不适合在实验室中进行。

本实验以苯胺、冰醋酸、溴化钠、浓硫酸、双氧水等为原料，经过保护、溴代、去保护等多个步骤制备对溴苯胺。

氨基的保护：

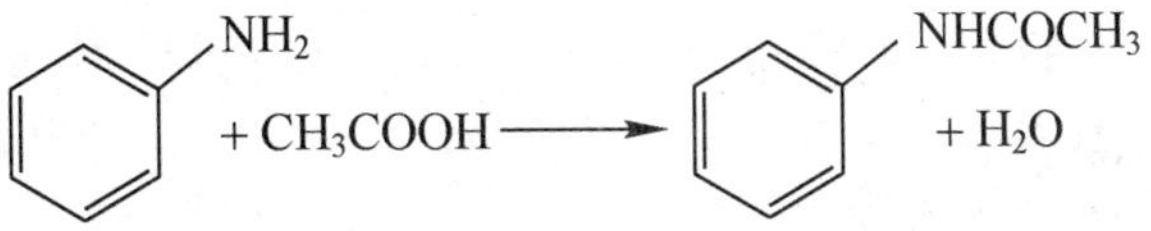

溴代反应：

$$NaBr+H_2SO_4 \longrightarrow HBr+NaHSO_4$$
$$2HBr+H_2O_2 \longrightarrow Br_2+H_2O$$

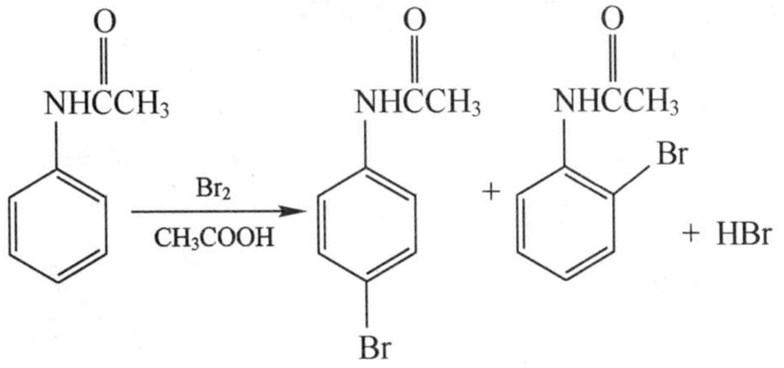

去保护基：

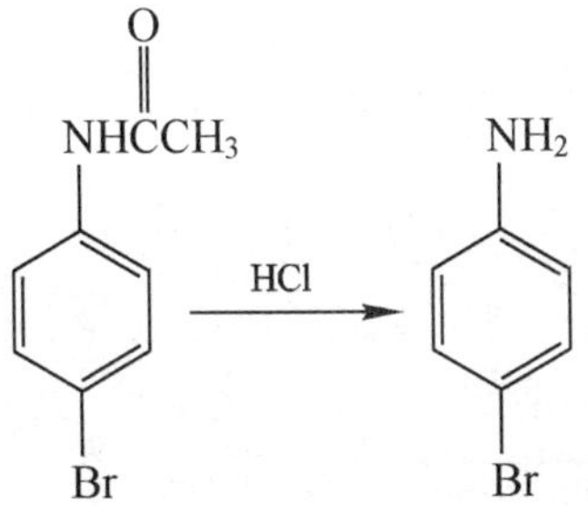

[**实验条件**]

实验仪器：圆底烧瓶、分馏柱、直形冷凝管、循环水泵、抽滤装置、电子天平、电热套、电动搅拌器、恒压滴液漏斗、水浴装置等。

实验试剂：苯胺、冰醋酸、锌粉、活性炭、溴化钠、乙醇、H_2O_2（33%）、浓硫酸、亚硫酸氢钠、浓盐酸、氢氧化钠溶液(20%)等。

[实验过程]

1)乙酰苯胺的合成

在50mL圆底烧瓶中加入10mL苯胺、17mL冰醋酸,称取0.1g锌粉加入到烧瓶中,加入几粒沸石后在圆底烧瓶上装置一分馏柱,插上温度计,接上冷凝管,用一个50mL锥形瓶或小烧瓶作接收器。

采用电热套缓慢加热至沸腾,保持反应混合物微沸约10min(注:暂时不要有馏分蒸出状态),然后逐渐升温,保持蒸馏的温度在105℃左右(即温度计读数在105℃左右)。反应生成的水及少量冰醋酸可被蒸出;反应经1h后结束。搅拌下趁热将反应物倒入盛有250mL冷水的烧杯中,剧烈搅拌,乙酰苯胺生成。

用布氏漏斗减压抽滤,用少量冷水洗涤,然后用水重结晶,产物在80℃干燥;称重,计算产率,产物备用。

2)对溴乙酰苯胺的合成

在100mL三口瓶上配置电动搅拌器、回流冷凝管和恒压滴液漏斗;向三口瓶中加入3.4g(0.025mol)乙酰苯胺、15mL乙醇(95%),6mL的H_2O_2(33%)和2.6g的NaBr,室温下,边搅拌边滴加2mL的H_2SO_4,滴加速度以生成溴的颜色较快褪去或微微回流(微沸)为宜;滴加完毕,继续搅拌5~10min。停止搅拌,让其自然冷却,析出结晶。

彻底冷却后,抽滤,用冷水洗涤滤饼并抽干,放在空气中自然晾干后,得到较大颗粒的白色针状晶体;洗涤滤饼的母液中此时又析出较多的晶体,抽滤,用冷水洗涤滤饼并抽干,分别放在空气中自然晾干后,得到略带颜色的针状晶体;把两次得到的晶体用乙醇-水混合溶剂(约65%乙醇)重结晶,干燥,记录产物重量,计算反应产率,产物备用。

3)对溴苯胺的合成

在100mL三口烧瓶上配置回流冷凝管和恒压滴液漏斗,向三口烧瓶中加入3.78g(0.02mol)对溴乙酰苯胺、8mL乙醇(95%)和几粒沸石,加热至沸腾,利用滴液漏斗慢慢滴加浓盐酸5mL。滴加完毕,加热回流30min,加入25mL水使反应混合物稀释。

将回流装置改为蒸馏装置,加热蒸馏。将残余物对溴苯胺盐酸盐倒入盛有50mL冰水的烧杯中,在搅拌下滴加20%的氢氧化钠溶液,使之刚好呈碱性。沉淀析出,减压抽滤,用去离子水洗涤2~3次,自然晾干,称重。

4)中间产物及对溴苯胺的表征

取上述各步所制备样品少量,分别进行熔点测定和红外光谱分析。

[注意事项]

(1)苯胺有毒,能经皮肤被人体吸收,使用时需小心。

(2)加入少量锌粉的目的是防止苯胺在反应过程中被氧化。但必须注意,不能加得过多,否则在后处理中会出现不溶于水的氢氧化锌。

(3)保持蒸馏的温度在105℃左右,是为了尽量除去反应中生成的水,防止原料冰醋酸被蒸出。

(4)久置的苯胺颜色会变深,使用前最好减压蒸馏,因为有色杂质会影响乙酰苯胺的质量。

(5)乙酰苯胺的合成实验中,要加入过量的乙酸,一方面使反应向右进行;另一方面乙酸可以与锌粉反应,使反应更加充分。

[思考题]

(1) 比较乙酰苯胺与对溴乙酰苯胺的红外光谱图,说明两者的不同?

(2) 三种熔点范围 149~150℃ 样品,判断它们是否为同一物质?

(3) 乙酰苯胺合成中,为什么要控制冷凝管上端的温度在 105℃?

(4) 乙酰苯胺制备实验为什么加入锌粉? 锌粉加入量对操作有什么影响?

实验 5.4.10 相转移催化反应:7,7-二氯双环[4,1,0]庚烷合成

[教学目的]

(1) 了解相转移催化反应的原理和应用;

(2) 掌握季铵盐类化合物的合成方法;

(3) 掌握液体有机化合物分离和提纯的实验操作技术。

[基本原理]

在有机合成中常遇到有水相和有机相参加的非均相反应,这些反应速度慢,产率低,条件苛刻,有些甚至不能发生。1965 年,M. Makosza 发现冠醚类和季铵盐类化合物具有使水相中的反应物转入有机相中的本领,从而使非均相反应转变为均相反应,反应速度加快,产率提高,并使一些不能进行的反应顺利完成,开辟了相转移催化反应这一新的合成方法。

相转移催化反应具有反应速度快、温度低、操作简单、选择性好、产率高等优点,而且不需要价格高的无水体系或非质子极性溶剂。

季铵盐类化合物是应用最多的相转移催化剂,具有同时在水相和有机相溶解的能力。其中烃基是油性基团,带正电的铵是水溶性基团,季铵盐的正负离子在水相形成离子对,可以将负离子从水相转移到有机相,而在有机相中,负离子无溶剂化作用,反应活性大大增加。如三乙基苄基氯化铵(Triethyl Benzyl Ammonium Chloride,TEBA),常用作多相反应中的相转移催化剂,具有盐类的特性,是结晶性的固体,能溶于水。在空气中极易吸湿分解。TEBA 可由三乙胺和氯化苄直接作用制得。反应式为

$$\text{（苯环）—CH}_2\text{Cl} + \text{N(C}_2\text{H}_5)_3 \longrightarrow \left[\text{（苯环）—CH}_2\overset{\oplus}{\text{N}}\text{(C}_2\text{H}_5)_3\right]\text{Cl}^{\ominus}$$

反应一般可在二氯乙烷、苯、甲苯等溶剂中进行,生成的产物 TEBA 不溶于有机溶剂而以晶体析出,过滤即得产品。

卡宾(H_2C:)是非常活泼的反应中间体,价电子层只有六个电子,是一种强的亲电试剂。卡宾的特征反应有碳氢键间的插入反应及对 C=C 和 C≡C 键的加成反应,形成三元环状化合物,二氯卡宾(Cl_2C:)也可对碳氧双键加成。产生二卤代卡宾的经典方法之一是由强碱如叔丁醇钾与卤仿反应,这种方法要求严格的无水操作,因而不是一种方便的方法。在相转移催化剂存在下,于水相-有机相体系中可以方便地产生二卤代卡宾,并进行烯烃的环丙烷化反应。

本实验采用 TEBA 作为相转移催化剂,在氢氧化钠水溶液中进行二氯卡宾对环己烯的加成反应,合成二氯双环[4,1,0]庚烷,所涉及的反应如下:

$$\text{CHCl}_3 + \text{NaOH} \xrightarrow{\text{H}_2\text{O}} \text{Cl}_3\text{C}^-\text{Na}^+ \xrightarrow{\text{NaCl}} \text{Cl}_2\text{C:}$$

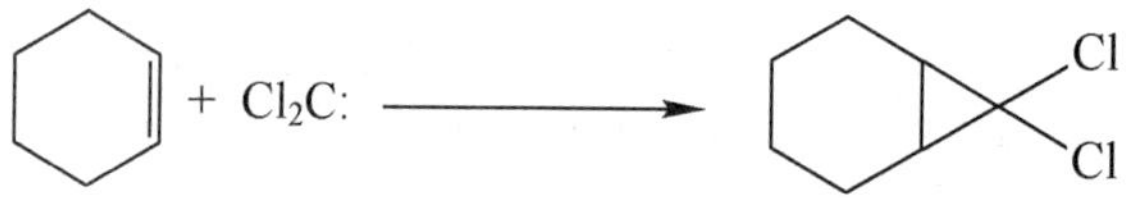

环己烯 + Cl$_2$C: ⟶ 7,7-二氯双环产物（结构式见图）

[实验条件]

实验仪器：圆底烧瓶、球型冷凝管、加热套、抽滤装置、分馏柱、四口烧瓶、搅拌器、滴液漏斗和温度计。

实验药品：环己烯、氯仿、石油醚、盐酸、TEBA、氢氧化钠溶液（50%）、无水硫酸镁等。

[操作步骤]

1）7,7-二氯双环[4,1,0]庚烷的生成

在150mL四口烧瓶上分别安装搅拌器，冷凝管，滴液漏斗和温度计。在瓶中加入10mL环己烯、24mL氯仿和0.4g的TEBA。

用电热套加热至40~45℃，开动搅拌，开始滴加24mL氢氧化钠溶液（50%）并停止加热，使混合物自动升温并形成乳浊液，并于20min内自行升温50~55℃并保持。约0.5h内滴加完毕。当温度自动下降至35℃时，停止反应。

2）7,7-二氯双环[4,1,0]庚烷的精制

在上述反应液中加入50mL水稀释，倒入分液漏斗中，静置分液。碱液水层用15mL石油醚萃取两次，与有机相合并，再用25mL盐酸洗涤一次，再用25mL水洗涤2次至中性。用无水硫酸镁干燥至形成澄清溶液。将干燥后的溶液滤入100mL圆底烧瓶中，低温下蒸出石油醚、氯仿及未反应的环己烯。

减压过滤。于低于3kPa条件下减压蒸馏所剩的液体，收集89℃左右的馏分，称量，计算产率。

[注意事项]

（1）本反应为非均相的相转移催化反应，搅拌速度影响反应速率。

（2）氢氧化钠溶液滴入会使反应自动升温，注意控温，不要超过55℃。

（3）相转移剂的加入要适量，过少反应难进行；过多产品分离困难。

（4）注意洗涤、萃取操作中上、下层的取舍。水层要分尽，干燥要彻底。

（5）分液时若出现泡沫乳化层，该乳化层不溶于水和石油醚，可过滤处理。

[思考题]

（1）什么季铵盐能作为相转移催化剂？

（2）在制备实验中为什么用搅拌反应装置？怎样操作才合理？

（3）第2步的萃取中，石油醚萃取什么物质？用同样体积的石油醚，一次萃取好，还是多次萃取好？

（4）反应过程中，怎样才能控制好反应温度为50~55℃，温度高低对反应有何影响？

5.5 设计性与研究性实验的实施流程

设计性与研究性实验是参考给定的实验样例和相关资料，按照题目要求，自主设计实

验方案、独立操作完成的实验,对综合训练学生的专业素质,提高独立从事化学实验能力,提高分析和解决问题的能力,学习新方法、接触新领域、扩大知识面等具有重要意义。

5.5.1　实验选题

实验中选题的正确与否决定着实验的成败。设计性与研究性实验是模拟科研的过程。因此,实验选题也应符合科研选题的原则,必须进行以下的考虑:研究什么(目标、对象与内容);为什么研究(依据与目的);怎样研究(方法与过程);什么结果(结果与成效);能否完成研究(条件与基础)。

一般地,实验的选题要具有科学性、创新性、可行性和实用性。科学性是指选题应建立在前人的科学理论和实验基础之上,符合科学规律,而不是毫无根据的胡思乱想。创新性是指选题具有自己的独到之处,或提出新规律、新见解、新技术、新方法,或是对旧有的规律、技术、方法有所修改、补充。可行性是指选题切合研究者的学术水平、技术水平和实验室条件,使实验能够顺利实施。实用性是指选题具有明确的理论意义和实践意义。

选题的过程是一个创造性思维的过程,需要查阅大量的文献资料及实践资料,了解本课题近年来已取得的成果和存在的问题;找出要探索的课题关键所在,提出新的构思或假说,从而确定研究的课题。对科研而言,最强调的是课题的创新性。但对学生而言,受自身能力的限制,加上学校实验教学经费、仪器设备种类等各种条件的限制,使得对设计性和研究性实验选题的创新性要求不能太高,其选题范围也不宜太宽。否则,实验准备困难,难以实施,应将重点放在实验设计的科学性、合理性和可行性方面。

作为具体的教学实验,在实施过程中,实验指导教师应提前一段时间(如五周)进行布置,提出要求,可针对一些发展前沿及密切联系生产实际提出一些题目,在一定范围内由学生自选,也可由学生自主提出题目,由教师审核后确定。需要注意的是,选题必须有一定的新意,即不能完全模仿文献中的实验设计方案,需要作一些改进和创新;选题必须以实验室的条件为基础,以所能提供的仪器设备和试剂为前提,否则实验实施会有困难。

5.5.2　文献检索

进行科学研究,调研是开展工作的前提。文献检索是调研过程中必不可少的环节。文献检索能够提高研究起点,提供研究思路,节约研究时间,同时又是学术创新的基础,遵循学术规范最基本的要求。

文献是用文字、符号或图形等方式记录人类生产和科学技术活动或知识的一种信息载体,是人类脑力劳动成果的一种表现形式,是人类物质文明和精神文明不断发展的产物。文献由3个基本要素构成:载体(媒介:纸介质、缩微胶片、视听盘带、电子介质等),知识(信息),文字(包括图像、符号等)。

文献检索是指从文献集合中迅速、准确地查找出所需文献或文献中包含的信息内容的过程。根据检索途径的不同一般分为手工检索和计算机检索两类。

手工检索是指用手工方式来查找文献资料,费用较低,但是速度较慢。手工检索包括查阅学校或当地图书馆可提供的文献,利用检索工具书和引文查找法。

通过计算机进行的文献信息检索称为计算机检索。由于计算机检索具有速度快、效率高,数据内容新、范围广、数量大,操作简便,检索时不受国家和地理位置的限制等特点,目前已成为获取信息的主要手段之一。常用的计算机检索工具主要是:图书馆数据库检索系统、光盘检索系统以及因特网文献检索。

在具体的实施过程中,要求学生通过认真、细心地检索文献,掌握选题的背景,设计实验中哪些化合物是已知的,哪些是未知的,研究的方法和动向如何。通过文献检索,做到对研究的对象心中有数:一方面可以帮助其下决心设计合成路线,另一方面可以避免在研究工作中走弯路,借鉴前人的经验进行改良和创新,节省人力、物力,又快又省地达到预期目标。

文献检索要求新颖性、完整性、多样性、经济性和连续性,同时做到以下3点:一是了解研究的意义和国内外研究现状;二是细查文献,详略有致(精读与略读);三是统揽全局,明确方向。

5.5.3 实验设计与开题

同样的研究课题,可因研究设计的是否合理,得出质量极为悬殊的结果。因此,要通过设计进行合理的安排,以科学方法论为指导,按照优选法则加以编排,加速研究进程,缩短周期,降低经费支出,提高工作效率。

1)提出关键性问题

在选题阶段,已经明确提出了科学研究的目标。为了达到研究预期的目标,就必须通过科研设计,提出课题关键性问题和创新性要点。

2)提出解决问题办法

关键创新要点确定后,要进一步提出解决这些问题的具体办法。现代科学研究方法发展很快,新技术不断涌现。在一定程度上,技术手段、实验方法的先进程度决定科研成果的水平。研究者在力所能及的条件下,应争取选用新的高水平的仪器、试剂和技术方法。要注意的是,新的技术方法往往带有不成熟性,要进行必要的预试验。对探索中出现的失败或意外,要加以分析,找出原因,采取对策,不断调整、改进、完善、修正设计方案。

3)分解落实设计项目

针对实验对象,充分考虑实验的影响因素,通过科研设计将整个实验分解为若干设计项目。每个项目应具体化为可量化的数据,可保存的图片、可记录的资料和表格,为科学评价实验因素积累数据。若在科研设计中缺乏有针对性的设计项目,也未取得有特色的研究结果,在实验总结阶段,就无法取得有效的成果。

在具体实施阶段,要求学生在文献检索的基础上,根据实验条件制定合理的实验方案。一个好的实验方案,要综合考虑各方面的因素,设计要具有一定的创新性,又要简单可行,同时要考虑实验的成本。

在完成实验设计进行实验前,学生需完成开题报告并进行开题。开题报告是在完成文献综述、假说建立、科研构思、实验设计,并对关键技术路线进行预实验之后,对整个研究方案进行的公开论证,是设计性实验的重要环节。完成开题的方式有两种:一是由学生进行汇报,学生和教师共同讨论;二是学生提前将开题报告提交给老师,由老师审阅并提出修改意见和建议,再由学生进行完善。

5.5.4 实验实施与总结

实验是检验实验方案设计正确与否的唯一标准,通过实验达到预期目的,证明实验方